表观遗传学与复杂性疾病

Epigenetics and Complex Diseases

主 编 陆前进 于文强 吕 红

北京大学医学出版社

BIAOGUAN YICHUANXUE YU FUZAXING JIBING

图书在版编目（CIP）数据

表观遗传学与复杂性疾病 / 陆前进，于文强，吕红主编 .
—北京：北京大学医学出版社，2016.7
ISBN 978-7-5659-1133-0

Ⅰ. ①表… Ⅱ. ①陆… ②于… ③吕… Ⅲ. ①发育遗传学—研究
Ⅳ. ① Q344

中国版本图书馆 CIP 数据核字 (2015) 第 122367 号

表观遗传学与复杂性疾病

主　　编：陆前进　于文强　吕　红
出版发行：北京大学医学出版社
地　　址：（100191）北京市海淀区学院路 38 号　北京大学医学部院内
电　　话：发行部 010-82802230；图书邮购 010-82802495
网　　址：http：//www.pumpress.com.cn
E － mail：booksale@bjmu.edu.cn
印　　刷：北京大学印刷厂
经　　销：新华书店
策划编辑：王智敏
责任编辑：畅晓燕　**责任校对**：金彤文　**责任印制**：李　啸
开　　本：889 mm × 1194 mm　1/16　**印张**：20.5　**字数**：648 千字
版　　次：2016 年 7 月第 1 版　2016 年 7 月第 1 次印刷
书　　号：ISBN 978-7-5659-1133-0
定　　价：98.00 元

作者简介

陆前进，教授，博士生导师，一级主任医师，首届湘雅名医，卫生部有突出贡献中青年专家，中南大学皮肤性病研究所所长，医学表观基因组学湖南省重点实验室主任，中华医学会皮肤性病学分会候任主任委员。长期从事表观遗传学与免疫调控及其在自身免疫病发病机制中的作用及临床应用研究。先后主持国家自然科学基金重大国际合作项目、国家自然科学基金重点项目、“973”计划课题等。以第一作者或通信作者在 *Lancet*、*JAMA*、*Blood*、*J Immunol* 等杂志发表论文 130 篇。作为第一完成人获得 2012 年湖南省科技进步一等奖及 2015 年湖南省自然科学一等奖，2014 年获国际皮肤科联盟杰出贡献奖。

于文强，复旦大学教授，博士生导师，医学博士。瑞典乌普萨拉大学、美国约翰·霍普金斯大学医学院博士后，美国哥伦比亚大学医学院 Associate Research Scientist。目前为复旦大学生物医学研究院高级 PI（principle investigator），“长江学者”特聘教授，973 项目首席科学家。长期从事器官发育表观遗传学机制和肿瘤抑制基因沉默的表观遗传学机制研究，承担 973、国家自然科学基金、上海市重点基础研究及浦江人才计划等项目。成果先后发表在 *Nature*、*Nature Genetics* 等顶尖杂志上，被 *Cell* 和 *Nature genetics* 等杂志进行重点评论和推介，对其成果给予了很高评价。

吕红，教授，博士生导师，复旦大学生命科学学院，遗传工程国家重点实验室 PI，上海市工业菌株工程技术研究中心主任，中国遗传学会微生物遗传专业委员会委员。长期从事酵母分子遗传学与表观遗传学在基因表达调控中的机制及应用研究。先后承担了国家 863 项目（项目首席）、973 课题（主持）、国家自然科学基金重大研究计划、教育部博士点优先发展领域等科研项目，作为通信作者在 *Journal of Cell Science*、*Cancer Research*、*BMC Genomics*、*Journal of Biological Chemistry* 等杂志上发表论文，授权发明专利 10 项，作为第一完成人获得上海市技术发明二等奖、教育部技术发明二等奖等奖项。

编者名单

主编 陆前进 于文强 吕 红

编者（按姓名汉语拼音排序）

中南大学湘雅二医院

丁 澎 侯 粲 李亚萍 廉晓日 梁功平 梁云生
廖洁月 刘素芳 龙 海 陆前进 罗双艳 罗湘杭
罗鸯鸯 邱湘宁 苏玉文 谭怡忻 王瑶瑶 肖 嵘
尹 恒 张 鹏 张 庆 张广森 张铁群 赵 明

复旦大学生物医学研究院

陈 坤 董世华 李 晋 李 信 李 岩 彭丽娜
王 翔 肖 敏 肖 瑶 于文强 张 兰 张如奎
赵丽萍 赵欣之 邹清平

复旦大学生命科学院

吕 红 余 垚

中南大学药学院

余聂芳

序言（一）

表观遗传学是研究在DNA序列没有改变的情况下，基因功能可逆的、可遗传改变的一门生物学学科。1939年，生物学家C. H. Waddington首先在《现代遗传学导论》（*An Introduction to Modern Genetics*）中提出epigenetics这一术语。1942年，他在研究细胞发育命运时，再次提出表观遗传学这一概念，并把表观遗传学描述为一个控制从基因型到表现型的机制。随后表观遗传学在研究与经典孟德尔遗传法则不相符的生命现象过程中逐渐发展起来，并成为后基因组时代的重要研究领域。

近十余年来，随着分子生物学技术的迅猛发展，表观遗传学与人类疾病的关系逐步被揭示。大量研究表明，表观遗传修饰异常在人类复杂性疾病如恶性肿瘤、自身免疫性疾病的发病机制中起重要作用。因为表观遗传学基因功能改变的可逆性，从表观遗传学修饰角度研究复杂性疾病的预防、诊断和治疗成为生物医学领域关注的重点。目前，国内虽有介绍表观遗传学的相关著作，但尚无集中阐述与人类复杂性疾病相关的表观遗传机制的专著。因此，我们迫切地需要一本全面、系统阐述表观遗传修饰与复杂性疾病相关研究的参考书和工具书，从而推动我国表观遗传的基础与临床研究，加速研发人类复杂性疾病的表观遗传诊断方法和治疗药物。

中南大学湘雅二医院陆前进教授、复旦大学生物医学研究院于文强教授及复旦大学遗传工程国家重点实验室吕红教授多年来致力于表观遗传学的基础与应用研究，经过多年的研究与临床实践，取得了一系列原创性研究成果，在国际上具有较高影响力。他们对迄今为止国内外相关研究成果进行系统汇编与梳理，融合自身宝贵经验，联手共同主编出版了《表观遗传学与复杂性疾病》一书，在此表示祝贺！

本书从表观遗传学基础理论着手，结合其相关研究进展进行了系统的论述，从恶性肿瘤、自身免疫性疾病、代谢性疾病、心血管系统疾病及神经精神疾病方面重点阐述了表观遗传修饰在人类复杂性疾病发生、发展过程中的作用及其分子机制，并详细介绍了表观遗传学研究方法、表观遗传修饰的干预药物及其研究进展。全书内容专业权威，紧跟科学前沿，论述深入浅出，将表观遗传学基础研究与临床应用融会贯通。我相信此书的出版必定能极大地推动我国复杂性疾病的表观遗传机制及其临床应用研究进程，故而欣然为之作序，并极力推荐此书！

夏家辉

中国工程院院士

2015年12月

序言（二）

解开生命奥秘、征服疾病是生命科学及医学领域的主要命题。经典遗传学理论难以阐明携带相同基因组的同卵双生子在疾病易感性等方面显示出的极大差异性，同时也解释不了基因转录的时空特异性。表观遗传学解释了很多经典遗传学不能解释的谜团。1939 年，生物学家 Waddington 首次提出“表观遗传学”这个概念，为解开生命的奥秘打开了至关重要的一扇门。表观遗传学的研究确实也成为近十多年来最主要的热点。诺贝尔奖获得者、DNA 双螺旋解码者 Watson 说：“你可以继承 DNA 序列之外的一些东西，这正是现在遗传学中让我激动的地方。”表观遗传学是研究在基因的核苷酸序列不发生改变的情况下，基因的表达发生了可遗传的变化的一门学科。其主要研究内容包括 DNA 甲基化、组蛋白修饰、非编码 RNA 调控等。表观遗传的改变可以遗传给子代细胞，且这种改变具有可逆性。

复杂性疾病是在遗传背景的基础上，环境因素通过表观遗传调控机制使疾病相关基因的表达和功能发生可遗传的改变，最终导致其临床表型的出现。因此，表观遗传在复杂性疾病的发生、发展中起十分重要的作用。利用表观遗传学理论和研究手段，有助于我们深入揭示复杂性疾病的发病机制，同时也为复杂性疾病的预防、新药的研发提供了乐观的前景。

从表观遗传学的提出到现在，人类对复杂性疾病的表观遗传机制有了较深入的认识，及时总结梳理相关知识并出版《表观遗传学与复杂性疾病》一书具有重要的意义。本书以基础研究为着眼点、临床应用为导向，分上、下两篇论述，上篇详细介绍了表观遗传学的基础理论，下篇则阐述了复杂性疾病如肿瘤、自身免疫性疾病、代谢性疾病、心血管系统疾病、神经精神疾病的表观遗传学研究进展，最后还特别介绍了复杂性疾病的表观遗传学研究方法与干预药物。编者团队近年来在表观遗传调控机制及其临床应用研究领域取得了许多原创性的研究成果，积累了丰富的经验。全书内容权威、丰富，紧跟科学前沿发展，论述深入浅出。深信本书的出版必将对复杂性疾病的表观遗传学基础与临床研究起到极大的推动和促进作用。

尚永丰

中国科学院院士

2015 年 12 月

前　言

20 世纪 50 年代初，Watson 和 Crick 共同建立了 DNA 分子双螺旋结构模型，成为生命科学领域具有划时代意义的突破性发现。自此，遗传学迅速兴起，成为现代医学研究领域中的一个重要分支，人类认识到基因缺陷和基因突变可以导致疾病的发生，例如红绿色盲、血友病、珠蛋白生成障碍性贫血（地中海贫血）等。然而，基因并不能决定一切生命过程，特别是对于糖尿病、心血管疾病、自身免疫性疾病、神经精神性疾病、恶性肿瘤等慢性复杂性疾病及衰老等病理生理改变，环境因素在这些生命过程中同样具有重要影响，这在大量同卵双生子的研究中得到证实。事实上，基因的表达活性在不同组织细胞和不同生理、病理状态下存在可变性，而环境的影响可能改变基因表达的调控；有研究表明，这种影响甚至在出生以前就已产生，而且其在胚胎时期所产生的影响可能伴随人的一生。然而，环境因素如何影响基因表达并参与各种生理及病理生理过程尚不清楚。

在这一背景下，表观遗传学应运而生，其主要研究在 DNA 核苷酸序列不发生改变的基础上而基因表达发生了可遗传的改变。DNA 甲基化、组蛋白修饰和 microRNA 是目前研究最广泛和最深入的表观遗传分子机制。这些表观遗传修饰通过直接或间接地对染色质空间结构及压缩状态进行动态调节，使得基因组中特定功能的基因在特定的场所和特定的时间条件下准确表达或关闭表达，从而影响生长、发育、凋亡等生命过程。换言之，表观遗传修饰可在环境因素的影响下参与基因表达调控，从而影响表型，这一过程不依赖于 DNA 遗传序列的改变。

事实上，表观遗传修饰异常在人类复杂性疾病的发病机制中起重要作用，这一观点通过近年来大量相关研究报道引起广泛认同。随着人类基因组计划的完成，新兴的高通量测序技术和生物信息学技术逐步得以普及，使得我们从全基因组水平进行表观遗传学研究成为可能。这一技术和研究理念革命性的飞跃使得人类表观基因组计划得以实施，针对恶性肿瘤、自身免疫性疾病等重大复杂性疾病的表观基因组学研究得到迅猛发展。令人瞩目的是，表观遗传修饰本身具有可逆性，这为我们治疗和逆转复杂性疾病带来了希望之光。随着对复杂性疾病表观遗传分子调控机制的深入研究，以及表观遗传药物及干预技术的开发，未来医学有望实现在早期利用表观遗传分子标记对患病风险进行筛查和预警，甚至可能通过特定的饮食、药物或环境干预手段，逆转疾病相关的异常表观遗传修饰状态。

近十余年来，表观遗传学研究已成为国际、国内生物医学领域的热点和前沿，然而国内目前介绍表观遗传学的著作和译著为数不多，而集中阐述与人类复杂性疾病相关的表观遗传机制的著作尚未面世。本书的编写将尝试填补这一空白，通过对迄今为止国内外相关研究成果的汇编与梳理，为表观遗传学研究人员提供一部较为全面、系统和便捷的参考资料和工具书。

本书的上篇将系统阐述表观遗传学的基本概念、内涵、外延及相关研究进展，使读者对 DNA 甲基化、组蛋白修饰、microRNA、X 染色体失活、染色质重塑等重要概念形成比较全面、清晰的认识。下篇将以自身免疫性疾病、代谢性疾病及恶性肿瘤等疾病作为典型代表，重点阐述表观遗传修饰在人类复杂性疾病发生、发展过程中的作用及其分子机制，并介绍表观遗传学研究方法，包括近年来开始兴起的高通量测序方法在表观遗传研究中的应用，最后就表观遗传修饰的干预药物及其研究进展进行综述。

在本书的撰写过程中，我们尽最大努力为读者呈现准确、翔实和前沿的知识，但限于作者学识水平和经验，加之科研工作的繁重和时间紧迫，本书的疏漏之处在所难免，恳请同行专家和广大读者惠予指正。

本书从策划到出版历时 3 年多，在此过程中全体编写人员在繁重的科研、教学与临床之余付出了辛勤的劳动，借此机会表示诚挚的谢意！医学遗传学国家重点实验室夏家辉院士及天津医科大学尚永丰院士在百忙之中欣然为此书作序，在此深表谢意！另外，此书出版得到了北京大学医学出版社的大力支持，在此表示感谢。

中南大学湘雅二医院　**陆前进**
复旦大学生物医学研究院　**于文强**
复旦大学遗传工程国家重点实验室　**吕　红**
2015 年 12 月

目　录

上篇　表观遗传学基础理论

下篇　表观遗传修饰与复杂性疾病

上　篇

表观遗传学基础理论

第一章　染色质的结构与功能

第一节　概　述

19 世纪末至 20 世纪中叶，遗传学（genetics）取得了巨大的成就，成为生物学中发展最快的学科之一。1865 年，G. J. Mendel 提出了遗传学的两大定律，即分离定律和自由组合定律[1]。1903 年，W. Sutton 和 T. Boveri 将遗传与染色体联系在了一起[2]。1910—1913 年，T. H. Morgan 及其学生发现了基因的伴性遗传规律和连锁交换定律[3-4]。1944 年，O. Avery 证明了遗传物质是脱氧核糖核酸（DNA），而不是蛋白质[5]。1953 年，J. Watson 和 F. Crick 提出了 DNA 的双螺旋模型，自此生物学进入了分子时代[6]。1958 年，F. Crick 提出了著名的“中心法则”，概述了遗传物质的传递和翻译过程[7]。该法则认为 DNA 是遗传物质的核心载体，它可以进行自我复制；DNA 可以通过 RNA 将遗传信息传递给蛋白质，但蛋白质不能将信息传递给 DNA。“中心法则”可以简单地用下列公式来表示：DNA ⇌ RNA →蛋白质 。时至今日，该法则已经过 50 多年的验证和发展，成为了生物研究的重要基石。

DNA 编码的遗传信息包含在由 A、T、C、G 四种核苷酸组成的序列中。个体所具有的特定 DNA 序列被称为基因型（genotype）。个体表现出的可被检测到的特征，被称作表型（phenotype）。经典遗传学认为，表型是由基因型和不可遗传的环境因素共同决定的。然而，越来越多的研究结果表明，即使在相同的基因型和环境条件之下，生物体仍然可以呈现出截然不同的表型。例如，单细胞的酵母可以在母代和子代之间转换结合型（性别），同卵双胞胎在性格和外貌上的差异，果蝇含有红白色斑驳复眼细胞，同一株拟南芥的种子萌发出形状不同的花朵，克隆猫与其遗传母亲肤色不同等。作为最常见的例子，在多细胞生物发育过程中，含有完全相同 DNA 序列的细胞可以分化为具有不同功能的细胞。这些表型的变化是由基因表达的差异造成的，但是这些差异并不涉及 DNA 序列的变化。在某些情况下，类似的表达差异可以通过有丝分裂或减数分裂被稳定地遗传到子代细胞中，这说明存在一种不同于 DNA 的遗传因子在发挥作用。对于这类“异常”遗传因子的研究几乎与经典遗传学同时兴起，经过近 50 多年的积累，发展成为了一门新的学科“表观遗传学（epigenetics）”。

“表观遗传学”的命名源于一个古老的名词“后生（epigenesis）”。早在 2000 多年前，古希腊伟大的哲学家亚里士多德就在其著作中描述并支持了后生理论。该理论认为发育是一个有序展开的过程，特别是指动物的卵细胞或者植物的种子需要经过一系列的器官形成和细胞分化才能发育成熟。1942 年，C. H. Waddington 将“epigenesis”和“genetics”融合，创造出了一个新的名词“epigenetics”[8]。Waddington 认为基因与其产物之间的相互作用决定了表型，而表观遗传学则是研究这种相互作用的学科。1990 年，R. Holliday 提出表观遗传学研究的是“在复杂生物发育过程中，在时间和空间上对基因活性进行调节的机制”，明确了表观遗传学是一门研究基因表达调控的学科[9]。20 世纪 90 年代后，表观遗传学得到了飞速的发展，其定义也随之变得更为精细，其主要的变化是将表观遗传限定为“非 DNA”的遗传。根据目前的观点，表观遗传学研究的对象是可遗传的基因表达的变化，而这些变化并不涉及 DNA 序列的改变。

目前，表观遗传学研究的三大对象或者说表观遗传的三大调控机制包括：DNA 甲基化、组蛋白修饰和非编码 RNA 调控。这三者都是通过影响染色质（chromatin）的结构和功能来调节基因的表达水平，因此染色质构成了表观遗传调控的基础。染色质，是指真核生物细胞核中由 DNA 与其紧密结合的蛋白质所构成的复合物。19 世纪 70 年代，W. Flemming

在对细胞进行染色时，发现分布在细胞核中的一些物质能够大量吸收碱性的苯胺染料。因此，他将这种物质命名为染色质（在希腊语中，chromatin是颜色的意思）。当细胞进入分裂期后，染色质就会凝聚为线状，这种结构的物质后来被命名为染色体（chromosome，意为“带颜色的物体”）[10]（图1-1）。1888年，Kossel发现了构成染色质的主要蛋白质——组蛋白（histone）[11]。与遗传学研究的热火景象不同，对于染色质功能的研究在随后的70多年里变得相对沉寂。1964年，V. Allfrey推测组蛋白修饰（酰基化和甲基化）与染色质转录相关，激发了研究组蛋白修饰与基因表达的热度[12]。1974年，R. Kornberg提出了染色质的基本单位——核小体的结构模型[13]。随后，T. Richmond等人对核小体的结构进行解析，为染色质的功能研究奠定了分子基础[14-15]。1996，C. D. Allis发现了四膜虫的组蛋白酰基转移酶与酵母中转录激活因子Gcn5同源，从而提供了组蛋白修饰调控基因表达的直接证据[16]。以此为契机，以染色质研究为基础的表观遗传学进入了一个飞速发展的阶段。DNA甲基化长久以来一直被认为与基因沉默相关[17]。1998年，研究发现DNA甲基化能够征集组蛋白去酰基化酶和甲基化酶，揭示了DNA甲基化通过改变染色质结构来抑制基因表达的作用机制[18]。关于RNA的研究是20世纪90年代后期蓬勃兴起的领域之一。2000年前后，一系列研究表明非编码RNA直接参与了异染色质的建立和维持，使得非编码RNA的研究成为了表观遗传学中的重要组成部分[19]。

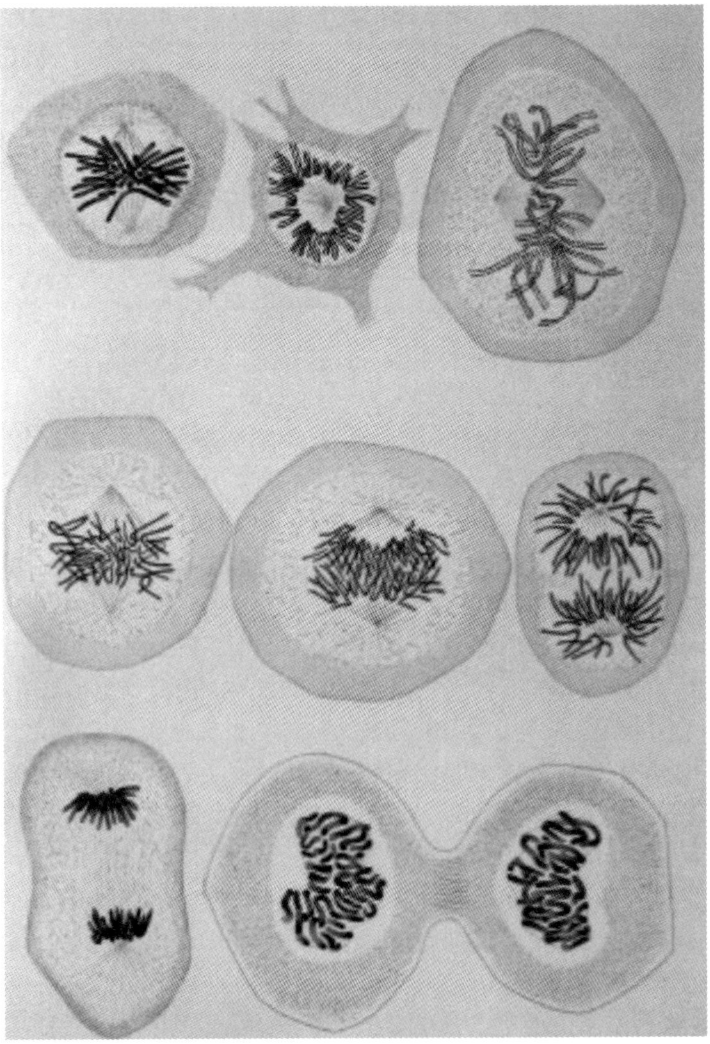

图1-1 W. Flemming所描绘的细胞染色体和有丝分裂过程
引自 Flemming W. Zellsubstanz, Kern und Zelltheilung. Leipzig: FCW Vogel, 1882.

染色质作为DNA在核内的高级结构，控制了激活及抑制因子与DNA的接触和分离，从而在转录水平上调控了基因的表达。更为重要的是，染色质对于基因表达的调控有记忆性，这就是所谓的“表观遗传记忆”。经典的转录模型认为基因的表达是由激活因子所控制的，一旦激活因子消失，转录也就消失了。当转录发生后，染色质的结构发生了改变，这种改变可以是激活性的，也可以是抑制性的，一些染色质结构的改变并不稳定，可能在一个细胞周期内就消失，或者不能被遗传到子细胞中去，这种结构的改变必须要通过转录激活因子的再次征集才可能被重建。而某些结构的改变，通过DNA甲基化、组蛋白修饰、非编码RNA调控等手段加以稳固，可以被遗传到子细胞中去，从而实现了不依赖DNA序列变化的表观遗传。当然，表观遗传不是稳定的，它可以被逆转，这是它与DNA遗传之间最主要的区别，而染色质结构的稳定性影响了表观遗传记忆的长短。表观遗传的信号（特定的染色质结构）是如何在有丝分裂和减数分裂中由母细胞遗传到子细胞中去的，是该领域研究的重点。此外，表观遗传信号是否能够像DNA遗传一样，可以通过生殖细胞被传递到下一代中去，仍然是一个存在争议的问题。如果确实存在类似的机制，这将揭示一条蛋白质→染色质→蛋白质的全新的遗传途径（图1-2）。关于这个问题的研究将深刻地影响到中心法则、达尔文进化论等生物科学的基石理论，将成为新世纪表观遗传学的热点。

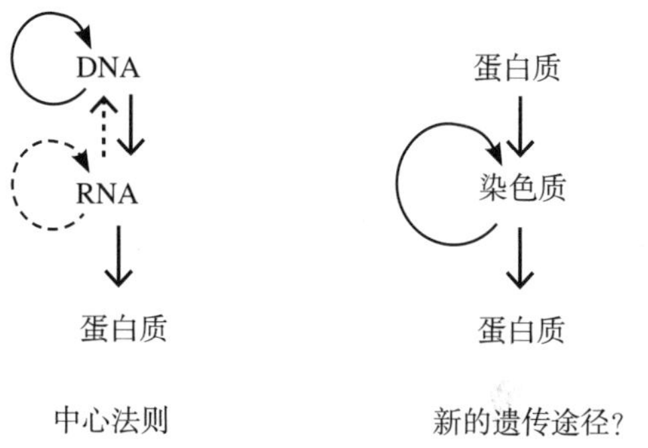

图1-2 表观遗传学能否证实一条新的遗传途径

第二节 染色质的基本结构单位——核小体

一、核小体的发现

染色质需要经过高度的折叠和压缩才能被容纳在细胞核中。举例来说，人类细胞DNA的总长度约为2m，而细胞核直径仅为10μm左右，凝聚的过程好比是将长达8km的细线塞进一个乒乓球中，这其中还没有考虑与DNA紧密结合的大量蛋白质。染色质的凝聚并不是随意的：有些区域需要高度凝聚，以沉默基因的表达或者形成特定的染色质结构，而在某些区域需要疏松的结构，使DNA能够接触到其他的生物分子，进行转录、复制、修复等过程。此外，染色质的凝聚程度也随着细胞周期而改变，染色质在分裂期，特别是分裂期中期的凝聚程度最高，而在分裂间期染色质则处于相对疏松的状态，不同时期之间的凝聚程度可以相差10倍以上。因此，染色质的凝聚是一个在时空上受到精密调控的过程。

染色质第一级的凝聚，是通过“核小体（nucleosome）”的结构来实现的。1972年，A. Olins和D. Olins采用低盐溶液抽提了鸡血红细胞中的细胞核。在显微镜下，他们观察到了类似“念珠”一样的结构。“念珠”上的珠子就是核小体，其直径约为10nm，将珠子串联起来的细线是核小体之间的DNA。1974年，R. Kornberg发现了组蛋白之间能够形成复合物，他综合了核酸酶消化染色质能够获得200bp DNA片段的数据，提出了核小体的结构模型。他认为核小体是由200bp的DNA包裹着组蛋白核心所构成的染色质基本结构单位。1984年，T. Richmond解析了核小体的结构，分辨率为7Å。1997年，T. Richmond又将解析度提高到了2.8Å，在接近原子的水平提供了这个重要结构的细节。

二、核小体的结构

1. 核小体的结构 在常规的核小体中，共含有4种组蛋白，H3、H4、H2A和H2B。每种组蛋白的2个拷贝结合在一起，形成了一个组蛋白八聚体；约146bp的DNA片段按照左手螺旋的方式在这个八聚体外缠绕1.65圈，就构成了一个核小体的核心颗粒

（有时习惯把核心颗粒就称作“核小体”）。核小体核心颗粒的直径约为10nm，146bp的DNA片段长度为57nm，因此DNA通过核心颗粒在长度上压缩了6倍。核小体还包括了与核心颗粒之间的连接DNA，其长度从数个bp到80bp。平均来说，每个核小体总共含有200bp的DNA。以核小体为单位的染色质将DNA的长度缩短到了近1/3，这是DNA在核内第一级的压缩率[14, 20]。

常规组蛋白，包括H3、H4、H2A和H2B，是一类长度约为100个氨基酸的小型蛋白质。它们具有非常相似的结构。组蛋白的中部含有名为“组蛋白折叠”（histone fold）的基序。该基序由70个左右的氨基酸组成，具有“α螺旋-环-α螺旋-环-α螺旋”的结构特征（图1-3）。核小体组装时，组蛋白首先利用该基序发生相互结合，形成了H3-H4的二聚体和H2A-H2B的二聚体。随后两个H3-H4的二聚体相互结合构成一个四聚体，该四聚体与2个H2A-H2B的二聚体结合，形成了一个完整的组蛋白八聚体。八聚体的核心是一个球状结构域，DNA在这个结构域外进行缠绕，就完成了一个核小体的组装。

2. 核小体与DNA之间的结合 每隔10个bp，DNA双螺旋中的小沟就会靠近组蛋白八聚体，与之发生结合。组蛋白八聚体主要含有两种DNA结合位点，它们都是由“组蛋白折叠”基序中的序列组成。第1种结合位点“α1α1”是由2个相邻组蛋白所含有的第1个α螺旋构成，第2种结合位点“L1L2”是由第1个和第2个环（loop）构成。八聚体与DNA之间的结合包括了多达142对的氢键，其中50%发生在组蛋白肽链的骨架与DNA的磷酸二酯骨架之间。此外，带电基团之间的静电作用和非极性基团之间的疏水作用对于结合也贡献颇多。以静电作用为例，组蛋白富含赖氨酸、精氨酸，这类氨基酸的侧链带有正电荷侧链，因此球状核心的表面分布了大量正电荷，这些正电荷与DNA的磷酸二酯骨架上的负电荷相互吸引，稳定了DNA与组蛋白八聚体之间的结合。值得注意的是，DNA的碱基并没有直接与组蛋白结合，这说明组蛋白对于DNA的高亲和力并不依赖于DNA序列，因此，组蛋白八聚体几乎能够装配各种序列的DNA[21]。

3. 组蛋白的尾巴 从组蛋白的N端到“组蛋白折叠”的基序之间，是一段长度为10~30bp的序列，通常被称作组蛋白的“尾巴”。在核小体的晶体结构中，“尾巴”是看不见的，说明这段序列十分柔软，并不具有特定的结构。组蛋白的“尾巴”穿过DNA“线圈”之间的缝隙，从八聚体的球状结构域中伸展出去，暴露在外。与被包裹在球状结构域中的部分不同，组蛋白尾巴并不直接参与核小体的结构组成，但它通过与其他蛋白质发生相互作用，从而对核小体的结构和功能进行调节。举例来说，如果将酵母组蛋白H4的球状结构域的序列进行少量缺失，就会导致酵母细胞的死亡；不同的是，如果将H4的尾巴全部去除，细胞仍然能够存活，但是会表现出异常的基因沉默[22]。组蛋白尾巴的主要调节方式是其残基的翻译后修饰。常见的修饰包括了酰基化、甲基

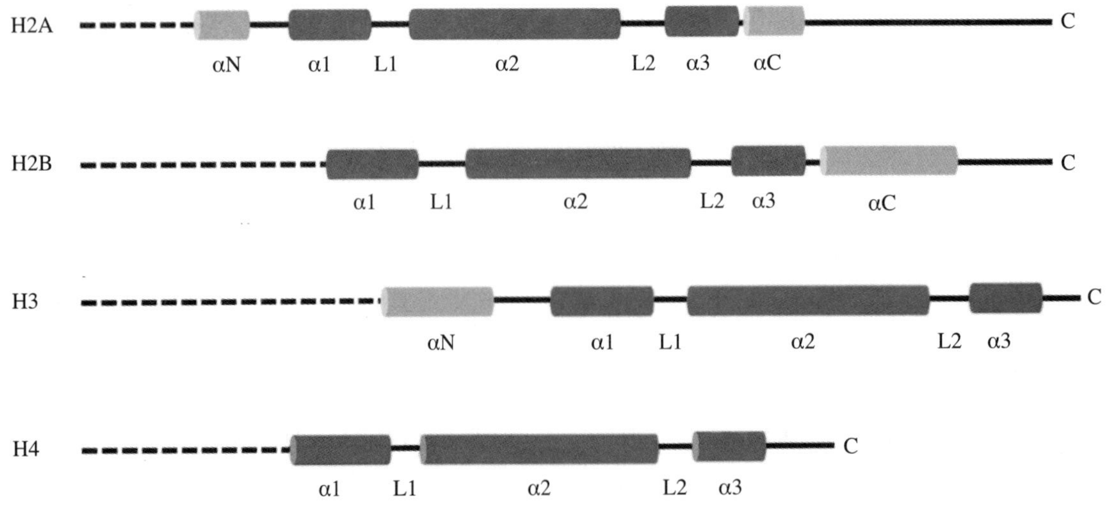

图1-3 组蛋白都含有名为“组蛋白折叠”的基序（图中“组蛋白折叠”的基序用深灰色表示，虚线表示N端尾巴）

化、磷酸化、泛素化等。组蛋白可以通过这些修饰改变它们与DNA之间的亲和力，或者利用修饰来吸引下游效应蛋白，从而改变核小体及更高层次的染色质结构，并最终调节基因的表达和染色体特殊区域的功能（关于组蛋白修饰的介绍，详见第三章）。

4. 高度保守的核小体结构 来源于不同物种的核小体在结构上具有高度的相似性。举例来说，酵母与爪蟾的核小体在结构上的偏移仅仅为1.6Å。结构的相似源于组蛋白序列的保守。组蛋白是在进化上最为保守的蛋白之一。以H4为例，人类与酵母H4序列的相似度高达97%，这说明了组蛋白的每一个残基对于其功能来说都是至关重要的。组蛋白序列一旦在进化的早期被确立，就很难被改变，因为每一处变化都有可能对生物造成致命的影响。

常规的组蛋白拥有许多变异体，如H2A的变异体H2A.Z、H2A.X，H3的变异体CenH3、H3.3等。这些变异体能够替代常规的组蛋白，构成特殊的核小体。虽然这些特殊的核小体在结构上与常规核小体非常接近，但是却具有不同的特性。特殊的核小体在基因组上有着特定的分布，参与了对基因表达的调控及对特定染色体结构的标定（关于组蛋白变体的介绍，详见第三章）。

三、核小体的组装与解离

1. 组蛋白伴侣 缠绕在组蛋白八聚体上的147bp的DNA，居中的约80bp DNA与H3-H4四聚体发生结合，而位于两侧的约40bp DNA与H2A-H2B二聚体发生结合，但结合稍弱，最外侧的10bp与组蛋白H3的α_1螺旋发生结合。在组蛋白八聚体的结构中，H3-H4四聚体居中，H2A-H2B二聚体分别位于其两侧。因此，在组装核小体时，H2A-H2B的二聚体需要等待H3-H4的四聚体被安置到位后才能进行组装。而在进行核小体解离的时候，程序正好相反，H2A-H2B二聚体会先于H3-H4四聚体从DNA上脱离下来。由于组蛋白是一种高碱性的蛋白质，它与DNA以及许多核蛋白（如酸性的转录因子）之间很容易发生非特异性的结合，从而会影响核小体的组装/解离。为了解决这个问题，在体内有一类蛋白质，称为组蛋白伴侣（histone chaperone），它们与组蛋白结合，能够在核小体组装/解离过程中防止非特异性结合的发生。实际上，伴侣蛋白参与了几乎所有组蛋白相关的反应，其中包括组蛋白的转运（例如将组蛋白从一个伴侣蛋白转移到另一个伴侣蛋白、将组蛋白转移给组蛋白修饰酶、组蛋白与DNA的结合/解离等）、组蛋白的储存（例如发育时期体内组蛋白库的维持、缓冲瞬时过量的组蛋白等）和组蛋白的选择（常规组蛋白与组蛋白变体之间的置换）。值得注意的是，如其名字所示，“伴侣”蛋白只是在反应中负责与组蛋白结合，但是自身并不成为反应终产物的一部分[23]。

根据伴侣对不同组蛋白之间的亲和力，至少可以将其分为三大类。第1类伴侣结合H3-H4二聚体或四聚体，包括ASF1、CAF-1复合物、RTT106、NASP、HIR蛋白等；第2类伴侣结合H2A-H2B二聚体，包括FACT复合物、NAP1、CHZ1、nucleoplasmin、nucleolin等；第3类伴侣结合组蛋白变体，如CenH3的伴侣蛋白SCM3和HJURP[24]。

大多数伴侣蛋白，如ASF1、nucleoplasmin、FACT、NAP1等，都含有一长段富含酸性氨基酸的序列，以便通过静电作用与碱性的组蛋白发生结合。但是静电作用并不能完全解释伴侣蛋白与某一类型组蛋白的特异性结合，这说明结合的特异性需要伴侣蛋白其他区域的协助。

2. 复制过程中核小体的解离与组装 在复制过程中，DNA与复制复合物中的众多蛋白质发生了直接的接触。例如，MCM复合物将DNA双链解开，DNA通过DNA聚合酶进行复制，PCNA复合物环绕在DNA上防止聚合酶与DNA的解离等。考虑到DNA与这些蛋白质结合时发生的构象变化，复制过程必然发生在裸露的DNA上。例如，在SV40微型染色体的复制中，复制叉前300bp的DNA是裸露的。因此在复制开始之前，核小体需要与DNA发生解离。

核小体的解离首先是从H2A/H2B二聚体与H3/H4四聚体的分离开始的。组蛋白伴侣FACT复合物可能参与了H2A/H2B与核小体的分离。在体内实验中，FACT可以促进DNA复制的起始，在体外实验中，FACT可以协助MCM复合物对于DNA的解链。另外一个可能协助移除H2A/H2B的伴侣蛋白是NAP1。在H2A/H2B被移除之后，相对稳定的H3/H4也需要被移除，以产生完全裸露的DNA，这个过程可能是由ASF1来介导的[24]。

在复制结束后，核小体必须快速地在新生的

DNA 上完成组装。SV40 病毒中的研究表明，当新合成的 DNA 达到一个核小体包装的长度后，核小体组装几乎就立刻开始了。来自于亲本的组蛋白和新合成的组蛋白同时参与了新核小体的组装。组蛋白八聚体，可以由“老”组蛋白构成，也可以由“新”组蛋白构成，或者是“新”“老”组蛋白混合构成的。“新”组蛋白和“老”组蛋白在前导链和后随链上的分布没有倾向性，因此在这两条链上含有均等的“老”组蛋白和“新”组蛋白。如同 DNA 复制，核小体的复制也是半保留式的，这种复制方式对于表观遗传信息的传递是至关重要的[24]。

在核小体组装时，H3/H4 四聚体被首先安置在 DNA 上，随后被安置的是 2 个 H2A/H2B 二聚体。新合成的 H3/H4 可能通过 ASF1，被传递给下游的伴侣蛋白 CAF-1 复合物和 RTT106，再由这 2 个伴侣蛋白安置在 DNA 上，CAF-1 可能是通过与 PCNA 的结合被募集到复制位点上的。关于是否存在特定的伴侣蛋白负责安置亲代的 H3/H4，目前知之甚少。

H3/H4 在新合成的 DNA 上可能有两种安置方式：第 1 种是由亲代的 H3/H4 构成的四聚体和由新合成的 H3/H4 构成的四聚体进行安置，第 2 种是由亲代的 H3/H4 二聚体和新合成的 H3/H4 二聚体构成一个混合的四聚体进行安置。1988 年，V. Jackson 用一个巧妙的实验解答了这个问题[25]。他用同位素标记了细胞内新合成的蛋白质（包括组蛋白），随后将蛋白质进行交联，利用梯度离心将新合成的组蛋白与没有被标记的组蛋白分离开。他发现新合成的 H2A/H2B 能够任意地与亲本的 H3/H4 四聚体结合，但新合成的 H3/H4 二聚体却不能与亲本的 H3/H4 二聚体构成四聚体。这个结果强烈提示了亲代的 H3/H4 是以四聚体的形式被安置在新合成的 DNA 上的，当然在这个过程中四聚体是否发生解聚仍无定论。

3. 转录过程中核小体的解离和组装　在转录过程中，组蛋白需要被移除以便于转录的进行，而且移除的程度与转录的活性及染色质的结构密切相关。与复制不同，在大多数情况下，只要移除 H2A/H2B 二聚体，就可以在保留 H3/H4 四聚体的情况下，进行转录。但在某些区域，如启动子，整个核小体则需要被完全移除。研究发现 FACT 复合物、NAP1、nucleoplasmin 等伴侣蛋白可以在转录过程中对 H2A/H2B 进行移除。ASF1 参与了在启动子区域附近对 H3/H4 的移除。

与复制过程相同，转录完成之后，需要在转录区域迅速重新组装核小体，并恢复染色质结构，以防止在基因内部起始非正常的转录。在重新组装时，可以选择原先被移除的组蛋白，也可以选择新合成的组蛋白，但选择的机制目前仍不清楚。SPT6、ASF1 和 FACT 复合物等伴侣蛋白都参与了转录后核小体的组装。这些伴侣蛋白可以通过与转录相关蛋白的结合定位到转录区域。例如，SPT6 可以和延伸中的 RNA 多聚酶Ⅱ直接发生结合，ASF1 可以与通用转录因子 TAFⅡ250结合，FACT 复合物则能够与染色质重构复合物（chromatin remodeler）的亚基 CHD1 发生结合。

4. DNA 修复过程中核小体的解离与组装　相对于复制和转录，有关 DNA 修复中核小体的解离与组装的研究相对较少。在进行 DNA 双链断端（double-strand break）的修复时，需要对断端进行切除，以产生单链 DNA。在切除过程中断端附近的组蛋白水平会下降，这可能是由于核小体伴随着切除中的脱落造成的，也有可能是由核小体的解离造成的。目前尚无证据表明伴侣蛋白主动参与了切除过程中核小体的解离，因为 ASF1 和 CAF-1 复合物对于切除反应来说都不是必需的。

在核苷酸切除修复和 DNA 双链断端修复后，核小体需要在损伤位点上重新组装，恢复染色质的结构，这一过程需要 ASF1 和 CAF-1 复合物的参与。重新组装的过程与复制后组转的过程颇为相似：PCNA 征集 CAF-1 到修复位点，ASF1 将 H3/H4 传递给 CAF-1，并由 CAF-1 将其安置在 DNA 上。目前不清楚 H2A/H2B 的伴侣蛋白是否也参与了修复后的核小体的组装。

5. 父本基因组的核小体组装　在精子发生的过程中，基因组上大部分的组蛋白都会被精蛋白所替代。精蛋白是一种小型的富含精氨酸的蛋白质。在精蛋白的协助下，父本的基因组被紧密地包装入精子的头部。在受精完成后，父本基因组上精蛋白需要被去除，并被替换为核小体。这一过程必须在精卵核融合之前完成，同时，这一过程解聚了高度浓缩的父本染色体，为第一轮 DNA 复制做好了准备。果蝇中的研究表明，H3/H4 的伴侣蛋白 HIRA 参与了父本基因组的核小体组装。由于这一过程发生在复制之前，所以 HIRA 负责安置的并不是常规的 H3，而是变体 H3.3。相应的是，与复制偶联的 H3/H4 的伴侣蛋白 ASF1 并没有参与父本基因组的核小体组装[26]。

四、核小体在 DNA 上的定位

1. 核小体在 DNA 上的定位影响了 DNA 与蛋白质之间的结合 相对于核小体之间的连接 DNA，缠绕在核小体上的 DNA（核小体 DNA）在空间上受到诸多局限，这主要是由于核小体 DNA 与组蛋白核心之间的结合非常紧密，以及核小体 DNA 的螺旋之间距离很短。核小体在结构上的局限干扰了它与许多蛋白质之间的结合，因为许多蛋白质倾向于和裸露的 DNA 发生结合。此外，由于缠绕，核小体 DNA 发生了明显的弯曲，改变了其螺旋的扭曲程度，使某些蛋白质的识别构象遭到破坏，从而影响了结合。在另一方面，核小体也可以促进蛋白质与 DNA 的结合。例如，在 U6SnRNA 的启动子研究中发现，如果在 2 个转录因子 OCT1 和 SNAP 的结合位点之间嵌入 1 个核小体，这个核小体可以通过缠绕 DNA，缩短了 2 个位点之间的距离，从而促进了 2 个转录因子与 DNA 的结合[27]。因此，核小体可通过它在 DNA 上的定位来调节 DNA 与蛋白质的结合，使核小体本身能够作为抑制因子或者激活因子参与基因的表达调控。

2. 核小体在基因上的定位 全基因组水平的研究表明，核小体在基因上的定位，主要包括了以下几点特征：相对于转录区域，基因启动子区域含有更少的核小体。核小体空白区（nucleosome-free region，NFR）多位于转录起始位点（transcription start site，TSS）的上游。在 TSS 上游和下游通常会有一个强定位的核小体，上游的核小体被称为 –1 位核小体，下游的则被称为 +1 位核小体。相比于基因内部的核小体，在基因 5′ 端的核小体的定位更为稳定。"–1 位核小体 /NFR/+1 位核小体"的布局常见于看家基因（housekeeping gene），例如糖酵解基因、核糖体基因等，而且 NFR 的长度与转录的强度成正比。相对来说，一些快速应答基因上的核小体的布局就不是那么规律[28]。

3. DNA 序列对于核小体定位的影响 核小体在 DNA 上的定位是由两种因素来决定的：第 1 种是顺式的（cis），也就是 DNA 序列；第 2 种是反式的（trans），也就是与 DNA 结合的蛋白质。

DNA 序列对于核小体定位的影响源于核小体与不同 DNA 序列之间的亲和力差距。研究表明，这种亲和力差距可以达到 5000 倍以上。一般的蛋白质是通过识别特定的碱基序列来结合 DNA 的，与之不同的是，组蛋白与 DNA 的碱基对之间几乎没有任何接触，核小体对于序列的亲和力是由 DNA 序列自身的弯曲能力决定的。由于结构上的差异，序列之间存在着细微的弯曲能力的差别。而在组蛋白核心上的缠绕对于 DNA 的弯曲能力提出非常苛刻的要求，这放大了序列之间的差距，从而形成 DNA 与核小体不同的亲和力。此外，DNA 的甲基化也会影响序列与核小体之间的结合。

根据与核小体的亲和力，DNA 序列可以分为两大类型。第 1 种是核小体偏好序列。举例来说，每隔 10bp 就含有 AA/TT/TA 双核苷酸的序列，在结构上很容易弯曲，因此相对于其他随机序列，这种序列与核小体亲和力更高。第 2 种是核小体厌恶序列。举例来说，多聚 A 或者多聚 T 的结构与普通的 DNA 双螺旋不同，它们不容易弯曲，因此很难被缠绕在核小体上。基因组的研究结果表明，多聚 A 或者多聚 T 的序列是真核生物排除核小体，形成核小体空白区（NFR）的主要手段。

DNA 结合蛋白对于核小体定位的影响在于，除了序列本身以外，反式因子（蛋白质）也是决定核小体定位的重要因素。举例来说，如果在体外将组蛋白和 *pho5* 的启动子序列混合在一起，无法获得与体内的核小体相同的定位。然而，如果在反应体系中加入细胞裂解物，并提供 ATP，就可以获得与体内相一致的核小体的分布，这说明蛋白质是核小体定位的必需条件[29]。一共有四大类蛋白质参与了核小体的定位：①转录因子；②染色质重构复合物；③ RNA 聚合酶；④组蛋白。

一旦 DNA 与转录因子发生结合，其构象就会发生变化，使之不能够缠绕在核小体上，同理，缠绕在核小体的 DNA 不能够被许多转录因子所识别。所以，转录因子和核小体在体内竞争性地结合 DNA 序列，与此相一致的是，许多转录因子的结合位点位于核小体之间的连接 DNA 上。

染色质重构蛋白是一种大分子复合物，它们能够利用 ATP 能量在 DNA 上横向地滑动核小体，或者将核小体从 DNA 上移除。重构蛋白在 DNA 上的征集可能需要其他 DNA 结合蛋白的协助。重构蛋白包括四大家族：SWI/SNF、ISWI、CHD 和 INO80（关于染色质重构蛋白的介绍，详见第三章）。

RNA 聚合酶所介导的转录对于核小体的定位有着深远的影响。研究表明，核小体空白区的宽度与转录的活性成正比，相应的，+1 位核小体的位置也随之发生改变。例如在受到 CD3 和 CD28 抗体刺激

的 $CD4^+$ T 细胞中，在 RNA 聚合酶Ⅱ持续转录的基因中，+1 位的核小体位于转录起始位点（TSS）下游 40bp 处；而在 RNA 聚合酶Ⅱ转录停滞的基因上，+1 位的核小体则位于 TSS 下游 10bp 处[30]。

作为核小体核心，组蛋白的变化自然也会影响核小体与 DNA 的结合，变化之一就是组蛋白的翻译后修饰。研究表明，组蛋白的过乙酰化可以促进核小体与 DNA 之间的亲和力。此外，含有组蛋白变体的核小体有可能表现出与常规核小体不同的 DNA 结合能力，从而影响核小体的定位。

第三节　染色质的高级结构

一、30nm 的染色质纤维

第一节中提到，如果在低盐的情况下处理染色质，由于 DNA 携带了大量的负电荷，使染色质之间相互排斥，无法形成高级结构，所以呈现出由核小体构成的“念珠状”的一级结构。如果将盐浓度提高，DNA 之间排斥作用被削弱，因而可以逐步呈现出凝聚态的高级结构。当盐浓度接近核内盐浓度时（等渗条件），染色质形成了直径为 30nm 的纤维。目前普遍认为，这就是染色质折叠的第二级结构。在这一结构的基础上，染色质可以形成三级及更高级的结构，特别是分裂中期形成高度凝聚的染色体[31]。

关于 30nm 纤维的结构，主要有 2 种模型。第 1 种被称为“螺管型”，在这种结构中，分布在一条序列上的核小体之间相互结合，构成了单起点的螺旋。第 2 种结构被称为“曲折型”，在这种结构中，分布在两条序列上的核小体相互结合，核小体之间的连接 DNA 序列曲折往返，构成了双起点的螺旋。2005 年，科学家解析了含有 4 个核小体的序列的结构[32]，该结构清晰地显示了双螺旋的结构，有力地支持了“曲折型”的模型，因此目前该模型得到了更为普遍的认同。

并不是核内所有的染色质都可以形成 30nm 的纤维。30nm 纤维是否能够形成首先取决于一级结构，特别是核小体之间连接 DNA 的长度。此外，含有组蛋白变体的核小体的分布、组蛋白的翻译后修饰，以及染色质结构蛋白（如 HP1、PCG 蛋白、MECP2）等多种因素，都能够促进或者干扰 30nm 染色质的形成。因此，染色质真正的二级结构是由 30nm 的纤维与其他结构融合形成的。而且这一结构不是一成不变，而是一个能够根据细胞周期和环境刺激不断变化的动态结构。同样的，这一“动态变化”的原则也适用于建筑在染色质二级结构之上的所有高级结构。

1. 核小体之间的结合协助构成 30nm 纤维　组蛋白 H4 的 N 端“尾巴”富含赖氨酸和精氨酸等碱性氨基酸，其中部分序列（第 15～25 位氨基酸）能够与相邻的核小体中组蛋白 H2A 的 7 个酸性氨基酸（被称为“酸性小块”）发生接触。在体外实验中，如果将 H4 的 N 端尾巴去除，就能阻止 30nm 纤维的形成，暗示 H4 与 H2A 的结合参与了 30nm 纤维结构的形成。

H4 的 N 端“尾巴”含有多个翻译后修饰的位点（详见第三章介绍）。其中 H4 的第 16 位赖氨酸（H4K16）的乙酰化是负责转录激活的重要修饰。体外实验发现，H4K16 的乙酰化可以干扰 30nm 纤维的形成，这可能是由于该修饰影响了 H4 与 H2A 的结合。

与常规的 H2A 相比，变体 H2A.Z 的“酸性小块”区域含有 9 个氨基酸。延长的酸性区域加强了 H2A.Z 与 H4 之间的结合，可以促进 30nm 纤维结构的形成。有趣的是，在人类中存在 H2A 的另一个变体 H2A.Bdb。H2A.Bdb 丧失了“酸性小块”区域，因此推测 H2A.Bdb 可以阻止 30nm 纤维的形成，从而解聚染色质，并促进转录的发生。

2. H1 组蛋白在 30nm 纤维形成中的作用　如果在等渗的盐浓度条件下，将组蛋白 H1 从天然的染色质中抽提出来，就会促进 30nm 纤维的结构分解，使其暴露出核小体，呈现出“念珠”状的一级结构。因此，H1 被认为是参与稳定 30nm 纤维结构的重要蛋白质。

组蛋白 H1 拥有较长的 C 端尾巴与较短的 N 端尾巴，中间是一个球状结构区域。其 C 端尾巴富含赖氨酸，可以与 DNA 发生紧密的结合。在染色质中，H1 的含量是 4 种常规组蛋白含量的 50%，这是由于 H1 并没有参与核小体核心颗粒的构成，每一个核小体的外侧只结合 1 个 H1 蛋白。目前 H1 的结构没有得到解析，研究推测它可能利用其球状结构区域控制进入和离开核小体的DNA，而其碱性的C端尾巴则负责结合核小体之间的连接DNA。

二、30nm纤维以上的染色质高级结构

1. 染色质环

（1）染色质环的结构：染色质的高级结构是显然存在的，一个最简单的例子就是在分裂期间染色质可以形成高度凝聚的结构——染色体。但这些高级结构是如何形成的，是否具有多重层次，仍然是一个充满争议的热点话题。目前，对于30nm的染色质纤维如何形成更高一级的染色质结构没有形成统一的观点，在很大程度上，这是由于30nm纤维结构本身尚未得到完全解析造成的。

目前认为30nm纤维可能参与形成了一种名为"染色质环"（chromatin loop）的高级结构。早期实验中发现，通过温和处理，将细胞核内的组蛋白去除以后，部分DNA被释放出来，环绕在核的周围，形成类似于太阳光环的结构。"光环"是由大小不等的环形的DNA构成，这说明染色质能够以环形的结构存在。环形的DNA是通过核基质结合区域（matrix attachment region，MAR）与核基质（nuclear matrix）锚定在一起的。核基质是一种由核内蛋白纤维构成的网络结构，也被称作核骨架（nuclear scaffold），它是构成染色质高级结构的重要成分，但其具体组分和结构尚未被确定。

支持染色质环结构的另一个重要依据来自于对一些特殊的天然染色体的研究。灯刷染色体是目前所知的最大的染色体，它多见于鱼类、鸟类和两栖类的卵母细胞，早在1882年，弗莱明就在著作中描述过它的结构。大量的染色质环从染色体的主干上延伸出去，酷似"灯刷"（或者说"试管刷"），染色体因此而得名（图1-4）。每一个染色质环中含有固定的基因序列，这反映了结构的保守性。灯刷染色体形成于卵母细胞的减数分裂期，它含有大量活跃表达的基因，这些活跃基因多被包含在染色质环中，这可能是因为染色质环相对疏松的环境可以促进转录。相对而言，低表达的基因保持凝聚状态，位于灯刷染色体轴身（"刷杆"）上。如果将外源生物的DNA导入卵母细胞后，也能够形成灯刷染色体，这就提示了染色质环可能是一种普遍存在的高级结构。

（2）染色质环与基因表达调控：染色质环与基因的表达调控密切相关。通过这一结构，在线性距离上相距很远的位点可以被联系在一起，从而进行位点之间的协同调节。同理，环形结构也可以将距离相邻的位点分离开，以保证各位点相对独立的功能。染色质环所包含序列的长度跨度很大，可以是数百bp的基因序列，也可以是数百万bp的染色体区段。

染色质环可以采用多种方式来调节基因表达[33]。①染色质环通过联系调节序列与基因来调节基因的表达。例如染色质环介导了β-球蛋白基因的增强子对其下游50kb的基因的激活，染色质环也参与了基因组印记（genomic imprinting）中对于父系或母系基因的沉默。②染色质环可以将基因的启动子与终止子联系在一起，形成"基因环"。这一结构可能协助了RNA 3'端加工复合物与转录复合物的结合，促进对RNA的加工以及基因的重转录。③染色质环将基因两端的边界元（boundary element）或绝缘子（insulator）联系起来，在结构上实现了隔离，从而构成独立的基因区域，使其免受邻近基因的干扰。例如，果蝇中的"吉普赛"绝缘子相互结合，因此在电镜下可以观察到染色质环在绝缘子之间突出。除了对少数基因的保护以外，染色质环也参与对于大范围区域的界定，如裂殖酵母中异染色质与常染色质之间的隔离。④染色质环可以包含长达数百万bp的序列，从而形成一个巨大的染色质环，使之与染色体其他的区域区分开，以便在特定核内环境中发挥功能。例如，人类主要组织相容性复合物Ⅱ和小鼠的*hox*基因簇，在激活的条件下都可以形成巨大的染色质环，以进行基因的高表达。

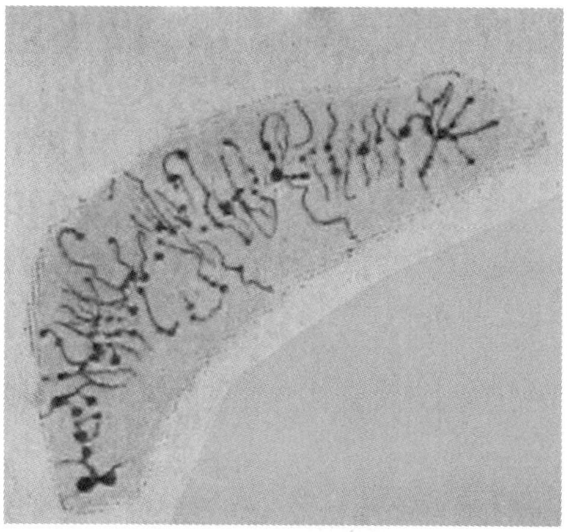

图1-4 灯刷染色体

2. 染色体

（1）染色体的定义：染色体是染色质包装的最高级别，多见于细胞分裂期。染色体在分裂中期时的凝聚程度最高，其含有的DNA被压缩至原大的1/10000～1/20000。细胞分裂中期的染色体由2条染色单体构成，染色单体各含有1条复制完成的双链DNA。染色单体之间由着丝粒进行连接，着丝粒负责征集动粒与纺锤丝，控制了染色体的分离（图1-5）。染色体的末端含有由重复序列构成的特殊结构，称为"端粒"。端粒通过保护染色体末端来维持基因组稳定性（关于着丝粒和端粒的详细介绍，参见第四节）。虽然染色体具有较为稳定的结构，但是其具体的构成细节仍然未知。

（2）染色体骨架：同一物种的染色体在分裂中期的直径是基本固定的，研究表明，即使染色体发生大片段的缺失或插入，其直径仍然不会发生改变，这说明直径不是直接由DNA序列来决定的，必然存在其他的因素决定了染色体的直径。此外，染色体的结构具有很强的弹性。如果将染色体拉伸到其原始长度的5倍后，它仍然可以恢复其原始长度（在这个过程中，染色体的直径没有发生变化）。这些结果提示染色体内部可能存在由蛋白质交联构成的网络结构，从而为染色体提供刚性和弹性。这一网络结构可能与染色体骨架（chromosome scaffold）相关。前文曾经提到，细胞核在去除组蛋白后，可以形成环绕核周的DNA"光环"。如果将染色体的部分组蛋白去除后，也可以观察到类似的DNA"光环"。DNA"光环"通过骨架结合区域（scaffold-attachment region，SAR）与染色体骨架发生结合。由于功能的相似及在时空上的延续，核骨架和染色体骨架很可能是同一种网络结构在细胞间期和细胞分裂时期的不同状态。

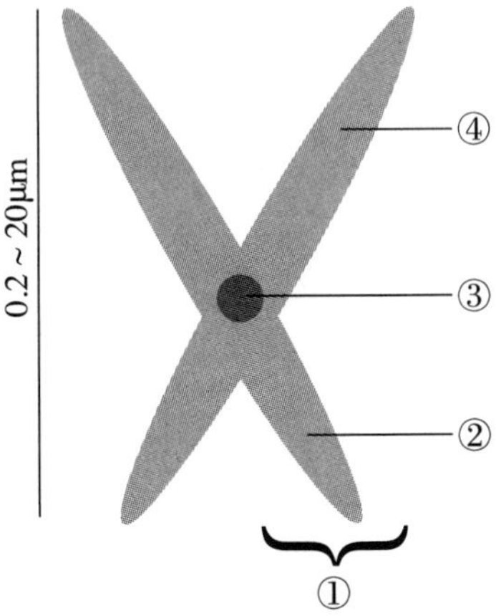

图1-5 染色体

①染色单体；②短臂；③着丝粒；④长臂

"染色体结构维持"（structural maintenance of chromosomes，SMC）蛋白是染色体骨架的主要成分之一。SMC蛋白通常以二聚体的形成存在，呈"V"字形。位于"V"字的2个顶点的是SMC单体的球状结构域，该结构域能够和DNA结合，并具有ATP酶的活性；"V"字的两臂是单体的卷曲螺旋（coiled-coil）；单体通过可活动的铰链区联系在一起，构成了"V"字的底部。SMC蛋白可以利用其球状结构域与染色质环结合，通过水解ATP产生的能量来参与或者维持染色质的凝聚状态。SMC蛋白是凝聚蛋白（condensin）和粘连蛋白（cohesin）复合物中的主要成员。这2个复合物在染色体上呈轴向分布。凝聚蛋白主要负责姐妹染色体单体的凝聚和粘连，而粘连蛋白控制了姐妹染色单体的粘连和分离[34]。

（3）多线染色体：除了上文提到的灯刷染色体以外，另外一种特殊的染色体——多线染色体（polytene chromosome）也得到了广泛的研究。多线染色体是在DNA连续发生多次复制，而细胞不发生分裂的情况下形成的。多线染色体常见于双翅目幼虫中。以著名的果蝇幼虫的唾腺染色体为例，DNA连续复制了10次，而细胞没有分裂，因此1024条染色单体并排在一起，好比是盒装的吸管一样（图1-6）。多线染色体体型巨大，因此在电镜下可以直接观测到它的结构。多线染色体上分布着许多深浅不一的条带，深色的条带称为暗带；暗带之间的条带颜色较浅，被称为明带或间带。暗带对应的是凝聚程度较高的染色质，包含在其中的基因表达水平较低；明带对应的则是结构较为疏松的染色质，包含在其中的基因表达水平较高。在果蝇的唾腺染色体上约含有5000条明带和5000条暗带，在同一物种的多线染色体上，带型的分布是保守的，说明了分裂间期的染色体具有高度组织化的结构特性。当某一区段的染色质进行转录时，凝聚的染色体条带变得疏松，从而在多线染色体上形成膨胀的小泡。

（4）染色体的G带：采用吉姆萨染料染色后，处于分裂中期的染色体上也可以形成明暗相间的条带（图1-7）。这些条带被称作G带。与多线染色体上的条带不同，G带并不是由染色质疏密程度的差异造成的。在分裂中期，染色体的所有区域都发生了高度的浓缩，因此，G带是由染色体不同区域对于染料的亲和力差异造成的。值得注意的是，G 带的分布不仅在同一物种的染色体上是高度重现的，而且在进化上接近的物种之间也是相似的，例如人和猩猩的对应染色体上的 G 带分布就颇为接近。这反映了染色体结构的保守性与基因功能的保守性是相关的。

3. 染色体区域和染色体的活动

（1）染色体区域：早在 1909 年，T. Boveri 就提出了关于染色体区域的概念，即在分裂中期相互分离的染色体，在分裂间期时所占据的特定区域。经过 100 多年的科技发展，通过原位杂交，同位素标定等方法标定染色体，科学家们现在可以在多种真核生物的活体细胞中观测到染色体区域的存在。在分裂间期的细胞中，不同的染色体占据了相对独立的区域，区域之间重叠的部分很少[35]。

染色体区域的布局是否能够通过有丝分裂过程传递到子代细胞中去，关于这个问题仍存在争议。目前认为染色体区域的总体布局能够从母细胞传递给子细胞，但是一些较小的染色体区段的精确位置则不能被传递下去。

在染色体区域的布局中，含有基因较多的染色体倾向于分布在核的内部，而含有基因较少的染色体则分布在核的周围。例如，人类的第 18 号和 19 号染色体，它们 DNA 含量基本相同，其中含有较少基因的 18 号染色体多定位于核的外围，而含有较多基因的 19 号染色体则定位在核的内部。有趣的是，猴类和鸡中与人类 18 号和 19 号染色体同源的染色体也具有类似的布局。此外，染色体的布局还可能与染色体的大小有关，较大的染色体倾向于定位在核的周围，而较小的染色体则定位在核的内部，在人类和鸡中都可以发现类似的布局。这些结果说明了染色体的布局具有重要的功能，因此它们在进化上是保守的。

染色体区域的存在方式可能为基因的转录提供了方便。研究表明，转录生成的 RNA 多富集于染色体区域的交界处，同时负责剪切前体 mRNA 的 SnRNP 也多分布在染色体区域之间。与之相应的是，编码基因的序列多分布于染色体区域的表面，而非编码序列则多位于染色体区域的内部。通过这种布局，来源于不同染色体的基因可以在染色体区域的表面共享转录因子及转录复合物，而且新生成的 RNA 可以得到及时的剪切。这一模型支持了核内存在转录活性中心（transcriptional factories）的观点。

（2）染色体的活动：在分裂间期，某一特定染色体区域在核内的位置是相对固定的，例如在小鼠细胞 Swiss 3T3 和人类 HeLa 细胞中，染色体区域整体移动的距离一般被限制在 0.4μm 之内。而染色体上某一位点的活动情况则复杂很多。一般来说，染色体上某个位点的活动范围与其所属的染色体区域基本相当，但是不同位点之间的活动能力差距巨大。例如在酵母中，3 号染色体上着丝粒附近区域的移动范围相对于染色体上其他的片段要小很多，这可能是由于着丝粒区域与核内某些固定的结构（如核膜）发生结合，从而限制了其运动的范围。

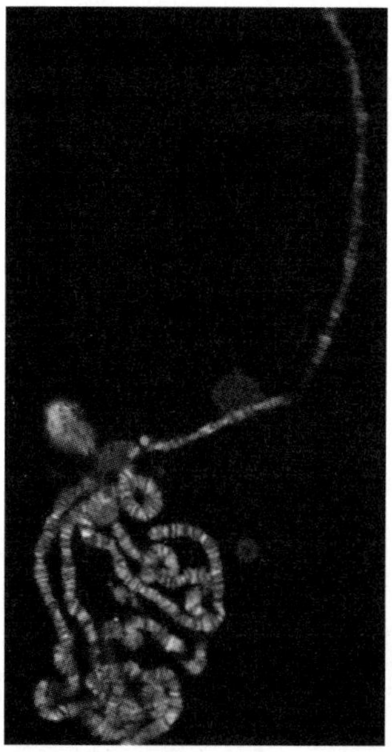

图 1-6　果蝇唾腺中的多线染色体

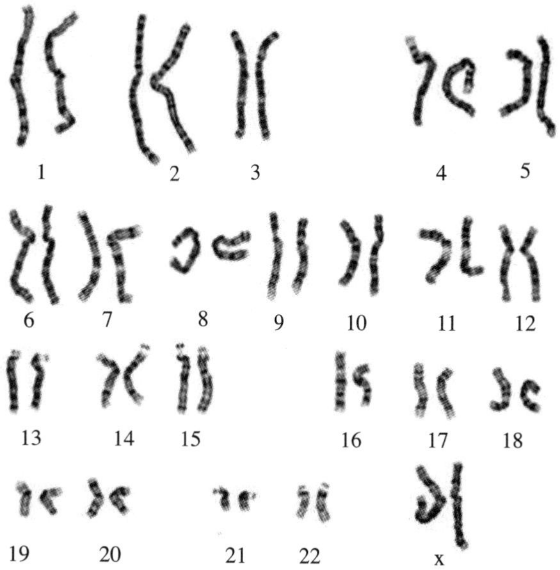

图 1-7　人类染色体的 G 带

转录、修复和复制等过程能够对染色体及其位点的活动造成明显的影响。例如，DNA 双链断裂造成的 2 个断端在修复过程中靠得很近，这可能与转录复合物对断端的束缚有关。相应的是，如果修复发生缺陷，断端就可以进行大范围的移动。染色体的运动范围与转录活性也相关，例如在酵母核中，能够进行活跃基因表达的质粒具有很大的活动范围，但一旦其基因表达被沉默后，质粒的活动范围就受到了明显的限制，而且其定位靠近核膜。总体来说，染色体位点的活动范围与它与核膜的相对距离相关，离核膜越近，活动的范围越小。虽然一般认为核膜附近是转录沉默的区域，但是最近的研究发现，转录活跃的基因同样可以出现在核膜附近。

在分裂中期，染色体的活动是通过微管蛋白（microtubule）来操纵，与之类似的是，分裂间期的染色体区域及其位点的移动同样也是由微管蛋白来介导，因为如果在细胞中添加了破坏微管组织的药物，染色体的移动就会被抑制，此外，肌凝蛋白（myosin）和肌动蛋白（actin）可能也参与介导了染色体的移动[35]。

第四节　染色质形成的特殊结构

一、常染色质和异染色质

1. 发现与定义　1928 年 Heitz 采用碱性染料对细胞核进行染色时，发现了有一部分染色质着色很深，他将其命名为异染色质（heterochromatin），而相对着色较浅的部分则被命名为常染色质（euchromatin）（图 1-8）。颜色上的差异是由这 2 种染色质不同的凝聚程度造成的。

确切地说，常染色质和异染色质并不能算是染色质的高级结构，它们主要反映了染色质压缩程度和转录活性上的不同表现。目前认为异染色质是指高度凝聚且转录沉默的染色质，常染色质是指结构疏松且具有转录活性的染色质。新的定义已经不再强调这 2 种染色质在着色能力上的差异。

2. 异染色质和常染色质的定位　异染色质多分布于细胞核的表面，而常染色质则分布于细胞核的内部。异染色质在某些区域可以与核膜发生结合，而且常包围在核仁结构的四周。

在低等的真核生物中，如酵母，异染色质仅仅在着丝粒、端粒等少数区域出现，其基因组大部分区域都是常染色质，这与酵母在全基因组水平始终保持活跃的转录有关。而在高等真核生物中，异染色质可

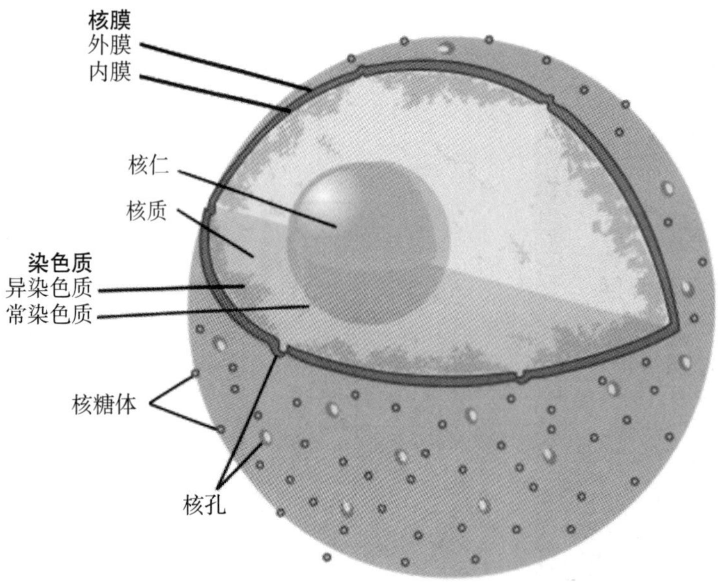

图 1-8　常染色质和异染色质在细胞核中的分布

能是作为基因组的一个默认状态，只有在需要进行转录的区域，异染色质会被转化为常染色质（见下文对兼性异染色质的介绍）。

3. 异染色质的分类　异染色质可分为2种，即组成性异染色质和兼性异染色质。

组成性异染色质始终保持了高度凝聚，不能够再转化为常染色质。组成性异染色质中的基因很少，它富集了大量的重复序列，而且较晚进行复制。虽然组成性异染色质上几乎不发生基因的转录，但它并不是一种无用的染色质，它参与构成了染色体的多个重要的特殊结构，如着丝粒和端粒。由于组成性异染色质在结构上非常稳定，它可以避免内外界刺激对这些重要结构的破坏。组成性异染色质也参与了对外界入侵的DNA片段的防御。这些入侵的DNA，如转座子，能够在经过多轮复制后，插入宿主的基因组，从而形成连续的重复序列。重复序列是诱导形成异染色质（特别是组成性异染色质）的重要因素。异染色质一旦形成，就能够对这些入侵片段进行基因沉默，也阻止了片段进一步的复制和在基因组中的传播，从而大大减少了它们对生物造成的不良影响。

兼性异染色质，简而言之，就是能够与常染色质相互转化的异染色质，这种转化是在特定的时间（如不同的发育时期）、空间（在核内的定位）和遗传条件下发生的。例如，在细胞分化的过程中，常染色质通过组蛋白修饰、组蛋白变体置换以及染色质重构等手段可以转化为兼性异染色质，从而逐步关闭了一些不需要的基因，只保留了在最终形成的组织中所需要表达的基因。而与之相反是，在一定的外界刺激下，分化细胞中的兼性异染色质可以被逆转为常染色质，从而启动之前被沉默基因的表达。

4. 异染色质的建立　异染色质的建立涉及了表观遗传的多个方面[36]。

首先是位置的改变，染色质由核内向核周的移动，有助于形成异染色质。

第二方面是染色质组分的改变，其中包括：①DNA发生甲基化；②组蛋白的翻译后修饰，如组蛋白H3K9、H4K20和H4K27位的三甲基化，以及H3和H4的去乙酰化（关于组蛋白修饰的详细介绍参见第三章）；③组蛋白H1的参入；④常规组蛋白被组蛋白变体置换，如H2A被macroH2A替换。

第三方面是染色质结构的调控，蛋白重构复合物通过改变核小体的定位，促进染色质的凝聚。

第四方面是异染色质结合蛋白或复合物的贡献（它们也被称为反式作用因子），其中包括HP1、PCG家族蛋白、MBT蛋白、CTCF等。

第五方面是非编码RNA的参与，特别是指由重复序列产生的非编码RNA。

5. 异染色质的传播和遗传　异染色质一旦被确立以后，可以从一个区域扩散到另一个区域中去，这一过程被称作传播（spreading）。目前异染色质传播的机制尚未完全了解，推测它可能与组蛋白修饰的传播有关。举例来说，异染色质上组蛋白通常含有H3K9的甲基化修饰，这种修饰可以吸引HP1蛋白，HP1可以征集H3K9的甲基化酶SUV39，使其对邻近常染色质的组蛋白进行修饰，如此循环，就可以将H3K9的甲基化修饰传播出去，并以此为基础，建立起新的异染色质。除了传播以外，异染色质和常染色质的一个共同特点就是，它们的状态可以通过有丝分裂或减数分裂过程被传递到下一代中去。因此，被异染色质沉默的基因，或者在常染色质中重新激活的基因，它们的状态可以在子代中稳定遗传。

由于异染色质可以发生传播，所以靠近着丝粒、端粒等含有异染色质区域的基因容易被沉默，距离越近，被沉默的可能性就越大。这种通过基因在染色体上的位置来调节其活性的现象被称为“位置效应（position effect）”。该现象最早是在果蝇中发现的，后来在其他多种生物也被观察到。位置效应是一个体现异染色质可以传播和被遗传的绝妙的例子。例如在酵母细胞中，*ADE2*基因编码的蛋白质参与了腺嘌呤的合成。在野生型酵母中，*ADE2*基因位于常染色质中，远离端粒，所以可以正常表达，菌落为白色。如果*ADE2*基因没有表达，就会在合成途径中累积红色的产物，使得原本白色的菌落，变为红色。但如果将*ADE2*基因放到靠近端粒的地方，端粒的异染色质会传播到*ADE2*的位置，沉默*ADE2*的表达，因此菌落变为红色。有趣的是，在这些红色菌落中会出现白色的扇形区域，这是由于在某些情况下，异染色质从其占据区域中撤出，使原本被沉默的*ADE2*基因恢复了表达。扇形的分布方式，说明染色质所控制的基因表达状态可以在子代细胞中稳定遗传：稳定关闭*ADE2*的细胞形成红色扇形，重新激活*ADE2*的细胞形成白色扇形[37]。

6. 着丝粒

（1）着丝粒的定义与功能：着丝粒是由染色质形成的特定区域，它指导了染色体在细胞分裂时的分离，使染色体能够被平均地分配到子细胞中去。在细胞分裂的中期，着丝粒是姐妹染色单体的连接位点。着丝粒是动粒（kinetochore）的组装位点。动粒是一个由80多个蛋白质构成的复合物，分为内外两层，负责结合纺锤丝（spindle），并控制了染色体的分离。着丝粒和动粒是维持基因组稳定性的重要装置。如果着丝粒及动粒的功能受损，就会导致染色体分配的异常，引发严重的后果。类似的缺陷如果发生在高等真核生物的体细胞中可以促进肿瘤的发生，如果发生在生殖细胞中会造成不育[38]。

（2）着丝粒的分类和着丝粒序列：在真核生物中的着丝粒分为两大类，即集中型的着丝粒和分散型的着丝粒[39]。

集中型的着丝粒是指在染色体上只含有一个着丝粒区域。这种着丝粒可以分为两大亚类：①位点型的着丝粒，主要存在于酿酒酵母中。它的组装由一段125bp左右的DNA序列决定，着丝粒上形成的动粒与单股微管结合。②区域性的着丝粒，见于粟酒裂殖酵母、果蝇、鸡和人类中。与位点型的着丝粒相比，着丝粒区是由很长的DNA连续重复序列构成，例如粟酒酵母中的核心序列长度为4～7kb，其外侧的序列可长达30～110kb，而在人类中着丝粒的序列可长达4mb。在此着丝粒基础上形成的动粒复合物与多股的微管蛋白结合。

分散型的着丝粒见于线虫和一些植物中，这些生物的染色体上分布着多个着丝粒和动粒的区域。

虽然着丝粒的功能在不同物种之间高度保守，但是不同生物的着丝粒序列差异很大。除了酿酒酵母以外，其他生物中着丝粒的建立不是完全由着丝粒序列所决定的，有的时候着丝粒序列甚至不是必需的。例如，人和果蝇含有2个相互分离的着丝粒区域，但是只有一个能够形成有功能的着丝粒，而另外一个则被沉默。此外，在人和果蝇中，可以在与原来着丝粒序列完全无关的序列上，形成全新的着丝粒。目前认为，以着丝粒序列的某种特性（如高度重复的组织方式）为基础，通过表观遗传机制形成的染色质是建立和维持着丝粒的关键因素。

（2）着丝粒染色质：着丝粒染色质的一个主要特点是，它含有一种H3组蛋白的变体：CenH3。CenH3是建立和维持着丝粒的必要元件。CenH3功能的缺陷可以破坏着丝粒和动粒的组装，过量表达CenH3，可以在染色体上形成新的异位着丝粒。

与常规的H3类似，CenH3也含有保守的“组蛋白折叠”。与常规组蛋白不同，CenH3在进化上高度分化，特别是其N端的尾巴，不同物种中的尾巴长度和序列差异很大。例如在酿酒酵母和果蝇中，尾巴长度为120～130个氨基酸，人类为45个，而粟酒裂殖酵母仅为20个。

含有CenH3的核小体被称为CenH3核小体。在酿酒酵母中，着丝粒仅含有一个CenH3核小体。区域性的着丝粒（如人类、鼠、果蝇、小麦的着丝粒）含有多个CenH3区域，区域内的CenH3核小体连续分布，区域之间分布着常规的核小体。区域性的着丝粒两侧分布着异染色质，它们被称为着丝粒外异染色质（pericentromeric heterochromatin）。CenH3区域、区域之间的常规核小体，以及着丝粒外异染色质含有截然不同的组蛋白修饰，它们共同参与了着丝粒染色质的建立和维持[40]。

关于CenH3核小体的组成方式存在多种模型。目前，人类CenH3核小体的结构已经得到了解析[41]。结果显示CenH3核小体与常规核小体结构上大致相仿，CenH3替换了组蛋白八聚体中H3的位置。

二、端粒

1. 端粒的定义和功能 端粒是由DNA重复序列形成的染色体末端结构（图1-9）。端粒主要有两大功能。第一，它防止染色体的末端被识别为DNA双链断端，从而避免了在修复过程中发生染色体末端融合的严重后果。第二，DNA在进行复制的时候，由于需要通过引物起始复制，所以染色体末端的序列不能被复制。如果不加控制，每经历一个细胞周期，染色体末端就会缩短一些。端粒可以通过端粒酶或者重组

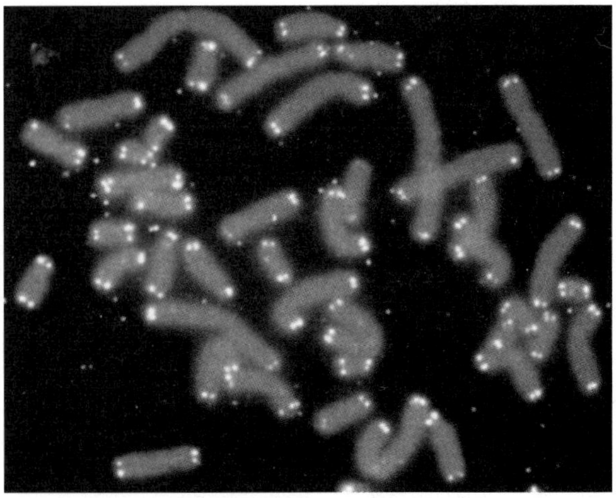

图1-9 人类染色体（灰色）的末端为端粒（白色）

的方式来进行延伸，从而保障了染色体的正常长度和功能。因此，端粒是真核生物维持基因组稳定性的重要机制。

2. 端粒的结构 端粒的结构在真核生物中保守（除了少数例外，如果蝇）。端粒由富含 G 的双链重复序列构成（表 1-1），并在末尾形成 3' 突出的单链末端（被称为“G 链末端”）。G 链末端是端粒酶的作用底物。G 链末端可以弯曲回来，入侵端粒的双链区域，形成保护性的结构（该结构被称为“T 环”）。

表1-1 端粒由富含G的双链重复序列构成

种类	代表物种	端粒重复序列
脊椎动物	人、小鼠、爪蟾	TTAGGG
昆虫	果蝇	反转录转座子
	蜜蜂、蝴蝶、蚂蚁	TTAGG
植物	拟南芥	TTTAGGG
蠕虫	线虫	TTAGGC
酵母	酿酒酵母	$T(G)_{2\sim3}(TG)_{1\sim6}$
	粟酒裂殖酵母	$G_{2\sim8}TTAC(A)$

引自 Telomere database（http://telomerase.asu.edu/sequencestelomere.html）

端粒的重复序列为许多蛋白质提供了特异性的结合位点，它们被称为端粒重复序列结合蛋白。这些蛋白质主要包括两类：①负责结合和保护单链的 G 链末端的蛋白质。这类蛋白质包括酿酒酵母中的 Cdc13、粟酒裂殖酵母中的 Pot1，及哺乳动物中的 POT1/TPP1 异二聚体。②负责与端粒的双链区域结合的蛋白质。这类蛋白质多以复合物的形式存在，例如在酿酒酵母中，Rap1 可以征集 Sir2、Sir3、Sir4、Rif1 和 Rif2 等蛋白质到端粒，其中 Sir2、Sir3、Sir4 构成的复合物对于端粒的长度起正调控的作用，它们的缺失可以导致端粒缩短。Rap1-Rif1-Rif2 构成的复合物被称为端粒体（telosome），它负责测定端粒的长度，并对其进行负调控。因此，端粒体的缺陷会异常地延伸端粒。在结构和功能上与端粒体类似的复合物也存在于其他的生物中，例如在粟酒裂殖酵母中，Taz1 可以与 Rap1 及 Rif1 结合，对端粒的长度起负调控的作用。在哺乳动物中，端粒体，也被称为保护子（shelterin），是一个很大的复合物。它包含了 POT1、TPP1、TRF1、TRF2、TIN2 和 RAP1 等蛋白。TRF1 与其结合蛋白，可能通过控制端粒酶与端粒的接触，对端粒的长度进行负调控[42]。

3. 端粒长度的维持 随着复制的发生，端粒序列会逐步丢失。细胞主要通过 2 种方式来维持端粒的长度。第 1 种方式是端粒酶。端粒酶的核心是端粒反转录酶（telomere reverse transcriptase，TERT），它以 RNA 分子 TERC 为模板，从头合成端粒的重复序列，并增加在 G 链突出上，从而实现延伸端粒长度的目的。与酵母不同，在人类体细胞中，端粒酶的活性很低，不足以维持端粒正常的长度，端粒的不断缩短最终导致细胞的衰老和凋亡。相对应的是，在一些永生类的细胞，如干细胞或者肿瘤细胞中，都含有较高的端粒酶活性，以维持端粒的长度。

另一种方式称作备用端粒延长手段（alternative lengthening of telomere，ALT）。在端粒酶缺失的情况下，ALT 可以通过端粒重复序列之间的同源重组来延长端粒的长度，在重组的同时会产生环形的 DNA 片段。虽然 ALT 可以拯救端粒酶缺乏的酵母细胞，但是它不能拯救端粒酶缺乏的小鼠，说明在多细胞生物中，仅仅依靠 ALT 不足以维持端粒的长度。

4. 端粒染色质上的表观遗传修饰 靠着丝粒一侧，紧挨端粒的区域被称为亚端粒区域（subtelomeric region）。与外着丝粒异染色质相同，这一区域也含有亚端粒异染色质（subtelomeric heterochromatin）。端粒和亚端粒的染色质上含有大量抑制性的表观遗传修饰。例如，在哺乳动物的端粒和亚端粒染色质上含有大量的 H3K9 和 H4K20 位的三甲基化。亚端粒染色质上的 DNA 被高度甲基化。这些修饰引起了端粒染色质的凝聚，这可能阻止了端粒酶与端粒的接触，并抑制了端粒的重组，因此它们对端粒的长度起负调节的作用。因此，在哺乳动物中，DNA 甲基化的下调或者组蛋白甲基化的缺失都可以导致端粒异常地延伸[42]。

（吕 红 余 垚）

参考文献

1. Mendel G. Experiments in plant hybridization. Translated by Druery CT and Bateson W. Journal of Royal Horticultural Society, 1901, 26: 1-32.
2. Wilson EB. The cell in development and heredity. 3rd ed. New York: Macmillan, 1925.
3. Morgan TH. Sex limited inheritance in drosophila. Science, 1910, 32:120-122.
4. Sturtevant AH. The linear arrangement of six sex-linked factors in drosophila, as shown by their mode of association. J Exp Zool, 1913, 14:43-59.

5. Avery OT, Macleod CM, McCarty M. Studies on the chemical nature of the substance inducing transformation of pneumococcal types : induction of transformation by a desoxyribonucleic acid fraction isolated from pneumococcus type iii. J Exp Med, 1944, 79:137-158.
6. Watson JD, Crick FH. Molecular structure of nucleic acids: a structure for deoxyribose nucleic acid. Nature, 1953, 171:737-738.
7. Crick FH. On protein synthesis. Symp Soc Exp Biol, 1958, 12:138-163.
8. Waddington CH. The epigenotype. Endeavour, 1942, 1:18-20.
9. Holliday R. Mechanisms for the control of gene activity during development. Biol Rev Camb Philos Soc, 1990, 65:431-471.
10. Flemming W. Zellsubstanz, Kern und Zelltheilung. Leipzig: FCW Vogel, 1882.
11. Kossel A. Ueber die chemische Beschaffenheit des Zellkerns. Munchen Med. Wochenschrift, 1911, 58:65-69.
12. Allfrey VG, Faulkner R, Mirsky AE. Acetylation and methylation of histones and their possible role in the regulation of RNA synthesis. Proc Natl Acad Sci USA, 1964, 51:786-794.
13. Kornberg RD. Chromatin structure: a repeating unit of histones and DNA. Science, 1974, 184:868-871.
14. Luger K, Mader AW, Richmond RK, et al. Crystal structure of the nucleosome core particle at 2.8 A resolution. Nature, 1997, 389:251-260.
15. Richmond TJ, Finch JT, Rushton B, et al. Structure of the nucleosome core particle at 7 A resolution. Nature, 1984, 311:532-537.
16. Brownell JE, Zhou J, Ranalli T, et al. Tetrahymena histone acetyltransferase A: a homolog to yeast Gcn5p linking histone acetylation to gene activation. Cell, 1996, 84:843-851.
17. Holliday R, Pugh JE. DNA modification mechanisms and gene activity during development. Science, 1975, 187:226-232.
18. Ng HH, Bird A. DNA methylation and chromatin modification. Curr Opin Genet Dev, 1999, 9:158-163.
19. Bernstein E, Allis CD. RNA meets chromatin. Genes Dev, 2005, 19:1635-1655.
20. Olins AL, Olins DE. Spheroid chromatin units (v bodies). Science, 1974, 183:330-332.
21. Kornberg RD, Lorch Y. Twenty-five years of the nucleosome, fundamental particle of the eukaryote chromosome. Cell, 1999, 98:285-294.
22. Kayne PS, Kim UJ, Han M, et al. Extremely conserved histone H4 N terminus is dispensable for growth but essential for repressing the silent mating loci in yeast. Cell, 1988, 55:27-39.
23. De Koning L, Corpet A, Haber JE, et al. Histone chaperones: an escort network regulating histone traffic. Nat Struct Mol Biol, 2007, 14:997-1007.
24. Ransom M, Dennehey BK, Tyler JK. Chaperoning histones during DNA replication and repair. Cell, 2010, 140:183-195.
25. Jackson V. Deposition of newly synthesized histones: hybrid nucleosomes are not tandemly arranged on daughter DNA strands. Biochemistry, 1988, 27:2109-2120.
26. Loppin B, Bonnefoy E, Anselme C, et al. The histone H3.3 chaperone HIRA is essential for chromatin assembly in the male pronucleus. Nature, 2005, 437:1386-1390.
27. Stunkel W, Kober I, Seifart KH. A nucleosome positioned in the distal promoter region activates transcription of the human U6 gene. Mol Cell Biol, 1997, 17:4397-4405.
28. Radman-Livaja M, Rando OJ. Nucleosome positioning: how is it established, and why does it matter? Dev Biol, 2010, 339:258-266.
29. Korber P, Horz W. In vitro assembly of the characteristic chromatin organization at the yeast PHO5 promoter by a replication-independent extract system. J Biol Chem, 2004, 279:35113-35120.
30. Schones DE, Cui K, Cuddapah S, et al. Dynamic regulation of nucleosome positioning in the human genome. Cell, 2008, 132:887-898.
31. Felsenfeld G, Groudine M. Controlling the double helix. Nature, 2003, 421:448-453.
32. Schalch T, Duda S, Sargent DF, et al. X-ray structure of a tetranucleosome and its implications for the chromatin fibre. Nature, 2005, 436:138-141.
33. Misteli T. Beyond the sequence: cellular organization of genome function. Cell, 2007, 128:787-800.
34. Woodcock CL, Ghosh RP. Chromatin higher-order structure and dynamics. Cold Spring Harb Perspect Biol, 2010, 2:a000596.
35. Hubner MR, Spector DL. Chromatin dynamics. Annu Rev Biophys, 2010, 39:471-489.
36. Trojer P, Reinberg D. Facultative heterochromatin: is there a distinctive molecular signature? Mol Cell, 2007, 28:1-13.
37. Buhler M, Gasser SM. Silent chromatin at the middle and ends: lessons from yeasts. EMBO J, 2009, 28:2149-2161.
38. Allshire RC, Karpen GH. Epigenetic regulation of centromeric chromatin: old dogs, new tricks? Nat Rev Genet, 2008, 9:923-937.
39. Vagnarelli P, Ribeiro SA, Earnshaw WC. Centromeres: old tales and new tools. FEBS Lett, 2008, 582:1950-1959.
40. Allis CD, Jenuwein T, Reinberg D. Epigenetics. Cold Spring Harbor, NY: Cold Spring Harbor Laboratory Press, 2007.
41. Tachiwana H, Kagawa W, Shiga T, et al. Crystal structure of the human centromeric nucleosome containing CENP-A. Nature, 2011, 476:232-235.
42. Blasco MA. The epigenetic regulation of mammalian telomeres. Nat Rev Genet, 2007, 8:299-309.

第二章　DNA甲基化与基因表达调控

第一节　DNA 甲基化

一、DNA 甲基化

DNA 甲基化是最早被发现、也是目前研究最深入的表观遗传调控机制之一。广义上的 DNA 甲基化是指 DNA 序列上特定的碱基在 DNA 甲基转移酶（DNA methyltransferase，DNMT）的催化作用下，以 S- 腺苷甲硫氨酸（S-adenosyl methionine，SAM）作为甲基供体，通过共价键结合的方式获得一个甲基基团的化学修饰过程[1]。这种 DNA 甲基化修饰可以发生在胞嘧啶的 C-5 位、腺嘌呤的 N-6 位及鸟嘌呤的 N-7 位等位点。一般研究中所涉及的 DNA 甲基化主要是指发生在 CpG 二核苷酸中胞嘧啶上第 5 位碳原子的甲基化过程，其产物称为 5- 甲基胞嘧啶（5-mC），是植物、动物等真核生物 DNA 甲基化的主要形式，也是目前发现的哺乳动物 DNA 甲基化的唯一形式[2]。DNA 甲基化作为一种相对稳定的修饰状态，在 DNA 甲基转移酶的作用下，可随 DNA 的复制过程遗传给新生的子代 DNA，是一种重要的表观遗传机制。

DNA 甲基化不改变 DNA 的碱基序列，但可通过改变 DNA 与蛋白质的相互作用，从而抑制基因转录活性。因此，基因组中 DNA 甲基化状态的正确建立和维持，在胚胎发育、遗传印记、X 染色体失活等生物过程中具有十分重要的意义[3~5]。在人类发育过程中，DNA 甲基化主要发生在生殖细胞发育期和植入前胚胎期，在此期间若发生去甲基化不充分或过早的再甲基化都可能引起胚胎死亡及出生后的各种先天性疾病或缺陷，这也是目前体细胞核移植来源的胚胎受孕率较低的一个重要原因。早期的研究发现，敲除 DNA 甲基转移酶（DNMT）基因的小鼠，其 DNA 甲基化水平明显低于正常对照，而且在生长早期即出现死亡，这提示 DNA 甲基化在正常生长发育过程中的关键作用[6-7]。

二、细胞基因组范围内 DNA 甲基化分布

DNA 甲基化与正常生长发育及多种慢性复杂性疾病的发生发展过程有着密切联系，而全面、系统、精确地揭示 DNA 甲基化在全基因组范围内的分布情况及其特点和规律，成为进一步深入研究 DNA 甲基化参与上述生命调控过程的重要基础之一。随着人类基因组计划的完成、生物芯片技术的广泛应用以及近年来高通量测序技术的逐渐兴起，从全基因组水平对包括 DNA 甲基化在内的表观遗传修饰状态进行高通量检测已成为可能。运用高通量测序技术，或者第 2 代测序（next-generation sequencing，NGS）技术，可同时对 DNA 文库中的数百万条 DNA 片段进行序列测定，从而可获得全基因组范围内全面、精确的 DNA 序列信息[8]。借助这一技术的应用，目前已发展出以甲基化 DNA 免疫共沉淀测序（MeDIP-seq）为代表的一系列方法，可以对全基因组范围内的 DNA 甲基化谱式进行大规模研究。高通量技术的革新已彻底颠覆了过去仅针对单个基因甲基化研究的局限性。近年来，在对植物、真菌、无脊椎动物到哺乳动物等多种模式生物以及恶性肿瘤等人类疾病的研究中，DNA 甲基化谱式的测绘工作已逐步扩展到局部乃至整个基因组的范围。

对于真核生物而言，目前在不同物种中已发现的全基因组范围内 DNA 甲基化分布谱式可以大致归纳为 3 种类型：整体型 DNA 甲基化谱式、马赛克型 DNA 甲基化谱式及缺如型 DNA 甲基化谱式[9]。各

种模式生物的基因组中DNA甲基化分布谱式具有不同特点。

1. 植物 拟南芥（A. thaliana）、水稻（O. sativa）、玉蜀黍（Z. mays）等多种代表性植物的全基因组DNA甲基化谱式目前已有报道[10-13]。与哺乳类动物不同的是，植物基因组中DNA甲基化可以发生在“CNG”“CNN”“CHG”“CHH”等多种特定核苷酸序列上的胞嘧啶，而不仅仅限于“CpG”二核苷酸中的胞嘧啶。其中，“N”代表A（腺嘌呤）、T（胸腺嘧啶）、G（鸟嘌呤）、C（胞嘧啶）中任意一种核苷，而“H”代表A、T或C。

拟南芥是植物遗传、生理和进化生物学研究的经典模式植物，同时也是植物表观遗传学研究的重要模式生物之一。2006年，分别由Joseph R. Ecker教授和Steven Henikoff教授领导的2个独立的研究小组首次报道了拟南芥的全基因组DNA甲基化谱式，拟南芥也因此成为首个采用芯片检测方法完成全基因组DNA甲基化测绘的模式生物[10-11]。此后，随着高通量第2代测序技术的投入使用，更精密、更准确的全基因组甲基化图谱也已完成。Lister等[14]在拟南芥全基因组中精确定位了两百万余个5-甲基胞嘧啶位点，相当于全基因组中胞嘧啶总数的5.26%；而在这些甲基化位点中，CpG甲基化约占55%，而非CpG的甲基化位点CHG、CHH分别占23%和22%，后者主要通过依赖于小干扰RNA（siRNA）的机制靶向性集中在转座元件区域。与水稻、玉蜀黍等其他植物相似，拟南芥的DNA甲基化谱式呈马赛克型，其DNA甲基化分布具有两大特点。

（1）在异染色质区域，DNA甲基化特异性分布于重复序列。在成年拟南芥的基因组中，约20%的DNA序列处于显著甲基化状态，这些甲基化的序列有相当一部分集中在着丝粒、近着丝粒区域。在所有散在重复序列、串联重复序列及反向重复序列中，约80.7%、66.4%、45.8%的区域被DNA甲基化位点所覆盖，而这些重复序列中存在大量转座子编码区。已有证据表明，拟南芥中具有DNA甲基转移酶作用的*met1*基因与异染色质区域的DNA甲基化有关。将拟南芥*met1*突变株基因组与野生型植株基因组相比较，发现野生型植株中处于甲基化状态的DNA重复序列中，超过60%的区域在*met1*突变株中发生去甲基化，突变株中同时可见异染色质区域转座子和假基因的转录活化。这表明*met1*介导的DNA甲基化与异染色质区域DNA重复序列的转录抑制有关。

（2）在常染色质区域，基因转录区存在广泛的DNA甲基化，而基因启动子区多处于非甲基化状态。在所有已知基因中，约62%处于完全非甲基化状态，33%的基因存在转录区域CpG甲基化，仅有少数表达沉默的基因存在启动子区域CpG甲基化。进一步分析这些基因的表达活性时发现，基因体部（转录区域）处于甲基化的基因具有较高的转录活性，且相当一部分属于管家基因，其平均表达水平显著高于转录区域处于非甲基化状态的基因。这提示基因体部的DNA甲基化可能与基因转录状态有关，但其具体机制尚不清楚。

2. 真菌 目前研究发现，真菌基因组的DNA甲基化分布情况在不同种类的真菌中表现为截然不同的模式。例如，酿酒酵母（S. cerevisiae）作为最简单和第一个完成全基因组测序的真核生物，是研究真核生物基因与基因簇功能的理想的模式物种，但其基因组中迄今未发现5-甲基胞嘧啶（5-mC）的存在，呈全基因组DNA甲基化缺如状态。这与酿酒酵母缺乏具有DNA甲基转移酶（DNMT）类似作用的基因有关。同样，粟酒裂殖酵母（S. pombe）基因组中也未发现DNA甲基化现象。

而其他具有DNA甲基化位点的真菌，例如粗糙脉孢菌（N. crassa）[15]，则主要表现为马赛克型DNA甲基化谱式，其DNA甲基化分布特点如下：

（1）非CpG位点甲基化广泛存在：与植物相似，真菌的DNA甲基化位点并不局限于“CpG”二核苷酸中的胞嘧啶，与之相反，其基因组中的5-甲基胞嘧啶位点几乎见于任意核苷酸序列中，即DNA甲基化可发生在“CNN”序列中的胞嘧啶上，其中“N”代表中A、T、G、C中任意一种核苷。

（2）甲基化位点特异性富集于DNA重复序列：在具有5-甲基胞嘧啶的真菌基因组中，甲基化位点仅特异性分布于DNA重复序列，而基因转录区域目前尚未发现甲基化位点的存在。

3. 无脊椎动物 无脊椎动物基因组DNA甲基化的分布大多呈马赛克型，例如玻璃海鞘（C. intestinalis）、黑腹果蝇（D. melanogaster）、蜜蜂等。亦有少数物种，例如秀丽隐杆线虫（C. elegans），因缺乏DNA甲基转移酶（DNMT）或类似作用的基因而无DNA甲基化发生，甲基化谱式呈缺如型。

以玻璃海鞘[16]为例，在甲基化马赛克型的无脊椎动物基因组中，几乎所有DNA甲基化位点都分布于基因体部（转录区域），基因组中约60%的基因存在基因体部甲基化，这些基因较其他基因在进化方面相对更保守，而且其中绝大部分可能为管家基因，具有中等程度或更高的表达活性。与植物不同的是，无脊椎动物基因组中的DNA重复序列并不存在特异性甲基化CpG位点的富集。相反的是，DNA重复序列上的CpG位点呈现出与邻近DNA序列上相似的甲基化状态，推测其CpG甲基化的获得可能是一种被动的过程。另外，绝大多数无脊椎动物的DNA甲基化位点仅出现于CpG二核苷酸中的胞嘧啶上，而果蝇例外，其DNA甲基化出现于CpT或CpA二核苷酸中的胞嘧啶。

4. 脊椎动物和人　以哺乳类为代表的脊椎动物，基因组DNA呈现出整体型DNA甲基化谱式，代表性的物种包括人和小鼠。例如，人类基因组中大约70%的CpG二核苷酸位点表现为甲基化状态，其分布主要集中在CpG位点稀少的区域及大量的DNA重复序列，后者包括长散在重复序列（long interspersed nuclear elements，LINE）、短散在重复序列（short interspersed nuclear elements，SINE）、Alu重复序列等。因此，大量的转座子区域、基因间区及基因体部（除外基因5'端和3'端附近区域）等DNA序列存在CpG位点的甲基化，形成大范围的甲基化区域。与此同时，富含CpG位点的DNA区域，也即CpG岛，以及基因的启动子区域，通常情况下呈非甲基化状态，从而将广泛成片的甲基化DNA区域分割成为不连续的区段。

所谓CpG岛，是指基因组中富含CpG二核苷酸的区域，长度通常为300～3000bp。过去曾经将其定义为GC百分率＞50%、实测/预期CpG比值（observed/expected CpG ratio）＞60%并且长度至少为200bp的DNA区域[17]。为提高该定义对CpG岛预测的准确性，经过修改后的新定义则规定CpG岛为GC百分率＞55%、实测/预期CpG比值＞65%并且长度至少为500bp的DNA区域[18]。CpG岛主要位于基因的启动子及其附近区域，对于哺乳动物而言，约40%的基因在其启动子区域存在CpG岛。目前研究认为，启动子区CpG岛发生甲基化改变与基因转录抑制密切相关。另一方面，分布在基因间区的CpG岛，其生物学意义尚不明确，推测其可能与该区域非编码RNA的启动子毗邻关系密切，其甲基化状态可能与抑制相应区域非编码RNA分子的转录有关。此外，具有表达活性的基因在转录区域常存在广泛的CpG位点甲基化，尽管转录区域的甲基化状态与基因转录活性的关系及其可能的分子机制尚不十分清楚。

近年来大量研究已初步完成对人类干细胞、自身免疫反应状态下的免疫细胞及多种肿瘤细胞全基因组DNA甲基化图谱的描绘，为进一步深入揭示DNA甲基化在干细胞自我更新与分化、自身免疫病及肿瘤发生过程中的作用机制提供了重要基础。

三、DNA甲基化与基因转录调控

关于基因启动子区CpG岛甲基化对基因转录抑制的具体机制，曾经认为与5-甲基胞嘧啶可直接调控转录因子与其所识别DNA序列的结合有关[19]。然而越来越多的实验报道证实，DNA甲基化对基因转录的调控实际上是通过与一组可特异性识别甲基化CpG位点的蛋白质——也称甲基化DNA结合蛋白（methyl-DNA binding proteins，MBD）——相结合而实现的。当基因启动子区域的CpG岛处于非甲基化状态时，组蛋白可在组蛋白乙酰化酶（histone acetylase，HAT）等作用下被乙酰化，局部染色质处于开放状态，从而有利于转录因子与DNA相应位点结合，启动基因转录表达。而当基因启动子区域发生DNA甲基化时，甲基化CpG位点可与MBD蛋白结合，招募相关的转录抑制因子，或通过与抑制性蛋白复合体相结合而影响组蛋白修饰状态，从而引起相应区域染色质结构的改变，使之高度螺旋化，抑制基因转录活性（图2-1）[20-22]。

此外，大量分布在基因转录活跃区域的高度甲基化CpG位点，以及转座元件所在DNA区域的甲基化，也可能与基因转录调控有关，其具体机制有待进一步研究阐明。

四、DNA甲基化与复杂性疾病

近年来大量研究显示，DNA甲基化异常在恶性肿瘤、自身免疫性疾病、代谢性疾病、精神分裂症以及精神发育迟缓（mental retardation）等人类疾病及衰老的发生和发展过程中起重要作用。因此，一些与疾病发生、发展密切相关的基因的甲基化可以作为特定的分子标志物，为相应疾病的临床诊断、分型、预后和疗效评估提供新的途径或为治疗提供新的靶点。

随着后基因组时代的开启，对恶性肿瘤的表观

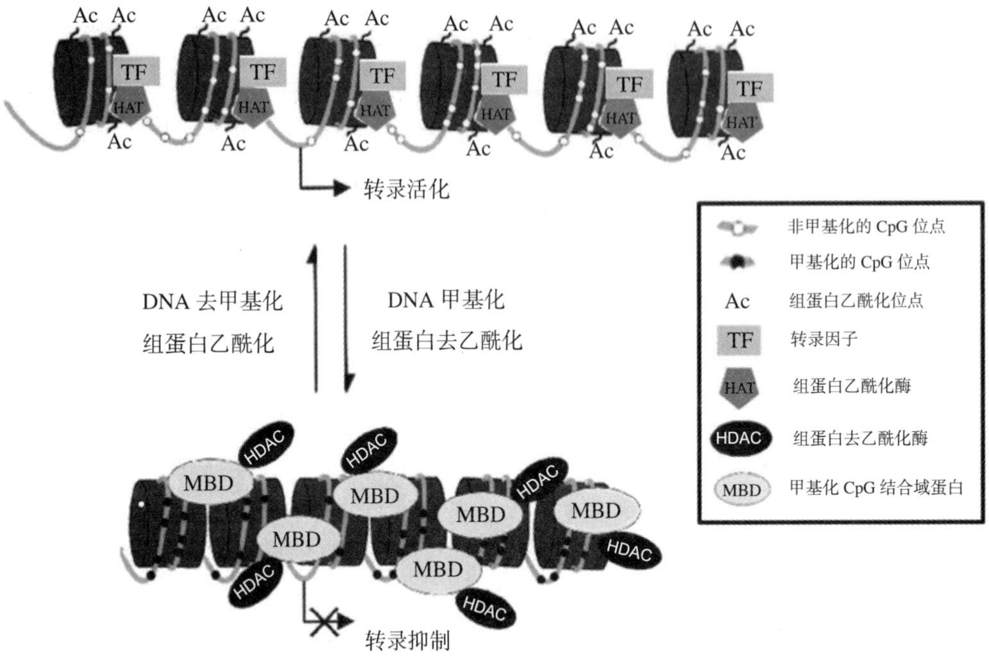

图 2-1 基因启动子区域 DNA 甲基化调控基因转录活性的分子机制

遗传分子机制研究及表观基因组学研究近年来呈现迅猛增长，并取得了数量惊人的新发现和新突破，极大丰富了人们对恶性肿瘤分子机制的再认识。例如，Toyota 等发现胃癌中一组特定基因启动子区域 CpG 岛的异常高甲基化与该肿瘤的临床表型相关，并将这种高甲基化的肿瘤亚型命名为“CpG 岛甲基化表型”（CpG island methylator phenotype，CIMP），这一发现对于胃癌的临床分型和甲基化分子标志物的发现具有重要意义[23]。尽管学术界对于“CIMP”这一概念及其意义仍有争议，但随后的研究在结直肠癌、神经胶质瘤等其他多种肿瘤中都发现了类似“CIMP”现象的存在[24-26]。随着研究的深入，目前认为，DNA 甲基化的异常是肿瘤发生和发展的重要机制之一[27]。其中，基因组整体甲基化水平的减低和特定基因启动子区域 CpG 岛的高甲基化改变普遍存在于多种肿瘤细胞，前者据推测可能是引起肿瘤细胞染色体不稳定的易感因素，而后者往往与抑癌基因的失活有关[28]。

DNA 甲基化异常在系统性红斑狼疮、系统性硬皮病、原发性干燥综合征、原发性胆汁性肝硬化等多种自身免疫性疾病的发病机制中亦被证实具有重要作用[29-34]。例如，在系统性红斑狼疮的 $CD4^+$ T 细胞中，与免疫应答密切相关的 CD40L、CD11a、CD70、Perforin 等基因启动子区域发生病理性低甲基化，导致上述基因过度表达，从而活化 T 细胞介导的自身免疫反应，参与狼疮的发生发展过程[29-31]。

与经典遗传学机制不同的是，表观遗传机制不涉及基因序列的改变，因而其变化具有可逆性，这使得表观遗传学治疗方法成为可能。例如，DNA 甲基转移酶抑制药阿扎胞苷（5-Azacytidine）和地西他滨 [Decitabine，也称 5- 氮杂 -2'-脱氧胞苷（5-Aza-2'-Deoxycytidine，5-Aza-dC）]，经证实具有抑制DNA甲基化、促进癌细胞分化、抑制细胞恶性增殖等潜在的抗肿瘤效应[35-36]。针对多种恶性肿瘤中存在的抑癌基因高甲基化改变，这两种 DNA 甲基化调节药物已先后被应用于恶性肿瘤治疗的临床试验，并被证实具有确切疗效。目前这两种药物均已通过美国食品和药品管理局（Food and Drug Administration，FDA）批准，用于治疗骨髓异常增生综合征（myelodysplastic syndromes，MDS），而大量的临床研究已开始尝试将这两种药物推广应用于其他类型恶性肿瘤的治疗。随着表观遗传学研究的进一步深入，以及针对 DNA 甲基化的干预药物不断开发和涌现，表观遗传学干预治疗有望给恶性肿瘤、自身免疫性疾病、代谢性疾病以及精神分裂症等人类复杂性疾病的治疗更新带来广阔前景。

（龙 海 陆前进）

第二节　真核生物DNA甲基转移酶

一、DNA 甲基转移酶

DNA 甲基化是由 DNA 甲基转移酶（DNMT）催化发生，并维持与调控。在哺乳动物细胞中，胞嘧啶特异性甲基转移酶使 CpG 二核苷酸序列发生甲基化，从而调节基因表达和细胞分化。DNA 甲基转移酶家族催化甲基基团转移至 DNA 胞嘧啶环上，实现 DNA 甲基化，导致机体一系列生物功能发生变化。已知的 DNA 甲基转移酶都是以 S- 腺苷甲硫氨酸（SAM）作为甲基供体。根据甲基转移酶催化的化学反应不同，可将其分为三大类：① m6A，主要调节 N6 - 甲基腺嘌呤；② m4C，主要调节 N4 - 甲基胞嘧啶；③ m5C，主要调节 C5 - 甲基胞嘧啶 [37]。

根据催化 DNA 甲基化的模式不同，甲基转移酶可以分为新生甲基转移酶和维持 DNA 甲基转移酶。前者主要识别 DNA 中的部分片段，使得它们能够形成新的甲基胞嘧啶，这些酶类主要在早期胚胎发育过程中表达，从而建立其后的甲基化模式。后者能够专一地利用甲基化亲本的 CpG 作为模板，使子链的 CpG 发生甲基化，也就是在已经发生甲基化的基础上进一步添加甲基的过程，这些酶类在整个生命过程中都一直存在，来维持甲基化模式的建立，使其得以延续。

在哺乳动物体内，已经发现 3 种有活性的 DNA 甲基转移酶 [38]，分别是 DNMT1、DNMT3a 和 DNMT3b。DNMT1 是主要的维持 DNA 甲基转移酶，参与 DNA 甲基化状态的维持；DNMT3a 和 DNMT3b 则是主要的新生甲基转移酶。早期认为的第 4 种 DNMT2 现已证实只有弱活性，其失活后 CpG 甲基化无改变，也无显著发育表型，因此已不再称之为 DNA 甲基转移酶。而 DNMT3l 是一种与 DNMT3a 和 DNMT3b 在结构上极其关联的蛋白质，在 DNA 甲基化中也有重要作用，其单独存在无活性。

（一）DNMT1

DNMT1 是哺乳动物细胞内最常见的 DNA 甲基转移酶，也是最早被克隆和进行生物化学功能分析的哺乳动物 DNA 甲基转移酶。在哺乳动物基因组内，其主要定位于细胞分裂 S 期的 DNA 复制灶上，通过将 DNA 复制产生的半甲基化 CpG 二核苷酸完全甲基化，从而维持基因组 DNA 甲基化状态，使 DNA 甲基化在细胞分裂周期中不会丢失。在体外实验中发现，其催化半甲基化 DNA 的能力比催化未甲基化 DNA 的能力高 7 ~ 100 倍 [39]。

1. DNMT1 的功能域　DNMT1 在小鼠由 1620 个氨基酸构成，在人体则是由 1616 个氨基酸构成。DNMT1 在结构上分为 2 部分，前 1000 个氨基酸即 N- 末端大结构域参与组成酶的调节区域，其内包含众多功能区域，余下部分即 C- 末端则构成酶的催化结构域，2 个区域通过甘氨酸 - 赖氨酸重复结构相连，共同参与 DNMT1 的催化功能。从 N- 末端到 C- 末端共包含如下几个功能区域 [37]：① DNA 甲基转移酶辅助蛋白 1（DMAP1）结构域，参与 DNMT1 与 DMAP1 的相互影响，维持 DNMT1 的稳定，同时这一结构域也与 DNA 的 CG 位点结合。② PBD 结构域，即增殖细胞核抗原（proliferating cell nuclear antigen，PCNA）结合域，调节 DNMT1 与 PCNA 的相互作用，参与 DNMT1 靶向结合复制灶。③至少 3 个独立的功能性 NLS 序列。④一个靶向序列区域，用于绑定 DNMT1 与着丝粒染色质和复制灶，近期文献报道此区域也调节 DNMT1 的二聚体形式。⑤锌结构域，也称为 CXXC 结构域，它与在染色质相关蛋白（如 MECP2 蛋白、CG 结合蛋白、MLL 组蛋白甲基转移酶、组蛋白去甲基化酶 JHDM1A 和 JHDM1B）中发现的半胱氨酸富集区域作用相似，主要在体外参与结合未甲基化的 CG 位点。DNMT1 的锌结构域包含 8 个保守的半胱氨酸残基，聚集在 2 个 CXXCXXC 重复区域内，同时结合 2 个锌离子，是 DNMT1 酶催化活性所必要的结构域。⑥ BAH1 和 BAH2 结构域，也称 PBHD 结构域（polybromo homology domain），有假说提出这种结构域，特别是在基因沉默中，表现为一种蛋白质之间的相互影响模式，但其在 DNMT1 中的作用仍有待考证。⑦ N- 末端与 C- 末端之间的 KG 连接区域（Lys-Gly linker），主要由一系列的甘氨酸 - 赖氨酸残基构成，通过结合左手螺旋型双链 DNA，帮助 DNMT1 靶向结合至复制叉（DNA 复制起始的 Y 型结构）的周边区域（因为 DNA 聚合酶的负向超螺旋密度会导致 DNA 从右手双螺旋转变为左手双螺旋结构）。⑧ DNMT1 的 C- 末端区域包围住酶的催化中心形成的一段功能区域。研究证实，无论是体内还是体外，尽管甲基化功能所需的氨基酸结构都存在，C- 末端区域若处于孤立状态都是没有催化活性的（图 2-2）。

2. DNMT1 的表达和同工型 DNMT1 代表哺乳动物发育过程中体细胞内的主要 DNA 甲基转移酶活性，在增殖细胞中普遍存在并高度表达，仅仅在非分裂细胞内表达水平较低。其 mRNA 的表达存在细胞周期依赖性，在 S 期细胞内表达最高。MAPK、Ras-AP-1 和 pRb-E2F1 信号传导通路参与其转录调节，但是，转录后修饰过程也参与 DNMT1 合成调控。

DNMT1 有数种不同的同工型。DNMT1 在绝大多数体细胞内表达，因此也被称为 DNMT1s，此外，还有 2 种组织特异性 DNMT1，一种是粗线期精母细胞 DNMT1（DNMT1p），另一种是卵母细胞特异性变异体（DNMT1o）[40]。其中 DNMT1o 是 DNMT1 的卵母细胞特异性异构体，在鼠类其缺少 N- 末端开头 118 个氨基酸，人体内则缺少 N- 末端的 114 氨基酸，这一缺乏区域包含了 DMAP 结构域。此同工型比 DNMT1 稳定性更高，这就能解释将其用作卵母细胞成长和成熟的储备力量。在小鼠体内进行条件性敲除实验，证实只有母系和受精卵的 DNMT1 同时存在才能在早期胚胎中维持印记基因甲基化信号，这也揭示一种 DNMT1 的发展模式：母系的 DNMT1（DNMT1o 或者 DNMT1s，或两者共存）维持着单细胞循环的甲基化信号特征，受精卵表达的 DNMT1s 则从双细胞阶段接过这种功能并继续持续下去。

3. DNMT1 的酶学性质 DNMT1 作为主要的维持甲基转移酶，对半甲基化 DNA 表现出高度亲和性，其催化反应主要是由半甲基化 CG 位点的特异性序列与酶活性中心相互作用导致，表现出酶的甲基化特异性构象改变，从而导致酶的活化。DNMT1 对 DNA 复制后重新建立 DNA 甲基化具有重要调节作用，其占据着 DNA 复制叉附近的 1 个位点，起到分子复制机器的作用，迅速使半甲基化 CG 二核苷酸甲基化，从而恢复 DNA 原始的甲基化模式。它同时也是一种高效酶，能使长片段 DNA 甲基化而自身未被分解，这也是其成为维持甲基转移酶的重要特性之一。

很多 DNA 绑定位点可影响 DNMT1 的酶活性。一方面有部分研究表示，在甲基化 DNA 存在时，DNMT1 的酶特异性是下降的，这一现象的出现主要是由于未修饰 DNA 的从头甲基化过程所占比例增高，导致半甲基化 DNA 的完全甲基化过程在一定程度上被削弱。未甲基化 DNA 的甲基化效率增高表明甲基化 DNA 与甲基转移酶的 N- 末端结合域绑定能诱导变构激活，使未甲基化底物发生甲基化。研究报道 DNMT1 的 CXXC 结构域及小鼠体内 DNMT1 的 284～287 残基参与了这一变构激活过程，但详细的分子生物学机制仍在探索和研究中。另一方面，也有研究指出未甲基化底物具有一定的抑制效应，表现为在 DNMT1 的 N- 末端结合未甲基化 DNA 能导致其

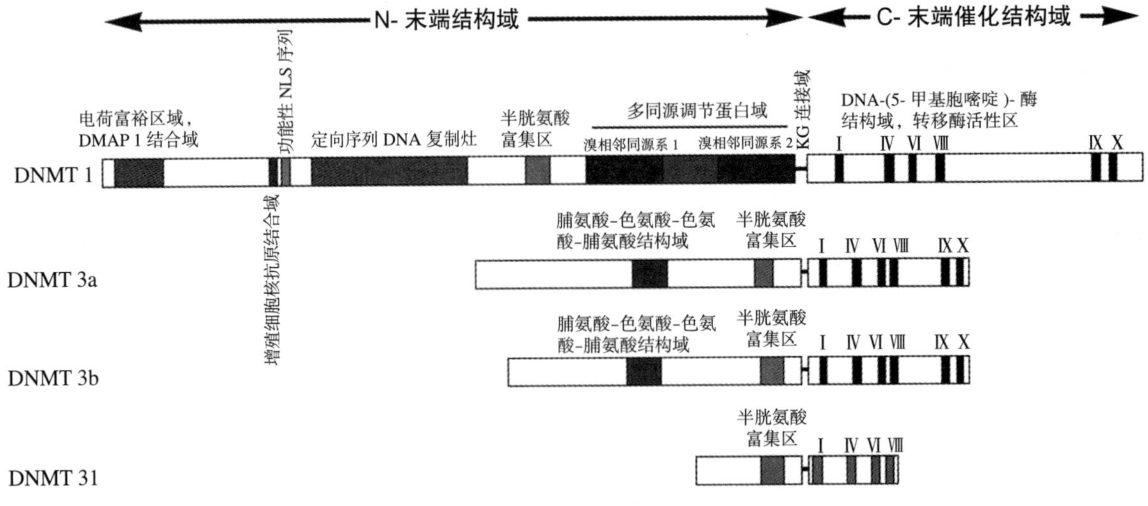

图 2-2 DNMT 的家族成员及其结构[37]

对半甲基化 DNA 的催化活性受到抑制，这种底物抑制效应的绑定位点有可能定位在 DNMT1 的前 501 个氨基酸位置。进一步研究发现 N- 末端抑制性位点结合甲基化 DNA 则会导致酶的去抑制，DNMT1 的 N- 末端和 C- 末端能直接相互作用，DNMT1 的催化活性是受其 N- 末端结合域变构调控的。对于这些研究中所涉及的抑制和刺激效应，究竟是因为绑定位点的不一致，还是由于不同类型 DNA 竞争结合不同位点的程度不一致所导致，目前尚无确切结论。但是所有的研究都支持一个统一的观点：在辅助位点结合未甲基化 DNA 会降低 DNMT1 的活性，而结合甲基化 DNA 则增加其活性。这一发现与人类基因组 DNA 甲基化的双模式是相关的，也就是说基因组区域要么趋向于表现为高甲基化，要么趋向于完全未甲基化 [37]。

4. DNMT1 与其他表观遗传修饰分子的相互作用

DNMT1 是表观遗传网络中的重要成员之一，与调控表观遗传修饰的诸多分子都存在相互作用，例如组蛋白去乙酰化酶 HDAC1、HDAC2、DNMT3a 和 DNMT3b、转录因子 Rb 和 E2F1、组蛋白赖氨酸甲基转移酶 SUV39H1、SET7/9、G9a 和 EZH2、沉默子 HP1 和 MeCP2，以及染色质因子 UHRF1，另外，还有研究显示其与 PCNA、DMAP1 也相互作用 [39]。

DNMT1 N- 末端的 122 个氨基酸参与 DNMT1 与 DMAP1 的相互作用，这一效应是整个细胞分裂 S 期招募 DMAP1 至复制叉区域所必需的。PCNA 与 DNMT1 的结合则发生在 PBD 结构域，这一相互作用是 S 期靶向圈定 DNMT1 至复制叉区域以及紫外线照射后 DNA 修复位点结合 DNMT1 所必需的。研究显示当 PBD 结构域被破坏时，会导致复制后 DNA 的重新甲基化过程被推迟，表明 DNMT1 的 PBD 结构域与 PCNA 的相互作用有助于维持复制后 DNA 进行高效率重新甲基化。另一个 DNMT1 的重要合作伙伴是染色质因子 UHRF1，其在小鼠体内为 NP95（核蛋白 95），在人体内为 ICBP90（倒置 CCAAT 盒结合蛋白 90），作用是保护与半甲基化 DNA 特异性结合的 SRA 结构域。复制后 UHRF1 能招募 DNMT1 与半甲基化 DNA 结合，维持哺乳动物 DNA 甲基化状态。

5. DNMT1 的基因表达调控　DNMT1 的基因表达调控机制复杂，不仅参与 DNA 甲基化修饰，也在组蛋白修饰与染色体重塑中发挥作用，形成一组复杂的调控网络，调控基因表达水平。

DNA 甲基化抑制基因表达主要通过两种途径：一种为直接途径，通过直接抑制转录因子与甲基化 CpG 岛的结合来抑制基因表达；另一种则是间接途径，通过招募 MBP 及一些抑制复合物来阻止转录因子与特定序列的结合，达到抑制基因表达的作用。DNMT 和 MBP 可与 HDAC、共抑制子和 ATP 依赖性染色质重塑蛋白结合形成抑制复合物，与组蛋白去乙酰化及染色体重塑三者共同作用，从而抑制基因表达。DNMT1 除了参与组蛋白去乙酰化，还与组蛋白甲基化相关。其 N- 末端能招募组蛋白甲基化酶 SUV39H1，识别 HP1，后者能够识别甲基化的组蛋白，同时稳定异染色质浓缩结构。这种三者共同作用的抑制机制，其意义在于由于组蛋白的变构在细胞复制增殖过程中不能被直接传递，因此通过 DNMT 对复制后的子代 DNA 甲基化型予以保留，从而得到该基因转录与否的完整信息，使子代细胞中的组蛋白正确乙酰化或者去乙酰化 [41]。

DNMT1 的 N- 末端可识别 MBP 家族成员，包括 MBD1、MBD2、MECP2 等。有研究发现 [42] 大鼠肝癌细胞中 DNMT1 是正常肝细胞的 4 ~ 10 倍，MECP2 则是 8 倍。MECP2 能与 MT-1 基因启动子区域相互作用，抑制其表达，说明 DNMT1 和 MECP2 均参与肿瘤中 MT-1 基因的表达抑制。DNMT1 通过招募这些蛋白质，与组蛋白修饰和染色体重塑共同作用，间接抑制基因表达。

此外，一些因子作用于 DNMT1，能导致其数量和（或）活性发生改变，从而改变甲基化水平，影响基因表达。研究发现 [43]，小鼠赖氨酸特异性去甲基化酶 -1 的编码基因 *aof2* 被特异性敲除后，其 DNA 甲基化水平降低，DNMT1 水平亦降低，实现对 DNMT1 数量和活性的抑制作用。

6. DNMT1 的生物学功能　DNMT1 在生命过程延续和发展中发挥重要作用。在肿瘤细胞中，DNMT1 对于抑癌基因的新生甲基化和维持 DNA 甲基化都有着重要作用。基因的不正常甲基化可以抑制该基因的表达，使细胞周期失控，进而癌变。研究证实在乳腺癌、消化道肿瘤等多种疾病中发现抑癌基因是高甲基化的，并且在癌变组织中 DNMT1 的表达也增加，由于其增加一般发生在 DNA 甲基化之前，因此可能是引起异常 DNA 甲基化的原因。研究显示缺乏 DNMT1 的肿瘤细胞仍伴有明显的基因组甲基化及相关的基因沉默，但同时下调 DNMT1 及家族中其他甲基转移酶则能显著降低甲基化水平，说明 DNMT 家族之间在肿瘤发生、发展过程中是互补协同的，甚至能相互促进。在胚胎发育过程中，DNMT1 的作用表现为其甲基化作用发生在胚胎植入期，并维持整个胚胎发育过程中的甲基化状态，此外还能够和DNMT3家族联合作用，调节E钙黏素表达，进而调节子宫内膜对胚胎的接受能力。另外，DNA甲基化的动态变化与神经系统发育和记忆的形成有关。还有报道显示DNMT1活性降低引起的DNA低甲基化能够导致高同型半胱氨酸血症，后者是动脉粥样硬化和冠状动脉粥样硬化性心脏病（简称冠心病）的独立危险因素。

（二）DNMT3a

DNMT3a是DNMT3家族中的主要成员之一，是一种新生甲基转移酶，参与未甲基化DNA的甲基化过程。小鼠体内实验已经发现该酶在胚胎发育过程中是必不可少的，*dnmt3a*基因敲除小鼠能够生长到足月，但是体型矮小，生后较快死亡，任何改变小鼠体内活化的DNA甲基转移酶基因功能的行为均能加速该小鼠的死亡。

1. DNMT3a的表达和同工型 DNMT3a在胚胎组织和未分化的胚胎干细胞中高表达，但在分化成熟的细胞中表达则相应下调。DNMT3a广泛存在于机体各种细胞中，在绝大多数组织中都能被检测到，相比之下，其较短的异构体DNMT3a2则表达较局限，主要存在于胚胎干细胞、生殖细胞和胚胎癌性细胞中，脾和胸腺中亦可被检测，但在成体组织中则沉默不表达。DNMT3a2是DNMT3a的主要异构体，是从一个可改变的内含子中产生的，DNMT3a2编码的蛋白质缺少DNMT3a全长的N-末端前223/219（人类/小鼠）个氨基酸残基。DNMT3a2与DNMT3a有相似的甲基转移酶活性，但是却有不同的表达形式：DNMT3a2的表达主要在胚胎干细胞、生殖细胞和胚胎癌细胞，同时，在脾和胸腺也能检测到其存在，但是在成人组织内则表达沉默。DNMT3a的催化作用主要发生在CpG上甲基化，很少出现在CpA、CpT和CpC上，由此可见，DNMT3a的催化作用具有甲基化序列依赖性[44]。

2. DNMT3a的功能域 DNMT3a能够与富含甲基化DNA的染色质稳定关联，包括有丝分裂染色体、异染色质着丝粒附近。DNMT3a的结构也包括1个N-末端调节部分和C-末端催化部分，包绕着保守C5 DNA甲基转移酶结构。与催化结构不同的是，DNMT3a的N-末端部分与DNMT1不同，主要由2个结构域构成：一是富含半胱氨酸的区域，又称ADD结构域，或者PHD结构域；二是PWWP结构域。ADD结构域是一个富含半胱氨酸的区域，能够结合锌离子，为各种蛋白质间的相互作用提供平台。实验证明它能够调节DNMT3a与众多蛋白质之间的相互作用，如转录因子PU.1、Myc、RP58、组蛋白去乙酰化酶HDAC1、HP1、组蛋白甲基转移酶SUV39H1、SETDB1和EZH2、CpG甲基结合蛋白MBD3和染色质重塑因子Brg1。最近有体外实验发现DNMT3a中ADD结构域与非甲基化的组蛋白H3K4结合能促进染色质绑定的DNA甲基化。由此可见，DNA甲基转移酶的ADD结构域能引导针对特定组蛋白修饰的DNA甲基化，并且为DNA甲基转移酶能够靶向结合具有特异性表观遗传标记的染色质提供第一证据。PWWP结构域则是一个较弱的保守区域，由100～150个碱基组成，包含有保守的色氨酸-脯氨酸结构。这一结构归属于Royal超家族，其成员均能与组蛋白尾部结合产生多种修饰状态。PWWP结构域的存在对于靶向结合甲基转移酶和着丝粒周边染色质是不可缺少的。DNMT3a的PWWP结构域能够特异性识别H3K36三甲基标记，其相互作用增加DNMT3a活性，促进核小体DNA甲基化[37]。

3. DNMT3a的生物学功能 DNMT3a主要在胚胎发育中起重要作用。其在胚胎干细胞中表达较高，而成体组织中很低。胚胎干细胞中该酶的失活会影响DNA新生甲基化过程，其基因突变小鼠的胚胎畸形率和死亡率都极高，DNMT3a也能和DNMT1共同参与胚胎植入和流产的发生、发展过程。另外，该酶也与X染色体失活相关。已知X染色体灭活发生在胚胎发育早期，其起始依赖于一个控制位点，即X灭活中心，该中心的核心为*xist*基因。研究发现[45]，*xist*基因在Xa染色体（活性染色体）5′端为甲基化，在Xi染色体（灭活的染色体）5′端则保持非甲基化状态。当用地西他滨抑制甲基化酶后，Xa染色体上该基因甲基化明显减少，从而被激活表达，而这些甲基化改变均由DNMT3a协同DNMT3b的从头甲基化功能所致。

（三）DNMT3b

DNMT3b作为DNMT3家族的一员，其结构和功能在很大程度上都与DNMT3a相似，具有重叠性。但在某些方面，其功能不同[46]：①*dnmt3b*基因突变小鼠往往胎死腹中，平均在胚胎第9.5天死亡。②尽管2种酶都参与了重复元素不同亚型的甲基化过程，DNMT3b却承担着着丝粒附近小卫星重复区域的甲基化。有结构地或者有条件地删除小鼠胚胎成纤维细胞中DNMT3b，能导致基因组DNA甲基化的部分缺失，提示DNMT3b与常规的DNMT1一起也参与胚胎成纤维细胞的甲基化维持状态。去甲基化导致的基因组不稳定提示*dnmt3b*基因敲除小鼠体内出现非整倍体和多倍体，或者染色质断裂和融合。③由于DNMT3b基因序列上存在5个可选择性剪切的外显子，分别为位于N-末端的外显子10、11以及催化区域内的外显子20、21、22，故目前发现DNMT3b存在6个主要同工型：DNMT3b1由全长mRNA编码，为编码最完整的一种同工型；DNMT3b2编码序列中缺乏N-末端外显子10、11；DNMT3b3和DNMT3b6均包含催化结构域内的保守生物序列Ⅰ、Ⅳ、Ⅵ和Ⅹ，但是缺少62个氨基酸残基（其中包括生物序列Ⅶ、Ⅷ和部分序列Ⅸ），同时DNMT3b3还缺少外显子10、11；DNMT3b4和DNMT3b5是基因序列经拼接转移后生成的截短蛋白，二者不仅缺失生物序列Ⅸ和X，亦同时丢失外显子10、11。体外甲基转移酶检测发现DNMT3b1和DNMT3b2蛋白均具有催化活性，其他同工型单独存在不具有催化活性，可能与其催化结构域的缺失有关。近年来有研究在非小细胞型肺癌中发现一种全新的DNMT3b同工型的亚家族，称为ΔDNMT3b。据研究发现，ΔDNMT3b亚型是由DNMT3b1基因序列中5号外显子上游的启动子序列编码所得，故ΔDNMT3b蛋白序列缺少DNMT3b1 N-末端的200个氨基酸。④下调DNMT3b能使直肠癌细胞整体甲基化水平下降3%，同时下调DNMT3b和DNMT1则使整体甲基化水平下降95%，在调控肿瘤发生、发展中起重要作用[47]。基于此点，研究人员以地西他滨作为DNMT抑制剂，能与结合在基因启动子上的DNMT结合，抑制其甲基化作用，这一抗肿瘤作用在白血病患者、MDS患者及非小细胞肺癌患者中进行临床试验均得到证实。另外，衰老细胞中出现的DNA甲基化漂移使得DNA低甲基化或过甲基化，这与DNMT的异常表达相关，研究检测发现DNMT3b在人体T淋巴细胞中表达很多，且随年龄的增长而表达显著下降，这说明DNMT水平下降是组织中甲基化水平下降的原因之一，提示DNMT与细胞衰老也存在一定关联。再者，*dnmt3b*基因突变可以导致“着丝粒不稳定和面部异常”，即ICF综合征，这是一种常染色体隐性遗传病，主要变现为免疫缺陷和面部异常[41]。

由于DNA甲基转移酶对于基因DNA甲基化调控的重要性，以及其多样的生物学功能，众多生物学者发现通过应用DNA甲基转移酶抑制剂，可以抑制异常甲基化的发生，从而达到治疗的作用。因此DNA甲基转移酶抑制剂的研究也成为药物化学领域的一大研究热点。

已有文献报道一些化合物能够抑制或者改变细胞中DNA甲基化状态，根据它们的结构和（或）作用机制，抑制剂可以被划分为以下几组：①胞嘧啶核苷衍生物；② AdoMet类似物；③肼类；④苯邻二甲酰亚胺类；⑤多酚类似物；⑥氨基衍生物；⑦修饰后的寡核苷酸；⑧反义核苷酸；⑨二硫化物类似物[48]。

胞嘧啶核苷衍生物为核苷类DNMT抑制剂，能够在DNA复制过程中参入DNA，继而被DNMT识别，通过与酶的半胱氨酸残基上的巯基共价结合而使酶失活。该类抑制剂的代表药物为阿扎胞苷，是20世纪60年代捷克斯洛伐克的一名化学家研制的药物，直到1980年才发现其具有抑制DNA甲基化的抗肿瘤作用，进而2004年成为第1个进入临床应用的DNMT抑制剂。其作用机制为进入体内后转化为氮杂胞嘧啶核苷酸，参入DNA参与复制，形成非功能性的氮杂DNA，使转录过程无法正常进行，达到抑制DNA和蛋白质的合成，导致肿瘤细胞凋亡。临床上该药主要用于对急性粒细胞白血病的治疗。

反义核苷酸是从根本上抑制DNMT的基因表达，进而减少DNMT的合成。其代表药物为MG-98，是一种第2代反义寡核苷酸DNMT1抑制剂。实验研究证实，直接作用于*dnmt1*上mRNA的反义寡核苷酸可以减少体内肿瘤细胞中DNMT1蛋白的表达，诱导去甲基化和*p16*抑癌基因的表达。其单独作用效果不明显，往往需与其他抗肿瘤药物联合应用达到明显的协同作用。

不同类型DNMT抑制剂的作用机制及靶点各异，导致其疗效和毒副作用也不尽相同，如何进一步开发疗效好、毒副作用更小的DNMT抑制剂已是当今及今后药物化学的主要研究方向。

总而言之，DNA甲基转移酶对于DNA甲基化模式的调控是至关重要的，它们的变化在机体发育以及疾病的发生和发展中都产生重要作用。DNA甲基转移酶不同家族之间既是分工合作，又是功能互相重叠、协同促进的，这样的调节模式在许多疾病如肿瘤、衰老、胚胎发育和自身免疫性疾病中都有所体现。

（谭怡忻　陆前进）

第三节 甲基化 DNA 结合蛋白

一、DNA 甲基化、甲基化 DNA 结合蛋白与基因转录的关系

DNA 甲基化是植物和脊椎动物基因组普遍存在的一种重要的表观遗传学修饰，与染色质结构的调节、基因组完整性的维持、基因表达调控有关。在脊椎动物全基因组中，甲基特有的修饰在 CG 二核苷酸的胞嘧啶上，即 CpG，而植物 DNA 甲基化在 CpG 或非 CpG（CpNpG）都有修饰位点。在哺乳动物细胞中，60%～90% 的 CpG 被甲基化修饰，其余长为 500～2000 bp 的 DNA 延伸片段为 CpG 岛，即 CpG 序列富含区域，主要位于基因启动子区。非启动子区域的 CpG 岛主要位于基因间、基因内部、蛋白编码基因的转录起始位点或非编码 RNA 区域 [49]。在高等真核生物中，DNA 甲基化与染色质沉默有关 [50-52]。

甲基化 CpG 结合蛋白在其中起非常重要的作用。DNA 甲基化位点能招募甲基化 CpG 结合蛋白及一些具有不同甲基化 CpG 结合域的蛋白激酶家族中的 CpG 甲基化锌指结合蛋白，如 KAISO（ZBTB33）、ZBTB4、ZBTB38 或 SRA 结构域蛋白等，这些蛋白质能与甲基化 CpG 结合，使染色质构象凝聚，基因转录抑制甚至沉默 [53-54]。

二、甲基化 DNA 结合蛋白家族分类及功能

1989 年 Antequera 等发现富含 5'端甲基化胞嘧啶的 DNA 序列能抵抗核酸酶，所以推测细胞中存在能与甲基化 CpG 结合的蛋白质，它们结合于基因启动子区高甲基化的 CpG 岛，导致该区域的基因染色质结构紧缩、高凝，阻碍转录因子的接近，从而导致基因沉默。20 世纪 90 年代初研究者们发现 2 种与甲基化 DNA 有高亲和力的蛋白质，即甲基化 CpG 结合蛋白 1（methyl-CpG-binding protein 1，MECP1）和 MECP2。MECP1 是一个与 CpG 岛甲基化相关的大复合物，而 MECP2 能选择性识别甲基化 CpG。Nan 等分析了 MECP2 蛋白结合甲基化 DNA 所必需的最小区域，发现了甲基化 CpG 结合域（methyl-CpG-binding domain，MBD）[55-56]。

至今发现有 3 种 DNA 甲基化结合蛋白家族：① MBD 蛋白家族，包含 MBD1、MBD2、MBD3、MBD4、MECP1 和 MECP2。② KAISO 和 KAISO 样蛋白家族，为甲基化 CpG 特异性抑制蛋白，具有与以上 MBD 蛋白完全不同的甲基化 DNA 结合域，目前只有 3 个成员被具体描述，即 KAISO（ZBTB33）、ZBTB4 和 ZBTB38。③ SRA 结构域蛋白，包括 UHRF1 和 UHRF2 [57]。

（一）MBD

20 世纪 80 年代，通过核磁共振（nuclear magnetic resonance，NMR）和 X 射线结晶法发现位于 MECP2 蛋白的 N 末端，与甲基化 DNA 结合的一个包含 70 个氨基酸残基的区域，这一区域命名为 MBD。MBD 由 4 个 β- 折叠结构和 1 个具有夹环结构的 α- 螺旋组成独特的 α/β 三明治状夹层结构，每结合一个单独的甲基化 CpG 便组成一个单元结构。4 个 β 折叠结构反向平行排列，其中 2 个较长的 β- 折叠与甲基化 DNA 双螺旋的沟槽相互接近并作用，所以推测 MBD 与甲基化 DNA 可能在 β 型 DNA 的沟槽中，通过氢键、盐桥、结构性水分子相互作用。MBD 蛋白具有多个家族成员，人类的 MBD 包括 MBD1、MBD2、MBD3、MBD4、MECP1 及 MECP2，这些蛋白质均具有高度同源性。除含有 MBD 外，个别家族成员还含有其他特异性结构域，如 AT 钩、GR 重复序列、CXXC 锌指结构，而 MBD4 还含有 1 个糖基酶结构域。MBD4 与 MECP2 的甲基化 CpG 结合域在序列上最为相似，其他 MBD 家族成员通过核酸内切酶与 DNA 错配修复蛋白 MLH1 结合形成复合体。编码这五种蛋白质的基因具有相同的保守序列，说明它们在进化中相互关联。不同于动物 MBD 家族，在拟南芥中发现 13 种 MBD 蛋白，在水稻中发现 17 种 MBD 蛋白，而只有 MBD4、MBD5、MBD6、MBD7、MBD11 被报道能与甲基化 DNA 相结合 [58-61]。

甲基化 DNA 能特异结合某些调控蛋白，进而招

募转录抑制复合体，包括共抑制因子及组蛋白去乙酰化酶（histone deacetylase，HDAC）等，并诱发组蛋白的去乙酰化，从而引起染色体的结构凝聚和转录抑制[62-63]。各种MBD蛋白及其与共抑制复合物之间的生理联系还不甚清楚。有研究认为不同MBD蛋白与共抑制复合物以及不同甲基化DNA序列的亲和力高低有所不同，例如MECP2与单个甲基化CpG位点结合，而MECP1复合物则与密集甲基化的DNA结合。除此之外，染色质构象也参与调节MBD蛋白的识别结合功能。通过对一系列肿瘤抑制基因启动子MBD的结合谱研究，发现大部分高甲基化的启动子区域都结合有MBD蛋白，而未发生甲基化的启动子区域普遍缺乏MBD结合（MBD1除外），一部分启动子高度特异地募集一些特定的MBD，而另一些启动子专一性很低，说明MBD的结合谱有基因和肿瘤类型的特异性[56, 64-67]。

以下6种功能性MBD蛋白都直接或间接与甲基化CpG和其他一些相关因子或复合物结合而发挥抑制转录的作用[68]。

1. MBD1　MBD1最初被命名为PCM1（protein containing MBD），是MBD家族成员中相对分子量最大的蛋白质，在哺乳动物中主要富集在肺及肝中，通过其抑制域发挥抑制转录的作用。MBD1是一个分子量为70 000的蛋白，由位于18号染色体上的基因编码。MBD1包含位于N端的MBD结构域、位于C端的转录抑制结构域（transcription repression domain，TRD）及位于MBD及TRD之间依赖于可变剪切元件的CxxC区域（最初发现于DNMT1及三胸家族蛋白ALL-1/HRX）。MBD1包含4种亚型，即MBD1v1、MBD1v2、MBD1v3和MBD1v4。MBD1抑制作用受组蛋白甲基化调节，组蛋白甲基转移酶（histone methyltransferase，HMT）SETDB1招募MBD1，同时又与组蛋白甲基转移酶SUV39H相互作用，使组蛋白H3K9甲基化。MBD1也可以通过MBD结构域与异染色质相关蛋白HP1、SUV39H1及HDAC相联系。半胱氨酸富集的zf-CXXC结构域可以与DNA甲基转移酶（DNMT1）和HRX蛋白（mammalian trithorax-like protein）相互作用。TRD与染色质相关因子（MBD1-containing chromatin-associated factor，MACF）形成MBD1-MACF复合物，结合在启动子区SP1位点抑制转录。研究发现MBD1、MACF1与组蛋白甲基转移酶SETDB1形成复合物，共同促进沉默异染色质的形成。与其他MBD蛋白相比，MBD1的TRD能强烈抑制启动子活性，且这种抑制不能被HDAC抑制剂所逆转[69-71]。

2. MBD2　MBD2是由18号染色体编码的一种蛋白质，其结构域能与140～400个氨基酸相互作用。它有2种亚型，MBD2a（分子量43 500）和MBD2b（分子量29 100），它们的翻译起始位点不同。在哺乳动物中MBD2主要富集在大脑纹状体中。有研究认为MBD2b可能是DNA去甲基酶。MBD2能够通过同源DNA结合域黏附于启动子区域，导致转录的抑制，对曲古抑菌素A敏感。染色质免疫共沉淀实验证实MBD2与HDAC1、RbA p48/p46相互作用，且其抑制作用受MECP1的调节。MECP1是一个依赖ATP的染色质重塑复合体，由MBD2和MI-2/NURD复合体形成。MBD2同时与使X染色体失活特异性转录子（X inactive specific transcript，Xist）甲基化依赖基因沉默有关，*xist*基因在哺乳动物X染色体失活上起非常重要的作用，其产物是一种非编码RNA，能覆盖X染色体失活的部分。MBD2表达下调的小鼠在胚胎发育中并没有出现异常，但在MBD2缺乏的雌性小鼠中出现异常的母性行为。缺乏MBD2的Apc（Min/t）小鼠（一种结肠腺瘤性息肉的小鼠模型）肠肿瘤发生率减少了10倍以上。MBD2敲除会破坏小鼠免疫细胞的分化，且使雌性小鼠丧失繁育后代的能力[72-73]。

MBD2参与介导启动子区高甲基化的基因沉默，在高甲基化的启动子未与MBD2结合时，基因表达上调。在甲基化启动子区MBD2与HDAC2、DNMT1、转录抑制子SIN3相联系，并与MBD3形成异二聚体，再募集转录抑制物MI-2/NURD，这些蛋白质和复合物相互作用共同促进启动子区CpG岛甲基化扩散，维持基因的稳定沉默。MBD2水平的改变调节某些细胞因子水平，从而参与T淋巴细胞的成熟。在肝细胞癌中，MBD2与DNA甲基化依赖的谷胱甘肽硫转移酶P1（glutathione S-transferase P1，GSTP1）的基因沉默有关。这种基因的CpG岛在肝细胞癌的发病中处于高甲基化，MBD2与GSTP1启动子区域相结合从而使基因沉默[74]。

3. MBD3　MBD3是MBD家族中最小的成员，编码MBD3的基因位于19号染色体上。MBD3有2种亚型，分子量分别为32 000和20 000，分子量为32 000的蛋白亚型与MBD2b高度相似，存在72%的一致性序列，分子量为20 000的亚型在MBD结构域中多了20个氨基酸序列，其他序列与前者一致。在哺乳动物中，MBD3在甲基化CpG结合域内出现2种变异而不能与发生甲基化的DNA结合。尽管其缺乏甲基化CpG结合域，但在DNA甲基化依赖性元件中仍起着非常重要的作用。MBD3缺乏的小鼠在胚胎发育的早期就不能存活。MBD2能与MBD3形成异二聚体，与半甲基化的DNA结合并募集HDAC和DNMT1，进一步强化稳定的染色质抑制状态。MBD3是染色质重塑复合体MI-2/NURD的一个完整亚型，称为MBD3/NURD，有一个共有的核心亚单位DOC-1蛋白。这个复合体由组蛋白去乙酰化酶HDAC1和HDAC2、组蛋白结合蛋白Mi-2及代谢相关蛋白MTA1、MTA2组成。MI-2/NURD与MBD2交联后形成MBD2/NURD复合体，早期作为DNA甲基化结合蛋白而被识别，后期则更趋向于形成包含MBD蛋白的复合体。有研究认为由MI-2/NURD介导的甲基化基因沉默先招募MI-2/NURD，而后MBD2与发生甲基化的DNA结合。但是，MBD2和MBD3以一种互相排斥的方式与MI-2/NURD复合体结合，从而发挥不同的生物化学功能。不与MBD3/MI-2复合体而与MBD2/MI-2复合体相互作用的蛋白质已被识别，例如PRMT5，一种蛋白质精氨酸甲基转移酶（protein-arginine methyltransferases，PRMT）。这个模型阐明了发生甲基化的DNA会被MBD2/MI-2识别而导致精氨酸甲基化及与DNA甲基化相近的组蛋白低乙酰化的机制。染色质结构的改变则成为MBD3/MI-2复合体增强组蛋白去乙酰化的靶标。另有研究报道MBD3蛋白的MBD结构域与DNMT3a的N末端相互作用，染色质免疫沉淀实验显示鼠淋巴瘤细胞中沉默的*mt-i*基因高甲基化的启动子区结合有DNMT3a和MBD3蛋白[75]。

4. MBD4　MBD4是一种胸腺嘧啶糖基酶，是唯一的与组蛋白去乙酰化酶活性无关的MBD家族成员，主要表达在人的组织中，与MECP2高度相似，分子量为62 000。MBD4有甲基化CpG结合域，在C端有糖基酶区域，具有DNA修复酶活性，因此MBD4也是DNA修复系统成员。该蛋白能识别发生甲基化的CpG序列，并对CpG位点错配的T或U进行修复，具有5-甲基胞嘧啶DNA糖基转移酶的功能。有研究显示在MBD4敲除的小鼠中，CpG/TpG的突变增高，肿瘤形成加快。5-甲基胞嘧啶脱氨基突变为胸腺嘧啶是自发的，而MBD4可以通过与MLH1（MutL homolog 1）相互作用修复这种突变，敲除MBD4基因的小鼠在CpG位点上会有更多的胞嘧啶突变成胸腺嘧啶。这说明MBD4为参与肿瘤细胞表观遗传学沉默的重要因子，而且其修复活性对于维持启动子区的高甲基化是必需的[76]。MBD4同时与*p16ink4a*和*mlh1*基因的甲基化依赖性转录抑制有关。MBD4蛋白的第152～454个氨基酸残基与转录抑制子SIN3A和HDACl相互作用而介导抑制转录。另外，在斑马鱼的一项研究中报道MBD4参与去甲基作用[53, 77-78]。

5. MECP1　MECP1最早被认为是甲基化CpG结合蛋白，之后研究证明它是一个能与甲基化CpG岛结合的转录抑制复合物，很多文献都没有将其归为甲基化CpG结合蛋白家族的成员。MECP1转录抑制复合物成员包括：MBD2、MBD3、RBAP48、HDACl、HDAC2、MTA1和MI-2/NURD复合物。与MECP2蛋白不同的是，MECP1复合物的结合需要密集的甲基化DNA片段（至少15个连续的mCpG），有报道称该复合物与转录抑制子SIN3互相作用参与抑制基因转录[57, 79-80]。

6. MECP2　主要富集于有丝分裂后期的神经细胞中（每200bp DNA存在1个MECP2蛋白分子），维持大脑功能正常。MECP2是一种分子量为53 000的蛋白质，因能与发生甲基化的DNA结合而命名，能够特异性地结合甲基化DNA，促进转录抑制的作用。一直以来MECP2都被定义为一种特异性的基因沉默子，通过2个功能性的结构域发挥作用，即甲基化DNA结合域和转录抑制域。但有很多数据显示MECP2的结构及功能之间的关系非常复杂。有文章报道从严格意义上说，MECP2在转录上是作为调控因子而不是沉默子。MECP2缺乏的小鼠会导致神经功能紊乱，人类Rett综合征与MECP2的基因突变有关[81-85]。

MECP2并不是形成单个的稳定复合体，而是与其他蛋白质结合后起作用，其可变的二重及三重结构使其可以执行很多不同的功能。故MECP2是一种高度复杂的蛋白质，除了能与甲基化DNA结合，也与不同的协同抑制复合体如SIN3a、NCOR和C-SKI所在位点结合。

（二）KAISO和KAISO样蛋白

新近发现一种新的甲基化CpG特异性抑制蛋白KAISO，是脊椎动物早期发育过程中重要的甲基化CpG依赖性抑制蛋白，作为ZBTB家族的成员之一，具有与以上MBD蛋白完全不同的甲基化DNA结合域。它由Daniel和Reynolds于1999年发现，哺乳动物细胞中KAISO的靶基因有*s100a4*、*mta2*、*matrilysin*、*rapsyn*。在小鼠白血病细胞中发现结合于*s100a4*基因甲基化内含子的蛋白质经过提纯后与含甲基化CpG结合域的MBD蛋白完全不同，通过肽类测序发现这类蛋白是一种包含锌指结构的转录因子，即KAISO（ZBTB33），主要由其N末端、BTB/POZ结构域和C末端数目不定的Kruppel-like C_2H_2锌指结构组成。通过这个锌指结构与至少2个以上甲基化CpG结合，识别连续的甲基化CpG序列。实验也证明KAISO确实能通过甲基化模板抑制转录[86]。

KAISO蛋白包含BTB/POZ结构域，允许蛋白与蛋白之间相互作用，其中BTB结构域能招募协同抑制子NCOR。KAISO主要在2种生物系统中研究，即非洲爪蟾及哺乳动物。在非洲爪蟾胚胎中下调KAISO，发现许多基因转录提早，发育静止及凋亡。这与移除DNMT1效果相似，提示KAISO是甲基化依赖性的抑制子。但在小鼠模型中发现敲除*kaiso*或*kaiso*突变与正常小鼠一样，并不影响小鼠的存活、生育和寿命。有研究报道，KAISO在HeLa细胞中通过其POZ结构域与N. CoR共抑制复合物相互作用来介导MTA2基因沉默，已确定它就是N. CoR复合物的成员之一，此复合物包含组蛋白去乙酰化酶。有研究发现在鼠和人类的肠癌中KAISO蛋白的表达均上调，敲除该基因后，小鼠表现出抑制肠癌进展，说明KAISO蛋白参与了肿瘤的发生和发展。KAISO与MBD蛋白一样能结合于甲基化的CpG，但也有不同点，它不仅能结合于甲基化CpG，也能结合于一些非甲基化CpG序列，有些甚至是不包含CpG或不被甲基化修饰的区域。无甲基化的KAISO靶标被称为KAISO结合位点，它们包含一个TpG核心。

通过同源性研究发现2种与KAISO功能及结构非常相似的蛋白，即ZBTB4和ZBTB38。它们均具有KAISO类似的锌指结构，能与甲基化DNA或非甲基化DNA结合并抑制转录（ZBTB38与CtBP1相互作用），但与KAISO不同的是，它们能与单个位点的mCpG结合，与MDB结构域家族一样，细胞中可能存在能与mCpG结合的KAISO相似性蛋白家族，它们同样以甲基化依赖方式抑制基因转录。

人类基因组编码的700个蛋白质中均含有锌指结构。KAISO和KAISO样蛋白通过典型的机制识别甲基化DNA并与之结合，所以可能有更多的能与甲基化DNA结合的锌指蛋白将会被发现[64]。

（三）SRA结构域蛋白

SRA结构域蛋白与KAISO发现过程类似，也是通过结合于增强子区甲基化位点的蛋白质经纯化而被发现。例如蛋白UHRF1，于拓扑异构酶Ⅱα基因启动子区的非甲基化调节区域发现，其甲基化结合功能也已被证实。在人类UHRF1也被称为ICBP90，在小鼠中被称为NP95。在小鼠中，UHRF1主要是甲基化胞嘧啶结合蛋白，敲除后会导致发育的静止，故推测其对维持DNA甲基化起主要作用。UHRF1也可以作为转录抑制子，通过招募组蛋白甲基转移酶G9A发挥作用。在哺乳动物基因组中，UHRF1有一个唯一的同源性基因UHRF2，包含与UHRF1相同的结构域，它也能结合甲基化DNA，但具体功能仍在探索阶段。拟南芥的基因组编码的许多蛋白质都含有SRA结构域，其中一些蛋白质能结合非甲基化CpG，如VIM1能结合于meCpG和meCpHpG（H=A、C或T）。在胚胎干细胞中富集CpA和CpT且胞嘧啶甲基化，推测UHRF2可能倾向于识别此类标记[87]。

三、甲基化DNA结合蛋白与疾病

甲基化DNA结合蛋白对于维持异染色质结构、调节基因的表达、调控重复性序列、充当信号通路效应子、控制DNA去甲基化，都起非常重要的作用。已有多个研究报道，许多病理状态如印记紊乱、新生儿糖尿病、智力缺陷、自身免疫性疾病及恶性肿瘤等都与DNA甲基缺失有关。甲基化DNA结合蛋白在其中起非常重要的作用。

1. Rett综合征（Rett syndrome，RTT）　这是一种与X染色体相关的神经功能发育紊乱疾病，主要累及女性，是导致女性智力低下的主要原因之一。女童发病率约为1∶12 500。RTT相关的突变95%与X染色体关联的*mecp2*基因有关。小鼠中敲除*mecp2*或*mecp2*突变可引起RTT，其具体机制尚未清楚，可能与缺乏*mecp2*时许多转录因子下调有关。重新激活有神经功能症状的雄性小鼠的*mecp2*表达，能够逆转RTT的症状，说明缺乏*mecp2*并不能引起神经细胞致死性或不可逆性的结构损害，这为以后基因治疗RTT提供了途径[88]。

2. 肿瘤　表观遗传调控机制异常在肿瘤的发生、发展中起重要作用，主要机制包括基因启动子区异常甲基化导致肿瘤抑制子和其他基因的失活。相关研究推测在特定的肿瘤细胞中在甲基化启动子区域通过协同性结合一些 MBD 蛋白将会使肿瘤抑制子基因沉默。MBD1 缺乏小鼠可能会抵抗肿瘤形成。缺乏 MBD2 与 KAISO 蛋白与 DNMT1 等位基因部分缺失一样，能抑制肠道肿瘤的形成。缺乏 MBD4 糖基酶能促进肿瘤形成。也有报道称非甲基化依赖性的 ZBTB4 蛋白能促进细胞增殖和生存，其具体机制为 ZBTB4 以 DNA 甲基化非依赖途径与 MIZI 蛋白及 SIN3/HDAC 复合物协同作用抑制 P53 的靶基因 *p21cip1* 转录。通过 HIP2 酶磷酸化下调 ZBTB4 的表达，伴随 P53 的激活，导致 P21 上调、细胞周期受阻及发生凋亡，说明 ZBTB4 与 P53 的激活相关。故甲基化 CpG 结合蛋白在肿瘤形成中起重要作用[74, 89-90]。

3. 自身免疫性疾病 已有大量研究报道 DNA 甲基化异常与自身免疫性疾病相关，如系统性红斑狼疮（systemic lupus erythematosus，SLE）、类风湿关节炎（rheumatoid arthritis，RA）、系统性硬化症（systemic sclerosis，SSc）及自身免疫性糖尿病等。DNA 甲基转移酶活性降低，甲基化结合蛋白表达异常，使 DNA 甲基化水平发生改变，从而影响许多基因的表达，包括一些与黏附因子、细胞因子、趋化因子等表达相关的基因，导致 T 细胞的自身反应性发生改变，从而与自身免疫性疾病的发病密切相关。SLE 及 SSc 患者 $CD4^+$ T 细胞 DNA 整体甲基化水平均呈低水平状态，MBD2 表达异常可能对 SLE 患者 $CD4^+$ T 细胞 DNA 低甲基化的发生起作用，从而参与其发病过程。另有报道，MECP2 基因单核苷酸多态性与 SLE 的易感性有关。在 RA 患者 MBD2、MECP2、DNMT1 的 mRNA 表达异常。隐匿性自身免疫性糖尿病与正常对照相比，MBD1 的表达明显降低。

综上所述，我们介绍了在哺乳动物中甲基化 DNA 结合蛋白的来源、分类、结构，也阐述了其不同的生物学功能及可能导致的相关疾病。随着表观遗传学研究的深入，将可能发现其他新的甲基化 DNA 结合蛋白及其生物学功能。

（罗双艳　陆前进）

第四节　DNA 去甲基化

一、DNA 去甲基化

DNA 去甲基化是与 DNA 甲基化相对的一个概念，即 DNA 上的 5- 甲基胞嘧啶变成胞嘧啶的过程。在各种生物的生长、发育和衰老过程中，DNA 去甲基化与甲基化保持动态平衡，共同调节基因表达[91]。

二、DNA 去甲基化的方式

DNA 去甲基化有 2 种方式，即主动去甲基化（active demethylation）及复制相关的 DNA 去甲基化（replication-coupled demethylation）。①主动去甲基化：DNA 甲基化维持基因沉默的作用比较稳定，但是在某些特定的情况下，DNA 甲基化能被迅速改变，这与 DNA 主动去甲基化相关。主动去甲基化即通过打断碳碳（C—C）键，然后 DNA 中的甲基化胞嘧啶被胞嘧啶替换的过程。②复制相关的 DNA 去甲基化：被动去甲基化一般发生在 DNA 复制过程中，DNA 甲基转移酶 1（DNMT1）能够维持 5- 甲基胞嘧啶的甲基化，但 DNMT1 沉默或缺失的情况下，新生成的复制链就不能甲基化，在 DNA 复制的过程中，DNA 甲基化程度就越来越低[92]。

三、DNA 去甲基化的机制

（一）复制相关的 DNA 去甲基化机制

目前对于复制相关的 DNA 去甲基化机制理解较深入并被广泛接受。由于 DNMT1 能够靶向结合到复制叉位点，迅速维持 5- 甲基胞嘧啶的甲基化，因此，复制相关的 DNA 去甲基化机制的靶点就是 DNMT1。在体外人为地干扰 DNMT1 的表达或其活性，都能明显降低体细胞复制过程中 DNA 甲基化的程度。另外，核转录蛋白和染色质结构也能导致 DNA 去甲基化。在复制过程中，当一些核转录蛋白如 SP1、CTCF 等特异结合到 DNA 甲基化位点时，就能阻止 DNMT1 与 DNA 的结合，从而引起复制相关的 DNA 去甲基化。在链孢霉菌的培养基中加入去乙酰化酶抑制剂滴菌素 A 后，观察到子代细胞 DNA

甲基化出现选择性丢失，这是由于去乙酰化酶抑制剂能够使组蛋白乙酰化，从而改变染色质结构，抑制 DNMT1 接近复制叉所导致的[93]。

（二）主动去甲基化机制

主动去甲基化机制目前仍然属于生物学备受争议的研究领域。公认的 DNA 主动去甲基化酶尚未被发现，虽然先后有学者报道从鸡胚细胞核提取物中、小鼠肌细胞中发现 DNA 去甲基化酶，但都未得到进一步验证。但是对于 DNA 主动去甲基化的研究仍然主要集中在一些具有去甲基化功能的蛋白质上[94-96]。

1. DNA糖苷酶 DME和沉默抑制因子 ROS1　在对 DNA 去甲基化酶的探索中，存在一种猜想，即在去甲基化酶复合物作用下，5- 甲基胞嘧啶水解成胞嘧啶和甲醇，但这种假设一开始就受到部分学者的质疑，因为胞嘧啶和甲基属共价结合，在热力学上非常稳定，简单水解令人难以接受。因此，另外一种猜想随之而来，即打断 5- 甲基胞嘧啶和 DNA 骨架的 N- 糖苷键，从而将 5- 甲基胞嘧啶去除。参与这一过程的酶称为 5- 甲基胞嘧啶糖苷酶，参与这一过程的机制称为碱基切除修复机制。在 DNA 去甲基化的碱基修复进程中，DME 和 ROS1 利用其 DNA 糖苷酶活性移除了 1 个碱基，并利用其 AP 裂解酶活性切除脱碱基位点，得到的核苷酸缺口由未确认的 DNA 聚合酶和 DNA 连接酶完成填补工作。这一研究是在拟南芥属中证实的，在人体内是否存在同样的机制尚需验证。

2. TET 和 AID/APOBEC　目前有许多学者经过实验认为 DNA 主动去甲基化即 5- 甲基胞嘧啶被胞嘧啶替代的过程需要经历一个中间环节，即 5- 羟基胞嘧啶。辅助这一过程的酶有 2 种：TET 和 AID/APOBEC。TET 能促使 DNA 上的甲基化胞嘧啶转变为羟甲基胞嘧啶，而 AID/APOBEC 则进一步促使羟甲基胞嘧啶转变为胞嘧啶。TET 有 3 种亚型，即 TET1、TET2、TET3。甲基化抑制基因表达，与预想相反，羟甲基化也多与基因沉默相关。TET1、TET2 通过改变相关基因的甲基化状态在造血干细胞的多向分化潜能中发挥重要作用，而 TET3 在受精卵有丝分裂之前父源性基因的大规模去甲基化中发挥重要作用。当然 TET1 也能够在不依赖于其去甲基化作用的能力下抑制基因表达，其机制可能与转录抑制复合物 PRC2 及 SIN3A 协同作用阻止基因转录有关。AID/APOBEC 的去甲基化作用是最近才被发现的。用 siRNA 干扰技术抑制造血干细胞中 AID/APOBEC 的表达，可观察到与造血干细胞多向分化相关的基因表达下降，并且其 DNA 去甲基化现象减少。TET 和 AID/APOBEC 的去甲基化作用不仅在人类造血干细胞中得到证实，在人脑组织、肌肉组织都相继有发现。

3. 生长停滞与 DNA 损伤诱导蛋白（GADD45a）　研究表明 GADD45a 能够以去甲基化特异性位点为靶点，通过 DNA 修复内切酶 XPG 募集 DNA 修复元件，剪切甲基胞嘧啶，以非甲基化的核苷酸取而代之，减少表观遗传基因的沉默。GADD45a 可和其他具有 DNA 去甲基化作用的蛋白质协同促进 DNA 去甲基化，如 GADD45 蛋白可上调 AID/APOBEC 蛋白的表达，并且能够与脱氨基酶及糖基化酶相互作用等。GADD45a 可被紫外线诱导上调表达，因此推测环境因素可能以 GADD45a 为中介影响 DNA 去甲基化，从而影响基因表达[97-98]。

4. 甲基化 DNA 结合蛋白（MBD1、MBD3、MBD4、XRCC1）　MBD 具有 5- 甲基胞嘧啶脱氨基作用，进一步通过修复系统，促使 DNA 去甲基化。MBD 对于全基因组尤其是着丝粒两侧的微卫星序列的去甲基化具有重要作用。

5. 延伸蛋白家族（ELP1、ELP2、ELP3）　ELP 主要影响受精卵父源性染色体的去甲基化，而研究认为父源性染色体的去甲基化发生在 DNA 复制之前，因此 ELP 主要影响主动去甲基化[99]。

四、DNA 去甲基化与基因激活

DNA 是生物遗传密码的携带者和传递者，当除去 5- 胞嘧啶甲基基团时，则有可能引起基因印记丢失、微卫星序列不稳定、染色体结构变化、反转录转座子插入突变、转录蛋白结合位点改变、DNA 构象以及与蛋白质相互作用的方式发生改变，从而影响基因表达[100-101]。基因印记即传给子代的亲本基因在子代中表达的状况取决于来自母本还是父本的现象，如胰岛素样生长因子Ⅱ（IGF-2）基因如果来源于父本就能够表达，而来源于母本则不能表达，这是由于卵母细胞中的 *igf-2* 呈甲基化状态，而精子中的 *igf-2* 呈去甲基化状态，如果卵母细胞中的 *igf-2* 被去甲基化就造成基因印记的丢失。微卫星是广泛存在于原核及真核细胞基因组中的简单串联重复 DNA 序列，高等生物通过错配修复系统保持微卫星的稳定性。但是，当 DNA 启动子区低甲基化时，容易影响错配修复系统行使其功能，导致微卫星序列不稳定，从而引发疾病[102]。

DNA 去甲基化与基因激活密切相关，它在许多正常与异常的生命过程中起了非常重要的作用。在对许多肿瘤如结肠癌、胰腺癌、乳腺癌等组织或细胞样本进行甲基化测序时发现，特定基因低甲基化发生频率很高、范围很广，包括生长调节基因、各种酶、肿瘤抗原编码基因、炎症因子等。在一些自身免疫性疾病，如红斑狼疮、硬皮病、类风湿关节炎、胆汁性肝硬化等，其外周血淋巴细胞中许多与疾病密切相关的炎症因子或信号分子基因启动子或增强子区域呈低甲基化状态[103]。而且，许多基因调控序列低甲基化已经成为疾病严重程度及预后的判断指标之一[104]。肿瘤组织整体低甲基化的前列腺癌患者，手术切除后复发率高；*sat2* 基因（定位于染色体 I 上）低甲基化的卵巢癌患者恶性率及病死率极高；对于髓样白血病及膀胱上皮癌患者，*line1* 基因低甲基化意味着疾病稳定阶段缩短；肩肱型肌肉萎缩症的严重程度与 *d4z4* 重复序列低甲基化密切相关；*cdh3* 基因启动子区域的低甲基化可导致钙黏蛋白表达，此蛋白有助于乳腺癌的分类；Ⅲ、Ⅳ期胃癌患者细胞周期蛋白活化，其基因也是低甲基化的；红斑狼疮患者 T 细胞上 CD70、CD11a、CD40L、Perforin 等基因启动子区域由于低甲基化导致其过度表达，在疾病活动期尤为明显。

总之，DNA 去甲基化参与许多重要的生命过程。人们在对 DNA 去甲基化的研究中，产生许多新的认识，同时也提出许多新的问题。TET、AID/APOBEC 等蛋白质去甲基化功能的发现，使人们对 5- 胞嘧啶的去甲基化途径有了新的认识，如可能经过中间过程转化为 5- 羟嘧啶甚至 5- 氟嘧啶等。用 IL-2 刺激 T 淋巴细胞和用雌激素刺激乳腺癌细胞后 20min 即可发生 DNA 去甲基化，说明 DNA 去甲基化是可以通过外界信号通路精密调控的。然而机体如何识别特定去甲基化位点？又是如何快速而精密地调节 DNA 去甲基化？如何靶向干预 DNA 去甲基化从而治疗疾病？彻底揭开 DNA 去甲基化神秘的面纱还需要科学工作者不断的努力与探索。

（廖洁月　陆前进）

第五节　DNA 羟甲基化

一、DNA 羟甲基化

DNA 羟甲基化是指在 TET（ten-eleven translocation）蛋白的催化下，DNA 中 5- 甲基胞嘧啶（5-methylcytosine，5mC）上的甲基被进一步加上一个羟基基团（-OH），成为 5- 羟甲基胞嘧啶（5-hydroxymethylcytosine，5hmC）的过程。DNA 羟甲基化是近年来新发现的一种调节 DNA 甲基化的方式，该过程的产物——5- 羟甲基胞嘧啶作为一种新的 DNA 碱基修饰形式，也被认为潜藏着新的表观遗传特性及信息[105-106]。

二、羟甲基化修饰相关酶

（一）TET 蛋白与 5hmC

DNA 羟甲基化实际上是一个由 TET 蛋白介导的、5mC 被氧化为 5hmC 的过程。TET 蛋白无疑是这一过程中的关键物质。TET 蛋白家族本质上是一类加氧酶，目前发现该家族共有 TET1、TET2、TET3 三个蛋白成员，它们均可对 5mC 进行氧合修饰得到 5hmC，只是作用强度不同[107-108]。TET 蛋白需要依赖于铁离子（Fe^{2+}）和酮戊二酸（oxoglutarate，OG）的存在才能起到催化作用。TET 蛋白有 2 个重要的保守结构域：CXXC 结构域和起催化作用的结构域。CXXC 是一个锌指结构域，对密集的非甲基化 CpG 双核苷酸有着很强的亲和力，这可能是 TET 蛋白与 DNA 的结合部位[105, 108]。值得指出的是，CXXC 结构域存在于 TET1 和 TET3 中，TET2 中却没有该结构[109]。与催化作用相关的结构域是依赖于 Fe^{2+}、OG 的加氧酶的典型结构域，该结构与 Fe^{2+}、OG 的结合有关，其突变会导致 TET 蛋白催化活性的减弱甚至丧失[105, 107]。

TET 蛋白的分布具有组织特异性，目前发现 TET1 主要在胚胎干细胞（embryonic stem cell，ESC）中表达，原始生殖细胞中也有高水平的 TET1 存在。相较于 TET1，TET2 和 TET3 的分布则更为广泛[105, 110]。

5hmC 的水平依赖于 TET 蛋白的活性与 5mC 的存在。5hmC 在哺乳动物各组织中均有发现，但以脑组织中的含量最多[111]。

（二）DNA 羟甲基化与 DNA 甲基化

DNA 羟甲基化的确切作用机制与功能尚不十分清楚，目前认为其可能的重要作用主要集中在以下几个方面：①通过取代 5mC 而解除 5mC 参与的基因调控与生物功能；②可能存在 5hmC 特异性结合蛋白来调节局部的染色质结构；③促进主动或被动去甲基化，从而动态调节 5mC 水平。

1. 通过取代 5mC 而解除 5mC 参与的基因调控与生物功能　5mC 具有某些基因调节的生物功能。一般认为，DNA 甲基化与基因的活化状态有关。基因调控序列（特别是启动子区域）的甲基化抑制基因转录，其去甲基化则激活基因转录。5mC 被 TET 蛋白氧化为 5hmC 后，5mC 所执行的生物功能也随之消失。例如，某些 DNA 甲基化结合蛋白不能识别 5hmC，从而失去其相应的功能[112-113]。

2. 可能存在 5hmC 特异性结合蛋白来调节局部的染色质结构　如上所述，5mC 的一部分功能是通过与之特异结合的 DNA 甲基结合蛋白来行使的。虽然目前尚未发现类似的 DNA 羟甲基结合蛋白，但这一领域并非完全没有线索。有研究发现，在 DNA 甲基化维持过程中起重要作用的 Uhrf1 蛋白也可以与半羟甲基化或完全羟甲基化的 CpG 区域结合[114]，提示 5hmC 或许有某些独立的作用机制，而 Uhrf1 可能参与其中。

3. 促进主动或被动去甲基化，从而动态调节 5mC 水平　DNA 羟甲基化与 DNA 去甲基化间的关系一直是 DNA 羟甲基化研究的重要问题。目前认为 5hmC 很可能是去甲基化的中间产物。具体而言，5hmC 可能参与的 DNA 去甲基化途径可分为被动和主动两种方式（图 2-3）。

（1）被动去甲基化途径：细胞分裂时，DNMT1 帮助 5mC 在 DNA 复制过程中维持甲基化状态[115-116]。与 5mC 不同，DNMT1 对 5hmC 的作用很弱[117]，一旦 5mC 被氧化为 5hmC，DNA 复制时，其甲基化状态很难被恢复，从而被动去甲基化。可以看出，5hmC 所参与的被动去甲基化途径是依赖于增殖细胞复制过程的，对于很少分裂的终末细胞而言，该去甲基化途径并不适用。

（2）主动去甲基化途径：一直以来，哺乳动物体内的主动去甲基化机制都备受争议，而 DNA 羟甲基化及 TET 蛋白的发现无疑为阐明这一机制打开了一个突破口。主动去甲基化途径不需要依赖于细胞增殖，它实际上是一系列主动的酶促反应。目前提出的由 TET 蛋白所起始的 DNA 主动去甲基化途径包括氧化和脱氨基两种机制：①氧化去甲基化途径。研究发现，5hmC 可经 TET 蛋白催化为 5- 甲酰胞嘧啶（5-formylcytosine，5fC），后者继续在 TET 蛋白的催化作用下转变为 5- 羧基胞嘧啶（5-carboxyl cytosine，5caC），但 TET 蛋白无法作用于 5caC。He 等发现敲除小鼠 ESC 内的胸腺嘧啶 DNA 糖基化酶（thymine-DNA glycosylase，TDG），可导致羧基胞嘧啶大量累积，因此认为 TDG 很可能将 5caC 脱羧转变为 5C，达到去甲基化[118-120]。②脱氨基去甲基化途径。5hmC 可以在 AID/APOBEC 的脱氨基作用下转变为 5 羟甲基尿嘧啶（5-hydroxymethyl uracil，5hmU）。随后，TDG 或 SMUG1 等 DNA 糖基化酶启动碱基切除修复（base excision repair，BER）机制，将 5hmU 转变为 5C[121-122]。

三、DNA 羟甲基化与基因转录调控

越来越多的研究表明 TET 蛋白与 5hmC 在基因转录调控中起着重要作用。首先，DNA 羟甲基化可能通过影响 DNA 甲基化来参与基因调控。目前普遍认为 DNA 甲基化可以导致基因沉默，而 DNA 羟甲基化则可通过降低 DNA 甲基化水平来解除其对基因表达的抑制作用。5hmC 还可以阻止 MECP2 等甲基结合蛋白与 DNA 的结合[112-113]，从而参与调节基因表达。

除了调节 DNA 甲基化状态这一方式，TET 蛋白、5hmC 本身可能还存在着重要的基因转录调控机制。在全基因组水平对 TET1、5hmC 进行的定位分析发现两者在基因组中占据着启动子、转录起始区域、外显子等重要位置[123-125]，提示它们与基因转录活性有密切联系。

研究表明，TET 与 5hmC 具有转录抑制与激活的双重功能。首先，与 5mC 不同，TET1、5hmC 均能高度富集于二价基因启动子区（bivalent gene promoter），可以抑制相应基因的表达[125-126]。所谓二价基因启动子，是指被激活标记（H3K4me3）与抑制标记（H3K27me3）双重标记的启动子区。其中，H3K27me3 常结合有 PRC2（polycomb repression

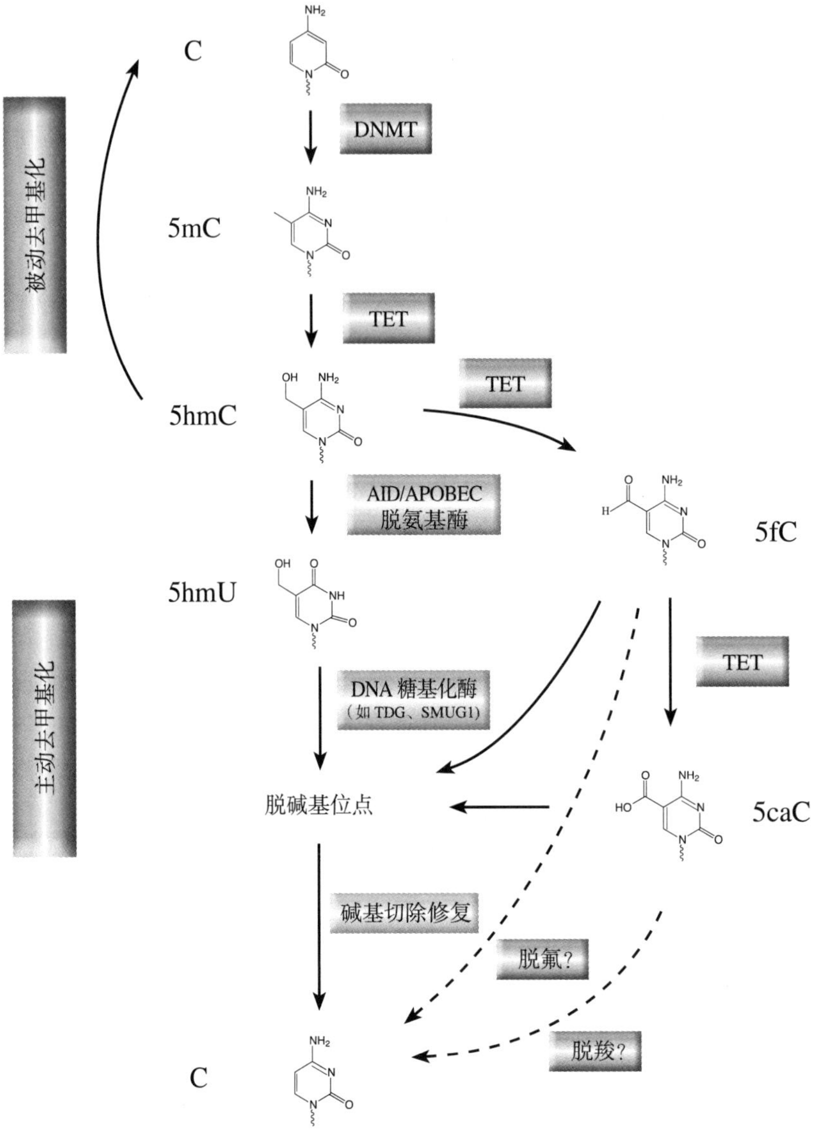

图 2-3 TET 蛋白介导的 5mC 氧化及 DNA 去甲基化

complex 2），抑制基因表达[125, 127]。二价基因启动子多与处于转录待命状态的发育调控基因（尤其是谱系特异性转录因子）相关。敲除鼠 ESC 中的 TET1 后，PRC2 不能被正常招募到二价基因启动子上[127]。这说明 TET1、5hmC 可能参与由 PRC2 介导的、对谱系特异性基因的抑制作用。此外，尚有研究发现在多能干细胞中，TET1 可以通过招募 Sin3A 共抑制复合体来抑制某些基因的表达[125]。值得指出的是，上述抑制作用似乎与 TET 蛋白的酶活性无关，提示 TET 蛋白可能具有独立于催化活性以外的重要功能。

然而，进一步的研究发现，TET1 不但与 PRC2 抑制基因结合，亦可与转录活跃的启动子结合。5hmC 也被发现除富集于 PRC2 抑制基因的启动子区外，也富集于外显子等转录活跃基因的内部。敲除鼠 ESC 中的 TET1 后，TET1/PRC2 共结合的受抑制的谱系特异基因表达上调，而一些与细胞多能性相关的转录因子（Nanog、Tcl1、Esrrb）则下调[123, 127]。另外，5hmC 还可富集在增强子等一些顺式作用元件中[123-126]。近期对人 ESC 中全基因组水平 5hmC 的研究报道，许多与细胞多能性相关的转录因子结合位点上都有 5hmC 富集，表明 TET1、5hmC 可以通过调节增强子来调控基因表达[128-129]。

四、DNA 羟甲基化与发育、疾病

1. DNA 羟甲基化与胚胎发育　研究表明，DNA 羟甲基化可能参与调节细胞多能性和分化潜能。TET3 在卵母细胞和受精卵中高度表达，其介导的 DNA 羟甲基化可能负责卵母细胞及受精后父方基因组的迅速去甲基化。2 个卵裂球阶段以后，TET3 表达迅速减少，TET1、TET 2 表达开始升高 [130-131]。鼠 ESC 中存在着高水平的 TET1、TET2 与 5hmC，尤其是在 OCT4、Nanog 等多能性因子（pluripotency factors）启动子处，但两者的表达随着 ESC 分化而迅速降低。抑制 TET1 表达后，鼠 ESC 的羟甲基化水平下降，许多与细胞多能性相关基因的表达也下调，*nanog* 基因启动子甲基化水平增高，甚至 ESC 增殖也受到影响 [107, 123, 132]。这些现象均提示 TET1 可能通过多能性因子启动子区的 DNA 羟甲基化来参与维持干细胞的自我更新。然而，也有研究报道，用 shRNA 抑制 TET1、TET2 的表达后，多能性因子的表达与鼠 ESC 的增殖并没有受到影响 [125]。此外，在对谱系特异性基因表达与畸胎瘤的研究中发现，TET1 缺乏会导致细胞向滋养层和中 - 内胚层的自发分化增加 [107, 123]。

2011 年，Jaenisch 等构造了 TET1 敲除的小鼠及 ESC 的模型 [133]。TET1 敲除鼠 ESC 中，5hmC 水平下降约 35%，某些与多能性相关的基因表达下调。此类 ESC 在分化过程中，*cdx2*、*eomes*、*gata4* 等胚外谱系标记被去抑制 [123, 127]。TET1 敲除可以增加 ESC 向胚外组织转移分化的潜能，而 TET1 缺失的畸胎瘤也具有向滋养层样细胞分化的潜能，甚至可以分化为滋养外胚层细胞。然而，TET1 敲除的 ESC 仍具有正常形态，重要的多能性因子表达正常，也能支持胚胎发育 [133]。TET1 敲除鼠的研究发现，TET1 敲除鼠可以成活，但 75% 的纯合子突变鼠出生时体型均偏小。此外，虽然纯合子突变胚胎也能产生生殖细胞，但其所产后代的数目明显降低 [133]。上述结果均提示，TET1 对生殖细胞及胚胎发育起着一定的但似乎非必需的作用。

2. DNA 羟甲基化与脑组织　脑组织是含 5hmC 最多的组织，特别是下丘脑和大脑皮质中 5hmC 的含量是 ESC 中的 10 倍，提示 DNA 羟甲基化在脑的发育和成熟中起着重要作用。目前普遍认为，DNA 甲基化模式的精确调控是正常大脑发育所必需的。由于大多数神经元已停止有丝分裂，故其必须以主动方式发生 DNA 去甲基化。近期一项研究表明，TET1 介导的 DNA 羟甲基化 +AID/APOBEC 介导的脱氨基 +BER 机制可能是神经元内 DNA 去甲基化的主要途径 [121-122]。此外尚有研究发现 [134]，小鼠出生后第 7 天起，小脑中的 5hmC 开始增多，至小脑成熟时，共 5425 个基因获得 DNA 羟甲基化，其中很多是与年龄依赖性神经退行性变、血管生成、低氧反应等病理生理过程相关的基因，提示 DNA 羟甲基化可能参与这些重要过程。

3. DNA 羟甲基化与造血系统肿瘤　全基因组低甲基化和肿瘤抑制基因启动子高甲基化是肿瘤细胞的重要特征之一。有研究发现，人髓系肿瘤中常常存在影响 TET2 催化活性的 TET2 基因突变 [135-136]。相对于正常人，TET2 突变患者骨髓的羟甲基化水平明显偏低 [136]。相应地，TET2 敲除鼠中也出现全基因组 5hmC 大量丢失，并随着年龄增长而逐渐患上造血系统肿瘤 [135, 137-138]。上述结果均提示 TET2、5hmC 的缺失与肿瘤的发生有关。此外，TET2 敲除鼠中，造血干细胞及其他髓系祖细胞数量增多，自我更新能力增强 [135-139]。反之，在已分化的造血谱系中也检测到比祖细胞中更多的 TET2 表达 [136, 138]。以上结果提示，TET2 可以促进造血细胞的分化，这与其在 ESC 中的作用恰恰相反，似乎提示 5hmC 在不同的细胞类型中具有不同的作用。

总之，5hmC 被视作基因组中的第六种碱基，蕴含着新的表观遗传学特性和信息。近年来对 TET 蛋白及 5hmC 的研究发现它们在 DNA 去甲基化、基因转录调控、干细胞分化、肿瘤发生等方面都发挥着重要作用。然而，作为表观遗传的重要标记，至今尚未发现与 5hmC 特异结合的蛋白，5hmC 自身是否还存在着不为人所知的表观遗传作用？TET 蛋白又有哪些不依赖于其催化酶活性的基因调控作用？DNA 羟甲基化是否能反映细胞对环境的适应？随着各种 TET 基因敲除模型的建立及在更广泛的医学领域内对 DNA 羟甲基化研究的开展，相信在不远的将来，我们对 DNA 羟甲基化的认识会愈加深入与完善。

（张轶群　陆前进）

参考文献

1. Bird A. DNA methylation patterns and epigenetic memory. Genes Dev, 2002, 16(1):6-21.
2. Attwood JT, Yung RL, Richardson BC. DNA methylation and the regulation of gene transcription. Cell Mol Life Sci, 2002,

59(2):241-257.
3. Reik W, Walter J. Genomic imprinting: parental influence on the genome. Nat Rev Genet, 2001, 2:21-32.
4. Li E. Chromatin modification and epigenetic reprogramming in mammalian development. Nat Rev Genet, 2002, 3:662-673.
5. Surani MA. Imprinting and the initiation of gene silencing in the germ line. Cell, 1998, 93:309-312.
6. Li E, Bestor TH, Jaenisch R, et al. Targeted mutation of the DNA methyltransferase gene results in embryonic lethality. Cell, 1992, 69:915-926.
7. Okano M, Bell DW, Haber DA, et al. DNA methyltransferases DNMT3a and DNMT3b are essential for de novo methylation and mammalian development. Cell, 1999, 99:247-257.
8. Metzker ML. Sequencing technologies: the next generation. Nat Rev Genet, 2009, 11(1):31-46.
9. Suzuki MM, Bird A. DNA methylation landscapes: provocative insights from epigenomics. Nature Reviews Genetics, 2008, 9:465-476.
10. Zilberman D, Gehring M, Tran RK, et al. Genome-wide analysis of Arabidopsis thaliana DNA methylation uncovers an interdependence between methylation and transcription. Nature Genet, 2007, 39:61-69.
11. Rakyan VK, Hildmann T, Novik KL, et al. DNA methylation profiling of the human major histocompatibility complex: a pilot study for the human epigenome project. PLoS Biol, 2004, 2:405.
12. Takata M, Kiyohara A, Takasu A, et al. Rice transposable elements are characterized by various methylation environments in the genome. BMC Genomics, 2007, 8:469.
13. Ashikawa I. Gene-associated CpG islands in plants as revealed by analyses of genomic sequences. Plant J, 2001, 26:617-625.
14. Lister R, O'Malley RC, Tonti-Filippini J, et al. Highly integrated single-base resolution maps of the epigenome in Arabidopsis. Cell, 2008, 133:523-536.
15. Selker EU, et al. The methylated component of the Neurospora crassa genome. Nature, 2003, 422:893-897.
16. Suzuki MM, Kerr AR, De Sousa D, et al. CpG methylation is targeted to transcription units in an invertebrate genome. Genome Res, 2007, 17:625-631.
17. Gardiner-Garden M, Frommer M. CpG islands in vertebrate genomes. J Mol Biol, 1987, 196(2):261-282.
18. Takai D, Jones PA. Comprehensive analysis of CpG islands in human chromosomes 21 and 22. Proc Natl Acad Sci USA, 2002, 99(6):3740-3745.
19. Eden S, Cedar H. Role of DNA methylation in the regulation of transcription. Curr Opin Genet Dev, 1994, 4:255-259.
20. Fatemi M, Wade PA. MBD family proteins: reading the epigenetic code. J Cell Sci, 2006, 119:3033-3037.
21. Ng HH, Zhang Y, Hendrich B, et al. MBD2 is a transcriptional repressor belonging to the MeCP1 histone deacetylase complex. Nat Genet, 1999, 23:58-61.
22. Sarraf SA, Stancheva I. Methyl-CpG binding protein MBD1 couples histone H3 methylation at lysine 9 by SETDB1 to DNA replication and chromatin assembly. Mol Cell, 2004, 15:595-605.
23. Toyota M, Ahuja N, Suzuki H, et al. Aberrant methylation in gastric cancer associated with the CpG island methylator phenotype. Cancer Res, 1999, 59(21): 5438-5442.
24. An B, Kondo Y, Okamoto Y, et al. Characteristic methylation profile in CpG island methylator phenotype-negative distal colorectal cancers. Int J Cancer, 2010, 127(9): 2095-2105.
25. Noushmehr H, Weisenberger DJ, Diefes K, et al. Identification of a CpG island methylator phenotype that defines a distinct subgroup of glioma. Cancer Cell, 2010, 17(5): 510-522.
26. Teodoridis JM, Hardie C, Brown R. CpG island methylator phenotype (CIMP) in cancer: causes and implications. Cancer Lett, 2008, 268(2):177-186.
27. Taby R, Issa JP. Cancer epigenetics. CA Cancer J Clin, 2010, 60(6):376-392.
28. Baylin SB, Jones PA. A decade of exploring the cancer epigenome-biological and translational implications. Nat Rev Cancer, 2011, 11(10):726-734.
29. Lu Q. The critical importance of epigenetics in autoimmunity. J Autoimmun, 2013, 41:1-5.
30. Zhao S, Long H, Lu Q. Epigenetic perspectives in systemic lupus erythematosus: pathogenesis, biomarkers, and therapeutic potentials. Clin Rev Allergy Immunol, 2010, 39(1):3-9.
31. Strickland FM, Richardson BC. Epigenetics in autoimmunity: DNA methylation in systemic lupus erythematosus and beyond autoimmunity. Epigenetics in Human Autoimmunity, 2008, 41(4):278-286.
32. Lian X, Xiao R, Hu X, et al. DNA demethylation of CD40l in $CD4^+$ T cells from women with systemic sclerosis: a possible explanation for female susceptibility. Arthritis Rheum, 2012, 64(7):2338-2345.
33. Le Dantec C, Varin MM, Brooks WH, et al. Epigenetics and Sjögren's syndrome. Curr Pharm Biotechnol, 2012, 13(10): 2046-2053.
34. Lleo A, Liao J, Invernizzi P, et al. Immunoglobulin M levels inversely correlate with CD40 ligand promoter methylation in patients with primary biliary cirrhosis. Hepatology, 2012, 55(1):153-160.
35. Issa JP, Garcia-Manero G, Giles FJ, et al. Phase 1 study of low-dose prolonged exposure schedules of the hypomethylating agent 5-aza-2'-deoxycytidine (decitabine) in hematopoietic malignancies. Blood, 2004, 103:1635-1640.
36. Momparler RL. Epigenetic therapy of cancer with 5-aza-2'-deoxycytidine (decitabine). Semin Oncol, 2005, 32:443-445.
37. Renata Zofia Jurkowska, Tomasz Piotr Jurkowski, Albert Jeltsch. Structure and function of mammalian DNA methyltransferases. ChemBioChem, 2011, 12, 206 -222.
38. 王志刚，吴建新. DNA甲基转移酶分类、功能及其研究进展. 遗传, 2009, 31(9):903-912.
39. Zěljko M. Svedruž ic. DNMT1: structure and function. Prog Mol Biol Transl Sci, 2011, 101:221-254.
40. Kinney SR, Pradhan S. Regulation of expression and activity of DNA (cytosine-5) methyltransferases in mammalian cells. Prog Mol Biol Transl Sci, 2011, 101:311-333.
41. 苏玉,王溪,朱卫国. DNA 甲基转移酶的表达调控及主要生物学功能. 遗传, 2009, 31(11):1087-1093.
42. Majumder S, Ghoshal K, Datta J, et al. Role of de novo DNA methyltransferases and methyl CpG-binding proteins in gene silencing in a rat hepatoma. J Biol Chem, 2002, 277(18): 16048-16058.
43. Wang J, Hevi S, Kurash JK, et al. The lysine demethylase LSD1 (KDM1) is required for maintenance of global DNA methylation. Nat Genet, 2009, 41(1): 125-129.
44. Timothy H. Bestor. The DNA methyltransferases of mammals. Human Molecular Genetics, 2000, 9(16):2395-2402.
45. Tinker AV, Brown CJ. Induction of XIST expression from the human active X chromosome in mouse/human somatic cell hybrids by DNA demethylation. Nucleic Acids Res, 1998, 26(12):2935-2940.
46. Frédéric Chédin. The DNMT3 family of mammalian de novo DNA methyltransferases. Prog Mol Biol Transl Sci. 2011, 101:255-285.
47. Rhee I, Bachman KE, Park BH, et al. DNMT1 and DNMT3b cooperate to silence genes in human cancer cells. Nature, 2002, 416(6880): 552-556.
48. 杨雷，薛晓文，张奕华. DNA甲基转移酶抑制剂的研究进展. 药学与临床研究, 2009, 17(4):323-327.
49. Illingworth R, Kerr A , DeSousa D , et al. A novel CpG island

set identifies tissue-specific methylation at developmental gene loci. Plos Biol, 2008, 6(1):37-51.
50. Bogdanovic O, Veenstra G J . DNA methylation and methyl-CpG binding proteins: developmental requirements and function. Chromosoma, 2009, 118: 549-565.
51. Rountree M R, Bachman K E, Herman J G, et al. DNA methylation, chromatin inheritance, and cancer. Oncogene, 2001, 20 (24) :3156-3165.
52. Antequera F, Macleod D, Bird A P. Specific protection of methylated CpGs in mammalian nuclei. Cell, 1989, 58 (3):509-517.
53. Scebba F, Bernacchia G, De Bastiani M, et al. Arabidopsis MBD proteins show different binding specificities and nuclear localization. Plant Mol Biol, 2003, 53(5):755-771.
54. Lopez-Serra L, Esteller M. Proteins that bind methylated DNA and human cancer: reading the wrong words. Brit J Cancer, 2008, 98(12):1881-1885.
55. Wade P A. Methyl CpG binding proteins: coupling chromatin architecture to gene regulation. Oncogene, 2001, 20(24) : 3166-3173.
56. Ballestar E, Paz M F, Valle L, et al. Methyl-CpG binding proteins identify novel sites of epigenetic inactivation in human cancer. Embo J, 2003, 22(23): 6335-6345.
57. Defossez P A, Stancheva I. Biological functions of methyl-CpG-binding proteins. Prog Mol Biol Transl Sci, 2011, 101:377-398.
58. Dhasarathy A, Wade P A. The MBD protein family: reading an epigenetic mark? Mutat Res, 2008, 647(1-2):39-43.
59. Fan G, Hutnick L. Methyl-CpG binding proteins in the nervous system. Cell Res, 2005, 15(4):255-261.
60. Sharma D, Blum J, Yang X, et al. Release of methyl CpG binding proteins and histone deacetylase 1 from the Estrogen receptor alpha (ER) promoter upon reactivation in ER-negative human breast cancer cells. Mol Endocrinol, 2005, 19 (7): 1740-1751.
61. Lopez-Serra L, Ballestar E, Fraga M F, et al. A profile of methyl-CpG binding domain protein occupancy of hypermethylated promoter CpG islands of tumor suppressor genes in human cancer. Cancer Res, 2006, 66 (17): 8342-8346.
62. Parry L, Clarke A R. The roles of the methyl-CpG binding proteins in cancer. Genes Cancer, 2011, 2 (6):618-630.
63. Takahashi K, Orba Y, Kimura T, et al. Relationship between methyl CpG binding protein 2 and JC viral proteins. Jpn J Infect Dis, 2013, 66 (2):126-132.
64. Grafi G, Zemach A, Pitto L. Methyl-CpG-binding domain (MBD) proteins in plants. Biochim Biophys Acta, 2007, 1769 (5-6):287-294.
65. Nakao M, Matsui S, Yamamoto S, et al. Regulation of transcription and chromatin by methyl-CpG binding protein MBD1. Brain Dev-Jpn, 2001, 23:174-176.
66. Zhao X Y, Ueba T, Christie B R, et al. Mice lacking methyl-CpG binding protein 1 have deficits in adult neurogenesis and hippocampal function. P Natl Acad Sci USA, 2003, 100 (11): 6777-6782.
67. Brero A, Easwaran H P, Nowak D, et al. Methyl CpG-binding proteins induce large-scale chromatin reorganization during terminal differentiation. J Cell Biol, 2005, 169(5) :733-743.
68. Ballestar E, Wolffe A P. Methyl-CpG-binding proteins:targeting specific gene repression. Eur J Biochem, 2001, 268 (1): 1-6.
69. Martin Caballero I, Hansen J, Leaford D, et al. The methyl-CpG binding proteins Mecp2, Mbd2 and Kaiso are dispensable for mouse embryogenesis, but play a redundant function in neural differentiation. Plos One, 2009, 4 (1): 4315.
70. Wischnewski F, Friese O, Pantel K, et al. Methyl-CpG binding domain proteins and their involvement in the regulation of the MAGE-A1, MAGE-A2, MAGE-A3, and MAGE-A12 gene promoters. Mol Cancer Res, 2007, 5(7):749-759.
71. Zemach, Grafi G. Methyl-CpG-binding domain proteins in plants: interpreters of DNA methylation. Trends Plant Sci, 2007, 12 (2): 80-85.
72. Sansom O J, Berger J, Bishop S M, et al. Deficiency of Mbd2 suppresses intestinal tumorigenesis. Nat Genet, 2003, 34 (2) :145-147.
73. Hendrich B, Guy J, Ramsahoye B, et al. Closely related proteins MBD2 and MBD3 play distinctive but interacting roles in mouse development. Gene Dev, 2001, 15(6) :710-723.
74. Prokhortchouk E, Hendrich B. Methyl-CpG binding proteins and cancer: are MeCpGs more important than MBDs? Oncogene, 2002, 21(35):5394-5399.
75. Jiang C L, Jin S G, Lee D H, et al. MBD3L1 and MBD3L2, two new proteins homologous to the methyl-CpG-binding proteins MBD2 and MBD3: characterization of MBD3L1 as a testis-specific transcriptional repressor. Genomics, 2002, 80 (6): 621-629.
76. Lin Y, Li W. MBD 4: a potential substrate for protein kinase X. Acta Bioch Bioph Sin, 2011, 43 (11):916-917.
77. Wade P A. Methyl CpG-binding proteins and transcriptional repression. Bioessays, 2001, 23 (12) :1131-1137.
78. Laget S, Joulie M, Le Masson F, et al. The human proteins MBD5 and MBD6 associate with heterochromatin but they do not bind methylated DNA. Plos One, 2010, 5(8): 11982.
79. Clouaire T, Stancheva I. Methyl-CpG binding proteins: specialized transcriptional repressors or structural components of chromatin? Cell Mol Life Sci, 2008, 65 (10) :1509-1522.
80. Nan X, Cross S, Bird A. Gene silencing by methyl-CpG-binding proteins. Novartis Found Symp, 1998, 214:6-16.
81. Guy J, Hendrich B, Holmes M, et al. A mouse Mecp2-null mutation causes neurological symptoms that mimic Rett syndrome. Nat Genet, 2001, 27(3):322-326.
82. Prokhortchouk A, Hendrich B, Jorgensen H, et al. The p120 catenin partner Kaiso is a DNA methylation-dependent transcriptional repressor. Gene Dev, 2001, 15(13):1613-1618.
83. Jorgensen H F, Bird A. MeCP2 and other methyl-CpG binding proteins. Ment Retard Dev D R, 2002, 8(2):87-93.
84. Chahrour M, Jung S Y, Shaw C, et al. MeCP2, a key contributor to neurological disease, activates and represses transcription. Science, 2008, 320 (5880) :1224-1229.
85. Hite K C, Adams V H. Hansen J C. Recent advances in MeCP2 structure and function. Biochem Cell Biol, 2009, 87 (1): 219-227.
86. Weber A, Marquardt J, Elzi D, et al. Zbtb4 represses transcription of P21CIP1 and controls the cellular response to p53 activation. Embo J, 2008, 27 (11):1563-1574.
87. Hashimoto H, Horton J R, Zhang X, et al. UHRF1, a modular multi-domain protein, regulates replication-coupled crosstalk between DNA methylation and histone modifications. Epigenetics, 2009, 4 (1): 8-14.
88. Amir R E, Van den Veyver I B, Wan M, et al. Rett syndrome is caused by mutations in X-linked MECP2, encoding methyl-CpG-binding protein 2. Nat Genet, 1999, 23 (2): 185-188.
89. Millar C B, Guy J, Sansom O J, et al. Enhanced CpG mutability and tumorigenesis in MBD4-deficient mice. Science, 2002, 297 (5580): 403-405.
90. Ballestar E, Esteller M. Methyl-CpG-binding proteins in cancer: blaming the DNA methylation messenger. Biochem Cell Biol, 2005, 83 (3): 374-384.
91. Wolffe AP, Jones PL, Wade PA. DNA demethylation. Proceedings of the National Academy of Sciences of the United States of America, 1999, 96(11):5894-5896.
92. Chen ZX, Riggs AD. DNA methylation and demethylation in mammals. The Journal of Biological Chemistry, 2011,

286(21):18347-18353.
93. Bhutani N, Burns DM, Blau HM. DNA demethylation dynamics. Cell, 2011, 146(6):866-872.
94. Wu SC, Zhang Y. Active DNA demethylation: many roads lead to Rome. Nature Reviews Molecular Cell Biology, 2010, 11(9):607-620.
95. Wossidlo M, Arand J, Sebastiano V, et al. Dynamic link of DNA demethylation, DNA strand breaks and repair in mouse zygotes. The EMBO Journal, 2010, 29(11):1877-1888.
96. Zhu JK. Active DNA demethylation mediated by DNA glycosylases. Annual Review of Genetics, 2009, 43:143-166.
97. Schmitz KM, Schmitt N, Hoffmann-Rohrer U, et al. TAF12 recruits Gadd45a and the nucleotide excision repair complex to the promoter of rRNA genes leading to active DNA demethylation. Molecular Cell, 2009, 33(3):344-353.
98. Barreto G, Schafer A, Marhold J, et al. Gadd45a promotes epigenetic gene activation by repair-mediated DNA demethylation. Nature, 2007, 445(7128):671-675.
99. Brown SE, Suderman MJ, Hallett M, et al. DNA demethylation induced by the methyl-CpG-binding domain protein MBD3. Gene, 2008, 420(2):99-106.
100. Simonsson S, Gurdon J. DNA demethylation is necessary for the epigenetic reprogramming of somatic cell nuclei. Nature Cell Biology, 2004, 6(10):984-990.
101. Bird A. Il2 transcription unleashed by active DNA demethylation. Nature Immunology, 2003, 4(3):208-209.
102. Guz J, Foksinski M, Olinski R. Mechanism of DNA methylation and demethylation: its role in control of genes expression. Postepy Biochem, 2010, 56(1):7-15.
103. Sanz LA, Kota SK, Feil R. Genome-wide DNA demethylation in mammals. Genome Biology, 2010, 11(3):110.
104. Clark SJ, Melki J. DNA methylation and gene silencing in cancer: which is the guilty party? Oncogene, 2002, 21(35):5380-5387.
105. Tahiliani M, Koh KP, Shen Y, et al. Conversion of 5 methylcytosine to 5 hydroxymethylcytosine in mammalian DNA by MLL partner TET1. Science, 2009, 324: 930-935.
106. Kriaucionis S, Heintz N. The nuclear DNA base 5 hydroxymethylcytosine is present in Purkinje neurons and the brain. Science, 2009, 324: 929-930.
107. Ito S, D'Alessio AC, Taranova OV, et al. Role of Tet proteins in 5mC to 5hmC conversion, ES cell self renewal and inner cell mass specification. Nature, 2010, 466:1129-1133.
108. Ko M, Huang Y, Jankowska AM, et al. Impaired hydroxylation of 5-methylcytosine in myeloid cancers with mutant TET2. Nature, 2010, 468: 839-843 .
109. Iyer LM, Tahiliani M, Rao A, et al. Prediction of novel families of enzymes involved oxidative and other complex modifications of bases in nucleic acids. Cell Cycle, 2009, 8: 1698-1710.
110. Szwagierczak A, Bultmann S, Schmidt CS, et al. Sensitive enzymatic quantification of 5 hydroxymethylcytosine in genomic DNA. Nucleic Acid Res, 2010, 38(19):181.
111. Globisch D, Münzel M, Müller M, et al. Tissue distribution of 5 hydroxymethylcytosine and search for active demethylation intermediates. PloS One, 2010, 5(12):15367.
112. Valinluck V, Tsai HH, Rogstad DK, et al. Oxidative damage to methyl-CpG sequences inhibits the binding of the methyl-CpG binding domain (MBD) of methyl-CpG binding protein 2 (MeCP2). Nucleic Acids Res, 2004, 32: 4100-4108.
113. Jin SG, Kadam S, Pfeifer GP. Examination of the specificity of DNA methylation profiling techniques towards 5-methylcytosine and 5-hydroxymethylcytosine. Nucleic Acids Res, 2010, 38:125.
114. Frauer C, Hoffmann T, Bultmann S, et al. Recognition of 5-hydroxymethylcytosine by the Uhrf1 SRA domain. PLoS ONE, 2011, 6: 21306.
115. Bostick M, Kim JK, Esteve PO, et al. UHRF1 plays a role in maintaining DNA methylation in mammalian cells. Science, 2007, 317:1760-1764.
116. Sharif J, Muto M, Takebayashi S, et al. The SRA protein Np95 mediates epigenetic inheritance by recruiting DNMT1 to methylated DNA. Nature, 2007, 450: 908-912.
117. Valinluck V, Sowers LC. Endogenous cytosine damage products alter the site selectivity of human DNA maintenance methyltransferase DNMT1. Cancer Res, 2007, 67: 946-950.
118. He YF, Li BZ, Li Z, et al. Tet mediated formation of 5 carboxyl cytosine and its excision by TDG in mammalian DNA. Science, 2011, 333:1303-1307.
119. Ito S, Shen L, Dai Q, et al. Tet proteins can convert 5 methylcytosine to 5 formylcytosine and 5 carboxyl cytosine. Science, 2011, 333: 1300-1303 .
120. Pfaffeneder T, Hackner B, Truss M, et al. The discovery of 5-formylcytosine in embryonic stem cell DNA. Angew Chem Int Ed Engl, 2011, 50: 7008-7012.
121. Guo JU, Su Y, Zhong C, et al. Hydroxylation of 5 methylcytosine by TET1 promotes active DNA demethylation in the adult brain. Cell, 2011, 145: 423-434 .
122. Cortellino S, Xu J, Sannai M, et al. Thymine DNA glycosylase is essential for active DNA demethylation by linked deamination-base excision repair. Cell, 2011, 146: 67-79.
123. Ficz G, Branco MR, Seisenberger S, et al. Dynamic regulation of 5 hydroxymethylcytosine in mouse ES cells and during differentiation. Nature, 2011, 473(7347):398-402.
124. Wu H, D'Alessio AC, Ito S, et al. Genome-wide analysis of 5-hydroxymethylcytosine distribution reveals its dual function in transcriptional regulation in mouse embryonic stem cells. Gene Dev, 2011, 25:679-684.
125. Williams K, Christensen J, Pedersen MT, et al. TET1 and hydroxymethylcytosine in transcription and DNA methylation fidelity. Nature, 2011, 473: 343-348.
126. Pastor WA, Pape UJ, Huang Y, et al. Genome-wide mapping of 5-hydroxymethylcytosine in embryonic stem cells. Nature, 2011, 473:394-397.
127. Wu H, D'Alessio AC, Ito S, et al. Dual functions of Tet1 in transcriptional regulation in mouse embryonic stem cells. Nature, 2011, 473: 389-393.
128. Stroud H, Feng S, Morey Kinney S, et al. 5-hydroxymethyl-cytosine is associated with enhancers and gene bodies in human embryonic stem cells. Genome Biol, 2011, 12: 54.
129. Szulwach KE, Li X, Li Y, et al. Integrating 5-hydroxymethylcyto-sine into the epigenomic landscape of human embryonic stem cells. PLoS Genet, 2011, 7: 1002154.
130. Iqbal K, Jin SG, Pfeifer GP, et al. Reprogramming of the paternal genome upon fertilization involves genome-wide oxidation of 5-methylcytosine.Proc Natl Acad Sci, 2011, 108: 3642-3647.
131. Wossidlo M, Nakamura T, Lepikhov K, et al. 5-hydroxymethy-lcytosine in the mammalian zygote is linked with epigenetic reprogramming. Nat Commun, 2011, 2: 241.
132. Wu H, Zhang Y. Tet1 and 5-hydroxymethylation: a genome-wide view in mouse embryonic stem cells. Cell Cycle, 2011, 10: 2428-2436.
133. Dawlaty MM, Ganz K, Powell BE, et al. Tet1 is dispensable for maintaining pluripotency and its loss is compatible with embryonic and postnatal development. Cell Stem Cell, 2011, 9: 166-175.
134. Song CX, Szulwach KE, Fu Y, et al. Selective chemical labeling reveals the genome-wide distribution of 5-hydroxymethylcytosine. Nat Biotechnol, 2011, 29: 68-72.
135. Quivoron C, Couronné L, Della Valle V, et al. TET2 inactivation results in pleiotropic hematopoietic abnormalities in mouse and is a recurrent event during human lymphomagenesis. Cancer Cell, 2011, 20: 25-38.
136. Ko M, Huang Y, Jankowska AM, et al. Impaired hydroxylation

of 5-methylcytosine in myeloid cancers with mutant TET2. Nature, 2010, 468: 839-843.

137. Li Z, Cai X, Cai CL, et al. Deletion of Tet2 in mice leads to dysregulated hematopoietic stem cells and subsequent development of myeloid malignancies. Blood, 2011, 118: 4509-4518.

138. Moran-Crusio K, Reavie L, Shih A, et al. Tet2 loss leads to increased hematopoietic stem cell self-renewal and myeloid transformation. Cancer Cell, 2011, 20: 11-24.

139. Ko M, Bandukwala HS, An J, et al. Ten-eleven-translocation 2(TET2) negatively regulates homeostasis and differentiation of hematopoietic stem cells in mice. Proc Natl Acad Sci USA, 2011, 108: 14566-14571.

第三章　组蛋白与表观遗传调控

早在 1884 年，A. Kossel 就在血红细胞的酸性提取物中发现了组蛋白，但对组蛋白的研究在随后的 70 多年里没有大的进展[1]。1950 年，E. Stedman 推测组蛋白是一种普遍的抑制因子，参与了基因的沉默[2]。在之后相当长的时间里，这一观点被科学界普遍认同。根据这一观点，激活真核生物基因的表达，就意味着将组蛋白从 DNA 上剥离下来，随后就可以像原核生物那样，在裸露的 DNA 上进行转录。

这一观点在 1964 年受到了挑战。V. Allfery 推测组蛋白的乙酰化修饰可能与基因的激活有关，而且具有转录活性的染色质并不一定需要去除组蛋白[3]。在随后的数十年中，组蛋白修饰与基因表达之间的联系引起了大家的关注。组蛋白的甲基化、磷酸化、泛素化等修饰被陆续发现，但是它们的具体功能仍然未知。1974 年，R. Kornberg 准确地预测了染色质的基本结构单位——核小体的结构，解答了 DNA 与组蛋白是如何进行第一步组装的问题[4]。1975 年，L. Kedes 在海胆中克隆到了组蛋白的基因。由于组蛋白在进化上高度保守，科学家们利用海胆组蛋白基因作为探针，连续克隆到多种生物中的组蛋白基因[5]。1984 年，T. Richmond 在 7 埃的分辨率上解析了核小体的结构（1997 年分辨率又提高到 2.8 埃），为研究组蛋白的功能奠定了分子基础。该结构显示了组蛋白 N 端尾巴可以从核小体的球状核心上延伸出去，这为组蛋白尾巴接触其他蛋白，特别是接触组蛋白修饰酶提供了空间上的条件[6-7]。20 世纪 80 年代，M. Grunstein 等在酿酒酵母中的工作证明了组蛋白的 N 端尾巴参与了基因的表达调控和异染色质的建立[8]。

1996，C. D. Allis 发现了四膜虫的组蛋白酰基转移酶 A（histone acyltransferase A，HATA）与酵母中转录激活因子 Gcn5 同源，而且 Gcn5 也具有组蛋白转移酶的活性。这一里程碑的工作首次将组蛋白的翻译后修饰与基因激活直接联系在了一起[9]。在此以后，组蛋白修饰对基因表达的调节作用成为了生物学界的热门课题，许多重大的突破如雨后春笋，层出不穷。1996 年，组蛋白去乙酰化酶被发现，证明了组蛋白翻译后修饰的可逆性[10]。1999 年，组蛋白甲基化酶被发现[11]。同一年发现了能够识别组蛋白乙酰化的蛋白质[12]。2000 年，第 1 个组蛋白赖氨酸甲基转移酶被发现[13]。2001 年，T. Jenuwein 和 C. D. Allis 认为由不同的组蛋白修饰构成的“组蛋白密码”，是一种可遗传的调节机制，是对 DNA 遗传密码的延伸[14]。2004 年，Y. Shi 发现了组蛋白去甲基化酶，为研究组蛋白甲基化修饰在发育和疾病中的关键作用奠定了基础[15]。客观地说，是在组蛋白研究的推动之下，表观遗传学才得以成为 21 世纪之交生物学中发展最快的学科之一。

表观遗传调控的另外两大主要途径，非编码 RNA 和 DNA 甲基化也可以通过组蛋白来发挥作用，这体现了组蛋白在表观遗传调控中的重要地位。组蛋白主要通过 3 种途径来参与表观遗传调控：第一，组蛋白的翻译后修饰，这也是目前组蛋白研究的重点；第二，常规组蛋白与组蛋白变体之间替换；第三，组蛋白在染色质上的位置（染色质重构）。本章将对这 3 种途径分别进行简单的介绍。

第一节　组蛋白的翻译后修饰

一、概述

组蛋白的翻译后修饰是表观遗传调控的核心手段。目前已经发现了至少 8 种不同的修饰类型（表 3-1），其中最为常见的四种修饰，即乙酰化、甲基化、磷酸化和泛素化都是可逆的。添加在组蛋白上的修饰基团可分为两类。第 1 类是小分子的化学基团，如乙酰化、甲基化、磷酸化等。第 2 类是大分子的蛋白基团，如泛素化、类泛素化等。

翻译后修饰可以通过 3 种途径来参与对染色质功能的调控。第 1 种，直接改变染色质的结构，例如乙酰化和磷酸化修饰可以改变组蛋白携带的电荷，从而来影响染色质的高级结构。第 2 种，阻断某些蛋白质与染色质或组蛋白之间的结合，例如 H3S10 位的磷酸化可以阻止 HP1 与 H3K9me3 的结合，H3K79me 可以阻止 Sir2 蛋白与核小体的结合。第 3 种，吸引了某

表3–1　组蛋白的翻译后修饰

修饰的基团	可修饰的氨基酸	修饰的类型	修饰的缩写	实例
乙酰基 (acetyl-)	赖氨酸	（单）乙酰化	ac	H4K16ac[a]
ADP核糖基 (ADP ribosyl-)	谷氨酸	单ADP核糖基化	ar1	H2BE2ar1
	谷氨酸	多聚ADP核糖基化	arn	H2BE2arn
生物素 (biotin-)	赖氨酸	（单）生物素化	bio	H4K12bio
甲基 (methyl-)	精氨酸	单甲基化	me1	H3R17me1
	精氨酸	对称型的二甲基化	me2s	H3R2me2s
	精氨酸	非对称型的二甲基化	me2a	H3R17me2a
甲基 (methyl-)	赖氨酸	单甲基化	me1	H3K4me1
	赖氨酸	二甲基化	me2	H3K4me2
	赖氨酸	三甲基化	me3	H3K4me3
磷酰基 (phosphoryl-)	丝氨酸或苏氨酸	（单）磷酸化	ph	H3S10ph
泛素 (ubiquityl-)	赖氨酸	（单）泛素化	ub	H2AK119ub
类泛素 (sumoyl-)	赖氨酸	（单）类泛素化	su	H2BK6su
去除亚胺基[b] (deimination)	精氨酸	去亚胺基化	cit	H3R2cit
	脯氨酸	异构化[c]		H3P38

[a]书写组蛋白的修饰时，从左到右首先是组蛋白的名称，如“H4”。随后是修饰的位点，用氨基酸的单个缩写和它在序列上的位置来表示，如“K16”表示位于第16位的赖氨酸。最后是修饰的类型，用小写的缩写表示，如“ac”表示乙酰化

[b]与其他添加某种基团的修饰类型不同，这种修饰方式是在精氨酸上去除亚胺基，使精氨酸变为了瓜氨酸(citrulline)，所以这种修饰也被称为瓜氨酸化(citrullination)

[c]这种修饰方式不涉及基团的添加或移除，是指在反式脯氨酸和顺式脯氨酸之间发生的异构转换

些蛋白质与染色质或组蛋白之间的结合。第3种情况最为常见，例如乙酰化的修饰可以吸引含有 bromo 结构域的蛋白质，甲基化修饰可以吸引含有 chromo 结构域的蛋白质等。因此，不同的组蛋白修饰可以对染色质的结构和功能造成不同的影响。修饰之间通过组合，可以产生多种多样的调节效果，这种效果可以是瞬时的，也可以是稳定的，有的效果还能够被遗传到子代细胞中去，从而实现了表观遗传的现象。

本节侧重介绍单个组蛋白修饰的作用。对于多个修饰协同作用的介绍，也就是所谓的“组蛋白密码”，请参见第五章。

二、组蛋白乙酰化

1. 组蛋白乙酰化修饰的功能

（1）激活基因转录：组蛋白的乙酰化修饰发生在赖氨酸的 ε 位氨基上（图 3-1），乙酰化修饰的位点主要分布 H3 和 H4 的 N 端尾巴上（表 3-2）。早在 1964 年 V. Allfery 就推测组蛋白的乙酰化修饰与基因的激活相关。这一观点已经被许多实验所证实，例如在酵母中全基因组水平的研究表明，组蛋白 H3 和 H4 尾巴上的绝大多数乙酰化修饰都与基因转录正相关。

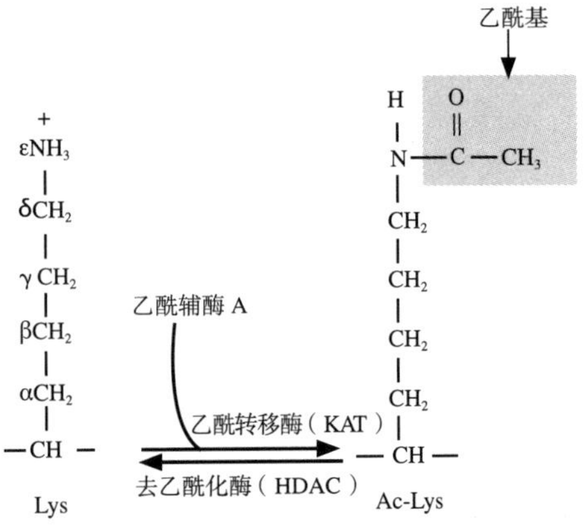

图 3-1 组蛋白的乙酰化修饰

目前认为，乙酰化激活转录主要通过2种方式。第一，赖氨酸的酰基化去除了赖氨酸所携带的正电荷（图 3-1），这削弱了组蛋白尾巴与携带正电荷的 DNA 磷酸骨架之间的结合，由此造成了染色质结构的松散，便于转录相关的蛋白质与 DNA 的结合。研究显示组蛋白的乙酰化的确可以促进多个转录因子与 DNA 的接触。第二，乙酰化修饰创造了新的结合位点，例如，它可以被含有 bromo 结构域的蛋白质所识别。因此，它可以通过吸引那些与转录激活相关的蛋白质来促进转录。在酵母中，转录因子 Bdf1（Bromodomain factor 1）倾向于与发生乙酰化修饰的区域结合。类似的，在哺乳动物中，许多转录促进因子中同样含有 bromo 结构域，能够和特定的乙酰化位点发生结合。例如，染色质重构复合物 SWI/SNF 的亚基 BRG1 能够与乙酰化的 H4K8 发生结合，而 TBP 相关的因子 TAFⅡ250能够结合乙酰化的 H3K9 和 H3K14。

（2）参与染色质高级结构的形成：虽然乙酰化修饰对于单个核小体结构的影响很小，但是它却能够影响染色质形成 30nm 染色质纤维的二级结构，说明了乙酰化修饰参与染色质高级结构的形成。研究显示组蛋白的尾巴主要与核小体之间的连接 DNA，而不是与核小体上缠绕的 DNA 发生结合。乙酰化修饰减少了组蛋白与 DNA 之间的静电作用力，所以它可以通过削弱尾巴与连接 DNA 之间的结合来松弛染色质的结构。

表3-2 组蛋白乙酰化的主要位点及其功能

组蛋白	乙酰化位点	主要功能
H2A	K5	转录激活
H2B	K5	转录激活
H3	K9、K14、K18	转录激活
	K56	组蛋白的安置
H4	K5、K8、K12	转录激活，组蛋白的安置
	K16	转录激活，染色质高级结构的形成，抑制异染色质的建立和传播
	K91	核小体的组装

核小体的结构显示，组蛋白H4的N端第15～25位氨基酸能够与相邻的核小体中组蛋白H2A的7个酸性氨基酸发生接触，这一结合对于形成30nm的纤维结构是必需的。H4K16的乙酰化可以通过影响H4与H2A的结合来影响染色质的折叠。因此，H4K16ac可以干扰30nm纤维的形成。

（3）促进组蛋白的安置和核小体的组装：新合成的组蛋白会在多个位点发生乙酰化，包括H4的K5、K8和K12，在H3中的乙酰化位点为K56。这些修饰可以促进组蛋白与伴侣蛋白之间的结合，便于伴侣蛋白之间对组蛋白进行接力式的传递，最终将组蛋白安置在DNA上。例如伴侣蛋白ASF1与H3/H4结合后，参与了对H3K56的乙酰化，H3K56的乙酰化促进了H3/H4与另一个伴侣蛋白复合物CAF-I的结合，而CAF-I可能通过与复制相关蛋白PCNA的结合，将H3/H4安置在DNA上。此外，研究发现与CAF-I结合的H4具有K5、K8、K12乙酰化的修饰。

重要的是，这些乙酰化的修饰都是暂时的，在完成安置之后，它们就会被迅速地去除。这说明了这些修饰只在组蛋白的安置过程中发挥作用，如果将这些修饰保持到组装完成的核小体中，就会造成不良的后果。例如在酵母中，如果将H3K56位突变为谷氨酰胺（该突变可以模仿乙酰化），就会对细胞的生长造成影响。

另一个有趣的修饰发生在H4的K91。组蛋白修饰位点一般都位于N端的尾巴上，与它们不同，H4K91位于核小体的球状结构域内，它对于H3-H4四聚体与H2A-H2B二聚体的结合非常重要。因此，K91的乙酰化修饰可能参与调控了核小体的组装。与安置相关的修饰一致，它也必须在组装完成之前被移除，否则会干扰核小体的结构。

（4）抑制异染色质的建立和传播：异染色质与常染色质的一个主要区别在于，异染色质的组蛋白乙酰化水平很低。在酿酒酵母中，SIR复合物是构成异染色质的主要蛋白，它包含了Sir2、Sir3和Sir4三种蛋白。SIR复合物的酶活性亚基是Sir2，它是一种组蛋白去乙酰化酶，它的作用位点包括H4K16、H3K9和H3K14。Sir2介导的去乙酰化是建立异染色质的关键因素，因为Sir3和Sir4倾向于结合去乙酰化的H3和H4。其中H4K16的去乙酰化最为重要，如果将H4K16替换为其他氨基酸，就会严重影响异染色质的形成，导致基因沉默的丧失。相对应的是，H4K16位的乙酰化可以阻止Sir蛋白与H4的结合，从而抑制了异染色质的建立。

异染色质建立之后，Sir2对邻近的核小体进行去乙酰化，从而吸引了更多的Sir蛋白与之结合。通过这种方式，异染质可以向其他的区域进行传播。为了避免异染色质进入常染色质区域对关键的基因进行沉默，酵母采用了2种方式建立防止异染色质扩散的屏障。第1种方式，就是通过Esa1、Sas2等组蛋白乙酰基转移酶对H4K16进行乙酰化，从而抑制Sir蛋白与核小体的结合，阻止了异染色质的传播。第2种是通过tRNA基因的转录造成核小体的空白区。

2. 组蛋白乙酰基转移酶　1995年，R. Sternglanz等在酿酒酵母中克隆到了第1个组蛋白乙酰基转移酶（histone acetyltransferase，HAT）的基因[16]。1996年，C. D. Allis实验室对于四膜虫组蛋白乙酰基转移酶的研究是表观遗传学发展上重要的一步。其中关键的实验叫做“胶内活性测试”：首先将四膜虫的核蛋白提取物在含有组蛋白的SDS凝胶上分离。随后将蛋白质复性，添加了同位素标定的乙酰辅酶A（乙酰化反应所需的辅助因子）。因为具有HAT活性的蛋白质可在其所在位置上将同位素标记添加在组蛋白上，所以在放射自显影之后，就可以观察到该蛋白的条带。最后通过进一步的分离和纯化，可以得到该蛋白。研究发现了四膜虫组蛋白乙酰基转移酶与酵母的转录激活因子Gcn5同源，而且Gcn5也同样可以在“胶内活性测试”表现出活性[9]。Gcn5是SAGA复合物中的成员，它与许多转录因子发生结合，这为解释乙酰化修饰如何参与激活特定基因提供了一个重要的模型：与特定DNA序列结合的激活因子可以征集HAT到特定的DNA区域，然后HAT对组蛋白及核小体进行乙酰化修饰，从而激活特定基因的表达。

目前已经发现了许多HAT（表3-3）。与刚才提及的模型相符，不少HAT都是一些庞大的转录激活复合物中的成员，例如ESA1是NUA4复合物的亚基，TAF1是转录因子TFⅡD最大的亚基。HAT包括两大家族：第1类为GNAT家族（与GCN5相关的HAT），这类HAT通常以H3上的赖氨酸为底物；第2类为MYST家族，它们主要以H4为底物。

3. 组蛋白去乙酰化酶　1996年，S. L. Schreiber实验室采用了生化的手段来克隆组蛋白去乙酰化酶（histone deacetylase，HDAC）的基因。Trapoxin是一种HDAC的抑制剂，因此推测它能够与HDAC的催化位点发生结合。他们将trapoxin固定在基质上，对哺乳动物的细胞裂解液进行纯化，然后对纯化得到

表3–3 组蛋白乙酰基转移酶

组蛋白乙酰基转移酶					
新的系统命名[a]	人类	黑腹果蝇	酿酒酵母	裂殖酵母	乙酰化位点
KAT1	HAT1	CG2051	Hat1	Hat1/Hag603	H4(5, 12)
KAT2		dGCN5/PCAF	Gcn5	Gcn5	H3(9, 14, 18, 23, 36)/H2B, yHtzl(14)
KAT2A	hGCN5				H3(9, 14, 18, 23, 36)/H2B
KAT2B	PCAF				H3(9, 14, 18)/H2B
KAT3		dCBP/NEJ			H4(5, 8), H3(14, 18)
KAT3A	CBP				H2A(5), H2B(12, 15)
KAT3B	P300				H2A(5), H2B(12, 15)
KAT4	TAF1	dTAF1	Taf1	Taf1	H3>H4
KAT5	TIP60/PLIP	dTIP60	Esa1	Mst1	H4(5, 8, 12, 16)
KAT6		（CG1894）[b]	（Mst2）	Sas3	H3(14, 23)
KAT6A	MOZ/MYST3	ENOK			H3(14)
KAT6B	MORF/MYST4				H3(14）
KAT7	HBO1/MYST2	CHM		（Mst2）	H4(5, 8, 12)>H3
KAT8	HMOF/MYST1 dMOF	(CG1894)	Sas2	(Mst2)	H4(16)
KAT9	ELP3	dELP3/CG15433	Elp3	Elp3	H3
KAT10			Hap2		H3(14), H4
KAT11			Rtt109		H3(56)
KAT12	TFⅢC90				H3(9, 14, 18)
KAT13A	SRC1				H3/H4
KAT13B	ACTR				H3/H4
KAT13C	P160				H3/H4
KAT13D	CLOCK				H3/H4

[a]2007年由表观遗传学领域的主要科学家们为了统一组蛋白修饰酶的命名而提出的一种新的命名方式。第一个字母表示酶的作用位点，用氨基酸的单字母缩写来表示，如赖氨酸为K。之后的字母表示酶的缩写，如乙酰基转移酶（acetyltransferase），缩写为AT。数字反映了这种酶发现或发表的先后顺序。如果在同一物种中的2种酶功能相似，则给予相同的系统名字，只在最后添加A到Z的字母作为区分，例如KAT2A和KAT2B。在不同物种中，序列保守或功能保守的酶给予同一个系统命名，它们原先的名字被列在本表的同一行中，以便对比。在使用命名时，还需要在新的系统命名前加入物种的缩写进行区分，例如酿酒酵母中的Gcn5表示为scKAT2，人类中的Tip60表示为hKAT5[17]

[b]在（）内的表示推测的酶或作用位点

的蛋白质进行测序，再根据其序列进行基因的克隆。通过这种方式，他们鉴定得到了第 1 个 HDAC 的基因 *hd1*，有趣的是，它与酿酒酵母中转录抑制复合物 SIN3 的亚基 Rpd3 同源。因此与 HAT 激活基因的机制类似，抑制因子可以征集 HDAC 到特定的基因，然后 HDAC 通过对核小体的去乙酰化来抑制基因的表达。

去乙酰化能够抑制基因表达的一个明显原因是它逆转了乙酰化所造成的影响，例如它恢复了组蛋白赖氨酸与 DNA 的静电作用，使染色质结构变得紧密，因此抑制了染色质与转录复合物的结合。同时，去乙酰化的位点也能够特异性地吸引一些抑制蛋白。因此，从某种意义上说，“去乙酰化”也是一种修饰。例如 SANT 是许多抑制蛋白中都含有的结构域，SANT 识别没有乙酰化的组蛋白尾巴。有趣的是，哺乳动物中的辅助抑制蛋白 SMRT 含有 2 个 SANT 结构域。其中 SANT1 识别去乙酰化的组蛋白，SANT2 与 HDAC3 结合。由于 HDAC3 可以对 H4K5 去乙酰化，因此这提示一种自我扩展的机制：SMRT 利用 SANT2 征集 HDAC3，HDAC3 去乙酰化组蛋白，去乙酰化的组蛋白通过 SANT1 再次征集 SMRT。

HDAC 可以分为三大类型，分别被称为类型Ⅰ、类型Ⅱ和类型Ⅲ（也称 Sir2 相关的 HDAC）。几乎每一种真核生物中都含有这三种类型的 HDAC，例如在酿酒酵母中，Rpd3 属于类型Ⅰ，Hda1 属于类型Ⅱ，Sir2 属于类型Ⅲ。类型Ⅰ和类型Ⅱ的去乙酰化机制相仿，它们都不需要辅助因子的参与。而类型Ⅲ，如 Sir2，需要辅助因子 NAD 的参与。值得注意的是，HDAC 不仅仅可以对组蛋白去乙酰化，它们的底物范围十分广泛，例如磷酸酶 PTEN、DNA 修复蛋白 APE1、转录因子 NF-κB等。

许多疾病都可以导致基因组的组蛋白乙酰化水平下降（被称为“欠乙酰化”），例如在大多数肿瘤中，H4K16ac 都发生了明显的下调。欠乙酰化会引发某些重要基因（如抑癌基因）的沉默，与疾病的发生和发展密切相关。因此，HDAC 抑制剂（histone deacetylase inhibitor，HDI）作为一种新型的表观遗传药物，可以有助于恢复正常的乙酰化水平，在不改变 DNA 序列的情况下，重启基因的表达，从而缓解症状。FDA 批准的第 1 个表观遗传药物 SAHA 就是一种 HDI。目前关于药用 HDI 的研究是一个热点，HDI 与 DNA 甲基化酶抑制剂的联合使用，已经成为表观遗传治疗中的重要策略[18]。

三、组蛋白赖氨酸甲基化

1. 概述 早在 20 世纪 60 年代，科学家们就发现了组蛋白的赖氨酸可以被甲基化，但是关于这种修饰的生物学意义直到 20 世纪末才被揭示出来。2000 年，T. Jenuwein 实验室鉴定了第 1 个组蛋白赖氨酸甲基转移酶（histone lysine methyltransferase，HKMT）[13]。之后大量的 HKMT 被陆续发现（表 3-4）。这些酶中，除了 KMT4（Dot1）以外，都具有保守的 SET 结构域。SET 结构域作为酶的催化中心，可以与辅助因子 S- 腺苷甲硫氨酸（s-adenosyl-methionine，SAM）相结合。

在目前已知的甲基化位点中，6 个位点的研究最为深入，它们分别是 H3 上的 K4、K9、K27、K36 和 K79，以及 H4K20。除了 H3K79 以外，其他位点都分布在组蛋白 N 端的尾巴上。相对于组蛋白乙酰化修饰，甲基化修饰要复杂得多。首先，甲基化修饰具有多种不同的功能，包括激活转录（如 H3K4me3）、抑制转录（如 H3K9me3）、DNA 损伤应答（如 H4K20me3）、转录延伸（如 H3K36me3）等。第二，甲基化修饰存在多个层次，在一个赖氨酸位点上可以发生单甲基化、二甲基化和三甲基化的修饰。不同层次的甲基化修饰可以具有不同的功能，例如 H3K4me3 分布在基因的转录起始位点，而 H3K4me 则分布在基因的增强子上。

与乙酰化修饰不同，甲基化修饰没有改变赖氨酸所携带的电荷数，因此，它并不能够直接通过静电作用力的变化来影响染色质的结构。它主要通过吸引那些识别特定甲基化修饰的蛋白质来影响染色质的功能。常见的识别赖氨酸甲基化的结构域包括 Tudor、chromo、PHD 和 MBT 等。

许多与发育相关的基因（如 *hox* 基因）都受到了组蛋白甲基化的调控，甲基化修饰的失调会导致异常发育。此外，甲基化水平的变化与许多疾病（如肿瘤、神经退行性疾病）的发生和发展密切相关。2004 年，Y. Shi 等发现了组蛋白赖氨酸去甲基化酶[15]，证明了甲基化是一种可逆的修饰，揭示了这种修饰极为多样的调控方式。目前，对组蛋白甲基化的研究是表观遗传学领域中最热门的课题之一。

2. H3K4 甲基化 1999 年，C. D. Allis 实验室以四膜虫为模型，发现 H3K4 的甲基化存在于具有转录活性的大核中，而不存在于转录沉默的小核中，首次揭示了 H3K4 甲基化与转录激活之间的联系[19]。之后的全基因组水平的研究表明 H3K4me3 和 H3K4me2 富集于转录激活的基因上。但是这两种修饰的定位并不完全重叠，H3K4me3 主要分布在基因的转录起始位点，而 H3K4me2 主要分布于基因的内部，而 H3K4me 则多分布在基因的增强子上。

在酿酒酵母中的研究表明 H3K4me3 的分布主要由 3 个因素来决定。第一，RNA 聚合酶Ⅱ的 C 末端区域（carboxy-terminal domain，CTD）的第 5 位丝氨酸的磷酸化是标志转录起始的重要事件，它可以促使 RNA 聚合酶从转录起始复合物中脱离出来，进入转录延伸的复合物。磷酸化后的 RNA 聚合酶Ⅱ可以征集甲基化酶 Set1，对启动子区域附近的 H3K4 进行三甲基化的修饰。第二，在转录延伸的早期，RNA 聚合酶可以通过 Paf1（RNA 聚合酶Ⅱ结合蛋白 1）征集甲基化酶 Set1，对 H3K4 进行三甲基化的修饰。第三，组蛋白 H2BK123 位的泛素化（在人的相应位点是 H2BK120）对于建立 H3K4me3 也是必需的。

H3K4me3 和 H3K4me2 可以被 chromo 结构域和 PHD 结构域识别，而含有这 2 个结构域的很多蛋白质具有促进转录的功能。因此，H3K4me3 和 H3K4me2 可以通过征集这些蛋白质来促进转录。例如果蝇中的 CHD1（含有一系列连续的 chromo 结构域）和 NURF 复合物（含有 PHD 结构域）具有染色质重构的活性，参与了核小体在转录活跃区域的移动。相反的是，H3K4 的甲基化修饰也可以通过干扰一些蛋白质的结合来促进转录，例如哺乳动物中的 NURD 抑制复合物不能够结合含有甲基化 H3K4 的 H3 尾巴。

在新的命名系统中，H3K4 的甲基转移酶被称为 KMT2（表 3-4）。酵母中的 KMT2 为 Set1，Set1 和其他 7 个蛋白构成了 COMPASS 复合物。与其他 KMT2 不同，Set1 必须在 COMPASS 复合物中才能被激活。果蝇中的 KMT2 为 trithorax 蛋白 TRX，它

表3–4 组蛋白赖氨酸甲基化主要位点及甲基转移酶

组蛋白赖氨酸甲基转移酶						
新的系统命名[a]	人类	黑腹果蝇	酿酒酵母	裂殖酵母	甲基化位点	主要功能
KMT1		SU(VAR)3-9		Clr4	H3K9	异染色质的形成和基因沉默
KMT1A	SUV39H1				H3K9	同上
KMT1B	SUV39H2				H3K9	同上
KMT1C	G9a				H3K9	同上
KMT1D	EuHMTase/GLP				H3K9	同上
KMT1E	ESET/SETDB1				H3K9	抑制转录
KMT1F	CLL8					
KMT2			Set1	Set1	H3K4	转录激活
KMT2A	MLL1	TRX			H3K4	同上
KMT2B	MLL2	TRX			H3K4	同上
KMT2C	MLL3	TRX			H3K4	同上
KMT2D	MLL4	TRX			H3K4	同上
KMT2E	MLL5	TRX			H3K4	同上
KMT2F	hSET1A				H3K4	同上
KMT2G	hSET1B				H3K4	同上
KMT2H	ASH1	Ash1			H3K4	同上
KMT3			Set2	Set2	H3K36	转录延伸
KMT3A	SET2				H3K36	转录延伸
KMT3B	NSD1				H3K36	
KMT3C	SYMD2				H3K36	
KMT4	DOT1L		Dot1		H3K79	转录激活
KMT5				Set9	H4K20	DNA损伤应答
KMT5A	PR-SET7/8	PR-SET7			H4K20	
KMT5B	SUV4-20H1	SUV4-20			H4K20	
KMT5C	SUV4-20H2					
KMT6	EZH2	E(Z)			H3K27	基因沉默
KMT7	SET7/9				H3K4	
KMT8	RIZ1				H3K9	抑制转录

[a]关于新的系统命名方式，详情参见表3-3的注释，MT表示甲基转移酶(methyltransferase)的缩写

负责发育时期 *hox* 基因的激活。人类中的 KMT2 为 MLL 系列蛋白（MLL 1 ~ MLL 5）。*mll* 基因与多种血液肿瘤密切相关。例如，*mll1* 在 80% 的患有急性髓细胞样白血病或急性淋巴细胞白血病的新生儿中发生了易位，易位所产生的 MLL1 片段保留了 SET 结构域，仍具有甲基转移酶活性。MLL1 片段可以与多个具有转录活性的蛋白质融合，如 AF-4、AF-9 等，由此形成的 MLL 融合蛋白具有超常的转录活性，它们引起了 *hox* 基因的过量表达，阻止了造血细胞的分化并引发癌变。这充分反映了 H3K4 的甲基化在调控细胞分化和增殖中的重要作用[20]。

3. H3K9 甲基化 H3K9 甲基化的主要功能是参与异染色质的建立和传播。H3K9 的甲基转移酶 SUV39H1 是第一个被发现的组蛋白甲基转移酶[13]。SUV39H1 与果蝇中的 SU（VAR）3 - 9 及粟酒裂殖酵母中的 Clr4 同源（表 3-4）。SU（VAR）3-9 的发现源于对果蝇中“位置效应斑驳”（position-effect variegation，PEV）现象的研究。在果蝇中，会形成红色与白色的复眼细胞斑驳的情况，这是由于异染色质向常染色质区域传播，引起了附近的红眼基因沉默，使得原本红色的细胞变为白色（关于异染色质的传播和其他生物中的位置效应，参见第一章）。通过遗传筛选获得了一些可以抑制 PEV 现象的突变，其中包括了 SU（VAR）3-9 和 SU（VAR）2-5 上的突变。SU（VAR）3-9 具有 H3K9 的甲基化酶活性。而 SU（VAR）2-5 也被称为 HP1，它可以通过其含有的 chromo 结构域与 H3K9me3 结合，参与了异染色质的建立和传播。

在粟酒裂殖酵母中，Clr4 介导的 H3K9 甲基化修饰与非编码 RNA 共同负责了着丝粒外异染色质的建立和维持（关于非编码 RNA 的详细介绍参见第四章）。简而言之，着丝粒区域的双向重复序列转录形成的双链 RNA 可以被 Dicer 酶处理成小干扰 RNA（siRNA）。siRNA 被包装入 RITS 复合物，它介导了 RITS 在着丝粒区域的征集。RITS 可以征集 Clr4 对 H3K9 进行甲基化修饰。同时，RITS 的亚基 Chp1 利用其含有的 chromo 结构域，与甲基化的 H3K9 结合，从而稳定了 RITS 与染色质的结合。甲基化的 H3K9 与 Swi6（Swi6 是 HP1 的同源蛋白）结合，而 Swi6 可以征集 SHREC 复合物（含有组蛋白去乙酰化酶）来协助异染色质的建立。异染色质建立之后，Swi6 可以征集甲基化酶 Clr4 对附近的 H3K9 进行甲基化，由此异染色质可以向外进行传播。高等真核生物中的 HP1 和 SUV39H1 可以通过类似的机制实现异染色质的传播[21]。值得注意的是，酿酒酵母中并不存在 H3K9 的甲基化，它通过 SIR 复合物介导的组蛋白去乙酰化来形成异染色质（见上文对于组蛋白乙酰化修饰的介绍）。

H3K9 的甲基化也参与了常染色质中基因的抑制。例如 RB 抑制蛋白可以征集 SUV39H1 和 HP1 到常染色质基因 *cyclin E* 的位点。染色质免疫共沉淀（ChIP）的数据显示，H3K9 甲基化分布在被抑制的基因的启动子区域，但 HP1 只和转录起始位点附近的几个核小体发生结合。对此，科学家推测 HP1 在常染色质区域的作用与其在异染色质区域中的作用不同，HP1 可能作为一个锚定蛋白，将常染色质基因与核内的异染色质区域联系起来，从而来协助对基因的抑制。

4. H3K27甲基化 与 H3K9甲基化类似，H3K27 的甲基化也是一种抑制性的修饰。它的主要功能包括 3方面：第一，在常染色质区域参与了对基因的抑制，特别是在果蝇中受 Polycomb应答元件（Polycomb Response Element，PRE）操纵的基因。第二，参与了着丝粒外异染色质的维持。第三，参与了 X 染色体的失活（关于 X 染色体失活的具体介绍参见第八章）。

人类中 H3K27 的甲基转移酶为 EZH2，它在果蝇中的同源蛋白为 E（Z）。E（Z）是果蝇中 Polycomb 复合物 PRC2 的酶活性亚基。在果蝇中，PRC1 和 PRC2 这 2 个复合物负责对 *hox* 基因的抑制，在控制果蝇的体节发育中发挥了重要的作用。PRC1 和 PRC2 复合物主要是由 Polycomb 蛋白（简称 PcG 蛋白）构成的。研究表明，在 PRC1 和 PRC2 对基因的抑制过程中，首先由 PRE 征集 PHO 和 PHOL 结合到基因的上游。其次，这 2 个蛋白征集 PRC2，利用其含有的 E（Z）对 H3K27 进行甲基化。随后，甲基化的 H3K27 可以吸引含有 chromo 结构域的蛋白 Pc，Pc 是 PRC1 复合物中的亚基。PRC1 的亚基 dRING 可以对 H2AK119 进行泛素化修饰，这种修饰可以协助对转录进行抑制，但具体机制未明。由于在人类中不存在 PRE，目前仍不知道 EZH2 是如何被征集到特定基因上的。

5. H3K36 甲基化 H3K36 的甲基化与转录的延长相关。在转录过程中，位于基因的编码区和基因 3' 端的 RNA 聚合酶 Ⅱ，其 C 末端区域（CTD）第 2 位的丝氨酸通常会被磷酸化。在酿酒酵母中，

H3K56的甲基转移酶Set2倾向于与这种RNA聚合酶Ⅱ结合，这使H3K56的甲基化在活跃转录的基因编码序列上富集，并在基因的3'端达到峰值。与之形成鲜明对比的是H3K4me3在转录起始位点附近分布。Set2的征集需要PAF复合物的协助。H2BK123的泛素化能够抑制H3K36的甲基化（与之相反的是，H2BK123的泛素化可以促进H3K4的甲基化）。为了保障H3K36的正常甲基化，酵母在转录中会征集SAGA复合物，SAGA复合物的Ubp8亚基可以对H2BK123进行去泛素化。目前认为H2B的泛素化和去泛素化是控制转录起始和延伸的重要机制。

H3K36甲基化的另一项主要功能是防止隐藏在基因内部的位点的非正常转录。甲基化的H3K36可以吸引含有chromo结构域的Eaf3，将Eaf3征集到转录基因的编码区。随后，Eaf3可以征集具有组蛋白去乙酰化酶活性的Rpd3s复合物，对基因内部的组蛋白进行去乙酰化，从而防止了非正常转录的起始[22]。

6. H3K79甲基化 H3K79位于组蛋白八聚体的球状核心区域，而不像其他甲基化位点一样位于舒展的N端尾巴上。H3K79的甲基转移酶是KMT4（酿酒酵母中为Dot1，人中为DOT1L），KMT4是目前所知唯一不含SET结构域的甲基转移酶。与H3K36的甲基化类似，H3K79的甲基化也受到H2BK123泛素化的抑制，这可能是由于H2B的泛素化干扰了Dot1的结合所致。

H3K79甲基化具有多种功能。第一，它可以阻止异染色质的传播。在酵母细胞中，Sir3与H3K79结合，而H3K79的甲基化阻止了Sir3的结合，因此抑制了Sir蛋白介导的异染色质的传播。相应的，如果在酵母中过量表达H3K79的甲基化酶Dot1，就可以破坏端粒的异染色质。第二，H3K79甲基化参与了转录。在酵母中，含有H3K79甲基化修饰的基因90%以上都是活跃转录的。H3K79的甲基化分布在基因的编码区，提示它可能与转录延伸相关。第三，H3K79甲基化参与了DNA修复过程。哺乳动物中的53BP1（酵母同源蛋白为Rad9）可通过其含有的Tudor结构域与甲基化的H3K79结合，从而被征集到DNA双链断端的位点，参与细胞周期修复检验点（checkpoint）的激活。

H3K79甲基化也与疾病相关。之前曾经介绍了*mll*基因易位是急性白血病的重要成因之一。易位形成的MLL-AF10融合蛋白能够与DOT1L结合，这提示该融合蛋白可以通过征集DOT1L到MLL-AF10的目标基因上来促进基因的转录。例如，在*hoxa 9*基因上，MLL-AF10和H3K79的甲基化都发生了富集[23]。

7. H4K20甲基化 H4K20me3是一种抑制性的修饰，主要分布在着丝粒外异染色质上。H4K20的甲基转移酶被称为KMT5。如果果蝇中的KMT5B[也被称为SU（VAR）4-20]发生了突变，就会影响异染色质的形成，这说明H4K20me3参与了异染色质的形成。

小鼠中的KMT5B[也被称为SU（VAR）4-20h1]和KMT5C[也被称为SU（VAR）4-20h2]可以与HP1的异构体结合。HP1可以识别H3K9的甲基化，这提示H3K9的甲基化和HP1可以在异染色质区域征集KMT5，随后KMT5对H4K20进行三甲基化修饰。相应的是，H3K9甲基化的缺失会破坏H4K20在外着丝粒区域的甲基化。

与H4K20me3不同，H4K20me和H4K20me2主要分布在常染色质区域，说明它们具有不同的功能。例如，果蝇中的KMT5A（SET8/PR-SET7）负责H4K20的单甲基化。KMT5A和H4K20me的水平都随着细胞周期而波动，这提示H4K20me可能参与了对细胞周期的调控。相一致的是，dKMT5A的下调可以导致细胞周期的阻滞，而过量表达dKMT5A会造成染色体分离的缺陷。

H4K20甲基化的另一个功能是参与了DNA的修复。在粟酒裂殖酵母中，H4K20的甲基转移酶Set9的缺失不会影响异染色质的形成，但是它提高了细胞对DNA双链断端损伤的敏感度。这可能与H4K20甲基化对Crb2的征集有关。Crb2与酿酒酵母中的Rad9和哺乳动物中的53BP1同源，它参与了对修复检验点的激活。Crb2可能是通过其含有的Tudor结构域与甲基化的H4K20发生结合。

8. 赖氨酸去甲基化酶

（1）赖氨酸去甲基化酶的两大家族：在相当长的时间内，赖氨酸的甲基化一直被认为是一种不可逆的修饰，这主要是因为C—N键是一种相当稳定的化学键。在经过长期的探索之后，2004年，Y. Shi等人终于发现了第一种赖氨酸去甲基化酶——LSD1，证明了这种修饰的可逆性。LSD1可以在辅助因子黄素（flavin）的协助下，通过氧化反应去除H3K4和H3K9的二甲基化或单甲基化。在LSD1被发现之后，科学家们很快鉴定出另一大类赖氨酸去甲基化酶——含JmjC结构域的组蛋白去甲基化酶（JmjC-domain-containing histone demethylase，JHDM）。JHDM 所介导的氧化去甲基化反应需要辅助因子亚铁离子 Fe^{2+} 和 α- 酮戊二酸盐（α-ketoglutarate）。JHDM 可以去除包括单甲基化、二甲基化和三甲基化修饰在内所有层次的甲基化修饰[24]。目前已知 JHDM 作用的位点包括 H3K4、H3K9、H3K36、H3K27 和 H4K20，但尚未发现 H3K79 的去甲基化酶（表 3-5）。

（2）赖氨酸去甲基化酶与其他蛋白质的协同作用：LSD1 通常与其他蛋白质构成复合物，彼此之间相互配合，从而发挥最大的功效。例如 LSD1 与 HDAC1-2、CoREST、BHC80 和 BRAF35 构成了 LSD1-CoREST 复合物。该复合物中的每一成员都在 H3K4 的去甲基化过程中分工明确，各司其职。BRAF35 作为 DNA 结合蛋白，负责指导 LSD1 复合物与特定的基因位点结合。HDAC-1 对 H3 进行去乙酰化，促进了 CoREST 与 H3 的结合，也为随后的去甲基化反应奠定了基础，因为 LSD1 倾向于在去乙酰化的 H3 上反应。CoREST 随后征集了 LSD1，LSD1 完成对 H3K4 的去甲基化。BHC80 含有一个 PHD 结构域，能够识别未被甲基化的 H3K4，从而防止了 H3K4 的再次甲基化，并增强了抑制的效果。在另外一个复合物中，LSD1 与染色质重构复合物 NURD 结合，从而将 H3K4 的去甲基化与染色质重构过程结合起来，实现对转录的抑制。

如上所述，LSD1 通过对 H3K4 的去甲基化来抑制基因的表达。有趣的是，LSD1 可以通过与某些蛋白质的结合来改变其底物的特异性，由一个转录抑制因子转化为转录激活因子。例如，LSD1 可以与雄激素受体（androgen receptor，AR）直接结合，在此条件之下，LSD1 只负责对 H3K9 去甲基化，而不对 H3K4 去甲基化。因此，LSD1 参与了 AR 应答基因（如 *psa*）的转录激活过程。

表3-5　组蛋白赖氨酸去甲基化酶

组蛋白赖氨酸去甲基化酶					
新的系统命名[a]	人类	黑腹果蝇	酿酒酵母	裂殖酵母	作用位点
KDM1	LSD1/BHC110	SU(VAR)3-3		Splsd1/Swm1/Saf110	H3K4me1/2 H3K9me1/2
KDM2			Jhd1		H3K36me1/2
KDM2A	JHDM1a/FBXL11				H3K36me1/2
KDM2B	JHDM1b/FBXL10				H3K36me1/2
KDM3A	JHDM2a				H3K9me1/2
KDM3B	JHDM2b				H3K9me
KDM4			Rph1		H3K9/K36me2/3
KDM4A	JMJD2A/JHDM3A				H3K9/K36me2/3
KDM4B	JMJD2B				H3K9/H3K36me2/3
KDM4C	JMJD2C/GASC1				H3K9/K36me2/3
KDM4D	JMJD2D				H3K9me2/3
KDM5		LID	Jhd2	Jmj2	H3K4me2/3
KDM5A	JARID1A/RBP2				H3K4me2/3
KDM5B	JARID1B/PLU-1				H3K4me1/2/3
KDM5C	JARID1C/SMCX				H3K4me2/3
KDM5D	JARID1D/SMCY				H3K4me2/3
KDM6A	UTX				H3K27me2/3
KDM6B	JMJD3				H3K27me2/3
KDM7A	KIAA1718				H4K20me
KDM7B	PHF8				H4K20me

[a]关于新的系统命名方式，详情参见表3-3的注释，DM表示去甲基化酶(demethylase)的缩写

与LSD1一样，JHDM的成员也可以在复合物中与其他蛋白质一起协同作用。例如之前提到的MLL2-3蛋白，它们具有H3K4甲基化酶的活性。H3K27me3/2的去甲基化酶UTX（系统命名为KDM6A）可以与MLL2-3结合，构成MLL-UTX复合物。该复合物在添加激活性的H3K4甲基化的同时，去除抑制性的H3K27甲基化，从而共同促进了对于*hox*基因的转录。另外一个例子是H3K4me3的去甲基化酶RBP2（系统命名KDM5A），可以和PRC2复合物发生结合。PRC2复合物可以对H3K27进行三甲基化的修饰，因此PRC2-RBBP2复合物可以在添加抑制性的H3K27甲基化修饰的同时，去除激活性的H3K4甲基化。这种将酶学功能互补的蛋白质集合在一起，构成复合物的策略，可以实现对组蛋白多个位点的协同调节以及相应的染色质结构的改变[25]。

（3）赖氨酸去甲基化酶的生物学功能：由于赖氨酸甲基化在基因调节以及染色质结构中的重要功能，去甲基化酶必然与许多重要的生命过程密切相关，例如个体的发育、细胞的分化、疾病（特别是肿瘤）的发生和发展等。

例如在拟南芥中，LSD1的同源蛋白FLD负责对*flc*基因的抑制。由于FLC是开花相关基因的抑制因子，因此FLD的缺失造成了*flc*基因的过表达，推迟了开花的时间。

小鼠中的JMJD1A（系统命名KDM3A）负责对H3K9me2/1的去甲基化，它参与对雄激素受体的基因激活。与此一致的是，JMJD1A在减数分裂后的精细胞中高表达，而JMJD1A的缺失会造成雄鼠的不育。

JMJD3（系统命名KDM6B）负责H3K27me2/3的去甲基化，它参与对肿瘤抑制基因INK4A-ARF的激活，提示它具有抑制肿瘤的作用。与此相一致的是，另外一个H3K27me2/3的去甲基化酶UTX（系统命名KDM6A）在多种肿瘤中都发生了突变。

四、组蛋白精氨酸甲基化

1. 简介 在哺乳动物中，一共存在9种蛋白质精氨酸甲基转移酶（PRMT），它们可以催化3种不同类型的精氨酸甲基化，其中包括单甲基化（monomethylarginines，MMA）、不对称的双甲基化（asymmetricdimethylarginines，ADMA）和对称的双甲基化（symmetric dimethylarginines，SDMA）。PRMT分为三大类：Ⅰ型、Ⅱ型和Ⅲ型。Ⅰ型和Ⅱ型的PRMT首先催化精氨酸形成作为中间体的MMA，随后Ⅰ型的PRMT（包括PRMT1、2、3、4、6和8）催化形成ADMA，而Ⅱ型的PRMT（包括PRMT5和7）催化形成SDMA。Ⅲ型PRMT（PRMT7）催化特定的底物形成MMA[26]。

精氨酸甲基化的功能多样，有些参与转录的激活，有些则参与转录抑制（表3-6）。它作用的方式主要包括2种：第1种是吸引能够直接识别甲基化修饰的蛋白质，例如H4R3me2a可以吸引带有Tudor结构域的蛋白质，H3R17me2a可以吸引含有PHD结构域的蛋白质；第2种是通过干扰其他的组蛋白修饰来发挥作用，例如H3R2me2a可以阻止MLL1对于H3K4的甲基化。

2. 精氨酸主要甲基化位点

（1）H3R2me2a：在哺乳动物中，PRMT6负责了H3R2me2a的修饰。H3R2me2a可以抑制MLL1复合物对H3K4的甲基化，同时它也可以阻止下游的效应蛋白与H3K4me3的结合。因此H3R2me2a是一种拮抗H3K4甲基化的修饰。与此一致的是，这2种修饰在人类基因启动子区域的分布是负相关的。由于

表3-6 组蛋白精氨酸甲基化的主要位点及其功能

精氨酸甲基化位点	甲基转移酶（哺乳动物）	主要功能
H3R2me2a	PRMT6	抑制转录
H3R8me2s	PRMT5	抑制转录
H3R17me2a	CARM1(PRMT4)	激活转录
H3R26me2a	CARM1(PRMT4)	
H4R3me2a	PRMT1、PRMT6、PRMT8	激活转录
H4R3me2s	PRMT5、PRMT7	抑制转录
H2AR3me2a	PRMT1、PRMT6、PRMT8	激活转录
H2AR3me2s	PRMT5、PRMT7	抑制转录

H3K4me3 可以促进转录，所以 H3R2me2a 可以抑制转录。相应的是，PRMT6 参与了对 *hoxa2* 和 *tsp-1* 等基因的抑制。

（2）H3R17me2a：H3R17me2a是由 CARM1（PRMT4）负责的。CARM1作为一种常见的辅助激活因子，可以与 P53、NF-κB、PPARγ 和 c-Fos等许多转录因子一同发挥作用。相一致的是，H3R17me2a在多个转录活跃的基因的启动子上分布，这些基因包括 *pS2*、*e2f1*、*ccne1*、*ap2*、*oct4*、*sox2*等。

H3R17me2a 以一种循环的特殊方式存在于雌激素应答基因 *pS2* 的启动子上。雌激素受体首先被征集到启动子上，它随后征集了 CARM1 对 H3R17 进行甲基化修饰。在 CARM1 被征集的同时，CBP/P300 也出现在启动子上。CBP/P300 介导的 H3K18 的乙酰化可以促进 CARM1 对 H3R17 的甲基化，这可能是由于 H3K18ac 中和了电荷，提升了 CARM1 的酶学活性。伴随着 H3R17 的甲基化，RNA 聚合酶Ⅱ也出现在 *pS2* 的启动子。有趣的是，在数分钟以后，启动子上 H3R17 的甲基化与 RNA 聚合酶Ⅱ都消失了。在 1 个周期（约 40min）后，H3R17 的甲基化与 RNA 聚合酶Ⅱ再次出现在启动子上，以起始下一轮转录。对于这种循环方式的一种解释是，它可能有助于在雌激素消失的情况下快速关闭基因的转录[27]。

H3R17me2a 对转录的激活作用可能与其征集的蛋白质有关。转录激活辅助因子 TDRD3 可以通过其 Tudor 结构域与 H3R17me2a 结合，从而出现在具有转录活性的基因上。

除了转录激活以外，H3R17 的甲基化可能也参与了细胞周期的调控。H3R17 的甲基化程度在 M 期最高，同样也在 M 期发生上调的另一个重要的组蛋白修饰是 H3S10 的磷酸化。

由于 CARM1 参与大量基因的转录激活，因此它与许多的发育过程相关。CARM1 的缺失会造成小鼠的 T 细胞发育、脂肪细胞分化、软骨细胞增殖以及肺上皮细胞分化和增殖的缺陷，因此小鼠在出生时体形瘦小，其出生后很快就死亡。

（3）H4R3me2a 和 H2AR3me2a：PRMT1、PRMT6 和 PRMT8 负责了 H4R3me2a 和 H2AR3me2a 的修饰，这可能是由于 H4 和 H2A 的前 5 个氨基酸序列完全一致，因此细胞采用了同样的机制对 H4R3 和 H2AR3（这 2 个位点被并称为 R3 位点）进行修饰并加以利用。PRMT1 是许多转录激活因子（如 ER、YY1、P53 和 RUNX1）的辅助因子。因此，R3me2a 分布在许多转录活跃基因的启动子上，如 *pS2*、*cyp3A4*、*cited2* 和 β-globin 座位等。

与 H3R17me2a 类似，R3me2a 在 *pS2* 启动子上也以循环的方式存在。PRMT1 的征集和 R3 的甲基化先于 RNA 聚合酶Ⅱ的征集，而且 R3 的甲基化促进了随后的 H3 和 H4 的乙酰化。有趣的是，如上文介绍，H3R17me2a 每隔 1 个转录周期（40min）都会出现和消失一次，而 R3 的甲基化则是每隔 2 个周期（80min）消失和重建一次，目前尚不知道产生这种差异的机制。

（4）H4R3me2s和 H2AR3me2s：PRMT5 和 PRMT7 负责了 H4R3me2s和 H2AR3me2s的修饰。PRMT5与多个转录抑制因子结合，如 SNAIL、ZNF224和 SKI等。PRMT7也参与了精细胞中基因的遗传印记（genetic imprinting）。因此，R3me2s被认为与抑制基因的转录有关。例如，R3me2s分布在被抑制基因的启动子区域、胎儿中被沉默的 β-globin座位及 *h19*基因遗传印记的区域。

（5）H3R8me2s：H3R8me2s 是由 PRMT5 负责的。与 R3me2s 类似，H3R8me2s 也与转录抑制有关，它分布在许多受 PRMT5 抑制的基因的启动子区域。

H3K9 和 H3K14 的酰基化可以阻止 H3R8me2s。H3R8me2s 也可以阻止 G9a（KMT1C）对 H3K9 的甲基化。此外，H3R8me2s 可以促进 14-3-3 蛋白对 H4S10ph 的识别。目前尚不清楚 H3R8me2s 与其他组蛋白修饰的关系是否介导了其对转录的抑制作用。

3. 精氨酸去甲基化 肽酰精氨酸脱氨酶（peptidylarginine deiminase，PADI）家族的蛋白质可以去除精氨酸的一个胺基，将其转化为瓜氨酸（图 3-2）。研究表明 PADI4 可以被征集到 *pS2* 基因的启动子区域，随后该区域 H3R17me2a 的水平下降，这暗示了 PADI4 参与了对该位点的去甲基化反应。但

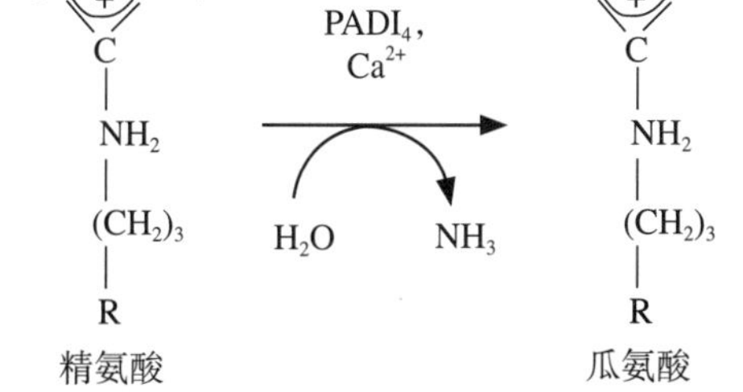

图 3-2 PADI4 可以将精氨酸转化为瓜氨酸

PADI并不能去除含有甲基化的胺基，而且目前没有发现一种酶可以将瓜氨酸重新转化为精氨酸。所以，PADI只是通过将精氨酸转化为瓜氨酸后阻止其被甲基化，而不是一种真正的精氨酸去甲基化酶。

2007年，科学家发现了含有JMJC结构域的蛋白质JMJ6，可以对H3R2me2和H4R3me2进行去甲基化，而且它既可以去除对称的二甲基化，也可以去除不对称的二甲基化。但关于JMJ6的活性仍存在争议。2009年，一篇报道称JMJ6是一种赖氨酸羟化酶（lysine hydroxylase），而且它能对精氨酸进行去甲基化。鉴于精氨酸甲基化在基因表达调控中的重要作用，对于这种修饰消除机制的研究，将成为该领域研究的热点。

五、组蛋白磷酸化

1. 简介 与其他蛋白质的磷酸化相同，组蛋白的磷酸化可以发生在丝氨酸、苏氨酸和酪氨酸上，反应是由磷酸激酶所介导。与较为稳定的甲基化修饰相比，磷酸化修饰是一种瞬时的、可诱导的或在特定途径中发生的修饰。因此它与许多动态过程密切相关，例如染色体分离、DNA损伤应答等（表3-7）。

磷酸化增加了组蛋白所携带的负电荷，减少了组蛋白与DNA的亲和力，因此影响了染色质高级结构的形成，例如H4S1ph可以促进染色体的凝聚。磷酸化修饰也创造了其他蛋白质的结合位点来发挥作用，例如H3S10ph可以吸引含有BRCT结构域的14-3-3蛋白。此外，磷酸化修饰也与其他的蛋白质修饰之间相互联系，从而来调控基因的表达和染色体的功能，例如H3T6ph可以阻止H3K4的去甲基化。

2. 组蛋白磷酸化的主要位点

（1）H3T3：H3T3ph是调控染色体分离的重要修饰。细胞进入M期后，HASPIN负责对位于着丝粒中心的H3T3进行磷酸化修饰。H3T3ph可以被Survivin蛋白的BIR结构域所识别。Survivin是染色体分配复合物（chromosomal passenger complex，CPC）的重要成员，通过Survivin与H3T3ph的结合，CPC被征集到着丝粒区域。随后，CPC的另一个亚基Aurora B开始指导纺锤体的组装[28-29]。细胞进入分裂后期时需要去除H3T3ph，以便于染色体的去凝聚，去磷酸化可能是由磷酸酶PP1/Repo-Man来负责的[30]。

（2）H3T6：H3T6ph参与了对于转录激活状态的维持，负责此修饰的激酶为PKC β_I。在雄激素刺激之后，PKC β_I、H3K4去甲基化酶LSD1和雄激素受体（AR）被同时征集到AR应答基因的启动子区域。PKC β_I对H3T6进行磷酸化，而且PKC β_I的活性受雄激素控制。H3T6ph阻止了LSD1对H3K4的去甲基化，保护了具有转录活性的H3K4的甲基化修饰，从

表3-7 组蛋白磷酸化的主要位点及其参与的途径

磷酸化位点	磷酸激酶	参与途径
H3T3	HASPIN (Hs)[a]	染色体分离
H3T6	PKC β_I (Hs)	保持转录激活状态
H3S10	Aurora B (Dm)、Ipl1 (Sc)	染色体分离
	MSK1/2 (Hs), PIM1(Hs)、JIL-1(Dm)	转录激活
H3T11	Mek1 (Sc)	减数分裂
	CHK1(Mm)	DNA损伤应答
	PRK1(Hs)	转录激活
H3S28	Msk1/2 (Hs)	转录激活
	Aurora B (Hs)	染色体凝聚
H4S1	Ck2(Sc)	DNA损伤应答
	Sps1(Sc)	染色体凝聚
H2AS121	Bub1(Sp)	染色体分离
H2AS129	Tel1(Sc)、Mec1(Sc)	DNA损伤应答
H2BS14	MST1	凋亡

[a]括号中为物种的简称：Hs，人；Mm，小鼠；Dm，果蝇；Sp，粟酒裂殖酵母；Sc，酿酒酵母。

而保持了在雄激素刺激后AR目标基因的转录[31]。

（3）H3S10：H3S10ph可以在2种截然不同的染色质中发挥着不同的作用。第1种染色质是分裂中期高度凝聚的染色体。很早以前，科学家们就发现分裂中期的染色体可以被高度磷酸化，其中主要的磷酸化位点就是H3S10。在果蝇中，Aurora B负责在分裂中期对H3S10进行磷酸化。Aurora B的缺失明显降低了H3S10ph的水平，使染色体形态发生了改变，并影响了随后的一系列事件，如纺锤丝的组装、姐妹染色体的分离等。H3S10ph对于染色体形态的影响可能源于它对HP1结合的干扰。在哺乳动物细胞中，H3S10ph可以阻止相邻的H3K9me3与HP1的结合，从而干扰了异染色质的传播。去除了HP1的染色质也许能够更方便地与其他蛋白质（如凝聚蛋白）结合，以完成正常的染色体凝聚和分离。磷酸酶PP1负责去除H3S10ph，它与Aurora B一起控制了H3S10ph的水平[32]。

H3S10ph也存在于分裂间期疏松的常染色质中，参与对某些基因（特别是与细胞生长相关的早期应答基因）的转录激活。例如，果蝇中JIL-1负责在分裂间期对H3S10的磷酸化，JIL-1和H3S10ph参与了大量基因的激活转录，其中包括热休克基因。热休克基因的失活伴随着H3S10的消失。相对应的是，H3S10ph的磷酸酶PP2A的缺失，会造成热休克基因的持续表达。在哺乳动物中，血清应答基因*fosl1*的转录，需要激酶PIM1和MSK1/2对于H3S10的磷酸化。有趣的是，这2个激酶的作用时间和位置并不相同。MSK1/2作用时间为基因表达的早期，它催化的H3S10ph分布在启动子区域；而PIM1作用时间在MSK1/2之后，它介导的H3S10ph分布在基因的增强子区域。14-3-3蛋白通过其BRCT结构域与增强子的H3S10ph结合。14-3-3可以征集MOF（KAT8）对H4K16进行乙酰化，从而促进转录的起始[33]。

（4）H3T11：H3T11ph与转录激活有关。在人类细胞中，PRK1可以在AR应答基因的启动子上对H3T11进行磷酸化。H3T11ph促进了JMJD2C（KDM4C）对H3K9的去甲基化，激活了基因的转录[34]。

H3T11ph在DNA损伤应答中的作用也与转录相关。在小鼠中，Chk1负责对H3T11的磷酸化。当DNA损伤发生后，Chk1从一些细胞周期蛋白（如cyclin B、CDK1）的基因启动子区脱落下来，导致了H3T11水平的下降，并引发了组蛋白乙酰化水平的下调，实现了对这些基因的转录抑制[35]。

H3T11ph可能也参与了减数分裂过程。在酿酒酵母中，Mek1在减数分裂中负责对H3T11进行磷酸化，H3T11ph的丧失导致了产孢效率的下降[36]。

（5）H3S28：H3S28ph在功能上与H3S10ph相似，它也出现在分裂中期的染色体上。Aurora B在此期间负责对H3S28的磷酸化，而磷酸酶PP1负责去除H3S28ph[37]。此外，H3S28可以被MSK1/2激酶磷酸化，与H3S10ph一起参与对早期快速应答基因（如*jun*、*fos*等）的转录激活[38]。

（6）H4S1：H4S1ph参与了DNA的损伤修复。在酿酒酵母中，casein激酶Ⅱ（CK Ⅱ）负责对DNA双链断端（double strands break，DSB）附近的H4S1进行磷酸化，而H4S1ph可以促进细胞采用非同源末端连接的方式对DSB进行修复[39]。

Sps1激酶负责了减数分裂中H4S1的磷酸化。H4S1ph促进了减数分裂中染色质的凝聚。有趣的是，H3S10ph出现在减数分裂的早期，随后消失在中期，而H4S1ph则出现在减数分裂的后期，而且一直保持到孢子的萌发，提示了这2种修饰分别调控了不同阶段的染色体凝聚[40]。

（7）H2AS121：与H3T3ph类似，H2AS121ph也是调控染色体分离的重要修饰。纺锤体检验点（spindle checkpoint）激酶Bub1负责对位于着丝粒中心的H2AS121进行磷酸化修饰。Shuogun是染色体分配复合物（CPC）与着丝粒之间的衔接蛋白，Shuogun可以通过与H2AS121ph的结合，配合Survivin与H3T3ph的结合，将CPC征集到着丝粒区域，从而起始纺锤体的组装[29]。

（8）H2AS129：在酿酒酵母中，H2AS129ph是与DNA损伤应答密切相关的重要修饰，在高等生物中，该修饰发生在H2A变体H2A.X的S129上（详见下一节介绍）。当DNA产生双链断端（DSB）的损伤后，激酶Mec1和Tel1被迅速激活，它们负责对一系列参与修复和细胞周期阻滞的蛋白质进行磷酸化，其中就包括了H2AS129。H2AS129ph发生在DSB附近，向两侧延伸，一共覆盖了50～100kb的范围。H2AS129ph可以征集许多蛋白质参与对损伤的修复。例如，它可以通过吸引组蛋白乙酰基转移酶NuA4复合物、染色质重构复合物INO80等来解开损伤位点附近的紧密的染色质，以创造空间来接触其他的修复蛋白。H2AS129ph 可征集 DNA 损伤检验点蛋白 Rad9（哺乳动物中为 53BP1），来参与对细胞周期的阻滞。H2AS129ph 还可以征集粘连蛋白（cohesin）到损伤位点，以保障姐妹染色单体在修复期间的正常结合[41]。

（9）H2BS14：在人类细胞中，激酶 MST1 对 H2BS14 进行磷酸化，H2BS14ph 促进了细胞凋亡时期染色质的凝聚[42]。有趣的是，这一修饰在单细胞的酿酒酵母中也存在，在过氧化氢处理后，H2BS10ph 引起了染色质异常的凝聚，并导致酵母细胞的死亡，负责 H2BS10 磷酸化的激酶 Set20 是 MST1 的同源蛋白[43]。

除了参与凋亡以外，H2BS14ph 会迅速出现在 DNA 双链断端的位点，提示它可能参与 DNA 损伤应答，但目前仍不知道什么激酶负责在此过程中对 H2BS14 的磷酸化[44]。

六、组蛋白泛素化和类泛素化

1. 简介 之前提到的甲基化、乙酰化和磷酸化修饰都是在组蛋白上添加一个小的化学基团，与它们相比，泛素化和类泛素化修饰则是在组蛋白上共价连接一个多肽。泛素（ubiquitin）含有 76 个氨基酸，而类泛素（sumo）则一般为 100 个氨基酸左右，它们的大小与组蛋白相仿，因此组蛋白的泛素化修饰和类泛素化修饰可以大大增加组蛋白的体积和质量。毫无疑问，这种修饰必然在结构上会对核小体以及高级的染色质结构造成深远的影响，当然，“巨大”的修饰基团也为其他蛋白质提供了大量接触的面积和识别的位点。

组蛋白的泛素化修饰位点主要为 2 个，在哺乳动物中为 H2AK119 和 H2BK123。与蛋白质降解途径中形成的多聚泛素化修饰不同，这 2 个位点上的修饰是单泛素化的。H2BK123 的泛素化修饰在真核生物中保守，对应的修饰位点在酿酒酵母中为 H2BK120，粟酒裂殖酵母中为 H2BK119，拟南芥中为 H2BK143。而 H2AK119 的泛素化修饰仅存在于高等真核生物（哺乳动物、植物、果蝇等）中，并不存在于酵母中。这 2 个位点的功能截然不同，H2B 的泛素化与转录激活和延伸有关。而 H2A 的泛素化则参与抑制转录起始和延伸[45]。类泛素化的位点分布在 H2A、H2B 和 H4 上，目前认为类泛素化参与了转录的抑制[46]。

2. H2B 的泛素化（H2Bub）

（1）H2Bub 的建立：在酿酒酵母中，泛素结合酶（ubiquitin conjugating enzyme，E2）Rad6 和泛素连接酶（ubiquitin-protein isopeptide ligase，E3）Bre1 负责对 H2B 进行泛素化修饰。首先，Bre1 通过与一些转录结合因子（如人中的 P53、酵母中的 Gal4）的结合而被征集到基因的启动子上。随后，在 Bre1 的协助之下，Rad6 也被征集。接着，Rad6/ Bre1 与 RNA 聚合酶Ⅱ相结合，参与了转录的起始。

Rad6 和 Bre1 的活性受到了诸多因素的调控。例如 Rad6 的激活需要 PAF 复合物的协助，因为 PAF 复合物亚基（如 Rtf1、Paf1）的突变可以造成 H2Bub 的缺失。Bur1/Bur2 激酶复合物可以磷酸化 Rad6 的 Ser120，从而提高 Rad6 的泛素化活性。RNA 聚合酶Ⅱ的 C 末端区域（CTD）依次发生的 Ser5 和 Ser2 的磷酸化是控制 RNA 聚合酶Ⅱ从转录起始阶段进入延伸阶段的重要手段。Ser5 磷酸化的缺失可以减少 H2B 泛素化，这说明在转录延伸初期发生的事件调控了 Rad6/Bre1 泛素化 H2B 的能力[45]。

（2）H2Bub 调节 H3K4 和 H3K79 的甲基化：H2Bub 的缺失可以减少 H3K4 和 H3K79 的甲基化，而 H3K4 和 H3K79 的甲基转移酶的缺失并不能影响 H2Bub，所以，H2Bub 是 H3K4 和 H3K79 甲基化的前提条件。更为细致的研究结果表明 H2Bub 影响了 H3K4 和 H3K79 的二甲基化和三甲基化，但并不影响它们的单甲基化。

目前的模型认为在 H3K4 甲基化的过程中，H3K4 甲基转移酶复合物 COMPASS 首先通过与 PAF 复合物的结合被征集到 RNA 聚合酶Ⅱ上。由于 H2Bub 不存在，与 RNA 聚合酶Ⅱ结合的 COMPASS 复合物缺少了亚基 Cps35，不完整的 COMPASS 只能对 H3K4 进行单甲基化的修饰。随后，Rad6/Bre1 与 RNA 聚合酶Ⅱ结合，它们在被激活之后，完成了对 H2B 的泛素化。H2Bub 协助征集了 Cps35，从而激活了 COMPASS，使其能够对 H3K4 进行二甲基化和三甲基化的修饰。H3K4 的甲基化反应还需要 CCR4-NOT mRNA 处理复合物以及 19S 蛋白酶体调节复合物的参与，它们可能协助征集或激活了 Cps35 亚基。随后，H3K4me3 可以征集其他转录因子和染色质重构复合物，来促进转录的起始。H2Bub 对 H3K79 甲基化的调节可能也采用了类似的途径，因为 Cps35 能够与 H3K79 的甲基化酶 Dot1 结合。

除了调节转录起始以外，H2Bub 可能参与了早期的转录延伸反应。体外实验表明 H2Bub 可以协助组蛋白伴侣蛋白 FACT 复合物来促进 RNA 聚合酶Ⅱ在核小体上的前进。有趣的是，这一过程与 H3K4 的甲基化没有关系。

（3）H2B 的去泛素化：H2B 的去泛素化在转录延伸中发挥了重要的作用。去泛素化反应是由转录因子 SAGA 复合物中的 Ubp8 亚基来负责。去泛素化后的 H2B 可以吸引 Ctk1 激酶，Ctk1 负责对 RNA 聚合酶Ⅱ的 CTD 的 Ser2 进行磷酸化，从而促使 RNA 聚合酶Ⅱ进入转录延伸阶段。同时，CTD 的 Ser2 的磷酸化可以征集 Set2 对 H3K36 进行甲基化修饰，H3K36 的甲基化促进了转录的延伸反应。在转录延伸过程中，Ubp8 和 Rad6 保持着与 RNA 聚合酶Ⅱ的结合，这就提示了 H2B 的泛素化和去泛素化的循环反应可能在转录延伸过程中多次出现[45]。

除了 Ubp8 以外，在酵母还有另外一个酶 Ubp10（DOT4）可以对 H2B 进行去泛素化。Ubp10 并不是 SAGA 复合物的亚基，它和 Ubp8 分别作用于细胞内不同的 H2Bub 群体。Ubp10 并不参与转录延伸的过程，它可以与基因沉默蛋白 Sir4 结合，参与了 SIR 复合物介导的端粒以及 rDNA 区域的沉默。

3. H2A 的泛素化

（1）H2Aub 的建立及其功能：人至少有 2 种 E3 泛素连接酶负责 H2Aub，它们分别是 RING1B（也称 RING2 或 RNF2）和 2A-HUB（也称 hRUL138）。

RING1B 存在于 3 种参与转录抑制的复合物中：Polycomb 复合物 1（PRC1）、E2F-6.com-1 和 FBXL10-BCOR 复合物。PRC1 复合物最早是在果蝇中被发现的，它和 PRC2 复合物一起抑制了 *hox* 基因的表达。PRC2 复合物负责 H3K27 的甲基化，而 H3K27 甲基化负责了在沉默基因启动子上对 PRC1 复合物的征集，所以 PRC1 复合物介导的 H2Aub 位于 H3K27 甲基化的下游。E2F-6.com-1 复合物参与了对 *e2f* 和 *myc* 应答基因的沉默。

第 2 种 H2Aub 的 E3 泛素连接酶 2A-HUB 与 N-CoR/HDAC1/3 复合物结合，参与了对趋化因子基因的转录抑制。FACT 是参与转录延伸的重要复合物。2A-HUB 介导的 H2Aub 可以通过抑制 Spt16（FACT 的亚基）与基因的结合，来抑制转录的延伸。这与 H2Bub 可以协助 FACT 进行转录延伸形成了鲜明的对比。

H2Aub 在转录抑制中的作用可能与它和 H1 的结合有关。H1 是负责核小体之间连接的组蛋白（详见第一章介绍）。在核小体的结构中，H2A 的 C 端可以与 H1 发生结合。而 H2Aub 增强了 H2A 与 H1 的结合力，这可能有助于形成更为紧密的高级结构，从而抑制转录的起始和延伸。H2Aub 也可以通过影响其他组蛋白的修饰来抑制转录。例如 H2Aub 可以抑制 MLL3（KMT2C）介导的 H3K4 的二甲基化和三甲基化，从而阻止转录的起始。

（2）H2A 的去泛素化：主要有 3 种酶负责 H2A 的去泛素化，它们是 UBP-M、2A-DUB 和 USP21。与 H2Aub 抑制 *hox* 基因的表达相反，UBP-M 介导的 H2A 去泛素化参与了 *hox* 基因的表达。由于 UBP-M 的活性受细胞周期调节，所以 H2Aub 的水平也随细胞周期波动。有趣的是，UBP-M 参与了 Aurora B 对 H3S10 的磷酸化，因此 H2Aub 与 H3S10ph 水平此消彼长，例如在富含 H3S10ph 的中期染色体上 H2Aub 的水平很低。

第 2 种去泛素化酶 2A-DUB 也被称为 KIAA1915 或 MYSM1。它参了许多基因转录起始的过程。2A-DUB 与组蛋白乙酰基转移酶 PCAF（KAT2B）结合，并且倾向于对发生了乙酰化的核小体进行去泛素化反应，这揭示了组蛋白乙酰化与去泛素化之间的联系。

第 3 种酶 USP21 通过对 H2A 去泛素化，解除了 H2Aub 对 H3K4 甲基化的抑制，从而促进了转录的起始。

4. 组蛋白的类泛素化　组蛋白类泛素化的位点包括 H4 的 N 端尾巴上的前 5 个赖氨酸（K5、K8、K12、K16、K20），H2B 的 K6、K7、K16 和 K17，以及 H2AK126。泛素结合酶（E2）Ubc9 与下游的 E3 泛素连接酶可能负责了组蛋白的类泛素化。由于许多组蛋白类泛素化的位点可以发生乙酰化，因此类泛素化可以通过抑制乙酰化的发生来抑制基因的表达。与此相一致，下调组蛋白类泛素化水平，可以提升组蛋白乙酰化的水平，并促进一些基因的转录[47]。

七、组蛋白的其他修饰

1. ADP核糖基化　组蛋白的谷氨酸和精氨酸上可以发生单体或多聚的ADP核糖基化修饰，负责催化这些反应的酶分别为单ADP核糖基化转移酶（mono-ADP-ribosyltransferase，MART）和多聚 ADP核糖基化转移酶(poly-ADP- ribosyltransferase，PARP)。ADP核糖基化修饰是一种可逆的修饰，它可以被多聚ADP核糖基化甘油水解酶去除。ADP糖基化修饰有助于形成疏松的染色质结构，这可能与 ADP核糖基化修饰为组蛋白添加了负电荷相关。此外，ADP核糖基化修饰水平在 DNA损伤时明显提高，暗示它可能参与了损伤的应答和修复过程[48]。

2. 生物素化 组蛋白的赖氨酸上的生物素化修饰是由生物素酶(biotinidase) 和羧化全酶 (holocarboxylase) 负责。生物素化可以发生在 4 种常规的组蛋白和 H1 上。在人淋巴细胞增殖过程中，生物素化的组蛋白会增加。在鸡红细胞中，生物素化的组蛋白会富集在转录沉默的区域。不同类型的 DNA 损伤可以引起生物素修饰水平的不同变化。例如，在紫外线照射后，组蛋白的生物素化水平提高；在 DNA 双链断端产生后，H4K12bio 会发生暂时下降。这些结果暗示该修饰可能参与了 DNA 损伤应答和修复[49]。

3. 脯氨酸异构化 与脯氨酸连接的肽基有“顺式”和“反式”2 种方式，这 2 种方式形成的肽基与脯氨酸所形成的角度相差 180°。脯氨酸异构酶负责催化这 2 种形式之间的转换。与其他的共价修饰类型不同，脯氨酸的异构化并不涉及基团的添加与移除。酿酒酵母中的异构酶 Fpr4 负责 H3P38 的异构。Fpr4 可能干扰了甲基转移酶 Set2 对 H3K36 的识别，从而抑制了 H3K36 的甲基化和转录的激活[50]。

第二节 组蛋白变体

一、概述

真核生物除了含有常规的组蛋白(H3、H4、H2A、H2B) 以外，也含有这些组蛋白的变体 (histone variants)。变体与常规组蛋白在氨基酸序列上有所差别。编码常规组蛋白的基因通常成簇地分布在基因组上，它们的表达被严格地控制在 S 期。而编码组蛋白变体的基因单独存在，而且它们通常在细胞周期内持续表达。组蛋白变体通过替换常规组蛋白，改变核小体结构，影响了 DNA 的缠绕，最终调节了染色质的活性和功能。组蛋白变体参与了多种途径，包括 DNA 修复、减数分裂重组、转录起始和结

表3–8 组蛋白变体及其主要功能

组蛋白变体	对应的常规组蛋白	功 能	分 布
H3.3	H3	不依赖复制的安置	真核生物
CenH3	H3	标定着丝粒	真核生物
H2A.Z	H2A	转录激活/抑制	真核生物
H2A.X	H2A	DNA损伤修复	真核生物
macroH2A	H2A	未知	动物
H3t	H3	睾丸相关	哺乳动物
TH2B	H2B	睾丸相关	哺乳动物
H2A.Bbd	H2A	未知	哺乳动物
H2BFWT	H2B	睾丸相关	哺乳动物
H2AL1, L2	H2A	睾丸相关	哺乳动物
H2Abd	H2A	DNA双链断端修复	蛭
H3V	H3	转录终止	锥虫
H4V	H4	转录终止	锥虫
H2BV	H2B	转录起始	锥虫

束、性染色体的凝聚以及精子染色质的包装等[51]。

组蛋白变体主要分为两大类：第1类是进化上保守的组蛋白变体，它们存在于所有的真核生物中，参与了基本的生命活动。；第2类是某些生物中独有的组蛋白变体，它们参与了生物特异性的途径（表3-8）。

二、CenH3

CenH3是定位于着丝粒的组蛋白变体。着丝粒是由染色质形成的特定区域，它负责指导染色体在细胞分裂时的分离（详见第一章介绍）。最早被发现的CenH3是人类中的CENP-A。研究表明CENP-A定位于着丝粒，并替换了着丝粒核小体中的常规H3。在精子合成过程中，几乎所有的组蛋白都被替换为精蛋白，但CENP-A仍然与着丝粒保持结合，因此早期的研究认为CENP-A负责了雄性基因组中着丝粒的标定。之后的研究确立了CENP-A和其他CenH3在着丝粒中的核心地位。目前认为，所有细胞中标定着丝粒的关键因素是CenH3，而不是高度分化的着丝粒序列。

在不同物种中，新合成的CenH3在染色质上的安置时间并不相同：在酿酒酵母中发生在S期，在粟酒裂殖酵母中发生在S/G_2期，在果蝇中发生在分裂后期，而在人中则发生在G_1期。目前并不清楚为什么安置的时间点随着生物的复杂程度增加而不断后移。在酵母中负责安置CenH3的伴侣蛋白为Scm3，在人中为HJURP。

含有CenH3的核小体被称为CenH3核小体。目前的主流观点认为CenH3核小体与常规核小体相同，也采用了八聚体的组成方式，只是由CenH3替换了常规H3。不同物种中的CenH3核小体在着丝粒区域的分布形式有所不同，主要有点状分布（酿酒酵母）和区域状分布（哺乳动物、果蝇、粟酒裂殖酵母等）2种（详见第一章）。CenH3核小体是动粒组装的基础，但其具体的步骤和调控机制目前所知甚少。

常规的组蛋白在进化中高度保守，而CenH3的序列进化非常迅速，特别是它的N端尾巴。在CenH3高度分化的区域中，核苷酸的替换程度大大超过了正常的同义替换的速率，因此认为CenH3的进化存在正选择的压力。对此的一种解释是，着丝粒的DNA序列是由重复序列构成的，容易通过重组发生突变，所以对应的CenH3也需要进行快速的进化，才能够保证与着丝粒的序列进行结合。

三、H3.3

除了CenH3以外，大多数的真核生物含有2种十分类似的组蛋白H3，一种是常规的H3，另一种是变体H3.3。在动物中，H3与H3.3只相差4个氨基酸，其中1个位于N端尾巴上，另外3个位于“组蛋白折叠”基序中。H3与H3.3在“组蛋白折叠”基序中的差异可能阻止了不依赖复制的伴侣蛋白对H3进行安置，因此，常规的组蛋白H3的安置发生在复制期间，而H3.3的安置既可以发生在复制期，也可以发生在非复制期。例如，在人类细胞中，H3的安置是由与复制偶联的伴侣蛋白CAF-1来负责的，而H3.3的安置则是由不依赖复制的伴侣蛋白HIRA来负责的。

H3.3对H3的替换多发生在具有转录活性的染色质区域。例如，在果蝇和人中，H3.3被安置在转录基因的启动子和基因调节序列等区域。H3.3的安置参与了转录的激活和延伸。相对于常规的组蛋白，H3.3通常含有更多能激活转录的翻译后修饰。此外，H3.3还参与调节了全基因组水平的染色质结构与活性。例如在果蝇中，精子的基因组需要在受精之后进行去凝聚，这一过程伴随了H3.3的安置。在线虫中，X染色体在减数分裂时期发生沉默，在此过程中，染色质上的H3.3被移除。

四、H2A.Z

H2A.Z与常规H2A的差别主要位于“组蛋白折叠”中。H2A.Z的功能多样，例如它参与了转录激活与沉默、核小体的更新、DNA损伤修复、异染色质边界的标定、染色质高级结构的形成、胚胎干细胞的分化、抑制DNA甲基化等。形成H2A.Z多样化功能的主要因素包括：H2A.Z的翻译后修饰、H2A.Z核小体的特质、H2A.Z的安置等。

与H2A相同，H2A.Z的N端可以发生乙酰化，其C端可以发生泛素化。在酿酒酵母中，K14发生乙酰化的H2A.Z富集在转录激活基因的启动上，而欠乙酰化的H2A.Z则分布在沉默基因的启动子上。类似的情况也出现在人中，欠乙酰化的H2A.Z多分布在异染色质的区域。Polycomb复合物PRC1的RING1B负责了H2A.Z的C端泛素化。泛素化的

H2A.Z 富集在受到 Polycomb 调控的基因上，并且参与了 Polycomb 介导的基因抑制。

H2A.Z 与 H2A 在序列上的一个主要差别是，其 C 端的酸性小块区域更长，这稳定了 H2A.Z 与 H4 之间的结合，使得含有 H2A.Z 的核小体比 H2A 核小体更加稳定。有趣的是，H2A.Z 和 H2A 可以同时存在于一个核小体中，这种杂合核小体的稳定性介于纯合的 H2A.Z 和 H2A 核小体之间。由于酸性小块位于核小体的表面，它影响了核小体与其他蛋白质之间的结合，例如 H2A.Z 核小体与 HP1（H3K9 甲基化识别蛋白）的结合变得更强，从而可以促进异染色质的形成[51]。

H2A.Z 对转录的调控与其在基因组上的定位密切相关。例如 H2A.Z 分布在启动子的“核小体空白区”（NFR）的两侧。转录起始位点（TSS）后的第 1 个核小体（+1 位核小体）中通常含有 H2A.Z。H2A.Z 在这些位点的安置促进了 RNA 聚合酶 Ⅱ 的结合。在人类中，H2A.Z 分布在启动子的上游调节序列，参与对于转录的激活与抑制。H2A.Z 的安置是由含有 Swr1（或 Swr1 同源蛋白）的染色质重构复合物来介导的，Swr1 可以将 H2A-H2B 的二聚体替换为 H2A.Z-H2B。

五、H2A.X

H2A.X 和H2A 的“组蛋白折叠”基序十分相似，主要区别在于H2A.X 的C 末端中存在Ser-Gln-（Glu/Asp）-Φ 的序列，其中Φ 表示任何疏水性氨基酸。PIKK、ATM、ATR、DNA-PK 等激酶可以对这一序列中的Ser 进行磷酸化，例如哺乳动物中的位点为H2A.X 的S139。磷酸化后的H2A.X 被称为γH2A. X。在DNA 产生双链断端的损伤后，γH2A. X 迅速在损伤位点形成，并参与了DNA 修复蛋白、组蛋白修饰酶以及染色质重构复合物的征集和维持。此外，γH2A.X 也参与了染色质的重构和沉默。

第三节　染色质重构

一、简介

染色质重构（chromatin remodeling）是指重构酶利用水解 ATP 获得的能量，通过移动、移除或重组核小体的方式来改变染色质的结构。重构酶与其他的染色质结合蛋白通过控制染色质的结构，调节了 DNA 调控序列（如启动子、增强子、复制起点等）与其他因子的结合能力，从而深刻影响了 DNA 的各种活动，包括转录、复制、修复、重组等。

染色质重构可以引起染色质结构的不同变化。例如，重构酶可以在 DNA 上移动安置好的组蛋白八聚体，创造出空间来进行更多的安置，从而达到染色质组装的目的。重构酶可以改变紧凑排列的核小体的布局，从而暴露出蛋白质的结合位点，保证该位点与蛋白质之间的结合。这其中包括 3 种方式：第一，通过整理核小体（短距离的移动）；第二，移除整个核小体；第三，解开 DNA。此外，重构酶还可以通过改变核小体的组成，来影响 DNA 与蛋白质结合的能力，例如替换或者移除核小体中的二聚体（通常是 H2A-H2B 二聚体）[52]。

二、染色质重构复合物家族

1. 染色质重构复合物的 4 个家族　染色质重构复合物分为 4 个家族，即 SWI/SNF、ISWI、CHD 和 INO80。酵母、果蝇和人都含有全部 4 个家族的复合物，说明染色质重构是真核生物的基本功能（表 3-9）。

虽然这些复合物的生物学功能不尽相同，它们都具有 5 项基本的特征：第一，它们对核小体具有亲和力；第二，它们含有能够识别特定组蛋白修饰的结构域；第三，它们含有依赖于 DNA 的 ATP 酶。ATP 酶是重构复合物的核心，它利用 ATP 水解产生的能量，打破 DNA 与组蛋白之间的结合，改变 DNA 的位置；第四，它们含有调节 ATP 酶活性的结构域 / 亚基；第五，它们含有与其他染色质结合蛋白或转录因子结合的结构域 / 亚基。

2. SWI/SNF 家族复合物

（1）ATP 酶和其他亚基：SWI/SNF 家族复合物中的 ATP 酶含有 1 个 HSA 结构域和 1 个靠近 C 端的 bromo 结构域。HSA 结构域可以与肌动蛋白（actin）

表3–9 染色质重构复合物家族

复合物家族		物种								
		酵母			果蝇			人		
SWI/SNF	复合物	SWI/SNF	RSC		BAP	PBAP		BAF	PBAF	
	ATP酶	Swi2/Snf2	Sth1		BRM/ BRAHMA			hBRM或BRG1	BRG1	
ISWI	复合物	ISW1a	ISW1b	ISW2	NURF	CHRAC	ACF	ISW1a	ISW1b	ISW2
	ATP酶	Isw1		Isw2	ISWI			SNF2L	SNF2H	
CHD	复合物	CHD1			CHD1	Mi-2/NuRD		CHD1	NuRD	
	ATP酶	Chd1			dCHD1	DMi-2		CHD1	Mi-2α/CHD3 Mi-2β/CHD4	
INO80	复合物	INO80	SWR1		PHO-DINO80	TIP60		INO80	SRCAP	INO80
	ATP酶	Ino80	Swr1		dINO80	DOMINO		hINO80	SRCAP	p400

以及肌动蛋白相关蛋白（actin-related protein，ARP）发生结合。Bromo 结构域能够通过识别组蛋白乙酰化的修饰，如 H3K14ac、H3K56ac 等，协助复合物在基因组上的定位。SWI/SNF 家族复合物中的其他一些亚基也含有保守的结构域，如 SANT、SWIB 和 ARID 结构域，它们协助了染色质重构。此外，果蝇 PBAP 复合物中的 polybromo 和酵母 RSC 复合物中的 RSC1/2/4/10，含有多个 bromo 结构域，它们可以协助复合物识别组蛋白乙酰化修饰。

（2）复合物活性的调节：酵母中的 SWI/SNF 复合物不能在含有 macroH2A 变体的核小体上进行重构。人类中的 ATP 酶 BRM1 和 BRG1 可以发生磷酸化，BRM1 还可以被乙酰化，这 2 种修饰都抑制了复合物的活性。磷脂酰肌醇激活可以刺激人类中的 SWI/SNF 复合物（BAF）与微丝纤维的结合。

（3）复合物的功能：SWI/SNF 家族复合物的功能多样，它可以在多个位点和多种途径中移动或移除核小体，但它并不参与染色质的组装过程。

3. ISWI 家族复合物

（1）ATP 酶和其他亚基：ISWI 家族复合物的 ATP 酶含有 1 个 SANT 结构域和 1 个邻近的 SLIDE 结构域，这 2 个结构域形成了对核小体的识别单元，该单元可以与没有发生修饰的组蛋白的尾巴和 DNA 发生结合。

ISWI 家族复合物的亚基含有的重要结构域包括组蛋白折叠（与 DNA 结合）、PHD（识别组蛋白甲基化）、bromo（识别组蛋白乙酰化）等。例如果蝇中 NURF 复合物的亚基 BPTF 利用其 PHD 结构域识别 H3K4me3，从而协助了 NURF 与染色质的结合。

（2）复合物活性的调节：H4 第 17 ~ 19 位的序列可以激活果蝇中 ATP 酶 ISWI 的活性，而 H4K16ac 可以抑制这种激活。ISWI 可以发生多聚 ADP 核糖基化的修饰，被修饰后的 ISWI 对核小体的亲和力下降，这造成了 ATP 酶活力的下降。某些 ISWI 家族复合物，如 ACF，不能在含有 macroH2A 变体的核小体上进行重构，但它可以介导含有 H1 核小体的染色质的重构。高迁移率组蛋白 1（HMGB1）是一种 DNA 结合蛋白，它可以促进 ACF 复合物与 DNA 的结合，以及其染色质重构的效率。

（3）复合物的功能：大多数 ISWI 家族复合物，如 ACF、CHRAC，通过优化核小体之间的距离来促进染色质组装和转录的抑制，而有的 ISWI 家族复合物，如 NURF，可以打乱核小体之间的距离，从而促进对 RNA 聚合酶的激活。

4. CHD 家族复合物 CHD 家族复合物中的 ATP 酶在低等生物中（如酵母），是以单体的形式存在的，而在高等生物中（如脊椎动物），是以多聚体的形式存在的。ATP 酶的 C 端含有 chromo 结构域，可以识别组蛋白 H3K4me2/3 或 DNA。CHD 家族复合物亚基含有的保守结构域包括 PHD、SANT 等。

果蝇中 CHD 家族复合物的 ATP 酶 Dmi-2，可以被磷酸化，该修饰抑制了复合物的活性。果蝇中的 CHD1 复合物不能对含有组蛋白 H1 的染色质进行重构。

大多数 CHD 家族复合物可以通过滑动或移除核小体来促进转录。但某些复合物，如哺乳动物中的 Mi-2/NuRD，则具有抑制转录的能力，这可能与 Mi-2 的 chromo 结构域不识别甲基化的组蛋白，而识别甲基化的DNA有关。此外，Mi-2/NuRD复合物含有MBD蛋白，能够识别DNA的甲基化，从而协助了复合物对转录的抑制作用。

5. INO80家族复合物

（1）ATP酶与其他亚基：INO80家族复合物的ATP酶结构域是分裂的，其中插入的序列可以与肌动蛋白相关蛋白ARP以及AAA-ATP酶发生结合。在ATP酶的N端含有HSA结构域，它也可以与ARP发生结合。在酵母中，INO80复合物的亚基Ies4在DNA损伤的时候，会被Mec1/Tel1磷酸化，该修饰参与了损伤检验点的激活。

（2）复合物的征集：磷酸化的H2A可以在DNA损伤位点征集INO80复合物。此外，INO80家族复合物的亚基（例如酵母SWR1复合物中的Bdf1）含有的bromo结构域可以通过识别H3K14，从而在特定位点征集INO80复合物进行H2A.Z的安置。

（3）复合物的功能：INO80复合物的功能多样，包括转录激活和DNA损伤修复。INO80家族主要含有2种复合物，即INO80和SWR1相关复合物。SWR1相关复合物包括了酵母中的SWR1、果蝇中的TIP60及人中的TRRAP/ TIP60复合物。该复合物含有组蛋白转移酶活性，它所独有的一个功能是负责了H2A.Z-H2B二聚体对常规H2A-H2B的置换。

（吕 红 余 垚）

参考文献

1. Kossel A. Ueber die chemische Beschaffenheit des Zellkerns. Munchen Med. Wochenschrift, 1911, 58:65-69.
2. Stedman E, Stedman E. Cell specificity of histones. Nature, 1950, 166:780-781.
3. Allfrey VG, Faulkner R, Mirsky AE. Acetylation and methylation of histones and their possible role in the regulation of RNA synthesis. Proc Natl Acad Sci USA, 1964, 51:786-794.
4. Kornberg RD. Chromatin structure: a repeating unit of histones and DNA. Science, 1974, 184:868-871.
5. Kedes LH, Chang ACY, Houseman D, et al. Isolation of histone genes from unfractionated sea-urchin DNA by subculture cloning in Escherichia-coli. Nature, 1975, 255:533-538.
6. Luger K, Mader AW, Richmond RK, et al. Crystal structure of the nucleosome core particle at 2.8 A resolution. Nature, 1997, 389:251-260.
7. Richmond TJ, Finch JT, Rushton B, et al. Structure of the nucleosome core particle at 7 A resolution. Nature, 1984, 311:532-537.
8. Durrin LK, Mann RK, Kayne PS, et al. Yeast histone H4 N-terminal sequence is required for promoter activation in vivo. Cell, 1991, 65:1023-1031.
9. Brownell JE, Zhou J, Ranalli T, et al. Tetrahymena histone acetyltransferase A: a homolog to yeast Gcn5p linking histone acetylation to gene activation. Cell, 1996, 84:843-851.
10. Taunton J, Hassig CA, Schreiber SL. A mammalian histone deacetylase related to the yeast transcriptional regulator Rpd3p. Science, 1996, 272:408-411.
11. Stallcup MR, Chen DG, Ma H, et al. Regulation of transcription by a protein methyltransferase. Science, 1999, 284:2174-2177.
12. Dhalluin C, Carlson JE, Zeng L, et al. Structure and ligand of a histone acetyltransferase bromodomain. Nature, 1999, 399:491-496.
13. Rea S, Eisenhaber F, O'Carroll D, et al. Regulation of chromatin structure by site-specific histone H3 methyltransferases. Nature, 2000, 406:593-599.
14. Jenuwein T, Allis CD. Translating the histone code. Science, 2001, 293:1074-1080.
15. Shi Y, Lan F, Matson C, et al. Histone demethylation mediated by the nuclear amine oxidase homolog LSD1. Cell, 2004, 119:941-953.
16. Kleff S, Andrulis ED, Anderson CW, et al. Identification of a gene encoding a yeast histone H4 acetyltransferase. J Biol Chem, 1995, 270:24674-24677.
17. Allis CD, Berger SL, Cote J, et al. New nomenclature for chromatin-modifying enzymes. Cell, 2007, 131:633-636.
18. Allis CD, Jenuwein T, Reinberg D. Epigenetics. Cold Spring Harbor, N Y: Cold Spring Harbor Laboratory Press, 2007.
19. Strahl BD, Ohba R, Cook RG, et al. Methylation of histone H3 at lysine 4 is highly conserved and correlates with transcriptionally active nuclei in Tetrahymena. Proc Natl Acad Sci USA, 1999, 96:14967-14972.
20. Hess JL. MLL: a histone methyltransferase disrupted in leukemia. Trends Mol Med, 2004, 10:500-507.
21. Grewal SI. RNAi-dependent formation of heterochromatin and its diverse functions. Curr Opin Genet Dev, 2010, 20:134-141.
22. Shilatifard A. Chromatin modifications by methylation and ubiquitination: implications in the regulation of gene expression. Annu Rev Biochem, 2006, 75:243-269.
23. Nguyen AT, Zhang Y. The diverse functions of Dot1 and H3K79 methylation. Genes Dev, 2011, 25:1345-1358.
24. Klose RJ, Kallin EM, Zhang Y. JmjC-domain-containing proteins and histone demethylation. Nat Rev Genet, 2006, 7:715-727.
25. Mosammaparast N, Shi Y. Reversal of histone methylation: biochemical and molecular mechanisms of histone demethylases. Annu Rev Biochem, 2010, 79:155-179.
26. Di Lorenzo A, Bedford MT. Histone arginine methylation. FEBS Lett, 2011, 585:2024-2031.
27. Metivier R, Penot G, Hubner MR, et al. Estrogen receptor-alpha directs ordered, cyclical, and combinatorial recruitment of cofactors on a natural target promoter. Cell, 2003, 115:751-763.
28. Kelly AE, Ghenoiu C, Xue JZ, et al. Survivin reads phosphorylated histone H3 threonine 3 to activate the mitotic kinase Aurora B. Science, 2010, 330:235-239.
29. Yamagishi Y, Honda T, Tanno Y, et al. Two histone marks establish the inner centromere and chromosome bi-orientation. Science, 2010, 330:239-243.
30. Qian J, Lesage B, Beullens M, et al. PP1/Repo-man dephosphorylates mitotic histone H3 at T3 and regulates chromosomal aurora B targeting. Curr Biol, 2011, 21:766-773.
31. Metzger E, Imhof A, Patel D, et al. Phosphorylation of histone H3T6 by PKCbeta(I) controls demethylation at histone H3K4. Nature, 2010, 464:792-796.
32. Johansen KM, Johansen J. Regulation of chromatin structure

by histone H3S10 phosphorylation. Chromosome Res, 2006, 14:393-404.
33. Lee JS, Smith E, Shilatifard A. The language of histone crosstalk. Cell, 2010, 142:682-685.
34. Metzger E, Yin N, Wissmann M, et al. Phosphorylation of histone H3 at threonine 11 establishes a novel chromatin mark for transcriptional regulation. Nat Cell Biol, 2008, 10:53-60.
35. Shimada M, Niida H, Zineldeen DH, et al. Chk1 is a histone H3 threonine 11 kinase that regulates DNA damage-induced transcriptional repression. Cell, 2008, 132:221-232.
36. Govin J, Dorsey J, Gaucher J, et al. Systematic screen reveals new functional dynamics of histones H3 and H4 during gametogenesis. Genes Dev, 2010, 24:1772-1786.
37. Goto H, Tomono Y, Ajiro K, et al. Identification of a novel phosphorylation site on histone H3 coupled with mitotic chromosome condensation. J Biol Chem, 1999, 274:25543-25549.
38. Soloaga A, Thomson S, Wiggin GR, et al. MSK2 and MSK1 mediate the mitogen- and stress-induced phosphorylation of histone H3 and HMG-14. EMBO J, 2003, 22:2788-2797.
39. Cheung WL, Turner FB, Krishnamoorthy T, et al. Phosphorylation of histone H4 serine 1 during DNA damage requires casein kinase II in S. cerevisiae. Curr Biol, 2005, 15:656-660.
40. Krishnamoorthy T, Chen X, Govin J, et al. Phosphorylation of histone H4 Ser1 regulates sporulation in yeast and is conserved in fly and mouse spermatogenesis. Genes Dev, 2006, 20:2580-2592.
41. Foster ER, Downs JA. Histone H2A phosphorylation in DNA double-strand break repair. FEBS J, 2005, 272:3231-3240.
42. Cheung WL, Ajiro K, Samejima K, et al. Apoptotic phosphorylation of histone H2B is mediated by mammalian sterile twenty kinase. Cell, 2003, 113:507-517.
43. Ahn SH, Cheung WL, Hsu JY, et al. Sterile 20 kinase phosphorylates histone H2B at serine 10 during hydrogen peroxide-induced apoptosis in S. cerevisiae. Cell, 2005, 120:25-36.
44. Fernandez-Capetillo O, Allis CD, Nussenzweig A. Phosphorylation of histone H2B at DNA double-strand breaks. J Exp Med, 2004, 199:1671-1677.
45. Weake VM, Workman JL. Histone ubiquitination: triggering gene activity. Mol Cell, 2008, 29:653-663.
46. Nathan D, Ingvarsdottir K, Sterner DE, et al. Histone sumoylation is a negative regulator in Saccharomyces cerevisiae and shows dynamic interplay with positive-acting histone modifications. Genes Dev, 2006, 20:966-976.
47. Iniguez-Lluhi JA. For a healthy histone code, a little SUMO in the tail keeps the acetyl away. ACS Chem Biol, 2006, 1:204-206.
48. Bannister AJ, Kouzarides T. Regulation of chromatin by histone modifications. Cell Res, 2011, 21:381-395.
49. Kothapalli N, Camporeale G, Kueh A, et al. Biological functions of biotinylated histones. J Nutr Biochem, 2005, 16:446-448.
50. Nelson CJ, Santos-Rosa H, Kouzarides T. Proline isomerization of histone H3 regulates lysine methylation and gene expression. Cell, 2006, 126:905-916.
51. Talbert PB, Henikoff S. Histone variants--ancient wrap artists of the epigenome. Nat Rev Mol Cell Biol, 2010, 11:264-275.
52. Clapier CR, Cairns BR. The biology of chromatin remodeling complexes. Annu Rev Biochem, 2009, 78:273-304.

第四章 非编码RNA与基因表达调控

第一节 非编码 RNA 的发现

肿瘤中存在的 DNA 改变，例如突变、重排和甲基化变化等，会遗传给子代细胞，从而导致正常细胞基因表达异常。越来越多的证据证明了 DNA 甲基化对基因表达的重要性。20 世纪 60 和 70 年代，亚硫酸盐处理方法的建立为 DNA 甲基化研究提供了重要的研究工具。1983 年，Andy Feinberg 发现基因组的低甲基化与肿瘤关系密切，继而提出肿瘤的发生与表观遗传学异常有关[1]，进一步的研究发现，全基因组低甲基化可以引起基因组的不稳定，而基因组的不稳定是肿瘤发生非常重要的原因。1986 年，Baylin SB 发现肿瘤细胞内的肿瘤抑制基因高甲基化导致的基因沉默与肿瘤的形成和发展存在密切关系[2]。而随着研究的深入和扩展，事实上，这 2 种现象同时存在于肿瘤细胞中，即肿瘤的发生既有 DNA 低甲基化的因素，也有 DNA 高甲基化的因素。

染色质的高级结构形成影响染色体的功能和表观遗传调控，高级染色质通过组蛋白尾部的共价修饰和染色体子域的非组蛋白修饰因子进行调节。组蛋白修饰研究从 2000 年开始，首先发现的是组蛋白甲基化酶[3]，SUV39H1 是组蛋白 H3 的特异性甲基转移酶，其选择性甲基化组蛋白 H3K9。该催化区域为进化上保守的 SET 结构域，它需要邻近的富含半胱氨酸的区域来赋予组蛋白甲基转移酶活性。组蛋白的甲基化修饰可以引起基因表达调控的变化，继而组蛋白去甲基化酶 LSD1 被发现[4]，LSD1 特异性去除甲基化组蛋白 H3 的 4 位赖氨酸，通过生成甲醛的氧化反应发生去甲基化。这 2 个酶的发现证明组蛋白的调控是个动态的过程。

第一章的第一节讲述了按照中心法则，遗传信息由 DNA 转录为 RNA，再翻译成蛋白质，在这一信息传递过程中，RNA 表面上只起到一个信息流传递的作用，因此，RNA 的研究一直未受到应有的重视。然而，在某些生物系统中外源性 RNA 导入细胞可干扰内源基因的功能，这依赖于所注入的 RNA 和内源性 mRNA 转录物之间的杂交反应机制。1998 年，Andrew Fire 发现小的双链 RNA 可以沉默基因的表达[5]，双链 RNA 对基因表达造成强有力和特定的干扰，且能够明显影响它们的后代，这一结果开启了 RNA 研究的新时代。RNA 不仅在遗传信息传递过程中起到桥梁作用，同时也参与基因调控。此外，RNA 与蛋白质之间存在相互作用，RNA 可以进行不同的变构，从而结合不同的蛋白质形成具有多样化功能的复合体。因此，RNA 在整个生物学的调控中起到非常重要的作用。

第二节 基因组功能分区

人的基因组大概含有 32 亿个碱基，编码蛋白质的基因为 28 000～45 000 个，占全基因组的 1%～2%，而剩余的 98% 都是非编码的，从生物进化角度来说，98% 非编码序列的存在一定有其存在的理由和价值，也必将在细胞生命过程中发挥重要作用。例如，人和猩猩，这 2 个在进化上非常接近的物种，差别到底存在于什么地方？基因组学研究发现，人和猩猩在编码区只有 0.1% 的差别，而在非编码区大概有4%的区别。也许正是非编码区的不同决定了我们是人而不是猩猩。以下讲述我们需要关注的重要的非编码序列。

一、假基因

有遗传学化石之称的假基因，是低等生物到高等生物的进化过程中，有功能的基因向功能缺失演变而形成的。目前认为假基因除了是一个化石之外，可能具有非常重要的作用。最近对假基因的研究越来越多，发现这些假基因在人正常的细胞和肿瘤细胞中具有非常大的差别，而且假基因还可以形成一种竞争性内源RNA（ceRNA），它能够转录却不编码蛋白质，例如在黑色素瘤中，经常发生由ceRNA活性调节的抑癌基因*pten*的减少，*pten*是跟肿瘤关系非常密切的基因，当调节*pten*的microRNA（简称miRNA）被*pten*假基因全结合起来，就失去调控*pten*的功能，进而参与肿瘤的发生、发展过程（图4-1）[6-7]。

二、重复序列

高等物种基因组中有很多重复序列，人基因组中重复最多的是*alu*序列，而鼠基因组中是*L1*序列。*alu*这个重复只存在于灵长类动物，例如猴子、猩猩和人，鼠的基因组中则没有。而在灵长类动物中*alu*的序列是非常接近的，可以推测出*alu*只是在进化晚期时候才出现，并且具有重要的作用。对于重复序列，有学者认为人体基因组60%都是重复的。对这些重复序列存在2种观点，一种认为基因组中的重复序列没有作用，而另一种观点认为重复序列非常重要，所以需要有很多备份，尤其是在人与环境的相互作用中发挥重要的调控和平衡作用。

三、内含子区域

内含子可以认为是最大的非编码RNA。我们熟

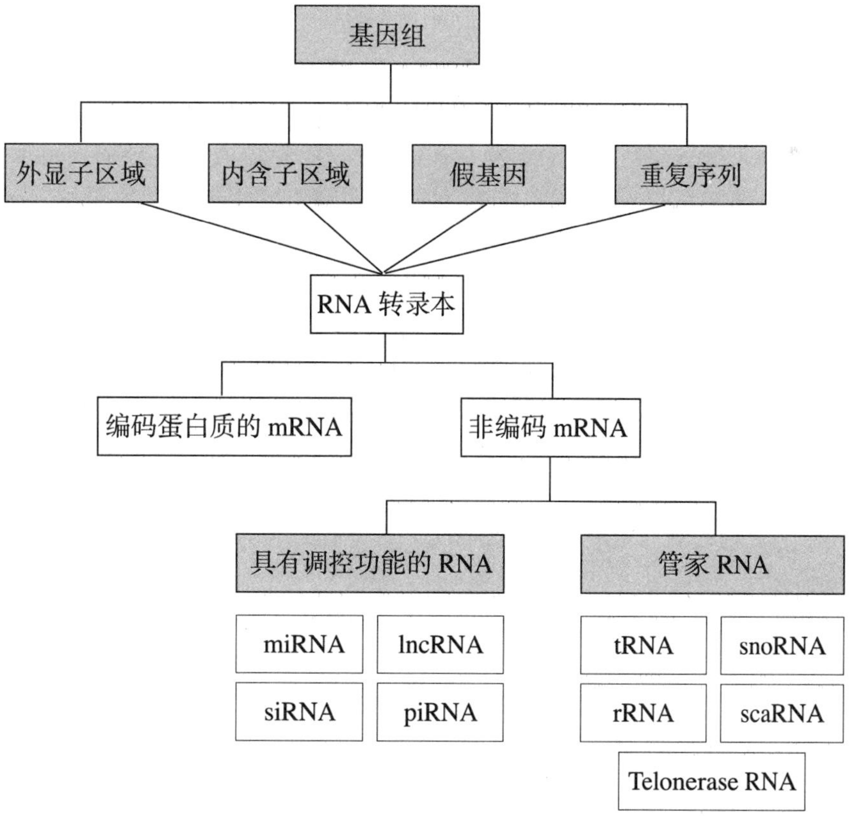

图4-1　基因组区域分工

悉的 miRNA，很多就在内含子上，因此内含子可能在基因调控中具有非常重要的作用。真核生物有内含子，而原核生物不存在，并且在对内含子剪切的时候不能有一个碱基的偏差，目前为止，如何实现内含子的精确剪切机制尚不清楚。以前认为剪切是转录后的基因调控过程，而最新的研究发现，剪切与 DNA 甲基化也有关联 [8-9]。DNA 甲基化在可变剪接的外显子上富集，阻止 DNA 甲基化会引起外显子的异常剪接。可变剪接的外显子上富集了甲基化 CpG 结合蛋白 MECP2，尤其是那些高度甲基化的区域，抑制该 DNA 区域的甲基化会干扰 MECP2 特异性靶向至外显子。有趣的是，MECP2 的消融导致组蛋白乙酰化增加。敲减 MECP2 后会抑制组蛋白去乙酰化酶（histone deacetylase，HDAC）活性，导致外显子的跳跃识别。基因内的 DNA 甲基化操控外显子来调节 RNA 的可变剪接，可以通过招募多功能蛋白 MECP2，进而招募 HDAC 来维持组蛋白低乙酰化，提升外显子的识别。在剪切过程中，高甲基化外显子会被留下来，而低甲基化的外显子会被剪切掉。从高通量测序结果分析得知，内含子并没有在剪切后降解消失，而是继续存在于表达谱中。例如白细胞从早幼粒分化到粒细胞这个过程中，很多内含子被保留下来，并得以快速降解，因此内含子在细胞分化过程中有重要作用。

第三节　非编码 RNA 分类

非编码 RNA 主要包括几类。第 1 类是管家基因的转运 RNA（tRNA）、核糖体 RNA（rRNA）、核小 RNA（snRNA）。tRNA 在翻译中起转运氨基酸的作用，rRNA 是核糖体的 RNA 组分，包含许多重复序列，snRNA 则在剪切中发挥作用。第 2 类是小干扰 RNA（siRNA）、与 PIWI 蛋白相互作用的 RNA（piRNA），它们是非编码 RNA 中很重要的一部分。第 3 类是 miRNA，它们起到一种微调的作用。第 4 类是长链非编码 RNA（long non-coding RNA，lncRNA），lncRNA 的研究才刚刚开始，它在基因调控中不仅仅是激活基因，还抑制基因。非编码 RNA 在生命科学前沿研究领域中具有非常重要的作用。

一、siRNA，小 RNA 的大作用

RNA 干扰（RNAi）的机制是由双链 RNA（dsRNA）以序列依赖的方式特异性抑制转录。1998 年，Andy Fire 在线虫中首先发现 RNAi 现象，进而在哺乳动物细胞中发现 siRNA 也可以特异性地沉默基因表达。双链 siRNA 虽然小，但是在生物学领域里革新了很多概念，线虫是研究 siRNA 作用机制的重要模式生物。RNAi 是外源性基因沉默的重要工具，而细胞内源性 siRNA 的发现对完善 RNAi 的理论具有重要意义 [10]。1998—2008 年，人们用了 10 年时间才发现内源性 RNAi 现象的存在，而且内源性的现象主要存在于生殖细胞中。内源性 siRNA 在小鼠的卵母细胞中具有调节基因表达的作用。在植物和线虫中，已经提出有 2 种不同的小 RNA 参与 RNA 干扰：“初级的 siRNA”（由 Dicer 核酸酶裂解得到）和“次级的 siRNA”（由 RNA 依赖性 RNA 聚合酶合成）。

通过深度测序的方法，已经确定了含 25～27 个核苷酸且与 PIWI 蛋白相互作用的 RNA（piRNA）和 21 个核苷酸的 siRNA。piRNA 在 Mili 周围并且有调控反转录转座子的作用。siRNA 位于能形成双链 RNA 结构的反转录转座子或其他基因组区域。反向重复结构、双向转录及反转录本都是双链 RNA 的来源。许多 siRNA 的前体转录本是从表达的假基因中衍生的，说明这些假基因的作用之一是通过 RNAi 调整 mRNA 的水平。Dicer 酶或 AGO2 降低会导致 siRNA 的水平降低及与之互补的反转录转座子及编码蛋白质的基因的表达水平增加。

dsRNA 被 Dicer 酶加工成 21～24 个核苷酸的 siRNA，然后结合 Argonaute（AGO）蛋白。Dicer 酶是 Greg Hannon 团队里一个叫 Emily Bernstein 的研究生命名的，是 RNase Ⅲ的一种 [11]，它可以将双链 RNA 切成 20 多个碱基的 RNA，Dicer 的发现对 RNAi 的作用机制研究是一个里程碑式的贡献，有助于阐明 RNAi 产生的机制，使 RNAi 从现象到科学。如果将 *dicer* 基因敲除，胚胎便会死亡，可见 RNAi 现象在胚胎发育中具有重要作用。

AGO 蛋白在 siRNA 发挥功能的过程中起着重要的作用，AGO 蛋白招募小 RNA 组成 RNA 干扰

效应复合体的核心。生物体里有很多种AGO蛋白，植物体内有10种AGO，人细胞有4种AGO。研究发现不同的AGO会结合不同的siRNA，取决于5'末端的碱基，例如AGO1结合5'端是尿苷（U）的siRNA，AGO2和AGO4优先招收有5'端腺苷（A）的小RNA，AGO5主要结合5'端是胞嘧啶（C）的小RNA，改变siRNA的5'末端核苷酸可以重定向到一个不同的AGO复合物，并改变它的生物活性[12]。这表明，特定的AGO复合物可能包含重塑的5'末端结合域以接受某些小RNA序列，这或许可以解释siRNA由尿苷起始的原因。AGO与Dicer一样，基因敲除后会导致胚胎死亡，说明AGO在胚胎发育中具有重要功能。

内源的siRNA基因调控机制，目前只发现RNA依赖性RNA聚合酶（RNA-dependent RNA polymerase，RdRP）相关的调控机制，即以RNA为模板合成RNA。RdRP在RNAi的研究过程中具有非常重要的作用。线虫细胞中含有RdRP，植物细胞中也有RdRP。RdRP可以将RNAi放大，有利于RNAi的作用研究，但是在哺乳动物中，没有发现有RdRP活性的酶，生物合成内源的siRNA和功能仍是未知。因此在哺乳动物细胞中RNAi作用的研究相较于植物细胞有一定的难度。RdRP将siRNA扩增放大以后，产生的次级siRNA和初级siRNA的5'末端磷酸是不一样的，正由于5'磷酸的不同，便可以区分初级和次级siRNA[13]。

RISC复合体（RNA-induced silencing complex）是RNAi发挥作用的重要场所，它主要在胞质中发挥作用，小RNA进入RISC复合体后，与AGO等蛋白质形成复合物，结合到特异的mRNA靶位点，从而抑制蛋白质的翻译。

RNAi除了在胞质中发挥作用，还在胞核中发挥作用，它在胞核中通过改变靶位点局部的染色质状态影响基因的表达，而这种作用是通过RITS（RNA-induced transcriptional silencing）复合体来完成的。Andrew Fire在线虫中研究RNAi的遗传时发现一个线虫的RNAi作用可以遗传20代，这是通过线虫中RNAi介导的异染色质形成来起作用的[14]。所以如果没有RITS复合体，RNAi现象就无法遗传，RNAi介导的核内染色质变化才是其能够遗传的基础。那么，RITS复合体在胞核中发挥作用的机制是怎样的呢？研究发现RITS复合体可以在植物中参与RNA介导DNA的甲基化，同时也可以引起异染色质的形成，异染色质的主要特征是表观遗传学里组蛋白的H3K9三甲基化修饰，而这些抑制性的组蛋白修饰，可以抑制基因的表达。

在植物里，RNA可以导致DNA甲基化，但在哺乳动物细胞中，siRNA能否引起DNA甲基化，一直是一个备受争议的话题。2005年Baylin SB课题组在*Nature Genetics*发文章证明siRNA在人细胞里不能引起DNA甲基化，只能引起异染色质形成，从而导致基因的沉默[15]。他们用内源性的*cdh1*基因作为靶点，发现即使小的siRNA靶向结合到*cdh1*的启动子区域，并通过染色质的变化使启动子区域失去活性而导致基因转录抑制，但是这个过程与DNA甲基化毫无干系。为什么哺乳动物细胞中不存在RNA介导的DNA甲基化，有一种观点认为人细胞中没有RdRP，无法实现对外源性RNA的放大作用。

基因的沉默有2种方式，即PTGS和TGS。PTGS（post-transcriptional gene silencing）指的是转录后的基因沉默，主要在胞质中发挥转录后的调控。TGS（transcriptional gene silencing）就是在转录水平的基因沉默，转录水平的调控主要是通过DNA甲基化或者异染色质的形成来引起的。RNAi最为重要的作用即为沉默基因。在植物或线虫里，最早的研究证明RNAi是一种最原始的免疫系统，因为外源性的病毒很多是RNA病毒，它会感染植物，RNAi可以对病毒进行抑制而起到防御作用（图4-2）。

二、miRNA，生命过程中无时不在，无处不在

miRNA的发现首先要追溯到线虫中的两种突变体的研究。线虫中有2个基因*lin-4*和*lin-14*。当*lin-4*这个基因突变缺失以后，线虫的年龄很大，但是它的皮肤跟幼虫一样嫩。*lin-14*缺失则刚好相反，年龄很小的幼虫，但皮肤老化却非常严重。这种现象说明这2个基因的作用是相反的，在功能上是相互对抗的，也有可能是相互调控的。要研究*lin-4*的功能，首先要对其克隆和基因定位。从1988—1992年4年多的时间里，研究人员将*lin-4*基因的定位从染色体缩小到5kb再到700bp的范围内。到1992年，发现*lin-4*只有60bp左右，其RNA可以形成发卡样结构，到1993年发现其实*lin-4*发挥作用的只有20bp，这就是第1个*lin-4* miRNA的发现。它并不编码蛋白质，并且与*lin-14*的3'UTR区域的重复序列互补，

提示 *lin-4* 通过反义 RNA-RNA 相互作用对 *lin-14* 的翻译进行调控。由于这个结果太出乎意料了，人们以为是基因功能研究的个例，并不是基因调控的普遍现象，没有引起科学界的足够重视[16]。1998 年由于 RNAi 现象的发现，使人们认识到小 RNA 具有重要的生物学意义。在第 1 个 miRNA 发现的 7 年后，第 2 个 miRNA 于 2000 年被发现，就是 *let-7*[17]。*let-7* 编码含 21 个核苷酸的 RNA，与 *lin4* 的机制相似，结合在 *lin-14*、*lin-28*、*lin-41*、*lin-42* 和 *daf-12* 的 3' 非翻译区，进而调控这些基因的表达。此后 miRNA 的研究如雨后春笋般大量出现。miRNA 跟 RNAi 现象一样，从低等生物到高等生物全都存在，而且很保守。目前，人的 miRNA 前体（miRNA precursor）应该是有 1600～1700 个，但是事实上 miRNA 前体是双链，有很多 miRNA 被证明上、下 2 条链可以形成功能完全不同的 2 个 miRNA。所以，如果所有 miRNA 前体 2个链都能够发挥 miRNA 的作用，那么 miRNA 的数量应该最少在 3200 个以上。miRNA 可以通过基因转录变成一个 pri-miRNA，pri-miRNA 被 Drosha 酶剪切后会把 pri-miRNA 变成一个具有发夹结构的 pre-miRNA。而这时候 pre-miRNA 就会从胞核里通过 EXPORTIN5 转运到胞质里。转运出来后 pre-miRNA 通过 Dicer 剪切完后形成成熟的 miRNA，成熟的 miRNA 跟 RNAi 一样形成 RISC 复合体，RISC 复合体结合到目的基因的 3'-UTR 发挥抑制翻译的作用。

miRNA 和 RNAi 最大的区别就在于 siRNA 要非常完全、准确地与靶基因配对，然后进行剪切，但 miRNA 不需要进行准确配对；siRNA 主要是通过降解靶基因而发挥作用，而 miRNA 也会发挥类似的降解作用，但主要是通过结合到靶基因的 3'- 非翻译区抑制翻译。

miRNA 大部分在内含子区域。miRNA 的表达依赖于它所在的宿主基因，除了宿主基因的表达系统外，它可能还有一套自己单独的表达系统。是以宿主基因表达调控为主还是会自主表达，到目前为止，这个问题还不清楚。miRNA 是非常保守的，人类细胞的 miRNA，编号在 600 以前的 miRNA 都非常保守。后来陆续通过高通量测序技术发现的那些 miRNA 的保守性较差，这些 miRNA 有可能是灵长类动物特有的。此外，miRNA 会形成 cluster，它会成簇成群存在，例如 miR-1792 cluster 和 miR-302 cluster，这些 miRNA 都会发挥不同的作用[18]。miR-302 家族，在维持胚胎干细胞的更新和多能性方面起到了关键的作用。转染 miR-302 的胚胎干细胞，不仅表达了胚胎干细胞很多关键的标记，如 OCT3/4、SSEA-3、SSEA-4、SOX2 和 NANOG 等，而且也有类似重编程过程的全基因组的去甲基化。miR-302 不仅可以将肿瘤细胞重编程成为类似胚胎干细胞的多能性状态，即使培养在无饲养层的培养条件下也能够维持这种状态。

miRbase 对 miRNA 研究是非常重要的数据库，该网站收集了目前所有的 miRNA 信息，包括其序列、前体，以及 miRNA 的各种各样的功能注释和 miRNA 的靶点。

miRNA 的作用需要依靠它的种子序列来判断，这是很多 miRNA 预测软件最基本的一个内容，它的种子序列的第 2～8 个碱基，是识别的重要区域。而种子序列的 3' 端跟 miRNA 的稳定性有很大关系。miRNA 另一个特点是 miRNA 会形成家族，*let-7* 就是一个大的 miRNA 家族，*let-7* 与肺癌以及胚胎干细胞分化等密切相关。但是 *let-7* 家族中哪个 miRNA 跟肺癌有关或哪个 miRNA 跟胚胎干细胞有关至今仍不清楚。

成熟的 miRNA 不但有双胞胎，还有三胞胎，最多的还有七胞胎，成熟 miRNA 的序列完全相同，一个碱基都不差。而这些 miRNA 来自于不同的染色体位置，具有不同的前体，成熟序列却相同，体内为什么需要这样的 miRNA？它们究竟在细胞中发挥什么样的作用?

miRNA 的检测有很多办法，最简单的就是 miRNA Real Time PCR。其次可以通过测序实验，包括高通量测序。第 3 种方法是 Northern 杂交，第 4 种方法为原位杂交，通过原位杂交可以知道 miRNA 为什么在胚胎发育的不同时期起作用，在什么组织器官中起作用?

miRNA 可以在任何生命的任何时间和任何空间发挥作用，可以贯穿生命的整个过程，如在胚胎发育中的每一步都会有 miRNA 的作用存在，整个干细胞的命运调控，也都有 miRNA 在发挥作用，但是绝对不是决定性的作用。miRNA 可以参与细胞周期的调控，细胞周期跟肿瘤关系密切。自 2005 年发现 *let-7* 与肺癌相关，后来人们发现 miRNA 与肝癌的转移、细胞的凋亡、生长也有密切关系。另外，miRNA 剪切酶 Dicer 也可以被 miR-307、miR-103 调控，形成一种负反馈作用。

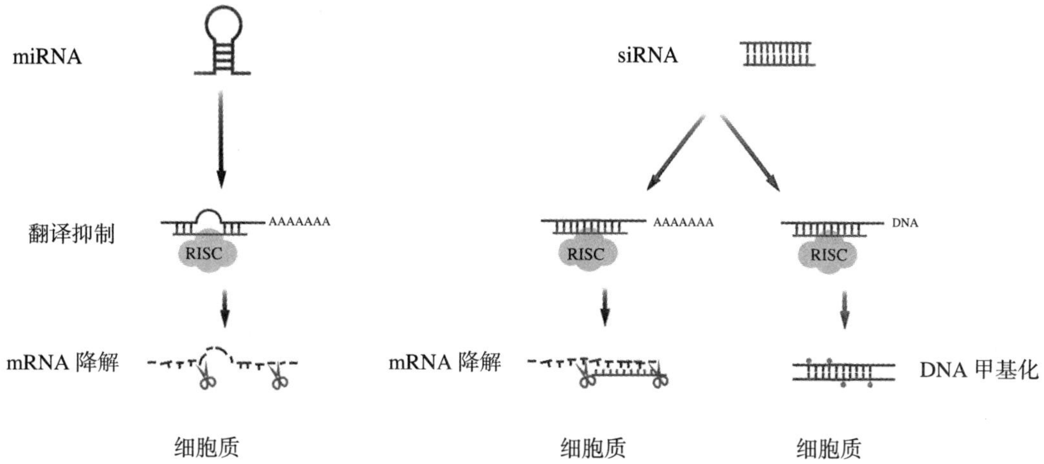

图 4-2　小 RNA 的调控机制

在肿瘤细胞中，我们经常会发现 miRNA 整体降低，表明了 miRNA 具有抑制肿瘤生长的功能，我们知道，*p53* 是一个肿瘤抑制基因，编码 miR-34 家族 miRNA 的基因是 *p53* 的直接转录靶点，它所诱导的 DNA 损伤和致癌力在体外和体内都依赖于 *p53*。有研究发现 *p53* 可以调控 miR-34，然后进一步调控很多基因，抑制肿瘤细胞增殖，最终对肿瘤的形成产生影响 [19]。很多病毒也可以产生 miRNA，如 SV40，此外，丙型肝炎病毒为什么总是在肝细胞中生长繁殖就与肝自身的 miRNA 表达有关。研究发现人肝细胞中有一个肝细胞特有的 miR-122，它对丙型肝炎病毒 RNA 的累积非常重要，可以帮助丙型肝炎病毒的复制，如果加入与 miR-122 互补的寡核苷酸，则会抑制 HCV 病毒 [20-21]。

三、lncRNA，长链非编码 RNA 的作用

lncRNA 序列相对于 siRNA 和 miRNA 来说比较长，一般来说 >200bp，有些特定的 lncRNA 受某些转录因子的调控，如 P53、NF-κB、SOX2、OCT4 和 Nanog 等，同时它可以大范围地来调控基因 [22]，例如一个细胞分化成为肝细胞，它就会把向肺细胞分化的基因全部沉默，而这种沉默可能需要 lncRNA 的参与。所以，lncRNA 可能在决定细胞的分化方向和细胞的状态中，发挥十分重要的作用。并且，有功能的 lncRNA 是高度保守的。

X 染色体的失活是哺乳动物中的一种调节现象，在一个雌性细胞中，2 条 X 染色体中的 1 条是失活的，该现象与 lncRNA 有关。女性 2 条 X 染色体，有 1 条总是失活，不能发挥 X 染色体的作用，那么，X 染色体失活是如何实现的，目前认为 Xist 是导致整个 X 染色体失活的决定性因素，而 Xist 就是一种 lncRNA[23]，该基因只在失活的 X 染色体上表达。另外，在 H19 和 IGF-2 的印记基因对里，H19 既是印记基因，也是一个 lncRNA，H19 只能来自母源染色体的表达，而 IGF-2 只能从父源染色体表达。

lncRNA 的表达具有非常强的时空性，我们发现的永远只是在某一状态下的那一类 lncRNA。对 lncRNA 的发现，后来高通量测序发挥了重要的作用。现在 lncRNA 发现了 8000 多个，随着高通量测序以及单细胞转录本测序的发展，有更多的 lncRNA 会被发现。

lncRNA 具有重要的调控作用，它可以对相邻的基因表达造成干涉，也可以形成双链 RNA 最后剪切成内源性的 siRNA 发挥作用，更重要的是 lncRNA 可以与许多蛋白质相互作用，参与蛋白质的稳定和蛋白质复合物的构象变化，如 lncRNA 可以与 NF-κB、CTCF 等蛋白质相互作用 [24]，参与蛋白质复合物的功能调控。

（赵丽萍　于文强）

参考文献

1. Feinberg AP, Vogelstein B. Hypomethylation distinguishes genes of some human cancers from their normal counterparts. Nature, 1983, 301(5895):89-92.
2. Baylin SB, Hoppener JW, de Bustros A, et al. DNA methylation patterns of the calcitonin gene in human lung cancers and lymphomas. Cancer Res, 1986, 46(6):2917-22.
3. Rea S, Eisenhaber F, O'Carroll D, et al. Regulation of chromatin structure by site-specific histone H3 methyltransferases. Nature. 2000, 406(6796):593-599.
4. Shi Y, Lan F, Matson C, et al. Histone demethylation mediated by the nuclear amine oxidase homolog LSD1. Cell, 2004, 119(7):941-953.
5. Fire A, Xu S, Montgomery MK, et al. Potent and specific genetic interference by double-stranded RNA in Caenorhabditis elegans. Nature, 1998, 391(6669):806-811.
6. Karreth FA, Tay Y, Perna D, et al. In vivo identification of tumor-suppressive PTEN ceRNAs in an oncogenic BRAF-induced mouse model of melanoma. Cell, 2011, 147(2):382-395.
7. Tay Y, Kats L, Salmena L, et al. Coding-independent regulation of the tumor suppressor PTEN by competing endogenous mRNAs. Cell, 2011 , 147(2):344-357.
8. Cingolani P, Cao X, Khetani RS, et al. Intronic non-CG DNA hydroxymethylation and alternative mRNA splicing in honey bees. BMC Genomics, 2013, 14:666.
9. Maunakea AK, Chepelev I, Cui K, et al. Intragenic DNA methylation modulates alternative splicing by recruiting MeCP2 to promote exon recognition. Cell Res, 2013, 23(11):1256-1269.
10. Watanabe T, Totoki Y, Toyoda A, et al. Endogenous siRNAs from naturally formed dsRNAs regulate transcripts in mouse oocytes. Nature, 2008, 453(7194):539-543.
11. Bernstein E, Kim SY, Carmell MA, et al. Dicer is essential for mouse development. Nat Genet, 2003, 35(3):215-217.
12. Mi S, Cai T, Hu Y, et al. Sorting of small RNAs into Arabidopsis argonaute complexes is directed by the 5'terminal nucleotide. Cell, 2008, 133(1):116-127.
13. Pak J, Fire A. Distinct populations of primary and secondary effectors during RNAi in C. elegans. Science, 2007, 315(5809):241-244.
14. Gu SG, Pak J, Guang S, et al. Amplification of siRNA in Caenorhabditis elegans generates a transgenerational sequence-targeted histone H3 lysine 9 methylation footprint. Nat Genet, 2012, 44(2):157-164.
15. Ting AH, Schuebel KE, Herman JG, et al. Short double-stranded RNA induces transcriptional gene silencing in human cancer cells in the absence of DNA methylation. Nat Genet, 2005 , 37(8):906-910.
16. Lee RC, Feinbaum RL, Ambros V. The C. elegans heterochronic gene lin-4 encodes small RNAs with antisense complementarity to lin-14. Cell, 1993, 75(5):843-854.
17. Reinhart BJ, Slack FJ, Basson M, et al. The 21-nucleotide let-7 RNA regulates developmental timing in Caenorhabditis elegans. Nature, 2000, 403(6772):901-906.
18. Lin SL, Chang DC, Chang-Lin S, et al. Mir-302 reprograms human skin cancer cells into a pluripotent ES-cell-like state. Rna, 2008, 14(10):2115-2124.
19. He L, He X, Lim LP, et al. A microRNA component of the p53 tumour suppressor network. Nature,2007 ,447(7148):1130-1134.
20. Lanford RE, Hildebrandt-Eriksen ES, Petri A, et al. Therapeutic silencing of microRNA-122 in primates with chronic hepatitis C virus infection. Science, 2010, 327(5962):198-201.
21. Bostjancic E, Bandelj E, Luzar B, et al. Hepatic expression of miR-122, miR-126, miR-136 and miR-181a and their correlation to histopathological and clinical characteristics of patients with hepatitis C. J Viral Hepat, 2015, 22(2):146-157 .
22. Guttman M, Amit I, Garber M, et al. Chromatin signature reveals over a thousand highly conserved large non-coding RNAs in mammals. Nature, 2009, 458(7235):223-227.
23. Brockdorff N, Ashworth A, Kay GF, et al. Conservation of position and exclusive expression of mouse Xist from the inactive X chromosome. Nature, 1991, 351(6324):329-331.
24. Garding A, Bhattacharya N, Claus R, et al. Epigenetic upregulation of lncRNAs at 13q14.3 in leukemia is linked to the In Cis downregulation of a gene cluster that targets NF-κB. PLoS Genet, 2013, 9(4):1003373.

第五章　表观遗传修饰调控网络

第一节　概　述

考虑到染色质庞大而复杂的结构和瞬息万变的外在环境，仅仅依赖于一种或少数几种表观遗传修饰或者手段就想决定一种表观遗传状态是不可能的，这必然需要多种方式的综合才可能实现。以组蛋白修饰为例，不同的修饰之间通过相互作用，可以促进或者抑制单个修饰的功能，甚至形成新的功能。这种通过多种组蛋白修饰之间的组合，来调节染色质结构与功能的方式，被称为“组蛋白密码”[1]。例如，在第三章中提到的，H3K9 的甲基化吸引异染色质蛋白 HP1，但是当 H3K10 发生磷酸化后，它就可以阻止 HP1 对 H3K9 甲基化的识别，从而干扰了异染色质的建立和传播。另外，在新生的组蛋白 H4 会发生 K5、K8 和 K12 的乙酰化，这些修饰可以一同促进 H3-H4 与伴侣蛋白之间的结合。

除了组蛋白（修饰）以外，表观遗传还存在另外两种主要的调控方式：DNA 甲基化和非编码 RNA。这些调控方式并不是以孤立的单线形式发挥作用，3 种方式之间可以相互调节，从而构成了网络状的表观遗传调控体系。组蛋白修饰与 DNA 甲基化之间的关系最早是在粗糙脉孢菌（Neurospora crassa）中发现的：H3K9 的甲基化酶可以指导 DNA 甲基化的形成[2]。粟酒裂殖酵母中的研究表明，着丝粒重复序列形成的 siRNA 可以征集 H3K9 的甲基化酶 Clr4，从而将非编码 RNA 与组蛋白修饰联系在了一起[3]。在拟南芥中，RNAi 复合物中的蛋白质指导了 DNA 甲基转移酶对于重复序列的甲基化，说明非编码 RNA 可以参与特定位点上的 DNA 甲基化修饰的建立[4]。

由于 RNA 可以与 DNA 序列互补，因此非正常转录形成的 RNA（如 dsRNA、XistRNA 等）可能是定位表观遗传修饰（特别是造成抑制转录的修饰）的原始信号。DNA 的甲基化是一种十分稳定的修饰，目前尚未发现 DNA 去甲基化酶，DNA 甲基化的去除主要依靠复制过程对其的稀释，因此，DNA 甲基化在表观遗传调控网络中提供了较为稳定的抑制信号。组蛋白的修饰功能多样，它既可以参与抑制，也可以参与激活，而且几乎所有的组蛋白修饰都是可逆的。此外，非编码 RNA 和 DNA 甲基化都可以通过组蛋白修饰发挥作用，因此组蛋白修饰在网络中发挥了串联、协调以及执行的作用。

第二节　组蛋白密码

一、简介

2001 年，T. Jenuwein 和 D. Allis 提出了“组蛋白密码”的假说[1]。他们认为由不同的组蛋白修饰组合所构成的组蛋白密码是调控染色质结构与功能的重要手段，它延展了 DNA 遗传密码所携带的信息。该假说还进行 3 点预测：第一，不同的组蛋白修饰可以吸引（或者阻止）蛋白质与染色质的结合；第二，发生在同一个组蛋白或者不同组蛋白上的修饰之间可以相互影响，这被称为修饰之间的交谈（crosstalk）；第三，核小体所含有的修饰以及核小体在局部的浓度在很大程度上决定了染色质的高级结构。

与组蛋白密码相关的概念包括了“书写子”（writer）与“清除子”（eraser），它们指的是负责建立或者去除组蛋白修饰的酶。另一个概念是“阅读子”(reader),也被称为“效应子”(effector),它们可以是蛋白质,也可以是其他分子。“阅读子”通过识别特定的组蛋白修饰,将组蛋白密码转化为具体的生物学功能。

组蛋白密码假说已经被许多重要的研究成果所验证。虽然组蛋白密码不能单独决定表观遗传的状态,它作为一种重要的表观遗传调控手段,已经获得了大家的公认。

二、组蛋白修饰的交谈

1. 组蛋白修饰交谈的类别 组蛋白修饰之间的交谈反映了一个已经存在的修饰对于其他修饰的影响。组蛋白修饰之间的交谈根据其作用效果可以分为2种:促进性(例如H3S10ph可以促进H3K14ac),抑制性(例如H3R2me2a可以抑制H3K4的甲基化)。

根据修饰相互的位置关系可以将交谈分为3种:原位(多种修饰发生在同一个位点上,例如H3K9既可以发生甲基化,也可以发生乙酰化),顺式(多个修饰发生在同一个组蛋白上),反式(修饰发生在不同的组蛋白上,例如H2B的泛素化可以促进H3K4的二甲基化和三甲基化)。

2. 组蛋白修饰之间的原位交谈 赖氨酸上至少可以发生乙酰化、甲基化、泛素化、类泛素化和生物素化5种修饰。而精氨酸上可以发生甲基化、瓜氨酸化(去亚胺基化)和ADP核糖基化3种修饰[5]。如果赖氨酸或精氨酸上已经发生了某种修饰,它自然会阻止其他修饰的发生,所以原位的组蛋白修饰的交谈都是抑制性的(图5-1)。

一个常见的例子是,H3K9的乙酰化可以阻止H3K9的甲基化。这两种修饰本身的功能恰好相反,

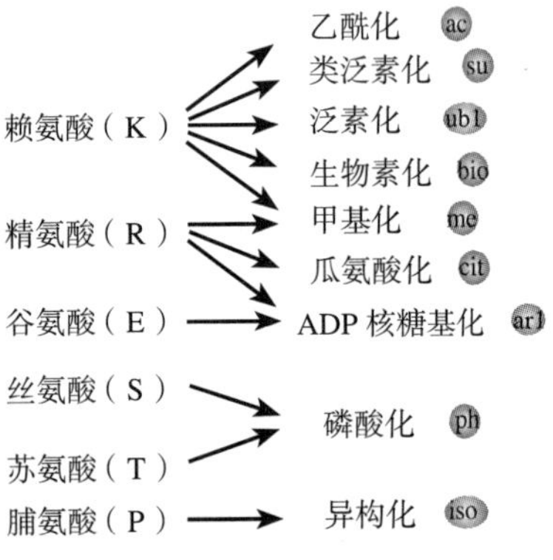

图5-1 组蛋白位点修饰的多样性

H3K9乙酰化与转录激活有关,而H3K9的甲基化与转录抑制相关。因此这两种修饰之间的相互排斥也增强了它们对转录的调控效果。

类似的是,H4K12可以发生生物素化和乙酰化。H4K12ac通常分布在转录激活的区域,而H4K12bio则富集于异染色质区域,可能参与了对基因的沉默。

此外,在H4的N端尾巴上的5个赖氨酸位点可以发生乙酰化和类泛素化,泛素化可以通过抑制乙酰化的发生来抑制基因的转录。

3. 组蛋白H2A修饰的反式交谈 果蝇中的H2AT120可以在有丝分裂和减数分裂过程中发生磷酸化。将H2AT120突变为一个不能够磷酸化的氨基酸可以造成H3K14ac和H4K5ac水平的下降,说明了H2AT120ph能够促进这2种修饰的发生。

H2AK119的泛素化位于H3K27的甲基化的下游:H3K27的甲基化是由PRC2复合物负责的,甲基化的H3K27可以吸引含有chromo结构域的蛋白PC,而PC是PRC1复合物中的亚基。PRC1可以对H2AK119进行泛素化修饰。这2种修饰共同参与了对*hox*基因的抑制(详见第三章关于H3K27甲基化以及H2Aub的介绍)。

4. 组蛋白H2B修饰的交谈 H2B修饰最知名的反式交谈发生于H2B泛素化修饰(H2Bub)与H3K4甲基化修饰之间。人类中H2Bub发生的位点是H2BK123,该修饰可以通过征集COMPASS复合物(具有H3K4甲基转移酶活性)中的CPS35亚基完成对H3K4的二甲基化和三甲基化,从而促进转录的起始。此外,H2Bub也促进了H3K79的甲基化修饰(详见第三章关于H2Bub的介绍)。

H2B的泛素化修饰与H2B的类泛素化修饰(sumoylation)之间能够发生抑制性的顺式交谈。H2B的类泛素化位点包括K6、K7,可能还包括了K16和K17,它们可以抑制H2B的泛素化。这种顺式交谈是双向的,因为H2B的泛素化修饰可以抑制类泛素化修饰的发生。

另一种抑制性的顺式交谈发生在H2BK11的乙酰化和H2BS10的磷酸化修饰之间。在酵母中,Gcn5负责对H2BK11进行乙酰化修饰,而Hos3负责此位点的去乙酰化。因为H2BK11的乙酰化可以抑制H2BS10的磷酸化,所以H2BK11的去乙酰化是H2BS10进行磷酸化的前提条件。在过氧化氢处理后,H2BS10ph可以促进酵母细胞染色质的凝聚,从而引发细胞的凋亡。相一致的是,如果将H2BK11

突变为谷氨酰胺（模拟乙酰化状态），就会抑制酵母细胞的凋亡。在高等真核生物中，类似的交谈可能发生在H2BK15的乙酰化与H2BS14的磷酸化之间。

5. 组蛋白H3K9甲基化、H3S10磷酸化和H3乙酰化之间的交谈 H3S10ph可以促进Gcn5对H3K14的乙酰化，这是最早被发现的组蛋白修饰之间的交谈[6-7]。最近的研究发现H3S10ph与H4K16ac也能发生交谈。*fosl1*基因的增强子序列通过征集激酶PIM1对H3S10进行磷酸化，H3S10ph可以被14-3-3蛋白的BRCT结构域所识别，而14-3-3可以征集乙酰基转移酶MOF对H4K16进行乙酰化，从而促进转录的起始。

H3S10ph可以与H3K9上的修饰形成抑制性的交谈：H3S10ph可以阻止H3K9乙酰化和甲基化的发生，而H3K9的二甲基化（而非三甲基化）可以阻止H3S10ph。H3S10ph对H3K9甲基化的抑制作用主要是因为它阻止了HP1与H3K9me3的结合。在没有H3S10ph的情况下，HP1与H3K9me3结合，随后HP1征集甲基转移酶对邻近核小体的H3K9进行甲基化，从而实现了异染色质的传播。有趣的是，HP1还可以征集HDAC对H3和H4的N端尾巴进行去乙酰化，这种H3K9甲基化与H3/H4乙酰化修饰的抑制性交谈进一步促进了异染色质的形成。

6. H3K4甲基化和H3K36甲基化相关的交谈 H3K4的甲基化可以促进H3的N端尾巴的乙酰化。例如乙酰基转移酶复合物Nua3的亚基Yng1可以通过结合H3K4me3，促进Nua3对H3K14进行乙酰化反应。在酿酒酵母中，甲基化的H3K4可以通过吸引SAGA复合物中的Chd1亚基，征集了SAGA复合物，随后SAGA复合物中的Gcn5亚基可以对H3的N端尾巴进行乙酰化。相应的是，H3的乙酰化也可以促进H3K4的甲基化。例如在酿酒酵母中，乙酰化Gcn5可以激活H3K4的三甲基化。在人类中，乙酰化的H3可以促进甲基转移酶MLL系列蛋白对H3K4的催化反应。

H3的去乙酰化可以促进H3K4的去甲基化。例如，人类中H3K4me1/2的去甲基化酶复合物LSD1-CoREST中含有去乙酰化酶HDAC1和HDAC2。HDAC对H3进行去乙酰化，促进了CoREST与H3的结合，也为随后LSD1介导的去甲基化反应奠定了基础

H3K4和H3K36的甲基化可以促进H4的乙酰化。例如H3K4和H3K36的甲基化水平下降可以减少Nua4对H4K8的乙酰化，提示了这2个位点的甲基化修饰可以促进H4K8的乙酰化。人类中的甲基转移酶MLL1与乙酰基转移酶MOF结合，将H3K4的甲基化和H4K16的乙酰化联系在了一起。

H3K4甲基化与H3/H4乙酰化之间并不总是发生促进性的交谈，在某些情况下，它们可以发生抑制性的交谈。例如人类的去乙酰化酶复合物mSin3A-HDAC1的亚基ING2可以特异性地识别H3K4me3。利用一个转录激活相关的修饰（H3K4me3）来吸引HDAC可能有助于在转录激活过程中实现H3的乙酰化以及去乙酰化的循环。

H3K36甲基化也能够与组蛋白的乙酰化发生抑制性的交谈。例如在转录延伸过程中，酿酒酵母中的去乙酰化酶复合物Rpd3S的Eaf3亚基，可以通过其chromo结构域结合甲基化的H3K36。Rpd3S对基因内部的H3/H4进行乙酰化，抑制了非正常转录的起始。这一交谈可能存在于高等真核生物中，因为人类中的H3K36甲基转移酶SMYD2（KMT3C）能够与去乙酰化酶复合物mSin3A–HDAC发生结合[5]。

与H3K4的甲基化发生排斥的修饰包括了H3K9甲基化和H3R2的非对称二甲基化（H3R2me2a）。H3R2me2a可以抑制MLL1复合物对H3K4的甲基化，同时H3R2me2a也可以阻止下游的效应蛋白与H3K4me3的结合（详见第三章关于H3R2me2a的介绍）。

7. H4和H3乙酰化修饰相关的交谈 除了以上提到的H3S10磷酸化、H3K4甲基化、H3K36甲基化以外，H3/H4的乙酰化修饰还能与许多其他的修饰发生交谈。

H4K20me3可以与H4的N端尾巴的乙酰化修饰发生抑制性的交谈：H4的过乙酰化可以阻止H4K20me3，但这种抑制效应仅仅针对三甲基化。H4K20me与转录激活有关，它可以发生在过乙酰化的H4上。

许多精氨酸的甲基化能够与乙酰化修饰发生交谈。例如，H4R3me2a在*pS2*启动子上的甲基化可以促进H3和H4的乙酰化。CBP/P300介导的H3K18的乙酰化可以促进CARM1对H3R17的甲基化，这可能是由于H3K18ac中和了电荷，提升了CARM1的酶学活性。

H4S1的磷酸化可以阻止Nua4对于H4的乙酰化，它还可以促进对H4的去乙酰化，因为催化H4S1磷酸化的激酶CK2可以征集去乙酰化酶复合物

Sin3-Rpd3。

H4 的乙酰化位点之间也能形成交谈。例如 H4K12ac 总是发生含有 H4K16ac 的肽链上，提示 H4K16ac 可以促进 H4K12 的乙酰化，或者阻止其的去乙酰化。H4K16ac 和 H4K12ac 一起可以促进 H4K8 的乙酰化。

三、蛋白对不同组合的组蛋白修饰的结合

1. 结合类型 如第三章中介绍的，单个的组蛋白修饰可以吸引含有特定结构域的蛋白质，例如乙酰化修饰可以吸引含有 bromo 结构域的蛋白质，而甲基化修饰可以吸引含有 PHD 或 chromo 结构域的蛋白质，对此就不多赘述。重要的是，单个或者邻近的组蛋白上可以同时存在多个修饰（表 5-1），它们可通过其组合来共同吸引蛋白质（或复合物）。相对于单个修饰，多个修饰的组合可以提高结合的亲和力和特异性。识别组蛋白修饰的蛋白质（或复合物）将组蛋白密码转化为具体的生物学功能，因此被称为组蛋白密码的“阅读子”。

蛋白质（或复合物）对多个组蛋白修饰的结合包括两大类型。第一，1 个蛋白质或复合物与 1 个核小体内的多个修饰发生结合。该类型还可分为 2 个亚类，一个是顺式的（修饰位于同一个组蛋白上），第 2 个是反式的（修饰位于同一个核小体的不同组蛋白上）。第二，1 个蛋白质（或复合物）与不同核小体上的多个修饰发生结合。这种结合可以发生在 DNA 上连续的多个核小体上，也可以发生在 DNA 上不连续但是在空间上相邻的核小体上 [8]。

2. 蛋白质或复合物与同一核小体内的修饰的结合

（1）单个蛋白质与多种修饰的结合：TAF1 是人类中普遍转录因子复合物 TFⅡD中最大的亚基。2000 年，R. Tjian 实验室报道了 TAF1 可以利用其含有的两个 bromo 结构域同时结合乙酰化的 H4K5/K12，或者 H4K8/K16[9]。这是科学家们首次发现蛋白质可以同时识别多个组蛋白修饰。类似的结合也发生在酵母的 Bdf1 蛋白与 H4 乙酰化修饰之间 [8]。2009 年，研究发现小鼠中 TAF1 的同源蛋白 BRDT，可以利用单个的 bromo 结构域同时与乙酰化的 H4K5/K8 发生结合，揭示了一种识别多个乙酰化修饰的新机制 [10]。

CMT3 是拟南芥中的 DNA 甲基化酶，在基因沉默中发挥了重要作用。它含有 2 个连续的 chromo 结构域。CMT3 可以利用这 2 个结构域与同时发生了 H3K9me3 和 H3K27me3 修饰的组蛋白结合。相对应的是，单独的 H3K9me3 和 H3K27me3 都不足以吸引 CMT3，这充分反映了二价结合的特异性。

BPTF 是染色质重构复合物 NURF 中最大的亚基，该复合物参与了转录激活的过程。BPTF 含有的 PHD 结构域可以与 H3K4me3 发生结合，而其含有的 bromo 结构域可以与 H4 的乙酰化位点结合。由于 PHD 结构域和 bromo 结构域之间的距离和相对方向是固定的，这 2 个结构域可以同时与对应的修饰位点发生结合 [11]。

（2）复合物与多个修饰的结合：相对于 1 个蛋白质同时识别多个修饰，更为常见的例子是复合物中的

表5–1 常见的共存的组蛋白修饰

组蛋白修饰	分布的区域/染色质的状态
H3K4me2/3+H4K16ac	激活的*hox*基因
H3K4me2/3+H3K9/14/18/23ac	具有转录活性的区域
H3S10ph+H3K9/14ac	有丝分裂原（mitogen）激活的基因
H3R17me1/2a+H3K18ac	雌激素激活的基因
H4K5ac+H4K12ac	新生的组蛋白
H3K4me3+H3K27me3	发育基因的“共价”（bivalent）调节区域
H3K9me3+H3K27me3+ DNA甲基化	沉默区域
H3K27me3+H2AK119ub1	沉默的*hox*基因
H3K9me3+H4K20me3 + DNA甲基化	异染色质
H3K9me2/3+H4K20me1 +H3K27me3+ DNA甲基化	失活的X染色体

多个蛋白质可以与组蛋白修饰发生二价甚至多价的结合。

例如之前提及的人类 TFⅡD 复合物，除了其含有的 TAF1 亚基能够与乙酰化修饰结合以外，另外一个亚基 TAF3 可以利用其 PHD 结构域与 H3K4me3 结合。

Rpd3S 复合物和 NuA4 复合物都含有 Eaf3 亚基，但是只有 Rpd3S 才能够与含有 H3K36 甲基化修饰的核小体结合，这说明仅仅依靠 Eaf3 与 H3K36 甲基化修饰的单价结合是不足以征集整个复合物的。研究表明 Rpd3S 另外一个亚基 Rco1 的 PHD 结构域可以协助 Eaf3 对于 H3K36 的识别和结合，从而稳定 Rpd3S 复合物与核小体的结合。

3. 蛋白质或复合物与不同核小体上修饰的结合　蛋白质通过与位于不同核小体上的修饰结合，可以深刻地影响染色质的高级结构。例如，HP1 的 chromo 结构域识别 H3K9me3，而 HP1 还可以通过其含有的 chromoshadow 结构域发生二聚化，从而将富含 H3K9me3 的染色质区域交联起来。目前尚不清楚发生交联的核小体在 DNA 上是连续分布的还是不连续分布的。

类似的例子还有抑制复合物 PRC1。该复合物可以通过其 PSC 亚基和 Pc 亚基同时与 3 个核小体发生结合，从而介导了染色质的凝聚。Pc 亚基能够识别 H3K27 的甲基化修饰，而 PSC 与核小体的结合则不需要组蛋白的 N 端尾巴 [12]。

L3MBTL1 是一个与人类脑部恶性肿瘤相关的转录抑制蛋白，它含有 3 个连续的 MBT 结构域。MBT 结构域可以识别 H4K20 单甲基化或二甲基化的修饰。因此，L3MBT1 利用其 MBT 结构域，可以同时与至少 2 个核小体发生结合，从而影响了染色质的结构 [13]。

第三节　组蛋白修饰与 DNA 甲基化之间的关联

一、简介

DNA 甲基化多发生在胞嘧啶的第 5 位碳原子上。高等真核生物中的 DNA 甲基化主要发生在二核苷酸序列 CpG 中（^{m5}CpG）。DNA 甲基化是最早被发现的与基因沉默相关的表观遗传修饰，它与高等生物的发育和疾病（特别是肿瘤）的发生发展有着密切的联系。在哺乳动物中，DNA 的甲基化酶分为两大类：第 1 类是维持性的 DNA 甲基化酶，即 DNMT1，它负责对半甲基化（一条链发生甲基化，而另一条链没有甲基化）的序列进行修饰；第 2 类是形成全新 DNA 甲基化修饰的酶，包括 DNMT3a 和 DNMT3b，它们反应的底物是不含甲基化的 DNA 序列。目前尚没有发现 DNA 去甲基化酶，DNA 甲基化修饰主要依赖复制过程进行稀释，此外，切除修复、羟甲基化等过程也可以去除 DNA 甲基化修饰，但是目前仍未发现可以直接去除甲基化反应的 DNA 去甲基化酶，因此，DNA 甲基化修饰被认为是一种非常稳定的抑制性的表观遗传修饰。

虽然 DNA 甲基化与组蛋白修饰是由不同的酶来催化完成的，这 2 条表观遗传途径之间可以相互影响。在某些情况下，这两者之间的关联可以通过修饰来直接介导，例如 H3K4me0 可以阻止 DNMT3 对核小体的结合。但更常见的是，DNA 甲基化与组蛋白修饰之间的联系是通过修饰酶或者效应蛋白（阅读子）之间的相互作用来实现的，例如 DNA 甲基化结合蛋白 MECP2 可以吸引组蛋白去乙酰化酶，而 H3K9 的甲基化酶 G9A 可以征集 DNMT3a 和 DNMT3b 等。从基因组的角度来说，发生 DNA 甲基化的位点多含有 H3K9 甲基化，而缺少 H3K4 的甲基化。

二、DNA 甲基化与组蛋白乙酰化的联系

DNA 甲基化对于转录的抑制作用可以通过甲基化修饰结合蛋白来介导。这些蛋白质大多含有甲基化 CpG 结合结构域（methy-CpG-binding domain，MBD），它们共分为五大家族，包括 MECP2、MBD1、MBD2、MBD3 和 MBD4 等。其中 MECP2 可以直接与组蛋白去乙酰化酶复合物 mSin3A 发生结合。转录抑制复合物 MECP1 不仅包含了 MBD2，还包括了具有组蛋白去乙酰化酶活性的 Mi-2/NuRD 复合物 [14]。这些结果提示了 DNA 甲基化可以通过促进组蛋白去乙酰化来抑制转录的发生。

组蛋白的乙酰化可以抑制 DNA 甲基化的发生。例如位于绝缘子（insulator）或边界元（boundary element）内的组蛋白 H3 和组蛋白 H4 发生了高度的

乙酰化，它们可以通过阻止DNA甲基化酶的结合来抑制DNA的甲基化发生。此外，采用组蛋白去乙酰化酶抑制剂（HDACi），如valproate（VPA）和Trichostatin A（TSA），对细胞进行处理后，可以提升细胞内的组蛋白乙酰化水平。同时，一些之前发生DNA甲基化的启动子会发生去甲基化，这一结果提示了组蛋白的乙酰化修饰可能会引发DNA主动的去甲基化反应。相对应的是，如果采用DNA去甲基化药物，如5-氮杂-2'-脱氧胞苷（5-Aza-dC），对细胞进行处理后，可以提升*rassf1a*启动子区域的组蛋白乙酰化水平，并促进了转录。这充分表明组蛋白乙酰化与DNA甲基化之间的密切联系[15]。

三、DNA甲基化与组蛋白甲基化的联系

1. H3K4甲基化与DNA甲基化的关联 在基因组水平上，DNA甲基化通常伴随着H3K4甲基化修饰的消失。解释这种现象的一种主要模型来源于小鼠早期胚胎的研究。在胚胎着床之前，基因组上大多数的CpG序列没有发生DNA的甲基化，但一部分CpG序列包含的核小体中H3K4可以发生甲基化的修饰，基因组上H3K4甲基化的分布主要是由RNA聚合酶Ⅱ所决定的。在胚胎着床以后，负责全新DNA甲基化的酶，包括DNMT3a和DNMT3b开始表达。DNMT3a与DNMT3b与核小体的结合需要DNMT3aL的协助。共结晶实验结果显示DNMT3L的ADD结构域能够直接与组蛋白H3的N端结合，但是它只能结合没有发生H3K4甲基化的N端，任何形式的甲基化修饰（单甲基化、双甲基化或者三甲基化）都会干扰DNMT3L与H3的结合，进而抑制了DNMT3a或者DNMT3b与核小体的结合。因此，含有H3K4甲基化的CpG序列在胚胎着床以后仍然不能够被甲基化，从而保持这些CpG序列所控制的基因的转录活性状态[16]。

有趣的是，H3K4甲基转移酶也能够识别非甲基化的DNA，这进一步强化了H3K4甲基化与DNA甲基化之间的负相关的联系。例如，H3K4甲基转移酶MLL含有CXXC结构域，该结构域能够直接识别非甲基化的CpG序列。另一个H3K4甲基转移酶SET1可以通过辅助蛋白CFP1与DNA结合，而CFP1也含有CXXC结构域。CFP1的缺失造成了H3K4甲基化水平的上升和DNA甲基化水平的下降，这说明了CFP1限制了SET1在基因组上的分布[17]。

2. H3K9甲基化与DNA甲基化的关联 在基因组水平上，H3K9的甲基化与DNA甲基化高度正相关，这种联系可能是通过H3K9的甲基转移酶与DNA甲基化酶的结合来介导的。例如，G9A（KMT1c）能够利用其ankyrin（ANK）结构域与DNA甲基化酶DNMT3a和DNMT3b结合来促进含有H3K9甲基化区域的DNA甲基化。此外，SUV39H1（KMT1A）和ESET（KMT1E）也可能通过征集DNMT3a和DNMT3b，参与了外着丝粒区域异染色质内DNA的甲基化。植物中H3K9的甲基转移酶SUVH4（KRYPTONITE）也能够与DNA甲基化酶结合。

某些DNA甲基化酶可以直接识别H3K9的甲基化修饰。拟南芥中的CMT3负责对CpNpGp进行甲基化修饰。CMT3的chromo结构域可以识别含有H3K9和H3K27甲基化的H3。与此相一致的是，拟南芥中甲基转移酶SUVH4或CMT3的突变对于甲基化及基因沉默的影响很相似。

与H3K9甲基化修饰结合的蛋白（识别子）也可以影响DNA的甲基化。例如HP1能够征集DNMT蛋白，从而促进了异染色质区域中DNA甲基化的发生。因此，HP1是粗糙脉孢菌（Neurospora crassa）中DNA甲基化所必需的蛋白质。

UHRF1提供了另一种联系H3K9甲基化与DNA甲基化的方式。UHRF1是DNMT1的辅助蛋白，它可以同时结合DNMT1和半甲基化的DNA，使DNMT1能够对复制后DNA进行维持性的甲基化修饰。UHRF1含有5个结构域，其中SRA结构域可以识别半甲基化的DNA。重要的是，UHRF1含有的Tudor结构域可以识别H3K9me3，而另一个结构域PHD则可以结合H3的N端。因此，H3K9me3可能以UHRF1作为中介，对DNMT1进行征集。此外UHRF1还可以与H3K9甲基转移酶G9A结合，这提示UHRF1可以通过H3K9的甲基化介导了DNA甲基化修饰的传播。除了G9A以外，UHRF1也能够与组蛋白乙酰基转移酶或去乙酰化酶结合，提示它可能也参与介导了组蛋白乙酰化与DNA甲基化之间的关联（图5-2）。

在拟南芥中，存在一种与UHRF1相似的蛋白质，称为VIM1。VIM1也含有SRA结构域，VIM1参与征集DNA甲基化酶DNMT1/MET1，对复制后的DNA进行维持性的甲基化修饰。VIM1同时含有PHD和RING结构域，并能够与组蛋白结合，因此，它可能是在拟

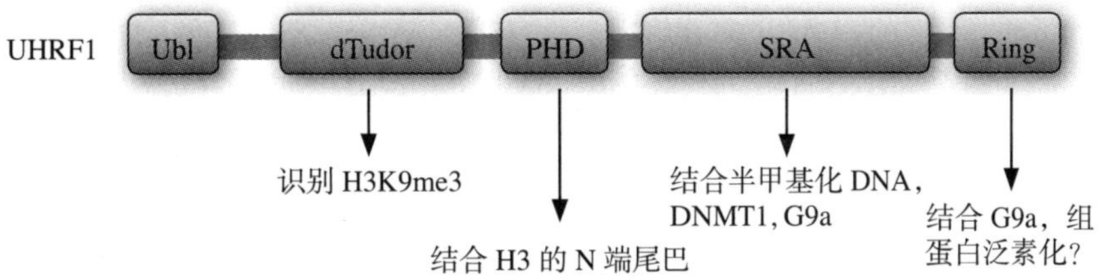

图 5-2　UHRF1 的结构域及其主要功能

结构域的全称：Ubl，ubiquitin-like；dTudor，tandem Tudor；PHD，plant homeodomain；SRA，SET and RING associated

南芥中联系 DNA 甲基化与组蛋白修饰的重要环节[18]。

3. H3K27 甲基化与DNA 甲基化的关联　H3K27me3 是由PRC2 复合物中的EZH2（KMT6）催化形成的。在正常胚胎发育的早期，H3K27me3 通常发生在非甲基化的CpG 序列上。然而，在肿瘤细胞中，甲基化的CpG 序列通常含有H3K27me3。这可能是由于EZH2 可以通过其H-Ⅱ结构域征集DNMT3a 和DNMT3b，对DNA 进行全新的甲基化，从而实现对基因的稳定的沉默。

四、DNA 甲基化与组蛋白泛素化的联系

在拟南芥中，SUP32 可以对 H2BK143（该位点相当于哺乳动物中的 H2BK123）进行去泛素化。SUP32 的突变可以减少 RNA 指导的 DNA 甲基化（RNA-directed DNA methylation，RdDM）和 H3K9me2，这暗示了 H2B 的去泛素化参与了 RdDM[19]。

五、组蛋白修饰酶对 DNA 甲基化酶的修饰

一些组蛋白修饰酶可以直接作用于 DNA 甲基转移酶，这为联系组蛋白和 DNA 甲基化提供了新的方式。例如，DNMT1 可以被 SET7/9（组蛋白 H3K4 甲基转移酶）甲基化，而这种甲基化修饰可以被 LSD1 去除。甲基化的 DNMT1 蛋白稳定性会下降，所以 LSD1 的突变会造成 DNMT1 的减少，进而引起全基因组甲基化水平的下降[20]。

第四节　组蛋白修饰与非编码 RNA

一、非编码 RNA 简介

非编码 RNA 是指不被翻译成蛋白质，但仍具有生物学功能的 RNA。细胞中最为常见的非编码 RNA 是 rRNA 和 tRNA，其他的非编码 RNA 包括 miRNA、siRNA、lncRNA、核仁小 RNA（snoRNA）和 piRNA 等。在这些 RNA 中，miRNA、siRNA、piRNA 和 lncRNA 都参与了表观遗传的调控（详见第四章）。

miRNA 和 siRNA 都是一类长度为 20～25 个核苷酸（nt）的双链 DNA，通常含有 2nt 的 3' 突出末端。miRNA 与 siRNA 的主要区别在于 miRNA 的前体是由内源的 miRNA 基因转录形成的单链 DNA，而 siRNA 的前体则是由内源形成或者是外源导入的双链 DNA。这些前体 RNA 经过 Dicer 切割以后，才能成为成熟的 miRNA 或 siRNA，参与到 RNAi 途径中。从功能上区分的话，miRNA 主要参与调节内源性基因，特别是与发育相关的基因的表达，而 siRNA 经常参与对外界入侵的 DNA（如转座子、病毒 DNA）的防御。

miRNA 和 siRNA 是 RNAi 中的核心元件。RNA 诱导的沉默复合物（RNA-induced silencing complex，RISC）负责对 miRNA 或 siRNA 进行单链化和包装。单链化后的 miRNA 或 siRNA 与互补的 mRNA 配对。随后 RISC 利用其含有的 Argonaute 家族蛋白对配对区域的 mRNA 进行切割，降解 mRNA，实现对于 mRNA 对应基因表达的抑制。

除了 RISC 以外，RNA 诱导的转录沉默复合物

（RNA-induced transcription silencing complex，RITS）也能够包装 miRNA 或 siRNA。RITS 也含有 RNAi 相关的蛋白质，如 Argonaute 等。但 RITS 与 RISC 不同的是，它利用其含有的 siRNA 或 miRNA 与 mRNA 的配对，而定位到目标基因所在的基因组区域。RITS 可以通过影响组蛋白的修饰和 DNA 的甲基化，来改变染色质的结构与功能。

长链非编码 RNA 的长度大于100nt，它被认为是一种新的表观遗传的调控手段。例如，它可以直接激活或者抑制转录的发生；它可以直接征集组蛋白修饰酶；它可以作为骨架蛋白形成高级的染色质结构来阻止 RNA 聚合酶的进入；在 RNAi 途径中，它可以将 siRNA/Argonaute 征集到特定的基因座位[21]。

piRNA 是动物细胞中含量最为丰富的非编码 RNA。piRNA 能够与 PIWI 蛋白（属于 Argonaute 家族）发生结合。相对于 20～25nt 的 siRNA/miRNA，piRNA 更长，一般为 26～31nt。piRNA 多由转座子转录形成，其成熟过程也与 miRNA 或 siRNA 不同。在哺乳动物胚胎发育中，转座子形成的 piRNA 位于 DNA 甲基化酶的上游，控制对转座子的甲基化和沉默，但是其中具体的机制仍不明朗[22]。

二、siRNA 与 H3K9 甲基化之间的关联

粟酒裂殖酵母（*Schizosaccharomyces pombe*）中异染色质的研究揭示了 siRNA 与组蛋白修饰 H3K9 甲基化之间的关联。在粟酒裂殖酵母中，siRNA 成熟过程以及 RNAi 途径中所需要的许多关键蛋白质，如 Dicer、Argonaute 和 RdRP 都是由单基因编码的。这些基因的突变可以造成 H3K9 甲基化的缺失，并影响了异染色质的形成，说明了 siRNA/RNAi 参与建立和维持了异染色质。以着丝粒区域为例，siRNA 通过与着丝粒区域新生转录本的配对，将 RITS 征集到了着丝粒区域，这被认为是异染色质形成的初始信号。RITS 与 H3K9 甲基化酶复合物结合，因此 RITS 可以对 H3K9 进行甲基化修饰。此外，RITS 的另一个亚基 Chp1 含有的 chromo 结构域，它可以与甲基化的 H3K9 结合，稳定了 RITS 与染色质的结合，这便巧妙地构成一种自我稳固的体系。异染色质建立之后，甲基化的 H3K9 与 Swi6（Swi6 是 HP1 的同源蛋白）结合，Swi6 可以继续征集甲基化酶 Clr4 对附近的 H3K9 进行甲基化，由此异染色质可以向外进行传播。在植物、果蝇、小鼠和人中，siRNA 或 miRNA 可能采用了类似的机制，与 H3K9 的甲基化修饰一同参与了异染色质的形成[23]（详见第三章和第四章的介绍）。

三、长链非编码 RNA 与组蛋白修饰之间的关联

长链非编码 RNA 可以通过顺式或者反式 2 种方式来影响染色质的结构与功能。顺式是指在某条染色体上形成的 RNA 在同一条染色体上发挥作用，反式则是指 RNA 可以在其他染色体上发挥作用。这两种作用都可以通过长链非编码 RNA 对于组蛋白修饰复合物的征集来实现[24]。

1. 顺式作用 Xist 介导的 X 染色体的失活是顺式作用的一个经典例子。X 染色体的失活是哺乳动物中一种重要的表观遗传现象。雌性细胞中含有 2 条 X 染色体，其中一条 X 染色体会发生失活（该染色体被称为 Xi），Xi 上几乎所有基因都被沉默，而另一条 X 染色体则保持活性（该染色体被称为 Xa），这使得雌性细胞中 X 染色体基因表达的水平与只含有 1 条 X 染色体的雄性细胞相当（详见第八章介绍）。在 Xi 失活前，2 条 X 染色体都表达低水平的长链非编码 RNA——Xist。随着失活的进行，Xi 上 Xist 的表达量逐渐增加，而 Xa 则停止表达 Xist。最后 Xist 将 Xi 完全包裹，Xi 上基因发生沉默。这一过程说明了 Xist 在 Xi 失活中发挥了核心作用。

Xist 在失活中的作用与其对 PRC2 复合物的征集密切相关。PRC2 复合物具有 H3K27 的甲基转移酶活性。Xist 能够利用其含有的一段 1.6kb 的序列（被称为 RepA）与 PRC2 复合物中的亚基（如 EZH2 和 Suz12）发生直接的结合。通过结合，Xist 将 PRC2 复合物征集到 X 染色体上，催化了组蛋白 H3K27 的甲基化，从而促进了异染色质的形成和传播。有趣的是，X 染色体还表达了一条与 Xist 互补的长链非编码 RNA——Tsix。Xi 上低表达 Tsix，而 Xa 上高表达 Tsix。目前推测 Tsix 可能通过与 PRC2 竞争性结合 Xist，来干扰 Xist 与 PRC2 的结合，从而抑制 Xa 上异染色质的形成。

长链非编码 RNA 也参与了亲代基因组印记。例如在父体染色体上，靠近 *kcnq*1 基因的地方，表达了一条名为 Kcnq1ot1 的长链非编码 RNA。Kcnq1ot1 可以通过与组蛋白 H3K9 甲基转移酶 G9A 和 PRC2 复合物结合来抑制父体 *kcnq1* 基因的表达。而在母体

染色体上，Kcnq1ot1 并不表达，因此 *kcnq1* 基因可以表达。发挥类似作用还有名为 Airn 的 RNA。在胎盘中，Airn 参与了对 G9A 的征集，以及随后对父本 *slc22a3* 基因的抑制。

长链非编码 RNA 也可以促进转录的发生。在果蝇中，*ubx* 座位表达的长链非编码 RNA 可以通过征集 ASH1，催化组蛋白 H3K4 的甲基化，从而促进了 *ubx* 基因的表达 [24]。

2. 反式作用　长链非编码 RNA 的反式调节作用首先是由 *hox* 基因簇中表达的 Hotair 揭示的。Hotair 长度为 2.2kb。Hotair 是由 *hox c* 座位表达的，它可以在基因组的许多位点参与转录抑制，其中就包括了位于另外一条染色体上的长达 40kb 的 *hox D* 座位。Hotair 的 5' 区域与 PRC2 复合物结合，其 3' 区域与 LSD1/CoREST/REST 复合物结合，因此，Hotair 可以通过同时征集这 2 种复合物，将 H3K27 的甲基化与 H3K4 的去甲基化结合起来，强化了转录抑制的效果 [25]。类似 Hotair 的现象很有可能不是孤例，因为在人类基因组上表达的 20% 的长链非编码 RNA 都可以与 PRC2 复合物结合 [21]。

第五节　DNA 甲基化与非编码 RNA

一、DNA 甲基化与 siRNA

在拟南芥中，含有重复序列的区域（如转座子、着丝粒区域等）产生了大量的 siRNA。这些 siRNA 可以指导全新的 DNA 甲基化，甲基化的位点就是 siRNA 生成的位点。这一过程被称为 RNA 指导的 DNA 甲基化（RdDM；详见第四章）。RdDM 可以发生在所有的序列上，包括 CG、CHG 和 CHH（这里 H 表示 A、C 或 T）。在 RdDM 过程中，首先由 NRPD1（也被称作 Pol Ⅳ）将作用位点的序列转录为单链 RNA。随后，依赖 RNA 的 RNA 聚合酶 2（RNA-dependent RNA polymerase 2，RDR2）将单链 RNA 转化为双链 RNA。双链 RNA 经 DCL3（类似于 Dicer）切割后形成 24nt 的前 siRNA。前 siRNA 经过加工成为成熟的 siRNA 后，与 AGO4（Argonaute 家族蛋白）结合。另外一种 RNA 聚合酶 NRPE1（也被称作 Pol V）负责在作用位点的非编码区合成长链非编码 RNA，该过程需要 RDM1、DRD1、DMS3、RDM4 等蛋白质的参与。长链非编码 RNA 通过与 siRNA 的配对，将 AGO4 征集到作用位点，这一配对过程需要 KTF1、IDN 等蛋白质的协助。AGO4 与 KTF1 等蛋白质在作用位点构成了一个 RdDM 效应复合物，该复合物可以征集 DNA 甲基转移酶 DRM2 对 DNA 进行全新甲基化。这一征集过程需要 RDM1 蛋白的协助。由于 RDM1 可以识别甲基化的 DNA，这促进了 RdDM 效应复合物在已经发生甲基化的区域的征集，从而实现了 RdDM 自我强化的过程 [20]。

二、DNA 甲基化与 miRNA

植物中 miRNA 的长度多为 21nt，miRNA 的前体被 DLC1 切割后，与 AGO1 结合后，通过剪切 mRNA 来调控基因表达。而在小麦中，一种长度为 24nt 的 miRNA 可以与 AGO4 蛋白结合，并且指导了 DNA 甲基化的发生，这种较长的 miRNA 被称为 lmiRNA。上文所介绍的 siRNA 指导的甲基化区域包括了作用位点（表达 siRNA 的位点）附近的上百至上千 bp 的序列，而 lmiRNA 指导的 DNA 甲基化的作用区域小于80bp。siRNA 只能指导顺式的 DNA 甲基化，而 lmiRNA 可以指导反式的甲基化（甲基化不仅可以发生在表达 lmiRNA 的位点，也可以发生在其他的位点）[26]。

哺乳动物中的研究表明，miRNA 可以通过调节 DNA 甲基化酶的表达水平来改变 DNA 的甲基化水平。例如在小鼠中，RBl2 负责沉默 DNMT1、DNMT3a 和 DNMT3b 的表达，而 miR-290 可以通过下调 RBl2 来启动 DNMT1、DNMT3a 和 DNMT3b 的表达，因此 miR-290 水平与甲基化酶的水平以及基因组甲基化程度成正相关 [27]。在人类中，miR-29（包括 29a、29b 和 29c）与 DNMT3a、DNMT3b 基因（编码全新的 DNA 甲基化酶）的 3'-UTR 互补，参与抑制这两个基因的表达。相一致的是，在肺癌细胞中，miR-29 水平的下调引起了 DNA 甲基化酶的高表达和基因组甲基化程度的升高 [28]。在系统性红斑狼疮 $CD4^+$ T 细胞中 miR-126 过度表达，并通过与

DNMT1 的 3'-UTR 互补而抑制 DNMT1 表达，从而导致与自身免疫相关的基因的调控序列低甲基化 [29]。

（吕 红 余 垚）

参考文献

1. Jenuwein T, Allis CD. Translating the histone code. Science, 2001, 293:1074-1080.
2. Tamaru H, Selker EU. A histone H3 methyltransferase controls DNA methylation in Neurospora crassa. Nature, 2001, 414:277-283.
3. Zhang K, Mosch K, Fischle W, et al. Roles of the Clr4 methyltransferase complex in nucleation, spreading and maintenance of heterochromatin. Nat Struct Mol Biol, 2008, 15:381-388.
4. Chan SW, Zilberman D, Xie Z, et al. RNA silencing genes control de novo DNA methylation. Science, 2004, 303:1336.
5. Latham JA, Dent SY. Cross-regulation of histone modifications. Nat Struct Mol Biol, 2007, 14:1017-1024.
6. Cheung P, Tanner KG, Cheung WL, et al. Synergistic coupling of histone H3 phosphorylation and acetylation in response to epidermal growth factor stimulation. Mol Cell, 2000, 5:905-915.
7. Lo WS, Trievel RC, Rojas JR, et al. Phosphorylation of serine 10 in histone H3 is functionally linked in vitro and in vivo to Gcn5-mediated acetylation at lysine 14. Mol Cell, 2000, 5:917-926.
8. Ruthenburg AJ, Li H, Patel DJ, et al. Multivalent engagement of chromatin modifications by linked binding modules. Nat Rev Mol Cell Biol, 2007, 8:983-994.
9. Jacobson RH, Ladurner AG, King DS, et al. Structure and function of a human TAF Ⅱ 250 double bromodomain module. Science, 2000, 288:1422-1425.
10. Moriniere J, Rousseaux S, Steuerwald U, et al. Cooperative binding of two acetylation marks on a histone tail by a single bromodomain. Nature, 2009, 461:664-668.
11. Taverna SD, Li H, Ruthenburg AJ, et al. How chromatin-binding modules interpret histone modifications: lessons from professional pocket pickers. Nat Struct Mol Biol, 2007, 14:1025-1040.
12. Francis NJ, Kingston RE, Woodcock CL. Chromatin compaction by a polycomb group protein complex. Science, 2004, 306:1574-1577.
13. Trojer P, Li G, Sims RJ, et al. L3MBTL1, a histone-methylation-dependent chromatin lock. Cell, 2007, 129:915-928.
14. Feng Q, Zhang Y. The MeCP1 complex represses transcription through preferential binding, remodeling, and deacetylating methylated nucleosomes. Genes Dev, 2001, 15:827-832.
15. Vaissiere T, Sawan C, Herceg Z. Epigenetic interplay between histone modifications and DNA methylation in gene silencing. Mutat Res, 2008, 659:40-48.
16. Cedar H, Bergman Y. Linking DNA methylation and histone modification: patterns and paradigms. Nat Rev Genet, 2009, 10:295-304.
17. Cheng X, Blumenthal RM. Coordinated chromatin control: structural and functional linkage of DNA and histone methylation. Biochemistry, 2010, 49:2999-3008.
18. Woo HR, Pontes O, Pikaard CS, et al. VIM1, a methylcytosine-binding protein required for centromeric heterochromatinization. Genes Dev, 2007, 21:267-277.
19. Sridhar VV, Kapoor A, Zhang K, et al. Control of DNA methylation and heterochromatic silencing by histone H2B deubiquitination. Nature, 2007, 447:735-738.
20. He XJ, Chen T, Zhu JK. Regulation and function of DNA methylation in plants and animals. Cell Res, 2011, 21:442-465.
21. De Lucia F, Dean C. Long non-coding RNAs and chromatin regulation. Curr Opin Plant Biol, 2011, 14:168-173.
22. Seto AG, Kingston RE, Lau NC. The coming of age for Piwi proteins. Mol Cell, 2007, 26:603-609.
23. Grewal SI. RNAi-dependent formation of heterochromatin and its diverse functions. Curr Opin Genet Dev, 2010, 20:134-141.
24. Koziol MJ, Rinn JL. RNA traffic control of chromatin complexes. Curr Opin Genet Dev, 2010, 20:142-148.
25. Tsai MC, Manor O, Wan Y, et al. Long noncoding RNA as modular scaffold of histone modification complexes. Science, 2010, 329:689-693.
26. Wu L, Zhou H, Zhang Q, et al. DNA methylation mediated by a microRNA pathway. Mol Cell, 2010, 38:465-475.
27. Benetti R, Gonzalo S, Jaco I, et al. A mammalian microRNA cluster controls DNA methylation and telomere recombination via Rbl2-dependent regulation of DNA methyltransferases. Nat Struct Mol Biol, 2008, 15:268-279.
28. Fabbri M, Garzon R, Cimmino A, et al. MicroRNA-29 family reverts aberrant methylation in lung cancer by targeting DNA methyltransferases 3A and 3B. Proc Natl Acad Sci USA, 2007, 104:15805-15810.
29. Zhao S, Wang Y, Liang Y, et al. MicroRNA-126 regulates DNA methylation in $CD4^+$ T cells and contributes to systemic lupus erythematosus by targeting DNA methyltransferase 1. Arthritis Rheum, 2011, 63:1376-1386.

第六章　干细胞表观遗传学

干细胞（stem cells，SC）是指具有克隆形成能力、自我复制能力和多向分化潜能，能够产生多种分化细胞类型的细胞，在一定条件下，它可以分化成多种功能细胞。更准确的理解就是干细胞既能产生和其亲代细胞相同的子代细胞（自我复制），又能产生分化潜能有限的子代细胞（分化细胞）。根据干细胞所处的发育阶段分为胚胎干细胞（embryonic stem cell，ESC）和成体干细胞（adult/somatic stem cell，ASC）。

近年来，干细胞因其特有的生物学特性及其潜在的生物医学应用价值，成为生命科学领域最热点、最前沿的课题之一。ESC 有望作为再生治疗的细胞来源，因此对于调控它们的自我更新和多潜能性的分子机制研究，将有助于更好地将它们应用于临床治疗。

干细胞自我更新与分化之间的选择受到严格的调控，如果太多的干细胞起始分化，干细胞群就会被耗尽；而干细胞自我更新未受到限制，则可能导致增殖、分化的细胞数量增加，二次突变概率增高，导致肿瘤发生。转录调节因子网络中的各组分相互协调，是干细胞维持多潜能性和自我更新能力的主要调节机制。多种干细胞特异性的转录因子，包括多潜能性转录因子 OCT4、Nanog、SOX2 和细胞外信号分子如白血病抑制因子（leukemia inhibitory factor，LIF）、成骨蛋白（bone morphogenic protein）等，组成复杂的复合物来调节与干细胞多潜能性和自我更新相关的分子的表达，同时能够抑制其分化。OCT4 的表达严格限于发育中的干细胞群，临界量的 OCT4 是 ESC 维持自我复制能力的关键所在。Nanog（也称作 ENK）对于 ESC 在体内和体外维持多潜能表型是必需的，内胚层的特化依赖于 Nanog 的表达下调，其表达能够使 ESC 脱离 LIF/STAT3 的刺激。SOX2 被认为是 OCT4 的协同因子之一，它能够与 OCT4 协作，激活靶基因如 *fgf-4*、*utf-1* 等转录，此外 SOX2 的表达受到自身及 OCT4 的调节，表明它以正反馈的机制参与维持 ESC 的自我复制。另一方面，表观遗传修饰可以协同转录调节因子来共同维持胚胎干细胞状态基因的表达，在监控个体发育时相转变、维持干细胞定向分化和自我更新功能、调控特定细胞增殖、分化进程等发面起着重要作用。表观遗传学是研究细胞核内 DNA 序列没有改变的情况下，基因功能可逆的、可遗传的改变，涉及 DNA 甲基化、组蛋白修饰和 miRNA 调控等机制。大量的研究表明，表观遗传学在干细胞的分化与成熟过程中扮演重要的角色，以下将从表观遗传学的角度阐述干细胞的调控机制。

第一节　胚胎干细胞表观遗传学

胚胎干细胞（ESC）来源于哺乳动物早期胚胎发育的胚泡内的内细胞团，是最原始的干细胞，它位于个体发育的顶端，能够分化为组成机体的所有类型的细胞，进而形成机体的任何组织和器官，具有发育的全能性。另外，ESC 可以自我更新，能够在体外不定向地培养。作为一类既有自我更新能力，并具有多向分化潜能的细胞，ESC 具有非常重要的理论研究意义和临床应用前景。ESC 自我更新的维持同样需要关键的多潜能转录因子，包括 OCT4、SOX2 和 Nanog，形成紧密联系的网络。

近期以 ESC 为模型，研究有关干细胞分化的表观遗传调控已成为新的研究热点。大量的研究表明表观遗传机制，在不改变 DNA 序列的情况下改变基因的功能，能够调节 ESC 自我更新、多潜能性及特异性分化，使ESC具有独特的特征。

未分化的ESC、分化的ESC和体细胞具有明显的表观基因组差异，而多能性细胞的特性是其染色质具有高度动态的可塑性。在ESC中删除参与控制组蛋白标记变化的PARP（多聚ADP核糖酶），会导致向滋养外胚层细胞进行低分化的转分化事件，这表明表观遗传修饰是维持ESC的特征性所必需的[1]。DNA甲基化可能也参与这一过程，因为严重缺失DNA甲基化会造成ESC分化能力的部分障碍，并且使那些能分化的ESC表达出滋养外胚层的标志基因[2]。

ESC多能性的维持依赖于转录因子OCT4、Nanog和SOX2。这些转录因子单独或共同结合于ESC中的许多基因位点，而这些基因或表达或被沉默从而维持ESC的多能性。ESC体外分化的特征为多能性基因的转录沉默，并且在所有体细胞中维持抑制状态。表观遗传修饰对于ESC多能性基因的抑制非常重要，例如在分化过程中，OCT4的启动子积累抑制性的组蛋白标记和DNA甲基化[3]，而在DNMT1敲除的胚胎中，DNA甲基化的丢失会导致OCT4在分化过程中重新表达[3]。另外在ESC的基因组中，常染色质区域大于体细胞中的常染色质区域，在ESC分化过程中，其基因组中的许多常染色质转变为异染色质区域。与体细胞染色质相比，ESC的染色质呈现出更为松散的状态，这种状态是染色质的一种超动态（hyperdynamic）结构。这种结构被认为是ESC基因组具有可塑性的原因[4]。ESC与体细胞在染色质结构方面的这种极大差异也正是不同表观遗传修饰的结果。在ESC向不同类型体细胞分化的过程中，伴随着大量的表观遗传修饰变化，最终使ESC特异的表观遗传修饰模式、基因表达模式转变为不同类型体细胞特异的表观遗传修饰模式及基因表达模式。

一、DNA甲基化与胚胎干细胞

DNA甲基化是表观遗传学最重要的研究内容之一，主要是与基因沉默有关的表观遗传修饰。目前已经鉴定出3种不同的DNA甲基转移酶（DNMT1、DNMT3a、DNMT3b）亚型，其中DNMT1优先作用于DNA CpG岛甲基化的模板，而DNMT3a和DNMT3b对于新生的DNA甲基化至关重要。

DNA的甲基化在体细胞中近乎严格地局限于CpG二核苷酸，但是ESC与体细胞在DNA甲基化修饰方面不同，即在ESC中还能对于非CpG二核苷酸的某些胞嘧啶进行甲基化修饰，ESC表现出广泛的非CpG甲基化，最多的为CpA二核苷酸区甲基化，这种甲基化反映了从头甲基转移酶的高活性[5]。Lister等的研究表明，当体细胞重编程为诱导的多潜能干细胞后，这种DNA甲基化修饰模式又重新建立起来，从而表明ESC基因中非CpG二核苷酸位点胞嘧啶的甲基化是其维持多潜能表型所特异的、必需的[6]。另外，尽管甲基转移酶（DNMT3a、DNMT3b）高表达，但ESC全基因组DNA甲基化的水平却比体细胞中基因组内的DNA甲基化水平低[7]。非CpG甲基化富集于某些特征性基因，且与高水平的CpG甲基化共同出现[8]。DNMT3l增强非CG从头甲基化，其在多能性上可能有定向活性，而分化时被沉默[9-10]。在人类的ESC中，76%的CpG二核苷酸存在甲基化修饰，但这些修饰仅趋向于含较少CpG二核苷酸的DNA区，并且多数位于组织特异性基因的调控序列区[11]。在分化中的胚胎癌性细胞或ESC中，DNMT3a和DNMT3b这两种酶通过密切协同作用使OCT4和Nanog基因的启动子区甲基化。在多能性细胞和鼠的ESC发育过程中，去除DNMT3a和DNMT3b可以引起甲基化不足，OCT4和Nanog的表达失调[12]。

与分化细胞和肿瘤细胞相比，人类的ESC具有独特的DNA甲基化标志[13]。在近期的mESC启动子区域进行的全基因组高分辨率DNA甲基化图谱分析发现，染色质状态地图（组蛋白修饰）叠加在一个给定的DNA甲基化“背景”，超过6100个基因被注解，它们的启动子区域存在高度甲基化。在鼠ESC中，DNA甲基化主要发生在ICP（intermediate CpG content promoters）、LCP（low CpG content promoters）或HCP（high CpG content promoters）的非CpG岛区域。甲基化基因的本体论分析表明，这些基因编码感官知觉和信号分子，这表明甲基化的基因，主要涉及后期分化和信号转导过程，而在鼠ESC中不表达；非甲基化的启动子与转录、RNA和蛋白质代谢过程、细胞存活和增殖有关，提示非甲基化启动子与ESC中的活化基因有合理相关性。通过在基因组水平的DNA甲基化图谱分析显示，DNA CpG岛的甲基化是一种动态的表观遗传学标记，而这种标记在未分化的干细胞和分化的细胞中其CpG岛的甲基化区域是不同的。DNA甲基化和约87%的

ESC抑制性的基因有关，并且这些基因上没有二价组蛋白修饰区域[14]。该研究认为DNA甲基化对于这类在ESC中处于沉默状态的基因是一种潜在的抑制性机制。当ESC进行分化时，DNA甲基化也可以使其关键性的多潜能性转录因子基因沉默，DNMT3a和DNMT3b可以使胚胎癌性细胞和分化中ESC的*oct4*及*nanog*基因的启动子发生甲基化[18]。

ESC必须维持分化相关基因的沉默状态，部分通过二价染色质结构域的建立而达到的。这些结构域之所以被称为“二价”，是因为它们含有转录允许组蛋白修饰三甲基化H3K4（H3K4me3）和转录沉默组蛋白修饰三甲基化H3K27（H3K27me3）两者的重叠区域，分别由MLL（mixed-lineage leukemia）复合物和PRC2成分EZH2介导[15]。染色质二价结构域维持着发育相关的重要基因的沉默状态，如原始转录因子Hox和其他组织特异基因，同时保持它们在抑制和激活中的平衡，而这取决于ESC所分化的细胞系[15]。事实上，正是通过这些基因，这种二价结构可以使ESC保持发育的可塑性。

二、组蛋白修饰与胚胎干细胞

组蛋白是真核生物染色体的结构蛋白，是构成核小体的基本单位。组蛋白可以共价修饰而发生乙酰化、甲基化等，这些修饰调节着染色质的结构和动态，并且招募效应因子到特定的基因位点，形成一个复杂的调控体系，这些组蛋白的不同修饰又称为“组蛋白密码”。组蛋白乙酰化与基因活化及DNA复制相关，组蛋白的去乙酰化与基因的失活相关。组蛋白甲基化修饰既可使染色体结构发生变化，也可以通过其他转录因子来调控基因的表达。组蛋白H3和组蛋白H4是核小体的组成成分，组蛋白H3和组蛋白H4是许多调节因子在染色体结合的位点，并调节着染色体的结构。组蛋白修饰也是表观遗传学重要的调节方式之一，与DNA甲基化相比，组蛋白修饰具有更高的多样性和复杂性。组蛋白尾部赖氨酸残基的乙酰化和去乙酰化由组蛋白乙酰基转移酶（histone acetyltransferase，HAT）和组蛋白去乙酰化酶（histone deacetylase，HDAC）分别调节。组蛋白赖氨酸残基上的甲基化及去甲基化分别由组蛋白甲基转移酶（histone methyltransferase，HMT）和组蛋白去甲基化酶（histone demethylase，HDM）催化、介导完成。组蛋白的甲基化修饰根据甲基化的赖氨酸所处位置，既能激活基因转录，也能抑制基因转录。如组蛋白H3第4位赖氨酸残基（H3K4）的甲基化是基因组转录活跃的标志，而组蛋白H3第9位（H3K9）及第27位赖氨酸残基（H3K27）的甲基化则是基因组转录沉默的标志。

ESC基因组中具有较多的组蛋白乙酰化修饰及组蛋白H3第4位赖氨酸甲基化修饰（H3K4me），具有较少的组蛋白H3第9位赖氨酸三甲基化修饰（H3K9me3）[16]，在人类及鼠ESC分化过程中，基因组内H3K9me3修饰的数量明显增加，尽管在此过程中组蛋白H3第9位赖氨酸乙酰化的总体水平也会增加，但这可能是上调某些分化相关基因的目的所在[17]。理论上来说，组蛋白乙酰化修饰及H3K4me修饰是允许基因进行表达，而H3K9me3修饰则是抑制基因表达，进行基因沉默的修饰。由于ESC的染色质呈现松散的状态，前起始复合物（pre-initiation complex，PIC）很容易结合于大量基因的启动子，从而启动基因的表达，这些基因包括多潜能基因及发育分化相关基因[18]，发育及分化相关基因的大量表达必然导致ESC的分化及多潜能性的特性丧失。

在ESC基因组中，重要的发育相关转录因子的启动子区富含组蛋白H3第27位赖氨酸甲基化修饰（H3K27me），同时还富含H3K4me修饰。这2种表观遗传修饰在调节基因表达中的功能相反，前者使基因沉默，而后者则允许基因表达。当ESC分化时，需要沉默的基因，通过其启动子区增加H3K27me修饰的数量，同时增加其他抑制基因表达的表观遗传修饰模式，如DNA甲基化等，减少H3K4me修饰的数量，最终使该基因完全处于沉默状态。而需要表达的基因，其启动子区增加H3K4me修饰的数量及程度，同时增加其他促使基因表达的表观遗传修饰，如DNA去甲基化、组蛋白乙酰化等，降低H3K27me修饰的数量，最后导致基因表达[19]。另外，在某些富含H3K4me修饰的组织特异基因的调控区，则该区域的DNA甲基化水平会明显减低，提示组蛋白修饰与DNA甲基化修饰在功能上具有相互作用。

同样，大量的研究表明，表观遗传修饰在ESC的分化过程中具有重要的作用，推动ESC向不同类型的细胞进行分化。在ESC的分化过程中，染色质约束的结构会逐步替换之前松散的状态。这种约束的染色质结构限制了基因组中基因表达的类型，这可能是由于组蛋白H3第10位丝氨酸磷酸化（H3S10p）及组蛋白H3第14位赖氨酸乙酰化修饰，目前组蛋白 H3 的这 2 种修饰的具体下游事件尚未完全阐明。Johansen 等的研究认为，H3S10p 是更具有调控性的染色质所具有的组蛋白修饰模式[20]。因此，组蛋白磷酸化修饰使 ESC 中松散开放的染色质结构转变为约束的结构，并为其他的表观遗传修饰奠定基础。随后，染色质中需要沉默的基因，其表达调控区中丢失 H3K4me 修饰，H3K27me 的修饰保留或者增加[21]，异染色质特异的表观遗传修饰模式进一步增加，例如 H3K9me。通常，基因组中 H3K27me 修饰增加，代表了一种主要的基因抑制修饰模式。研究表明，在不同类型体细胞的基因组中，H3K27me 及 H3K9me 修饰范围的大小存在一定差异，但是在体细胞基因组中 H3K27me 及 H3K9me 修饰的范围平均而言分别是 ESC 中的 2～3 倍[22]，H3K4me 的丢失使 DNA 甲基化的建立成为可能，从而进一步抑制了基因的表达。这些表明，表观遗传修饰在 ESC 的分化过程中扮演着非常重要的角色。

ESC 中的二价染色质区域包含 H3K4 二 / 三甲基化和 H3K27 三甲基化标志物[15, 23]，在细胞分化过程中可维持相关基因的激活表达状态，组蛋白去甲基化酶参与维持染色质二价结构域[24]。例如，在 ESC 分化后，*hox* 基因得到强表达，并伴随着 H3K27me3 去甲基化酶 KDM6A（之前是 UTX）与 *hox* 基因启动子区域结合的增加，这导致了 H3K27me2 和 H3K27me3 的减少和 PRC2 的分离[25]。令人惊奇的是，在干细胞中 H3K27 去甲基化酶 Jarid2（JMJ），在生理上与 PRC2 复合物相联系，为 PRC2 有效地与其靶点结合所需，而且抑制 K27 甲基化，因此它在发育过程中扮演着 PRC2 的内部调节子[26]。其他二价结构域标记的基因在特异的发育通路中需要保持稳定的抑制状态。这是由 PRC2 和 H3K4me3 去甲基化酶 KDM5A（RBP2，又称 JARID1A）串联作用所获得的，而后者在这些基因启动子区域上的募集导致 H3K27me3 的增加和 H3K4me3 的减少[27]。敲除人 ESC 中 LSD1 的表达，可引起人 ESC 分化，全能性因子 OCT4、SOX2、Nanog 的表达水平有所下降，但下降率未超过 50%，而调控内、中胚层细胞谱系的几种重要基因，如 *foxa2*、*eomes*、*bmp2* 和 *sox17* 的表达明显上调[28]

ESC 基因调控还涉及组蛋白乙酰化。第 3 类 HDAC SIRT1 被认为参与了发育过程，因为这种蛋白质突变的小鼠在出生前或围生期就会死亡；幸存者个体较小，且无生殖能力，双眼睑打开障碍，慢性肺部感染，胰腺萎缩[29]，视网膜及心脏发育缺陷。这些数据表明，SIRT1 在早期发育中发挥着作用，而这个作用并不是至关重要的，因为小鼠可以通过早期胚胎发育阶段，甚至在某些情况下，达到成年阶段；SIRT1 可能对基本发育过程有一个调节作用。SIRT1 的主要生物学形式是一个分子量约 350 000 的同源三聚体复合物，但在干细胞中，它形成了 PCG 相关的 PRC4 复合物，功能上类似于 PRC2[30]。SIRT1 与染色质结合后，去乙酰 H4K16 和 H3K9，并直接募集组蛋白 H1，导致 K26 去乙酰[31]，随后 H1K26 就可以被 EZH2 甲基化[32]，而 EZH2 与 SIRT1 并存于 PRC4 复合物中。此后，HP1 蛋白通过其染色质域与二甲基化 H1K26 结合[33]。同时，活化的染色质标记二甲基化 H3K79 从启动子区域丢失[34]。最后，SIRT1 促进异染色质标记的建立，比较特别的是 H3K9me3 和 H4K20me，前者与 SUV39h1 相互作用[35]。SIRT1 通过 H3K9 的去乙酰化诱导 SUV39h1 依赖的 H3K9 三甲基化，并通过其 N- 端区域募集 SUV39h1。此外，其与 SUV39h1 的结合可增加 SIRT1 在体外和体内的甲基转移酶活性，这可能是通过构象变化达到。最后，SIRT1 去乙酰化 SUV39h1 的 K266，该残基位于 SET 催化结构域，这可以使酶的活性更强。SIRT1 被认为参与了人类 ESC 分化的第一步。SIRT1 在小鼠和人的 ESC 中强烈表达，而在分化过程中其水平逐渐下调。这种 SIRT1 水平的调节似乎是由各种机制介导，包括 RNA 结合蛋白 HUR 的精氨酸甲基化对 mRNA 的稳定。小鼠 ESC 中，SIRT1 通过直接结合并去乙酰化组蛋白从而抑制部分发育相关基因的启动子，并且该蛋白质在分化过程中通过表达下调，调节这些基因的正确的时空激活。

三、miRNA 与胚胎干细胞

近年来，miRNA 在调控基因表达方面的重要作用逐渐被研究者们发现。miRNA 是一类 19～25nt 的具有调控功能的非编码 RNA，它们主要参与基因转录后水平的调控。在 ESC 的分化过程中，miRNA 的表达模式发生了变化[36]。当 Dicer 酶和 miRNA 处理元件的微处理器组分（Drosha-DGCR8-Ddx5）缺乏时[37-38]，鼠的 ESC 在分化和发育过程中会表现出一系列的缺陷。在干细胞中发挥作用的 miRNA 启动子区被干细胞转录因子网络的主要成员如 Nanog、

OCT4 和 SOX2 所占据[39-40]，在 ESC 分化过程中，这些转录因子自身受 miRNA[41] 和 PCG[42] 的调控。有研究指出，RA 诱导的鼠 ESC 的分化伴随着 miRNA（miR-134、miR-296、miR-470）表达量的上调，这些 miRNA 作用于多潜能性转录因子 Nanog、OCT4 和 SOX2 的编码序列[43]。最近的研究证明，miR-145 在自我更新的人 ESC 中水平很低，但在发生分化时其含量明显升高[44]。这项研究同时指出，miR-145 作用于多能性因子 OCT4、SOX2 和 KLF4 的编码序列，内源性的 miR-145 可以抑制这 3 个基因的 3' 端非翻译区，miR-145 含量升高可以抑制人 ESC 自我更新和多潜能性基因的表达，miR-145 丢失会使分化受阻，并且增加多潜能基因的表达[44]。miR-124 可以促成神经元的分化[45]。总体来说，这些研究认为 miRNA 调控一些独特的转录抑制机制，在这个过程中自身也被调控[39, 46]。

通过以上这些表观遗传机制的联合作用，ESC 中基因的表达模式可以被紧密、动态地调节。

第二节　成体干细胞表观遗传学

成体干细胞（ASC）存在于胎儿和成人组织及器官中，是已分化组织中的未分化细胞，具有自我更新能力并且可特化形成该类型组织的细胞。成体干细胞存在于机体的各种组织和器官中，正常情况下大多处于休眠状态，在病理状态或在外因诱导下可以表现出不同程度的更新和再生能力。虽然 ASC 可能不具有 ESC 那样的全能性，但在一定条件下，ASC 可跨越传统胚层概念的界限，分化为其他胚层来源的细胞，参与组织的修复和再生[47]。目前发现的成体干细胞主要有造血干细胞和神经干细胞。另外，还有间充质干细胞、肝干细胞、毛囊来源性干细胞、牙髓干细胞等[48-49]。成体干细胞自我更新和分化能力的维持同样依靠其基因组中各种类型的表观遗传修饰，我们主要以造血干细胞和神经干细胞为例进行介绍。

一、造血干细胞与表观遗传学

造血干细胞（hematopoietic stem cell，HSC）是目前研究最为清楚、应用最为成熟的成体干细胞，通过移植 HSC 治疗血液系统及其他系统恶性肿瘤、自身免疫性疾病和遗传性疾病等均取得令人瞩目的进展，极大促进了这些疾病的治疗，同时也为其他类型成体干细胞的研究和应用奠定了坚实的基础。所有的血细胞都是由多潜能的 HSC 分化而来。HSC 的分化是分阶段进行的，其向不同类型血细胞及淋巴细胞的分化，是不同表观遗传修饰的结果。通过不同的表观遗传修饰，使 HSC 中原本表达的基因表达或沉默，也可以使其原本被抑制的基因继续保持沉默或被激活表达，从而建立起细胞系特异性的基因表达模式。另一方面，基因表达模式又会影响基因组的表观遗传修饰模式，在基因组表达模式与基因组表观修饰模式的相互作用和影响下，HSC 向不同的细胞系分化，最终形成不同类型的终末分化细胞。

研究表明，DNA 甲基化在调节 HSC 自我更新及决定淋系和髓系细胞命运中起着直接的重要作用。为了确定甲基化在造血中的作用，HSC 中 DNMT1 基因被亚效等位基因（hypomorphic allele）所替代[50]，这些只表达低水平的 DNMT1 的 HSC 丧失自我更新能力，并且呈现缺陷的分化模式，该缺陷的分化模式以髓系发育占主导地位为特点[51]，因此可能存在一组特定的基因，在正常情况下能够去甲基化从而活化髓系分化但在淋系分化时保持沉默。在 DNMT1 低表达的细胞中，这些基因经历了过早的去甲基化和转录活化，从而迫使细胞进入髓系分化途径。在这种情况下，所涉及的基因是最有可能的组织特异性或谱系限制的基因，相比之下，DNMT3a 及 DNTM3b 均缺失的 HSC 可以正常分化为所有谱系，表明新生 DNA 甲基转移酶本身不是确定谱系所必需的，尽管这些酶可以在 HSC 自我更新中有作用[52]。当与其他组织比较时，造血过程中 DNA 甲基化谱异常相似，这表明 DNA 甲基化在系列特异性上较在进化上有更大的作用[53-55]。但是，静止期 HSC 中 DNA 甲基化的重要性在条件性 DNMT1 敲除小鼠中表现显著，表现出自我更新障碍及明显的髓系淋系转换的失调[51, 56]。虽然进行性的 DNA 甲基化在淋系细胞中累积，且进入这一选择受到 DNMT1 保护，但 DNMT3a 和 DNMT3b 的作用仍不很清楚。在小鼠中，条件性敲除 DNMT3a 及 DNMT3b 对 HSC 的表型影响微弱，虽然连续移植能导致新的类似于 DNMT1 敲除表型的缺陷，这可能是整体甲基化丧失的结果[52]。DNMT3 对于正常 HSC 功能不重要，但是它们可能参与特异区域的稳定沉默，这些区域如果受到适当的刺激将保持激活的能力。DNMT3a 缺失的 HSC 系列移植会导致过度增殖，且使多能性相关因子在终末分化细胞保持表达[57]。与 DNMT3a 和 DNMT3b 均被敲除的细胞不同，这些系列移植的 DNMT3a 缺失的 HSC 表现出 CpG 岛高度甲基化，且分化的子代表现出整体低甲基化的背景[57]。有趣的是，DNMT3a 再导入仅能部分逆转这一现象，表明 DNMT3a 缺失对 HSC 的转化是不可逆的[57]。虽然 DNMT3a 在维持 HSC 静止中的具体功能仍然不清楚，它可能在干细胞相关调节序列的深度沉默中起作用，这种沉默仅在合适的条件下才能去除。

定向去甲基化也似乎参与 HSC 分化[58-59]。例如，从小鼠早期的祖细胞进化到粒细胞 - 巨噬细胞阶段伴有很多基因启动子的去甲基化，包括 Gadd45 α（growth arrest and DNA-damage-inducible 45 alpha），同时 Gadd45 α 表达上调[60]。有趣的是，TET2（ten-eleven translocation）的突变在多种类型的髓系白血病细胞中常见，HSC 体外分化时或体内移植后这一基因缺失导致 HSC 增殖加速和髓系分化偏离，表明系列分化中的去甲基化可能对由多能细胞到特殊细胞的转换起重要作用[61]。TET2 也被证实促进 CEBPα 引导的淋系前 B 细胞向巨噬细胞的转分化，这有赖于诱导位于高甲基化调节序列的活跃增强子相关的表观遗传变化[62]。

上述关于 HSC 甲基化的研究，为基因抑制在谱系决定中起着基础性作用的观点提供了有力的证据。在 ESC 中，许多基因序列具有二价染色质结构，在相同位点可以同时出现活化的 H3K4me3 及抑制性的 H3K27me3。这种结构被认为通过失去 H3K27me3 修饰或者通过失去 H3K4me3 为这些基因进行更持久的抑制提供了一个灵活的平台。目前已经证明在成体 HSC 中同样存在相当大数量的二价基因序列，这些序列进行随后的决定谱系过程的修饰，这样就可以降低在分化细胞类型中二价基因的数量[21]。或者，HSC 可能其本身包括不同数量的亚群，这些亚群在这些位点携带可选择的组蛋白标记。主要造血细胞调节基因，如 *pax5*（paired box gene 5）和 *ebf1*，在 HSC 中具有明确的二价组蛋白甲基化状态，而涉及非造血谱系的调节基因，如 *myod1*（myogenic differentiation 1）及 *sox3*（SRY-box containing gene 3），则特有地标记上了 H3K27me3，即使这些基因在 ESC 时最初为二价状态[63]。

最近发现，HSC 的发育过程、自我更新和分化的功能也受到 miRNA 的调控。人类造血干细胞在其发育及分化的各个过程中存在特征性 miRNA 表达谱，参与调控造血干细胞发育进程。HSC 包括长期造血干细胞（long-term HSC，LT-HSC）和短期造血干细胞（short-term HSC，ST-HSC）。LT-HSC 通过不断地自我更新和向 ST-HSC 转化来维持自身的动态平衡[64]。在 LT-HSC 中高表达一系列 miRNA，包括 miR-125a、miR-125b、miR-155、miR-99a、miR-126、miR-196b、miR-130a、miR-542-5p、miR-181c、miR-193b 和 let7e。为了评估它们对于长期造血干细胞移植物的影响，通过反转录病毒转染入骨髓细胞过表达 miRNA，并且注射到致死剂量照射的受体发现，在造血舱室出现的不同表型依赖于 miRNA 的过表达[65]。另外，mi R-196b 可以直接抑制 *hoxa9* 基因的表达，而 *hox* 基因在 HSC 维持自身的动态平衡过程中具有重要作用[66]。Bissels 等采用基因芯片技术，分析了 $CD133^+$ 细胞及其分化细胞 $CD34^+CD133^-$ 和 $CD34^-CD133^-$ 上 miRNA 的异同，发现 $CD133^+$ 细胞和 $CD34^+CD133^-$ 细胞上 miRNA 的表达不同，而 CD133 广泛存在于 HSC 细胞表面，从一定程度上说明了 miRNA 可能与 HSC 细胞的分化功能有关[67]。Alaiti 等进一步研究发现，miR-210 可以促进 $CD34^+$ 干细胞的发育[68]。miR-146a 和 miR-150 可以促进 HSC 向 T 淋巴细胞的分化[69]。miR-142a-3p 通过抑制 IRF-7（interferon regulatory factor 7）介导的炎症信号通路调节 HSC 形成以及分化[70]。总之，多种 miRNA 参与调控 HSC 动态平衡的维持、定向分化以及自我更新功能。

二、神经干细胞与表观遗传学

1992 年 Renyolds 等[71]从成年小鼠纹状体分离得到能在体外不断增殖且具有多种分化潜能的细胞群，表明在成熟的神经系统中存在神经干细胞（neural stem cells，NSC）。NSC 分布于成年及胚胎的中枢神经及周围神经系统，具有自我更新能力，在生长因子、神经递质、激素及损伤、环境因素改变的刺激下，可分化为不同类型的神经元、星形胶质细胞和少突胶质细胞[72]。

表观遗传学在NSC分化的每一过程中都起着重要的作用，首先NSC在发育阶段多向分化潜能的获得与DNA甲基化紧密相关。DNA甲基化在细胞分化中扮演一个关键的角色。NSC是一类具有分裂潜能和自我更新能力的母细胞，它可以通过不对等的分裂方式产生神经组织的各类细胞，NSC的发现打破了神经元不会再生的传统观念。近年来人们对多种神经系统疾病的相关基因基础有了新的认识，NSC的临床应用，为多种神经系统遗传性和获得性疾病的治疗开辟了一条崭新的途径。

研究表明，采用组蛋白去乙酰化酶（HDAC）抑制剂VPA处理后可以诱导体外培养的、成年海马来源的NSC，上调神经元特异性转录因子NeuroD的表达，使NSC趋于向神经元分化[73]，抑制向胶质细胞的分化。近期有研究表明，乙醇能改变DNMT1在细胞中的分布而阻碍NSC的分化[74]。研究表明DNMT1表达失调可能与药物滥用、自杀和精神失调有关，如精神分裂症和双相情感障碍[75]，提示DNMT1引起DNA甲基化是正常发育的先决条件[76]。甲基化CpG结合区域（methyl-CpG-binding domain，MBD）蛋白家族成员能影响NSC的分化。中枢神经系统中MBD蛋白主要在神经元表达，而在星形胶质细胞或少突胶质细胞表达较少或不表达。并且，MBD蛋白本身是转录抑制子，能结合到甲基化CpG位点，与其他转录复合抑制因子相互作用或招募组蛋白修饰酶改变染色质结构。在NSC中MECP2的表达促进其向神经元分化，同时阻碍向星形胶质细胞的分化。MBD1在成年NSC表达，分析从成年MBD1缺失的鼠脑中分离的NSC，发现MBD1缺失的NSC分化能力减少，与野生型相比MBD1缺陷的NSC产生较少的神经元，这与体内发现一致。表明MBD1对NSC分化为神经元具有重要的作用[77]。关于NSC向星形胶质细胞的分化，有研究表明细胞因子白介素6家族（如白血病抑制因子LIF）及成骨蛋白（bone morphogenetic protein，BMP）对促进NSC向星形胶质细胞分化起到了协同作用。LIF能激活JAK信号传感器，当与它们的受体结合时激活STAT转录途径；而BMP通过它们的丝/苏氨酸激酶同源受体激活下游的转录因子SMAD，通过形成一种激活STAT3和SMAD的复合物STAT3-p300/CBP-SMAD作用于星形胶质细胞特异性基因（如GFAP启动子），实现星形胶质细胞基因间的协同作用。此外，这些早期星形胶质细胞的分化不仅由GFAP启动子STAT3结合位点的去甲基化决定，也取决于JAK-STAT途径的基因启动子的快速去甲基化和基因表达的随之上调。培养小鼠胚胎干细胞剥离的NSC表明，在COUP-TFⅠ/Ⅱ（chicken ovalbumin upstream promoter transcription factors Ⅰ/Ⅱ）复合物被敲除掉后，GFAP启动子的CpG甲基化水平很高，从而阻碍了由神经发生到胶质细胞发生的转换。在小鼠前脑发育过程中，COUP-TFⅠ/Ⅱ复合物的敲除也产生同样的结果和影响[78]。这些结果表明，COUP-TFⅠ/Ⅱ是GFAP启动子去甲基化的重要调节因素。尽管目前已明确DNA去甲基化决定星形胶质细胞表达的能力，但这一过程的根本机制还未得到阐明。此外，通过微阵列分析方法对妊娠中、后期全基因组DNA甲基化状态进行了分析比较，结果表明在NSC分化后期，大量星形胶质细胞基因去甲基化[79]；因此，DNA去甲基化对确定NSC命运的时序起到了重要作用。

一般情况下，由HAT引起的组蛋白乙酰化导致染色体重塑，使染色体由紧密形式变为疏松形式，随后导致转录激活。相反，通过HDAC减少组蛋白的乙酰化会导致压缩的染色体构造（异染色质），最后导致转录沉默。组蛋白乙酰化与小鼠胚胎干细胞（mESC）分化为NSC和神经元有一定的相关性。与成年干细胞和已分化的细胞相比，mESC呈现较高的整体组蛋白乙酰化水平，这与它们的高水平转录和更加开放的染色质构型相符合[80]。研究表明在mESC和非神经元细胞中，通过NRSF/REST（neuron restricted silencing factor/RE-1 silencing transcription factor）与它的DNA反应元件RE-1相结合来抑制神经元特异基因。这种结合通过募集HDAC1/2和SIN3A形成一种抑制复合物。随着细胞分化为神经祖细胞（neural progenitor cell，NPC）和神经元，NRSF/REST降解，从而使包含HDAC的抑制复合物从神经元特异性基因位点解离出来。当体外给予HDAC抑制剂丙戊酸钠时，NSC以分化为神经元为主。丙戊酸钠介导的HDAC抑制能够上调神经元特异性NeuroD，它是一种基础的神经源性螺旋-环-螺旋转录因子，对向神经元和胶质细胞分化分别有诱导和抑制作用。在发育的大鼠脑和E14NSC的培养过程中给予丙戊酸钠能够激活Ras-ERK通路，促进神经发生，并通过Ras-ERK-p21途径诱导分化及阻碍NPC的增殖[81]。对出生后的大鼠给予丙戊酸钠能够延迟前脑发育中NSC分化成髓鞘少突胶质细胞。近期研究还表明，HDAC1/2能够通过扰乱 Id2/4 位点的 TCF 活性复合物（一种分化基因的抑制复合物），阻碍 Id2/4 蛋白的合成，促进小鼠少突胶质细胞的发展[82]。组蛋白 H3 甲基化位点的不同可导致 NSC 向不同方向分化，若 STAT3 结合位点的 H3K9 甲基化，则导致 NSC 丧失分化功能；若甲基化发生在 H3K4 上，则促使神经祖细胞向星形胶质细胞分化；若 H3K9 和 H3K4 位点均去甲基化，则促使神经祖细胞向神经元分化[83]。因此，组蛋白 H3 的不同位点甲基化，影响细胞向不同的、特定的方向分化。另外组蛋白去甲基化酶 KDM1 可在 NSC 中表达，并对 NSC 的增殖起着重要的调节作用，抑制 KDM1 活性或敲除 KDM1 会大大降低 NSC 的增殖能力。研究表明，利用免疫荧光分析 KDM1 在 NSC 中的表达，发现无论是化学因素抑制 KDM1 活性还是 siRNA 敲除其表达，都会导致神经干细胞增殖能力的显著下降[84]。

此外，miR-124 及 miR-9 过表达能促进 NSC 向神经元分化，而它们的下调具有相反作用。研究表明 STAT3 负责使 NSC 向星形胶质细胞分化，miR-124 及 miR-9 则是通过抑制 STAT3 活性从而促进 NSC 向神经元分化[85]。一些研究结果还表明，miR-9 可以形成一种含有 Tlx 的调控环，它是 NSC 内的一种自我更新基因，通过调节其他基因的转录，影响神经发生[86]。近期有文献报道，MBD1 通过直接抑制 miR-184 的表达来调控 NSC 的增殖和分化[87]。因此 miRNA 在 NSC 分化的过程中也起重要的调节作用。

第三节　肿瘤干细胞表观遗传学

肿瘤是当今社会对人类健康和生命危害最大的疾病之一，即使在人类医学科技迅速发展的今天，对于肿瘤的治疗仍是一大难题，其根本原因是对肿瘤的发生、发展、转移和复发的机制尚不清楚。近些年来，研究人员通过对肿瘤细胞表面标志物、增殖能力和致瘤能力等的深入研究，提出了肿瘤干细胞理论。

肿瘤干细胞（cancer stem cell，CSC）是肿瘤细胞中存在的小部分具有无限增殖、自我更新、多向分化潜能、放化疗耐受以及高致瘤能力等干细胞特性的细胞亚群，研究发现，这类细胞与肿瘤的生长、转移和复发具有密切联系。

然而，目前对肿瘤干细胞的调控机制还不甚清楚，与此同时，越来越多的研究表明，对于肿瘤干细胞的发生与功能维持，表观遗传学的调控机制可能发挥着极其重要的作用。

一、DNA 甲基化与肿瘤干细胞

作为基因组 DNA 的一种主要表观遗传修饰方式，DNA 甲基化的表观遗传沉默是一个调控肿瘤干细胞发生及维持其特性的重要机制。大量研究表明 CD133 分子，作为结肠癌、卵巢癌、肝癌、前列腺癌和脑部肿瘤的肿瘤干细胞的标志，是直接通过其启动子的甲基化进行调节[88-91]。Baba 等[88]从卵巢癌细胞中分选出以 CD133 分子作为标志物的卵巢癌干细胞，进一步的研究发现，CD133 的基因转录受组蛋白修饰和启动子甲基化控制。用 DNA 甲基转移酶抑制剂和组蛋白去乙酰化酶抑制剂处理 CD133-卵巢癌细胞，能够诱导 CD133 蛋白表达，并且 CD133 基因启动子的 DNA 甲基化程度与 CD133 蛋白的转录呈负相关性，$CD133^+$ 干细胞的子代细胞中 CD133 细胞亚群中该基因启动子甲基化增加，而 $CD133^+$ 细胞亚群，该启动子很少存在甲基化或未甲基化。Pellacani 等[92]发现，在前列腺癌中标志为 CD133 的肿瘤干细胞，明显受到染色质浓缩的动态调控。此外，在结肠癌中研究发现，Wnt 靶基因 *ascl2* 和 *lgr5* 的 DNA 甲基化，与肿瘤的发生密切相关[93]，而早期的研究表明这 2 个基因同样存在于结肠癌干细胞[94]。Lee 等[95]研究表明，与正常的神经干细胞相比，恶性胶质细胞瘤干细胞的成骨蛋白受体 1B（bone morphogenetic protein receptor 1B，BMPR1B）的表达因其启动子区域的 DNA 高甲基化而沉默，从而影响 BMP 和 CNTF 介导的神经干细胞向星形细胞分化的途经；而外源性 BMPR1B 的表达可以增加胶质瘤肿瘤干细胞的分化能力并降低其成瘤性。

二、组蛋白修饰与肿瘤干细胞

目前，在肿瘤干细胞中特异性的组蛋白乙酰化修饰事件尚未清楚。然而，从HDAC抑制剂在肿瘤中的作用提示在肿瘤干细胞存在组蛋白的乙酰化。Nalls等发现在胰腺癌干细胞中miR-34a存在表达下调，他们认为是通过表观遗传沉默发生的。采用HDAC抑制剂Vorinostat，或去甲基化剂5-Aza-dC分别处理，可以上调胰腺癌干细胞中miR-34a的表达，从而导致胰腺癌干细胞的活性降低及上皮-间质转化（epithelial-mesenchymal transition，EMT）受抑制[92]，EMT不仅赋予细胞迁移和侵袭特征，还可使肿瘤细胞获得自我更新能力而具有干细胞的特性，从而促进CSC的产生。

畸胎瘤是多能性生殖细胞和胚胎干细胞异常发育引起的多能性肿瘤（pluripotent tumors）之一，其他多能性肿瘤包括胚胎癌、精原细胞瘤、绒毛膜癌和卵黄囊瘤。这些多能性肿瘤显示具有多能干细胞的特性，能够表达干细胞标志物OCT4和SOX2，并能分化成各种组织类型[96]。CBB1001-CBB1009作为一种新型KDM1特异性抑制剂，可选择性地抑制这些肿瘤干细胞中的多能性基因（*oct4*和*sox2*）的表达，抑制肿瘤干细胞（畸胎瘤、胚胎瘤或精原细胞）的增殖，而对非多能性肿瘤细胞或正常的体细胞则没有抑制作用[97]。KDM1在多能性肿瘤干细胞中呈高表达，其失活会抑制干细胞标志物OCT4和SOX2的表达。组蛋白甲基化与去甲基化失平衡与肿瘤的发生、发展密切相关，KDM1通过调节激活或抑制的染色质结构域从而调控基因的表达。研究发现KDM1是Mi-2/NuRD复合体的一个内在亚基，NuRD复合体除具有染色质重塑ATP酶和组蛋白去乙酰化酶活性外，还具有组蛋白去甲基化酶的活性，揭示了组蛋白去乙酰化和组蛋白去甲基化这2种重要的组蛋白修饰在调节CSC的过程中同样发挥重要的作用。

三、miRNA与肿瘤干细胞

研究显示，miRNA在多种肿瘤的CSC中存在表达异常，CSC的恶性表型维持需要众多miRNA的参与，阐明它们的作用将有助于更全面深入地认识肿瘤发生和发展的分子机制。近年来越来越多的研究表明miRNA调控在肿瘤的发生与转移中扮演重要的角色，更有研究表明，miRNA参与CSC的分化与维持[98-99]，这表明miRNA与肿瘤乃至CSC具有十分密切的联系。

乳腺癌和卵巢癌是女性常见的恶性肿瘤，研究发现其中的CSC恶性表型的维持与异常表达的miRNA密切相关。CSC可以在无血清培养液内呈非黏附性球形生长，形成具有干细胞特性的肿瘤球。研究发现[98]，乳腺癌肿瘤球富含$CD44^{+}CD24^{-}$干细胞，且细胞let-7的表达明显降低，let-7能够抑制乳腺癌干细胞的增殖、致瘤、肿瘤球形成及转移能力。let-7通过负调控H-Ras的表达，降低乳腺癌干细胞的增殖、成瘤及转移能力，通过抑制HMGA2（high mobility group A2）的表达来促进细胞分化，表明let-7能够通过不同的机制抑制CSC的恶性表型。$CD44^{+}CD24^{-}$乳腺癌干细胞中发现37个表达异常的miRNA，其中miR-200c-141、miR-200b-200a-429和miR-183-96-182表达下调。miR-200c-141和miR-200b-200a-429同属于miR-200家族，miR-200c负调控BMI 1（B lymphoma Mo-MLV insertion region 1）的表达，使乳腺癌干细胞的成瘤能力明显降低，细胞失去了自我更新和增殖能力[100]。在卵巢癌的研究中发现卵巢癌$CD44^{+}$干细胞的miR-199a和miR-214的表达明显低于$CD44^{-}$细胞，高表达miR-199a和miR-214抑制核因子-κB（nuclear factor-kappa B，NF-κB）信号通路，细胞对化疗及肿瘤坏死因子α（tumour necrosis factor alpha，TNF-α）敏感性增加，而低表达miR-199a和miR-214的卵巢癌$CD44^{+}$干细胞呈低分裂与NF-κB信号通路激活状态[101]。

在CSC分选方法中，侧群（side population，SP）细胞分选法获得的SP细胞具有干细胞特性并富含CSC。在结直肠癌CSC的研究中发现[102]，在结直肠癌SP细胞中发现33个miRNA出现下调，40个miRNA出现上调。从结直肠癌SW1116和SW480细胞及肿瘤组织中分离出来的SP细胞，其miR-328的表达明显降低，miR-328使SW1116细胞及其羟喜树碱（hydroxycamptothecin，HCPT）耐药细胞（SW1116/HCPT）中的SP细胞比例分别下降了36%和13%，miR-328还能够提高SP细胞对化疗药物HCPT及氟尿嘧啶的敏感性，并抑制细胞的侵袭。在鉴定出的2个调控靶点ABCG2和基质金属蛋白酶16（matrix metalloproteinase 16，MMP16）中，ABCG2常常被用作干细胞分选的标志，提示miR-328表达的缺失在干细胞特性维持中具有重要作用。在胃癌CSC的研究中，针对miRNA的研究逐渐开展。研究发现[103]，miR-34通过负调控*hmga2*、*notch*和*bcl-2*等基因来抑制CSC的自我更新。肝癌与胰腺癌均为放化疗不敏感型肿瘤，临床尚缺乏有效的治疗方案，随着对肿瘤干细胞和miRNA的研究开展，可能会为提高这类肿瘤的临床疗效提供新的思路。研究显示，一些干细胞标志物（如 SOX2、OCT4 和 KLF4）受 miR-145 的调控。肝癌干细胞中 miR-145 表达明显降低。MiR-145 通过负调控 OCT4，抑制干细胞的多个恶性表型（肿瘤球形成、致瘤能力和细胞周期阻滞）[104]。另外在分析肝癌 $CD133^+$ 细胞 miRNA 表达谱时发现，miR-150 能够通过下调 c-Myb 的表达，降低肝癌 SMMC-7721 细胞中 $CD133^+$ 细胞的比例，促进细胞出现周期阻滞和凋亡，同时细胞的生长及肿瘤形成能力均受到显著抑制[105]。在胰腺癌的研究中发现胰腺癌 MiaPaCa2 细胞中典型干细胞特性的 $CD44^+CD133^+$ 细胞低表达 miR-34a/b/c[106]。MiR-34a 能够明显降低 $CD44^+CD133^+$ 细胞的比例，同时细胞的肿瘤球形成能力明显降低；进一步研究显示，miR-34a 通过负调控 Bcl-2 的表达而发挥抑癌基因样作用。其他研究显示，let-7b 及 miR-26a 能够抑制胰腺癌干细胞球的形成和增殖能力[107]。肺癌是当今肿瘤死亡的首要原因，在对肺癌 CSC 不断认识的过程中，对 miRNA 的研究也取得了一些进展。肺腺癌 SP 细胞或 $CD133^+$ 干细胞群中 miR-145 表达水平明显降低，上调 miR-145 的表达则抑制了肿瘤的生长和转移，提高了细胞对于放疗及化疗药物的敏感性[108]。目前，CD133 常被用作脑部肿瘤 CSC 的分选标志物，现已发现包含胶质瘤在内的脑部肿瘤 CSC 中有多个 miRNA 的异常表达。在胶质瘤 $CD133^+$ 细胞中 miR-145 的表达水平明显降低[109]。$CD133^+$ 细胞诱导表达 miR-145 后，抑制靶基因 *oct4* 和 *sox2* 表达，细胞的增殖、克隆、侵袭、肿瘤球形成能力及致瘤性均受到抑制。miRNA 在前列腺癌及头颈部癌的 CSC 中也发挥了很重要的作用。在前列腺癌细胞系及组织标本中分选出的 $CD44^+$ 细胞及 $LAPC4^-$ $CD133^+$ 细胞中，miR-34a 的表达明显降低，miR-34a 通过负调控 $CD44^+$ 的表达来抑制 $CD44^+$ 细胞的生长和转移[99]。乙醛脱氢酶 1（aldehyde dehydrogenase 1，ALDH1）$^+CD44^+$ 的头颈部肿瘤干细胞中 miR-200c 低表达，miR-200c 负性调节 BMI 1 的表达，从而抑制 $ALDH1^+CD44^+$ 细胞的克隆形成及其侵袭能力[110]。这些研究结果提示 CSC 受众多 miRNA 的调控，进一步研究这些异常表达的 miRNA 的生物学效应，将有助于揭示 miRNA 在 CSC 中的作用。

一些 miRNA 参与了 PCG 复合物与 DNA 甲基化的协作，从而调控肿瘤干细胞自我更新和分化之间的平衡。在不同类型的肿瘤中，miRNA、let-7 均明显降低，经常与恶性肿瘤进展密切相关。Let-7/Lin28 通路在乳腺癌干细胞的维持中起了关键的作用[111-112]。从人类肿瘤中分离的乳腺 CSC 表达低水平的 let-7。有趣的是，增加 let-7 的表达可以增加分化，导致 CSC 自我更新的降低，及免疫缺陷鼠肿瘤发生及转移的能力降低[98]。在人类前列腺癌中同样发现 let-7 家族的低表达导致 EZH2 过表达，重新表达 let-7 可以降低 EZH2 的表达从而抑制 CSC 的自我更新[113]。与 let-7 相比，miR-200 家族成员的表达在转化过程中不受影响，但它在乳腺癌干细胞中特异性地下调，事实上，miR-200b 和 miR-200c 的表达强烈抑制了干细胞的增殖及体内成瘤能力[110,114]，而这种效应是通过靶向 PcG 复合体的不同亚单位介导的。此外，miR-34a 调节 CSC 的肿瘤生长和转移功能。最近，研究表明在 CSC 低表达的 miR-34a 具有负性调节前列腺[99]、胰腺[106]和乳腺癌[115]肿瘤干细胞的起始能力。通过系统导入 miR-34a 抑制前列腺癌的转移和延长荷瘤小鼠的生存期[99]。在分析人类肝癌 $CD133^+$ 干细胞和 $CD133^-$ 非干细胞中的 miRNA 表达谱时发现，在干细胞中存在高表达的 miR-130b。靶向 TP53INP1 的 miR-130b[116]，及靶向分化调节子如 CDX2、GATA6 和 NLK 的 miR-181[117] 和 miR-371-3[118]，与非肿瘤干细胞相比，在不同的肿瘤干细胞是过表达的，从而增强自我更新和体内成瘤的能力。miR-200c 可以抑制 BMI 1 的表达[110]，而 miR-200b 的降低增加 SUZL2 的表达及 H3K27 的甲基化。在转化细胞异位表达 SUZL2 能够产生干细胞[114]。这些结果表明，miR-200 家庭成员在调控 CSC 的形成和功能中发挥了重要作用。

肿瘤干细胞的起源以及肿瘤的最终形成是一个非常复杂的过程，涉及体内外一系列因素和自我保护机制的改变，而表观遗传修饰在肿瘤形成中的作用毋庸置疑。

四、结语

表观遗传学在干细胞的分化与成熟过程中扮演着重要的角色，干细胞的分化、发育过程很大程度上就是表观遗传学发挥作用的过程。对于两者关系的深入研究，将有助于进一步阐明表观遗传学在干细胞自我更新和分化中调控的分子机制，为干细胞的临床应用奠定基础。

（刘素芳　张广森）

参考文献

1. Hemberger M, Nozaki T, Winterhager E, et al. Parp1-deficiency induces differentiation of ES cells into trophoblast derivatives. Dev Biol, 2003, 257(2):371-381.
2. Jackson M, Krassowska A, Gilbert N, et al. Severe global DNA hypomethylation blocks differentiation and induces histone hyperacetylation in embryonic stem cells. Mol Cell Biol. 2004, 24(20):8862-8871.
3. Feldman N, Gerson A, Fang J, et al. G9a-mediated irreversible epigenetic inactivation of Oct-3/4 during early embryogenesis. Nat Cell Biol, 2006, 8(2):188-194.
4. Meshorer E, Yellajoshula D, George E, et al. Hyperdynamic plasticity of chromatin proteins in pluripotent embryonic stem cells. Dev Cell, 2006, 10(1):105-116.
5. Ramsahoye BH, Biniszkiewicz D, Lyko F, et al. Non-CpG methylation is prevalent in embryonic stem cells and may be mediated by DNA methyltransferase 3a. Proc Natl Acad Sci USA, 2000, 97(10):5237-5242.
6. Lister R, Pelizzola M, Dowen RH, et al. Human DNA methylomes at base resolution show widespread epigenomic differences. Nature, 2009, 462(7271):315-322.
7. Tomazou EM, Meissner A. Epigenetic regulation of pluripotency. Adv Exp Med Biol, 2010, 695:26-40.
8. Ziller MJ, Muller F, Liao J, et al. Genomic distribution and inter-sample variation of non-CpG methylation across human cell types. PLoS Genet, 2011, 7(12): 1002389.
9. Arand J, Spieler D, Karius T, et al. In vivo control of CpG and non-CpG DNA methylation by DNA methyltransferases. PLoS Genet, 2012, 8(6):1002750.
10. Hu YG, Hirasawa R, Hu JL, et al. Regulation of DNA methylation activity through DNMT3L promoter methylation by DNMT3 enzymes in embryonic development. Hum Mol Genet, 2008, 17(17):2654-2664.
11. Weber M, Hellmann I, Stadler MB, et al. Distribution, silencing potential and evolutionary impact of promoter DNA methylation in the human genome. Nat Genet, 2007, 39(4):457-466.
12. Li JY, Pu MT, Hirasawa R, et al. Synergistic function of DNA methyltransferases DNMT3a and DNMT3b in the methylation of Oct4 and Nanog. Mol Cell Biol, 2007, 27(24):8748-8759.
13. Bibikova M, Chudin E, Wu B, et al. Human embryonic stem cells have a unique epigenetic signature. Genome Res, 2006, 16(9):1075-1083.
14. Farthing CR, Ficz G, Ng RK, et al. Global mapping of DNA methylation in mouse promoters reveals epigenetic reprogramming of pluripotency genes. PLoS Genet, 2008, 4(6):1000116.
15. Bernstein BE, Mikkelsen TS, Xie X, et al. A bivalent chromatin structure marks key developmental genes in embryonic stem cells. Cell, 2006, 125(2):315-326.
16. Kimura H, Tada M, Nakatsuji N, et al. Histone code modifications on pluripotential nuclei of reprogrammed somatic cells. Mol Cell Biol, 2004, 24(13):5710-5720.
17. Golob JL, Paige SL, Muskheli V, et al. Chromatin remodeling during mouse and human embryonic stem cell differentiation. Dev Dyn, 2008, 237(5):1389-1398.
18. Szutorisz H, Dillon N. The epigenetic basis for embryonic stem cell pluripotency. Bioessays, 2005, 27(12):1286-1293.
19. Boyer LA, Lee TI, Cole MF, et al. Core transcriptional regulatory circuitry in human embryonic stem cells. Cell, 2005, 122(6):947-956.
20. Johansen KM, Johansen J. Regulation of chromatin structure by histone H3S10 phosphorylation. Chromosome Res, 2006, 14(4):393-404.
21. Cui K, Zang C, Roh TY, et al. Chromatin signatures in multipotent human hematopoietic stem cells indicate the fate of bivalent genes during differentiation. Cell Stem Cell, 2009, 4(1):80-93.
22. Hawkins RD, Hon GC, Lee LK, et al. Distinct epigenomic landscapes of pluripotent and lineage-committed human cells. Cell Stem Cell, 2010, 6(5):479-491.
23. Azuara V, Perry P, Sauer S, et al. Chromatin signatures of pluripotent cell lines. Nat Cell Biol, 2006, 8(5):532-538.
24. Cloos PA, Christensen J, Agger K, et al. Erasing the methyl mark: histone demethylases at the center of cellular differentiation and disease. Genes Dev, 2008, 22(9):1115-1140.
25. Agger K, Christensen J, Cloos PA, et al. The emerging functions of histone demethylases. Curr Opin Genet Dev, 2008, 18(2):159-168.
26. Peng JC, Valouev A, Swigut T, et al. Jarid2/Jumonji coordinates control of PRC2 enzymatic activity and target gene occupancy in pluripotent cells. Cell, 2009, 139(7):1290-1302.
27. Pasini D, Hansen KH, Christensen J, et al. Coordinated regulation of transcriptional repression by the RBP2 H3K4 demethylase and polycomb-repressive complex 2. Genes Dev, 2008, 22(10):1345-1355.
28. Adamo A, Sese B, Boue S, et al. LSD1 regulates the balance between self-renewal and differentiation in human embryonic stem cells. Nat Cell Biol, 2011, 13(6):652-659.
29. McBurney MW, Yang X, Jardine K, et al. The mammalian SIR2alpha protein has a role in embryogenesis and gametogenesis. Mol Cell Biol, 2003, 23(1):38-54.
30. Kuzmichev A, Margueron R, Vaquero A, et al. Composition and histone substrates of polycomb repressive group complexes change during cellular differentiation. Proc Natl Acad Sci USA, 2005, 102(6):1859-1864.
31. Vaquero A, Scher M, Lee D, et al. Human SirT1 interacts with histone H1 and promotes formation of facultative heterochromatin. Mol Cell, 2004, 16(1):93-105.
32. Kuzmichev A, Jenuwein T, Tempst P, et al. Different EZH2-containing complexes target methylation of histone H1 or nucleosomal histone H3. Mol Cell, 2004, 14(2):183-193.
33. Daujat S, Zeissler U, Waldmann T, et al. HP1 binds specifically to Lys26-methylated histone H1.4, whereas simultaneous Ser27 phosphorylation blocks HP1 binding. J Biol Chem, 2005, 280(45):38090-38095.
34. Guenther MG, Jenner RG, Chevalier B, et al. Global and Hox-specific roles for the MLL1 methyltransferase. Proc Natl Acad Sci USA, 2005, 102(24):8603-8608.
35. Vaquero A, Scher M, Erdjument-Bromage H, et al. SIRT1 regulates the histone methyl-transferase SUV39H1 during heterochromatin formation. Nature, 2007, 450(7168):440-444.
36. Lakshmipathy U, Love B, Goff LA, et al. MicroRNA expression pattern of undifferentiated and differentiated human embryonic stem cells. Stem Cells Dev, 2007, 16(6):1003-1016.
37. Kanellopoulou C, Muljo SA, Kung AL, et al. Dicer-deficient mouse embryonic stem cells are defective in differentiation and centromeric silencing. Genes Dev, 2005, 19(4):489-501.
38. Wang Y, Medvid R, Melton C, et al. DGCR8 is essential for microRNA biogenesis and silencing of embryonic stem cell self-renewal. Nat Genet, 2007, 39(3):380-385.
39. Marson A, Levine SS, Cole MF, et al. Connecting microRNA genes to the core transcriptional regulatory circuitry of embryonic stem cells. Cell, 2008, 134(3):521-533.
40. Barroso-del Jesus A, Lucena-Aguilar G, Menendez P. The miR-302-367 cluster as a potential stemness regulator in ESCs. Cell Cycle, 2009, 8(3):394-398.
41. Tay Y, Zhang J, Thomson AM, et al. MicroRNAs to Nanog, Oct4 and Sox2 coding regions modulate embryonic stem cell differentiation. Nature, 2008, 455(7216):1124-1128.
42. Pasini D, Bracken AP, Jensen MR, et al. Suz12 is essential for mouse development and for EZH2 histone methyltransferase

activity. EMBO J, 2004, 23(20):4061-4071.

43. Tay YM, Tam WL, Ang YS, et al. MicroRNA-134 modulates the differentiation of mouse embryonic stem cells, where it causes post-transcriptional attenuation of Nanog and LRH1. Stem Cells, 2008, 26(1):17-29.
44. Xu N, Papagiannakopoulos T, Pan G, et al. MicroRNA-145 regulates OCT4, SOX2, and KLF4 and represses pluripotency in human embryonic stem cells. Cell, 2009, 137(4):647-658.
45. Visvanathan J, Lee S, Lee B, et al. The microRNA miR-124 antagonizes the anti-neural REST/SCP1 pathway during embryonic CNS development. Genes Dev, 2007, 21(7):744-749.
46. Viswanathan SR, Daley GQ, Gregory RI. Selective blockade of microRNA processing by Lin28. Science, 2008, 320(5872):97-100.
47. Blau HM, Brazelton TR, Weimann JM. The evolving concept of a stem cell: entity or function? Cell, 2001, 105(7):829-841.
48. Snippert HJ, Clevers H. Tracking adult stem cells. EMBO Rep, 2011, 12(2):113-122.
49. Hodgkinson T, Yuan XF, Bayat A. Adult stem cells in tissue engineering. Expert Rev Med Devices, 2009, 6(6):621-640.
50. Gaudet F, Hodgson JG, Eden A, et al. Induction of tumors in mice by genomic hypomethylation. Science, 2003, 300(5618):489-492.
51. Broske AM, Vockentanz L, Kharazi S, et al. DNA methylation protects hematopoietic stem cell multipotency from myeloerythroid restriction. Nat Genet, 2009, 41(11):1207-1215.
52. Tadokoro Y, Ema H, Okano M, et al. De novo DNA methyltransferase is essential for self-renewal, but not for differentiation, in hematopoietic stem cells. J Exp Med, 2007, 204(4):715-722.
53. Hodges E, Molaro A, Dos Santos CO, et al. Directional DNA methylation changes and complex intermediate states accompany lineage specificity in the adult hematopoietic compartment. Mol Cell, 2011, 44(1):17-28.
54. Deaton AM, Webb S, Kerr AR, et al. Cell type-specific DNA methylation at intragenic CpG islands in the immune system. Genome Res, 2011, 21(7):1074-1086.
55. Bock C, Beerman I, Lien WH, et al. DNA methylation dynamics during in vivo differentiation of blood and skin stem cells. Mol Cell, 2012, 47(4):633-647.
56. Trowbridge JJ, Snow JW, Kim J, et al. DNA methyltransferase 1 is essential for and uniquely regulates hematopoietic stem and progenitor cells. Cell Stem Cell, 2009, 5(4):442-449.
57. Challen GA, Sun D, Jeong M, et al. DNMT3a is essential for hematopoietic stem cell differentiation. Nat Genet, 2012, 44(1):23-31.
58. Bocker MT, Hellwig I, Breiling A, et al. Genome-wide promoter DNA methylation dynamics of human hematopoietic progenitor cells during differentiation and aging. Blood, 2011, 117(19):e182-189.
59. Calvanese V, Fernandez AF, Urdinguio RG, et al. A promoter DNA demethylation landscape of human hematopoietic differentiation. Nucleic Acids Res, 2012, 40(1):116-131.
60. Ji H, Ehrlich LI, Seita J, et al. Comprehensive methylome map of lineage commitment from haematopoietic progenitors. Nature, 2010, 467(7313):338-342.
61. Moran-Crusio K, Reavie L, Shih A, et al. Tet2 loss leads to increased hematopoietic stem cell self-renewal and myeloid transformation. Cancer Cell, 2011, 20(1):11-24.
62. Kallin EM, Rodriguez-Ubreva J, Christensen J, et al. Tet2 facilitates the derepression of myeloid target genes during CEBPalpha-induced transdifferentiation of pre-B cells. Mol Cell, 2012, 48(2):266-276.
63. Adli M, Zhu J, Bernstein BE. Genome-wide chromatin maps derived from limited numbers of hematopoietic progenitors. Nat Methods, 2010, 7(8):615-618.
64. Wang LD, Wagers AJ. Dynamic niches in the origination and differentiation of haematopoietic stem cells. Nat Rev Mol Cell Biol, 2011, 12(10):643-655.
65. O' Connell RM, Chaudhuri AA, Rao DS, et al. MicroRNAs enriched in hematopoietic stem cells differentially regulate long-term hematopoietic output. Proc Natl Acad Sci USA, 2010, 107(32):14235-14240.
66. Li Z, Huang H, Chen P, et al. miR-196b directly targets both HOXA9/MEIS1 oncogenes and FAS tumour suppressor in MLL-rearranged leukaemia. Nat Commun, 2012, 3:688.
67. Bissels U, Wild S, Tomiuk S, et al. Combined characterization of microRNA and mRNA profiles delineates early differentiation pathways of $CD133^+$ and $CD34^+$ hematopoietic stem and progenitor cells. Stem Cells, 2011, 29(5):847-857.
68. Alaiti MA, Ishikawa M, Masuda H, et al. Up-regulation of miR-210 by vascular endothelial growth factor in ex vivo expanded $CD34^+$ cells enhances cell-mediated angiogenesis. J Cell Mol Med, 2012, 16(10):2413-2421.
69. Fallah P, Arefian E, Naderi M, et al. miR-146a and miR-150 promote the differentiation of $CD133^+$ cells into T-lymphoid lineage. Mol Biol Rep, 2013, 40(8):4713-4719.
70. Lu X, Li X, He Q, et al. miR-142-3p regulates the formation and differentiation of hematopoietic stem cells in vertebrates. Cell Res, 2013, 23(12):1356-1368.
71. Reynolds BA, Weiss S. Generation of neurons and astrocytes from isolated cells of the adult mammalian central nervous system. Science, 1992, 255(5052):1707-1710.
72. Sanberg PR. Neural stem cells for Parkinson's disease: to protect and repair. Proc Natl Acad Sci USA, 2007, 104(29):11869-11870.
73. Hsieh J, Nakashima K, Kuwabara T, et al. Histone deacetylase inhibition-mediated neuronal differentiation of multipotent adult neural progenitor cells. Proc Natl Acad Sci USA, 2004, 101(47):16659-16664.
74. Zhou FC, Balaraman Y, Teng M, et al. Alcohol alters DNA methylation patterns and inhibits neural stem cell differentiation. Alcohol Clin Exp Res, 2011, 35(4):735-746.
75. Poulter MO, Du L, Weaver IC, et al. GABAA receptor promoter hypermethylation in suicide brain: implications for the involvement of epigenetic processes. Biol Psychiatry, 2008, 64(8):645-652.
76. Yu NK, Baek SH, Kaang BK. DNA methylation-mediated control of learning and memory. Mol Brain, 2011, 4:5.
77. Zhao X, Ueba T, Christie BR, et al. Mice lacking methyl-CpG binding protein 1 have deficits in adult neurogenesis and hippocampal function. Proc Natl Acad Sci USA, 2003, 100(11):6777-6782.
78. Okada Y, Matsumoto A, Shimazaki T, et al. Spatiotemporal recapitulation of central nervous system development by murine embryonic stem cell-derived neural stem/progenitor cells. Stem Cells, 2008, 26(12):3086-3098.
79. Hatada I, Namihira M, Morita S, et al. Astrocyte-specific genes are generally demethylated in neural precursor cells prior to astrocytic differentiation. PLoS One, 2008, 3(9):e3189.
80. Efroni S, Duttagupta R, Cheng J, et al. Global transcription in pluripotent embryonic stem cells. Cell Stem Cell, 2008, 2(5):437-447.
81. Jung GA, Yoon JY, Moon BS, et al. Valproic acid induces differentiation and inhibition of proliferation in neural progenitor cells via the beta-catenin-Ras-ERK-p21Cip/WAF1 pathway. BMC Cell Biol, 2008, 9:66.
82. Ye F, Chen Y, Hoang T, et al. HDAC1 and HDAC2 regulate oligodendrocyte differentiation by disrupting the beta-catenin-TCF interaction. Nat Neurosci, 2009, 12(7):829-838.
83. Zhao XD, Han X, Chew JL, et al. Whole-genome mapping of

histone H3 Lys4 and 27 trimethylations reveals distinct genomic compartments in human embryonic stem cells. Cell Stem Cell, 2007, 1(3):286-298.
84. Sun G, Alzayady K, Stewart R, et al. Histone demethylase LSD1 regulates neural stem cell proliferation. Mol Cell Biol, 2010, 30(8):1997-2005.
85. Krichevsky AM, Sonntag KC, Isacson O, et al. Specific microRNAs modulate embryonic stem cell-derived neurogenesis. Stem Cells, 2006, 24(4):857-864.
86. Zhao C, Sun G, Li S, et al. A feedback regulatory loop involving microRNA-9 and nuclear receptor TLX in neural stem cell fate determination. Nat Struct Mol Biol, 2009, 16(4):365-371.
87. Liu C, Teng ZQ, Santistevan NJ, et al. Epigenetic regulation of miR-184 by MBD1 governs neural stem cell proliferation and differentiation. Cell Stem Cell, 2010, 6(5):433-444.
88. Baba T, Convery PA, Matsumura N, et al. Epigenetic regulation of CD133 and tumorigenicity of $CD133^+$ ovarian cancer cells. Oncogene, 2009, 28(2):209-218.
89. Tabu K, Sasai K, Kimura T, et al. Promoter hypomethylation regulates CD133 expression in human gliomas. Cell Res, 2008, 18(10):1037-1046.
90. Yi JM, Tsai HC, Glockner SC, et al. Abnormal DNA methylation of CD133 in colorectal and glioblastoma tumors. Cancer Res, 2008, 68(19):8094-8103.
91. You H, Ding W, Rountree CB. Epigenetic regulation of cancer stem cell marker CD133 by transforming growth factor-beta. Hepatology, 2010, 51(5):1635-1644.
92. Nalls D, Tang SN, Rodova M, et al. Targeting epigenetic regulation of miR-34a for treatment of pancreatic cancer by inhibition of pancreatic cancer stem cells. PLoS One, 2011, 6(8):24099.
93. de Sousa EMF, Colak S, Buikhuisen J, et al. Methylation of cancer-stem-cell-associated Wnt target genes predicts poor prognosis in colorectal cancer patients. Cell Stem Cell, 2011, 9(5):476-485.
94. Barker N, Ridgway RA, van Es JH, et al. Crypt stem cells as the cells-of-origin of intestinal cancer. Nature, 2009, 457(7229):608-611.
95. Lee J, Son MJ, Woolard K, et al. Epigenetic-mediated dysfunction of the bone morphogenetic protein pathway inhibits differentiation of glioblastoma-initiating cells. Cancer Cell, 2008, 13(1):69-80.
96. Jones TD, Ulbright TM, Eble JN, et al. OCT4 staining in testicular tumors: a sensitive and specific marker for seminoma and embryonal carcinoma. Am J Surg Pathol, 2004, 28(7):935-940.
97. Wang J, Lu F, Ren Q, et al. Novel histone demethylase LSD1 inhibitors selectively target cancer cells with pluripotent stem cell properties. Cancer Res, 2011, 71(23):7238-7249.
98. Yu F, Yao H, Zhu P, et al. let-7 regulates self renewal and tumorigenicity of breast cancer cells. Cell, 2007, 131(6):1109-1123.
99. Liu C, Kelnar K, Liu B, et al. The microRNA miR-34a inhibits prostate cancer stem cells and metastasis by directly repressing CD44. Nat Med, 2011, 17(2):211-215.
100. Shimono Y, Zabala M, Cho RW, et al. Downregulation of miRNA-200c links breast cancer stem cells with normal stem cells. Cell, 2009, 138(3):592-603.
101. Yin G, Chen R, Alvero AB, et al. TWISTing stemness, inflammation and proliferation of epithelial ovarian cancer cells through MIR199A2/214. Oncogene, 2010, 29(24):3545-3553.
102. Xu XT, Xu Q, Tong JL, et al. MicroRNA expression profiling identifies miR-328 regulates cancer stem cell-like SP cells in colorectal cancer. Br J Cancer, 2012, 106(7):1320-1330.
103. Ji Q, Hao X, Meng Y, et al. Restoration of tumor suppressor miR-34 inhibits human p53-mutant gastric cancer tumorspheres. BMC Cancer, 2008, 8:266.
104. Jia Y, Liu H, Zhuang Q, et al. Tumorigenicity of cancer stem-like cells derived from hepatocarcinoma is regulated by microRNA-145. Oncol Rep, 2012, 27(6):1865-1872.
105. Zhang J, Luo N, Luo Y, et al. microRNA-150 inhibits human CD133-positive liver cancer stem cells through negative regulation of the transcription factor c-Myb. Int J Oncol, 2012, 40(3):747-756.
106. Ji Q, Hao X, Zhang M, et al. MicroRNA miR-34 inhibits human pancreatic cancer tumor-initiating cells. PLoS One, 2009, 4(8):6816.
107. Bao B, Wang Z, Ali S, et al. Metformin inhibits cell proliferation, migration and invasion by attenuating CSC function mediated by deregulating miRNAs in pancreatic cancer cells. Cancer Prev Res (Phila), 2012, 5(3):355-364.
108. Chiou GY, Cherng JY, Hsu HS, et al. Cationic polyurethanes-short branch PEI-mediated delivery of Mir145 inhibited epithelial-mesenchymal transdifferentiation and cancer stem-like properties and in lung adenocarcinoma. J Control Release, 2012, 159(2):240-250.
109. Yang YP, Chien Y, Chiou GY, et al. Inhibition of cancer stem cell-like properties and reduced chemoradioresistance of glioblastoma using microRNA145 with cationic polyurethane-short branch PEI. Biomaterials, 2012, 33(5):1462-1476.
110. Lo WL, Yu CC, Chiou GY, et al. MicroRNA-200c attenuates tumour growth and metastasis of presumptive head and neck squamous cell carcinoma stem cells. J Pathol, 2011, 223(4):482-495.
111. Viswanathan SR, Powers JT, Einhorn W, et al. Lin28 promotes transformation and is associated with advanced human malignancies. Nat Genet, 2009, 41(7):843-848.
112. Yang X, Lin X, Zhong X, et al. Double-negative feedback loop between reprogramming factor LIN28 and microRNA let-7 regulates aldehyde dehydrogenase 1-positive cancer stem cells. Cancer Res, 2010, 70(22):9463-9472.
113. Partinen M, Saarenpaa-Heikkila O, Ilveskoski I, et al. Increased incidence and clinical picture of childhood narcolepsy following the 2009 H1N1 pandemic vaccination campaign in Finland. PLoS One, 2012, 7(3): 33723.
114. Iliopoulos D, Lindahl-Allen M, Polytarchou C, et al. Loss of miR-200 inhibition of Suz12 leads to polycomb-mediated repression required for the formation and maintenance of cancer stem cells. Mol Cell, 2010, 39(5):761-772.
115. Yu F, Jiao Y, Zhu Y, et al. MicroRNA 34c gene down-regulation via DNA methylation promotes self-renewal and epithelial-mesenchymal transition in breast tumor-initiating cells. J Biol Chem, 2012, 287(1):465-473.
116. Ma S, Tang KH, Chan YP, et al. miR-130b promotes CD133(+) liver tumor-initiating cell growth and self-renewal via tumor protein 53-induced nuclear protein 1. Cell Stem Cell, 2010, 7(6):694-707.
117. Ji J, Yamashita T, Budhu A, et al. Identification of microRNA-181 by genome-wide screening as a critical player in EpCAM-positive hepatic cancer stem cells. Hepatology, 2009, 50(2):472-480.
118. Cairo S, Wang Y, de Reynies A, et al. Stem cell-like micro-RNA signature driven by Myc in aggressive liver cancer. Proc Natl Acad Sci USA, 2010, 107(47):20471-20476.

第七章　基因组印记

第一节　基因组印记概述

一、基因组印记的发现

人类基因组由23对染色体组成，其中包括22对常染色体、1条X染色体和1条Y染色体。22条常染色体与1条X染色体来自于母本，另外22条染色体与Y染色体来自父本。经典的孟德尔遗传学认为，来自于双亲同源染色体上的等位基因对于生物表型性状的贡献是等价的。然而，1984年McGrath和Surani通过核移植实验揭示了双亲遗传物质对子代的贡献是不对等的[1-2]，这主要是因为来自父本和母本的某些等位基因在通过精子和卵子传递给子代时发生了某种修饰，使受精卵中来自父本与母本的等位基因发生差异性表达，这种现象被称作基因组印记（genomic imprinting），又被称为遗传印记（genetic imprinting）或亲本印记（parental imprinting）。其中一些父本基因在精子发生过程中被印记，称为父本印记基因（paternal imprinting gene），一些母本基因在卵子发生过程中被印记，称为母本印记基因（maternal imprinting gene）。

低等生物可以进行孤雌生殖，而在哺乳动物中，仅有母本来源的基因组不能支持胚胎正常的发育，它们通过孤雌生殖形成的合子会发生胚胎致死现象[3]。印记基因对胎盘的生长起着重要的调节作用，双亲遗传物质在早期胚胎发育中发挥不同的作用[4-5]，在胚胎外组织中来源于父本的X染色体是特异性失活的。一些临床疾病如葡萄胎（受精时2个精子融合形成的胚胎）、畸胎瘤（2个卵子融合形成的胚胎）等均不能正常发育，这说明精卵在受精时除了贡献遗传物质外，还有其他非经典遗传因素在起作用。例如，人类基因组中，位于11号染色体上的基因*h19*，只转录来自母本的等位基因；与之相反，位于同一条染色体的胰岛素样生长因子2（insulin-like growth factor-2，IGF-2）基因只转录来自父本的等位基因[6-9]。这种等位基因具有差异表达的现象是一种特殊的非孟德尔遗传，是表观遗传学层面调控基因表达的一种重要方式。

二、印记基因的分布特点

基因组印记是胎盘哺乳动物和有袋类哺乳动物以及开花植物特有的现象。印记基因在哺乳动物基因组中广泛存在，目前为止，小鼠中被证实的印记基因有144个，人类中也有超过200个基因被预测为印记基因[10]。随着测序技术的发展，通过RNA测序技术，人们已经能够预测更多的印记基因，但许多尚未被完全证实。

在目前发现的印记基因中，>80%的已知印记基因成簇分布在不同的染色体区域，形成16个包含多个印记基因的染色体印记域（imprinted domain），又被称为印记簇（imprinted cluster）[11]。虽然到目前为止，印记基因的调控机制尚未明确，但研究证明在印记域中主要是通过染色体上大范围调控元件同时调控多个印记基因的表达，在7个主要的印记域中都存在这种大范围调控元件，称之为印记调控区（imprinting control region，ICR），又被称为印记调控元件（imprinting control element，ICE）或印记中心（imprinting center，IC）。

表7-1显示的是小鼠中7个主要印记簇的名称、大小、包含印记基因个数、父/母源、印记调控区及其大小等方面信息[12]。印记调控区主要有2个特征：①每个印记域中编码蛋白质的印记基因倾向于同时表现为父源表达或母源染色体表达，同时每个印记域会有1条非编码RNA转录自相反的染色体；②只有对转录非编码RNA的染色体进行印记调控区域缺失，才会导致该印记域的基因印记现象丢失。

表7-1　小鼠基因组中7个主要印记簇

印记域名称	印记域长度（kb）	内含基因数目	印记调控元件（ICE）	印记调控元件长度（kb）
Igf2r chr17:12, 875, 272	490	4	Region2	3.9
Kcnql chr7:150, 293, 159	780	12	KvDMR1	1.1
Pws/As chr 7:67, 127, 388	3700	>8	Snrpn-CGI	4.8
Gnas chr 2:174, 153, 609	80	>4	Nespas-DMR	1.6
Igf2 chr 7:149:836, 673	80	3	H19-DMD	1.6
Dlk1 chr 12:110, 691, 433	830	>5	IG-DMR	4.2
Grb10 chr 11:11, 830, 502	780	4	Meg/Grb10 DMR	1.0

第二节　基因组印记与胚胎发育

一、基因组印记的组织特异性

早在1980年的小鼠核移植实验已经证明，早期胚胎正常发育需要父母本双方遗传物质的共同参与。通过孤雌生殖或孤雄生殖产生的小鼠胚胎，大多数在发育到囊胚期或植入子宫之前便已经死掉，只有极少数能够发育到植入后阶段[13]。相对于正常胚胎来说，通过孤雌生殖（2个卵子融合产生合子）产生的胚胎中具有双份母源表达基因，缺少父源表达基因，对于孤雄生殖（2个精子融合产生合子）产生的胚胎来说，则是具有双份父源表达基因。在小鼠和人当中，80%的印记基因都与早期胚胎和胎盘的发育相关。并且从目前的发现来看，在胚胎早期发育过程中，父母双方的基因对于胚胎发育的调控具有竞争关系，来自父亲的某些基因会促进胎儿对母亲营养的需求，导致胎儿超重，而来自母亲的基因却有相反的作用，这就是著名的海格学说（Haig hypothesis）的主要内容[14]。

然而在哺乳动物个体发育的过程中，印记基因并非在所有组织中都呈现出印记表达状态，很大一部分印记基因具有很强的组织特异性。通过对82个印记基因进行组织特异性测试，发现有28%的印记基因只在一种特定的组织中呈印记表达状态，而在其他组织中印记状态消失，另一部分基因在多组织中呈现印记表达状态，如图7-1[15]。例如父源印记基因 *a19* 主要在大脑中呈印记状态[16]，母源印记基因 *dhcr7* 主要在胎盘中呈印记状态[17]。

印记基因呈现出的组织特异性的机制目前尚未明确，但在Igf2r、Kcnq1与Igf2印记域中，与组织特异性印记基因相比，多组织印记基因更倾向于靠近基因调控中心[18]。如在Kcnq1印记域中，只有 *cdkn1c* 基因在胚胎与成体中呈多组织印记表达状态，而 *kcnq1* 基因只在早期胚胎发育过程中呈印记表达状态，在胚胎发育3周之后印记表达状态消失，亲本双

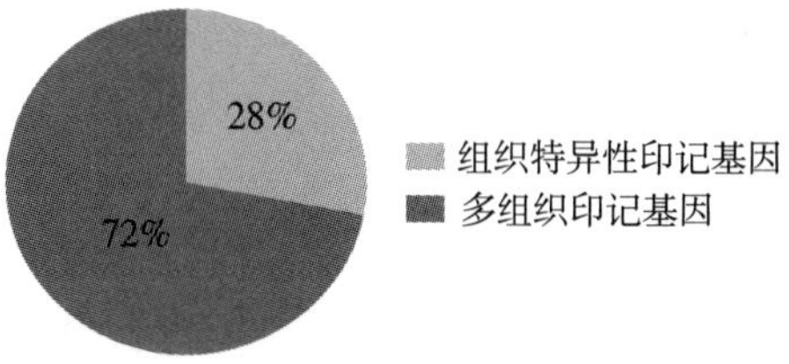

图7-1　组织特异性基因组印记

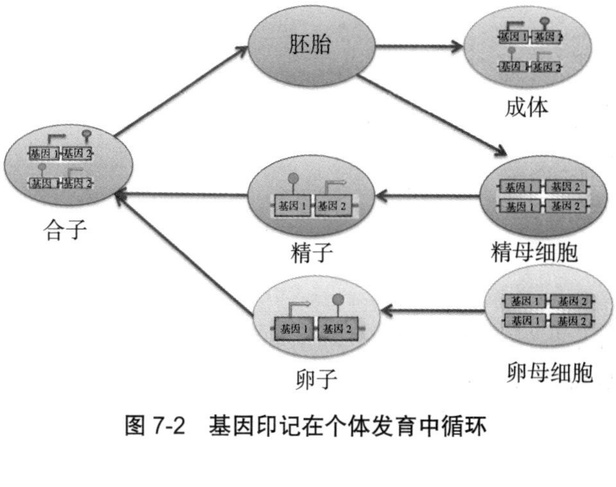

图7-2　基因印记在个体发育中循环

方基因便均可以表达[19]。在Igf2r印记域中，*igf2r*在早期胚胎植入子宫前以及成体大脑神经元中，来自亲本双方的基因均可表达，但在其他时期及其他组织内呈印记表达状态[20-21]。*dlk1*基因在早期胚胎中是印记基因，而在出生后其印记消失，转变为亲本双方等位基因随机表达[22]。说明很多印记基因在个体发育的不同阶段其印记状态有很大的差异，并且与胚胎的正常发育有密切关系。

二、基因组印记循环

哺乳动物基因的印记过程包括3个过程：印记形成、印记维持和印记去除，如图7-2所示[23]。

1. 印记形成 个体在产生配子时形成基因印记并维持到出生后，这主要是通过DNA甲基转移酶3l/3a（DNMT 3l/3a）在精子发生与卵子发生过程中在印记调控元件区域产生等位基因间的差异甲基化区域（differentially methylated regions，DMR）[24-25]。

2. 印记维持 一旦差异甲基化区域在配子形成过程中建立，受精后的合子将经历基因组整体去甲基化以及甲基化重建的过程，而这些印记区域在该过程中会维持差异甲基化状态，这主要是由DNMT1介导的[26]。并且在之后的个体发育过程中，体细胞印记基因的差异甲基化状态会稳定维持，因此，甲基化对于维持基因组印记具有重要作用。

3. 印记去除 在哺乳动物中，印记去除过程的具体机制尚未完全明确，印记的去除过程主要发生在原始生殖细胞的早期阶段，在小鼠胚胎发育的第10.5～11.5天，配子接合前的原核期，父源基因组发生去甲基化过程，即将甲基从模板链上直接去除，而母源基因组的去甲基化则多数是因为DNMT1活性受阻而使甲基化维持失败，随着DNA复制而使甲基被逐渐稀释。印记的这种去除过程一直持续到胚胎发育第12～13天才结束，到目前为止几乎所有的印记去除过程都发生在胚胎的这一阶段。

第三节 遗传印记的表达调控

由于80%的印记基因成簇存在，并且由共同的调控元件（ICE）调控，因此印记调控元件对于维持印记基因的表达具有重要作用。无论是组织特异性印记基因还是多组织印记基因，只要将Igf2r、Kcnq1、Pws/As、Gnas、Grb10印记域内的父源印记调控元件进行基因敲除，这些区域的非编码RNA不能转录从而丧失印记状态，而敲除母源印记调控元件则没有影响[27-28]；与之相反，将Igf2与Dlk1印记域内的母源印记调控元件进行基因敲除，这些区域的非编码RNA便不能转录并且丧失印记状态，而敲除父源印记调控元件没有影响[29-30]。即印记调控元件及其转录的非编码RNA对于印记维持具有非常重要的作用。

一、DNA甲基化与基因组印记

胰岛素样生长因子-2（IGF-2）基因位于小鼠7号染色体远端，IGF-2是胎儿生长的主要驱动者，胎盘特异性转录*igf2*会通过调控胎盘的生长进而影响对胚胎营养的供给[31]。

特异性的等位基因沉默与特异性区域的DNA甲基化相关。在大多数体细胞中，*igf2*与其相邻基因*h19*分别为父源与母源印记基因，*igf2*是来自母源的等位基因沉默，*h19*是来自父源的等位基因沉默。该印记域含有一个印记调控区（ICR），位于*h19*启动子上游，该调控区含有4个甲基化敏感的CTCF结合位点（CCCTC），CTCF因子的结合会介导染色体绝缘子的组装，进一步抑制了*igf2*启动子与*h19*下游增强子的相互作用。在未甲基化的母源等位基因区域，CTCF因子结合到印记调控区，抑制*igf2*的转录，促进*h19*转录[32]。同时，在小鼠胚胎发育早期，母源*h19*基因转录一条2.6kb长度的非编码RNA，参与调控印记基因的表达[33]。

二、非编码RNA与基因组印记

H19非编码RNA来自母源，Airn、Kcnq1ot1、Nespas非编码RNA来自父源基因转录，这些非编码RNA对于相应的印记域内的基因表达具有非常重要的作用。Airn是由*igf2r*基因反义链转录，长度为

118kb，能够抑制印记域内长度为 300kb 的 3 个基因的表达[34]。*kcnq1* 基因转录长度为 90kb 的 Kcnq1ot1，能够抑制印记域内长度为 800kb 的 11 个基因的表达[35]；*nesp* 基因反义链转录长度为 14kb 的 Nespas，能够抑制印记域内长度为 46kb 的 2 个基因的表达[36]。这 3 条非编码 RNA 均转录自非甲基化的印记调控元件，与被沉默的印记基因共同使用同一启动子，或者包含一部分被沉默基因。例如，非编码 RNA Airn 和 Nespas 与基因 *igf2r* 和 *nep* 的启动子有重叠，而 Kcnq 1ot1 只是与 *kcnq 1* 基因的第 10～11 个外显子有重叠。

除长链非编码 RNA 之外，印记区中还存在大量小分子非编码 RNA，以基因簇形式出现，这些小分子非编码 RNA 与印记调控元件的 DNA 甲基化有密切关系。以 DLK1-DIO3 印记域为例，该印记域内包含 1 个 40 个拷贝的 microRNA 基因簇，对于印记基因的调控有重要作用[37]。

三、组蛋白修饰与基因组印记

对于印记基因的沉默，除了 DNA 甲基化与非编码 RNA 的调控之外，染色体状态同样参与介导印记基因沉默，并在其中发挥了重要作用。对被沉默 *Igf2* 基因启动子区域的 CpG 甲基化岛进行研究发现，该区域包含 DNA 酶 Ⅰ 的敏感位点（DHSs），这说明该区域染色体处于开放状态[38]。被沉默基因 *igf2r* 与 Airn 192kb 区域的 DHSs 图谱也显示除高甲基化的启动子之外该区域处于染色体开放状态[39]。并且，有些沉默基因启动子区域并没有被甲基化，同样说明 DNA 甲基化对于印记基因沉默并不是必需的，而是另有其他的机制参与调控。例如，在小鼠 Kcnq1 印记域中，11 个被沉默的基因中只有 *tssc4*、*cdkn1c* 与 *slc22a18* 这 3 个基因被高甲基化，并且在人类被沉默的 *cdkn1c* 与 *slc22a18* 基因并未高甲基化[40]。

但是大多数被印记沉默的编码蛋白基因并没有处于异染色质状态，有两点例外：①被沉默基因的启动子区域被高度甲基化且异染色质化，并且富集 H3K9me3、H4K20me3 以及 HP1 等异染色质标志，相应表达基因的启动子区域富集 H3K4me3 等染色体活化修饰[41-42]；②许多被沉默基因未被高甲基化，可能另有其他沉默机制参与其中，但具体机制尚待研究。

第四节　印记相关疾病

一、基因印记与发育相关疾病

数十种人类遗传疾病与遗传印记有关，遗传印记也被认为是哺乳动物雌核胚与雄核胚以及孤雌胚早期死亡的原因。

1. 贝克威思 - 威德曼综合征（Beckwith-Wiedemann syndrome，BWS）　这是一种先天过度生长疾病，患者一般在出生前就发生身体局部区域过度生长的情形，出生之后可能发生新生儿低血糖，并伴随有巨舌、内脏肿大、半边肥大等病症。本病主要是由于 *igf2* 与 *cdkn1c* 2 个印记基因的错误表达所致。正常情况下，*igf2* 为父源表达基因，*cdkn1c* 为母源表达基因；而在该病患者中，*igf2* 基因有印记丢失的现象，表现为亲本双方基因均表达，导致基因过度表达，*cdkn1c* 则基本双方均不表达。

2. 普达 - 威利综合征（Prader-Willi syndrome，PWS）与天使人综合征（Angelman syndrome，AS）　人类 15 号染色体 q11～q13 缺失在临床上引起 2 种表型不同的染色体畸变病——PWS 综合征和 AS 综合征。当患者的 15 号染色体缺失来自于父亲时则患 PWS 综合征；若此缺失来自于母亲，则患 AS 综合征。PWS 综合征患者临床表现为饥饿，且不能因进食而消除饥饿感，致使患者暴饮暴食，进而导致病态肥胖，同时患者可伴有智力低下等症状。而 AS 综合征则表现为严重运动障碍、智力低下、共济失调、肌张力低下、语言障碍以及一逗就哭等特征。

当父源 15q11～q13 缺失时，将抑制 *snrnp* 及其附近父源基因表达，该基因编码 mRNA 拼接必需的一种核蛋白，该蛋白质缺失导致 PWS 的发生。然而，若母源染色体该区域缺失，将抑制 *ube3a* 基因的表达，该基因编码一种泛素蛋白连接酶，进而导致 AS 的发生[43]。

二、基因印记与肿瘤

基因印记的紊乱不只会导致发育相关的疾病，同时与肿瘤的发生也有密切关系。在小鼠中，整体印记缺失会增加肿瘤易感性，在人类中印记基因表达紊乱同样会增加患肿瘤的风险[44-45]。例如，BWS综合征中患胚胎肿瘤如肾母细胞瘤（Wilms tumour）与骨骼肌肉瘤（rhabdomyosarcomas）的风险会大大增加。

noey2 是位于人类 1 号染色体的父源表达印记基因，*noey2* 基因表达下调会增加患卵巢癌与乳腺癌的风险，在约 41% 的乳腺癌患者中，*noey2* 基因不表达，这意味着该基因是一个肿瘤抑制基因。因此，如果该等位基因遗传自母本，*noey2* 基因将不表达，这同样极大增加了患卵巢癌以及乳腺癌的风险[46]。另外，由于印记丢失导致基因过度表达与肿瘤的发生有很大关系，最常见的是与细胞生长相关的 *igf2* 基因印记丢失，人类很多恶性肿瘤与此相关，其他有多于 30% 的印记基因会有类似情况发生。DIO3–DLK1 印记域中的 *RTL 1*（retrotransposon-like 1）失去亲本印记导致表达增加，与肝癌发生有很大相关性[47]。

另外，一些疾病如 Huntington 舞蹈病、脊髓小脑共济失调以及某些肿瘤等，均与印记基因相关，见表 7-2[48]。

表7–2 基因组印记相关疾病举例

疾病	致病基因所在染色体	亲源效应
Huntington舞蹈病	4	父源传递发作年龄提前
脊髓小脑共济失调	6	父源传递发作年龄提前
强直性肌萎缩	19	先天性强直必须全部由母亲传递
多发性神经纤维瘤Ⅰ	17	母源传递症状加重
多发性神经纤维瘤Ⅱ	22	母源传递发病年龄提前
Wilms肿瘤	11	散发性肿瘤中母源等位基因缺失
成骨肉瘤	13	散发性肿瘤中母源等位基因缺失
视网膜母细胞瘤	13	多见父源等位基因缺失

第五节 基因印记与 X 染色体失活

1949 年，Barr 等发现雌猫的神经细胞间期细胞核中有一个染色很深的染色质小体，而雄猫中没有，这就是异染色质化的 X 染色体。在正常女性的许多组织细胞核中也有此类异染色质小体，而男性没有，此类异染色质小体被称为巴氏小体。X 染色体失活是指雌性哺乳类细胞中两条 X 染色体的其中之一失去活性的现象，在失活过程中 X 染色体会被包装成异染色质，进而因功能受抑制而沉默化。

对于 X 染色体失活现象的解释，最著名的是剂量补偿假说（dosage compensation）：X 染色体失活是与性别相关联的一种基因调控，目的是使 X 染色体上的基因在两性间的表达水平达到平衡，雌性不会因为拥有两个 X 染色体而产生 2 倍的基因产物，因此必须像雄性般只表现 1 个 X 染色体上的基因。

一、X 染色体失活机制

在哺乳动物雌性个体中，X 染色体失活是随机的，主要由 X 染色体失活中心（X inactivation center，XIC）调控，XIC 是位于 X 染色体上长约 1Mb 的 DNA 序列。XIC 是 X 染色体失活的主控开关座位，携带 XIC 的 X 染色体可以顺式失活，没有携带 XIC 的 X 染色体不会被失活[49]，而包含 XIC 的常染色体易位失活可以蔓延到以 XIC 为中心的常染色体其他部分。但 XIC 不是维持 X 染色体失活所必需的，缺失 XIC 的 X 染色体失活状态仍可以稳定地存在。小鼠 X 染色体失活中心，包含一些与 X 染色体失活有关的重要基因。

1. ***Xist* 基因** *Xist* 基因在未分化的雄性及雌性胚

胎干细胞中表达量非常低，但是在分化的雌性体细胞中表达量快速增加[50]，转录产生核定位非编码 RNA Xist（X inactive-specific transcript），Xist 含有至少 8 个外显子，由失活之前的 X 染色体转录，有活性的 X 染色体并不会转录[51]。*Xist* 基因上游存在 2 个启动子——p1、p2，用以在即将失活的 X 染色体上转录产生稳定 Xist RNA，还有 1 个 p0 启动子，用以产生不稳定的 Xist RNA。研究表明，非编码 RNA Xist 是诱导 X 染色体失活的起始信号，X 染色体的失活从 Xist 位点起始，然后招募沉默复合物并向两侧扩展，进而引起 X 染色体整体异质化。

2. *Xce*基因（X-chromosome controlling element） 位于 *Xist*下游，主要影响失活染色体的选择。*Xce*纯合子表现为正常的随机失活，杂合子表现为非随机失活[52]。

3. *Tsix* 基因 是起始于 *Xist* 下游约 15kb 的一个顺式调控元件，由 *Xist* 的反义链转录。X 染色体失活一旦开始，*Tsix* 基因转录并结合在保持活性的 X 染色体上直到 *Xist* 关闭，并且 *Tsix* 不能在失活染色体上存在，仅在染色体失活启动时对 *Xist* 进行调控[53]。

4. *DXPas34* 是一个 CPG 富集的地方，而且含有 *Tsix* 的重要起始位点[54]。

二、X 染色体失活的逃逸

1938 由 Turner 描述的 Turner 综合征（Turner syndrome），又称先天性卵巢发育不全，主要是由于体细胞内含有单一的 X 染色体，即基因组为 44+X，由此可见失活的 X 染色体并非全无用处，其丢失会导致严重的遗传病。

在失活的 X 染色体上 75% 的基因无活性，15% 的基因因发生 X 染色体失活逃逸而具有活性，此外还有 10% 的基因发生异质性失活逃逸[55]。失活逃逸基因在 X 上的分布不是随机的，大多呈簇状定位于 X 染色体短臂（Xp）的远端[56]。Disteche 等认为着丝粒的异染色质结构将 Xp 与位于 Xq 上的 X 染色体失活中心隔离，从而失活逃逸多发生在 Xp，基因在不同细胞系或个体失活逃逸情况不同，而且具有物种特异性[57]。

（董世华　赵丽萍　于文强）

参考文献

1. McGrath J, Solter D. Completion of mouse embryogenesis requires both the maternal and paternal genomes. Cell, 1984, 37(1):179-183.
2. Surani MA, Barton SC, Norris ML. Development of reconstituted mouse eggs suggests imprinting of the genome during gametogenesis. Nature. 1984, 308(5959):548-550.
3. Markert CL. Parthenogenesis, homozygosity, and cloning in mammals. J Hered, 1982, 73(6):390-397.
4. Cooper DW, VandeBerg JL, Sharman GB, et al. Phosphoglycerate kinase polymorphism in kangaroos provides further evidence for paternal X inactivation. Nat New Biol, 1971, 230(13):155-157.
5. Takagi N, Sasaki M. Preferential inactivation of the paternally derived X chromosome in the extraembryonic membranes of the mouse. Nature. 1975, 256(5519):640-642.
6. Barlow DP, Stoger R, Herrmann BG, et al. The mouse insulin-like growth factor type-2 receptor is imprinted and closely linked to the Tme locus. Nature, 1991, 349(6304):84-84.
7. DeChiara TM, Robertson EJ, Efstratiadis A. Parental imprinting of the mouse insulin-like growth factor Ⅱ gene. Cell, 1991, 64(4):849-859.
8. Ferguson-Smith AC, Cattanach BM, Barton SC, et al. Embryological and molecular investigations of parental imprinting on mouse chromosome 7. Nature, 1991, 351(6328):667-670.
9. Bartolomei MS, Zemel S, Tilghman SM. Parental imprinting of the mouse H19 gene. Nature, 1991, 351(6322):153-155.
10. Weksberg R. Imprinted genes and human disease. Am J Med Genet C Semin Med Genet, 2010, 154C(3):317-320.
11. Wan LB, Bartolomei MS. Regulation of imprinting in clusters: noncoding RNAs versus insulators. Adv Genet, 2008, 61:207-223.
12. Barlow DP. Genomic imprinting: a mammalian epigenetic discovery model. Annu Rev Genet, 2011, 45:379-403.
13. Barton SC, Surani MA, Norris ML. Role of paternal and maternal genomes in mouse development. Nature, 1984, 311(5984):374-376.
14. Haig D. Colloquium papers: Transfers and transitions: parent-offspring conflict, genomic imprinting, and the evolution of human life history. Proc Natl Acad Sci U S A, 2010, 107 Suppl (1):1731-1735.
15. Prickett AR, Oakey RJ. A survey of tissue-specific genomic imprinting in mammals. Mol Genet Genomics, 2012, 287(8):621-630.
16. de la Puente A, Hall J, Wu YZ, et al. Structural characterization of Rasgrf1 and a novel linked imprinted locus. Gene, 2002, 291(1-2):287-297.
17. Schulz R, Menheniott TR, Woodfine K, et al. Chromosome-wide identification of novel imprinted genes using microarrays and uniparental disomies. Nucleic Acids Res, 2006, 34(12): 88.
18. Hudson QJ, Kulinski TM, Huetter SP, et al. Genomic imprinting mechanisms in embryonic and extraembryonic mouse tissues. Heredity (Edinb), 2010, 105(1):45-56.
19. Mancini-Dinardo D, Steele SJ, Levorse JM, et al. Elongation of the Kcnq1ot1 transcript is required for genomic imprinting of neighboring genes. Genes Dev, 2006, 20(10):1268-1282.
20. Lerchner W, Barlow DP. Paternal repression of the imprinted mouse Igf2r locus occurs during implantation and is stable in all tissues of the post-implantation mouse embryo. Mech Dev, 1997, 61(1-2):141-149.
21. Yamasaki Y, Kayashima T, Soejima H, et al. Neuron-specific relaxation of Igf2r imprinting is associated with neuron-specific histone modifications and lack of its antisense

transcript Air. Hum Mol Genet, 2005, 14(17):2511-2520.
22. Fauque P, Ripoche MA, Tost J, et al. Modulation of imprinted gene network in placenta results in normal development of in vitro manipulated mouse embryos. Hum Mol Genet, 2010, 19(9):1779-1790.
23. Wilkinson LS, Davies W, Isles AR. Genomic imprinting effects on brain development and function. Nat Rev Neurosci, 2007, 8(11):832-843.
24. Bourc' His D, Xu GL, Lin CS, et al. DNMT3L and the establishment of maternal genomic imprints. Science, 2001, 294(5551):2536-2539.
25. Kaneda M, Okano M, Hata K, et al. Essential role for de novo DNA methyltransferase DNMT3a in paternal and maternal imprinting. Nature, 2004, 429(6994):900-903.
26. Ooi SK, O' Donnell AH, Bestor TH. Mammalian cytosine methylation at a glance. J Cell Sci, 2009, 122(16):2787-2791.
27. Bressler J, Tsai TF, Wu MY, et al. The SNRPN promoter is not required for genomic imprinting of the Prader-Willi/Angelman domain in mice. Nat Genet, 2001, 28(3):232-240.
28. Core LJ, Waterfall JJ, Lis JT. Nascent RNA sequencing reveals widespread pausing and divergent initiation at human promoters. Science, 2008, 322(5909):1845-1848.
29. Lin SP, Youngson N, Takada S, et al. Asymmetric regulation of imprinting on the maternal and paternal chromosomes at the Dlk1-Gtl2 imprinted cluster on mouse chromosome 12. Nat Genet, 2003, 35(1):97-102.
30. Thorvaldsen JL, Duran KL, Bartolomei MS. Deletion of the H19 differentially methylated domain results in loss of imprinted expression of H19 and Igf2. Genes Dev, 1998, 12(23):3693-3702.
31. Constancia M, Hemberger M, Hughes J, et al. Placental-specific IGF-II is a major modulator of placental and fetal growth. Nature, 2002, 417(6892):945-948.
32. Pidsley R, Fernandes C, Viana J, et al. DNA methylation at the Igf2/H19 imprinting control region is associated with cerebellum mass in outbred mice. Mol Brain, 2012 , 5:42.
33. Gabory A, Ripoche MA, Le Digarcher A, et al. H19 acts as a trans regulator of the imprinted gene network controlling growth in mice. Development, 2009, 136(20):3413-3421.
34. Sleutels F, Zwart R, Barlow DP. The non-coding Air RNA is required for silencing autosomal imprinted genes. Nature, 2002, 415(6873):810-813.
35. Mancini-Dinardo D, Steele SJ, Levorse JM, et al. Elongation of the Kcnq1ot1 transcript is required for genomic imprinting of neighboring genes. Genes Dev, 2006 , 20(10):1268-1282.
36. Williamson CM, Ball ST, Dawson C, et al. Uncoupling antisense-mediated silencing and DNA methylation in the imprinted Gnas cluster. PLoS Genet, 2011, 7(3): 1001347.
37. Peters J. The role of genomic imprinting in biology and disease: an expanding view. Nat Rev Genet, 2014, 15(8):517-530.
38. Sasaki H, Jones PA, Chaillet JR, et al. Parental imprinting: potentially active chromatin of the repressed maternal allele of the mouse insulin-like growth factor II (Igf2) gene. Genes Dev, 1992, 6(10):1843-1856.
39. Pauler FM, Stricker SH, Warczok KE, et al. Long-range DNase I hypersensitivity mapping reveals the imprinted Igf2r and Air promoters share cis-regulatory elements. Genome Res, 2005, 15(10):1379-1387.
40. Williamson CM, Ball ST, Dawson C, et al. Uncoupling antisense-mediated silencing and DNA methylation in the imprinted Gnas cluster. PLoS Genet, 2011, 7(3):1001347.
41. Henckel A, Nakabayashi K, Sanz LA, et al. Histone methylation is mechanistically linked to DNA methylation at imprinting control regions in mammals. Hum Mol Genet, 2009, 18(18):3375-3383.
42. Regha K, Sloane MA, Huang R, et al. Active and repressive chromatin are interspersed without spreading in an imprinted gene cluster in the mammalian genome. Mol Cell, 2007, 27(3):353-366.
43. Kantor B, Shemer R, Razin A. The Prader-Willi/Angelman imprinted domain and its control center. Cytogenet Genome Res, 2006, 113(1-4):300-305.
44. Lim DH, Maher ER. Genomic imprinting syndromes and cancer. Adv Genet, 2010 , 70:145-175.
45. Uribe-Lewis S, Woodfine K, Stojic L, et al. Molecular mechanisms of genomic imprinting and clinical implications for cancer. Expert Rev Mol Med, 2011, 13:2.
46. Shi Z, Zhou X, Xu L, et al. NOEY2 gene mRNA expression in breast cancer tissue and its relation to clinicopathological parameters. Zhonghua Zhong Liu Za Zhi, 2002 , 24(5):475-478.
47. Riordan JD, Keng VW, Tschida BR, et al. Identification of rtl1, a retrotransposon-derived imprinted gene, as a novel driver of hepatocarcinogenesis. PLoS Genet, 2013, 9(4):1003441.
48. 黎真, 傅衍, 牛冬, 等. 遗传印迹——一种对孟德尔定律的发展与扩充的新现象. 生物学通报, 2003, 38(12).
49. Penny GD, Kay GF, Sheardown SA, et al Requirement for Xist in X chromosome inactivation. Nature, 1996, 379(6561):131-137.
50. Sun BK, Deaton AM, Lee JT. A transient heterochromatic state in Xist preempts X inactivation choice without RNA stabilization. Mol Cell, 2006, 21(5):617-628.
51. Clemson CM, McNeil JA, Willard HF, et al. XIST RNA paints the inactive X chromosome at interphase: evidence for a novel RNA involved in nuclear/chromosome structure. J Cell Biol, 1996, 132(3):259-275.
52. Crouse HV. The controlling element in sex chromosome behavior in Sciara. Genetics, 1960, 45(10):1429-1443.
53. Maclary E, Buttigieg E, Hinten M, et al. Differentiation-dependent requirement of Tsix long non-coding RNA in imprinted X-chromosome inactivation. Nat Commun, 2014, 5:4209.
54. Cohen DE, Davidow LS, Erwin JA, et al. The DXPas34 repeat regulates random and imprinted X inactivation. Dev Cell, 2007, 12(1):57-71.
55. Carrel L, Willard HF. X-inactivation profile reveals extensive variability in X-linked gene expression in females. Nature, 2005, 434(7031):400-404.
56. Berletch JB, Yang F, Xu J, et al. Genes that escape from X inactivation. Hum Genet, 2011, 130(2):237-245.
57. Disteche CM, Filippova GN, Tsuchiya KD. Escape from X inactivation. Cytogenet Genome Res, 2002, 99(1-4):36-43.

第八章　X染色体失活

第一节　概　念

X 染色体失活（X chromatin inactivation，XCI）是雌性哺乳动物的 XX 染色体中 1 条发生沉默。在哺乳动物的性别决定系统中，雌性有 2 条 X 染色体，雄性为 1 条 X 染色体和 1 条 Y 染色体，X 染色体和 Y 染色体是从一对常染色体进化而来，最初性染色体对和其他常染色体对一样可以发生同源重组，随着性染色体的结构重新排列，X 染色体和 Y 染色体间的重组受到抑制，性染色体开始向着不同的方向进化[1]。X 染色体一般较大，携带许多和性别无关的基因；由于重组被干扰，Y 连锁的基因发生突变后得不到重组修复，因而在进化过程不断退化，因此 Y 染色体较小，携带较少的主要和精子生成相关的基因。虽然常染色体上某些基因的代偿性转录及 Y 染色体自身存在的回文结构可以一定程度上弥补基因突变，但 Y 染色体仍然失去大部分祖先基因，这些基因在 X 染色体上得以保留。因此，必然存在一种机制即 XCI 来平衡 XX 雌性和 XY 雄性的性连锁基因剂量。所有雌性的体细胞 2 条 X 染色体中的 1 条在早期发生转录失活。失活的染色体来源于母系还是父系完全是随机的。一旦做出选择，相同的 X 染色体在细胞分裂过程中始终保持失活状态[2]。因此，在成体有大量成堆的细胞有相同的活化 X 染色体。

第二节　分子机制

XCI 存在于所有的哺乳动物，包括有袋类动物。剂量补偿存在于所有 XX：XY 性别决定系统的动物，包括果蝇属和扁形虫，但机制是不同的。1961 年，英国学者 Lyon 提出了 X 染色体失活的假说，其要点是：①雌性哺乳动物细胞内只有 1 条 X 染色体有活性；②失活发生在胚胎的早期；③失活是随机的，但一个细胞某条 X 染色体一旦失活，由该细胞繁衍而来的子细胞都具有同一条失活的 X 染色体。Lyon 假说可以解释许多遗传现象，但经典的 Lyon 假说不能解释核型为 XO 的 Turner 综合征患者会有各种异常症状以及多 X 患者的各种症状，而且 X 越多症状越严重。1974 年，Lyon 又提出了新 Lyon 假说，认为 X 染色体失活是部分片段的失活，这就能很好地解释以上的矛盾之处[3]。

此后的研究发现，早期发育过程中 XCI 的启动依赖于 X 失活中心（X inactivation center，XIC）。XIC 能决定多少及哪一条 X 染色体失去活性，它也能产生 X 染色体失活特异转录子（X inactive specific transcript，Xist），包绕在 X 染色体周围，激发染色体失活。Xist RNA 包绕诱导 X 染色体上一系列的染色质变化，包括多梳组蛋白（polycomb group，PcG）的募集[4]，导致染色体失活，然后进一步发生 DNA 甲基化，使失活的不稳定状态转变为稳定状态。

一、印记和随机 X 染色体失活

虽然 XCI 能影响相同动物不同细胞的母系或父系来源的 X 染色体，但有一种类型是所有的细胞都是父系来源的 XCI，见于有袋动物的所有细胞和鼠胚胎的部分细胞，称之为 XCI 的印记型。此名称来源于基因印记，是哺乳动物的另一种现象，印记影响的是单个基因，而不是整条染色体。一个同源物的沉默起因于有性生殖过程中插入基因的印记标记，此标记形成 DNA 不同的甲基化位点。XCI 的印记型起因于关键 X 连锁基因的不同活性[5]。

在小鼠中，当早期雌性胚胎的个体细胞 2 条 X 染色体中的 1 条染色体发生转录基因沉默时，X 染色体失活在胚胎形成早期即开始启动。XCI 最早见于胚胎外细胞的囊胚阶段，起初，着床前期小鼠胚胎的所有细胞发生父系 X 染色体失活，为印记 X 失活，伴随着所有细胞的父系 XCI，即失活的染色体是从父系继承的 X。后来，在胚泡期，在准备形成胎儿的内细胞团细胞中失活的父系 X 染色体选择性地再活化。此后，随机 X 失活发生在成为胚体的细胞（Xp）。这些细胞最后各自发生父系或者母系的随机 X 失活，从而导致在雌性小鼠中 X 连锁基因表达镶嵌体[4]。XCI 的状态是高度稳定的，细胞表观遗传学元件确保维持失活和活化 X 染色体的复制副本通过有丝分裂进入子代细胞。余下的所有胚外细胞（例如胎盘和卵黄囊的前体）维持父系印记 X 失活。

印记和随机 X 失活的 X 染色体有许多共同特点，最显著的特点是，在印记和随机 X 失活的早期 X 失活阶段，Xist RNA 和 PcG 蛋白均修饰失活 X 染色体，*xist* 的反义转录子 Tsix 是活化 X 染色体的早期标志。Xist RNA 和 PcG 蛋白复合物的缺失使失活 X 染色体容易活化，反之，Tsix 的缺陷导致正常活化的 X 染色体失活[4]。

二、X 染色体失活的启动和维持

X 染色体失活包括至少 2 个独立的步骤：启动和维持。在启动阶段，失活 X 染色体经历表观遗传学失活。非编码的 Xist RNA、PcG 组蛋白的富集、组蛋白修饰、DNA 甲基化和染色质凝缩是 X 染色体失活过程的主要标志。在维持阶段，失活 X 染色体的复制体通过细胞分裂维持失活[6-7]。

（一）失活 X 染色体的特性

在 XCI 开始时，失活 X 染色体表现出一系列不同的特性，在有丝分裂的 S 期晚期它发生 DNA 复制，当形成性染色质小体时，显示组蛋白低乙酰化和间期凝缩状态。在哺乳动物的胚体，失活 X 染色体 CpG 岛基因甲基化，与基因组其余非甲基化 CpG 岛形成对比（但甲基化不见于有袋类动物的失活 X 染色体，也不见于哺乳动物生殖细胞，可能也不见于胚外谱系）。这些失活 X 染色体的特征类似于异染色质，因此，XCI 将典型的常染色质转变为异染色质状态。少数 X 染色体异常的个体——XO、XXX、XXY 等，这些个体不管有多少条 X 染色体，仅单条 X 染色体保持活性。三倍体中的一条或两条 X 染色体保持活性，四倍体中的两条 X 染色体保持活性。因此，必须有计数机制以确保每两条常染色体组中有一条 X 染色体保持活性[5,7]。

（二）XCI 的启动

胚胎期 XCI 的启动包括 X 染色体计数、X 染色体维持活性的选择和失活状态启动[5]。

经过受精卵的数次分裂，X 失活逐渐发生，且与一系列的表观遗传学事件相关，因此 XCI 的过程提供一个研究起始和维持基因沉默机制的窗口。X 染色体失活的选择和起始于胚胎发育的囊胚期末开始建立，这个过程被 XIC 所控制。XIC 由数个基因元件（包括 *xist*、*tsix*、*xite*、*dxpas34* 和 *jpx/enox*）的转录子组成长链非编码 RNA（noncoding RNA，ncRNA）[8]。*xist* 编码一个 17kb 长的核心 RNA，仅表达于失活 X 染色体。在人类，*xist*（17kb）位于 X 染色体的长臂上，而在小鼠，*xist*（15kb）位于染色体的中央。

xist 基因敲除显示该基因的转录是 XCI 启动所必需[5]。*xist* 上调预示着即将失活的 X 染色体上基因的转录沉默。当失活的命令下达时，这个基因就会产生一个 17 kb 不翻译的核心 RNA 与 X 染色体结合，X 染色体被诱导表达的 Xist RNA 所包裹。在失活 X 染色体的 *cis* 里，Xist RNA 聚积可募集蛋白质复合物，如 PcG 组蛋白，其活性被定义为能改变染色体的结构，将 DNA 组装为转录惰性异染色质。蛋白质复合物的募集对 X 染色体沉默和异染色质形成是很重要的，介导 DNA 甲基化和组蛋白修饰，引发并维持 X 染色体的失活[4]。将 *xist* 转基因插入到常染色体，和 X 染色体一样能启动失活。*xist* 基因敲除实验表明计数和失活启动发生在 *xist* 基因不同区域。基因的 5' 端区域为失活启动所必需的，而 3' 端区域的删除阻断正常计数过程。计数包括选择 1 条 X 染色体维持活性，假如 1 条 X 染色体不能计数，那么它会总是维持失活。基因敲除也表明 *xist* 是随意 XCI 和印记 XCI 所必需的，因此，*xist* 基因对于 X 染色体失活、正确计数和选择 X 染色体维持活性具有重要意义。

研究认为 *xist* 甲基化是印记型 XCI 的可能机制，虽然目前该研究结果有争议，然而，在 XCI 发生后，活性 X 染色体上的 *xist* 基因发生甲基化，有证据表明甲基化是维持 *xist* 抑制状态和染色体活性所必需的[5]。

如同失活 X 染色体以 Xist RNA 表达为特征，活性 X 染色体以 *xist* 反义长链非编码转录子 Tsix 为特征[4]。在即将失活的 X 染色体，Tsix 的缺失能上调 *xist* 的表达，Xist RNA 能在 *cis* 中沿着 X 染色体扩展，募集蛋白质复合物，使抑制组蛋白修饰子沉积至 Xi。最终，Xi 成为沉默的浓缩的异染色质。在活性 X 染色体，Tsix 的存在能抑制 *xist* 的表达，从而阻止染色体沉默。Tsix 反过来能被位于 *tsix* 上游约 10kb 处的 *xite* 调节，*xite* 包含 *tsix* 特异性增强子。

在小鼠，当 *xist* 在活性 X 染色体（active X，Xa）上被反义 Tsix 抑制时，来自于最终将失活的 X 染色体的 *xist* 发生转录，X 失活在雌性胚胎中启动。在小鼠的发育阶段，*xist* 的表达受控制多能性的因素所调控，在 X 失活前维持 *xist* 抑制。参与小鼠 X 失活的其他因素包括 ncRNA Jpx 和 E3 泛素化酶 RNF12[9]。

在人类和兔，*xist* 表达的增加也参与 X 失活，但是之后发生的是随机 X 失活而不是印记 X 失活。作为随机 X 失活的结果，雌性体组织是镶嵌体，来自父系的失活 X 染色体的细胞是不同的。X 失活发生后，一系列表观遗传学修饰使染色体沉默和异染色质形成。沿着 X 染色体 *xist cis* 延伸扩展的机制还未完全阐明，但是已经发现了参与的特异性基序，尤其是重复元件如长散在重复元件（long interspersed nuclear elements，LINE-1）对于沉默舱（a silenced compartment）的形成是关键的，富含 AT 的基序也可能参与其中。*xist* 募集多梳抑制复合物（polycomb repressive complex，PRC），介导活性 X 染色体上的起始组蛋白变化（如 H3K27 的甲基化）。其他变化包括 CpG 岛的甲基化和晚期复制[10]。

xist 基因产生大量 15～17kb 的 mRNA 保留在细胞核里。对于已经发生过 XCI 的细胞，看起来就好像是披在失活 X 染色体上的外衣。在未分化胚胎干细胞，2 条 X 染色体都是活化的，*xist* 表达看似每条 X 染色体上的 RNA 点，Xist RNA 总体水平低下。分化时，在即将失活的 X 染色体上 Xist RNA 扩展包裹染色体，Xist RNA 总体水平增加。即将活化的 X 染色体上 Xist RNA 点在短时间内是可见的，但随之 X 染色体活化，表达消失。Xist RNA 表达增加不是由于转录增加，而是由于转录子的稳定。稳定和不稳定的形式源自于不同的启动子。稳定和定位至失活 X 染色体是 2 个独立的效应，两者都为 XCI 所必需，除此之外，还存在着其他必需的因素。在早期小鼠植入前胚胎，父系 X 染色体存在着大量 RNA，然而父系 X 染色体仍维持活性。因此，一些未知的发展性因素也为 XCI 所必需，这些发展性因素可能与计数相关，不出现在两条 X 染色体都是活化的极早期胚胎。可能和 Xist RNA 相关的发展性因素包括与基因 5' 端区域相互作用的异核蛋白和在失活 X 染色体中浓缩的组蛋白 macro H2A1[5]。

（三）失活状态的维持

X 失活一旦建立则保持稳定，其所有子细胞均失活同一条 X 染色体。*xist* 基因在所有的成年雌性哺乳动物中转录，提示它在维持失活状态过程中的作用。但是其扮演的角色目前尚不十分清楚。有证据表明失活 X 染色体 CpG 岛甲基化在维持 XCI 中起着重要的作用。在培养的细胞中，甲基化抑制剂能部分逆转 XCI。失活 X 染色体的晚期复制也被认为是维持机制，甲基化和晚期复制机制可建立自我维持反馈回路，在大多数哺乳动物体细胞，*xist* 的活性缺失不会导致失活 X 染色体的再活化。但是在某些缺少差异甲基化的哺乳动物细胞，*xist* 活性缺失和再活化相关。因此，XCI 维持机制复杂，*xist* 的不同活性可能是其中的机制之一[5]。

（四）参与 XCI 的染色质修饰蛋白

自从 17 年前发现 *xist*，Xist RNA 募集至 X 染色体的机制就已成为研究活跃的领域。在对沉默蛋白进行搜寻时发现的 BRCA1 是个受争议的关键蛋白。已知 BRCA1 是 DNA 损伤途径的泛素化连接酶，在减数分裂性染色体失活过程中起重要作用。有研究表明，BRCA1 蛋白能募集 Xist RNA 至失活 X 染色体，在 BRCA1 缺陷的肿瘤细胞系，Xi 上 Xist RNA 是缺失的；正常细胞 RNAi 干扰 BRCA1 的表达后，Xi 发生再活化。在肿瘤细胞，当 BRCA1 重新表达时，Xist RNA 能重新募集至 Xi。但另一个研究小组在相同的细胞系中并未发现 Xist RNA 和 BRCA1 之间的关联[4]。

另有其他研究小组认为多梳组蛋白是 XCI 的调控蛋白。Xist RNA 的上调能迅速引发许多染色质变化，包括募集多梳抑制复合物 1（PRC1）和多梳抑制复合物 2（PRC2）至 Xi。在其他位点，这些复合物能催化组蛋白 H2A-K119 泛素化和组蛋白 H3-K27 甲基化，为基因沉默所必需[4, 10]。而 XCI 的多梳组蛋白功能是复杂的，具体调控机制目前也尚无定论。

第三节　X 染色体失活逃逸

一、X 染色体失活逃逸基因

在 Y 染色体退化之前，雌性的 2 条 X 染色体都和常染色体一样以同等剂量表达。然而，由于 X 染色体和 Y 染色体的差异，XCI 迫使 X 连锁基因仅表达一个剂量，从而使 X 连锁基因在雌雄两性中表达均衡。尽管这是广泛的染色体沉默，但是仍有一些基因逃逸 X 失活，在活性和失活 X 染色体上均维持活性（图 8-1）。近年的研究发现人的失活 X 染色体上有 15%～25% 的基因发生失活逃逸[2]，在小鼠中的比例约是 3%。失活 X 等位基因的表达从活性等位基因的百分之几到接近与之相同的表达，可能是因为一些逃逸区域的沉默部分扩展。这些发现证明了完全沉默和逃逸之间的连续性。来自 Xi 的基因最低表达水平达 Xa 基因的 10%，通常就认为它是逃逸基因[10]。

在细胞分化前，父系（Xp）和母系（Xm）染色体都是活跃的。当细胞分化时，Xist RNA 包裹一条 X 染色体，随机 X 失活启动，这将成为失活 X 染色体，另一条 X 染色体维持活性。由于失活过程是随机的，失活的染色体可能是 Xp，也可能是 Xm，一些基因逃避 X 失活，最终在雌性动物中形成镶嵌体。

逃逸基因沿着 X 染色体的分布不是随机的，人和小鼠存在着差异[10]。在人类，逃逸基因是簇集性分布（多达 13 个相邻基因，大小为 7～100Mb），而在小鼠，单个逃逸基因嵌入沉默染色质区域。这表明小鼠的 X 失活逃逸可能在单个基因水平被控制而不是染色质域。大多数逃逸基因位于人类 X 染色体的短臂上，可能是因为该区域偏离了 Y 染色体。另一个因素可能是人类 X 染色体的着丝粒异染色质，能阻止 Xist RNA 在长臂位点上的 *cis* 扩展。在小鼠，着丝粒位于 X 染色体的一端，Xist RNA 的扩展仅作用于很少数的逃逸基因。

逃逸 X 失活的基因定位在整条 X 染色体上，但是它们呈同源性配对存在于性染色体，雄性减数分裂过程中 X 和 Y 染色体之间的配对同源区域称之为假体染色体区（pseudoautosomal region，PAR）。在 PAR 内的基因通常不受 X 染色体失活的支配，因为功能性的等位基因存在于雄性动物的 X 染色体和 Y 染色体和雌性动物的 2 条 X 染色体。维持 Y 连锁拷贝的非假体染色体区的基因通常也逃避 X 染色体失

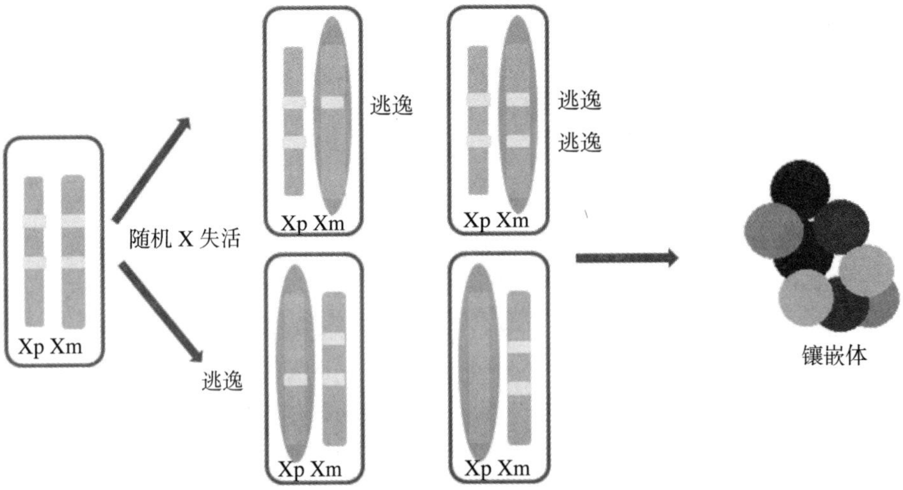

图 8-1　X 染色体失活和逃逸

活，因此，在雄性和雌性体组织均有2个表达的等位基因。然而，许多逃逸基因已经失去或分化它们的Y连锁拷贝，预期将在雌性动物中会有更高的表达，可能导致表型性别差异。这表明X染色体失活建立在Y染色体降解之后或维持Xi上基因表达的特异性机制都是起因于选择性优势。

不同的组织和（或）个人X染色体失活逃逸状况不同，即异质性失活逃逸[5]。在人类，约10%的X连锁基因逃逸在不同的组织和（或）个人中表现出多样性。X失活之前在未分化的胚胎干细胞中启动子限制的H3K4me2缺陷表明一些逃逸基因在发展过程中可能有不同的染色质结构。其他逃逸基因可能一开始就被沉默，仅仅在某些组织或老化过程中被重新激活。个体细胞也可能多样化：小鼠的单细胞Kdm5c等位基因表达在个体胚胎细胞中是显著沉默的，与成年细胞2个等位基因的持续表达截然相反。在一个组织中一些基因H3K27me3含量的不同以及发育阶段特异性方式也表明了逃逸的多样化。不同种属和组织之间逃逸基因的种类和分布的差异表明这些基因在特异性表型的性别差异发展过程中的作用。逃逸基因在雌性动物中的表达要高于雄性动物表明它们可能有雌性特异性角色，且可能和X非整倍体中的一些表型有关。

X失活逃逸不仅发生于雌性体细胞，也可见于雄性减数分裂细胞，发生减数分裂性染色体失活（meiotic sex chromosome inactivation，MSCI）。在这种细胞类型，X连锁miRNA逃逸沉默，但是其效应尚属未知。

二、X染色体失活逃逸机制

（一）染色质修饰和XCI逃逸

Xist RNA包裹在X失活启动过程中是非常重要的，然后，一些其他的表观遗传学修饰机制紧跟着维持失活。在与X沉默相关的表观遗传学标记中，组蛋白H3第27位赖氨酸的三甲基化（H3K27me3）是早期的抑制染色质标记，由PRC2复合物所催化，被染色质修饰蛋白的PcG复合物募集，导致Xi沉默部分的压缩。其他抑制标记包括H3K9me3和组蛋白变异型macroH2A1，在Xi上含量丰富。同时，活性标记如乙酰化的组蛋白H3和H4在沉默的染色质上是缺失的。沉默基因的修饰特征和那些逃逸基因的修饰特征是截然不同的，逃逸基因上维持转录活跃的常染色质状态，为组蛋白H3和H4的乙酰化提供庇护所。另一个转录活性标记H3K4me3除了逃逸区域相对应的分散区之外在大多数Xi上是缺失的。最近发现的组蛋白去甲基化酶KDM6A和KDM6B可能有助于逃逸基因上H3K27me3的去除[5]。

（二）DNA重复序列与XCI逃逸

Xi在表观遗传学标记上与它的活性配对体是不同的，包括Xist RNA的包裹。这是在胚胎发育过程中XCI的一个最早期事件，接着发生1或2个细胞循环的基因沉默。有趣的是，*xist*诱导的沉默仅仅发生在早期分化胚胎干细胞，不可逆转。只是Xist RNA如何沿着Xi延伸仍不太清楚。逃逸基因的研究非常有助于阐述扩展和异染色质形成的过程。重复元件的分布可能有助于建立逃逸和沉默域。有假说认为长散在重复元件（LINE）较多，X染色体上过多的LINE-1重复元件是锚定Xist RNA的重要因素，因此有助于扩展延伸[2]。而且，最近一项小鼠的动物实验表明LINE-1重复元件能募集Xist RNA，对形成凝集的异染色质核是必需的。逃逸基因的LINE重复元件较少。这些基因也富集特殊序列基序，如在5'端含ACG/CGT的Alu重复和短基序。在小鼠，另一种类型的重复——长末端重复序列（long terminal repeat，LTR），在逃逸基因上是减少的。这些发现提示X失活逃逸基因的Xist RNA包裹过程是缺陷的，且最近用标记结合DNA回收RNA的方法（改良TRAP法）在小鼠的成肌细胞中得到验证。在该项研究中发现编码染色质修饰组蛋白赖氨酸去甲基化酶的逃逸基因*kdm5c*和*kdm6a*的启动子和转录区域缺乏Xist RNA包裹。

除了LINE-1元件外，其他重复元件和序列可能参与逃逸机制。在小鼠，逃逸基因的长末端重复序列（LTR）是缺失的[2]。有证据表明逃逸基因富含AT的基序也是缺失的。SATB1是特异性结合富含AT DNA的蛋白质，能结合至Xi，将小鼠细胞内的该蛋白质突变后，*xist*的沉默功能也同时被阻断。因此，DNA序列的分布和内含基序通过控制Xist RNA的募集和（或）结合特异性蛋白来沉默Xi上的基因。除了*xist*，其他ncRNA也参与逃逸和失活域的建立[10]。

(三)绝缘子与 XCI 逃逸

在 Xi 上逃逸区域和沉默区域是如何相邻的?有证据表明边界元件如染色质绝缘子蛋白可能阻断异染色质扩展至逃逸区域或沉默区域内的常染色质扩展。研究发现小鼠中结合已知绝缘子序列的蛋白 CTCF(CCCTC 结合因子)结合至逃逸基因 *kdm5c* 和失活基因 *iqsec2* 之间的过渡区。但是,CTCF 不能结合至人类逃逸 X 失活的 2 个基因的相应过渡区。而且,已经发现在小鼠发育过程中 *kdm5c* 的 5' 端 CpG 岛维持低甲基化,可能是因为它不能通过 CTCF 结合接近 DNA 甲基化酶。CTCF 结合位点也存在于逃逸和失活基因之间的其他过渡区域,表明 CTCF 可能在隔离逃逸域上发挥作用。另一个介于逃逸基因 *eif2s3x* 和沉默基因 *klhl15* 之间的过渡区也结合 CTCF。*kdm5c* 的 5' 端 CpG 岛在小鼠的发育过程中始终保持低甲基化,可能是因为它被 CTCF 所隔离。当它和它的侧链区域被插入到 Xi 上的失活位点时,*kdm5c* 继续保持它的逃逸状态,表明该基因及其侧链区足够诱导逃逸。然而,将来自于 HS4 绝缘位点(来自小鸡 β- 珠蛋白基因簇)的 CTCF 结合位点插入至短报告基因的任一末端,当插入到小鼠细胞 Xi 上的失活基因中时,不足以保护它不被沉默[5]。因此,仅有 CTCF 结合位点是不足以保护其逃避沉默的,逃逸基因内部或周围的其他元件可能参与其中。

染色质的结构可能通过凝集 Xi 外的环形特殊区域发挥着隔离的重要作用。最近的 X 染色体图显示抑制性染色体标记 H3K27me3 沿着 Xi 散在分布,与绝缘子元件的存在和(或)环形染色质的特殊附着位点相一致。然而,在人类 X 能和啮齿类动物区分开来的人 × 鼠杂交细胞系,抑制性染色质标记在失活基因 RNA 结合基序蛋白 10(RNA-binding motif protein 10,RBM10)和逃逸基因泛素样修饰子活化酶(ubiquitin-like modifier activating enzyme,UBA1/UBE1)的间隔区显著减少[5]。尤其是,H3K9me3 和另一个与基因沉默相关的组蛋白修饰子 H4K20me3 在 RBM10 最后一个外显子中富集,UBA1/UBE1 上游约 2kb 的序列缺失。

目前研究认为环境因素可能通过表观遗传修饰的改变,如 DNA 低甲基化导致 X 染色体失活逃逸,使正常情况下被抑制的基因重新活化表达,从而在某些女性易感性疾病如系统性红斑狼疮、系统性硬皮病、原发性胆汁肝硬化等的发生、发展中起重要作用[11-12]。

(李亚萍 陆前进)

参考文献

1. 伊璐, 郝振华, 徐银学. 哺乳动物X染色体失活逃逸研究进展. 畜牧与兽医, 2008, 40:100-103.
2. 薛京伦. 表观遗传学——原理、技术与实践. 上海:上海科学技术出版社, 2006.
3. Yang C, Chapman A, Kelsey AD, et al. X-chromosome inactivation: molecular mechanisms from the human perspective. Hum Genet, 2011, 130:175-185.
4. Heard E. Recent advances in X-chromosome inactivation. Curr Opin Cell Biol, 2004, 16:247-255.
5. Berletch JB, Yang F, Disteche CM. Escape from X inactivation in mice and humans. Genome Biol, 2010, 11:213.
6. Kalantry S. Recent Advances in X-Chromosome Inactivation. J Cell Physiol, 2011, 226:1714-1718.
7. Lyon MF. X-chromosome inactivation. Curr Biol, 1999, 9:R235-237.
8. Huihui Zhou, Hu Hu, Maode Lai. Non-coding RNAs and their epigenetic regulatory mechanisms. Biol Cell, 2010, 102:645-655.
9. Erwin JA and Lee JT. New twists in X-chromosome inactivation. Curr Opin Cell Biol, 2008, 20:349-355.
10. Berletch JB, Yang F, Xu J, et al. Genes that escape from X inactivation. Hum Genet, 2011, 130:237-245.
11. Lu Q, Wu A, Tesmer L, et al. Demethylation of CD40LG on the inactive X in T cells from women with lupus. J Immunol, 2007, 179:6352-6358.
12. Lian X, Xiao R, Hu X, et al. DNA demethylation of CD40L in CD4(+) T-cells from women with systemic sclerosis:A possible explanation for female susceptibility. Arthritis Rheum, 2012, 64:2338-2345.

下篇

表观遗传修饰与复杂性疾病

第九章　概　论

第一节　复杂性疾病概述

一、复杂性疾病

疾病，根据其病因的不同，可以分为简单疾病和复杂性疾病。简单疾病主要是一些单基因疾病，致病基因较为明确，且符合孟德尔遗传定律。相反，复杂性疾病则是由多种因素共同作用所引起的，如多个基因的突变、环境因素或者某些未知因素的作用。在复杂性疾病中，单个因素所带来的影响非常有限，单独并不能引起疾病的发生，其遗传模式非常复杂。复杂性疾病在普通人群中有较高的发病率，是一种常见疾病，如自身免疫病、代谢性疾病、心血管系统疾病和神经精神系统疾病等均为典型的复杂性疾病。大量研究表明，复杂性疾病的发生可能是多基因遗传与环境等因素相互作用的结果，而环境通过表观遗传修饰对疾病相关基因的表达进行调控，在复杂性疾病的发生过程中扮演重要角色[1]。表观遗传学是一门能够很好体现环境与基因交互作用的学科，通过表观遗传学手段研究复杂性疾病的发病机制及其治疗具有重要意义[1]。与表观遗传修饰相关的复杂性疾病通常具有一些重要的特征：首先，这类疾病的遗传模式非常复杂，不能简单地通过孟德尔遗传定律来预测子代的患病概率，例如 2 个几乎携带相同遗传信息的同卵双胞胎之间也存在明显的个体差异。这种差异不仅体现在是否发病、发病时间和发病轻重的不同，甚至可能出现不同的症状和体征，这可能是由于他们所处的生活环境和饮食等因素的不同所造成的，这种现象很难通过传统的遗传学加以解释，而从表观遗传学的角度则能给出较为合理的解释[2]。第二，这类复杂性疾病的发生与年龄具有明显的相关性，其发病率随着年龄的增长而逐渐增加，这可能是某些环境因素的长期刺激或者人体某些代谢产物的不断积累，引起表观遗传修饰发生异常、染色体不稳定性增加及与疾病相关基因的异常表达[3]。此外，这类疾病的发生可能还与性别或者亲缘关系相关，如某些与性激素相关的疾病可能只在男性或女性中发生，或者某些基因印记相关的疾病可能只会传给后代中男性或者女性[4]。第三，这类疾病发生的诱因可能来源于出生前的影响，例如孕妇在备孕期间的营养不良或营养过剩，这些不良环境可能导致胎儿基因组的表观遗传修饰发生改变，对某些疾病的易感性增加，甚至影响胎儿的正常发育，导致出生缺陷[5]。由此可见，表观遗传修饰相关疾病主要是一些基因组与环境相互作用所引起的疾病，并且这类疾病发病因素复杂，难以进行有效的靶向治疗，是目前临床治疗的一大难点[6]。从表观遗传修饰的角度来研究复杂性疾病，可能为这类疾病的临床治疗提供一条新的途径。

二、DNA 甲基化与疾病

DNA 甲基化是基因组表观遗传修饰的主要方式之一，DNA 甲基化异常所带来的最直接影响就是导致基因的表达异常。某些癌基因或者抑癌基因的表达异常直接参与了多数肿瘤的形成，如细胞周期调控抑制因子 $p16^{ink4a}$ 和肿瘤抑制基因 *brca1* 等基因启动子区 CpG 岛发生异常高甲基化，基因转录受阻，导致细胞进行恶性增殖和转移，这可能是卵巢癌形成的一个重要因素[7]。相反，DNA 甲基化异常还可能导致某些癌基因的激活，如 *mage* 基因家族的激活[8]。*mage* 是一类编码肿瘤抗原的基因，相关的功能还不清楚，但这类基因在多种癌细胞中被特异性地激活表达，目前已报道的这类基因包括 *serpinb5* 和 *sncg* 等[9]。除了肿瘤以外，某些复杂性疾病的发生可能也与DNA甲基化异常相关，如脆性X染色体综合征，该疾病常表现出智力发育迟缓的症状，这与*fmr1*基因的表达异常有很大的关系。FMR1是一个RNA结合蛋白，主要调控翻译和mRNA的转移，与突触的重塑密切相关，相关报道表明，*fmr1*基因的5' 非编码区存在大量的CGG重复序列，一般在正常细胞中有6～52个拷贝，而在脆性X染色体综合征体内的拷贝数多达200个，这一拷贝数的增加使得DNA甲基化水平升高，*fmr1*基因的转录受阻，这是该疾病发生的重要原因之一[10]。

DNA甲基化异常所导致的另一个重要影响是引起染色体结构的不稳定。癌症或相关复杂性疾病细胞中DNA甲基化状态与正常细胞存在明显差异，该细胞的全基因组DNA呈现明显的低甲基化状态，这些低甲基化的区域主要是一些重复序列区域、还原转座子区域或者内含子区域。这些区域的低甲基化将促进染色体的重排和染色体易位，直接导致染色体结构变得松散不稳定，易于发生缺失或突变[11]。这样的染色体状态更有利于某些癌基因的激活表达，是肿瘤或疾病发生的一个关键性因素。

DNA甲基化异常还将导致基因组印记紊乱。基因组印记是指父本或者母本的染色体发生的一种专一性的表观遗传修饰，这种表观遗传修饰将导致子代细胞中某些基因的2个等位基因出现差异表达[12]。DNA甲基化修饰是基因组印记区域所发生的一种最主要的表观遗传修饰，这一修饰区域称为差异甲基化区域（differentially methylated region，DMR）。在基因组印记区域的DNA发生去甲基化或者过度甲基化均能导致基因组印记的缺失。某些复杂性的疾病，如安格尔曼综合征和Prader-Willi综合征等都与基因组印记紊乱或者缺失有着直接的关系[13]。此外，DNA甲基化异常可能还与肿瘤细胞周期调控、细胞侵袭、DNA损伤修复和染色体重排等相关[13]。

三、组蛋白修饰与疾病

组蛋白修饰研究最为广泛的2种类型为组蛋白甲基化和组蛋白乙酰化。组蛋白甲基化主要由组蛋白甲基转移酶（HMT）驱动，HMT主要包括组蛋白精氨酸甲基转移酶和组蛋白赖氨酸甲基转移酶，不同的氨基酸甲基化以及同一氨基酸所发生的单甲基化、双甲基化或三甲基化可能对应不同的功能，称为“组蛋白密码”[14]。组蛋白甲基转移酶的突变或者异常表达与肿瘤的发生密切相关，如H3K4甲基转移酶SMYD3的异常高表达与肝癌细胞恶性增殖和转移相关[15]。此外，组蛋白的甲基化修饰还能被去甲基化酶（如LSD1和JHDM等）所逆转，这些去甲基化酶的异常表达也会导致肿瘤的发生，如JARID1家族蛋白的异常表达与多种肿瘤的形成相关[16]。组蛋白乙酰化也是一个可逆的过程，主要由组蛋白乙酰化酶（HAT）和组蛋白去乙酰化酶（HDAC）来共同维持[17]。核心组蛋白氨基末端被乙酰化修饰后，其所带的正电荷被消除，而DNA分子本身所带的负电荷将促使核小体变得松弛，这有利于与基因表达相关的转录因子与DNA序列的结合，进而激活基因的转录。而组蛋白去乙酰化酶则使DNA分子形成封闭的结构，干扰转录因子的结合[18]。因此，组蛋白乙酰化通常作为染色体转录激活的一个标志[19]。组蛋白乙酰化酶和去乙酰化酶的这种平衡一旦被打破，将诱导肿瘤等恶性疾病的发生，如组蛋白*h4pinx1*基因位点的杂合性丢失和*pinx1*基因5' 端非转录区的低乙酰化将导致*pinx1*基因的低表达，这可能与胃癌的形成相关[19]；组蛋白乙酰化酶PCAF的表达降低与肝癌细胞的转移相关[20]；组蛋白去乙酰化酶HDAC4的异常能够促进肝癌细胞的增殖和转移等[21]。此外，某些由染色体易位所形成的融合蛋白引起的疾病也与组蛋白修饰相关，如早幼粒白血病细胞中特异表达的融合蛋白PML-RARα能够结合到某些基因的启动子区，并异常地募集一些组蛋白去乙酰化酶（HDAC）或组蛋白甲基转移酶（HMT），使这些基因的表达受阻[22]。

癌症或相关复杂性疾病细胞中的组蛋白修饰常呈现一定的特征。首先，组蛋白修饰遍及肿瘤细胞整个基因组，肿瘤细胞中某些基因启动子区CpG岛的高甲基化能够特异性地募集某些组蛋白，如脱乙酰化的H3和H4、H3K4三甲基化的缺少以及H3K9的甲基化、H3K27的三甲基化[23]。其次，在某些启动子区CpG岛未发生高甲基化的基因中，组蛋白H3和H4高甲基化和低乙酰化的修饰也会导致基因的表达受阻，如细胞周期抑制因子$P21^{waf1}$等[24]。此外，也有研究发现，肿瘤细胞的组蛋白H4呈现单乙酰化的缺少和三甲基化的形成，并且主要集中在DNA低甲基化的重复序列区域，这种特异的组蛋白修饰发生在肿瘤细胞形成前，伴随着肿瘤的发生而逐渐累积[25]。

四、染色质重塑与疾病

人类基因组 DNA 序列与核心组蛋白结合，使得基因位点在核小体上保持相对稳定，但这同时也不利于转录因子与 DNA 的结合。为了基因转录和 DNA 复制等生理过程的正常进行，染色质常会发生一些修饰，以改变核小体的位置，暴露出 DNA 序列上的转录因子结合位点 [18]。除了 DNA 甲基化和组蛋白修饰外，ATP 酶依赖的染色质重塑也是一类重要的染色质修饰方式。染色质重塑是基因转录、DNA 复制、DNA 损伤修复和细胞凋亡等与 DNA 相关的生物学过程的基础。染色质重塑能够使紧缩的染色质丝在与核小体连接的地方发生解压缩，形成松散的染色质，使得与基因转录和 DNA 复制等生物学过程相关的 DNA 序列裸露在外，这有利于相关酶和转录因子的结合 [26]。一旦染色质重塑发生异常，就可能引起疾病的发生。

SWI/SNF 复合物是一个目前研究较为广泛的染色质重塑复合物，它能利用自身 ATP 酶水解所获得的能量及亚基间的相互作用，调节自身的活性和某些特异基因的转录 [27]。BRG1 蛋白是该复合物中的关键亚基，具有 DNA 依赖的 ATP 酶活性。该亚基的异常表达在心血管疾病中较为常见，如心肌细胞中 BRG1 的异常激活能够诱导心肌细胞从 α-MHC 向 β-HMC 表达的转变，而 α-MHC 的下调和 β-HMC 的上调与成熟心肌细胞的病理性肥大相关 [28]。另一类与染色质重塑异常相关的疾病为白血病，正常细胞中的 MLL 蛋白能够与染色质结合，通过 SET 结构域募集 SWI/SNF 染色质重塑复合物，促进染色质的重塑，以利于基因的转录；而白血病细胞发生染色体易位所产生的 MLL 融合蛋白丢失了 SET 结构域，因此丧失了募集 SWI/SNF 复合物的能力，导致 MLL 所调控的靶基因表达出现异常，这可能与白血病的发生密切相关 [27]。此外，SWI/SNF 复合物中各组成成分的突变（如 SNF5、ARID1A 和 BRG1 等）也大量存在于多种肿瘤细胞中，表明染色质重塑异常可能与多种疾病相关 [29]。

五、非编码 RNA 与疾病

miRNA 是目前研究较多的一类小非编码 RNA，已有研究表明，某些 miRNA（如 miR-15 和 miR-16-1 等）作为肿瘤抑制因子，在多种肿瘤细胞中呈现低表达的状态，这可能是 *bcl2* 等癌基因被激活的主要原因 [30]；相反，另一些 miRNA 则发挥癌基因的作用，如 miR-17-92 在肺癌、乳腺癌和慢性粒细胞白血病中均能下调细胞周期调控因子 *e2f1* 的表达，进而促进癌细胞的增殖 [31]。近几年的研究发现，某些 miRNA 能够被分泌并稳定存在于细胞外，通过检测血清中这类分泌型 miRNA 的表达能够为临床疾病的诊断提供一种新的指标，如 miR-155 和 miR-150 等 [32]；此外，这类 miRNA 可能还是细胞间进行交流的关键分子，如在转移性乳腺癌细胞中特异表达和分泌的 miR-105 能够靶向血管内皮细胞的紧密连接蛋白 ZO-1，破坏内皮细胞间所形成的天然屏障，这无疑为乳腺癌肿瘤细胞的转移开辟了一条途径，临床标本检测结果也表明 miR-105 的表达与早期乳腺癌细胞的转移进程密切相关 [33]。

长链非编码 RNA（long non-coding RNA, lncRNA）长期以来都被人们视为基因转录的“噪声”，这使得 lncRNA 的研究相对滞后，直到最近几年这类非编码 RNA 才受到热点关注。目前的研究已阐明 lncRNA 能够调控基因表达、介导 X 染色体失活、介导基因可变剪切，并参与染色质重塑和细胞形态发生等过程 [34]。lncRNA 基因的异常表达与疾病的发生密切相关，如 lncRNA 基因 *hotair*，在上皮样癌细胞中的 *hotair* 基因能够靶向干扰多梭子阻遏复合物 2，使组蛋白 H3K27 的修饰发生改变，促进肿瘤细胞的侵袭和转移；而乳腺癌细胞中的 *hotair* 能够募集 PcG 蛋白至其靶基因启动子区，干扰靶基因的表达，促进乳腺癌细胞的转移 [35]。lncRNA 基因 *anril* 能够与基因 *ink4a* 的启动子区结合，介导该基因的转录沉默，促进相关肿瘤的发生 [36]。除了 lncRNA 的表达异常外，lncRNA 及其结合蛋白的突变与某些神经退行性疾病的发生也具有一定的相关性，如肌萎缩侧索硬化症、X 染色体易损综合征和脊髓小脑性共济失调等 [37]。

第二节 表观遗传修饰与复杂性疾病

一、环境与表观遗传学

表观遗传学中DNA甲基化、组蛋白修饰、染色质重塑和非编码RNA的异常都与疾病相关，但一种疾病的形成，尤其是复杂性疾病的发生，通常并不是由单一因素所造成的，而是由多种因素共同作用所导致的。因此，除了理解每一种表观遗传修饰的功能及其与疾病发生的关系，我们还应该从整体的角度来研究表观遗传修饰与复杂性疾病发生的关系。环境因素、年龄因素及胚胎发育过程中的饮食和药物等都可能从整体水平上影响表观遗传修饰，这与复杂性疾病的发生可能具有更直接的关系。

随着人类工业化进程的不断加快，它所带来的负面效应也逐渐显现，环境污染就是其中不容忽视的一点，“雾霾”天气的频频光顾使得人们对环境污染并不陌生。环境污染严重威胁着人类的健康，免疫、神经、呼吸系统疾病甚至癌症的发生都与环境有着密切的关系，并且这些疾病的发生很难简单地通过遗传学理论解释。而表观遗传学恰好是一门能够体现出环境与基因间相互作用的学科[20]。那么环境因素是否能引起表观遗传修饰发生改变，进而调控基因的表达和生物体的表型呢？一个典型的能够体现环境、表观遗传与疾病间关系的例子就是同卵双胞胎，他们之间虽然具有完全相同的遗传信息，但他们对某些疾病的易感性，以及发病时间、发病症状和病程可能都存在明显的差异，进一步研究发现两者之间基因座特定区域的DNA甲基化水平呈现明显差异，这可能是由于环境差异引起表观遗传修饰的不同，进而导致了不同的疾病易感性[2]。

环境因素的改变能够直接引起单个甚至多个表观遗传修饰的改变，进而导致肿瘤或疾病的发生。苯是一种常见的有机污染物，普遍存在于汽车尾气和烟草中，如长期暴露在低浓度苯的人群，其患骨髓增生异常综合征和急性髓系白血病的风险非常高，进一步研究发现其外周血基因组DNA呈现低甲基化的状态，而*p15*基因启动子区CpG岛则高甲基化[38]；工业污染中常见的重金属化合物镍能够抑制组蛋白H4乙酰化，而增加H3K4二、三甲基化[39]；流行病学的研究表明，在身体健康的吸烟者以及曾经的吸烟者体内，某些肿瘤抑制基因启动子区CpG岛发生DNA甲基化，相反，肿瘤相关基因凝血因子Ⅱ受体样因子3（*f2rl3*）的启动子区呈现低甲基化状态，这种表观遗传修饰的改变可能促进了肺癌的发生[40]。除了这些外界物理、化学因素的影响，饮食与疾病的发生也密切相关，食物中所带有的各种化合物，如维生素E、β-胡萝卜素、白藜芦醇、丁酸、姜黄素和叶酸等能够直接影响表观遗传修饰过程，进而促进或抑制疾病的发生[1]。

虽然我们还不清楚环境影响表观遗传修饰的具体机制，但研究环境与表观遗传的关系将有助于我们避免许多不良环境因素对人类健康的威胁。环境与其所引起的疾病就犹如“因”和“果”，而表观遗传修饰的改变则是反映由“因”变“果”这一动态过程的标志，如果能在表观遗传修饰阶段进行人为的干预，也许能够避免许多复杂性疾病的发生。

二、年龄与表观遗传学

哺乳动物随着年龄的增加，患各种复杂性疾病或肿瘤的风险明显增加，这一现象在自然界普遍存在，但很难有合理的假说来解释。随着表观遗传学研究的不断进步，一个新的概念被提出——年龄表观遗传学（aging epigenetics），这一概念主要描述了与新生个体相比，老年个体所表现出来的特定的表观遗传基因组及染色质修饰相关酶表达谱[41]。细胞的衰老就像是表观遗传修饰的标记，当细胞的某些表观遗传修饰累积到一定程度，细胞就表现为衰老。

那么，衰老细胞具有哪些特异的表观遗传修饰呢？DNA甲基化水平的改变是细胞衰老过程中的一个重要特征[41]。首先，在许多衰老细胞或组织中，全基因组DNA序列呈现低甲基化状态，这可能是由于DNA甲基转移酶DNMT1失活，导致异染色质形成，降低了基因组的DNA甲基化水平[42]。其次，研究者在培养哺乳动物成纤维细胞的过程中还发现，相比于新生细胞，衰老细胞中DNA甲基转移酶DNMT3B的表达水平升高，它能够促进某些抑癌基因（如 *runx3* 和 *P16ink4a*）的启动子区 CpG 岛发生 DNA 甲基化修饰，干扰这些基因的表达[43]。近一步的研究发现，启动子区发生高甲基化的基因还包括一些与细胞衰老有关的基因，如 *lamin a/c* 基因和 *wrn* 基因等[44]。

组蛋白修饰是衰老细胞的另一个主要表观遗传修饰，如 H4K20 的三甲基化。H4K20me3 在分化细胞和衰老细胞中大量存在，这可能与 H4K20 特异性甲基转移酶 SUV4-20H 的大量表达相关[45]。此外，某些组蛋白乙酰化修饰相关酶，如 SIRTUINS 能调控染色质重塑，干扰基因的表达甚至直接调控细胞的寿命[46]。以上这些衰老细胞基因组的表观遗传修饰（如全基因组 DNA 低甲基化而某些特异基因的启动子区高甲基化）与肿瘤细胞基因组的表观遗传修饰非常相似。这表明细胞衰老过程中所累积的这些表观遗传修饰可能正是衰老细胞易形成肿瘤的关键因素[47]。

三、胚胎发育早期的表观遗传学

哺乳动物胚胎发育不同阶段对外界因素刺激的应答存在很大的差异，完全分化的细胞表观基因组呈现较为稳定的状态，而早期胚胎细胞基因组则对外界因素非常敏感[48]。事实上，早期胚胎发育的一个关键性任务就是建立与外界环境相适应的表观遗传修饰，如营养供给、供氧和药物等，因此胚胎早期发育阶段会进行一次大规模的重编程，以消除一些原有的表观遗传修饰，并建立起新的表观遗传修饰[49]。有研究表明，小鼠精原细胞和卵细胞都呈现高度的 DNA 甲基化，一旦精卵细胞结合，受精卵的 DNA 甲基化水平则快速下降，直到胚胎植入前又重新恢复，虽然目前的研究还不能解释其中的具体机制，但这表明胚胎发育早期阶段确实经过了一次大规模的重编程[50]。因此，研究胚胎发育早期阶段各种外界因素对胚胎发育的影响，能够有效防止胚胎发育异常相关疾病的发生。

已有研究表明，母体的营养不良可能会导致出生体重偏低或偏高，而这将大大增加患冠心病、高血压和骨质疏松症等疾病的风险[51]。如通过对小鼠妊娠期的表观遗传学研究发现，孕期小鼠饮食中叶酸的摄入量直接影响甲硫氨酸循环途径，进而干扰胚胎基因组 DNA 甲基化，影响胚胎的健康发育，而这对怀孕小鼠则没有明显的影响[52]；胚胎发育早期的营养不良将引起肝细胞核因子 4a（HNF4a）的表达受阻，进而增加患 2 型糖尿病的风险[53]。我国在 1959 — 1960 年生活困难时期出生的新生儿具有较高的精神分裂症比例，表明孕期的营养不良可能也是诱发精神类疾病的重要因素[54]。基于流行病学的相关研究，人们提出了一种假说：胎儿对不良营养条件的代谢调节可能直接影响胎儿的生长和发育，甚至增加其在出生后患慢性疾病的风险，并把相关研究称为“健康与疾病的发育起源（DOHaD）”研究[55]。胚胎发育过程中的宫内不良环境犹如通过表观遗传修饰为胚胎打上了标记一样，这种标记与出生后的外界环境不协调，进而引起对多种疾病的易感性增加[51]。

第三节　表观遗传修饰与复杂性疾病治疗

随着人们对表观遗传修饰与复杂性疾病认识的不断提高，利用表观遗传修饰的手段来进行疾病治疗也取得了很大的成功。表观遗传修饰的一个重要特点就是它具有可逆性，能够通过表观遗传修饰相关酶抑制剂或其他药物刺激来调控基因组的表观遗传修饰，这使得表观遗传修饰相关疾病的治疗成为了可能[18]。目前与表观遗传学相关的疾病治疗药物主要有以下几类：① DNA甲基转移酶抑制剂，如核苷类 DNMT抑制剂阿扎胞苷（5-Azacytidine）和地西他滨（Decitabine），以及非核苷类抑制剂 MG-98 等[56-58]；②组蛋白甲基转移酶抑制剂，如组蛋白赖氨酸甲基转移酶抑制剂Chaetocin和组蛋白赖氨酸甲基转移酶抑制剂 AMI类化合物等[59]；③组蛋白去乙酰化酶抑制剂，包括某些短链脂肪酸（如丁酸钠和苯丁酸钠等）[60]、曲古抑菌素[61]和一些环状四肽类化合物（如罗咪酯肽等）[62]，这类抑制剂能够有效诱导肿瘤细胞周期阻滞、细胞凋亡或细胞分化，并抑制肿瘤细胞血管形成；④蛋白激酶抑制剂，如酪氨酸激酶 JAK2 能够使组蛋白 H3Y41发生磷酸化，阻止 H3K9me2/3 的识别蛋白 CBX5与染色体的结合，而 JAK2抑制剂能够解除这种效应[63]；⑤表观遗传修饰酶抑制剂与其他药物联合应用，如各种表观遗传修饰酶抑制剂与抗肿瘤药物或化疗药物的联合应用；⑥基因的靶向敲除技术，如传统的 siRNA 干扰技术和 Cre/LoxP 技术[64]，以及近几年发展起来的 TALEN 技术和 CRISPR-Cas9 技术等[65]，为靶向干扰或敲除某些异常表达的表观遗传修饰关键基因提供了可能。

虽然目前已有各种各样的表观遗传修饰相关药物正在进行临床研究，但表观遗传相关疾病的治疗前景依然不容乐观，其中最大的一个问题就是这些药物普遍缺乏较好的靶向性，因为大部分的表观遗传修饰酶都是针对全基因组进行修饰，无法靶向某些器官或组织[66]。并且，复杂性疾病的发生并非某一种表观遗传修饰的改变，而是多种表观遗传修饰共同作用的结果，因此单纯地逆转某一种表观遗传修饰并不能取得很好的疗效[67]。此外，大多数抑制剂在人体内的稳定性较差、代谢时间较短[68]。以上问题严重制约了表观遗传修饰相关药物的应用前景，这些问题还有赖于表观遗传学的进一步发展和药物靶向治疗技术的成熟。但是，毫无疑问，表观遗传学的发展为人们理解某些复杂性疾病的发病机制和治疗提供了一种全新的思路。

（邹清平 于文强）

参考文献

1. Feil R, Fraga MF. Epigenetics and the environment: emerging patterns and implications. Nature Reviews Genetics, 2012, 13(2): 97-109 .
2. Fraga MF, Ballestar E, Paz MF, et a1. Epigenetic differences arise during the lifetime of monozygotic twins. Proc Natl Acad Sci USA, 2005, 102(30): 10604-10609.
3. Van Deursen JM. The role of senescent cells in ageing. Nature, 2014, 509(7501): 439-446.
4. Kaminsky Z, Wang SC, Petronis A. Complex disease, gender and epigenetics. Ann Med, 2006, 38:530-544
5. Dolinoy DC, Weidman JR, Jirtle RL. Epigenetic gene regulation:linking early developmental environment to adult disease. ReprodToxicol, 2007, 23(3): 297-307.
6. Hatchwell E, Greally JM. The potential role of epigenomic dysregulation in complex human disease. Trends in Genetics, 2007, 23(11): 588-595.
7. Dumitrescu RG, Marian C, Krishnan SS, et al. Familial and racial determinants of tumour suppressor genes promoter hypermethylation in breast tissues from healthy women. J Cell Mol Med, 2010, 14(6B):1468-1475.
8. Yanagawa N, Tamura G, Oizumi H, et al. MAGE expressions mediated by demethylation of MAGE promoters induce progression of non-small cell lung cancer. Anticancer Res, 2011, 31(1):171-175.
9. Miranda EI. MAGE, biological functions and potential clinical applications. Leuk Res, 2010, 34(9):1121-1122.
10. Basehore MJ, Friez MJ. Molecular analysis of fragile X syndrome. Curr Protoc Hum Genet, 2014, 80:Unit 9.5.
11. Esteller M. Cancer epigenomics: DNA methylomes and histone-modification maps. Nature Reviews Genetics, 2007, 8(4):286-298.
12. Peters J. The role of genomic imprinting in biology and disease: an expanding view. Nat Rev Genet, 2014, 15(8): 517-530.
13. Robertson KD. DNA methylation and human disease. Nature Reviews Genetics, 2005, 6(8): 597-610.
14. Lee JS, Smith E, Shilatifard A. The language of histone crosstalk. Cell, 2010, 142(5): 682-685.
15. Hamamoto R, Furukawa Y, Morita M, et al. SMYD3 encodes a histone methyltransferase involved in the proliferation of cancer cells. Nat Cell Biol, 2004, 6: 731-740 .
16. Secombe J, Eisenman RN. The function and regulation of the JARID1 family of histone H3 lysine 4 demethylases: the Myc connection. Cell Cycle, 2007, 6(11): 1324-1328.
17. Yang XJ, Seto E. HATs and HDACs: from structure, function and regulation to novel strategies for therapy and prevention. Oncogene, 2007, 26: 5310-5318.
18. Dawson Mark A, Kouzarides T. Cancer Epigenetics: From Mechanism to Therapy. Cell, 2012, 150(1):12-27.
19. Kondo Y, S hen L, Issa JP. Critical role of histone methylation in tumor suppressor gene silencing in colorectal cancer. Mol Cell Biol, 2003, 23(1): 206.
20. Akil A, Ezzikouri S, EI Feydi AE, et al. Associations of genetic variants in the transcriptional coactivators EP300 and PCAF with hepatocellular carcinoma. Cancer Epidemiol, 2012, 36 (5): 300-305.
21. Yuan JH, Yang F, Chen BF, et al. The histone deacetylase 4/ SP1/microrna-200a regulatory network contributes to aberrant histone acetylationin hepatocellular carcinoma. Hepatology, 2011, 54 (6): 2025-2035.
22. Carbone R, Botrugno OA, Ronzoni S, et al. Recruitment of the histone methyltransferase SUV39H1 and its role in the oncogenic properties of the leukemia-associated PML-retinoic acid receptor fusion protein. Mol Cell Biol, 2006, 26: 1288-1296.
23. Fahrner JA, Eguchi S, Herman JG, et al. Dependence of histone modifications and gene expression on DNA hypermethylation in cancer. Cancer Res, 2002, 62: 7213-7218.
24. Mit ani Y, Oue N, H amai Y, et al. Histone H3 acetylation is associated with reduced p21 WAF1/CIP1 expression by gastric carcinoma. J Pathol, 2005, 205(1): 65.
25. Tryndyak VP, Kovalchuk O, Pogribny IP. Loss of DNA methylation and histone H4 lysine 20 trimethylation in human breast cancer cells is associated with aberrant expression of DNA methyltransferase 1, Suv4-20h2 histone methyltransferase and methyl-binding proteins. Cancer Biol Ther, 2006, 5: 65-70.
26. Ho L, Crabtree GR. Chromatin remodelling during development. Nature, 2010, 463(7280): 474-484.
27. Nie Z, Yan Z, Chen EH, et al. Novel SWI/SNF chromatin-remodeling complexes contain a mixed-lineage leukemia chromosomal translocation partner. Mol Cell Biol, 2003, 23(8): 2942-2952.
28. Hang CT, Yang J, Han P, et al. Chromatin regulation by Brgl underlies heart muscle development and diease. Nature, 2010, 466(7302): 62-67.
29. Wiegand KC, Lee AF, Al-Agha OM, et al. Loss of BAF250a (ARID1A) is frequent in high-grade endometrial carcinomas. J Pathol, 2011, 224(3): 328-333.
30. Cimmino A, Calin GA, Fabbri M, et al. miR-15 and miR-16 induce apoptosis by targeting BCL2. Proc Natl Acad Sci U S A, 2005, 102:13944-13949.
31. Olive V, Jiang I, He L. Mir-17-92, a clusterof miRNAs in the

midst of the cancer network. Int J Biochem Cell Biol, 2010, 42:1348-1354.
32. Zhang Y, Liu D, Chen X, et al. Secreted monocytic miR-150 enhances targeted endothelial cell migration. Molecular Cell, 2010, 39(1):133-144.
33. Zhou W, Fong Miranda Y, Min Y, et al. Cancer-secreted miR-105 destroys vascular endothelial barriers to promote metastasis. Cancer cell, 2014, 25(4): 501-515.
34. Fatica A, Bozzoni I. Long non-coding RNAs: new players in cell differentiation and development. Nat Rev Genet, 2014, 15(1): 7-21.
35. Wang KC, Chang HY. Molecular mechanisms of long noncoding RNAs. Mol Cell, 2011, 43: 904-914.
36. Popov N, Gil J. Epigenetic regulation of the INK4b-ARF-INK4a locus: in sickness and in health. Epigenetics, 2010, 5(8): 685-690.
37. Daughters RS, Tuttle D L, Gao W, et al. RNA gain-of-function in spinocerebellar ataxia type 8. PLoS Gene, 2009, 5 (8): e1000600.
38. Bollatl V, Baccarelli A, Hou L, et al. Changes in DNA methylation patterns in subjects exposed to low-dose benzene. Cancer Res, 2007, 67(3): 876-880.
39. Chen H, Ke Q, Kluz T, et al. Nickel ions increase histone H3 lysine 9 dimethylation and induce transgene silencing. Mol Cell Biol, 2006, 26(10): 3728-3737.
40. Breitling LP, Yang R, Korn B, et al. Tobacco-smoking-related differential DNA methylation: 27K discovery and replication. Am J Hum Genet, 2011, 88:450-457 .
41. Fraga MF, Esteller M. Epigenetics and aging: the targets and the marks. Trends in Genetics, 2007, 23(8): 413-418.
42. Casillas MA Jr, Lopatina N, Andrews LG, et al. Transcriptional control of the DNA methyltransferases is altered in aging and neoplastically-transformed human fibroblasts. Mol Cell Biochem, 2003, 252: 33-43.
43. So K, Tamura G, Honda T, et al. Multiple tumor suppressor genes are increasingly methylated with age in non-neoplastic gastric epithelia. Cancer Sci, 2006, 97: 1155-1158.
44. Agrelo R, Cheng WH, Setien F, et al. Epigenetic inactivation of the premature aging Werner syndrome gene in human cancer. Proc Natl Acad Sci USA, 2006, 103: 8822-8827.
45. Pogribny IP, Ross SA, Tryndyak VP, et al. Histone H3 lysine 9 and H4 lysine 20 trimethylation and the expression of Suv4-20h2 and Suv-39h1 histone methyltransferases in hepatocarcinogenesis induced by methyl deficiency in rats. Carcinogenesis, 2006, 27: 1180-1186.
46. Guarente L, Picard F. Calorie restriction-the SIR2 connection. Cell, 2005, 120:473-482.
47. Zane L, Sharma V, Misteli T. Common features of chromatin in aging and cancer: cause or coincidence? Trends in Cell Biology, 2014, 24(11):686-694.
48. Santos F, Dean W. Epigenetic reprogramming during early development in mammals. Reproduction, 2004, 127(6): 643-651.
49. Kota SK, Feil R. Epigenetic transitions in germ cell development and meiosis. Dev Cell, 2010, 19(5): 675-686.
50. Guo H, Zhu P, Yan L, et al. The DNA methylation landscape of human early embryos. Nature, 2014, 511(7511): 606-610.
51. Gluckman PD, Hanson MA, Beedle AS. Early life events and their consequences for later disease: a life history and evolutionary perspective. Am J Hum Biol, 2007, 19(1): 1-19.
52. Waterland RA, Jirtle RL. Transposable elements: targets for early nutritional effects on epigenetic gene regulation. Mol Cell Biol, 2003, 23: 5293-5300 .
53. Sandovici I, Smith NH, Nitert MD, et al. Maternal diet and aging alter the epigenetic control of a promoter-enhancer interaction at the Hnf4a gene in rat pancreatic islets. Proc Natl Acad Sci USA, 2011, 108: 5449-5454.
54. Xu MQ, Sun WS, Liu BX, et al. Prenatal malnutrition and adult schizophrenia: further evidence from the 1959-1961 Chinese famine. Schizophr Bull, 2009, 35(3):568-576.
55. Carone BR, Fauquier L, Habib N, et al. Paternally induced transgenerational environmental reprogramming of metabolic gene expression in mammals. Cell, 2010, 143: 1084-1096.
56. Kaminskas E, Farrell A, Abraham S, et al. Approval summary: azacitidine for treatmentof myelodysplastic syndrome subtypes. Clin Cancer Res, 2005, 11: 3604-3608.
57. Gore SD, Jones C, Kirkpatrick P. Decitabine. Nat Rev Drug Discov, 2006, 5: 891-892.
58. Stewart DJ, Donehower RC, Eisenhauer EA, et al. A phase I pharmacokinetic and pharmacodynamic study of the DNA methyltransferase 1 inhibitor MG98 administered twice weekly. Ann Oncol, 2003, 14:766-774.
59. Cherblanc FL, Chapman KL, Brown R, et al. Chaetocin is a nonspecific inhibitor of histone lysine methyltransferases. Nat Chem Biol, 2013, 9(3):136-137.
60. Garcia-Manero G, Kantarjian HM, Sanchez-Gonzalez B, et al. Phase1/2 study of the combination of 5-aza-2-deoxycytidine with valproic acid in patients with leukemia. Blood, 2006, 108: 3271-3279.
61. Ou JN, Torrisani J, Unterberger A, et al. Histone deacetylase inhibitor trichostatin A induces global and gene-specific DNA demethylation in human cancer cell lines. Biochem. Pharmacol, 2007, 73(9): 1297-1307.
62. Khot A, Dickinson M, Prince HM. Romidepsin for peripheral T-cell lymphoma. Expert Rev Hematol, 2013, 6(4): 351-359.
63. Qian CJ1, Yao J, Si JM. Nuclear JAK2: form and function in cancer. Anat Rec (Hoboken), 2011, 294(9):1446-1459.
64. Yu Y, Bradley A. Engineering chromosomal rearrangements in mice. Nat Rev Genet, 2001, 2(10): 780-790.
65. Nemudryi AA, Valetdinova KR, Medvedev SP, et al. TALEN and CRISPR/Cas genome editing systems: tools of discovery. Acta Naturae, 2014, 6(3): 19-40.
66. Botrugno OA, Santoro F, Minucci S. Histone deacetylase inhibitors as a new weapon in the arsenal of differentiation therapies of cancer. Cancer Lett, 2009, 280(2): 134-144.
67. Ptak C, Petronis A. Epigenetics and complex disease: from etiology to new therapeutics. AnnuRev Pharmacol Toxicol, 2008, 48:257-276.
68. Sebova K, Fridrichova I. Epigenetic tools in potential anticancer therapy. Anticancer Drugs, 2010, 21(6): 565-577.

第十章　表观遗传修饰与肿瘤

第一节　概　论

肿瘤，根据其恶性程度，可划分为良性肿瘤和恶性肿瘤。恶性肿瘤，即癌症，在全球呈现出较高的发病率和病死率。根据我国2010年的恶性肿瘤发病和死亡数据的统计，全国恶性肿瘤发病率为235.23/100 000，病死率为148.81/100 000。其中肺癌是全国恶性肿瘤发病率最高的肿瘤，每年新增肺癌病例高达60万，其次为女性乳腺癌、胃癌、肝癌和食管癌；全国恶性肿瘤死亡率最高的肿瘤也是肺癌，每年死亡病例高达49万，其次为肝癌、胃癌、食管癌和结直肠癌[1]。由此可见，在我国对恶性肿瘤的防治工作依然任重而道远。从20世纪70年代肿瘤研究的提出至今已经过40多年的研究，人们已经对肿瘤的发生机制有了初步的了解，但大多数肿瘤的治疗却并没有取得有效的突破，其根本原因在于多数肿瘤细胞癌变的发生过程依然还不清楚，无法对肿瘤的发生发展过程进行有效的干预。基因突变在肿瘤发生过程中具有重要作用，过去几十年的研究也发现了大量的癌基因和抑癌基因，为理解肿瘤的发病机制做出了重要贡献，但它可能并非肿瘤发生唯一的决定性因素。近几年随着表观遗传学研究的不断深入，人们逐渐意识到，表观遗传修饰对基因的表达调控作用可能是另一个对肿瘤发生过程起关键作用的因素。

表观遗传修饰能够在多种水平上对生物体相关生命活动进行调控，对维持机体的正常功能必不可少。在DNA水平上，DNA的甲基化修饰能够募集MBD蛋白，并促使其与DNA结合，抑制DNA序列上相关转录因子的结合，进而影响基因的转录[2]。根据DNA甲基化发生位置的不同，其对基因的表达调控作用也有所差异。DNA甲基化主要发生在富含双核苷酸CpG岛的区域，目前在人类基因组中已发现的CpG岛有近5万个，发生在基因启动子区CpG岛上的DNA甲基化对基因的表达起沉默作用，而发生在基因编码区的DNA甲基化则可能激活基因的表达[3]。其次，DNA甲基化对于维持染色体结构的稳定性具有重要作用，正常细胞中的DNA重复序列通常呈现高度的DNA甲基化状态，这些重复序列的甲基化能够保护染色体结构的完整性，防止染色体发生缺失或易位[4]。此外，DNA甲基化还在机体多个正常的生理过程中起到关键性的作用，如印记基因的表达、雌性个体的X染色体失活和胚胎的正常发育等。在蛋白质水平上，组蛋白的翻译后修饰能够影响核小体的定位，微调DNA与组蛋白的结合方式和紧密度，甚至改变核小体的结构，引起染色体重塑，进而影响各类转录因子与DNA序列的结合，参与基因的表达调控[5]。组蛋白修饰方式多种多样，不同的组蛋白修饰可使基因的表达激活或抑制，如H3K4me3、H3K36me3、H3K9ac和H4K20me等能够激活相关基因的表达，而H3K27me3、H3K9me2和H3K9me3则抑制相关基因的表达[6]。在染色体水平上，染色体能够通过改变自身的位置和结构来进行染色体重塑，并且参与了生物体多个最基本的生物学过程，如DNA复制、DNA损伤修复和基因表达等[7-8]。在RNA水平上，非编码RNA则直接通过与mRNA互补配对结合，降解mRNA或抑制mRNA的翻译，或者通过调控染色体的重塑来影响基因的表达[9]。

由此可见，表观遗传修饰在调控基因表达、维持染色体结构稳定、诱导印记基因的表达和胚胎发育等过程中发挥着关键性的作用。这些表观遗传修饰并非独立地参与细胞的某个生理活动中，而是在不断地相互作用、相互影响，共同使细胞基因组的表观遗传修饰保持稳定，这种特定的表观基因组修饰状态是一个真核细胞维持其特定表型的决定性因素[10]。一旦某种表观遗传修饰发生异常，则可能会引起“表观基因组”状态发生改变，导致各种复杂性疾病甚至癌症的发生。目前，已发现多种肿瘤的发生与表观遗传修饰异常有着密切的关系，如肝癌、肺癌、结肠癌、前列腺和食管癌等。下文将逐一对这些恶性肿瘤与表观遗传修饰之间的关系进行详尽的综述，以帮助读者更好地理解表观遗传修饰与复杂性疾病之间的联系。

（于文强）

第二节　表观遗传修饰与肝癌

肝癌是一种全球范围内常见的高度恶性肿瘤疾病，严重地威胁着人类健康。流行病学研究表明：全世界有近1.7亿人感染丙型肝炎病毒（hepatitis C virus，HCV），感染HCV后极易引起慢性肝炎，约20%慢性肝炎患者历经20～30年后要发展为肝硬化，在这些肝硬化患者当中，20%要发展为肝癌。我国是肝癌高发区之一，肝癌的发病率为52.1/100 000，而HCV是如何引起肝癌尚有许多问题未解决。

一、DNA甲基化与肝癌

在肝细胞癌的发生发展过程中，DNA的甲基化特别是高甲基化起着重要作用，这与肝细胞癌的形成有着十分密切的关系。在肝癌细胞中较常出现抑癌基因启动子区高甲基化异常而导致抑癌基因沉默的现象，进而导致肝癌的发生。在肝癌中常发现DNA的高甲基化导致肿瘤抑制基因的失活。常见的有*rassf1a*、*cyclind2*、*p16*、*ink4a*、*e-cadherin*等抑癌基因。同时还发现DNA的低甲基化导致基因组的不稳定，使某些癌基因被激活，如激活转座元件及*ras*、*myc*等诱发肿瘤的发生。

（一）肝癌细胞DNA甲基化修饰状态

1. 肝癌细胞基因组DNA甲基化水平　通过研究发现，细胞内基因组在整体上的低甲基化状态的现象在恶性肿瘤中是普遍存在的，基因组低甲基化是肿瘤的特征之一。肝癌细胞中基因组的整体低甲基化水平可能与肝癌发生和发展的过程是密切相关的，在用致癌药物诱导的小鼠肝细胞癌中，通过与正常小鼠肝组织基因组相比较，其整体甲基化程度明显较低。在肝癌组织中5-甲基胞嘧啶（5-methylcytosine，5mC）的含量明显低于癌旁组织，而且结果较为显著（$P<0.001$）[11]。通过对正常肝组织和肝硬化组织的全基因组的5mC检测并无统计学差异。目前，虽然细胞中全基因组DNA低甲基化在人类肝癌中出现的原因和作用均尚不十分清楚，但据推测其作用可能与以下几个方面有关。

（1）细胞基因组整体DNA的低甲基化可导致染色体不稳定：在“DNA甲基转移酶（DNMT）突变小鼠模型”中，DNMT 2的突变可导致基因组染色体的整体低甲基化，进而影响从胚胎到成体的发育过程，并影响了小鼠胚胎干细胞染色体的不稳定性。同时，肝细胞中整体基因组的低甲基化将促进抑癌基因*apc*的杂合性缺失，并激活Wnt信号通路，从而可能导致肝癌的形成。所以，在肝细胞基因组DNA低甲基化可影响整体染色体的稳定性，从而在肝细胞的形成和发展的过程中发挥重要作用。

（2）细胞基因组整体DNA的低甲基化可激活反转录转座子：细胞基因组的DNA低甲基化状态易使沉默的反转录转座子再次活化，原来处于不活跃状态的长散在重复序列（LINE）和Alu等重复序列可能会由于其DNA低甲基化而活化，从而使LINE和Alu等重复序列转移到基因组上的其他位置，而干扰其他正常基因的功能，从而导致肝癌的发生。大部分肝癌样本中LINE-1序列呈现出低甲基化状态，提示在肝癌的发生和发展过程中，基因组的整体低甲基化水平可能会导致反转录转座子激活及肝癌基因组的不稳定性[12]。同时，在应用方面，通过检测LINE-1和Alu等重复序列的甲基化状态，对肝癌的早期诊断和预后可能具有重要的参考意义。

（3）细胞基因组整体DNA的低甲基化可激活原癌基因的表达：肝癌中基因组的DNA低甲基化将会激活部分原癌基因，尤其是*ras*、*myc*以及其他肿瘤促进基因等的表达，从而诱发肝癌的形成。在30.3%和60.1%的肝癌组织中原癌基因*myc*和*ras*的甲基化水平较低并过量表达，两者之间呈现出一定的相关性[13]，提示整体DNA低甲基化会激活原癌基因的表达，原癌基因*myc*和*ras*的低甲基化又可能与肝癌的发生和转移相关，从而证明基因组的DNA低甲基化可能会激活原癌基因，进而促进肝癌的形成。

2. 肝癌细胞癌症相关基因甲基化水平

（1）肝癌细胞中抑癌基因的异常甲基化：至今，研究已发现了在肝细胞中多个抑癌基因的甲基化异常与肝癌的形成和发展有关，其中包括多个抑癌基因的高甲基化和少数抑癌基因的低甲基化。Nishida等[14]在482份肝癌和正常组织的样本中，批量研究了肿瘤抑制基因（tumor suppressor gene，TSG）中，在肝癌早期特异性甲基化被沉默的部分基因，并估计了这些基因可以作为潜在的肝细胞癌（hepatocellular carcinoma，HCC）诊断的生物靶标的可能性。其中，8种TSG（*hic1*、*gstp1*、*socs1*、*rassf1*、*cdkn2a*、*apc*、*runx3*和*prdm2*）体现出在肝癌中的高甲基化抑制特异性，并具有显著差异（$P<0.0001$）。

癌症相关抑制基因*e-cadherin*、*hic-1*，*p16*、*p15*、*tms1/asc*、*timp3*、*mgmt*，*rassf1a*、*14-3-3-σ*和*socs-1*等在原发性肝癌中因为DNA的高甲基化而被沉默。其中，细胞因子信号转导抑制因子-1（suppressor of cytokine signaling-1，SOCS-1）基因最具有代表性，该抑癌基因位于染色体16p13.13，*socs-1*基因编码的蛋白和JAK（janus kinase）酪氨酸激酶相结合，负性调节JAK/STAT信号转导途径。*socs-1*基因的失活将会导致JAK/STAT信号转导途径调控功能的丧失，从而引起肝癌的发生。在肝癌中存在*socs-1*基因调控元件的高甲基化，从而其表达被抑制；若恢复肝癌细胞中*socs-1*的表达，则可抑制肝癌细胞的生长。

抑癌基因*p15*和*p16*的高甲基化在肝细胞癌中起到协同作用。在近50%的肝癌病例中，存在着*p16*基因调控元件的异常甲基化，推测其在肝细胞癌的发生中起着重要的作用。*p16*基因启动子区域的异常甲基化在肺癌、肝癌、乳腺癌等癌症中都非常常见。但是在对HCC患者肝细胞内*p16*基因启动子区域检测后，却只有13.9%的样本出现高甲基化，提示甲基化的特异性，而非单纯的甲基化程度，才是*p16*基因沉默的原因[15]。肝癌组织中同时存在*p15*和*p16*的异常高甲基化，而*p15*和*p16*的异常甲基化在肝癌的形成和发展中具有重要的协同作用，利用这种联合的表观遗传标记的检测可能对肝癌的诊断和预防具有重要价值和意义。

4个抑癌基因（*p16ink4a*、*rassf1a*、*casps*和*cdh13*）在肝癌中存在着异常甲基化（表10-1）。其中，以Ras相关区域家族1A（ras association domain family 1a，Rassf1a）为代表。*rassf1a*是近年来新发现的肿瘤抑制基因，位于染色体3P21.3，其编码蛋白与小鼠中的Ras效应蛋白NOREl和MAXPl存在高度的序列同源性。但是，*rassf1a*的确切功能和抑癌机制目前尚不清楚，可能是Ras信号通路上的Ras效应物起到负调控的作用，还可能参与DNA损伤修复反应（如SDS反应）以及由DNA损伤所引起的一系列其他信号转导的调控现象中。*rassf1a*基因调控元件的CpG岛存在高甲基化，并且在肝癌细胞系（Hep3B）中检测到*rassf1a*基因的高甲基化[16]。93%的肝癌中存在着*rassf1a*的异常高甲基化，使用DNA甲基化抑制剂等药物处理后可降低*rassf1a*的甲基化，从而恢复*rassf1a*的正常表达。这提示*rassf1a*的甲基化状态与*rassf1a*的表达具有重要相关性，同时*rassf1a*的表达也在肝癌的发生和发展过程中具有重要作用。

除了以上所述的抑癌基因之外，*pax5*的沉默也是一种非常重要的致癌途径。配对盒基因（paired box，pax）5是转录因子家族的一员，参与胚胎发育的调控，在人正常肝组织中表达，而在原发性肝癌细胞中，与周围正常组织相比表达水平明显减低，研究发现其启动子区域会发生高甲基化从而抑制其表达。启动子的高甲基化将导致*pax5*基因失活，恢复肝癌细胞中沉默的*pax5*基因表达，将会抑制细胞增殖，诱导肝癌细胞的凋亡，进一步阻滞肿瘤生长[17]。

表10-1　几种发生甲基化异常的重要抑癌基因

抑癌基因	基因全称	功能
socs-1	细胞因子信号转导抑制因子-1	负性调节JAK/STAT信号转导途径
rassf1a	Ras相关区域家族 1A	编码蛋白Ras效应物，参与DNA损伤修复反应
gstp1	谷胱甘肽S转移酶P1	编码蛋白催化机体内毒素物质与谷胱甘肽相结合，排毒
p16	多肿瘤抑制因子（MTS）	编码蛋白是细胞周期蛋白激酶的抑制剂
pax5	配对盒基因5	参与胚胎发育的调控

（2）肝癌细胞中其他基因的异常甲基化：*reck* 基因的沉默与其启动子区域的异常高甲基化有关，同时 *reck* 基因与肝癌晚期患者的低存活率有着高相关性。另有研究发现，DNA 错配修复（mismatch repair，MMR）系统相关基因的异常甲基化与肝癌的发生亦具有密切关系。在肝细胞中，DNA 错配修复机制的缺陷会引起基因突变的积累及全基因组的不稳定，进而促进肝癌的发生和发展[18]。

3. 肝癌细胞中甲基转移酶的异常表达 DNMT1、DNMT3A、DNMT3B 和 DNMT2 在近 50% 的肝癌组织中呈现出显著性表达增高。研究结果提示 DNA 甲基转移酶的表达量增加与部分区域 DNA 的高甲基化有关，从而影响肝癌的发生过程。DNMT1 在肝癌中一般会高表达，此现象一般认为与肿瘤抑制基因的表观遗传学沉默相关。受体 SHP 可以通过对抗金属反应转录因子 MTF-1 而抑制锌依赖的 DNMT1 的诱导表达。研究发现在人体肝癌细胞中，DNMT1 的表达量与 SHP 呈现出负相关性。

利用荧光定量聚合酶链反应（polymerase chain reaction，PCR）技术对肝癌和癌旁组织以及正常肝组织中 DNMT 的表达谱进行研究，发现肝癌组与正常组、肝炎组及肝硬化组比较，DNMT1、DNMT3A 和 DNMT3B 均出现统计差异[19]；同时，DNMT 的表达量与肝癌异常甲基化基因在肝癌样本中的甲基化程度之间并无统计学上的显著相关性。这提示在肝癌的发生和发展过程中所呈现的基因组 DNA 高甲基化状态除了有 DNMT 家族的作用外，可能还有其他机制参与，在共同作用的情况下才会导致异常甲基化的发生。

4. 肝癌细胞 DNA 甲基化与癌症的发生 肝炎病毒所引起 DNA 甲基化的改变和肝癌的发生可以作为肝癌细胞 DNA 甲基化引起癌症的典型例子。肝炎病毒是导致肝癌形成的原因之一，特别是乙型肝炎病毒（hepatitis B virus，HBV）和 HCV 病毒。最近的研究发现，肝炎病毒的致癌作用可能与引起肝癌形成过程中的表观遗传学改变有关，特别是对抑癌基因的影响。在 HBV 相关性肝癌细胞中，由于 *gstp1* 基因 DNA 的 CpG 岛高甲基化，导致基因表达沉默，而在正常组织中，这种改变只占 10%；*socs-1*、*apc* 和 *p15* 甲基化在 HCV 相关性肝癌中经常出现，相比较而言，在 HCV 相关性肝炎中则要少得多[20]。

（二）DNA 甲基化分析在肝癌研究中的应用

1. DNA 甲基化与肝癌的诊断、疗效观察及预后判断 研究显示 DNA 异常甲基化是肿瘤形成过程中的一个早期、频发事件。肝癌患者中，血样中存在 *p16* 基因的启动子区域存在异常甲基化，而在正常人和慢性肝炎或肝硬化患者外周血中未检测到该区段 DNA 的异常甲基化。在 50% 肝癌患者外周血中检测到 *gstp1* 基因启动子高甲基化现象。在 70% 的肝癌患者外周血中可检测到 *rassf1a* 启动子区域的异常高甲基化。这些结果表明癌细胞可在外周血中循环存在，而对这些表观遗传标记的联合检测可能对肝癌的诊断和预防具有重要价值；同时提示 *p15*、*p16*、*gstp1* 和 *rassf1a* 等原癌基因的启动子区域甲基化如同在上一部分提到的，在肝癌的形成和发展中具有重要的协同作用[21]。

2. DNA 甲基化与肝癌的防治 针对 DNA 甲基转移酶的活性变化和基因组 DNA 甲基化模式的改变，探索肝癌防治策略已形成一种新的思路。以 5-氮杂 -2'- 脱氧胞苷（5-Aza-dC）为代表的竞争性核苷酸类甲基转移酶抑制剂，已广泛应用于逆转肿瘤细胞中的异常甲基化，使失活的基因重新表达，从而治疗癌症，如肝癌。5-Aza-dC 具有双重抗肿瘤效果，它不仅能够恢复肿瘤表观异常状态，而且能够使肿瘤细胞对凋亡诱导物质进行充分高效的再敏感化，为其抗肿瘤作用提供了分子依据。5-Aza-dC 的作用机制主要是其可以被整合到处于分裂期的细胞内核酸中，形成稳定的共价键，从而抑制甲基转移酶活性。由于 5-Aza-dC 的作用，随着细胞分裂周期的进行，癌细胞内基因组 DNA 的甲基化程度将进行性减少。临床上已有应用 5-Aza-dC 治疗白血病及骨髓增生异常综合征的报道。

二、组蛋白修饰与肝癌

1. 肝癌细胞组蛋白修饰状态 组蛋白甲基化是基因表观遗传学调控的重要方式之一。在肝癌中发现，组蛋白修饰异常导致局部染色质结构变化，进而引起基因活性的改变，如 P73 通过抑制组蛋白 H3 赖氨酸 9 的乙酰化，增加组蛋白 H3 赖氨酸 9 的甲基化引起甲胎蛋白（AFP）的表达减少。在较低存活率的肝癌中，组蛋白修饰的相关基因具有较高的表达水平，如 PTMA 和 SET，这 2 个蛋白质是组蛋白乙酰转移酶复合物的抑制因子。通过对人类原发肝癌的免疫缺陷小鼠模型的研究发现，组蛋白去乙酰化酶抑制剂 saha 结合甲基化抑制剂 5-Aza-dC 可以抑制肝癌的生长。

2. 肝癌细胞组蛋白修饰异常与癌症的发生　组蛋白的甲基化是通过组蛋白甲基转移酶的催化来完成的。所以，组蛋白甲基转移酶在组蛋白修饰异常的致癌作用中发挥着重要作用。组蛋白甲基转移酶 SMYD3，通过将组蛋白 H3 第 4 个赖氨酸甲基化从而改变染色质的构象，激活相关的原癌基因的转录，促进肝癌细胞的增殖、集落形成。将 *smyd3* 的 shRNA 质粒注射到免疫缺陷的裸鼠的肿瘤内，对体内的 *smyd3* 产生外源诱导的抑制作用，可以减缓肿瘤细胞的生长和迁移速度。另有证据表明，组蛋白甲基转移酶 SMYD3 在多个肝癌细胞株及肝癌组织中大量表达；在利用免疫核糖核酸（immune ribonucleic acid，iRNA）抑制 *smyd3* 的表达后，肝癌细胞株 HepG2 的增殖受到了抑制，并产生明显的凋亡效应。

3. 肝癌细胞发生异常组蛋白修饰的分子机制　肝癌细胞内，异常组蛋白修饰的主要原因一般与组蛋白甲基转移酶、组蛋白乙酰转移酶、组蛋白去甲基化酶、组蛋白去乙酰化酶等组蛋白修饰酶的活性及表达量等有关。下面以 HBV 影响组蛋白甲基转移酶 SMYD3 进而产生肝癌的进程为例，来说明肝癌细胞发生异常组蛋白修饰的分子机制。

不同程度 HBV 感染后的肝癌细胞株中组蛋白甲基转移酶 SMYD3 表达的差异，与正常对照组的 HepG2 细胞相比，*smyd3* 转录的 mRNA 含量和蛋白质含量在 HBV 感染的 HepG2 细胞中均显著增加，提示在肝癌细胞中组蛋白甲基转移酶 SMYD3 的表达可能受到 HBV 感染的影响，HBV 也可能会通过影响 *smyd3*，进而影响组蛋白修饰过程，最终发挥致癌或促癌作用[22]。抑制组蛋白甲基转移酶 SMYD3 表达可以使肝癌细胞中原癌基因 *myc* 的表达量下降，而 *myc* 是 HBV 致癌的重要途径，提示在 HBV 感染之后，HBV 通过影响 *smyd3* 表达从而影响组蛋白修饰，并促进 *c-myc* 等原癌基因的表达。*smyd3* 启动区域的 E2F-1 结合元件是影响 SMYD3 甲基转移酶活性的重要因素；而在 HepG2 细胞中 HBV 感染可以增加 E2F-1 的活性，提示 HBV 是在感染后通过增加肝细胞中 E2F-1 活性，从而调控肝癌细胞中 *smyd3* 的表达。以上可能是肝细胞组蛋白修饰致癌机制的一条重要途径。

三、miRNA 与肝癌

（一）肝癌细胞 miRNA 表达谱变化

肝癌如同其他类型的肿瘤一样，也是一种复杂的基因病，肝癌的发生和进展与编码基因和非编码基因的异常表达有关。在肝细胞中，miRNA 的异常表达参与原癌基因和抑癌基因对肝癌的发生和进展进程的调控网络之中。研究发现在肝癌细胞中，表达下调的 miRNA 作用于原癌基因，可以起到抑制癌基因的作用；同理，表达上调的 miRNA 作用于抑癌基因，将起到促癌基因的作用。引起 miRNA 表达谱异常的机制包括 miRNA 的对应编码基因突变、缺失、转录后调控错误、编码基因的启动子区域 DNA 甲基化和组蛋白修饰、甲基化结合蛋白的表达异常等。虽然研究单个 miRNA 的功能有利于理解其在已知的整个分子通路中的作用，但就肝癌诊治和预防方面而言，检测其整个的 miRNA 指纹图谱可能更有实际意义，也更适用于不同体质的患者的诊断。

不同器官的 miRNA 表达谱各有其特征，人类和啮齿类动物的 26 个器官或组织中近 250 种的 miRNA 表达情况，约 1/3 的 miRNA 具有相对的组织特异性。其中，miR-122 与肝的组织特异性相关。所以，有必要针对肝细胞的特异性研究其 miRNA 表达谱的变化。

肝细胞特有的 miR-122 表达还与 HCV 感染有关，而 HCV 和 HBV 感染引起的肝癌 miRNA 表达也存在明显的差异。miR-134、miR-211 和 miR-105 在 HCV 诱发的肝癌中高表达，而 miR-34c、miR-124b 则在 HBV 诱发的肝癌中高表达。这提示肝炎病毒所引起的 miRNA 表达谱的特异变化可能是其致癌的重要原因之一。

人肝癌组织中 miRNA表达谱与正常肝组织的表达谱不同，表达上调的 miRNA有 miR-18、pre-miR-18和 miR-224等，而表达下调的 miRNA有 miR-199a、miR-195、miR-125a和 miR-200a，这些不同的表达谱可能因样本取材、实验条件而有一定偏差，但是就作为肝癌的 miRNA指纹图谱而言，亦具有非常大的应用前景。利用肝癌 miRNA的特征性表达谱对肿瘤和癌旁肝组织进行分类，预测准确率高达 97.8%，这一研究结果提示 miRNA表达谱作为肝癌诊断标志物的可能性。越来越多的证据表明非编码 RNA不仅参与肿瘤的发生，而且有些非编码 RNA是肿瘤转移的重要分子标记和诊断标志物。

(二)肝癌细胞中 miRNA 异常与癌症的关系

1. miR-122 的表达与肝癌的关系 在肝细胞中 miR-122 的表达量最高，占总 miRNA 的 70% 左右，研究发现其在肝细胞的应激反应、肝癌、HCV 感染、肝代谢等方面都发挥着重要作用。在人类和小鼠的肝癌中，miR-122 表达量明显下降。在肝癌细胞株中观察到 miR-122 调控着细胞周期蛋白 cyclin G_1 的表达水平，后来在人类肝癌组织中观察到 miR-122 与 cyclin G_1 表达水平呈现出负相关性。研究发现，由于 miR-122 与 HCV 相互影响，在 HCV 感染的肝癌患者中 miR-122 表达水平比较复杂，并不呈现出简单的正反比关系。利用 miR-122 可调控 HCV-RNA 的表达水平这一特点，用 miR-122 的反义寡核苷酸外源诱导 RNA 干扰（RNA interference，RNAi）而使 miR-122 沉默，可能为 HCV 的抗病毒治疗提供新的分子靶点。

2. 表达上调的 miRNA 与肝癌的关系 在肝癌组织或肝癌细胞系中表达上调的 miRNA 可能具有与原癌基因相同的作用，包括 miR-18、miR-21、miR-221、miR-222、miR-224、miR-373、miR-301 等。miR-221 还与肝癌的预后呈现出显著的相关性[23]。在肝癌组织中检测到 miR-224 的表达水平上调，目前已知 miR-224 的作用靶点为凋亡抑制因子 -5（apoptosis inhibitor-5，api-5），miR-224 的高表达会抑制 *api-5* 的转录表达。也有报道称 miR-21、let-7 在肝癌组织中表达上调[24]。

3. 表达下调的 miRNA 与肝癌的关系 肝癌组织或肝癌细胞株中表达下调的 miRNA 包括 miR-122、miR-125、miR-126*、miR-130a、miR-145、miR-150、miR-199、miR-200、let-7 家族，它们以 miR-126*、miR-145 等为代表。miR-126* 在乙醇因素引起的肝癌中表达水平会明显下调，但在病毒或其他致癌物引起的癌症中则没有明显的统计学差异，表明不同原因诱发的肝癌可能具有不同的 miRNA 表达谱。虽然这为肝癌 miRNA 表达谱的研究带来了困难，但特异的 miRNA 表达谱也将有利于对致癌原因的研究和对肿瘤的防治。

miR-145 是在肝癌细胞系 Huh7 和肝癌中表达水平下调的另一种 miRNA，并在正常肝组织、良性肿瘤和肝癌中表现出表达水平逐渐下降的趋势，推测可能与肝癌的发生和发展有关。研究发现 miR-145 的作用靶点是 MAPK 转导蛋白 MAP3K3、FOS、MAP4K4、MYCN、YES 和 FLI-1。其他表达下调的 miRNA 还有 miR-199、miR-200a 和 miR-198，后者的作用靶点为卵泡抑素相关蛋白的 mRNA。表达下调的 miRNA 在转移性 HCC 中表达下调，促进靶基因蛋白翻译水平发生变化，进而加剧 HCC 的发展和复发。

(三)肝癌中 miRNA 的表观遗传学调控

人类基因组中 98% 的序列编码大量的非编码 RNA。过去人们认为非编码 RNA 没有功能，目前研究表明这些以 miRNA 为代表的非编码 RNA 直接参与基因的表达调控，并且与肿瘤等疾病的发生有关，因此非编码 RNA 与肝癌的关系非常具有研究价值。

研究检测肝癌细胞系中 miRNA 表达谱的改变，并用表观修饰调节药物，如 5-Aza-dC 或曲古抑菌素 A（trichostatin A）等处理细胞，结果表明上述药物能够在不同程度上调控某些 miRNA 的表达，其中影响最显著的是 miR-1-1。在原发性肝癌中 miR-1-1 的表达水平明显低于正常肝组织。在肝癌组织和肝癌细胞株中 miR-1-1 靶基因如 *foxp1*、*met*、*hdac4* 表达会呈现出上调，且能被表观修饰调节药物 5-Aza-dC 所恢复，表明表观遗传学对 miR-1-1 的调控在肝癌发生中具有重要作用。

检测 miRNA 的表达谱有助于肝癌的诊断、预后和针对不同体质患者制订不同的个性化治疗方案，但更重要的是理解清楚 miRNA 的表达调控机制及其靶位点。研究表明，部分 miRNA 的表达与其表观遗传学调控是密切相关的，研究 miRNA 之间的相互关系有着重要的意义。

(四)miRNA 在肝癌诊断和治疗中的应用及其前景

肝癌的 miRNA 表达谱具有明显的组织特异性，这将有助于对肝癌的诊断，尤其是分化较差或来源不明的肝癌的鉴别诊断。用差异表达的 miRNA 表达谱可以将肝癌组织分成不同的类型，并且可信度较高，例如 miR-224 在所有的肝癌中表达均增加，同时 miR-96 在 HBV 感染的肝癌中表达量增加，miR-126 在乙醇引起的肝癌中表达量下降[25]。一系列表达差异的 miRNA 不仅可以用来区分肝癌、正常组织和良性肿瘤，其中某些特定 miRNA 的表达可以用于精确地预测患者的预后，如 miR-125b 表达高的肝癌患者术后生存时间明显长于 miR-125b 表达低的患者。正常的 miRNA 对肝癌细胞的增殖与凋亡、侵袭与转移具有重要的调控作用，对这些 miRNA 下游靶基因的鉴定及所参与的信号转导通路的深入研究，将有助于开发以 miRNA 为基础的新型治疗药物用于肝癌治疗。

miRNA 的表达谱变化几乎参与肝炎病毒感染、慢性肝炎、肝硬化到肝癌发生发展的全过程。在 HBV 及 HCV 感染过程中，宿主肝编码的 miRNA 对病毒复制有复杂的调控作用，而病毒的复制又反过来依赖并影响宿主 miRNA 的表达，对这些 miRNA 的作用机制及其与病毒复制关系的深入研究，并针对其进行干预将可能有效地预防肝癌。miRNA 作为一类新的基因调控因子，将在肝癌的预防、预测及个体化治疗中发挥重要作用，具有广阔的应用前景。

四、肝癌发生发展中的表观遗传修饰调控网络

组蛋白修饰所引起的遗传不稳定性、miRNA 和 DNA 甲基化是 3 个不同层面的基因调控机制，但它们又是相互联系的，并相互作用形成一个有机的基因调控网络，研究发现人类肿瘤中一些 miRNA，如 miR-1-1、miR-127、miR-124a 和 let-7a3 的表达也受到其编码基因 CpG 岛甲基化的调控[26]。在人类的肝癌中，基因 *p16* 的失活主要是由其编码基因的甲基化引起的。拟南芥的 *phabulosa*（*phb*）和 *phavoluta*（*phv*）基因突变时，DNA 甲基化可能需要由 miRNA 介导[27]，同时 siRNA 也可能直接或间接地使 DNA 甲基化。这一模式提示由组蛋白修饰所引起的遗传不稳定性、miRNA 和 DNA 甲基化 3 个不同层面所构成的基因表达调控网络是一个复杂又严密的网络体系，各种机制之间相互协调，精细调节细胞功能。我们只有全面解密这些调节机制，肝癌等肿瘤发生的机制才能被完全阐明。

在肝癌的发生过程中，致癌的相关基因异常甲基化不仅发生在肝癌形成后，它还是一个早期的频发事件。不同种类的抑癌基因的启动子甲基化，包括前面章节中提到的 *p16*、*socs1*、*socs3* 或者 *rassf1a*，被证实在肝癌的前期状态下也存在，如慢性肝炎和肝硬化。不过，在癌前病变到肝癌的发展过程中，异常的启动子甲基化的频率是逐步增加的。由于预测手段和治疗手段的缺乏，肝癌在世界范围内都成了最常见的癌死亡诱因之一。因此，在肝癌前期和早期的非肿瘤阶段，组蛋白修饰所引起的遗传不稳定性、miRNA 和 DNA 甲基化所代表的表观遗传学变化可以用以检测患者患肝癌的风险概率。已经证实，使用去甲基化和去组蛋白修饰制剂可以使已经发生表观遗传学基因沉默的抑癌基因重新表达。根据治疗骨髓增生异常综合征的经验，未来几年，使用这些去甲基化和去组蛋白修饰制剂的类似物治疗其他恶性疾病如肝癌，也是有可能的。

五、环境因素诱发肝癌的表观遗传机制

近年研究发现，表观遗传与饮食、药物等外界环境因素直接相关。这些环境因素作用于人体，能通过表观遗传改变使染色质构型和重塑，并且这种表观遗传学的改变是可逆的。当环境因素产生不利于机体的表观遗传变化时，会促进肝癌等疾病的发生。酗酒、糖尿病、HCV 病毒感染都会诱导肿瘤样干细胞（tumor-initiating stem-like cell，TISC）的产生。通过用乙醇投食、糖尿病小鼠模型、HCV 感染小鼠模型结合酗酒、肥胖、HCV 致肝癌患者的样本检测，发现这些外源刺激可以激活 TLR4-NANOG 途径而产生 TISC，在外源的 shRNA 导入后抑制 *tlr4* 或 *nanog* 的表达，可以阻止这种肿瘤形成过程。

（一）饮食，酗酒等环境因素与肝癌

据估计每年因饮酒所引起的肝硬化占 15%～20%，而其中又有 3%～4% 会转变为肝癌。人类在幼年时的饮食情况会影响 *igf2* 基因的甲基化状态，当食物中缺乏叶酸、维生素 B_{12} 等甲基供体时，可导致个体成年后，*igf2* 的甲基化印记丢失。但也有学者认为，当叶酸、维生素 B_{12} 摄入不足时会直接影响 S- 腺苷甲硫氨酸（SAM）的生成，进而导致 DNA 低甲基化。当鼠的饮食中严重缺乏甲基供体时，会出现 DNA 低甲基化，这可能与一些重要的癌基因，如 *myc*、*fos*、*ras* 表达量的增加有关，从而促进肝癌等肿瘤的产生[28]。另外，叶酸、维生素 B_{12}、乙醇的摄入量与散发性结直肠癌、肝癌中抑癌基因或 DNA 修复基因启动子区域的高甲基化呈相关性。*rassf1a* 的表达量与 *rassf1a* 基因的高甲基化呈现出负相关性。黄曲霉 B1 可以促进 *rassf1a* 基因的高甲基化。

（二）HBV、HCV 与肝癌

HBV 与 HCV 有联合效应，合并感染者其相对危险性高于两者单独感染的相对危险性。探讨肝炎病毒感染与肝癌的关系发现，HCV 患者发生肝癌的比

值比（odds ratio，OR）为 6.08，HCV、HBV 联合感染，其发生肝癌的危险度会升高。

在我国 HCV 引发的肝癌正引起关注，HBV 和 HCV 重叠感染对肝癌具有联合效应得到广泛报道，但单独 HCV 感染对肝细胞的致癌作用并不是很明显。HCV 的核心蛋白可以激活 DNMT1 和 DNMT3B 的表达，引发 *e-cadherin* 基因启动子区域的高甲基化，从而导致 *e-cadherin* 基因表达下降。HBV 的 X 蛋白不仅可以上调 DNMT1 和 DNMT3A 的表达，而且还能招募 DNMT3A 和 MECP2 到 *igfbp3* 等基因的启动子区域，形成从头甲基化状态，进而抑制这些基因的表达。HBV 的 X 蛋白还可以通过下调 DNMT3B 的表达，引起肝癌细胞的整体低甲基化水平。

上述研究提示 DNMT 的表达在肝癌的发生和发展中有着重要的作用，也在一定程度上用 DNA 甲基化的表观遗传学理论揭示了 HCV、HBV 在肝癌形成中的作用。在 HCV 侵入肝细胞时，会引发癌样干细胞（cancer stem cell-like，CSC）的 Marker 标记 DCAMKL-1 的过表达，而 DCAMKL-1 的过表达又对患者体内 HCV RNA 的丰度和 NS5B（RDRP）的活性产生影响[29]。这提示我们 HCV 的复制和 RDRP 的活性与 DCAMKL-1 过表达的相互作用关系，可以暗示 HCV 致肝癌的产生机制可能与 CSC 的生成和 RDRP 有关。

（于文强　李信）

第三节　表观遗传修饰与肺癌

肺癌是最常见的肺原发性恶性肿瘤，严重危害人类的健康。绝大多数肺癌起源于支气管黏膜上皮，所以也称为支气管肺癌。全球每年约有 130 万人死于肺癌，肺癌的术后 5 年生存率不超过 20%。近 50 多年来，世界各国特别是工业发达国家，肺癌的发病率和病死率都已经迅速上升，在男性癌症死亡疾病中，肺癌已经居于首位。根据组织学上癌细胞在显微镜下大小和外观的不同，肺癌主要分为小细胞肺癌（small cell lung cancer，SCLC）和非小细胞肺癌（non-small cell lung cancer，NSCLC）两类，根据预后方案相似性，将 NSCLC 分为 3 类：鳞状细胞癌、肺腺癌和大细胞肺癌。小细胞肺癌和非小细胞肺癌相比具有独特的形态结构和生化特征，小细胞肺癌具有显著的临床特征，表现为病程进展快速、容易发生转移等。

有研究报道，表观遗传标志的改变会影响到免疫细胞的成熟和许多癌症的形成。越来越多的研究结果表明表观遗传修饰的改变会影响肺部基因表达的改变，并和常见的肺部疾病及肺癌的发生有密不可分的关系[30-32]。虽然过去的研究表明癌症是一种基因异常导致的疾病，但是越来越多的研究表明在肺癌的发生中表观遗传修饰的异常发挥了重要的作用[33]。已经发现[30-33]肺癌细胞中存在基因组整体的低甲基化和启动子区域的高甲基化、组蛋白乙酰化水平的异常降低、非编码 RNA 表达改变等表观遗传修饰的改变。肺癌细胞中表观遗传修饰的研究有利于进一步加深对肺癌发生机制的研究，有利于研发新的肺癌诊治方法。

一、DNA 甲基化修饰与肺癌

（一）肺癌相关抑癌基因的高甲基化

研究结果表明肺癌中发现有大量的肿瘤抑制基因启动子区域发生高甲基化，从而导致抑癌基因功能的丧失。抑癌基因的启动子区域发生甲基化，会导致抑癌基因的沉默，丧失抑癌基因本身的功能，从而促使或加速了癌基因的活化和功能。有研究报道在非小细胞肺癌中，生长相关的基因（*wnt* 拮抗基因）、细胞凋亡相关基因（*dcr1*、*dcr2*、*dapk*）、组织侵袭和转移基因（*cdh13*、*fbn2*）、细胞无限增殖相关基因（*p16*）等启动子区域发生超甲基化。DNA 甲基转移酶 1（DNMT1）在这些基因的甲基化中发挥了关键作用。

1. *p16* 基因　*p16* 基因又称 *mts* 基因，是 1994 年发现的一种新的抑癌基因，参与细胞周期的调控，负调控细胞的增殖和分裂。研究结果[34]表明在 NSCLC 中，*p16* 基因的启动子区域过甲基化，从而导致 *p16* 基因的表达沉默，细胞周期失去负调控的枢纽，细胞进入无限增殖的状态，向恶性方向转变。在对 NSCLC 患者的肺组织进行 *p16* 甲基化水平的检测发现，NSCLC 患者 *p16* 基因的甲基化水平显著高于正常人，而且吸烟者的 *p16* 基因甲基化水平也明显增加，对于不同类型的 NSCLC 患者，其甲基化水平也有不同。这提示 *p16* 不仅和肺癌的发生相关，而且对于不同致病因素所引发的肺癌，*p16* 基因的甲基化水平也表现出不同。

2. *mgmt* 基因　在鳞状细胞癌患者的痰标本检测中发现 *mgmt* 基因启动子区域的高甲基化，而且在肺癌发生的早期就可以检测到。6-O- 甲基鸟嘌呤 -DNA 甲基转移酶（MGMT）是一类直接修复 DNA 烷化损伤的酶，当 DNA 的这种修复能力受到抑制时就会导致细胞基因组的稳定性受到破坏，功能发生异常。研究表明[35-36] *mgmt* 基因启动子的高甲基化会导致该基因的表达沉默，从而降低 DNA 序列中 6-O- 甲基鸟嘌呤损伤的修复率，DNA 损伤的累积最终导致细胞发生癌变。这提示 *mgmt* 甲基化修饰的研究不仅有助于阐明肺癌发生的机制，或许可以作为某些特定类型肺癌的早期辅助诊断标志。

3. *cdh1* 基因　*cdh1* 基因又称 *cadherin 1* 基因，编码Ⅰ型钙黏蛋白，是一种重要的细胞间黏附分子。*cdh1* 的表达量降低，会导致细胞之间的黏附性能下降，细胞失去正常的接触抑制，促进或加剧了肿瘤的发生、侵袭和迁移。肺癌的发生和 *cdh1* 基因启动子的高甲基化有显著的相关性，甲基化是导致 *cdh1* 基因异常的主要原因。在由Ⅰ型钙黏蛋白降低所导致的肺癌中，*cdh1* 基因并没有发生突变或缺失[37]，提示 *cdh1* 基因可能是通过表观遗传修饰来改变其表达水平，*cdh1* 启动子区域的高甲基化会导致Ⅰ型钙黏蛋白的表达受到抑制。不仅在肺癌组织中能够检测到很高比例的 *cdh1* 基因启动子高甲基化，而且在癌旁组织中也可以检测到 *cdh1* 基因启动子的高甲基化。这提示 *cdh1* 基因启动子的甲基化不仅是加速肺癌进程的原因之一，而且是肺癌发生的启动者之一，开启了肺癌的发生发展。

4. *dapk* 基因　是死亡相关蛋白激酶（death associated protein kinase，DAPK）基因，编码死亡相关蛋白激酶，在细胞凋亡中扮演了重要的角色。DAPK 通过死亡结构域（death domain，DD）来启动细胞的程序性死亡即细胞凋亡的过程。细胞凋亡是机体能够维持正常功能所必不可少的生理现象。在肺部的正常功能维持中，细胞凋亡和细胞分裂共同完成了细胞的新旧更替，保证机体的正常运转。程序性细胞死亡的异常和肺癌的发生有着密不可分的关系，如果 *dapk* 基因功能异常导致细胞凋亡的路径受阻，细胞无法完成正常的“自杀”过程，就会导致正常细胞出现无限增殖的状态，从而导致肺癌的发生。在检测的非小细胞肺癌患病组织中发现，*dapk* 的启动子高甲基化和一部分肺癌有明显的相关性[38]，由于 *dapk* 基因启动子高甲基化所导致的这种表观遗传改变在一定程度上导致了某些肺癌的发生。

5. 其他抑癌基因　血管细胞内皮素受体（endothelin receptor，ETR）的激活可以促进细胞生长、血管生成和细胞的侵袭能力，并且抑制细胞的凋亡。然而内皮素受体 B（ETB）的活化会导致细胞的凋亡从而阻止肿瘤的进程。在对 64 个来自非小细胞肺癌患者的癌组织和正常组织的 *etb* 基因启动子区域的甲基化修饰水平进行分析表明，和正常组织相比，48% 的肿瘤组织标本中该基因的启动子区域发生了超甲基化。和周围的癌旁组织相比，肿瘤组织中 *etb* 的 mRNA 水平下降，在肺癌的发生和发展中该基因可能发挥了重要的功能。而且，和未发生该基因甲基化的肿瘤样本相比，启动子区域发生超甲基化的肿瘤组织中 *etb* 的 mRNA 水平下降，这和 *etb* 基因甲基化所导致的沉默有关。*timp-3*（tissue inhibitor of metalloproteinase-3）、*rar-β*（retinoic acid receptor β）和 *apc*（adenomatous polyposis coli）等抑癌基因的启动子甲基化和肺癌的发生发展也有密切的关系。在某些肺癌患者的组织中能够同时发现 2 种或 2 种以上抑癌基因的启动子超甲基化，和肺癌的发生有着密不可分的关系。

（二）甲基化修饰与肺癌的治疗

DNA 甲基化异常和肺癌发生的密切关系显示肺癌相关的甲基化异常基因可以作为肺癌早期诊断的一种标记或是新的肺癌治疗靶点。

1. 肺癌早期诊断的分子标记　随着越来越多肺癌相关抑癌基因甲基化的发现，人们逐渐认识到这种 DNA 序列的非遗传性修饰在癌症早期诊断中起到了重要作用。研究发现在肺癌早期就可以检测到某些抑癌基因的甲基化异常，联合应用几种相关的抑癌基因甲基化来指示肺癌，尤其是非小细胞肺癌的发病或愈后，也许能够成为一种有效的早期诊断方法。联合检测 *cdh1* 和 *h-cad* 基因的甲基化水平有助于判断肺癌的预后疗效[39]。在鳞状细胞肺癌的患者癌变组织中可以检测到特异性的 8 种基因甲基化，这种甲基化并未发生在癌旁等组织部位，利用这 8 个位点的基因联合诊断的结果显示出了很高的特异性，提示这种特异甲基化基因的联合利用有助于筛查肺癌的高危人群和用于鳞状细胞肺癌的早期诊断，具有很好的临床应用前景。

2. DNA 甲基转移酶抑制剂和肺癌的治疗　抑癌

基因的启动子区域在 DNA 甲基转移酶（DNMT）的作用下发生甲基化，从而导致了抑癌基因的沉默。5-氮杂胞苷（5-azacytidine）和其衍生物 5- 氮杂脱氧胞苷是目前最常用的 DNMT 抑制剂，具有一定的临床应用价值。5- 氮杂胞苷可以上调肺癌细胞中 *p16* 基因的表达，5- 氮杂脱氧胞苷和曲古抑菌素 A 可以有效地改变肺癌细胞中抑癌基因启动子甲基化水平，部分恢复抑癌基因的功能，降低肺癌细胞恶性程度和裸鼠致瘤率。在不久的将来，DNMT 抑制剂或许可以作为一种有效的表观遗传修饰药物应用到包括肺癌在内的许多恶性肿瘤的治疗中。

二、组蛋白修饰和肺癌

（一）肺癌细胞的组蛋白修饰状态

组蛋白去乙酰化酶（HDAC）通过参与染色质的结构调节和诱导癌细胞中的异常基因沉默来调控基因的表达。HDAC 水平的异常升高会导致细胞内抑癌基因的沉默，抑癌基因的沉默会导致癌基因表达抑制的解除，促进细胞出现无限增殖等癌变特征；另一方面，HDAC 的增加还会降低细胞正常功能基因的表达，细胞无法维持正常的生理功能，如细胞凋亡相关的“元件”表达受到抑制，细胞无法完成正常的程序性细胞死亡，进入“不死”状态，导致癌症的发生[40]。由此可以得出，HDAC 的活性对包括肺癌在内的癌症发生有着重要作用。在 72 个非小细胞肺癌患者组织标本中，HDAC Ⅰ类和Ⅱ类家族基因的基因表达水平出现异常。在检测的非小细胞肺癌切除标本中，HDAC 的表达水平随着肿瘤的进程呈现出增加的趋势，在不同类型的非小细胞肺癌中 HDAC 的表达会表现出不同的改变，而且在癌旁组织中也发现了 HDAC 表达水平的增加。在肺癌的发生发展中，HDAC Ⅱ类家族基因可以抑制细胞内关键基因的活性从而导致这类基因的低表达，细胞的正常功能受到阻碍，从而加剧了细胞向恶性方向转化。在检测的部分标本中还发现 HDAC 的表达水平和非小细胞肺癌的预后疗效有关。

（二）组蛋白去乙酰化酶抑制剂和肺癌的治疗

HDAC 抑制剂能够恢复组蛋白的乙酰化状态，诱使抑癌基因重新恢复转录状态，恢复正常的细胞功能，诱导细胞恢复正常的生理活动。与此同时，HDAC 抑制剂还能够诱导转录因子进入正常的乙酰化状态，增加其转录活性，从而改变基因的表达水平，诱导细胞进行正常的凋亡和增殖过程。HDAC 抑制剂可以分为 4 种类型：短链脂肪酸（如丁酸盐）、氧酸类（如曲古抑菌素 A）、环型四肽类（Oxamfltin）、苯酸胺类等。这些天然或人工合成的 HDAC 抑制剂被用于体外癌细胞和体内动物模型的实验检测中。HDAC 抑制剂可以明显抑制肺癌细胞的生长，促进细胞进入正常的凋亡途径和进行正常的细胞分化。它最早是作为一种抗真菌药物被发现，可以通过增加组蛋白乙酰化水平来进一步调控细胞内部基因的表达水平，加速细胞凋亡的进程，从而诱发肺癌细胞的程序性死亡，对包括肺癌在内的许多恶性肿瘤都有一定的疗效。曲古抑菌素 A 处理 H157 细胞后 18h，H2A、H3 和 H4 的乙酰化水平均出现增加，激活了 FAS/FASL 和 CASPASE-3 的表达，进一步驱使 CASPASE-8 的活化，继而激活 CASPASE-9 执行细胞凋亡；曲古抑菌素 A 处理还会导致细胞中抗凋亡因子 BCL-2 和 BCL-XL 蛋白表达的降低，进一步加强了诱导细胞凋亡的能力。丙戊酸可以活化 Notch1 信号途径，并抑制小细胞肺癌细胞的增殖[41]，诱使小细胞肺癌出现形态学的改变，抑制肿瘤相关分子标记的表达，促进肺癌细胞向正常细胞的方向转化，因此有望作为一种癌症治疗药物用于小细胞肺癌的治疗中。不论 HDAC 抑制剂直接通过增加组蛋白的乙酰化水平增加细胞凋亡相关基因的转录来促进细胞发生程序性细胞死亡，还是间接通过相关非组蛋白的相互影响来改变细胞的生长状态，总之，HDAC 抑制剂作为一种有效的肺癌治疗药物，有望在不久的将来投入肺癌的临床治疗中。

三、非编码 RNA（ncRNA）与肺癌

（一）miRNA 和肺癌

在非编码 RNA 中，和肿瘤相关的研究最多的是微小 RNA（miRNA），某些 miRNA 和包括肺癌在内的恶性肿瘤的发生发展有着密切的联系。对 miRNA 和肺癌发病机制之间的研究有助于提供新的诊断和治疗策略。目前已发现的和肺癌密切相关的 miRNA 有很多种，主要可以分为 2 类：一类是在肺癌细胞中低表达的 miRNA，包括 let-7 家族和 miR-1 等，这类 miRNA 发挥着抑癌基因的功能；另一类是在肺癌细胞中高表达的 miRNA，包括 miR-21 和 miR-17-92 家

族等，这类 miRNA 起到了原癌基因的功能。不论是作为抑癌基因还是作为原癌基因在肺癌细胞中发挥作用，这些和肺癌相关的 miRNA 都有可能成为新的治疗靶点。

1. 抑制肺癌 miRNA　Let-7 家族是最先在肺癌中报道的异常 miRNA，let-7 家族可以看作是一种抑癌基因在肺组织中发挥作用，其表达的丢失或降低和肺癌的发生发展有着密切的联系。和正常的肺上皮组织相比，人类原发性的肺癌组织和肺癌细胞系中都能够检测到 let-7 的表达水平明显下降，在体内和体外验证了 let-7 的水平和肺癌的发生呈现负相关的趋势[42]。并且进一步研究发现 let-7 通过抑制 *ras* 癌基因的表达来维持细胞的正常运转，let-7 可以作用在 *ras* 基因的 3'UTR 区域，抑制 *ras* 基因的表达，从而抑制细胞进入无限增殖的不死状态。如果 let-7 的水平降低，*ras* 基因表达受抑的现象就会解除，细胞内生长相关的信号通路被不断地活化，细胞凋亡受到抑制，促使细胞癌变的发生[43]。

Let-7 可以通过直接或间接的途径调控细胞周期和细胞分裂相关的基因表达，从而抑制细胞的过量生长和分裂，维持细胞量在一个正常的水平范围内。Let-7 的水平下降可导致细胞生长分裂相关的通路处于高度活化状态，细胞的生长增殖不受控制，从而进入恶性状态。在肺癌细胞株 A549 中，let-7 的表达水平降低。提高肺癌细胞中 let-7 的水平有助于恢复细胞的正常生长和分裂速度。Let-7 的下调导致或促进了肺癌的发生，而且 let-7 的表达越高则肺癌的治疗预后效果越好，呈现出正相关的趋势，这提示 let-7 的水平今后或许可以作为一种判断肺癌预后疗效的一个分子指标。

在非小细胞肺癌细胞系中，miR-1 的水平下调。当 miR-1 水平降低时，对原癌基因的抑制作用减弱，细胞逐渐向恶性方向转变。miR-1 可以通过调节 *met*、*hdac4* 等靶基因的表达来抑制非小细胞肺癌细胞的生长和存活，miR-1 的高表达可以增强肺癌细胞对化疗药物的敏感性。

2. 促进肺癌 miRNA　MiR-21 是一种已鉴定的在实体瘤中高表达的 miRNA。miR-21 通过抑制细胞凋亡的过程来控制细胞的生长，并不影响细胞的增殖状态，这提示 miR-21 是一种抑制细胞凋亡和促进细胞存活的癌症因子，可以促进癌症的进程。在肺癌患者组织样本中，miR-21 的水平表现出增加的趋势，降低 miR-21 的水平能够抑制肿瘤的恶化[44]。miR-21 可以作用于抑癌基因 *pten* 的 3'UTR 区域，阻碍抑癌基因发挥功能，使细胞出现失衡状态，抑制细胞凋亡，促进癌症发生。

另一种在肺癌细胞中高表达的 miRNA 是 miR-17-92 家族，包括 7 种不同的 miRNA。miR-17-92 家族可以作为一个整体发挥原癌基因的作用，促进细胞的增殖，对肺癌细胞尤其是恶性程度更高的小细胞肺癌具有显著的影响。在肺癌细胞中 miR-17-92 家族可以通过靶向抑癌基因 *pten* 基因或是靶向生长相关基因的表达来促进细胞癌变的发展，抑制 miR-17-92 家族 miRNA 的活性可以降低肺癌细胞的恶性程度。

（二）长链非编码 RNA 与肺癌

长链非编码 RNA（lncRNA）的长度在 200bp 以上，可以通过剪切作用而带上 polyA 的尾巴，虽然和 mRNA 的结构类似，但是 lncRNA 不带有开放阅读框，因而不能够翻译出蛋白质。

在非小细胞肺癌患者样本中，有 1/3 的样本发现有 lncRNA——转移相关肺腺癌转录子（metastasis associated in lung adenocarcinoma transcript，Malat1）的表达增加[45]。Malat1 可能通过参与 mRNA 前体的剪接来调控基因的表达。*malat1* 基因并非是肺癌细胞所特有的 lncRNA 的编码基因，但是 Malat1 在非小细胞肺癌中的表达量最为显著和特异。鉴于 Malatl 的表达具有病程和个体特异性，*malat1* 基因或许可以作为 I 期非小细胞肺癌患者生存期的潜在标志物。对肺癌相关 lncRNA 的鉴定有助于对整个细胞功能性基因组的调控进行重新解读。

（三）非编码 RNA 和肺癌的治疗

1. miRNA 和肺癌的治疗　miRNA 作为一种广泛存在的转录后调控因子，可以用于抑制癌基因的转录表达或是间接调控肺癌相关的其他 ncRNA 分子，miRNA 和肺癌发生的相关性决定了其在肺癌治疗中潜在的应用价值。miRNA 能够通过直接或间接的方法影响多种 mRNA 的表达，如 let-7 家族的 miRNA 不仅可以抑制 *k-ras* 基因的表达，对 *ras* 家族的其他癌基因成员同样也有抑制作用。在不同类型的组织细胞中，miRNA 抑制的靶位点可能会有所不同，而且多个 miRNA 也可以拥有一个共同的靶基因，联合利用多个肺癌相关的 miRNA 可能达到更好的治疗效果。具有临床使用潜力的 miRNA 治疗药物主要包括反义 miRNA 寡核苷酸（anti-miRNA oligonucleotide，AMO）、锁核酸（locked nucleic acid，LNA）、Antagomir 和模拟 miRNA 等类型。Antagomir 是能与目的 miRNA 分子互补、由 23 个碱基构成的单链 RNA 分子，磷硫酰骨架修饰及全链 2'-O- 甲基化修饰，可增强其稳定性。Antagomir-miRNA 复合体能促使 miRNA 发生降解[46]，针对在肺癌中高表达的促癌 miRNA，使用拮抗剂 antagomir 或反义 miRNA（anti-miRNA）来抑制 miR-21、miR-17-92 家族、miR-10b 的表达水平，从而恢复肺癌细胞中抑癌基因的正常表达[47]；模拟 miRNA（mimic miRNA）是一种部分双链 RNA，它能模拟内源性前体 miRNA，经细胞处理后形成活性 miRNA 分子，针对特定 mRNA 发挥作用。使用模拟 miRNA 在胞内提高 let-7 家族和 miR-1 等肺癌相关抑癌 miRNA 的表达水平，抑制相关癌基因的表达，恢复细胞正常生长增殖水平来进行肺癌的临床治疗。

随着人们对 miRNA 在肺癌细胞中具体机制认识的不断加深和 miRNA 体内稳定性、安全性的改进，miRNA 或许可以成为一种有效的肺癌治疗药物。

2. RNA 干扰和肺癌的治疗 RNA 干扰（RNA interference，RNAi）是一种由双链 RNA 所诱导的基因沉默现象，当细胞中导入与内源性 mRNA 编码区同源的双链 RNA 时，该 mRNA 发生降解而导致基因表达沉默[48]。RNAi 作为一种高效的序列特异性基因沉默技术在肺癌等恶性肿瘤的治疗中具有重要的应用价值。除了可以合成特异序列的 siRNA 以外，还可以通过使用肿瘤特异性启动子如 hTERT 启动子、survivin 启动子或组织特异性启动子如酪氨酸酶启动子、骨钙素启动子，驱动靶向某些癌基因或抗凋亡基因的 siRNA 或 shRNA 表达，从而特异性杀伤肺癌细胞。

hash1（human achaete-scute homolog 1）基因是一种基本螺旋 - 环 - 螺旋（basic helix-loop-helix，bHLH）的转录因子，在脊椎动物发育过程中，*hash1* 基因通常只暂时性地表达于胚胎肺神经内分泌细胞的早期分化阶段，在终末分化标志物出现后其表达趋于沉默[48]。在具有神经内分泌特点的肺癌中常能够检测到 *hash1* 的表达，对神经内分泌肺癌发生发展有重要作用。利用 RNA 干扰技术阻断 *hash1* 的表达，可以影响细胞中 Notch 的信号通路，使肺癌细胞停滞于 G_2/M 期，并改变肿瘤细胞的表型，抑制其生长。采用序列特异性的 siRNA 对非小细胞肺癌细胞 A549 表皮生长因子受体（EGFR）的表达进行特异性干扰，可将肺癌细胞停滞在 G_0/G_1 期，抑制其生长和增殖。

四、环境因素诱发肺癌发生的表观遗传机制

（一）环境因素诱发肺癌

肺癌的发生是一个多阶段、多因素的复杂过程，受基因和环境共同影响。环境中的化学致癌物进入人体后在多种毒物代谢酶的作用下，经过生物转化最终形成终致癌物，从而对其主要靶器官产生慢性毒作用。环境因素所导致的表观遗传修饰改变与肺癌发生密切相关。表观遗传改变的机制可能是环境因素和基因组之间联系的枢纽，在环境压力下所导致的表观遗传特征的异常影响了细胞的正常生理过程，增加了细胞癌变的风险。

人们已经熟知吸烟是导致肺癌表观遗传改变的主要诱因之一，但是其他环境因素如长期接触石棉、镍、铬等有毒化学物质或是“二手烟”的过量吸入、空气污染等诱因也会导致肺癌发生。此外，多变量分析的结果表明年龄、性别、吸烟史和 *egfr* 的突变及 *p16*（*ink4a*）和 *cdh13* 的甲基化水平有着密切的联系。而 *k-ras* 基因在 *p16*（*ink4a*）甲基化的患者中呈现出更高的突变率，这提示环境因素所导致的表观遗传改变与肿瘤相关基因的突变相关。

（二）金属镍和肺癌

镍是一种具有磁性的过渡金属元素，是动物必需的微量元素之一，但是用量超标时会对人体造成很大的伤害。镍元素具有低诱癌效应和高致癌效应，它可以直接诱导基因组发生突变或染色质丢失，还能够通过表观遗传的改变来影响肺癌相关恶性肿瘤基因的表达，诱导肺癌的发生。流行病学的调查结果显示长期接触镍会引发由肺纤维化所导致的肺癌。镍所导致的表观遗传改变最初是在对异染色质的研究中发现的。镁原子是维持异染色质固缩状态所必需的成分，镍金属可以通过置换镁原子来改变异染色质的结构。

镍和其化合物可以通过提高 DNA 的甲基化水平和抑制组蛋白的乙酰化水平来促进癌症发展。在镍及其化合物诱导的细胞转化中，一些特定基因的高甲基化发挥了显著作用。镍的长期接触会导致肿瘤抑制基因 *p16* 基因的启动子区域发生超甲基化，从

而导致抑癌基因的功能失活或是受到抑制，细胞出现癌变及形态改变。镍元素也能够通过改变组蛋白的乙酰化水平来沉默基因的表达。镍原子可以结合到组蛋白H4的18位组氨酸上，导致邻近的H4中12位和16位赖氨酸位点更容易和组蛋白去乙酰化酶结合，降低乙酰化水平，影响基因的表达。组蛋白去乙酰化酶抑制剂TSA的处理能够恢复镍元素所导致的细胞基因表达异常，阻止镍金属对小鼠PW和人HOS细胞的转化作用，显示金属镍可以诱导细胞发生表观遗传水平的变化，进一步影响细胞的正常功能。表观遗传修饰药物或许可以用于防治由环境因素所诱发的肺癌。

肺癌发生中表观遗传修饰的研究可以进一步阐明肺癌的发生机制，为肺癌的早期诊断和预后提供可靠的诊断指标，特异性的表观遗传药物或许能够有效地应用于肺癌的预防和治疗。

（于文强　彭丽娜）

第四节　表观遗传修饰与结肠癌

结肠癌在癌症患病率中排行第三。最新统计表明美国每年约有103 170例新增结肠癌患者，年死亡病例约为51 690例。我国每年约有16万人新发结肠癌，而且发病率正以年均2%的速度上升；2006年上海结肠癌发病率居全国首位。遗传因素引起的结肠癌中仅占到结肠癌总数的8%，大部分结肠癌是因为环境因素引起的，如吸烟、膳食纤维摄入不足、酗酒、进食红色肉类和高脂肪食物等均与患结肠癌的风险增加有关。由此可见，在结肠癌的发病过程中，表观遗传因素起到了很大作用。

结直肠癌治疗目前仍然采用手术、化疗和放疗相结合的综合治疗手段。化疗方案主要是以氟尿嘧啶（5-氟尿嘧啶，5-FU）为基础的多种药物组合。虽然化疗能杀灭术前或术后发生的微转移灶，从而有效地降低进展期患者死亡率，但临床回顾性研究发现约50% Dukes C期的结直肠癌患者并不真正需要化疗，约35%的化疗患者并没有真正得益于系统性化疗或者出现化疗抗性。因而对结肠癌的治疗、预后或疗效预测相关的分子机制研究十分必要，能为“个体化治疗”提供依据，而表观遗传学的最新研究成果给予我们新的启示[49]。

一、DNA甲基化与结肠癌

（一）结肠癌中DNA甲基化的改变

1. 基因组低甲基化　结肠癌组织中基因组甲基化水平与正常组织相比有明显的下降。通过对*p16*、*bmlhl*和*mint*等基因的甲基化水平进行研究，发现广泛低甲基化主要发生在结肠癌早期，甲基化水平降低在肿瘤发生过程中起着重要作用。对于以上基因的研究还发现结肠癌中甲基化的水平与肿瘤的不同时期没有直接关系，随着肿瘤的发展，DNA的甲基化水平没有明显改变。

环境、饮食、营养等外界因素都会影响基因组DNA甲基化水平。微环境缺血会导致局部微环境表观遗传修饰的改变，进而引起异常DNA甲基化[50]。通过检测HCT116等结肠癌细胞系和移植有结肠癌组织的RAG-I免疫缺陷裸鼠在急性缺血条件下的基因组DNA甲基化水平，发现低氧环境下肿瘤组织DNA甲基化水平会下降。SAM是体内主要的甲基供体，在缺血的条件下，催化合成SAM的酶——甲硫氨酸腺苷转移酶（MAT）失活，因此导致SAM合成受阻，进而使甲基供体减少，产生低甲基化。

在散发性结肠癌中，这种低甲基化与染色体不稳定性（chromosomal instability，CIN）和微卫星不稳定性（microsatellite instability，MSI）有关。广泛低甲基化可引起染色体不稳定性（CIN），因此在结肠癌发生中发挥着重要作用。将杂合子缺失（loss of heterozygosity，LOH）作为CIN标志，通过检测*apc*、*p53*和*smad2/mad4*染色体区域LOH水平，发现与微卫星不稳定性（MSI）结肠癌相比，微卫星稳定性（microsatellite stability，MSS）结肠癌中LOH出现频率较高。经过甲基化分析显示，LOH阳性甲基化程度低于LOH阴性，同时低甲基化程度高的组织有更多的位点出现LOH。因此，可将癌组织根据MSI和LOH分为4组，其中LOH阳性的MSS癌组织较易出现CIN[51]。

2. 区域性高甲基化　除广泛性低甲基化外，CpG岛区域高甲基化在肿瘤发展过程中同样也起着重要作用。血管生成抑制因子、肿瘤抑制因子、黏附分子等一些基因位点 CpG 岛高甲基化，使这些基因沉默而无法表达，进而导致肿瘤的发生。这些基因表达水平的改变，可以被 DNA 甲基转移酶抑制因子逆转，从而恢复正常甲基化状态。CpG 岛甲基化改变在结肠癌中是一种非常常见的表观遗传学改变，*mlhi* 基因启动子区域的甲基化就是其中一个典型的例子。

目前，已经发现 *apc*、*P14ar7*、*rassf1a*、*th-bs1* 等基因 CpG 岛区域发生高甲基化与结肠癌的产生相关，这些基因分别在信号转导、细胞周期调节、DNA 修复、血管形成等生命过程中发挥着重要作用。有研究利用甲基化间区位点扩增技术（amplification of inter-methylated sites，AIMS）在结肠癌组织中检测到多个基因位点高甲基化，并发现随着肿瘤恶化增加，CpG 岛高甲基化程度增加。结肠癌细胞系中检测到染色体 2q14.2 上有一个长达 4 Mb 的高甲基化区域，其中最长的连续高甲基化区域长约 1 Mb，包含 12 个 CpG 岛。从而说明，高甲基化不仅影响具体的 CpG 岛和分散基因，还会影响整个染色体的大的区域。

结肠癌组织中还有另一组称为 CpG 岛甲基化表型（CpG island methylator phenotype，CIMP）的特殊 CpG 岛，它们在结肠癌组织中与正常上皮组织相比有不同的甲基化状态，其中在结肠癌组织中被甲基化。同时，该研究组还提出肿瘤可根据甲基化程度的不同分为 2 类：一类很少出现甲基化，另一类存在多个与 CIMP 相关的甲基化位点。但是，这种分类方式只是一种人为的单纯利用 CIMP 对肿瘤分类的方式。后来又有研究组检测了 *dapk*、*mgmt* 等基因的启动子区域高甲基化水平，发现多个甲基化位点之间存在明显联系，同时发现这种联系与微卫星不稳定性（MSI）有关。由于结肠癌细胞中广泛的基因组和表观遗传修饰异常可以通过 MSI 和 CIMP 反映出来，因此结肠癌研究中基于 MSI 和 CIMP 的分子水平分类方式变得越来越重要。有研究者在研究 *igfbp3* 甲基化、*p53* 表达、MSI 和 CIMP 相互之间的关系中，发现在没有发生 MSI 并伴有高 CIMP 的肿瘤组织中，*igfbp3* 甲基化水平很高，同时发现在高 CIMP 的结肠癌组织中 *igfbp3* 甲基化程度与 MSI 水平呈反比。综上表明，基因组范围内的甲基化改变等表观遗传修饰改变的现象与单个分子改变之间存在着复杂联系 [52]。

结直肠癌全基因组的低甲基化和局部区域的高甲基化都与结肠癌有关，但目前对于基因组广泛的低甲基化和局部区域的高甲基化是同一作用机制的不同结果，还是不同的作用机制尚无法达成共识。

（二）肿瘤相关基因的甲基化

结直肠癌的发生与 *c-myc*、*k-ras*、*p16*、*apc* 和 *p53* 等肿瘤相关基因的异常改变有密切关系。这些相关基因改变包括 DNA 点突变、缺失或插入等，并最终导致原癌基因激活和（或）抑癌基因沉默而致癌。然而上述机制并不能解释所有的病例，尚有约 30% 的肿瘤病例并无上述遗传学改变的证据。随着研究的深入，人们发现除了 DNA 序列的改变以外，肿瘤相关基因的甲基化在部分结直肠癌病例的发生中可能起着至关重要的作用 [53]。

1. 肿瘤基因的甲基化

（1）*c-myc* 基因的低甲基化。*c-myc* 基因与细胞生长分裂密切相关，对于维持细胞的干性非常重要，能够调控细胞增殖或分化，过度表达可诱导细胞状态转化与肿瘤形成。*c-myc* 基因低甲基化可引起其表达量升高，进而导致肿瘤发生的可能性提高。

c-myc 癌基因定位于人类染色体 8q24 区带上，是细胞增殖调节的重要因子，它通过促进细胞转化和抑制细胞分化而在肿瘤的发生过程中起重要作用，其表达异常与肿瘤形成关系密切。约 70% 的结直肠癌病例均呈现 *c-myc* 癌基因过度表达。对不同阶段的结直肠肿瘤组织和转移组织中 *c-myc* 癌基因的甲基化模式进行研究发现，同一患者的正常组织、癌前病变组织、癌组织和癌转移组织中，*c-myc* 基因第 3 个外显子上的 CpG 岛甲基化程度是逐渐减少的。定量分析表明，*c-myc* 癌基因第 3 个外显子位点在 66.1% 的结肠腺癌和 83.1% 的转移组织中是低甲基化的，而在正常结肠黏膜中则只有 9.2% 是低甲基化的；腺瘤性息肉和息肉肥大的患者则分别有 50.5% 和 24.8% 的病例出现此位点的甲基化。这表明 *c-myc* 基因第 3 个外显子 CpG 岛的局部低甲基化与细胞增殖有密切关系，低甲基化可能与增殖作用有关，并且是肿瘤发生中的早期事件。

而具体 *c-myc* 基因通过何种机制引发癌症尚无定论，先前认为通过靶向到 *c-myc* 基因，miRNA let7 可以抑制雄激素受体活性，抑制肿瘤发生。最新研究认为 SUMO 化修饰激活的酶 SAE1/2 对于 *c-myc* 的致癌作用是必需的 [54]。

（2）环氧化酶 -2 基因 *cox-2* 的过度甲基化。*cox-2* 正常情况下在大多数组织中是不表达的，其功能与抑制凋亡、促进增殖和肿瘤发生等有着密切关系。*cox-2* 基因的过度表达在结直肠癌的发展过程中起重要作用，因此有研究提出了用*cox-2*抑制剂来治疗结直肠腺瘤和结直肠癌。但有研究发现在某些结直肠癌患者组织中*cox-2*低表达的现象，可能是由于*cox-2*基因启动子的过度甲基化引起，因此结肠癌的治疗还需要进一步讨论。

（3）*c-erbb-2*低甲基化。人*c-erbb-2*癌基因又称*her2/neu*基因，其产物具有细胞内酪氨酸激酶样活性，通过不同的信号转导通路，最终导致细胞无序增殖和向恶性肿瘤转化。*c-erbb-2*在多种正常组织中表达量都很低，而在多种肿瘤细胞中表达量较高。*c-erbb-2*的高表达在细胞的分裂、增殖、转化，以及促进肿瘤的转移、侵袭、黏附中发挥重要作用。而且有研究发现结直肠癌组织中*c-erbb-2*高表达常伴随着其启动子区CpG岛低甲基化。

（4）CpG岛甲基化表型（CIMP）阳性。有些基因如*thbsl*、*hic-1*、*cai*、*ca*、*p16*等在正常的结肠黏膜不发生甲基化，仅在结直肠肿瘤中发生甲基化。许多结直肠癌中存在高甲基化聚集现象即CIMP。CIMP至少有2个特征，即好发在近端结肠，肿瘤分化较差，但肝转移概率较低。CpG岛甲基化表型阳性的散发性大肠癌具有右半结肠癌多发、低分化、常有淋巴结转移和分期较晚的特点。

（5）*k-ras*原癌基因位于第12号染色体2p12.1上，约有40%的结直肠腺瘤和结直肠癌患者出现*k-ras*癌基因点突变。通常，这些点突变主要位于结肠癌细胞中*k-ras*癌基因的第12、13和第61个密码子上。*k-ras*基因发生点突变后被激活并过度表达，从而促进肿瘤细胞分裂增殖。为了明确结肠癌组织中*k-ras*突变与*p16*基因甲基化之间的内在联系，Guan等对8株结肠癌细胞和41例结肠癌组织标本进行了研究，发现8株结肠癌细胞均出现*p16*抑癌基因启动子的甲基化，55%的结肠癌标本和54%的结肠腺瘤标本出现*p16*抑癌基因启动子甲基化。IEC-18细胞株稳定转化*k-ras*后，DNA甲基转移酶活性得到增强，*p16*基因启动子发生甲基化而沉默。使用DNA甲基化酶抑制剂作用后，*p16*基因在上述稳定转化了*k-ras*的IEC-18细胞株中重新恢复表达。这表明*p16*抑癌基因的失活是由于启动子发生了甲基化，并与K-RAS蛋白表达密切相关。Van Engeland等对222例散发性结直肠癌患者的石蜡包埋组织切片分析后发现，约有39%（87/222）的病例出现*k-ras*癌基因的点突变，这些突变通常也出现在第12和（或）13位密码子上；20%（45/222）的病例出现*rassf1a*基因启动子甲基化。只出现*ras*癌基因的点突变而没有*rassf1a*抑癌基因甲基化的病例占34%（76/222），只出现*rassf1a*抑癌基因甲基化的病例则有15%（34/222）。同时，有46%（101/222）的病例既没有*ras*癌基因的点突变，也没有*rassf1a*抑癌基因的甲基化，有5%（11/222）的病例上述2种变化都有。这提示大部分的结直肠癌还是以*k-ras*癌基因的突变为主而非*rassf1a*基因启动子甲基化，后者主要见于野生型*k-ras*的结直肠癌。

2. 抑癌基因

（1）作为重要的转录调节因子，*p53*异常在结直肠癌中很常见。美国犹他州一项1464例的大样本调查表明，45.4%的病例有*p53*抑癌基因突变，并且近端结肠癌的*p53*突变和G245热点突变，即使在消除了年龄和分期的影响因素后，仍与结肠癌的不良预后和低生存率密切相关。*maspin*和*desmocollin 3*（*dsc3*）都是*p53*的靶基因，这2个基因都因为启动子发生异常的胞嘧啶甲基化而转录抑制。尽管如此，Oshiro等研究却发现，*p53*的外源性导入能部分地重新激活这些基因。这是因为*p53*结合到公认的*maspin*和*desmocollin 3*（*dsc3*）基因启动子上的DNA结合位点上，从而刺激了组蛋白乙酰化作用等的缘故。有趣地是，*p53*本身并不影响任何一个基因启动子的甲基化模式[55]。这说明*p53*本身能够部分地克服DNA甲基化所引起的表达抑制。

（2）*ing1*高甲基化。ING1能够抑制细胞生长、促进凋亡，而且在细胞衰老调控中起着重要作用，*ing1*基因与肿瘤的淋巴结转移、远处转移和分化有关，而且有研究发现在结直肠癌组织中*ing1*基因很少发生突变和杂合性缺失等状况，因此*ing1*在结肠癌肿瘤发生中起着重要作用。*ing1*在结直肠癌中并不像*p53*那样通过突变失活，其调控方式主要是表达水平的降低。有研究认为在结直肠癌中，*ing1*基因的高甲基化可能是使mRNA表达量比较低的主要原因。Dukes分期晚者*ing1*启动子的甲基化发生率明显高于Dukes分期早者，这提示*ing1*基因的甲基化与结直肠癌的发生发展有密切关系。

（3）APC是wnt信号转导通路中重要的分子之一，在wnt信号转导通路中起负调节作用。*apc*基因突变或蛋白质结构异常与大多数散发性结直肠肿瘤的发生有关。研究发现结直肠癌组织中*apc*的mRNA水平和蛋白水平都有明显下调，*apc*的表达情况与患者肿瘤的恶性程度有非常密切的关系。其基因突变并

非按 *apc*、*k-ras*、*p53*、*dcc* 这一经典模式，还存在其他途径。*apc* 甲基化状态分析表明，在结直肠癌和腺瘤发生过程中 *apc* 基因甲基化程度呈增加趋势，且在各病变阶段与蛋白表达呈负相关性，提示 *apc* 基因高甲基化在结直肠癌中是一频发事件，它通过抑制蛋白表达参与结直肠癌的发生发展。

在几乎所有的家族性腺瘤性息肉病及散发性结直肠癌患者中均出现了 *apc* 功能的丧失。通常，*apc* 基因失活主要是因为染色体 5q 上的 2 个等位基因，其中一个发生了突变，另一个发生杂合性丢失（LOH）。最近有报道指出，*apc* 基因启动子异常高甲基化而失活在人类肿瘤中也很常见，染色体 5q 上发生 LOH 并且 *apc* 表达降低的散发性结直肠癌病例，其 *apc* 启动子发生异常高甲基化的频率明显高于染色体 5q 上发生 LOH 但 *apc* 表达正常的病例。这说明 *apc* 启动子异常高甲基化与 *apc* 表达失活有密切的关系。与 5q 杂合性丢失相比较，*apc* 启动子异常高甲基化在结直肠癌 *apc* 失活机制中可能起着“二次打击”的作用。*apc* 启动子区中 CpG 位点的异常甲基化总是与 *apc* 功能的失活有关。那些不表达或低表达 *apc* 的结肠癌细胞株用 DNA 去甲基化酶处理后，*apc* 重新被诱导表达，CpG 岛重新恢复去甲基化，关闭状态的染色质构型也重新开放。而用组蛋白去乙酰化酶抑制剂处理后则没有上述改变。具体机制为：*apc* 启动子区 CCAAT 盒附近 CpG 岛的异常高甲基化，可以抑制 *apc* 基因的表达，这一机制主要是通过改变染色质的构象和干扰转录因子 CBF（carcino-breaking factor）结合到 CCAAT 盒上来实现的。*apc* 启动子异常甲基化在肝转移组织中也是很常见的事件，其发生频率远超过了在原发性结直肠癌中的发生频率。与正常结肠黏膜相比，原发性结直肠癌组织中 APC 蛋白表达明显下降；然而，在已经转移到肝组织的结肠癌细胞中 APC 蛋白表达却并没有下降。这表明在结肠癌肝转移组织中 APC 蛋白表达水平与 *apc* 基因启动子甲基化之间并无相关性。因此，有研究者推测远处转移的结肠癌细胞可能获得了一种异源性的遗传学和表观遗传学背景，使得这些细胞 *apc* 启动子的甲基化独立于 APC 蛋白表达[56]。

（4）*p16* 是细胞周期中一个重要的负调控基因，其编码的蛋白质通过与细胞周期蛋白依赖激酶 CDK4 和 CDK6 结合而抑制蛋白激酶活性，从而抑制细胞的增殖，在很多肿瘤中 *p16* 基因是失活的，其中包括结直肠癌。*p16* 基因启动子过度甲基化的结直肠癌具有一些特殊的临床病理特征，*p16* 基因启动子过度甲基化和右半结肠癌、女性和低分化癌有一定的联系。还有研究发现 *p16* 基因 CpG 岛发生甲基化可导致 *p16* 表达缺失，可导致该基因失活，可能进而导致结肠癌的发生。因为以上现象多发生在结直肠癌形成早期，因此可成为结直肠癌预测的重要指标，同时其在外周血中的检测可能成为结直肠癌无创性的筛选检测手段。

Kim 等研究发现，在 5 株 *p16* 基因启动子均出现甲基化的结肠癌细胞中，4 株结肠癌细胞 *p16* mRNA 是不表达的，然而在 9 例结直肠癌组织中，即使 *p16* 基因启动子都出现了甲基化，仍有 6 例的 *p16* mRNA 是高表达的。深入研究发现，这是因为癌组织和癌细胞株相比有很大的甲基化密度差异，前者甲基化指数在 0.28 ~ 0.91，虽然也出现甲基化，但甲基化指数分布范围是不均匀的；后者则为高甲基化指数。高甲基化指数的细胞株和低甲基化指数的组织相比，*p16* mRNA 表达是明显降低的。结直肠癌组织呈现一个不定的甲基化密度可能是 *p16* 基因启动子甲基化模式在体内的特征。然而有另一组数据显示，25% 的结直肠癌出现 *p16* 基因启动子高甲基化，仅 8.1% 的结直肠癌因为 *p16* 启动子高甲基化而不表达。因此，尽管 *p16* 启动子甲基化在结直肠癌中是个很常见的事件，但是在肿瘤分型中并不能体现出明显的临床病理学特征，也很少引起 *p16* 的转录沉默。这可能意味着在散发性结直肠癌的发病机制中，*p16* 启动子甲基化所致的 *p16* 失活并没有起很关键的作用，而是有可能通过与其他基因相互作用来影响结肠癌细胞生长，如 *uhrf1*。*uhrf1* 可通过抑制 *p16* 达到促进肿瘤生长和转移的作用[57]。

（5）*rassf1a* 基因定位于 3p21.3，是 *ras* 基因超家族的成员，发挥着抑癌基因的作用。*rassf1a* 主要因启动子甲基化而失活，很少因基因突变。*rassf1a* 基因在结直肠癌中的甲基化状况表明，在 80%（4/5）的结肠癌细胞系和 45%（13/29）的结直肠癌病例中都出现了 *rassf1a* 基因启动子甲基化。*rassf1a* 基因启动子异常甲基化而失活在 Wilms 瘤以及结直肠癌中是个发生频率非常高的事件，局限于等位基因型的研究，目前暂不能确定 *rassf1a* 基因发挥抑癌基因效应的位点。

3. 其他相关基因 *hmih1* 基因是 DNA 错配修复系统的重要基因之一，它可以抑制结直肠癌的发生，对维持基因组的稳定性起重要作用。在散发性结直肠癌及部分遗传性非息肉病性结直肠癌中经常会

有 *hmih1* 启动子区域高甲基化的现象，而且散发性结直肠癌中微卫星不稳定性与其有关。当应用去甲基化剂 5-Aza-dC 处理后，*hmih1* 启动子发生去甲基化，*hmih1* 表达量升高，可以恢复错配修复系统功能。

错配修复基因 *hmih1* 和 *hmih2* 发生突变在家族聚集性胃癌和遗传性非息肉性结直肠癌（HNPCC）中很常见。大部分 HNPCC 患者主要是杂合性突变，即两个等位基因中有一个是正常的，另外一个则发生了突变。目前认为，HNPCC 易患体质的人与体内细胞野生型 *hmih1* 等位基因丢失而致错配修复功能缺陷有关，这促使微卫星不稳定性（MSI）的发生，增加了体内变异的发生率，最终导致结直肠癌的发生。Noda 等把 32 例结直肠黏膜内癌和 63 例结直肠黏膜下癌作为早期癌，把 30 例 Duke B 期和 26 例 Duke C 期病例作为进展期癌进行了相关研究。结果发现，1.1%（1/95）的早期癌为 MSI（+），而在进展期癌中则为 7.1%（4/56）；在右半结肠癌中，*hmih1* 基因启动子总的甲基化发生率在早期癌和进展期癌中没有明显的差异。而在 *hmih1* 基因启动子发生异常甲基化的右侧位结肠癌中，早期癌和进展期癌 MSI（+）发生频率明显不同（5.9% vs. 44.4%）。这提示只有在右侧位散发性结肠癌中，*hmih1* 甲基化失活而引起 MSI（+）表型才可能与肿瘤的分期有密切关系。

流行病学调查表明，男性人群遗传性非息肉病性结肠癌发病率要高于女性。循环性雌二醇（E_2）的减少能下调雌激素受体（ER）的表达，显著增加患结直肠癌的风险。而接受 E_2 替代治疗的患者，结肠腺瘤和结肠癌的发生率要明显下降。并且，在结直肠癌标本中明显检测到了 ER 表达的降低。这些数据表明 E_2 和 ER 有抑制结直肠癌发生的作用。ER 有 α 和 β 两个亚型，结直肠癌中主要是 ERβ 表达。最近的研究结果提示，*erβ* 基因可能是作为一个抑癌基因发挥重要作用。ERβ 表达的增高可以通过不涉及 hTNF-α 途径的配体依赖方式来增强 P53 途径的信号传导功能，从而介导结肠癌 LOVO 细胞株凋亡和抗增殖效应。*erβ* 基因在原位导管癌和侵袭性乳腺癌中的表达要远低于在良性乳腺上皮细胞中的表达，*er-β* 基因表达的降低导致乳腺上皮细胞的异常增生。与良性组织相比，超过 2/3 的侵袭性癌组织显示出很高的甲基化程度，*erβ* mRNA 表达降低，并且这些病例预后都不尽人意。这提示 *erβ* 基因甲基化模式的检测可能对判断预后有价值。

目前单从 DNA 突变等遗传学途径尚不能完全解释结直肠癌的发生机制，甲基化和乙酰化等表观遗传学途径的探索为结直肠癌发生机制的研究开辟了一条崭新的道路；DNA 甲基化是一个可逆过程，是肿瘤发生过程中的早期事件，基因甲基化改变早于恶性表型的出现，若对甲基化的癌基因和抑癌基因人为进行药物逆转，可为结直肠癌早期治疗提供新的思路；对结直肠癌相关抑癌基因异常甲基化谱的检测，则有助于对结直肠癌的早期诊断；抑癌基因甲基化状态与临床肿瘤分期相结合还可用于判断患者的预后。总之，作为当前的研究热点之一，甲基化、乙酰化等表观遗传学领域的研究必将对肿瘤包括结直肠癌的防治研究起到积极的探索意义。

（三）结肠癌的 DNA 甲基化与临床应用

随着对结肠癌中 DNA 甲基化研究不断的深入，在解剖学上正常的结肠黏膜组织与发生癌前病变的结肠组织从分子水平上可以进行区分，而基因组 DNA 甲基化水平的变化可以作为结肠癌的标志。同时，许多研究已经证明 DNA 异常甲基化在肿瘤形成过程中是可逆的，这也为从 DNA 甲基化角度治疗肿瘤提供了理论依据[58]。

1. DNA 甲基化与结肠癌的早期诊断　肿瘤抑制基因 CpG 岛区域高甲基化是结肠癌形成的重要机制之一，有研究组利用甲基化特异性 PCR（MSP）检测患者粪便样本 DNA 中 *esrl*、*mgmt* 等位点 CpG 岛甲基化水平，并与正常结肠组织进行对比，发现定量分析 CpG 岛甲基化水平可以用于结肠癌的早期诊断。然后又有研究组以 *hppl/tpef*、*hltf* 和 *hmlhl* 作为血清 DNA 甲基化标志物进行研究，发现 hltf、*hppl/tpef* 和 *hmlhl* 甲基化程度与肿瘤的大小有关，而 hltf 和 *hppl/tpef* 甲基化水平与肿瘤是否发生转移有关。Model 运用微阵列分析和 RT-PCR 分析（MethyLight）技术，从全基因组范围内的候选标志物中识别出一组在结肠癌中高度甲基化的序列。*tmeff2*、*ngfr* 和 *zdhhc22* 等标志物在各种样本中具有高度特异性，可以应用于血液样本或是粪便样本的结肠癌非损伤性检测。此外，*tmeff2*、*zdhhc22* 和 *eya4* 等可作为肿瘤早期标志物应用于疾病监测。Kann 等提出一种新的标志物组合模式，将 *apc*、*pik3ca*、*ctnnbi*、*smarca3*、*vim* 和 *braf* 作为检测标志物，分别检测 *apc*、*pik3ca* 和 *ctnnbi* 三个位点的新生突变，及 *smarca3* 和 *vim* 高甲基化水平和 *braf* 单碱基突变。显然，随着研究不断深入，DNA 甲基化将在结肠癌早期诊断中发挥重要作用。

2. DNA 甲基化与结肠癌的临床治疗 与遗传信息改变不同，表观遗传修饰是可逆的，因此表观遗传修饰可以成为肿瘤治疗的潜在靶点。大量研究表明，基因启动子等区域的高甲基化是可逆的，通过 DNA 甲基转移酶抑制剂处理细胞可以使基因恢复表达。因此，深入研究肿瘤发生发展过程中 DNA 甲基化的发生机制，以及 DNA 甲基化与结肠癌之间的关系，不但有助于结肠癌的早期诊断，而且有可能为结肠癌的分子治疗提供广阔的前景。

由于在结肠癌形成过程中，DNA 上的多个基因位点发生高甲基化，导致肿瘤抑制因子等重要基因失活。因此，通过 DNA 甲基转移酶抑制剂抑制特定位点上的甲基化可以降低基因组范围内甲基化水平，进而改变基因表达。DNA 甲基转移酶抑制剂可分为核苷类 DNA 甲基转移酶抑制剂和非核苷类甲基转移酶抑制剂，其中核苷类甲基转移酶抑制剂包括 5- 氮杂胞嘧啶及其衍生物。Stresemann 等分析了 6 种常见的 DNA 甲基化抑制剂，发现虽然这些 DNA 甲基化抑制剂具有很强的去甲基化效应，但同时也有很强的细胞毒性，同时在作用位点选择上缺乏位点特异性。其中，RGl08 去甲基化作用与浓度有关，并且具有相对较小的细胞毒性，因此，可以作为治疗肿瘤 DNA 异常甲基化的候选药物。

肿瘤发生过程中，常伴有甲基化和乙酰化调节混乱从而导致基因表达失控。结肠癌发生中有总基因组 DNA 甲基化水平降低、*c-myc* 癌基因低甲基化，较多的抑癌基因如 *p16*、*e-cadherin*、组织金属蛋白酶抑制基因和 *apc* 以及 *hmlhl* 基因高甲基化呈低表达，也可出现 *p2l* 抑癌基因的低乙酰化和表达缺失。针对上述异常，较多学者认为可通过补充叶酸，供应甲基基团以纠正总基因组和癌基因的低甲基化倾向。但近年更多的研究是通过抑制 DNMT 活性和提高基因相关组蛋白乙酰化水平而上调抑癌基因的表达，进而干预结肠癌演变过程。

由于 5-Aza-C 和 5-Aza-dC 是 5- 甲基胞嘧啶的结构类似物，具有拮抗甲基化作用，被广泛应用于各种肿瘤的研究中。已知错配修复（MMR）障碍引起的微卫星不稳定性（MSI）是结肠癌发生的重要机制之一，而 *hmlhl* 基因的高甲基化和低表达为 MSI 的主要原因。5-Aza-dC 不仅使 MMR 缺乏的结肠癌细胞中 *hmlhl* 启动子去甲基化及再表达，同时使 MMR 容量增大。*p16* 是细胞周期依赖激酶的抑制基因，5-Aza-C 的处理可使结肠癌 HT29 细胞系的 P16 和干扰素（IFN）基因低甲基化与表达上调，并因此抑制细胞增殖。实际上，10 余年前即有应用 5-Aza-dC 干预结肠癌进程的动物试验。此后在小鼠肠道息肉模型中也发现其具有逆转肿瘤进展的药理作用。目前，5-Aza-C 和 5-Aza-dC 的试管内抗癌药理作用已为学者公认，且此类制剂的抗细胞增殖作用仅限于肿瘤细胞而不波及正常的成纤维细胞[59]。

流行病学调查显示，高纤维素饮食与结肠癌的发生呈负相关。在肠道厌氧菌作用下，纤维素形成丁酸盐等短链脂肪酸。当丁酸盐明显减少时，小鼠远端结肠肿瘤的发生率增加，肿块体积增大且上段结肠细胞增殖。丁酸盐还可抑制小鼠结肠肿瘤的生长。体外试验也证明，丁酸盐是结肠细胞的保护因素。研究其机制则发现丁酸盐可抑制 HDAC，提高组蛋白乙酰化水平。在丁酸盐处理过的结肠癌细胞系中，Della Ragione 等以基因芯片和 Northern blotting 等技术研究了 588 个基因，发现 23 个表达明显上调，其中 21 个基因转录水平增加 4 倍以上。*P21* 抑制细胞 G ~ S 期的转化，阻滞细胞增殖，该过程受乙酰化水平调节。最新研究成果表明丁酸盐也可能通过上调组蛋白乙酰化而提高 *p21* 基因表达及抑制结肠癌细胞生长[60]。通过影响 DNA 甲基化和组蛋白乙酰化而防治结肠肿瘤的研究尚处于初级阶段，许多试验结果是暂时的，还无法应用于临床，但这无疑是一种颇具前景的治疗策略和手段。同其他肿瘤一样，结肠癌的发生也是一个复杂的过程，就甲基化紊乱而言，癌基因和抑癌基因的情形不同，将来的分子治疗需个体化，这些都值得今后深入探讨。

二、组蛋白修饰与结肠癌

结肠癌中肿瘤抑制基因的沉默与组蛋白密码有重要关系。在 *p16*、*hmlh1* 和 *mgnt* 的启动子区域中，有明显的 H3K9 乙酰化，H3K4 甲基化减少，以及 H3K9 甲基化增加，而这些区域同时也有 DNA 甲基化引起的基因沉默，这些研究显示 DNA 甲基化和组蛋白修饰与结肠癌之间有着密切联系。在结肠癌中 DNA 甲基化和组蛋白修饰是通过一组有 DNA 结合结构域的蛋白复合体调控的。

（一）与结肠癌有关的组蛋白修饰

组蛋白修饰也参与结直肠癌的发生过程中，全基因组组蛋白甲基化结合图谱表明，H3K4 三甲基化程度在结肠癌和正常结肠上皮细胞中差异不大，而 H3K27 三甲基化水平则有差异。常用于研究人结肠癌的细胞系有 RKO、HT29、SWlll6 和 Colo-320。在 SWlll6 和 Colo-320 细胞系中实验发现，人结直肠癌组织中，抑癌基因 *p21* 基因表达下调。组蛋白高乙酰化使 SWlll6 和 Colo-320 细胞周期停滞于 G_1 期；*p21* 基因在结直肠癌组织中的表达下调可能与总染色质组蛋白乙酰化水平低下有关。若通过 HDAC 抑制剂诱导人结肠癌细胞总染色质乙酰化组蛋白的积聚，以及选择性诱导 *p21* 基因相关染色质组蛋白的高乙酰化，可活化 *p21* 的转录并提高其蛋白表达水平，因而直接证实了人结直肠癌中组蛋白乙酰化修饰在 *p21* 转录调节和细胞周期调控中的重要作用，从而控制结肠癌的发生[61]。HT29 人结肠癌细胞株 *inglb* 基因 5' 端核心启动子高甲基化及低乙酰化可能是导致该基因表达沉默的原因之一，TSA 能较好地提高其组蛋白乙酰化水平，并有效地激活因半甲基化所致 *inglb* 基因沉默的再转录，诱导该基因表达，从而抑制肿瘤细胞生长。此外，H3K9 修饰与跨膜黏蛋白 MUC1 的表达也有关系，MUC1 的表达量与包括结肠癌在内的多种肿瘤转移相关。

（二）组蛋白去乙酰化酶抑制剂与结肠癌

随着组蛋白去乙酰化酶的发现及组蛋白修饰在基因表达抑制中的作用日益被认识，越来越多的研究关注于组蛋白去乙酰化酶抑制剂（HDACi）对机体的治疗作用。常见的用于结肠癌细胞研究的组蛋白去乙酰化酶抑制剂包括 MS-275、MC1855、SAHA 和 Scriptaid。MS-275 阻断能有效升高 X 染色体上的同源异形框基因（*rhox*）的表达，且在 HT29 细胞中研究发现 MS-275 能有效地将细胞阻断在 G_0/G_1 期，并导致 H4 乙酰化升高；MC1855 则将细胞阻断在 G_2/M 期；SAHA 作用可改变整体乙酰化水平；Scriptaid 与 5-Aza-dC 联合使用，能使因高甲基化而沉默的 *p16* 去甲基化并重新表达，单独使用能使 H3K9 乙酰化和 H3K4 二甲基化水平升高，对细胞分裂周期亦有阻断作用。尽管这些抑制剂对组蛋白修饰水平的改变究竟起何种作用尚不完全明确，但用 HDAC 抑制剂（如 Scriptaid）恢复结肠癌细胞中抑癌基因表达，具有治疗结肠癌的药物开发价值[62]。

三、miRNA 与结肠癌

在结肠癌中已证实，有许多 miRNA 可通过细胞内信号网络相互作用来影响结肠癌的发生发展，调节细胞增殖、凋亡、转移等。根据其靶基因和功能不同，可将 miRNA 分为抗癌 miRNA（anti-oncomir）和癌 miRNA（oncomir）。

（一）miRNA 在结肠癌中的生物学作用

1. miRNA 与结肠癌发生　和大多数癌症发生一样，结肠癌发生是个多步骤的过程，miRNA 通过多种作用方式参与其中。miRNA 参与遗传信息完整性的维护，如 miR-155 可直接作用于涉及 DNA 修复的 3 种酶 hMSH2、hMSH6 和 hMLH1，可能促进基因突变，诱发癌症。由肿瘤抑制因子 ZEB1 诱导生成的 miR-200 家族，可作用于 SOX2 和 KLF2，抑制结肠癌细胞的干细胞样特性。炎症是结肠癌的诱因之一，miR-21 和 miR-181b-1 两者都由活化的 STAT3 诱导，分别通过靶向作用于 PTEN 和 CYLD 导致炎症向癌症的转变。

2. miRNA 与结肠癌细胞增殖凋亡　通过特异性结合癌基因 mRNA 或影响凋亡途径，抗癌 miRNA 可起到抑制细胞增殖或诱发凋亡。例如，将 miRNA let-7a 转染到体外培养的人结肠癌细胞中，可显著抑制细胞生长和下调 RAS 蛋白表达。miR-143 是抑制 *k-ras* 靶基因的一种 miRNA，在结肠癌组织中 ERK5 和 DNMT3A 可作为 miR-143 的直接靶标[63]。另有几种 miRNA 靶向作用于二氢叶酸还原酶而抑制细胞周期，如 miR-24、miR-192、miR-215。miR-24 在结肠癌中表达减少，通过直接作用于二氢叶酸还原酶抑制结肠癌细胞的增殖和诱导 G_2/S 细胞周期捕获，其阻断作用与 P53 的功能无关。miR-192 和 miR-215 也靶向二氢叶酸还原酶，诱导 G_1 和 G_2 细胞周期捕获，但其作用依赖于 P53。

某些 miRNA 可通过改变抗凋亡蛋白 BCL-2 家族成员的表达而调节结肠癌细胞的凋亡，如 miR-199 和 miR-34a。miR-199 作用于 BCL-2，诱导结肠癌细胞系 HT29 和 Lovo 凋亡；miR-34a 也可减少 BCL-2 的表达和增加结肠癌细胞对氟尿嘧啶的敏感性。另外在结肠癌细胞中，miR-34a 通过靶向作用于 SIRT1 酶，导致 *p53* 乙酰化水平的提高，促进 P53 依赖的 PUMA 促凋亡蛋白表达，诱发细胞凋亡。在结肠癌细胞中，失调的 miRNA 可作用于凋亡信号通路中的其他调节因子，如 miR-145 通过靶向作用于 CASPASE-3 的底物 DNA 片段因子 -45，参与星形孢菌素诱导的细胞凋亡。其他 miRNA，如 miR-26、miR-107、miR-210 和 miR-342，也涉及凋亡应答的调控。

3. miRNA 与结肠癌转移 血管生成、侵袭和迁移是肿瘤细胞恶化的特征，miRNA 可通过参与这些细胞活动而影响结肠癌的恶性程度。例如，PTEN 抑制细胞侵袭，阻止细胞外基质金属蛋白酶（matrix metalloproteases，MMP）的表达，而 miR-21 通过与靶基因 *pten* 的结合促进了细胞侵袭和迁移。另外，miR-21 还通过下调 *pdcd4*（一种肿瘤抑制基因，与细胞侵袭和转移有关）的表达而促进癌细胞内渗、侵袭和转移。miR-196a 通过结合到 *hoxa7*、*hoxb8*、*hoxc8* 和 *hoxd8*（同源盒转录因子家族）的 3'UTR 并下调其表达，这些同源蛋白的下调与增加 Akt 的磷酸化水平相关联，miR-196a 还促进小鼠尾静脉注射结肠癌细胞后的肺部转移。miR-141 下调 *e-cadherin* 转录抑制基因 *sip1* 的表达，抑制肿瘤细胞从间质向上皮转移。涉及调控结肠癌浸润和转移的其他 miRNA 包括 miR-26、miR-145 和 miR-200c 等[63]。

血管生成是肿瘤转移和生长的重要环节，Dews 评估了 miRNA 在血管生成中的作用，发现不同 miRNA 的表达与 *k-ras* 和 *c-myc* 基因改变有关，这些基因有潜在的促血管生成的作用，而血管生成是血管内皮生长因子（vascular endothelial growth factor，VEGF）表达增加的结果。例如，miR-107 通过抑制缺氧诱导因子介导的血管内皮生长因子表达而抑制血管新生，亦可通过影响 let-7 家族，与其相拮抗从而抑制肿瘤发生。

4. miRNA 与药物敏感性 几种 miRNA 还涉及药物敏感性的调节。例如，miR-143 可促进由氟尿嘧啶诱导的结肠癌细胞的细胞死亡，而 miR-192 和 miR-215 有相反的效果。miR-215 可以减少结肠癌细胞对甲氨蝶呤和胸苷酸合成酶抑制剂 Tomudex 的敏感性。

（二）miRNA 在结肠癌诊断和治疗中的应用及其前景

1. miRNA 作为结肠癌诊断标志 正常细胞和癌细胞都能释放 miRNA 到外周血，循环中的 miRNA 被高度稳定的复合体（最常见的是胞外体和微小囊泡）包裹，以阻止 miRNA 被 RNA 酶降解，可将这些 miRNA 作为诊断结肠癌的新的生物标志物。例如，miR-17-3p 和 miR-92a 在结肠癌患者血浆中明显升高，而在切除肿瘤组织后，这 2 种 miRNA 都显著下降。miR-92a 还能与结肠癌和其他疾病，如胃癌和炎症性肠病进行鉴别，并能从正常人群中区分结肠癌和高危的腺瘤，对早期诊断结肠癌有用。进一步分析表明，miR-92a 能够产生 88.5% 的 ROC 面积，在相对 RNU6B 核内小 RNA 表达的临界值为 240 时，其敏感性和特异性分别为 89% 和 70%[64]。除了外周血，结肠细胞不断脱落到肠腔中，粪便中也有结肠癌特异性的 miRNA，可作为另一有价值的诊断途径。相对于无结肠癌的人来说，miR-21 和 miR-106a 在腺瘤和结肠癌患者的粪便中含量较高。miR-21 高表达与结肠癌淋巴结转移、癌远处转移和晚期 TNM 分期有关，通过比较 miR-21 在结肠癌早期患者与中期患者的表达量，显示中期结肠癌患者的 miR-21 表达量比早期患者高。

2. miRNA 作为结肠癌治疗效果和复发评估标志 在 miRNA 基因或 miRNA 结合位点中，miRNA 表达的改变或其多态性与结肠癌患者的治疗效果相关。let-7 和 miR-181b 的表达水平与氟尿嘧啶类的抗代谢药物的化疗效果密切相关，在有远处转移的野生型 KRAS 结肠癌患者中，*K-ras* 基因的 3'UTR let-7 miRNA 结合位点的多态性与塞妥昔布单抗的治疗反应成正相关。而且，pri-miR26a-1 和 pri-miR-100 的 SNP rs7372209 和 rs1834306，分别与用氟尿嘧啶和伊立替康进行治疗的结肠癌转移患者的肿瘤应答或肿瘤进展时间相关[65]。

miR-31 与肿瘤深度浸润和晚期 TNM 分期成正相关，miR-129 和 miR-137 在有淋巴结转移和无淋巴结转移的结肠癌患者中表达程度也不一样，miR-106a 的下调与无瘤生存期和总生存期缩短有关，而 miR-200c 高表达的患者比低表达的患者生存时间缩短。miR-320 和 miR-498 的表达水平与Ⅱ期结肠癌患者的无复发生存期有关，联合测定 17 种 miRNA 的表达谱可预测结肠癌的发生，其精确度为 81%[66]。

手术切除对大多数癌症患者（Ⅰ期和Ⅱ期）十分有效，但是还有 25%~30%患者复发。一些患者得益于辅助性治疗，面临的挑战是难以确定高风险Ⅱ期的肿瘤。目前结肠癌的预后是通过切除肿瘤标本的肿瘤分期和病理检查的表型特征来决定，然而准确区分高风险Ⅱ期肿瘤预后的好坏不太可能；另一方面对 miRNA的研究显示，不同 miRNA，如 miR-21、miR-320、miR-498、miR-106a和 miR-200c的表达量与复发相关，可作为预后参考指标。miRNA的应用价值是作为癌症的预后和预测生物标记在 Schetter等的研究中突显出来，他们比较了 2组Ⅱ期结肠癌及毗邻正常组织的 miRNA表达谱，在其中的一组：与正常组织相比，肿瘤组织 miR-20a、miR-21、miR-106a、miR-181b和 miR-203高表达的患者存活率低。对 2组共175例患者分别随访 68个月和 84个月，并进行生存分析显示：对治疗和辅助性化疗反应差的Ⅱ期和Ⅲ期结肠癌患者，miR-21表达量高的患者生存预期低。其他研究也发现类似结果：miR-125b和 miR-137高表达的直肠癌患者放疗及化疗反应较差。Schepeler等的研究表明，37例Ⅱ期结肠癌患者中，miR-320或 miR-498表达高的患者与表达低的患者相比，存活率有着明显的差异。当对年龄、性别、肿瘤分期、分化和组织学划分时，miRNA可作为复发单一的预测指标。当联合使用 17种 miRNA的表达谱来检测 31例患者复发率时，精确度为 81%，特异性为 83%，灵敏度为 77%。对 110例结肠癌患者 5年生存分析表明，miR-106a较低的表达水平与肿瘤分期、无瘤生存率和总生存期有关。术后血清癌胚抗原(carcinoembryonic antigen，CEA）是一种临床上广泛使用的预后和监测指标。术前血清 CEA含量在预测肿瘤化疗反应的期间无特异性，不能作为预测指标。基于血液的结肠癌特异性miRNA的发现和量化提供了一个基于血清的可变的生物标记，当联合使用血清 CEA时，可准确地预测无瘤生存率和化疗反应。

3. 针对 miRNA的结肠癌治疗　miRNA在癌症中的作用是让它们成为干预治疗的重要靶点。基因疗法可通过调节抑癌 miRNA或启动子 miRNA的表达，阻止癌前病变的进程来治疗结肠癌。这种调节可以控制肿瘤的生长率，有作为早期和晚期癌症新疗法的潜力。例如，抑制 miR-21和 miR-17、mi-192的活性与降低肿瘤的生长、侵袭、转移和血管生成相关。针对这类 miRNA的调节可能有助于防止高风险肿瘤的复发，并且可以控制晚期转移性肿瘤的生长。miR-21过表达与化疗敏感性差、疗效不佳有关，对它的抑制可以改善对化疗的反应。一些药物能够使 miRNA的表达改变，这证明一些因子可以逆转 miRNA的表达，使癌组织转为正常组织是可行的。miRNA可能在化学预防癌症中起作用，它们可能促使能够减少肿瘤大小和转移的新的治疗药物的发现[67]。

（于文强　肖瑶）

第五节　表观遗传修饰与前列腺癌

前列腺癌是男性生殖系统中最常见的恶性肿瘤，大多数前列腺癌的生长速度较慢，但也有少数快速生长和高迁徙性前列腺癌病例的报道。调查结果显示前列腺癌容易发生骨转移和淋巴结转移，原位癌切除后复发转移是临床上制约前列腺癌患者痊愈的重要因素。

前列腺癌在欧美地区男性中的发病率很高，位于目前男性恶性肿瘤死亡的第 1 位。近几年在中国的发病率逐年升高，严重威胁了男性的生命健康。前列腺癌的发病机制比较复杂，与饮食、环境和遗传等因素都有关系。越来越多的研究表明表观遗传修饰的改变在前列腺癌的发生发展中起到了重要作用。

一、DNA 甲基化与前列腺癌

（一）DNA 高甲基化与前列腺癌

DNA 甲基化的水平，尤其是基因启动子区甲基化的水平直接影响着基因的转录活性，因此 DNA 甲基化谱的改变伴随着基因表观沉默被认为是前列腺癌发生发展过程中最早期的事件。前列腺癌的甲基化标记改变主要发生在前列腺癌前体细胞和前列腺癌的恶变过程中。有研究发现在原位和转移的前列腺癌中可以发现 *gstp1*、*apc*、*rassf1a*、*cox2* 和 *mdr* 基因的超甲基化，在晚期则可以检测到 *er*α、*hmlh1*、*P14/ink4a* 等基因的超甲基化，表明某些基因的超甲基化改变在前列腺癌的恶化过程中发挥了重要作用。

1. *gstp1* 基因　谷胱甘肽 S- 转移酶基因 *gstp1*，在基因组中充当管家基因的作用。有研究证明该基因可以清除环境中有关肿瘤形成的因子、亲电子基团和氧自由基，从而避免这些因子对 DNA 的损伤。有研究发现将 *gstp1/2* 基因敲除的小鼠暴露于特定的致癌物时，这种基因敲除的小鼠与正常小鼠相比更容易患上皮肤癌。研究发现 90% 的前列腺癌病例中都存在 *gstp1* 基因的 CpG 岛异常高甲基化，而在正常前列腺细胞和组织中并没有发现该基因的异常甲基化改变[68]。前列腺细胞中缺失*gstp1*后会对杂环胺类致癌物更敏感，从而更容易产生致癌突变。目前人们对前列腺癌中*gstp1*基因的超甲基化机制并不清楚，然而在增生性炎性损伤的细胞中也存在*gstp1*基因的超甲基化，这提示反复的炎性反应可能是造成*gstp1*基因沉默的主要原因。

2. *cav1* **基因** *caveolin-1*（*cav1*）是一个抑癌基因，在细胞膜运输、维持细胞膜中胆固醇的平衡以及肿瘤的发生发展中起重要作用。对比前列腺癌组织和癌旁组织中的甲基化情况，发现91%的病例中都存在*cav1*基因的高甲基化现象。在前列腺癌中*cav1*基因启动子区的高甲基化是*cav1*基因表达下调的主要原因。然而也有一些完全相反的报道发现在前列腺癌中存在*cav1*的过表达现象，并且伴随着血清中PSA的升高。也有人报道在前列腺癌的发展过程中CAV1可以促进脂肪酸合成酶的表达，而脂肪酸合成酶被认为是一种促癌因子。因此在前列腺癌中*cav1*基因甲基化水平的改变与前列腺癌发生发展的关系还不清楚，有待于进一步的研究。

3. *cdkn2* **基因** CDKN2（P16）是一个细胞周期依赖的蛋白激酶抑制剂，已知其有2个不同的可变剪切体。其中一个可变剪切体CDKN2A（P16INK4A）在细胞周期调控中是一个关键的调控分子。它已经被报道在多种肿瘤中有异常的表达，其中包括前列腺癌。Nguyen研究发现在前列腺癌中*cdkn2a*（*P16ink4a*）的第2个外显子中存在高甲基化，这一结果也得到了其他研究者的确定，他们发现在启动子区和外显子一的甲基化程度分别为9%和15%，而外显子二中的甲基化程度却高达66%。虽然第2个外显子的甲基化修饰对于基因的转录并没有太大的影响，但是其也可能作为前列腺癌早期检测的一个靶点。

4. *hic1* **基因** HIC1是一个转录抑制因子，在实体瘤中*hic1*基因由于表观沉默而被抑制表达。*hic1*基因位于人类17号染色质的短臂接近端粒的区域（17p13.3），在肿瘤细胞中17p13.3区域经常会发生杂和性丢失而造成基因表达沉默的现象。在小鼠模型中也验证了这一结果，*hic1*基因杂合缺失的小鼠（HIC1+/–mice）患肿瘤的概率要远远大于正常的小鼠。这些研究说明*hic1*基因与肿瘤的生成有着密切的联系。而在前列腺癌细胞中也有人发现*hic1*基因CpG岛的甲基化程度高达89%～100%，这说明*hic1*基因由于甲基化而造成的表观沉默与前列腺癌的发生有着密切的关系。

5. **其他异常高甲基化的基因** 除了*gstp1*基因以外已经有超过40个基因的高甲基化被报道与前列腺癌的发生有关，表10-2列出了前列腺癌中高甲基化的基因，以及它们在细胞中参与的功能。

（二）DNA低甲基化与前列腺癌

癌细胞基因组的整体低甲基化可能的机制包括：①DNA甲基化重要调节因子的丢失；②细胞周期调控的紊乱造成的DNA甲基转移酶活性与DNA复制过程不相匹配；③甲基化供体S-腺苷甲硫氨酸（SAM）的供应不足。癌细胞中甲基化供体SAM的供应不足可能是由于其代谢前体（甲硫氨酸、叶酸、维生素B_{12}和肝素）的供应不足造成或是癌细胞增加了对甲基的需求，如磷酸卵磷脂的合成等。在动物模型中也证实了甲硫氨酸和肝素的缺乏可以造成DNA的低甲基化从而促进肿瘤的发生。

前列腺癌的发生过程中同样存在DNA的低甲基化，基因组中5-甲基胞嘧啶的含量与前列腺癌的进程密切相关，基因组整体的甲基化程度和前列腺癌的转移程度成反比。在动物模型中也证实了基因组甲基化程度的降低会导致基因组的不稳定性。癌细胞中重组频率的增加以及基因拷贝数的变异被认为与基因组的低甲基化，尤其是*line-1*等基因组中重复序列的低甲基化有着密切的关系。有研究证实在前列腺癌中8号染色体拷贝数的变异与DNA的低甲基化有着直接的关系。在前列腺癌死亡患者的样本中同时可以检测到基因组的高重组率、高频率的拷贝数变异以及基因组的低甲基化水平。

二、组蛋白修饰与前列腺癌

组蛋白修饰的改变在肿瘤的发生发展过程中扮演着重要的角色。基因的活化状态和组蛋白的修饰状态有着密切的联系，例如H3K4Me1、H3K9Ac可以作为基因活化的标志，H3K27me3、H3K9me2、H3K9me3等可以作为基因沉默的标志等，近年的研究表明组蛋白修饰的改变在前列腺癌的发生发展过程中起着重要的作用。

（一）组蛋白甲基化修饰和前列腺癌

有研究发现组蛋白H4上16位赖氨酸的单乙酰化修饰以及组蛋白H4上20位赖氨酸的二甲基化修饰在全基因组范围内的减少是肿瘤发生的标志之一。

表10-2 前列腺癌中高甲基化的基因

	荷尔蒙受体	细胞周期	DNA损伤修复	信号转导	细胞黏附	炎症反应
apc						
rbp1						
ccnd2		√				
cd44					√	
cdh2					√	
cdkn2a		√				
dab2ip				√		
dapk				√		
ednrb				√		
esr1	√					
esr2	√					
fhit						
gstp2			√			
hic2						
lama3					√	
labm3					√	
mdr1			√			
mgmt			√			
ptgs2						√
rar-β2	√					
rassf1				√		
sfpr1						
timp-3						

在前列腺癌细胞中，组蛋白的修饰形式发生了很大的变化，并且这种变化有可能作为检测前列腺癌病情发生发展的分子标记。与正常组织相比，前列腺癌细胞中组蛋白的甲基化修饰H3k4me1、H3K9me2、H3K9me3显著减少，经过治疗后前列腺癌细胞中H3k4me1、H3k4me2、H3k4me3的修饰却又明显增加。研究证实在前列腺癌中，基因组范围内组蛋白修饰的改变与癌症的预后有着密切的关系。基因组中H3K9、H3K18、H4K12乙酰化的水平和H4R3、H3K4的二甲基化水平可以用于评估早期前列腺癌患者的预后疗效。

PcG蛋白复合体PRC1～PRC4在基因沉默中具有重要的作用。PRC1蛋白复合体中有BMI1和RING1蛋白，而在PRC2～PRC4中有EZH2蛋白。在胰腺癌中，这3种蛋白质的共同表达表明了癌症不良预后的病理学特征，但是如果只有BMI1表达则表明可能有良好的预后。在前列腺癌中，PcG蛋白复合体中EZH2的表达在转移后的前列腺癌组织中显著增高，并且EZH2的表达水平随前列腺癌的发展有逐渐升高的趋势。这种增加可能是由于失去了EZH2的一些负调控因子所造成的，如RB1、miR-26或者是miR-101。EZH2是PRC2蛋白复合体的一个组分，它的功能是催化组蛋白H3K27和H1K26的甲基化修饰，EZH2还可以和DNA甲基转移酶DNMT相关联，在DNA重新甲基化时发挥功能。在前列腺癌中EZH2的一个靶基因是*dab2ip*，其编码的蛋白质是细胞生长的抑制剂，也是RAS信号通路中一个重要的调节因子。过多的表达EZH2可招募PRC2蛋白复合体的组分在*dab2ip*基因启动子区富集，从而增加*dab2ip*基因启动子区H3K27me2和H3K27me3的水平而导致基因沉默。在胰腺癌细胞中同样的情况也发生在 *msmb* 基因中，其编码的产物 PSP94 同样也是前列腺癌发生发展的一个抑制因子[69]。

（二）组蛋白乙酰化修饰与前列腺癌

除甲基化修饰以外，组蛋白的乙酰化修饰也与前列腺癌的发生发展有着密切的关系。组蛋白去乙酰化酶（HDAC）在多种人类肿瘤中均有高表达，但是不同种类的去乙酰化酶与人类肿瘤的关系依然不太清楚。通过 RT-PCR、免疫组织化学等方法研究了不同类型的组蛋白去乙酰化酶在人类不同前列腺癌细胞系以及不同前列腺癌组织中的表达情况，结果发现不同类型的组蛋白去乙酰化酶在前列腺癌中有着不同的表达水平。组蛋白去乙酰化酶可以分为 4 种类型：Ⅰ型、Ⅱ型、Ⅲ型和Ⅳ型。不同类型的组蛋白去乙酰化酶在前列腺癌组织中的表达量不同。有研究表明Ⅰ型 HDAC 在 192 个前列腺癌样本中的表达情况[70]，结果发现 HDAC1、HDAC2、HDAC3 在大多数前列腺癌病例中都高表达，而 HDAC2 的高表达代表着前列腺癌的预后良好，HDAC1 的表达在肿瘤发生恶性病变之前就已显著增高。HDAC4 是Ⅱ型组蛋白去乙酰化酶，在良性前列腺癌和早期前列腺癌中只存在于细胞质中，而在激素抵抗型的前列腺癌中 HDAC4 主要位于胞核中。细胞核中存在 HDAC4 代表着恶性程度更高的前列腺癌。HDAC7 在前列腺表皮细胞中定位于线粒体内膜区域，而当细胞进入程序性死亡时 HDAC7 就从线粒体内膜上解离下来并进入细胞质区域。因为线粒体在细胞程序性死亡过程中起着非常关键的作用，HDAC 尤其是 HDAC7 可能是一个细胞程序性死亡的起始信号。有关 HDAC 和细胞程序性死亡的关系有待于进一步的研究。SIRT1，一种Ⅲ型组蛋白去乙酰化酶，其表达在激素不依赖的前列腺癌细胞系 PC3 和 DU145 中明显高于对激素依赖的细胞系 LNCaP，其可能在细胞生长和激素抑制方面起了重要的作用。SIRT1 在雄激素抑制物介导的生长抑制中是必需的，下调或者抑制 SIRT1 活性增强了前列腺癌细胞对于雄激素的敏感性。HDAC1 广泛存在于各种前列腺癌细胞系以及转移和不转移的前列腺癌组织中，其在基质细胞中表达量却很低，而 HDAC8 却只存在于基底细胞的细胞质中，以上这些研究表明不同类型的 HDAC 在前列腺癌的发生发展过程中起着不同的作用，然而更确切的机制有待进一步的研究。

三、MiRNA 和前列腺癌

近年来的研究表明 MiRNA 的异常表达与前列腺癌的发生、发展侵袭和转移有着密切的关系。miRNA 可以通过影响基因表达、基因的表观遗传修饰等来影响肿瘤的发生发展。迄今为止有 50 多个 miRNA 被报道在前列腺癌中特异性高表达，但是只有很少的一部分 miRNA 被证明与前列腺癌的发生有直接关系。

（一）前列腺癌中 miRNA 异常表达的原因

肿瘤细胞中编码 miRNA 的基因拷贝数变异或是各种表观遗传修饰，尤其是 DNA 甲基化修饰的改变造成 miRNA 的表达发生改变，可能会导致某些基因沉默，而且 miRNA 也可以通过改变基因的表观修饰来改变基因的表达。此外，突变也是引起 miRNA 基因表达异常的一个因素，当突变发生在 miRNA 前体中可以通过影响 miRNA 的剪切来影响成熟 miRNA 的含量。有研究表明突变发生在 miRNA 配对区域或者未配对的侧翼序列会影响 DICER 或者 DROSHA 对 miRNA 的剪切，但是如果突变发生在颈环区域则不影响 miRNA 的加工过程。其他因素，包括 miRNA 基因启动子区调控的失衡也会影响 miRNA 的表达。例如 miRNA 成熟过程中的关键因子 DICER 在前列腺癌中表达上调，这可引起 miRNA 整个表达谱的变化，如引起一些原癌基因 miRNA（miR-221/-222、miR-21 和 miR-125b）和一些抑癌基因 miRNA（miR-101、miR-126*、miR-146a、miR-330、miR-34 cluster 和 miR-200 family）的变化。miRNA 周围的 CpG 岛超甲基化也可以导致 miRNA 基因的沉默。在前列腺癌细胞系 PC3 中 miR-200c 和 miR-141 由于其周围的 CpG 岛高甲基化而低表达，而在其他前列腺癌细胞系，如 LnCaP 和 DU145 中 miR-200c 和 miR-141 周围却没有高甲基化的 CpG 岛，从而可以正常地表达 miR-200c 和 miR-141。与此同时，在恶性前列腺癌中都可以观察到 DICER 的高表达，也许这是前列腺癌中大多数 miRNA 表达上调的原因。另外，有报道也表明在前列腺癌细胞中雄激素信号通路也会调控 miRNA 的表达。Ribas 等的研究表明雄激素可以诱导雄激素受体结合于 miR-21 的启动子区从而造成 miR-21 的过量表达[71]。

另外，也有一些在前列腺癌表达异常的 miRNA，这些 miRNA 可以将良性和恶性的前列腺癌区分开来。只有在雄激素阳性的细胞系 LNCaP 中 P53 可以诱导 miR-34 的表达，然而 miR-21 却只在不依赖雄激素的细胞系 PC3 和 DU145 中表达。这说明在前列腺癌中 miRNA 作为癌基因或者抑癌基因取决于它们所调控基因的类型。

（二）前列腺癌中异常表达 miRNA 的功能

为了研究某个 miRNA 的功能，通常的方法是基因敲除或者是过表达某个基因，然后再验证它们的生物学功能。至今已经有 50 多个 miRNA 被证明在前列腺癌中异常表达，但是只有很少的一部分 miRNA 被证明与前列腺癌的发生、发展和转移有关。这些 miRNA 靶标为癌基因或抑癌基因，因此发挥着抑制或促进癌症发生的功能。

1. 前列腺癌中癌基因 miRNA 的功能　基因表达谱分析表明在前列腺癌中有很多表达上调的 miRNA，其中许多有着类似癌基因的功能。两个高度类似的 miRNA——miR-221 和 miR-222 就是其中 2 个。miR-221 和 miR-222 已经被报道在许多癌症中都表达上调了，其中也包括前列腺癌，并且被证明与前列腺癌的发展和转移有关。体内和体外实验都表明 miR-221/222 在鳞癌中表达明显高于腺癌。一方面 miR-221/222 可以促进前列腺癌的生长是因为其可以特异性地敲减抑癌基因 *p27*，另一方面 miR-221/222 可以通过影响雄激素介导的信号通路来增强鳞癌型前列腺癌对去势治疗的抗性[72]。相反，也有一些报道证明雄激素可以抑制 miR-221/222 产生。

另外一个原癌基因 miRNA——miR-21 也被报道在前列腺癌等多种癌症中过高表达，并且作为一种关键的调节因子促进肿瘤的生长、侵袭和转化。表达谱分析表明 miR-21 在恶性程度高的前列腺癌细胞系 PC-3、DU-145 中高表达，但是在恶性程度很低的 LNCaP 细胞系表达程度却很低。miR-21 作为原癌基因的机制可能是其直接调控了其下游的蛋白 MARCKS、PDCD4 和 TPM1，从而提高了细胞的活力和抗凋亡能力。相反，Anti-miR-21 可以增加前列腺癌细胞对凋亡的敏感性以及降低细胞的活力和浸润性。

miR-125b 对于细胞生存是必需的，并且研究证明在前列腺癌中也过高地表达。在前列腺癌细胞中表达成熟的 miR-125b 可以促进前列腺癌的生长。已知 miR-125b 可以通过靶向基因 *bak1* 的 3'UTR 来敲减 *bak1*。但是通过在前列腺癌细胞中导入 siRNA 来特异性地敲减 *bak1* 却不能完全模拟 miR-125b 介导的促进细胞增殖的效果，说明 miR-125b 在细胞中还有多个未知的靶基因。

2. 前列腺癌中抑癌基因 miRNA 的功能　抑癌基因 miRNA 功能的丢失是另一个前列腺癌发生的机制。EZH2 是一种组蛋白甲基转移酶，是 PcG 蛋白家族的一员，最近的研究发现其与癌症的发生发展有着密切的关系。在前列腺癌中 miR-101 功能的丢失会伴随 EZH2 的过高表达，前列腺癌样本分析发现有 37.5% 的原位癌和 66.7% 的转移癌中都有 miR-101 功能的丢失。在细胞中过量表达 miR-101 可以抑制细胞的生长和侵袭，并伴随着 EZH2 的低表达；相反，过表达 EZH2 可以拮抗 miR-101 对细胞生长的抑制作用[73]。

另外一个有关前列腺癌的抑癌基因 miRNA 是 miR-126*，其位于基因 egfl7 的内含子区域。过量表达 miR-126* 抑制了前列腺癌细胞的侵袭，并伴随着前列腺特异蛋白 PROSTEIN 表达量的下降。PROSTEIN 是前列腺特异性抗原（PSA）中的一种，其可以提高前列腺癌细胞的活力和侵袭能力。miR-126* 可以通过特异性地靶向 *prostein* mRNA 的 3'UTR 区域来降低 PROSTEIN 的含量。

miR-200 家族是一组潜在的抑癌基因家族，其在前列腺癌中表达的下调可能是由于表观修饰所造成的。miR-200 家族表达的下调被证明在上皮 - 间质转化（EMT）过程中起到关键的作用。在 PC3 细胞中由于 CpG 岛的甲基化而造成 miR-200c 和 miR-141 基因的沉默，并伴随着 PC3 细胞的间质细胞表型和转移性的增加。在转录后水平 miR-200 家族调控着 PDGF-D 介导的 EMT，并伴随着前列腺癌细胞迁徙和浸润性的增加。

另外，在前列腺癌细胞中 miR-330 的表达量与 E2F1 负相关，并可以通过抑制 AKT 信号通路促进细胞的凋亡。与 P53 相关的 miR-34a/miR-34c 介导的细胞凋亡也发生在对雄激素敏感的前列腺癌细胞中[74]。

总之，以上这些发现说明了 miRNA 在前列腺癌的发生、发展、侵袭、转移等过程中发挥着重要的功能，由于 miRNA 的发现我们可以推测出前列腺癌的调控网络变得更为复杂。miRNA 通过转录后调控参与了雄激素信号通路、前列腺特异抗原、细胞周期检验点等生命过程，来调控前列腺癌细胞的生长和凋亡。对于 miRNA 在前列腺癌中所起到的作用有待于进一步的研究。

四、治疗前列腺癌的表观遗传药物

（一）组蛋白去乙酰化酶抑制剂

现今有大量的研究都在致力于开发一种组蛋白去乙酰化酶抑制剂类的药物，希望可以开发一种选择性使肿瘤细胞凋亡而没有其他副作用的药物。

1. 组蛋白去乙酰化酶抑制剂药物 现在已经有大量不同结构的组蛋白去乙酰化酶抑制剂被合成和纯化，在前列腺癌中去乙酰化酶抑制剂的诱导凋亡效果并不是统一不变的，而是有细胞系和抑制剂特异性。

丙戊酸在体外可以抑制前列腺癌的生长，也可以影响异种移植肿瘤的生长。这类抑制剂可以通过多种方式抑制肿瘤的发生发展，包括细胞周期停滞、增加凋亡率、抑制血管新生和诱导衰老。

异羟肟酸化合物类的 HDAC 抑制剂与短链脂肪酸类抑制剂相比起来更有临床应用价值。这类抑制剂可以通过直接结合 HDAC 的催化位点在体内外以微摩尔或者是纳摩尔级的浓度发挥作用。曲古抑菌素 A 和伏林司他都可以通过抑制雄激素受体的表达来抑制前列腺癌细胞系的生长和诱导细胞凋亡。伏林司他在移植了人前列腺癌细胞系 CWR22 的老鼠模型中也可以抑制肿瘤的生长。

苯甲酰胺类的 HDAC 抑制剂包括多种不同化学结构的化学物质，分子生物学分析表明在服用过恩替司他的前列腺癌患者的肿瘤样本中组蛋白 H3 乙酰化的水平有所升高，并且伴随抑癌基因 *p21* 表达的升高 [75]。在前列腺癌异种移植的老鼠模型中，长时间的恩替司他处理可以明显减缓肿瘤细胞的生长速度和发展过程。

2. 组蛋白去乙酰化酶抑制剂的作用机制 HDAC 抑制剂可以通过影响宿主的免疫系统和抑制血管生成来抑制肿瘤生长。一些类型的 HDAC 抑制剂可以通过改变一些与血管生成有关的基因（如 *vegf* 以及 *hif1a*）来抑制血管的生成。血管的生长被抑制后，一方面可以减少对肿瘤营养的供应，另一方面可以通过抑制细胞进入循环系统来抑制肿瘤的转移。HDAC 抑制剂还可以通过上调主要组织相容性复合物（MHC）Ⅰ和Ⅱ来增强宿主对肿瘤的免疫反应。这种改变使得肿瘤细胞对于宿主的免疫系统更敏感从而更容易清除，因此增强了宿主的抗肿瘤能力。几乎所有的 HDAC 抑制剂都可以诱导细胞分化，并且可以将细胞周期阻滞在 G_1/S 期 [76]。

HDAC 抑制剂不但可以增强雄激素受体基因的转录活性，并且比卡鲁胺促进了 HDAC 与雄激素结合位点的结合，从而可以封闭雄激素诱导的基因转录活性。然而 HDAC 抑制剂 vorinostat 和 panobinostat 可以干扰 RNA 聚合酶Ⅱ在雄激素受体基因启动子区的组装，从而抑制雄激素受体基因的转录，最终达到抑制雄激素活性的作用。

除了雄激素受体以外，有许多非组蛋白也被鉴定为是组蛋白乙酰化酶和去乙酰化酶的作用底物，例如转录因子 E2F1 和 P53。对这些分子的乙酰化修饰可以影响细胞中多个信号通路，最终会影响细胞的生长和活力。在 HDAC 抑制剂存在的情况下这些分子会被过量地乙酰化，通过改变这些转录因子的乙酰化修饰形式来改变这些转录因子的活性，最终 HDAC 抑制剂可以影响它们下游靶基因的转录。转录因子 E2F1 的乙酰化修饰可以增加它的半衰期、DNA 结合能力以及转录激活的能力。2 种 HDAC 抑制剂伏林司他和曲古抑菌素 A 可以增强 E2F1 介导的细胞凋亡。

HDAC 抑制剂 CG-1521 和曲古抑菌素 A 对于 lNCaP 类的前列腺癌有很好的效果。其可以稳定 P53 蛋白一个位点的乙酰化修饰来增加 P53 蛋白的稳定性。P53 蛋白的乙酰化修饰可以阻止 E3 泛素蛋白连接酶 MDM2 对 P53 的修饰 [77]，并且可以增加 P53 与 P53 表达元件的结合能力，增强其下游基因的表达，例如 *cdkn1a*。蛋白酶抑制剂 CG-1521 可以稳定 P53 赖氨酸 373 位的乙酰化修饰，并且将细胞周期阻滞在 G_2/M 期，诱导细胞凋亡，另一个组蛋白抑制剂曲古抑菌素 A 可以稳定 P53 赖氨酸 382 位乙酰化修饰，并将细胞阻滞在 G_1/S 期，但是不会诱导细胞凋亡。这种不同的 P53 乙酰化修饰形式可以形成不同的、甚至是相互排斥的转录复合体，使基因产生不同的转录形式。

将前列腺癌细胞用 HDAC 抑制剂曲古抑菌素 A、伏林司他、恩替司他和 osu-HDAC42 处理会造成 X 线修复蛋白 6（KU70）被过度地乙酰化修饰（KU70 在修复 DNA 的双链断裂以及抑制 BAX 介导的细胞凋亡方面发挥着非常重要的功能）。KU70 被过度乙酰化后会造成其修复 DNA 损伤的能力降低，因此会增强癌细胞对可诱导 DNA 双链断裂药物的敏感性。因为 KU70 可以改变细胞对于 DNA 损伤类药物的敏感性，HDAC 抑制剂可以通过改变 KU70 乙酰化修饰来调控细胞 DNA 损伤修复的能力，这一现象为我们开辟了一条联合疗法治疗肿瘤的新途径 [78]。

（二）DNA 甲基转移酶抑制剂

1. 核酸类 DNA 甲基转移酶抑制剂 因为 DNA 高度甲基化而表达沉默的基因在 DNA 甲基转移酶（DNMT）抑制剂存在下可以重新被激活而表达，这样就使得 DNMT 抑制剂可以在肿瘤治疗中发挥功能。这些物质是胞嘧啶的类似物，它们在 DNA 复制时可以参入到 DNA 中，并且可以对 DNMT 产生稀释的作用。对细胞处理此类药物后 DNMT 的活力会降低，随着 DNA 的复制，在基因组中甲基化的胞嘧啶会越来越少。DNMT 抑制剂可以造成细胞中抑癌基因的重新活化（导致细胞凋亡和细胞周期停滞）、染色质扩展以及细胞分化。另外，DNMT 抑制剂可以通过重新活化细胞凋亡过程中的关键酶来达到增强癌细胞对化疗药物的敏感度。

多种 DNMT 抑制剂已经被用于临床或临床前动物模型的治疗，它们包括：5-aza、地西他滨、5- 氮杂胞苷、法扎拉滨及 Zebularine。其中最具特点的 DNMT 抑制剂为 5-aza 和地西他滨，它们已经被广泛地应用于细胞模型中去逆转 DNA 的过度甲基化，从而使沉默的基因重新表达[79]。在临床应用中，这两种 DNMT 抑制剂被证明在治疗血液系统的恶性肿瘤中有很大的潜力，FDA 已经批准 5-aza 治疗白血病。

DNMT 抑制剂在治疗血液系统肿瘤中取得很大的突破，但是其在治疗实体瘤时却没有很好的效果。除此之外，5-aza 和地西他滨被证明有很大的毒性，包括骨髓毒性、致突变性以及致癌性。并且这类物质的稳定性很差，它们有很短的半衰期，很易于水解，以及很容易被胞嘧啶核苷脱氨酶脱氨基。在治疗前列腺癌方面，这类药物被证明只在治疗晚期的前列腺癌时有作用。Zebularine 是一类稳定性很强的 DNMT 抑制剂，在水溶液中很稳定，有很小的毒性，并且可以抗胞嘧啶核苷脱氨酶的脱氨基作用。DNMT 抑制剂在肿瘤治疗方面还存在着很多问题，未来对这类核酸类 DNMT 抑制剂的联合使用可能会达到很好的治疗效果[80]。

2. 非核酸类抑制剂 核酸类 DNMT 抑制剂会将核酸类似物参入到基因组中，而非核酸类抑制剂可以直接作用于 DNMT 而不会参入到基因组中，例如局部麻醉剂普鲁卡因和其衍生物普鲁卡因胺。普鲁卡因胺在前列腺癌细胞系 INCaP 及 INCaP 老鼠模型中都可以逆转基因 *gstp1* 的超甲基化，使 *gstp1* 重新表达[81]。普鲁卡因可以直接与富含 CpG 的 DNA 序列结合，这样就可以破坏 DNMT 与其底物的相互作用。其他此类抑制剂包括用反义 RNA 和 siRNA 直接作用于 DNMT 的信使 RNA，也可以达到抑制 DNMT 的目的。RG108 已经在体外实验被证明可以很好地抑制 DNMT，并且没有检测到有明显的细胞毒性[82]。

所有这些新型的药物会对前列腺癌患者产生什么样的结果还有待于进一步的研究。然而有些研究报道非核酸类 DNMT 抑制剂并不比核酸类 DNMT 抑制剂的毒性低，并且也没有核酸类 DNMT 抑制剂对 DNMT 的抑制效果好。

（三）联合疗法

至今为止单独使用 HDAC 抑制剂是否可以有效地治疗前列腺癌尚不清楚，但是它对正常细胞很小的毒性及对癌细胞的各种杀伤作用为我们将 HDAC 抑制剂用于联合治疗提供了依据。

HDAC 抑制剂可以与 DNMT 抑制剂一起使用来重新活化被甲基化的基因。例如，将氮杂胞苷和曲古抑菌素 A 一起使用来处理雄激素受体阴性的 DU145 细胞系，重新活化雄激素受体基因，比单独使用会有更好的效果。HDAC 抑制剂恩替司他和丙戊酸都可以增强对前列腺癌细胞系 Du145 和 PC-3 鼠移植的放疗效果[83]。将 HDAC 抑制剂罗米地新、伏林司他、丁酸钠或者曲古抑菌素 A 与 TNF 相关凋亡诱导因子（TRAIL）一起使用，可以增强其在细胞系中的诱导凋亡效果[84]。其他的一些研究结果表明，HDAC 抑制剂和传统的化疗药物或者雄激素抑制剂联合使用也可以起到很好的效果。对接种 Du145 的鼠模型处理低剂量的罗米地新可以增强其对化疗的敏感度。另外，帕比司他可以使前列腺癌细胞重新对雄激素敏感，将其与比卡鲁胺一起使用可以协同性地诱导细胞内 Caspases3 和 Caspases7 的活性，并抑制细胞的生长。

也有少量的研究表明 DNMT 抑制剂可以增强化疗或雄激素抑制剂对治疗恶性前列腺癌的效果。将地西他滨与化疗药物紫杉醇或顺铂联合使用可以增强对前列腺癌细胞系抑制细胞周期和诱导凋亡的效果[85]。在 TRAMP 小鼠（前列腺癌模型小鼠）中联合使用阉割和地西他滨相对于只使用一种药物来说可以有效地提高存活率，并且减少了前列腺癌的发生率（从 86% 降到 47%）。在雄激素依赖型和雄激素非依赖型的前列腺癌中，地西他滨可以使雄激素受体重新表达，并且增强抗雄激素药物比卡鲁胺的抗癌效果。

表观遗传的这些因素给我们治疗前列腺癌提供了潜在的可靠的靶点，但是现在仍然还有很多困难要去克服，尤其是当在应用甲基化抑制剂时会造成印记基因和转座基因的非特异性表达，而这些都是促进癌症发展的潜在因素。另外，甲基化抑制剂类药物虽然可以使基因去甲基化而重新激活基因表达，但是当停止使用药物后基因还可能由于重新甲基化而重新被沉默。核酸类甲基转移酶抑制剂药物地西他滨和氮杂胞苷对机体有副作用及在生理情况下该类化合物非常不稳定等缺点，这些都限制了其在临床上的应用。非核酸类药物虽然没有这些副作用，但是它们去甲基化的效果远远低于核酸类药物。抑制肿瘤细胞中甲基转移酶的活性可以使被甲基化的抑癌基因去甲基化，从而抑制肿瘤的生长；相反如果给肿瘤细胞过多地提供甲基化供体，使肿瘤细胞过多地甲基化，这样也可能使肿瘤细胞中原癌基因甲基化从而达到治疗肿瘤的目的。例如已经证明甲基化供体 S- 腺苷甲硫氨酸（SAM）和 MBD2 可以逆转肿瘤细胞中基因组的整体低甲基化，并且可以有效地减少乳腺癌细胞系 MDA-231 的侵袭能力[86]。

在前列腺癌的发生发展过程中表观遗传学因素扮演着非常重要的角色，有学者把前列腺癌称为“表观遗传学的灾难”。表观遗传的改变伴随着整个前列腺癌的发展过程，其中以甲基化改变尤为明显。在前列腺癌细胞中由于 DNA 甲基化改变影响了多种关键基因的表达，其中包括多种与细胞周期及凋亡有关的基因。这就为用表观遗传药物治疗前列腺癌提供了有效的理论依据。然而，核酸类甲基化抑制剂药物发挥作用有赖于其能有效地参入到基因组中去，因此，前列腺癌生长缓慢的这一特性有可能影响到核酸类甲基化抑制剂药物的使用。当今，用表观遗传标记作为前列腺癌的早期和预后检测的生物标记已经成为新的研究热点。

（于文强　李岩）

第六节　表观遗传修饰与脑瘤

脑瘤是指生长在颅内的肿瘤，是一切发生在颅内或者中央髓管的肿瘤的总称，其发生的位置包括脑部自身的各种细胞（如神经元、胶质细胞、淋巴组织和血管）、脑神经、脑膜、头骨、脑垂体及源自其他器官转移的转移性脑瘤，它有良性与恶性之分，属于神经系统中最常见的疾病。恶性脑肿瘤又称“脑癌”，其恶性级别取决于肿瘤的各种因素的综合，如肿瘤的类型、位置、大小及肿瘤的生长状态。因为大脑是由颅骨包被的，如果大脑形成肿瘤，则会使颅腔内的压力增加，从而产生头痛、呕吐、视物不清、昏迷等症状。此外，脑肿瘤形成或生长的位置不同所引发的症状也不同，因为随着脑肿瘤的不断增大，相应位置的脑部神经受到压迫，从而使神经系统的功能受到极大的影响。在恶性脑肿瘤晚期，肿瘤细胞还会转移至身体其他器官，威胁人的生命。

表观遗传学机制在哺乳动物中枢神经系统发育及行使功能过程中发挥着极其重要的作用。在小鼠的大脑发育过程中，全基因组 DNA 的甲基化水平发生了变化。特定基因的甲基化水平在大脑的不同区域、不同细胞类型甚至位于不同区域的同一类型细胞之间有很大的差异，而人们对于特定区域表达基因与特定区域 DNA 甲基化之间的关系仍然没有完全弄清楚。甲基化的改变包括多拷贝 DNA 或单拷贝 DNA 的甲基化和去甲基化。这种 DNA 甲基化改变通常影响基因的表达和基因组的稳定。此外，最近的研究表明表观遗传的变化与早期的肿瘤发生和发展有关。介于在肿瘤发生过程中 DNA 甲基化程度改变较大，以及特定基因在肿瘤发生过程中的异常，检测特定基因的甲基化程度可以作为早期癌症检测的一种理想的分子标记。不同类型的中枢神经细胞可能具有不同的 DNA 甲基化标志。例如，在小鼠星形胶质细胞形成过程中，*gfap* 启动子区（包含一个关键的 STAT3 结合位点）的去甲基化与 *gfap* 转录激活相关，这种去甲基化状态被当作星形胶质细胞的标志。*gfap* 启动子区有一个特定的 CpG 位点，在神经前体细胞和有丝分裂神经元中被甲基化，而在星形细胞中没有甲基化。在原发性胶质瘤的研究中发现 *mgmt* 启动子的甲基化和由错配修复缺陷引起的高突变率的表型紧密相关[87]。

DNA 甲基转移酶（DNMT）对中枢神经系统的发育与功能十分重要。在哺乳动物大脑细胞（包括有丝分裂后的神经元）中，*dnmt1* 处于高表达的状态，尽管它的主要功能是在 DNA 复制过程中维持碱基甲基化状态。在小鼠的有丝分裂后神经元中条件性敲除 *dnmt1* 基因并不会影响 DNA 甲基化水平，也不影响细胞存活 [88]。但另一方面，在 12 天的胚胎中条件敲除 *dnmt1* 会导致 DNA 低甲基化，小鼠出生后立即死亡，死亡原因是中枢神经系统相关的呼吸功能无法进行，这说明 DNA 甲基化在这些细胞中是必需的。另外，近 30% *dnmt1* 缺失的杂合小鼠能够存活至成年期，但是大脑中的突变细胞在出生 3 周后就很快消失了，这进一步说明 *dnmt1* 在中枢神经细胞的生存中是必需的 [89]。*dnmt3* 在中枢神经细胞形成期间会短暂表达，而 *dnmt3a* 在出生前后的中枢神经系统中都表达。*dnmt3b* 缺失后，小鼠在胚胎期便会死亡，并且它们的神经管存在缺陷，这说明 *dnmt3b* 在神经系统发育中起着至关重要的作用。在神经系统条件敲除 *dnmt3a* 的小鼠表面上看起来能健康地出生，但是它们会在成熟前死亡，并且伴有活动能力减退、不能正常行走、神经肌肉系统行为能力低下等多种症状。总之，*dnmt* 对于大脑的重要性已是毋庸置疑，但它在神经元与胶质细胞中特定的作用仍然需要进一步的研究。

神经系统的分化受到 DNA 去甲基化及 PcG 蛋白介导的组蛋白 H3K27 三甲基化（H3K27me3）的调控。DNA 甲基化会抑制神经祖细胞的分化潜能。同时，神经干细胞中启动子区有 H3K27me3 标志的通常会发生 DNA 甲基化 [90]。如此，不同的表观遗传学机制导致了不同的神经细胞分化方向，也说明了表观遗传学在正常中枢神经系统发育，以及分化后细胞特性的维持中，都具有非常重要的作用。

多种人类神经系统发育异常是由于编码表观遗传学调控机制中关键蛋白的基因发生突变所导致。其中，X 染色体连锁基因 *mecp2* 的突变可以导致 Rett 综合征（一种中枢神经系统紊乱的症状），MECP2 可以与甲基化的 DNA 结合，并与相关复合物相互作用从而抑制其靶基因的表达 [91]。ICF 综合征则是由 DNA 甲基转移酶 DNMT3B 发生突变造成的。中枢神经系统对表观遗传学调控的依赖性不仅表现在与 DNA 甲基化相关的 DNA 甲基转移酶等基因上，编码其他表观遗传学调控途径蛋白的基因发生突变同样也会导致神经发育紊乱。例如 *jarid1/smcx* 基因，它包含了一个 *jmjc* 结构域，编码一种组蛋白去甲基化酶。如果它发生突变，会导致 X- 连锁的智力低下 [92]。这些例子都说明表观遗传学调控对中枢神经系统的发育及功能起着非常重要的作用。在了解这些知识的基础上，我们就能对表观遗传学在调控神经系统肿瘤的发生发展中所起的作用有更清晰的认识。

一、DNA 甲基化与脑瘤

（一）胶质瘤中 DNA 低甲基化以及 CpG 岛区域高甲基化

原发性胶质瘤是成人脑肿瘤中最为严重同时也是发病率最高的脑部肿瘤。研究表明约有 80% 的病例出现了全基因组水平的低甲基化，而这些病例中甲基化水平降低的程度也各自不同，通过对癌细胞中约 1000 万个 CpG 位点的分析发现，有的病例接近正常水平，而约 20% 病例中只有正常水平的 50% [93]。在原发性胶质瘤中无论是单拷贝位点还是重复序列都会发生低甲基化。这种全基因组水平的甲基化变化使一些重复元件如 satellite2、D4Z4 和 Alu 元件重新活化，从而导致它们附近的基因拷贝数发生变化。相反，肿瘤特异性基因的 DNA 序列高甲基化导致了基因沉默 [94]。*mage1* 是癌基因 *mage* 基因家族的一个成员，它在多种癌症中被激活，而这种激活的机制与基因组水平的低甲基化及细胞增殖加速相关。这些“癌 - 睾丸抗原”基因在肿瘤中的表达能引起 T 淋巴细胞的免疫应答，并且抑制 P53 的活性，起化学治疗的作用。白介素 13RA2 是胶质瘤细胞中另一种表观遗传学调控激活的癌 - 睾丸抗原。白介素 13RA2 在肿瘤细胞中特异表达，它的抗体可以直接用来研发治疗肿瘤的药物，如假胞菌外毒素可用来治疗胶质瘤患者。尽管基因组水平的低甲基化所造成的后果目前为止仍处于起步阶段，但它导致小鼠中肿瘤的发生是确信无疑的，并且人们已利用这一点建立了小鼠肿瘤模型，用以研究基因表达变化导致的癌症。

在原发性胶质瘤中，*mgmt* 的启动子区域高甲基化导致肿瘤细胞对烷化药物敏感。统计表明，有 30% 的原发性胶质瘤患者缺少 *mgmt* 的表达。除此以外，目前原发性胶质瘤中已经发现了很多显著高甲基化的基因，包括肿瘤抑制基因 *rb*、*hici*、*cdkn2a*、*P14*、*pten* 和 *P53*，调节细胞凋亡的基因 *rassf1a* 和 *casp8*，细胞因子信号通路的抑制因子 socs 家族 1、2、3 及 Wnt 信号通路中的成员 *sfrp1*、*sfrp2* 和 *nkd2*[95]。启动子高甲基化同时也在一些沉默基因（如 *cd133*、*mmp9* 和 *il8*）的重新表达过程中起重要的作用。基因启动子区域的高甲基化现象在胶质瘤中很普遍。CpG 岛的长度为 500 ~ 1000bp，CpG 含量高于基因组其他区域约5倍。研究通过对超过300个胶质瘤病例的27 000个CpG岛进行甲基化分析，发现大多数基因的CpG岛处于高甲基化状态[96]，它们与肿瘤形成有密切的关系。但是，一些不在脑中表达的基因CpG岛区域也发现高甲基化现象，这表明并不是所有的CpG岛甲基化与肿瘤形成都有关系。

通过对胶质瘤样本启动子区域高甲基化情况的高通量检测，可以寻找新的肿瘤抑制基因。例如，在胶质瘤和神经纤维瘤中敲除19号染色体长臂的实验证实了在此区域有肿瘤抑制基因。用DNA去甲基化试剂处理后进行表达检测找到了一个可能的肿瘤抑制基因——表皮膜蛋白3（epithelial membrane protein 3，EMP3），一个与细胞增殖以及细胞间相互作用相关的基因。在原发性胶质瘤中，由于启动子区域发生高甲基化，*emp3*的表达受到抑制。在*emp3*沉默的神经纤维细胞系中重新导入*emp3*基因会降低细胞的集落生成率及成瘤的能力，这说明它的确具有肿瘤抑制的功能[97]。

在胶质瘤中，与肿瘤侵袭及转移相关的基因同样也受到启动子甲基化的影响。在88%的星形细胞瘤、87%的原发性胶质瘤、100%的胶质瘤细胞系中，*pcdh-gamma-a11*（protocadherin-gamma subfamily a11）基因的启动子CpG岛区域呈现高甲基化，已确认这与肿瘤侵袭正常脑的软组织密切相关。在治疗原发性胶质瘤的过程中，表观遗传学的数据能为针对具体病例的个性化治疗提供有力的保障。

目前多形性胶质母细胞瘤（glioblastoma multiforme，GBM）相关的基因中，研究最为深入的是6-氧-甲基鸟嘌呤甲基转移酶（MGMT）。MGMT的功能是参与DNA修复，移除鸟嘌呤6-氧位置的甲基。6-氧-甲基鸟嘌呤会与胸腺嘧啶（T）发生错配，从而导致核苷酸序列发生突变，而这种突变很有可能是致命的。MGMT却可以在这种错配发生前将6-氧-甲基鸟嘌呤变成正常的鸟嘌呤。研究表明，约68%的胶质母细胞瘤样本中*mgmt*启动子区域发生了甲基化。*mgmt*的启动子区域有97个CpG岛，这些CpG岛又可以分为2个超甲基化区域。除了DNA的过度甲基化以外，*mgmt*的启动子区域还发现了组蛋白H3K9的二甲基化和去乙酰化这2个基因沉默的标志。因此，在原发性胶质瘤中*mgmt*的沉默很可能是多种机制的复合作用。由于MGMT在DNA修复中的关键作用，原发性胶质瘤患者中它的沉默会导致更多的基因突变发生，从而导致预后情况变差，因此*mgmt*沉默在临床上被作为预后情况不佳的标志之一。然而，一些研究显示在*mgmt*基因沉默的患者中替莫唑胺（temozolomide）的治疗效果比那些*mgmt*基因没有发生甲基化的患者更为明显[98]。进一步研究表明，失去了*mgmt*的肿瘤细胞中卡莫司汀、替莫唑胺这类烷化剂能更好地促进核苷酸甲基化，从而使得DNA发生交联，导致癌细胞死亡。因此，尽管使用烷化剂治疗胶质母细胞瘤尚存在很多争议，*mgmt*的甲基化程度往往也被作为是否能使用替莫唑胺治疗的临床标志。深入了解原发性胶质瘤表观遗传现象变化对于这种癌症的常规治疗以及预后具有重大的意义。

（二）DNA甲基化与髓母细胞瘤

在髓母细胞瘤的表观遗传学研究中，研究人员通过限制性标志基因组扫描（restriction landmark genomic scanning，RLGS）的方法分析鉴定出在染色体17p11.2位点上DNA发生高甲基化，但30%～50%的髓母细胞瘤缺失该区域。这一技术同时也应用于鉴定与肿瘤相关的新基因中。参与细胞周期调节的$P15^{ink4b}$和$P16^{ink4a}$便是通过该技术发现的。到目前为止，在髓母细胞瘤中通过甲基化而发生沉默的基因大约有30种。其中最为重要的表观遗传上基因表达下调来自Pfister等2007年的研究成果，他们发现髓母细胞瘤中一些特异基因的CpG岛高甲基化状态和不好的预后有极大关联。同时，在小鼠模型中发现，降低DNA甲基化水平或使用广谱的DNA去甲基化酶处理后，导致髓母细胞瘤的潜伏期延长，并提高了小鼠的整体存活率。另一项研究发现，在73%的髓母细胞瘤中，*pcdh10*基因由于DNA的高甲基化使其表达发生下调，而重新表达*pcdh10*后，细胞的迁移能力下降。目前为止，已经完成了许多关于原发性髓母细胞瘤的甲基化研究，这对于我们了解髓母细胞瘤的发病机制提供了重要的帮助[99]。

（三）DNA甲基化与室管膜瘤

室管膜瘤（ependymoma）是来源于脑室与脊髓中央管的室管膜细胞或脑内白质室管膜细胞巢的中枢神经系统肿瘤。目前，几乎所有关于室管膜瘤的表观遗传学研究都集中在分析候选基因的启动子甲基化状态。这些基因的选择主要是根据已知的在室管膜瘤中染色质缺失的区域或者通过分析其他肿瘤频繁发生甲基化的基因。其中，*rassf1a*是室管膜瘤中甲基化程度最为明显的一种肿瘤抑制基因。Waha 等研究发现 83% 的室管膜瘤中 *hic-1* 基因启动子区发生高甲基化。*cdkn2a* 是室管膜瘤中另一个经常发生高甲基化的基因，同时，该基因附近的肿瘤抑制基因 *cdkn2b* 和 *P14arf* 的启动子也发生甲基化。前文中提到在原发性胶质瘤中 *mgmt* 启动子区域发生甲基化，在室管膜瘤中，*mgmt* 也发生了类似的现象：研究人员通过分析 142 例病例，发现 27% 的室管膜瘤中 *mgmt* 启动子出现高甲基化。除了在启动子 CpG 岛位置发生甲基化，该肿瘤的基因组在一些重复序列区（如 ALU 区域）也呈现出高甲基化的状态[100]。

二、组蛋白修饰与脑瘤

除了 DNA 的过度甲基化以外，癌基因也会受到组蛋白修饰的调控而沉默或者激活。组蛋白修饰的调控可以是单独发生的，也可以是与 DNA 甲基化结合而协同作用的。在原发性胶质瘤中发现组蛋白重塑复合物基因 *bmi1*、*ezh1* 基因的表达，以及 2 级和 4 级 HDAC 的表达明显发生了改变。而这种表达的变化会引起整体染色质结构的变化，如在 GBM 中检测到的乙酰化组蛋白 H3，进而对于其他基因的表达有显著影响。因此，HDAC 抑制剂已经被成功地应用到原发性胶质瘤的治疗上[101]。例如，启动子 CpG 岛的沉默通常伴有组蛋白 H3K9 的甲基化及 H3K9 的去乙酰化。在胚胎干细胞中，基因失活的标志 H3K27 甲基化与基因激活的标志 H3K4 甲基化会同时出现，这被称为“双极区域（bivalent domain）”，染色质此时处于“准备行动”的状态以调节基因的表达，在后继的发育过程中与定向分化的基因将被陆续开启，而维持细胞全能性的基因则大部分被沉默。在胚胎癌细胞的一些基因中发现了含有伴随 H3K9me2 和 H3K9me3 的双极区域，在成人的癌细胞中这些基因往往以 DNA 高甲基化的途径被沉默。这些组蛋白修饰可能与可遗传的基因沉默相关。H3K27me3 也是一个基因沉默的标志，但在胶质瘤中尚未发现。

在人类癌症中，编码 DNMT 的基因通常不轻易突变，仅仅在结肠癌中发现了这种现象。然而，在多种癌症中都发现了 DNMT1、DNMT3A 和 DNMT3B 是过表达的。此外，编码一些组蛋白修饰酶的基因在肿瘤细胞中的表达也会发生不同程度的改变。例如，PcG 蛋白 EZH2 是一种 H3K27 甲基转移酶，在多数癌症中都发生过表达现象。其中，在胶质瘤中也发现了 EZH2 的表达上调，并且胶质瘤的恶性程度越高，EZH2 的表达量也越高。如果 EZH2 的表达受到抑制，胶质瘤的增殖速度明显下降。这说明 EZH2 在胶质瘤的发生发展起重要的作用，并可以作为药物治疗的靶点。PcG 蛋白复合物中的另一个组分 BMI-1 也能调节组蛋白 H3K27 甲基化，在低分级与高分级的胶质瘤细胞中该基因的拷贝数均发生了变化，而 *bmi-1* 的丢失与患者预后不佳有关。在一部分的胶质瘤患者中，BMI-1 的表达也会上调。BMI-1 的一个重要靶位点是 *ink4a/arf*，在胶质瘤中该位置有 2 个抑癌基因，用 BMI-1 将这个位置抑制后会使细胞增殖速度加快。在常位移植模型中 BMI-1 也是肿瘤发生所必需的，并且与 *ink4a/arf* 无关，这说明它在胶质瘤中还有其他重要的表观遗传学调控位点[102]。

由于突变造成的组蛋白去乙酰化酶（HDAC）活性的改变同样会导致与癌症相关的疾病：CBP 突变（使得 HDAC 失活）会导致 Rubenstein-Taybi 综合征，这是一种发育异常的疾病，有很大的概率会导致癌症。研究发现在 GBM 中 HDAC 的表达出现异常。与低分级的星形细胞瘤及正常脑组织相比，Ⅱ级、Ⅳ级星形细胞瘤中 *hdac* 的 mRNA 表达量减少。同时，在 GBM 中 H3 乙酰化程度相对正常脑有所增加。通过高通量测序，人们发现在 GBM 中许多表观遗传学调控基因发生了突变，包括组蛋白去乙酰化酶 HDAC2 和 HDAC9、组蛋白去甲基化酶 JMJD1A 和 JMJD1B、组蛋白甲基转移酶 SET7、SETD7、MLL、MLL4 及 CpG 岛结合蛋白 MDB1[103]。这些研究揭示了与组蛋白修饰相关的基因的异常表达是表观遗传机制调控胶质瘤发生发展的一个主要因素。

三、miRNA 与脑瘤

特定的 miRNA 在中枢神经系统某部位特异表达。通过基因芯片分析还发现在脑发育过程中，中枢神经特异表达的 miRNA 起着调节作用，对于脑的形成以及正常功能的行使十分重要。此外，miRNA 在肿瘤发生与发育过程中起着非常重要的作用，同时也是临床诊断、预后及预测治疗效果的标志物。近年来的研究证实 miRNA 也可以作为中枢神经系统肿瘤的标志，如 miR-9 和 miR-125，它们在胚胎脑与成熟脑中都有表达，并且在各种脑组织如神经元、星形细胞、少突胶质细胞中表达差异不大。

在原发性脑瘤与转移脑瘤中，miRNA 的表达谱有一定的差异，如 miR-9/9* 在神经元以及中枢神经系统肿瘤中表达，而在其他肿瘤中不表达。下面将分别讨论几种常见的中枢神经系统肿瘤中 miRNA 的表达情况。

（一）miRNA 与胶质瘤

1. miR-21 与正常脑细胞相比，原发性胶质瘤细胞中 miR-21 的表达呈现出最明显的差异。已经鉴定出的 miR-21 靶点有 *p53*、*tgf-β*、线粒体凋亡信号通路以及肿瘤抑制基因 *pten*。Chan 等研究发现相比于正常的胎儿和成人的大脑组织，在多形性胶质母细胞瘤（GBM）组织、GBM 培养基及 GBM 细胞系中 miR-21 的表达水平均有上升。并且他们还发现降低胶质瘤细胞中 miR-21 的表达会导致凋亡细胞的增加。这些结果表明 miR-21 的异常表达对于恶性肿瘤的生长起重要的作用，因为 miR-21 可以抑制与细胞凋亡相关的基因表达。此外，研究人员还发现 miR-21 可以调节多种胶质瘤细胞中与细胞凋亡、肿瘤转移和侵袭相关的基因，包括 *reck* 和 *timp3*，它们可以抑制恶性肿瘤以及基质金属蛋白酶抑制剂。并且，miR-21 在胶质瘤细胞中的下调可以导致细胞的迁移和侵袭能力的下降。另一个研究小组发现 miR-21 能影响抑癌基因 *pten*，尽管目前仍没有找到 miR-21 直接调控 *pten* 的证据。miR-21 在肿瘤中过表达与 DNA 的去甲基化有关，有实验表明 *c-jun* 与 *c-fos* 基因启动子 AP-1 结合区去甲基化增强了它们的转录活性，从而影响了 miR-21 的表达。更有意思的是，miR-21 在不同级别的胶质瘤中表达量也有差异，分级越高的胶质瘤表达量越高[104]。

2. miR-124 miR-124 在神经系统中也具有重要的作用，它在神经元母细胞发育成为不同类型神经元细胞的过程中表达量的变化也各不相同。miR-124 在胶质细胞瘤、少突胶质细胞瘤中表达水平均呈下降趋势。miR-124 可以抑制那些促使神经前体细胞向非神经元的脂肪细胞发育的蛋白质表达，这些蛋白质包括磷酸酶 PTBP1 和 SCP1，它们都是神经发育转录抑制因子 REST（neuronal restricted silencing factor/RE-1 silencing transcription factor）复合物的组分。REST 在整个神经分化阶段（从神经前体细胞直到有丝分裂后神经元）都处于低表达的状态，而在干细胞中表达量较高。有趣的是，miR-124 的表达同时也受到 REST 复合物的抑制（同时受到影响的还有 miR-9 和 miR-132），这种 REST 与 miRNA 之间双负反馈的机制精密调节着神经系统中基因的表达。miR-124 的另一个靶基因是具有癌基因性质的细胞周期蛋白依赖激酶 6（cyclin dependent kinase 6，CDK6），而且在其他中枢神经肿瘤如髓母细胞瘤中，miR-124 也出现了表达下调。另一项研究表明，miR-124 可以直接作用于 SNAI2 从而抑制脑胶质瘤细胞的形成。并且 SNAI2 具有干细胞调节功能，过表达 miR-124 以及敲除 *snai2* 都能减少神经球细胞的形成。这些证据都表明，miR-124 在神经组织中是一个肿瘤抑制因子，同时它也可以作为一个诊断标志物。

3. miR-128 miR-128 也是一种神经特异表达的 miRNA，它与神经组织的分化有关，同时它也是一个肿瘤抑制基因，在胶质细胞瘤中表达下调。最近有一项研究阐明了 miR-128 在胶质细胞瘤生成过程中的作用机制：miR-128 通过抑制其靶基因 *e2f3a* 的表达，从而阻断细胞周期的进程，影响胶质瘤细胞的增殖。此外，miR-128 还能通过抑制 BMI1（PRC1 蛋白复合体的重要组分）以改变染色质的修饰状态，从而影响干细胞的自我更新和肿瘤生成。最后，miR-128 的表达下调同样也在多种中枢神经肿瘤细胞系中被检测到。这些结果都表明 miR-128 的缺失也可以作为一个中枢神经系统肿瘤的标志[105]。

（二）miRNA 与髓母细胞瘤

髓母细胞瘤是儿童中最常见的中枢神经系统恶性肿瘤，它是由小脑前体细胞发育异常造成的。以关键分子为标志物，建立髓母细胞瘤的分级系统，对于预知患者的风险，以及针对性的治疗都具有十分重要的意义。经检测，约有 78 种 miRNA 的表达量在髓母细胞瘤和正常成人或胚胎小脑中具有差异，其中大部分表达量下调，说明它们具有抑癌作用。最近研究表明，前文提及的 miR-124 在髓母细胞瘤中也和胶质细胞瘤中同样呈表达下调趋势，这一点可以作为中枢神经系统癌症的标志。另一些研究进一步证实了 miR-124 在髓母细胞瘤中表达下调的生物学功能是通过调节它的两个靶基因 *cdk6* 和 *slc16a1* 来实现的。其中，CDK6 是髓母细胞瘤预后不佳的标志之一，SLC16A1 是细胞在有氧代谢中起 pH 调节作用的一个载体蛋白。miR-9 与 miR-125a 在神经系统，尤其是在分化过程的神经元中富集表达。而在髓母细胞瘤中，这两种 miRNA 的表达量均下降，尤其 miR-9 的表达量越低，患者生存的概率就越小。它们的抑癌作用是通过转录后抑制神经营养蛋白受体 TRKC 在肿瘤中的短变异剪接体实现的。有趣的是，在神经母细胞瘤中也存在同样的机制。此外，miR-31 和 miR-153 的表达量在不同分级程度的髓母细胞瘤中也有较大差异，表达量越低意味着患者的危险越大，因此它们可以用作预测髓母细胞瘤患者预后的标志。

在髓母细胞瘤的发生过程中，HH 信号通路（hedgehog signaling pathway）起重要的作用。Ferretti 等发现多种 miRNA 可以调节 HH 信号通路的活性。他们发现，在髓母细胞瘤中 miR-125b、miR-326 及 miR-324 的表达下调，并激活 HH 通路中 2 个关键基因（*smo* 和 *gli1*）的表达，促使粒细胞前体细胞分化，从而促进肿瘤细胞的生长。miR-324-5p 的缺失或通过表观遗传学手段下调 miR-125b、miR-326 会在髓母细胞瘤中激活 HH 通路。同时，另外一些 miRNA，如 miR-21、miR-191、miR-100、miR-20a、miR-19a、miR-106b、miR-183、miR-96、miR-182 在恶性程度较高的髓母细胞瘤中表达也是上调的。其中多数在髓母细胞瘤中高表达的 miRNA 属于致癌 miRNA 基因簇 17/92，如 miR-92、miR-19a 和 miR-20a。已有研究报道在 HH 信号通路激活的髓母细胞瘤中该 miRNA 基因簇的 3 个成员表达上调。在 Ptc1+/- Ink4c-/- 的小鼠中植入这几个 miRNA 表达上调的小脑粒细胞前体细胞后，它们全都得了髓母细胞瘤。在其他 2 个小鼠模型（Ptc+/-，SmoA1）中重复此实验也得到了相同的结果，并且通过检测髓母细胞瘤患者标本进一步证实了这一结果。此外，该研究还发现粒细胞前体细胞中 SHH 和 N-MYC 可以调节这些 miRNA 的表达。这些结果表明 miR17/92 基因簇与髓母细胞瘤形成中 HH 通路密切相关，并可以作为它的标志物。上文所述 miR-17/92 基因簇与 HH 通路的关系说明了 miRNA 与发育异常、肿瘤形成之间的联系。

由此可见，miRNA 在脑瘤中的作用仍然是一个新兴的研究领域，它不仅可以作为肿瘤发育阶段或者肿瘤类型的标志物，还可以告诉我们一些更细节的问题，譬如肿瘤细胞中哪些通路被激活了，以便我们能够有针对性地进行诊断治疗。

（于文强　陈坤）

第七节　表观遗传修饰与食管癌

食管癌（esophagus cancer）是全球第八大常见的恶性肿瘤，是发展中国家主要的消化系统恶性肿瘤之一，全球每年约有 30 万新增的食管癌病例报告，其中约有 80% 发生在发展中国家。食管癌包括食管鳞状细胞癌（esophageal squamous cell carcinoma，ESCC）和食管腺癌（esophageal adenocarcinoma，EAC）两种，其中 ESCC 是最常见的食管癌类型（约占 80%），常发病于亚洲和南非[106]。Barrett 食管（Barrett's esophagus，BE）是一种常见的食管癌癌前病变，主要是食管的鳞状上皮细胞逐渐演变为柱状上皮细胞的现象，已有的研究表明 BE 经过不同阶段的增生最终可以发展为食管腺癌（EAC）。流行病学调查研究发现食管癌的术后 5 年生存率约为 10%，治愈率很低。由于食管癌的早期特征不明显，治疗解决的办法少，而且术后治愈率很低，因此，弄清食管癌的发生机制可以为寻找食管癌新的治疗方法提供新思路。

研究证明食管癌的发生是一个多基因变异累积的复杂过程，涉及多种癌基因和抑癌基因的异常表达过程。表观遗传学改变是肿瘤发生过程中的一个重要分子事件，越来越多的研究表明表观遗传修饰的改变和食管癌的发生密切相关，因此，食管癌相关基因表观遗传修饰的分子生物学研究有助于阐明食管癌的发生和发展的病因，为食管癌的预防、早期诊断、治疗及预后提供新的思路和解决办法。

一、DNA 甲基化修饰和食管癌

（一）抑癌基因高甲基化

在肿瘤的发生过程中，抑癌基因表观遗传修饰的改变和抑癌基因的沉默密切相关。抑癌基因启动子区的异常高甲基化会导致抑癌基因的表达受到抑制，从而导致或是加速了肿瘤的发生和发展进程。有研究报道在食管癌中的发生过程中有一些抑癌基因的启动子区发生了异常的高甲基化，这和食管癌的发生进程密切相关。

1. *p16* 是最早在食管腺癌（EAC）和 Barrett 食管

（BE）中发现的甲基化修饰异常的基因，是一种很常见的肿瘤抑制基因，又被称为*cdkn2a*基因，已有的研究证实P16可以通过磷酸化RB蛋白从而抑制细胞周期的进程。*p16*基因启动子区域的高甲基化会导致其基因所在的染色体chr9P21的杂合性丢失，从而导致*p16*基因的失活，诱发了食管腺癌和Barrett食管的发生。有研究报道在检测的来自51个人的104个组织样本的20个基因中，有15%的BE组织样本发生了*p16*基因的启动子区高甲基化，而在正常的胃肠和食管样本中并没有检测到*p16*基因启动子的甲基化[106]。有更多的研究结果显示*p16*基因启动子区的高甲基化通常在食管癌发生的早期就可以检测到，这些结果提示或许可以将*p16*基因启动子的甲基化水平作为食管癌早期检测的一个指标。

2. *reprimo*基因可以通过调节*p53*基因从而参与细胞周期的调控，是一种肿瘤抑制基因。有研究发现在内镜活组织检查的175个组织样本中，在13%的食管鳞状细胞癌（ESCC）样本中检测到了该基因的启动子区高甲基化，在36%的BE样本检测到了高甲基化，在高度分化异常的Barrett食管中检测到有64%发生了甲基化，在63%的EAC样本中发现了该基因的高甲基化[106]。这些研究内容表明*reprimo*基因启动子区域的甲基化水平或许可以作为食管肿瘤的一个早期诊断标记。

3. *fhit*基因位于染色体chr3p14.2区域，编码一条147个氨基酸的多肽链。已有的研究发现在检测的ESCC样本中，有69%的样本存在*fhit*基因启动子的高甲基化，进一步的研究表明*fhit*基因启动子区域的高甲基化导致了该基因蛋白表达的缺失或降低，从而导致或加速了ESCC的发生和发展[107]。在体外研究中，DNA去甲基化剂地西他滨（5-Aza-dC）处理后的甲基化ESCC细胞系会出现*fhit*基因的重新表达。有研究报道在检测的257个ESCC样品中发现有33%的样本存在*fhit*基因启动子区域的异常甲基化。这些研究结果表明*fhit*基因5'CpG岛序列的甲基化和转录的失活有很大的相关性，在食管癌的发生过程中可能也发挥了重要作用。

4. *hin-1*是一种在许多上皮组织中高表达的抑癌基因，目前的研究认为HIN-1是一种在上皮细胞分化中起生长抑制作用的细胞因子。研究证实HIN-1可以抑制细胞进入细胞周期，抑制细胞的迁移和侵袭。研究发现在食管癌的发生发展中*hin-1*的启动子区域发生高甲基化，在食管癌发生的早期，*hin-1*的启动子区就已经发生甲基化从而导致HIN-1信号途径的失活，可能在食管癌的发生和发展过程中发挥了重要的作用，有希望作为食管癌早期检测的一个分子标志[108]。*hin-1*基因是目前为止，唯一在食管鳞状细胞癌和食管腺癌的早期检测中发现的均存在甲基化的基因，HIN-1的信号途径可以有助于阐明食管癌的发生机制，为食管癌的治疗提供新的方法和思路[108]。

5. *cdh1*又称为E-钙黏蛋白（e-cadherin）基因，位于染色体chr16q22.1的位置，可以编码相对分子量为120 000的跨膜糖蛋白。在上皮组织中，E-钙黏蛋白是维持正常组织结构所必需的，可以调节同种抗原之间的、钙离子依赖性的细胞间连接。E-钙黏蛋白和肿瘤的迁移、侵袭密切相关，在许多肿瘤中都发现了该蛋白的表达缺失。在研究的肿瘤样本中发现*cdh1*基因的突变率虽然很低，但是其启动子区域常发生高甲基化。在检测的EAC样本中，84%的样品发生了*cdh1*基因启动子区域的异常甲基化，80%的ESCC样本和67%的ESCC细胞系发生了*cdh1*基因启动子区的高甲基化。用DNA去甲基化剂5-Aza处理*cdh1*甲基化异常的ESCC细胞系以后，该基因可以重新恢复表达。这些研究结果表明在食管癌的发生发展过程中，*cdh1*基因启动子区域的异常甲基化对该基因的失活起到了重要作用。

6. Ras相关区家族1基因（*rassf1*）最初是在染色体chr3p21.3的基因位点发现的。*rassf1*位点可以通过启动子区的可变选择或是mRNA的可变剪切来编码不同的转录本：*rassf1a*、*rassf1b*和*rassf1c*。研究发现，*rassf1a*基因可以通过启动子区的甲基化导致基因的失活，在肺癌、乳腺癌、前列腺癌等多种恶性肿瘤中均发现了*rassf1a*的高度失活。有研究报道在检测的73%的ESCC细胞系和51%的原发性ESCC样本中发现了*rassf1a*基因的高甲基化，而在相邻的正常组织中只检测到4.3%的样本存在*rassf1a*的高甲基化，说明*rassf1a*基因的高甲基化和ESCC的发生发展有着密切的相关性[109]。

7. 其他抑癌基因的高甲基化。已有的研究结果表明在食管癌中，还有一些其他的抑癌基因发生了启动子区域的异常高甲基化：*hmlh1*、*vhl*、*timp3*、*prb*、*ecrg4*、*cdh13*等。这些研究结果显示在食管癌的发生发展过程中，抑癌基因的启动子区异常高甲基化发挥了一定的作用。研究食管癌发生过程中抑癌基因启动子区异常高甲基化的机制有助于弄清食管癌发生的具体机制，为食管癌的治疗提供新的思路和方法。

（二）甲基化修饰和食管癌的治疗

越来越多的研究证实在食管癌发生的进程中，抑癌基因启动子区域的高甲基化起到了重要的作用。有研究证实，DNA 甲基转移酶抑制剂 5-Aza-dC 可以降低食管癌细胞中抑癌基因的甲基化水平，使抑癌基因在一定程度上恢复活性，重新发挥抑制肿瘤细胞异常生长的功能。此前已有报道显示，5-Aza-dC 已用于临床上治疗白血病和肺癌，并具有一定的治疗作用。

有研究报道在体外用 5-Aza-dC 处理 12 株食管癌细胞系后可以检测到 *rarb2* 基因启动子区甲基化的程度降低，使食管癌细胞在一定程度上恢复正常细胞的生理状态。临床上的检测结果表明 *rarb2* 基因启动子区的甲基化水平和食管癌的进程有一定的相关性，在恶性程度越高的食管癌样本中 *rarb2* 基因的启动子区域甲基化水平越高，提示 *rarb2* 的甲基化水平和食管癌的发生发展有着密切的联系[110]。经过 5-Aza-dC 治疗后的食管癌样本中 *rarb2* 的甲基化水平有了明显的降低，这提示 5-Aza-dC 或许可以作为一种去甲基化药物用于食管癌的临床治疗中。

鉴于 DNA 甲基转移酶 1（DNMT1）在抑癌基因甲基化水平升高过程中所发挥的作用，有研究报道可以通过干扰或降低 DNMT1 的表达水平来降低肿瘤细胞中抑癌基因的甲基化水平。有研究报道在人 ESCC 细胞系 KYSE30 中通过 RNA 干扰的方法抑制 *dnmt1* 的表达后，细胞中肿瘤抑制基因的表达重新恢复，细胞的增殖明显受到抑制，细胞凋亡增加，在一定程度上遏制了肿瘤细胞的生长和发展[111]。这些研究结果提示通过降低 DNA 甲基转移酶的活性来恢复食管癌细胞中抑癌基因的表达或许可以作为今后食管癌治疗的一个方向。

二、组蛋白乙酰化修饰和食管癌

真核生物中乙酰化和去乙酰化水平的平衡有赖于组蛋白乙酰化酶（HAT）和组蛋白去乙酰化酶（HDAC）的稳定。组蛋白的乙酰化水平和细胞内的基因表达、DNA 复制及细胞周期的调控有密切的相关性。在肿瘤的发生和转移过程中，组蛋白修饰的改变发挥了重要的作用。在大多数肿瘤细胞中，从总体水平上看，组蛋白 H4 的单乙酰化和三甲基化水平都发生了降低。有研究报道在恶性肿瘤细胞中，可以通过检测组蛋白总体修饰水平的变化来预测后期的临床效果。研究发现，在食管癌发生的早期，组蛋白 H4 的乙酰化水平很高，随着食管癌的渐变发展，组蛋白的乙酰化水平逐渐降低。有报道指出，组蛋白 H4 乙酰化水平的降低和食管鳞状细胞癌患者的淋巴结转移及其他部位的转移密切相关。早期食管鳞状细胞癌患者的术后生存率与组蛋白 H3K18 的乙酰化水平以及 H3K27 的三甲基化水平密切相关[112]。

组蛋白去乙酰化酶（HDAC）可以通过诱导组蛋白去乙酰化修饰来调控基因的转录活性或抑制细胞周期的进程及细胞凋亡等一系列生物学反应。根据人 HDAC 和酿酒酵母 HDAC 的同源性，可以将其主要分为两大类：一类 HDAC 包括 HDAC1、HDAC2、HDAC3 和 HDAC8；另一类 HDAC 主要包括 HDAC4、HDAC5 和 HDAC6 等。研究证实在食管癌发生的早期，组蛋白 H4 的乙酰化水平会发生急剧增加，随着肿瘤发生的进程又会进入低乙酰化状态。有研究报道发现，HDAC 可以通过降低组蛋白的乙酰化水平使肿瘤细胞在一定程度上恢复正常的生理功能。

（一）组蛋白乙酰化和食管癌

在研究检测的许多细胞系和组织中，均可检测到 HDAC1 在细胞核内的表达，参与调控许多已知的组蛋白乙酰化改变。在许多恶性肿瘤细胞中发现 HDAC1 的表达异常增高，肿瘤样本和正常组织样本相比，HDAC2、HDAC3 的表达也都发生了一定的增加。在乳腺癌和胃癌组织中发现 HDAC1 的表达水平和肿瘤的大小、组织学形态等特征均有联系。有研究发现食管癌样本和邻近的非癌组织样本相比其 HDAC1 的表达升高，在食管癌细胞系 EC109 中，将 HDAC1 敲除后能够观察到肿瘤细胞对辐射的敏感性增加，DNA 更容易受到辐射的损坏，同时细胞凋亡率也发生了明显的增加[113]。又有研究指出用 HDAC1 抑制剂治疗恶性肿瘤后，会发现抑癌基因或抗增殖基因的表达重新恢复，有利于肿瘤细胞向着正常的细胞形态和功能方向转变。通过降低 HDAC1 的表达来治疗食管癌或许可以作为今后的一个研究方向，为食管癌的解决提供新的方案。

hdac6 基因位于 X 染色体 p11.23 上，和食管癌的发生发展密切相关。HDAC6 主要在细胞质中发挥去乙酰化作用，参与基因的表达调控等过程，从而在

细胞的正常功能中发挥了重要作用。已有的研究证实HDAC6可以通过不同的途径加速正常细胞向肿瘤细胞的恶性方向转变：①可以通过降低组蛋白的乙酰化水平，降低组蛋白的基因转录活性，从而影响细胞内正常蛋白表达的量；②通过改变细胞微管的功能影响细胞的运动和迁移；③通过结合转录抑制子形成复合物结合到抑癌基因的启动子区域，从而抑制抑癌基因的正常功能，诱发肿瘤的发生或加速其进程。有研究发现在食管鳞状细胞癌组织中有92%均能够检测到HDAC6的高表达，而在检测的正常组织中HDAC6的表达水平很低。在从正常组织向恶性食管鳞状细胞癌发展的过程中，HDAC6的表达量呈现增加的趋势，说明了HDAC6的表达和食管鳞状细胞癌的发生及分型密切相关[114]。

（二）组蛋白去乙酰化剂和食管癌的治疗

组蛋白去乙酰化酶抑制剂（HDACi）可以通过抑制组蛋白去乙酰化酶（HDAC）的活性来重新恢复基因的表达。已有的研究通过设计针对HDAC的小分子化合物来抑制HDAC的表达，从而达到恢复细胞正常的乙酰化水平。有研究表明，组蛋白去乙酰化酶抑制剂可以降低食管癌细胞的上皮间质转化。目前主要研究的组蛋白去乙酰化酶抑制剂包括苯甲酰胺衍生物、短链及芳香族脂肪酸、环形四肽及氧肟酸类化合物分子等。越来越多的研究证明组蛋白去乙酰化酶抑制剂（HDACi）可以作为食管癌等恶性肿瘤治疗的一种新方法，临床试验表明HDACi对某些恶性肿瘤的治疗有很好的疗效。

FK228是一种常见的组蛋白去乙酰化酶抑制剂，最初是从紫色色杆菌中分离得到。在体外移植或是恶性肿瘤患者的检测中已发现FK228具有明显的抗肿瘤活性。有研究证实用FK228处理不同的人食管癌细胞系时可以发现细胞周期停滞基因（如细胞周期调控基因*p21*）和肿瘤抑制基因的表达会急剧上升，细胞的生长受到抑制、肿瘤细胞走向凋亡的“宿命”[115]。

联合利用组蛋白去乙酰化酶抑制剂TSA和蛋白激酶C抑制剂（calphostin C）可以诱导肺癌和食管癌细胞发生凋亡。研究表明用TSA处理后的食管癌细胞中，抑癌基因*p21*的表达活性和核转录因子NF-κB的表达均明显增加，食管癌细胞的细胞周期循环受到抑制，细胞生长受到阻碍，可以有效地抑制食管癌细胞的生长和增殖。这些研究结果提示组蛋白去乙酰化酶抑制剂TSA或许可以作为一种食管癌的治疗药物应用于临床[115]。

三、miRNA和食管癌

miRNA广泛参与真核生物细胞的内源性调控作用，与细胞分裂、增殖、凋亡等生理过程密切相关。近年来的研究逐渐将某些miRNA表达的变化作为肿瘤发生的分子标志之一。越来越多的研究证实miRNA和食管癌的发生密切相关，食管癌组织样本和正常组织样本相比，miRNA的表达谱发生了变化。此外，在检测的不同类型的食管癌样本中，miRNA的表达谱也发生了变化。有研究报道，与食管鳞状细胞癌相比，Barrett食管的miRNA表达谱更接近于食管腺癌，这提示miRNA的表达或许和食管癌的发生和进展有密切的关系。有学者认为可以将miRNA表达谱的差别作为食管癌分型分类的指标之一。研究发现在检测的食管腺癌和食管癌早期恶性组织样本中，有约44种miRNA的表达发生了改变[116, 117]。根据miRNA对食管癌发生发展的影响的不同，可以将miRNA分为促进食管癌发生的miRNA和抑制食管癌发生的miRNA两类。

（一）促进食管癌发生的miRNA

根据研究结果显示，在食管癌组织和细胞中检测到有一类miRNA的表达会异常升高。这类miRNA的异常升高会导致正常细胞的生理功能发生紊乱，加速正常细胞向癌变的方向转变。研究发现，和正常食管组织相比，在食管鳞状细胞癌和食管腺癌的检测中均发现了miR-21、miR192、miR194和miR200c的表达异常升高。这些miRNA的异常表达在一定程度上促进了食管癌的发生发展。

有越来越多的研究证实miR-21在肿瘤的发生过程中发挥了类似癌基因的功能[118]。有研究通过分析来源于不同国家和地区的食管腺癌和食管鳞状细胞癌组织样本，发现这2种类型的食管癌组织中miR-21的含量均比正常组织含量高，提示miR-21和食管癌发生之间的联系。有人通过对食管鳞状细胞癌组织及ESCC细胞系的研究发现大多ESCC的样本中miR-21的表达会有所增加，在食管癌高转移的样本中miR-21的表达量增加尤为明显，通过siRNA外源干扰

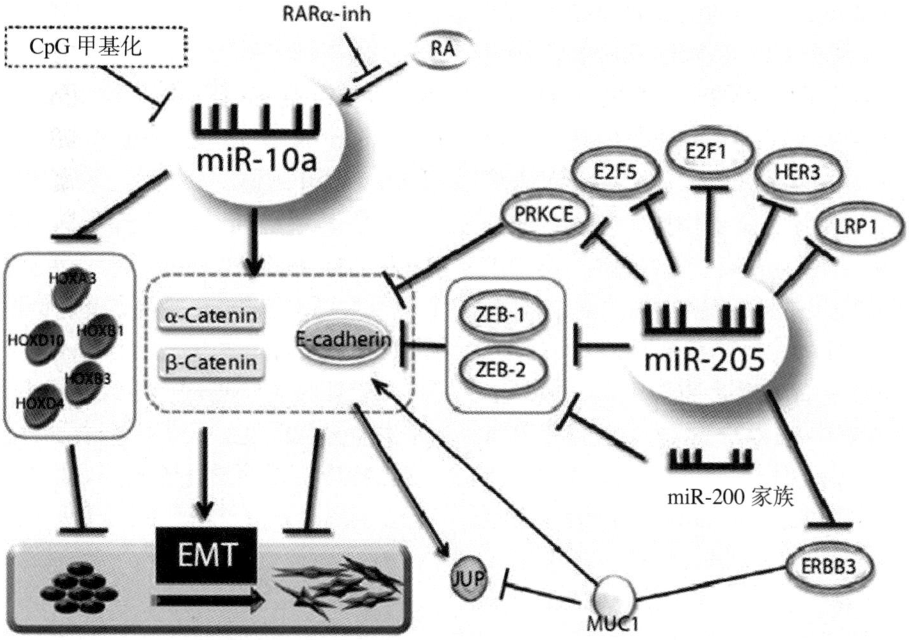

图 10-1 miRNA 和食管鳞状细胞癌[119]。
RA：视黄酸；RARα-inh：视黄酸受体 α 抑制剂；HOX：同源框；ZEB：锌指 E 盒子结合同源框；EMT：上皮间质转化；HER3：人表皮生长因子受体 3 型；LRP1：低密度脂蛋白受体相关蛋白 1；MUC1：黏蛋白 1

miR-21 的表达可以明显降低食管癌细胞的迁移和侵袭能力，恶性程度有明显降低。对癌旁组织的检测发现，miR-21 的表达量升高预示着患者的术后治愈率会下降。很多研究已经鉴定出了 miR-21 的一些靶基因，研究证实这些靶基因参与细胞的生长、增殖和凋亡等重要生理功能的调控。miR-21 的表达量异常升高会导致其对靶基因的抑制程度加大，影响细胞内的正常信号通路，致使细胞失去平衡，向着癌细胞的方向转变。

有文献报道发现在食管细胞中，miR-205 的异常表达会导致上皮细胞的表型改变。miR-205 可以通过降低 E- 钙黏蛋白的表达来促进上皮 - 间质转化（epithelial - mesenchymal transition，EMT），从而促进食管癌的发生。此外，研究发现 miR-205 和 miR-200 家族可以共同调节 EMT 的发生，加速食管癌的进程（图 10-1）。

（二）抑制食管癌的 miRNA

在食管癌组织和细胞的检测中发现有一类 miRNA 的表达量降低，这类 miRNA 在细胞中大多发挥了抑制肿瘤发生的作用。如果由于肿瘤发生过程中表观遗传修饰的改变导致这类 miRNA 的下调，会影响正常细胞中对癌症发生的抑制作用，细胞发生无限增殖，进入癌变状态。

有研究表明在食管鳞状细胞癌患者的组织中发现 miR-145 和 miR-143 的表达量降低，而将 miR-145 和 miR-143 重新导入人食管鳞状细胞癌以后，细胞的迁移性能会明显下降。这提示 miR-143 和 miR-145 作为食管癌发生的一种抑制性 miRNA 在食管癌的早期可能发挥重要作用，通过外源摄入这 2 种 miRNA 或许可以在一定程度上逆转食管癌的恶性表型。

近年来，有研究表明在食管癌细胞中 miR-10a 发挥着抑癌基因的功能，通过检测发现在食管鳞状细胞癌和食管腺癌的细胞株中 miR-10a 的表达均下调。现在已知 miR-10a 可以通过调控一些靶基因来发挥肿瘤抑制作用，其中研究最多的是 miR-10a 通过抑制同源家族基因（*hox*）的功能发挥抑癌的作用，能够抑制上皮细胞向间充质细胞的转变，从而抑制肿瘤细胞的迁移和侵袭等恶性行为[120]。

（三）miRNA 和食管癌的治疗

miRNA 广泛参与了细胞内的各种生理活动，因此在肿瘤细胞的发生中 miRNA 也起到了重要的作用。研究表明，通过改变食管癌中 miRNA 的表达水平可以在一定程度上降低食管癌恶性程度，因此通过调节 miRNA 的水平或许可以作为食管癌的一种新型治疗方法。

研究证实，利用 C-PAC 治疗食管癌之后，包含

let-7b、miR-106b、miR-143 等在内的 10 种 miRNA 的表达量发生改变，这说明 C-PAC 有助于调节食管癌中的 miRNA 表达异常。进一步的研究发现 C-PAC 调节的 miRNA 中有部分在食管腺癌和正常的食管黏膜以及早期的良性肿瘤中表达量不同，这提示在食管癌发生的早期 miRNA 就发挥了重要作用，C-PAC 或许可以通过改变早期肿瘤的 miRNA 来改变食管癌的表型变化。在 BE 和 EAC 中，有抑癌作用的 let-7 家族和 miR-143 的表达均下降，然而经过 C-PAC 治疗后，这些抑癌作用的 miRNA 的表达会重新上调。最新的研究表明，在食管腺癌中 miR-223 的表达量比正常食管组织中的表达量上调，体外实验中，经过 C-PAC 治疗的食管腺癌细胞系 OE33 中 miR-223 的表达发生下调，食管癌细胞的恶性程度降低，进一步证实了 C-PAC 可以通过调节食管癌中 miRNA 的表达水平对食管癌和早期食管癌发挥治疗作用 [121]。

此外，研究通过分析早期 ESCC 的组织样本发现有些 miRNA 的高表达与 ESCC 患者的术后生存率有着密切的联系，其中 miR-129 的高表达被认为是食管癌患者死亡率的一个显著标记，高表达 miR-129 的患者早期死亡率要远远高于低表达 miR-129 的食管癌患者。这些结果表明 miR-129 和食管癌细胞的生存以及肿瘤细胞特性的改变有着密切的联系，可以将 miRNA 的表达作为检测食管癌进程和预后的一个指标 [122]。

随着食管癌和 miRNA 之间的研究日益增加，miRNA 在食管癌发生中所起的作用也越来越明确。由于 miRNA 变化的灵敏性和可检测性，可以将其作为食管癌诊断的一个标志，通过检测食管癌样本中 miRNA 的表达水平来辅助判断食管癌的分型和进程。通过靶向食管癌中高表达的致癌 miRNA 或增加食管癌中低表达的抑癌 miRNA，可以在一定程度上改善食管癌的形态和生理特征，使其在一定程度上恢复正常的生理特征。或许通过调节 miRNA 的水平来治疗食管癌可以作为今后的一个研究方向。

四、环境因素诱发食管癌的发生

越来越多的研究表明环境因素的改变会导致细胞的表观遗传修饰发生变化，从而在一定程度上加速了癌症的发生。饮食习惯和环境因素导致的基因表观遗传修饰的改变在食管癌的发生发展过程中起到的作用越来越被人们所重视。

（一）吸烟

国际癌症研究组织（International Agency for Research on Cancer，IARC）将吸烟列为食管癌发生的一个已知的诱因，研究已经证实吸烟者食管癌的发生率是正常人群的 3～7 倍 [123]。瑞典的研究人员报道指出，即便是吸食无烟香烟仍然会增加食管癌的发病风险。有研究表明所有种类的香烟吸入均和食管癌的患病风险增加有关。已有研究表明吸烟和恶性肿瘤的发生密切相关，吸烟会导致肿瘤相关基因的甲基化水平发生异常改变，长期吸烟会导致这种甲基化水平的变化积累，从而导致肿瘤的发生或加剧肿瘤发展的进程。

（二）饮酒

正如吸烟的危害一样，已有的研究表明过量饮酒的确会增加食管癌的发病率，IARC 同样也将饮酒列为食管癌的已知诱因之一。饮酒和吸烟通过多种途径影响食管癌的发生，其中包括改变食管细胞的表观遗传修饰，从而加速了肿瘤发生的进程。

（三）饮用热茶

有越来越多的研究发现饮用过热的茶水和饮料与食管癌的发病率有密切的关系。研究指出这可能是由于长期饮用过热的茶和饮料导致食管黏膜的改变有关。

（四）饮食和营养

根据流行病学的调查研究发现瓜果蔬菜的摄入可以降低食管癌的发病率，这主要是因为瓜果蔬菜所含有的维生素和矿物质发挥的功效。有流行病学研究发现通过适量提高维生素 A 和维生素 C 的含量，在一定程度上有利于降低食管癌的发病率。

（五）多环芳烃化合物

有机物燃烧不完全会产生多环芳烃化合物（PAH）。多环芳烃主要来自于吸烟、环境污染以及油炸和碳烤的食品中。生态学的调查研究发现在食管癌高发的地区，多环芳烃化合物的接触率要比正常地区高，这说明食管癌的病理学发生和多环芳烃的接触可能有着某种联系 [124]。研究发现长期接触烟囱灰尘的人群食管癌的发病率会有一定比例提高。近来的研究发现可以通过检测尿液中多环芳烃代谢物的含量来确定多环芳烃的接触量和摄入量。在吸烟者、危险食物摄入者的尿液中检测到的多环芳烃代谢物在某种程度上要高于正常人群，这或许可以作为检测多环芳烃暴露率的一种方法，从而用来评估食管癌发生的风险。

虽然目前关于环境因素导致食管表观遗传修饰的研究还不是很多，但是已有研究表明这些环境因素的变化会导致表观遗传修饰的变化。因此，环境因素的改变导致食管癌的发生和食管表观遗传修饰的改变密不可分。通过改善人们的行为习惯可以减缓表观遗传修饰改变异常的速度，从而降低食管癌变的速度，降低食管癌的发病率。

（于文强　彭丽娜）

第八节　表观遗传修饰与鼻咽癌

鼻咽癌（nasopharyngeal carcinoma，NPC）是指发生于鼻咽黏膜的恶性肿瘤，在东南亚地区及中国南部地区如广东、广西、福建、湖南省呈高发趋势，每年新增病例 1.5 万人以上，但在世界其他地方却较罕见。鼻咽癌发生的种族特异性及地域性暗示着这一类肿瘤的特异流行病理学。鼻咽癌的发生至少与 EB 病毒（Epstein-Barr virus，EBV）感染、遗传因素及环境饮食因素 3 种因素有关。

EB 病毒的潜伏感染与鼻咽癌的发生密切相关，在大部分分化和几乎所有未分化的鼻咽癌鳞状细胞癌中都可检测到 EB 病毒，其致病机制尚不完全清楚。尽管全世界大部分人在儿童时期均感染过 EB 病毒，但只有少部分人成年后有鼻咽癌的发生。对 EB 病毒导致鼻咽癌发病机制的研究重点主要是机体免疫系统对 EB 病毒感染的控制机制及 EBV 逃避机体免疫应答的机制。

肿瘤的发生是多种因素相互协同作用的共同结果，近 10 年来从表观遗传学角度对鼻咽癌发生机制的研究报道表明，基因的表观遗传学因素与鼻咽癌的发生有着密切联系，其中 DNA 甲基化、组蛋白修饰及 miRNA 表达调控的改变被充分证实参与鼻咽癌的病理发生。

一、DNA 甲基化与鼻咽癌

表观遗传研究指出多种抑癌基因启动子的显著甲基化是该基因表达下调或表达沉默的普遍分子机制。在鼻咽癌发生的病理过程中涉及很多抑癌基因因 DNA 甲基化导致的蛋白质表达失调。EB 病毒对宿主关键基因的表观遗传干扰是诱发鼻咽癌的重要因素。首先，EB 病毒编码的蛋白质产物（如 LMP1）可对宿主基因启动子进行甲基化修饰，此外，LMP1 通过 JNK/AP1 信号途径上调 DNMT1，可在鼻咽癌发生的早期促进良性肿瘤的发展，之后对 *ink4a* 基因位点的抑癌基因 *p16ink4a* 和 *p14arf* 的表达抑制导致更具侵略性的转移灶的形成[125]；LMP1 还可通过 JNK/AP1 信号途径对基因启动子的异常甲基化修饰，进而干扰宿主细胞信号的正常传递，这有可能是鼻咽癌中 DNA 甲基转移酶（DNMT）或 PCG 蛋白复合物的表达上调，并介导启动子 CpG 岛甲基化导致抑癌基因功能丧失的机制之一。其次，EB 病毒编码的具有原癌功能的蛋白质能正向维持细胞原始及更新后的甲基化水平，如 LMP1 可上调 DNA 甲基转移酶 DNMT1、DNMT3A、DNMT3B 来诱导 *rarβ2* 基因启动子的高度甲基化，从而导致鼻咽癌中 *rarβ2* 基因表达下调；LMP1 还可通过对 DNA 甲基转移酶的激活来诱导 *e-cadherin* 表达下调[126]。总的说来，EB 病毒编码的蛋白质产物起始并维持对细胞信号途径的表观遗传修饰。引人注目的是，EB 病毒的基因组也可受到自身编码蛋白质的甲基化修饰，*lmp1* 基因启动子甲基化修饰受自身调控导致其选择性下调，成为 LMP1 阳性表达的鼻咽癌细胞逃避宿主免疫监视的一种机制[127]。

EB 病毒对宿主基因及自身基因的甲基化修饰是 EB 病毒诱发鼻咽癌的重要机制。此外，抑癌基因的启动子 DNA 甲基化而导致的表观遗传沉默对鼻咽癌的发生发展也起重要作用。DNA 甲基转移酶抑制剂 5- 氮杂 -2'- 脱氧胞苷（5-Aza-dC）可能通过对表观遗传沉默的抑癌基因的重新激活抑制了鼻咽癌 CNE 细胞及异生瘤在裸鼠中的生长速度及细胞致瘤性。下文将主要从抑癌基因编码的蛋白质产物参与的信号途径的角度，阐明 DNA 甲基化修饰对细胞信号途径的表观遗传改变在鼻咽癌发生中的作用。

（一）RAS 信号途径分子的基因启动子甲基化修饰

RAS 信号途径是由定位于细胞膜上的 ras GTP 酶受体感应多种胞外信号刺激引发细胞内信号途径的激活从而促进细胞的增殖、存活、分化甚至癌症发生的重要通路。人类中 3 个 *ras* 基因的蛋白质产物 H-ras、N-ras 及 K-ras（包括 2 个剪切变体 K-ras4A 和 K-ras4B）隶属于 ras GTP 酶超家族。尽管 *ras* 原癌基因突变在人类许多肿瘤中都被报道，但在 *ras* 原癌基因未发生突变的鼻咽癌中 RAS 信号途径调控失调，提示 RAS 信号途径分子介导的肿瘤发生涉及表观遗传学分子机制。

RASSF（ras association domain family）具有 *ras* 结合结构域，并被鉴定为 *ras* 的负性调控因子。RASSF 家族成员 RASSF1A 在多种鼻咽癌细胞系及原发肿瘤检测样本中有由基因启动子 CpG 岛高甲基化而非纯合缺失导致的转录失活，但在慢性鼻咽炎或正常的鼻咽上皮组织中并未检测到相应的甲基化，同时鼻咽癌细胞系 CNE-2 中 *rassf1a* 基因表达缺失可由甲基转移酶抑制剂处理而恢复。这些研究指出 *rassf1a* 基因 CpG 岛甲基化是鼻咽癌发生的重要事件，对鼻咽癌的早期诊断及治疗将有指导意义。

RASSF 家族成员 RASSF2 能直接与 K-ras 相结合并抑制其功能。RASSF2A 是 RASSF2 包含启动子区 CpG 岛且启动子甲基化导致转录失活在多种癌症中被报道的唯一异构体。在鼻咽癌细胞系以及原发肿瘤中 *rassf2a* 表达下调特异性地与其基因启动子区甲基化相关，这一基因的异位表达能抑制鼻咽癌细胞集落形成率及细胞迁移率，同时 *rassf2a* 基因甲基化的患者表现出显著较高的淋巴结转移率。这些研究提示 *rassf2a* 在鼻咽癌发生中的肿瘤抑制功能及启动甲基化在鼻咽癌转移中的临床指示意义。

DAB2 能负性调控 RAS 介导的有丝分裂原信号，将细胞的增殖及凋亡控制在正常的生理范围内。在鼻咽癌中发现有 *dab2* 基因表达因启动子甲基化而降低或缺失的现象，预示 DAB2 在鼻咽癌发生中的潜在肿瘤抑制功能。

ras GAP（ras GTPase-activating-like protein）是调节 GTP 酶结合 GTP（GTP 酶处于激活状态）或结合 GDP（GTP 酶处于失活状态）的关键调节分子，RASAL 是受钙离子浓度调控的 ras GAP。相对于鼻咽炎或正常鼻咽组织，在鼻咽癌有 *rasal* 基因启动子 CpG 岛异常甲基化导致表达沉默，导致 ras GTP 酶活性不受钙离子浓度调控而保持异常激活状态。

肿瘤抑制因子 DLC1 是 ras GTP 酶超家族成员之一。*dlc-1* 抑癌基因定位于人类染色体 8p22，在多种肿瘤中都发现有此基因的缺失突变。在鼻咽癌中 *dlc* 抑癌基因的缺失突变并不常见，但其 mRNA 表达水平却有显著下调。在鼻咽癌细胞系及原发肿瘤中均有 *dlc-1* 基因通过启动子甲基化导致的表观遗传沉默，由此导致的 *dlc-1* 表达水平下调通过扰乱 RAS 介导的信号途径促进鼻咽癌发生。同时，编码 DLC-1 异构体的 *dlc-1-i4* 基因启动子的 CpG 岛可被野生型 P53 激活，在鼻咽癌细胞系及原发肿瘤中都可检测到 *dlc-1-i4* 基因启动子 CpG 岛甲基化导致的基因表达显著下调，用甲基转移酶抑制剂 5- 氮杂 -2'- 脱氧胞苷处理或 DNMT1 和 DNMT3B 双基因敲除都可诱导启动子区的去甲基化及 *dlc-1-i4* 基因表达恢复；同时 *dlc-1-i4* 基因的异位表达能强烈抑制肿瘤细胞的生长速度及克隆形成率。DLC1 不同异构体的相互作用也可能对鼻咽癌的发生起重要作用。

（二）细胞周期调控及 DNA 损伤信号途径分子的基因启动子甲基化修饰

细胞周期进程的精密调控由细胞周期蛋白依赖激酶及细胞周期检验点因子等相互协调共同完成。在癌症发生过程中，这些调控细胞周期的关键因子失调导致细胞原本在发生细胞周期进程阻滞的状态下继续进行细胞分裂进程，其结果是损伤 DNA 的复制导致基因突变的累积、基因组不稳定和细胞无限制增殖的特性。

p16ink4a、*p15ink4a* 和 *p14arf* 编码的蛋白质为细胞周期蛋白依赖激酶（cyclin-dependent kinase，CDK）的抑制剂，能与细胞周期蛋白 D1（cyclin D1）竞争性结合 CDK4/6，阻止 cyclin-CDK 复合物形成，导致 RB 蛋白不能磷酸化从而不能释放与之结合的转录因子 E2F，最终使细胞周期阻滞于 G_1 期。在原发肿瘤及鼻咽癌细胞系中均发现有这 3 个基因的启动子 CpG 甲基化导致的表观遗传沉默；其他细胞周期检验点基因有 *brd7*、*mipol1* 及 *chfr*。BRD7 可通过转录后修饰调节细胞周期进程的相关基因表达产物检控 G_1/S 的过渡；MIPOL1 可通过上调细胞周期蛋白依赖激酶的抑制剂 P21WAF/CIP1 和 P27 KIP1 在 G_1/S 期检验细胞周期进程；CHFR 可借其连接酶活性使 PLK1 泛素化，并将 CDC2 阻滞在 G_2/M 过渡期。在鼻咽癌均发现有这些调控细胞周期检验点的基因由

DNA 甲基化导致的表达下调[128]。这些细胞周期检控点的基因甲基化是细胞鼻咽癌发生的早期事件，且具有肿瘤组织特异性，故可以作为鼻咽癌早期生物学诊断指标。

调控 DNA 损伤修复的关键因子的表观遗传改变也可诱发鼻咽癌。GADD45 蛋白在应对 DNA 损伤情况下检控细胞周期 G_2/M 过渡中起重要作用，GADD45 家族分子 GADD45G 能在热激或紫外线照射时被诱导表达，发挥肿瘤抑制基因功能。在鼻咽癌检测样本中 *gadd45g* 基因的启动子被频繁甲基化，导致其转录沉默或下调，同时 GADD45G 在其基因沉默的鼻咽癌细胞系中的异位表达能显著抑制肿瘤细胞的生长速度及软琼脂克隆形成率。另外，鼻咽癌中也发现由 DNA 修复酶 O-6- 甲基鸟嘌呤 DNA 甲基转移酶 *mgmt* 及 DNA 错配修复蛋白基因 *mlh1* 的甲基化导致的基因表达失活现象。

（三）Wnt/β-catenin 信号途径分子的基因启动子甲基化修饰

Wnt/β-catenin 信号途径异常在多种恶性肿瘤均见报道。Wnt/β-catenin 信号途径的负性调节因子 WIF-1（wnt inhibitory factor- 1）能与 Wnt 配体结合抑制 Wnt 细胞信号途径。在鼻咽癌发生过程涉及 *wif-1* 的表观遗传失活导致 Wnt/β-catenin 信号途径异常激活。在突尼斯鼻咽癌晚期中普遍存在 *wif-1* 的启动子甲基化[129]，同时相对于正常鼻咽黏膜组织，鼻咽癌中表现出显著升高的 *wif-1* 表达失活频率。鼻咽癌细胞系及初级鼻咽癌中有 *wif-1* 基因启动子甲基化导致的 Wnt/β-catenin 信号途径异常激活，*wif-1* 的启动子高频甲基化和 Wnt-5a mRNA 的高表达水平与肿瘤的迁移有关，DNA 甲基转移酶抑制剂 5- 氮杂 -2'- 脱氧胞苷处理鼻咽癌细胞能恢复细胞中 *wif-1* 基因表达；同时 *wif-1* 在鼻咽癌细胞系中异位表达能显著降低肿瘤细胞的克隆形成率。这表明 *wif-1* 的表观遗传沉默导致的 Wnt/β-catenin 信号途径异常激活在鼻咽癌发生发展过程中起重要作用，*wif-1* 基因启动子的甲基化可作为鼻咽癌预后判断的一个病理标志。

（四）P53 信号途径分子的基因启动子甲基化修饰

P53 是重要的肿瘤抑制因子，在调节细胞凋亡、细胞周期进程及基因修复等重要的生理活动中起关键作用。在人类多种肿瘤中都报道有 *p53* 基因突变，然而在鼻咽癌中 *p53* 基因突变并不常见，在鼻咽癌原位癌和转移癌中均发现 P53 蛋白过表达且功能失活现象，P53 蛋白功能失活导致的 P53 信号途径下调可能与鼻咽癌的发生发展相关，但对其中涉及的表观遗传修饰机制研究尚不透彻。

P53 信号途径下调也可能由 P53 蛋白的稳定性减弱引起。对家族性鼻咽癌患者的基因组关联分析鉴定了一个肿瘤易感基因 *uchL1*（ubiquitin carboxylterminal hydrolase L1）。UCHL1 不仅能促进 P53 的负调控因子 MDM2 的泛素化修饰及依赖泛素化途径的蛋白质降解，同时可将 P53 及 P14arf 去泛素化，最终导致 P53 蛋白的稳定性增强并激活 P53 信号途径。在所有的鼻咽癌细胞系及多数原发肿瘤中 *uchL1* 通过启动子甲基化被沉默，而 *uchL1* 在鼻咽癌细胞系中的异位表达能通过促进细胞凋亡抑制肿瘤细胞的生长。这些研究均指出 *uchL1* 基因由启动子甲基化导致的表达沉默导致 P53 信号途径下调是鼻咽癌发生中的表观遗传机制。

（五）视黄酸信号途径分子的基因启动子甲基化修饰

视黄酸信号途径主要通过胞内核受体 RAR（retinoic acid receptor）和 RXR（retinoid X receptor）与配体结合形成转录活化因子，进而与靶基因的视黄酸反应元件（retinoic acid response element，RARE）相互作用来激活或抑制基因表达，以此调控细胞增殖、存活与分化。胞质视黄醇结合蛋白（cellular retinol-binding proteins，CRBP）和核视黄醇受体 RAR 及 RXR 这两种类型蛋白对视黄酸信号的正常传递起关键作用。异常的视黄酸信号途径普遍存在于人类癌细胞的细胞核和细胞质中。视黄酸受体 RARβ2、胞质视黄醇结合蛋白 CRBP Ⅰ、Ⅳ和视黄酸反应因子 TIG1 的基因启动子甲基化修饰导致它们的表观遗传沉默，造成视黄酸应答障碍，对促进鼻咽癌的发生起重要作用[130]。

（六）细胞凋亡信号途径分子的基因启动子甲基化修饰

癌细胞的一个鲜明特征是抵抗细胞凋亡诱导剂导致的细胞凋亡，很多基因的遗传突变都能赋予正常细胞转化为癌细胞并抵抗化疗及放疗诱导细胞凋亡的能力。在鼻咽癌中存在与细胞凋亡密切相关的基因的甲基化修饰，如初级未分化的鼻咽癌检测样本中发现有 *caspase-8* 基因启动子的甲基化[131]。另外，鼻咽癌检测样本及鼻咽癌患者的细胞质中均可检测到在细胞因子刺激下细胞凋亡调控中起关键作用的死亡相关蛋白激酶 *dapk* 基因启动子甲基化，对鼻咽癌细胞系 CNE 使用甲基转移酶抑制剂 5- 氮杂 -2'- 脱氧胞苷处理能减缓其生长速度，并重新激活 *dapk* 的表达，证明 *dapk* 的表达缺失与其启动子甲基化密切相关。*dapk* 基因启动子甲基化是鼻咽癌发生的早期事件，预示其可作为鼻咽癌临床诊断和治疗观察的肿瘤标志分子。

（七）与癌细胞迁移有关的基因启动子甲基化修饰

肿瘤细胞的侵袭性及转移性是其恶性转化的重要标志。细胞粘连信号途径在恶性肿瘤反复发作、浸润性及转移性中起着至关重要作用。转移性肿瘤细胞表现出显著不同的特异性细胞黏附蛋白、胞外基质分子和细胞迁移级联信号成员表达模式。

Cadherin超家族分子包括 Cadherin和 Protocadherin 等4类家族分子，在肿瘤细胞的侵袭和转移中起重要作用。Cadherin家族包括多个具有组织定位特异性的成员分子。在鼻咽癌中 *e-cadhenrin*、*h-cadherin*和 *r-cadherin*基因启动子甲基化导致其表达缺失或降低，甲基转移酶抑制剂 5-氮杂 -2'-脱氧胞苷处理鼻咽癌细胞能恢复 *h-cadherin* 和 *r-cadherin* 的表达，同时编码 R-Cadherin 的 *cdh4* 基因的异位表达可抑制鼻咽癌细胞的增殖、集落形成率、迁移及细胞间通讯的激发能力[132]。这预示着甲基化的 *cdh* 基因可作为一个有效的鼻咽癌发生早期的诊断和预测的病理标志分子，从这些基因的去甲基化着手治疗，有可能成为有效的临床治疗策略。

原钙黏附蛋白 Protocadherin10 由 *pcdh10* 基因编码，隶属于 Protocadherin 家族，在鼻咽癌原发肿瘤细胞中特异性地因其基因启动子甲基化而表观遗传性表达沉默。在 *pcdh10* 表观遗传沉默的鼻咽癌细胞系中 *pcdh10* 的异位表达能抑制细胞增殖速度、软琼脂克隆形成率、迁移及浸润的能力[133]。CADM1 是另一突触细胞黏附分子，*cadm1* 基因的启动子区甲基化可导致其在鼻咽癌中低表达或表达沉默。

基质金属蛋白酶（matrix metalloproteinase，MMP）是依赖于锌离子的肽链内切酶，负责降解胞外基质中的多种成分，并在多种细胞生理活动包括细胞周期进程、细胞凋亡及血管生成中起重要作用。MMP19 在鼻咽癌中通过下调血管内皮生长因子（VEGF）的表达水平来抵抗肿瘤及血管生成，在初级鼻咽癌检测样本发现有 *mmp19* 等位基因缺失或启动子区 CpG 岛甲基化而导致的基因表达下调[134]。

调控肿瘤细胞转移的其他因子有 14-3-3σ，14-3-3σ 通过将 CDC2-CyclinB1 隔离至胞质，在 G_2/M 期限制点对细胞周期发挥负性调控作用。在许多人类肿瘤中 *14-3-3σ* 基因均存在高频甲基化，并导致其表达缺失或下调，参与肿瘤的发生发展。在鼻咽癌组织中 *14-3-3σ* 基因启动子甲基化频率显著高于癌旁的鼻咽上皮组织，导致其表达缺失或下调。另外 *14-3-3σ* 基因甲基化的鼻咽癌患者表现出高频率的淋巴结及远距离肿瘤细胞转移及较恶性的肿瘤临床阶段，14-3-3σ 的肿瘤转移抑制功能在体内及体外实验中均得到验证。鉴于 *14-3-3σ* 受 P53 直接转录调控，而且能正反馈增强 P53 的活性，*14-3-3σ* 的表达缺失可能导致 P53 抑癌功能的下调，由此协同促进鼻咽癌的发生及肿瘤细胞转移。

总的说来，细胞黏附信号分子如 Cadherin 及 14-3-3σ 异常的启动子区甲基化是鼻咽癌浸润和转移的分子机制之一，这些基因甲基化状态可能成为鼻咽癌早期诊断和预后远处转移的分子标记。

（八）其他肿瘤抑制候选基因的甲基化修饰

3 号染色体短臂（3p）缺失在鼻咽癌中是常见的病理现象，提示定位于 3p 的抑癌基因可能与鼻咽癌的发生密切相关。目前研究鉴定的这些肿瘤抑制候选基因包括 *blu*、*ltf*、*lars2* 和 *dlec1*。*blu*、*ltf* 和 *lars2* 均定位于 3p21.3。多种癌症发生的病理机制涉及 *blu* 基因甲基化导致的表观遗传失活[135]。在鼻咽癌肿瘤样本中也发现有 *blu* 基因高频率的启动子甲基化及其导致的表达缺失。*ltf* 基因的抑癌功能在多种肿瘤的发生中得到验证。初级鼻咽癌样本中，*ltf* 基因启动子的高度甲基化导致 *ltf* 基因的低表达或不表达，在鼻咽癌细胞中过表达 *ltf* 能阻断细胞周期进程、显著抑制细胞生长速度、减弱体外实验中细胞集落形成能力及削弱细胞体内致瘤能力。*lars2* 基因的高度甲基化及其表达缺失或缺陷在初级鼻咽癌肿瘤检测样本中普遍存在。*dlec1* 基因定位于 3p22.2，其基因启动子的甲基化普遍存在于鼻咽癌细胞系和鼻咽癌原发肿瘤样本中。用甲基转移酶抑制剂 5- 氮杂 -2'- 脱氧胞苷处理鼻咽癌细胞系能恢复 *dlec1* 的基因表达，同时 *dlec1*

过表达能抑制鼻咽癌细胞的生长速度和侵袭性及裸鼠致瘤性。

鼻咽癌常见的基因组异常是定位于染色体11q22-23区域的肿瘤抑制候选基因缺失，定位于这一区域的*tslc1*基因在非小细胞肺癌、肝癌及乳腺癌中均可通过启动子甲基化修饰而表达失活。初级鼻咽癌肿瘤样本中发现有*tslc1*基因启动子高度甲基化，同时用甲基转移酶抑制剂5-氮杂-2'-脱氧胞苷处理能恢复鼻咽癌细胞系中因*tslc1*基因甲基化修饰导致的表达缺失[136]。

鼻咽癌发生过程中因DNA甲基化修饰而表达下调的肿瘤抑制候选基因有*myocardin*、*tfpi-2*和*hin1*。在鼻咽癌细胞系及原发肿瘤中普遍有*myocardin*基因异常甲基化及*myocardin* mRNA表达失活，对细胞系用甲基转移酶抑制剂5-氮杂-2'-脱氧胞苷处理能重新激活鼻咽癌细胞系中*myocardin*的表达。TFPI-2（组织因子途径抑制剂）是一种蛋白酶抑制剂，在某些癌症的发生和转移中发挥着肿瘤抑制功能。初级鼻咽癌肿瘤中存在组织因子途径抑制剂*tfpi-2*基因的异常甲基化。鼻咽癌细胞系中*tfpi-2*的mRNA转录失活可由甲基转移酶抑制剂5-氮杂-2'-脱氧胞苷处理而恢复，同时*tfpi-2*的异位表达可诱导肿瘤细胞的凋亡，并抑制细胞增殖及浸润转移能力。HIN1是Akt信号途径的负调控因子，*hin1*启动子高度甲基化在鼻咽癌中非常普遍。其存在于鼻咽癌原发肿瘤中，并导致鼻咽癌细胞中基因启动子高度甲基化而转录下调，但这一下调可通过甲基转移酶抑制剂5-氮杂-2'-脱氧胞苷处理而恢复[137]。*hin1*启动子高度甲基化在鼻咽癌患者的鼻咽拭子、喉咙润洗液及外周血中广泛存在，提示对患者以上体液中甲基化*hin1*的检测可能成为判断患者是否罹患鼻咽癌的有效诊断工具。

新发现的这些肿瘤候选抑制基因参与细胞分化、存活及迁移等多种生理活动，它们在鼻咽癌组织中呈现表达的下调或缺失与基因启动子甲基化关系密切，对其抑癌功能的进一步深入研究将有助于了解鼻咽癌的发病机制，从而可能为指导临床诊断和治疗提供新的思路。

（九）印记基因启动子甲基化修饰

在亚洲，鼻咽癌在临床上主要以未分化型为主；而在西方国家，鼻咽癌在临床上普遍为完全分化的鳞状细胞癌。cDNA微阵列分析等揭示人类印记基因*h19*在未分化鼻咽癌细胞系CNE-2及鼻咽癌活检样本中特异性表达，而在分化鼻咽癌细胞系HK1中不表达，同时HK1细胞系中*h19*基因的异常表达由其启动子区的CpG岛低甲基化诱导[138]，这指出*h19*基因启动子区的DNA甲基化在鼻咽癌细胞分化和印记基因的转录后沉默中起重要作用。

二、组蛋白修饰与鼻咽癌

EB病毒的编码产物也受组蛋白修饰的调控。在鼻咽癌细胞系中，组蛋白的乙酰化及组蛋白H3赖氨酸4的二甲基化（H3K4me2）与*lmp2a*的表达失活相关。鼻咽癌标本中有显著升高的H3K27me3表达，而关联分析则表明H3K27me3的高表达与肿瘤晚期T分期、迁移、恶性临床症状及抗化疗显著正相关，同时也与癌症患者较短的生存时间密切相关[139]。

目前已鉴定出70多种组蛋白修饰类型和修饰位点，但目前对组蛋白修饰与鼻咽癌关系的研究还比较少。有研究指出骨保护素Osteoprotegerin在鼻咽癌细胞系中普遍表达缺失，除了启动子CpG岛高甲基化相关外，还可能与降低的H3K4me3和升高的H3K27me3水平有关[140]。高通量的组蛋白修饰抗体芯片技术为寻找组蛋白修饰相关的鼻咽癌早期诊断和治疗的分子标志物提供了科学的前提基础，对理解鼻咽癌的癌变机制具有非常重要的意义。

三、miRNA与鼻咽癌

EB病毒是第1个被发现的表达miRNA的人类病毒，EB病毒转录的miRNA对感染宿主基因组mRNA的降解或抑制是促进鼻咽上皮细胞转化为肿瘤细胞的重要因素。miRNA-BART是EB病毒的转录产物，在EB病毒感染的鼻咽癌细胞中高表达。miRNA-BART5能靶向肿瘤抑制因子*P53* mRNA的3'UTR，负性调节*P53*的表达，从而抑制细胞的凋亡。miRNA-BART还能作用于*lmp1* mRNA的3'UTR，在转录后调控层次上负性调节*lmp1*的表达，从而降低*lmp1*表达阳性的鼻咽癌细胞对药物治疗的敏感性。miRNA在鼻咽癌的发生、发展及侵袭转移方面起着重要的作用。有关鼻咽癌肿瘤组织中差异表达的miRNA的鉴定及其潜在生理病理功能的探索，将对鼻咽癌的病理机制研究提供一个全新的视角和思路，也可为鼻咽癌的诊断、预后及治疗提供新的治疗方法和手段。对鼻咽癌组织或细胞系与正常组织的多种 miRNA 差异表达模式的研究揭示鼻咽癌特异性高表达或低表达某些 miRNA。miRNA-141 在鼻咽癌样本中表达上调，其目标靶分子是肿瘤抑制基因 *pten* 及 *ubap1*，miRNA-141 在鼻咽癌中的高表达导致 RB/E2F、JNK2 和 AKT 多条重要的细胞信号途径紊乱，而 miRNA-141 的低表达可由原癌基因 *c-myc* 缺失表达或肿瘤候选抑制基因 *splunc1* 的重新表达而诱导[141]。

相对于正常的鼻咽细胞系，鼻咽癌细胞系呈现较低的 miRNA let-7 家族分子表达水平，miRNA let-7 的异位表达能通过下调 *c-myc* 的表达来抑制鼻咽癌细胞的增殖，这表明 miRNA let-7 可能在鼻咽癌细胞的增殖中起作用，但只有在低分化鼻咽癌细胞中使用去甲基化药物处理才能重新激活 miRNA let-7 的表达[142]，这提示 miRNA let-7 在鼻咽癌中低表达除了甲基化修饰外还存在其他的调控机制。

miRNA-218在初级鼻咽癌和鼻咽癌细胞系中频繁表达下调，其调控鼻咽癌细胞存活和迁移生理功能的机制研究得较为清楚。miRNA-218通过靶向 *robo1*、*birc5*、*connexin43* mRNA的 3' UTR来调控 SLIT-ROBO 信号途径，进而抑制细胞迁移；同时 miRNA-218过表达造成很强的细胞毒性，并延缓细胞的生长速度[143]。

（于文强　张兰）

第九节　表观遗传修饰与卵巢癌

卵巢癌是女性生殖器官常见的肿瘤之一，发病率仅次于宫颈癌和子宫体癌。但卵巢癌却是各类妇科肿瘤致死率最高的癌症，主要是因为卵巢癌临床早期无症状，而其具高度转移及广泛扩散的特性，3/4 的患者就诊时已达癌症晚期，而大部分晚期癌症患者在化疗后复发率高达 70%，导致目前术后 5 年存活率约为 30%，这使得卵巢癌成为抗化疗的致命性疾病。卵巢癌是高度异质性的疾病，组织学分型有黏液型（最普遍）、浆液型（次普遍）、子宫内膜样型（Ⅰ期癌症中最普遍）、透明细胞型 4 种，临床上也可见多种不同组织型混合的类型。卵巢癌的病理机制尚不明确，目前的研究表明其可能与环境饮食、激素水平、遗传因素、表观遗传修饰等有关。

在以往的癌症发生机制研究中，人们往往更关注基因突变、基因扩增等遗传因素造成的原癌基因激活或过表达和抑癌基因的失活或表达下调。在Ⅰ型（低恶性程度）卵巢癌中，常发生突变的基因有 *kras*、*braf* 及 *pik3ca*；而在Ⅱ型（高恶性程度）癌症中，*tp53* 的突变则较频繁发生。随着研究的深入，人们发现表观遗传修饰导致这些与癌症发生密切相关的基因表达失调在卵巢癌的病理发生中起重要作用。

DNA 甲基化修饰、组蛋白修饰及 miRNA 表达调控都可调控与卵巢癌发生发展相关基因的异常高表达或表观遗传沉默（图 10-2[144]），下文将主要以这 3 大类不同表观遗传修饰调控基因表达的方式论述其在卵巢癌病理机制及临床治疗中的意义和应用价值。

一、DNA 甲基化修饰与卵巢癌

（一）DNA 低甲基化修饰

在卵巢癌研究中第 1 例报道的表观遗传修饰是 DNA 甲基化的丢失，许多原癌基因或促癌基因的低甲基化修饰是卵巢癌发生中的重要事件。上皮性卵巢癌组织中的 DNA 去甲基化酶（DMTase）表达水平显著高于非癌组织，高表达的 DMTase 与原癌基因 *c-erbb-2* 基因启动子及 *survivin* 基因 1 号外显子的低甲基化和基因高表达相关。*mcj*（methylation controlled DNAJ）在正常卵巢上皮细胞中因基因的 CpG 岛处于甲基化状态而不表达，但在Ⅲ / Ⅳ期卵巢癌 *mcj* 基因启动子区 CpG 岛甲基化缺失导致其异常过表达，且 CpG 岛甲基化缺失状态与癌细胞对化疗的敏感性显著相关。透明细胞卵巢癌患者的不良预后与人类内源性反转录病毒 K（*herv-k*）基因的低甲基化有关，携带低甲基化状态的 *herv-k* 患者呈现总体较短存活期，同时携带低甲基化状态 *herv-k* 的晚期透明细胞卵巢癌患者表现出较短的无复发生存期[145]。这也预示着 *herv-k* 低甲基化可作为预测透明细胞卵巢癌治疗反应及预后的病理标志。

其他因基因低甲基化而导致异常表达并与卵

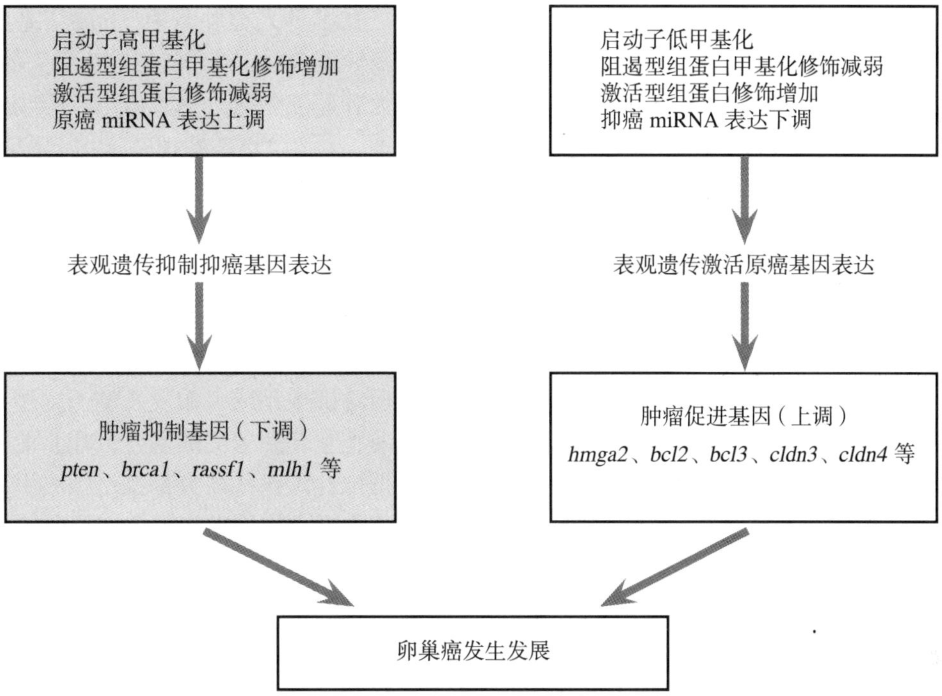

图 10-2　DNA 甲基化修饰、组蛋白修饰及 miRNA 表达调控参与卵巢癌发生发展相关基因的表达失调

巢癌发生发展有关的基因有肿瘤 / 睾丸抗原候选原癌基因 *boris*（brother of the regulator of imprinted sites）和激活 MAPK 和 ELK-1 信号级联途径的 *sncg*（synuclein-γ）。另外，*igf2*、*claudin-4*、*mal* 和 *hoxa 10* 等印记基因的低甲基化也与卵巢癌的发生相关。

卵巢癌发生不仅涉及原癌基因启动子的低甲基化修饰，全基因组异染色质的低甲基化也在癌症发生中起重要作用。非基因的重复 DNA 序列甲基化程度的减弱是卵巢癌中全基因组低甲基化的主要原因，这些重复的 DNA 序列包括中心粒卫星 αDNA 和邻近中心粒的 2 号卫星 DNA、Alu 重复序列及 LINE1 重复序列。卫星 DNA 的低甲基化程度随肿瘤的恶性程度而增加，且可作为不良预后的独立病理标志 [146]。异染色质 DNA 低甲基化促进卵巢癌发生发展的分子机制可能涉及转座子的激活、DNA 或染色体重组、原癌基因或抑癌基因拷贝数的增减及染色体构象的改变。

DNA 甲基化修饰不仅可诱导原癌基因及促癌基因异常高表达原癌蛋白质，同时也可导致原癌 miRNA（oncogenic miRNA）表达上调。对卵巢癌中异常表达的 miRNA 表达谱全面分析揭示 miR-21、miR-203 和 miR-205 相对于正常卵巢组织高表达，同时去甲基化处理能重新激活这些 miRNA 的表达，揭示原癌 miRNA 基因的低甲基化可能是其在卵巢癌中异常高表达的表观遗传学机制。

（二）DNA 高甲基化修饰

抑癌基因的表达缺失因素除了遗传突变、缺失外，一系列的研究揭示卵巢癌中 DNA 高甲基化修饰也成为抑癌基因、癌症关联基因表达缺失或下调的分子机制。DNA 甲基化微阵列分析揭示晚期卵巢癌中有众多的高频甲基化基因位点 [147]。这些与卵巢癌特定分期相关的甲基化基因可能代表着癌症分期的甲基化状态标签及可能的治疗靶标。CpG 岛的高度甲基化导致的基因表观遗传沉默与肿瘤起始、恶性发展、药物耐受及不良预后的整个过程相关；且 CpG 岛的甲基化程度随卵巢癌发展恶化而逐渐提高 [148]。RNA 干扰下调 DNA 甲基转移酶的表达可显著改变整体 CpG 岛的高度甲基化状态，同时有效地抑制卵巢癌细胞的生长速度。

某些基因的甲基化程度还与卵巢癌的组织学分型相关，如透明细胞卵巢癌中 *14-3-3σ* 基因 17 个 CpG 岛上的甲基化程度显著高于浆液性卵巢癌、子宫内膜样癌及黏液性腺癌中的甲基化程度，这也暗示了 *14-3-3σ* 基因的表达及甲基化程度可作为临床上区分不同组织类型卵巢癌的病理标志；Wilms 抑癌基因 *wt1*

及 *wt1* 反义基因 *wt1-as* 的不同甲基化程度可能是区别透明细胞卵巢癌与浆液性卵巢癌的分子特征，浆液性卵巢癌组织有较低的 *wt1* 及 *wt1-as* 甲基化及基因表达，但透明细胞卵巢癌组织中 2 种基因伴随其启动子显著高水平甲基化而表达缺失，且这一分子现象可能与透明细胞卵巢癌的不良预后相关。

在卵巢癌中鉴定的因 DNA 高甲基化导致抑癌功能缺失的重要抑癌基因有 *pten* 及 *brca* 等。乳腺癌易感基因 *brca1*（breast cancer susceptibility gene 1）在 DNA 的损伤修复中起关键作用。当 DNA 受损程度超过细胞自我修复的能力限度时，*brca1* 则指令细胞走向凋亡。在卵巢癌中常见的 *brca1* 或 *brca2* 的表达缺失由基因的杂合性缺失或突变导致，但散发性卵巢癌中 *brca1* 基因突变却很罕见，而这一类卵巢癌患者表现出 *brca1* mRNA 和蛋白质表达水平下降。多个研究证据揭示 *brca1* 抑癌基因在散发性卵巢癌中表达沉默的机制涉及 DNA 启动子甲基化。在临床上，Ⅰ A或 B 期患者血清 DNA 中可特异地检测到 *brca1* 启动子甲基化，研究指出患者血清 DNA 中 *brca1* 甲基化状态可作为判断早期卵巢癌的生化指标。

其他在卵巢癌中由启动子甲基化修饰表达下调的抑癌基因有 *p16*、*mlh1*、*msh25*、*run3x*、*slit2* 和 *fbxo32*，候选抑癌基因 *rassf1a*、*opcml*、*sparc*、*angptl2*、*ctgf* 和 *tes*，调控细胞周期基因 *cylcin d2*，促凋亡基因 *dapk*、*tms1/asc*、*tceal7* 和 *par-4*，调控细胞粘连的基因 *icam-1* 和 *cdh1*，负调控 Wnt 信号途径的基因 *sfrp5*，调控细胞信号途径的基因 *hsulf-1*，调控基因组稳定性的基因 *palb2*，胚胎发育调控基因 hoxa11 及对微管靶向药物敏感基因 *chfr*。

负调控细胞生长存活的印记基因频繁表达缺失是肿瘤发生发展的重要因素，在卵巢癌中因启动子甲基化导致表达缺失而促进细胞恶性转化的印记基因有 *arh1*、*peg3* 和 *zac*。

（三）以 DNA 甲基化为靶点研发的治疗方法

在这些癌症靶标中，卵巢癌细胞针对诸如 PI3K/AKT 和 SRC 信号途径的治疗药物已产生化疗耐药性。而事实上，恶性肿瘤的复发及对化疗药物的耐受性成为卵巢癌治疗过程中的极大困难。

卵巢癌细胞对传统的治疗药物（如针对 PI3K/AKT 和 SRC 信号途径的抑制剂）已产生化疗耐药性，而 DNA 甲基转移酶抑制剂 DAC 可通过恢复癌症中表达失调的基因逆转肿瘤细胞对放疗、化疗药物的敏感性。在多种人类肿瘤中，*hmlh1* 基因的启动子高甲基化而导致 DNA 错配修复功能丢失的现象频繁发生，这成为肿瘤细胞对许多临床治疗药物产生耐药性的原因之一。尽管 DAC 处理并未抑制卵巢癌异生瘤的生长速度，但却使其恢复了对顺铂、卡铂、替莫唑胺及表柔比星（表阿霉素）的敏感性。对上皮卵巢癌细胞进行连续的 DAC 处理能降低基因组的甲基化水平，并诱导原本表观遗传沉默的基因重新激活表达，由此也可逆转细胞对卡铂的抗性；同时 1b/2a 期临床试验也发现对抗顺铂或卡铂复发型上皮型卵巢癌患者连续使用阿扎胞苷和卡铂的联合治疗，能逆转其对铂类药物的抵抗性。这些研究都预示了去甲基化药物与传统化疗药物联合使用在卵巢癌治疗中的巨大潜力。

二、组蛋白修饰与卵巢癌

组蛋白修饰是独立于 DNA 甲基化修饰外调控基因表达的表观遗传分子机制，如 *cyclin b1* 和 *p21waf1/cip1* 可在无 DNA 甲基化修饰情况下通过组蛋白修饰而发生基因表达沉默。组蛋白修饰调节多种卵巢组织的生理活动，包括雌激素合成、卵泡形成、黄体期活动等，卵巢癌细胞呈现出与正常组织细胞有显著差异的染色质修饰蛋白质的表达模式及其靶目标基因的表达模式。

（一）组蛋白修饰变化抑制基因表达

卵巢癌组织中有组蛋白去乙酰化酶 HDAC 1～3 的高表达，HDAC 高表达导致抑癌基因或候选抑癌基因的表达失活，这也可能是卵巢癌发生发展的分子机制之一。组蛋白去乙酰化酶抑制剂曲古抑菌素 A（TSA）处理卵巢癌细胞系 A2780，可导致抑癌基因 *rb* 及细胞周期蛋白依赖的激酶抑制因子 *cdkn1* 的表达上调。除了乙酰化修饰外，组蛋白甲基化修饰也可协同抑制基因的表达。如 H3 组蛋白甲基化修饰是抑制细胞侵袭和迁移基因 *hulf-1* 和 *rassf1* 表达下调的分子机制之一。卵巢癌中 TGF-β/SMAD 信号途径的多个基因也受到组蛋白修饰的调节，导致其调控异常。组蛋白 H3K9 甲基化修饰导致 TGF-β/SMAD 信号途径组成分子 RUNX1T1 异常表达失活。与 RUNX1T1 类似的是，解聚素和金属蛋白酶 19（*adam19*）是最近鉴定的受 TGF-β 上调表达而抑制细胞生长的基因。阻遏基因表达的组蛋白修饰 H3K27me3 和 H3K9me2 及组蛋白去乙酰化酶协同作用在 *adam19* 的启动子区形成不活跃的染色质环境，并导致其转录下调，致使这些卵巢癌细胞在以 TGF-β 为靶目标治疗时表现耐受性。

大部分卵巢癌肿瘤细胞中 GATA6 表达缺失或被转运至核外，同时大部分卵巢癌细胞系中缺失 GATA4 的表达，GATA 转录因子的表达缺失由组蛋白 H3 和 H4 的低乙酰化及激活基因表达的组蛋白修饰 H3K4me3 缺失引起，对 A2780 和 HIO-114 卵巢癌细胞系以组蛋白去乙酰化酶抑制剂处理可恢复转录因子 GATA4 和 GATA6 的表达。GATA 表达缺失导致的其转录靶基因 *disabled-2* 的表达缺失，可能是卵巢癌去分化的潜在分子机制。

在原发卵巢癌及卵巢癌细胞系中表达下调的候选抑癌基因 *dlec1* 与其启动子的高度甲基化及组蛋白低乙酰化密切相关，这表明启动子区 DNA 甲基化修饰与组蛋白去乙酰化修饰可协同抑制基因的表达，但组蛋白去乙酰化抑制基因转录依赖于甲基化 CpG 位点的数目。在启动子 DNA 高密度甲基化情况下，染色质结构高度紧缩并且相当稳定，组蛋白去乙酰化对转录抑制的作用将会显得较为次要。典型的例子是卵巢癌中表达沉默的肿瘤相关基因 *p16*、*hmlh1* 和 *mgmt*。这 3 个基因的表达沉默伴随启动子 DNA 高甲基化及组蛋白 H3K9 低乙酰化修饰，TSA 处理卵巢癌细胞系能恢复 DNA 高甲基化区启动子的组蛋白 H3K9 乙酰化修饰水平，但并不能恢复基因表达，但 DNA 甲基转移酶抑制剂 5- 氮杂 -2'- 脱氧胞苷处理能增加 DNA 去甲基化水平及 H3K9 乙酰化修饰水平并恢复基因表达。

（二）组蛋白修饰变化促进基因的表达

组蛋白的甲基化修饰缺失可能导致原癌基因的激活表达。另外，在卵巢癌中 *cldn4* 基因（编码 claudin-4）的异常过表达涉及 DNA 低甲基化修饰、启动子区组蛋白 H3 高乙酰化修饰及抑制基因表达型组蛋白修饰 H3K27me3 和 H4K20me3 缺失这 3 种不同类型的表观遗传修饰机制 [149]。

（三）以组蛋白修饰为靶点研发的治疗方法

以组蛋白修饰为靶点也具有良好的治疗前景。组蛋白去乙酰化酶抑制剂可通过对基因启动子高度乙酰化来诱导细胞周期抑制因子 *P21*、促凋亡基因及抑制细胞侵袭转移的因子 *E-cadherin* 来施加抗肿瘤功效。体内和体外试验证明组蛋白去乙酰化酶抑制剂 PXD101 单独或与临床化疗药物联合使用，均可对耐药性的卵巢癌细胞施加细胞毒性。丙戊酸也具有组蛋白去乙酰化酶抑制剂功效，不仅可以协同顺铂增加对卵巢癌细胞的毒性，更可使对顺铂耐受的细胞重新获得药物敏感性；丙戊酸协同顺铂增加细胞毒性的机制涉及活性氧的累积及肿瘤抑制基因 *pten* 的过表达。EZH2 这一特定的 H3K27 甲基转移酶在对顺铂耐受的卵巢癌细胞中是高表达的，利用 RNAi 将 *ezh2* 表达沉默后导致 H3K27me3 水平的降低，并使对药物耐受的卵巢癌细胞系 A2780/DDP 重新获得对顺铂的敏感性 [150]。此外，全基因组去阻遏型组蛋白修饰标志 H3K27me3 的丢失与全基因组 DNA 甲基化水平的降低相关，并导致原本对化疗药物耐受的卵巢癌细胞重新获得对铂类药物的敏感性 [151]，这提示以 EZH2 为靶点来降低 H3K27 甲基化水平可能是克服化疗药物抗性的表观遗传新疗法。

研究发现对顺铂耐受的癌细胞用 5- 氮杂 -2'- 脱氧胞苷处理并不能完全逆转 DNA 甲基化。靶向甲基化修饰和组蛋白修饰可能在卵巢癌的临床治疗中取得更大的突破。如 DNA 甲基转移酶抑制剂地西他滨与组蛋白去乙酰化酶抑制剂贝林司他联合使用比贝林司他单独使用能更进一步增加卵巢癌细胞 A2780/CP70 中被 DNA 甲基化修饰表观遗传沉默的基因 *mlh1* 和 *mage-a1* 的重新表达，且这 2 种抑制剂联合使用能显著增加异生瘤对顺铂的敏感性。基于 DNA 甲基转移酶抑制剂与组蛋白去乙酰化酶抑制剂在基础研究中表现出的良好癌细胞毒性效应，一些针对反复发作或耐药性的卵巢癌的表观遗传修饰药物开发已处于临床实验阶段。1b-2a 期临床试验中阿扎胞苷和卡铂的联合治疗能逆转对抗顺铂或卡铂复发型上皮型卵巢癌患者的铂类药物抗性。对反复发作且耐药型上皮卵巢癌患者进行的地西他滨与卡铂的临床治疗 I 期药理动态学试验指出，低剂量的地西他滨与卡铂联合使用可能在临床上具有潜在的卵巢癌治疗效应 [152]。另外一个地西他滨与卡铂联合试验治疗实体瘤的 I 期临床试验中指出，较高剂量的地西他滨（90mg/m^2）可导致 DNA 去甲基化水平在给药后 8 ~ 12 天内最高，暗示了这段时间是对癌细胞产生细胞毒性的化疗药物最佳给药时机。

三、miRNA 与卵巢癌

肿瘤的发生发展是一系列错综复杂、相互关联的分子事件，而卵巢癌细胞具有高度异质性和复杂性，有些 miRNA 的表达呈现动态模式，如 miR-199a 在分泌促肿瘤细胞因子的Ⅰ型上皮型卵巢癌细胞中表达下调，但在不分泌促肿瘤细胞因子的Ⅱ型上皮型卵巢癌细胞中不表现表达下调趋势[153]。再如 miR-200 家族分子包括 miR-200a、miR-200b、miR-200c、miR-141 和 miR-429，可通过靶向转录因子 ZEB1 和 ZEB2 来正向调控 *e-cadherin* 的表达，由此可判断 miR-200 家族分子具有肿瘤转移抑制功能。在卵巢癌的发生进程中，miR-200 的表达可能在卵巢癌发生发展的不同阶段呈现动态模式：miR-200 在肿瘤细胞获得侵袭性能的早期被下调；在远端转移灶重新获得上皮细胞特性时被上调。鉴于 ZEB1/2 能负性调节 miR-200 的表达，目前对于 miR-200 动态表达模式的可能解释为：当肿瘤细胞在转移初始阶段，TGF-β 信号途径激活或血小板源性生长因子 PDGF-D 表达激活，ZEB1/2 表达水平上升，导致 miR-200 表达水平的下降及上皮间质转化的发生；在肿瘤细胞转移至其他组织后，miR-200a 和 miR-200b 上调。有研究小组发现 miR-200a 的表达上升与良好预后相关，但另一小组却报道较高的 miR-200a 与不良预后相关。

尽管某些 miRNA 在肿瘤发展过程中“动态”表达增加其功能研究的复杂性，毋庸置疑的是，miRNA 在卵巢癌的发生发展中起至关重要的作用。人们最初发现肿瘤中约有 40%miRNA 的基因拷贝数发生变化，尽管有研究指出卵巢癌中 *drosha* 和 *dicer* 在 mRNA 水平和蛋白质水平上无显著变化，但较高水平的 *drosha* 和 *eif6* 与卵巢癌患者的良性预后相关联[154]。越来越多的研究也表明 miRNA 与卵巢肿瘤密切相关，表达失调的 miRNA 通过对原癌基因或抑癌基因的调控参与卵巢癌的病理过程。

（一）miRNA 表达下调促进原癌基因或促肿瘤发生的基因激活表达

miRNA 一般是在转录后修饰水平上通过阻止翻译或导致 mRNA 降解的方式负调控编码蛋白质的基因表达。编码 miRNA 基因的缺失、突变或表观遗传沉默都有可能导致原癌基因或促癌基因激活表达。综合基因组学的方法指出卵巢癌中约 36% 的表观遗传沉默由 miRNA 下调导致，且 miRNA 表达下调导致全基因组范围的转录失调[155]。与卵巢癌发生密切相关的研究较为充分的 miRNA 为 miRNA let-7 家族分子和 miR-125 等。

大部分 miRNA let-7 家族分子通过抑制原癌蛋白如 K-ras、MYC、HMGA-2 及细胞周期调控因子 CDC25、CDK6、CYCLIN D2 的翻译而发挥肿瘤抑制功能。4 种 let-7 家族分子在卵巢癌有下调趋势。其中，let-7b 与浆液型卵巢癌的不良预后相关[156]。卵巢癌细胞中的 let-7i 过表达能显著下调原癌基因如 *ras* 和 *hmg2* 的蛋白质表达水平，并恢复细胞对化疗药物的敏感性。而在晚期卵巢癌患者中下调的 let-7i 表达水平同样可与较短的癌症无恶化生存期显著相关。与 let-7 miRNA 下调相一致的是，let-7 miRNA 抑制因子 LIN28 和 LIN28b 的高表达与较短的癌症无恶化生存期及较短的总体生存期相关[157]。let-7 家族分子 let-7a-3 可能具有原癌基因功能，其在卵巢癌中的表观遗传沉默与癌症的良性预后相关。

在卵巢癌中上皮生长因子受体（EGFR）的过表达诱导上皮间质转化，与患者的不良预后相关。EGFR 信号途径可通过 ETS 转录因子家族分子 PEA3 来抑制 miR-125a 的转录，进而导致 miR-125a 的靶目标基因 *arid3b*（at-rich interactive domain 3b）在卵巢癌中呈现过表达。同时 miR-125a 的过表达能将高度侵袭性的卵巢癌细胞从间质细胞形态逆转回上皮细胞形态。卵巢癌中 miR-125b 下调导致原癌基因 *bcl3* 转录产物翻译的去阻遏，miR-125b 的异位表达能诱导细胞周期阻滞、细胞增殖速率和细胞集落形成能力的降低[158]。miR-125a/b 表达失活还可能通过上调 ERBB2 和 ERBB3 水平从而抑制细胞凋亡的发生[159]。

miR-127 是在卵巢癌中呈现低表达的 miRNA，DNA 甲基转移酶抑制剂 5- 氮杂 -2'- 脱氧胞苷和组蛋白去乙酰化酶抑制剂 4- 苯丁酸处理可诱导 miR-127 表达，并降低原癌基因 *bcl-6* 的表达[160]。鉴于 miR-127 的异常低表达可在肿瘤患者血清中检测到，miR-127 可能作为卵巢癌早期判断的病理标志及治疗的新靶点。

此外，位于 14 号染色体上 *dkll-gtl2* 区域具有肿瘤抑制功能的 miRNA 的表达下调与患者生存期缩短存在必然联系。其他在卵巢癌中表达下调进而促进原癌基因激活表达的 miRNA 有 miR-15a、miR-16、miR-143、miR-9 和 miR-199a。miR-15a 和 miR-16 直接作用于原癌基因 *bmi-1* mRNA 的 3' 非翻译区；miR-15a 和 miR-1 在卵巢癌细胞系中的过表达能降低 BMI-1 的蛋白质表达水平，导致细胞增殖速度的显著减弱及克隆形成能力的降低；miR-143 能调控细胞增殖，其下调能促进 MAPK7 和 KRAS 的激活。miR-9 直接作用于 *nf-kappab1*mRNA 的 3' 非翻译区以此来调控卵巢癌细胞生长速度；miR-199a 则可靶向 *nf-kappab* 的上游激活因子 *ikkβ* 以此来抑制 *nf-kappab* 的活性。鉴于 *nf-kappab* 在炎症反应中的中心作用，miR-199a 还可抑制关键的促炎症因子环氧化酶 2 的表达，miR-199a 和 miR-9 的下调可能协同促进 *nf-kappab* 的上调，促使炎症微环境的形成，利于卵巢癌的发生发展。

（二）miRNA 表达上调促进抑癌基因或癌症关联基因表达失活

缺氧是肿瘤发生的普遍的病理状况，缺氧诱导因子 HIF 协同其他转录因子调控多种基因包括 miRNA 的表达，促进血管生成及细胞存活。miR-210 是由 HIF 诱导表达最显著的 miRNA 之一，可直接靶向调控细胞周期的重要转录因子 E_2F_3。后续研究鉴定 miR-210 的潜在靶目标基因多达 50 种，其中大部分基因都与细胞在缺氧环境中的适应和存活有关。miR-141 是卵巢癌中上调幅度最大的 miRNA 之一，miR-141 和 miR-20 的靶目标基因均为 *pten*，子宫内膜型卵巢癌中 miR-141 和 miR-20 的上调导致 PTEN 蛋白质水平下调，进而导致 AKT 细胞存活信号途径过度激活，从而使细胞获得对顺铂的抗性。

miR-106 和 miR-20a 的上调表达能通过靶向 *p21/cdkn1a* 来促进细胞生长。*p53* 基因突变是卵巢癌中常见的分子现象，由其导致的 miR-34s 上调能通过靶向抑制 *bcl-2*、*cdk4* 和 *ccdn1* 的表达来使肿瘤细胞逃逸细胞凋亡、细胞周期阻滞及细胞衰老。对 50 例浆液型卵巢癌患者研究确认 miR-29b 的高表达与患者生存期降低相关[161]。

（三）以 miRNA 表达调控为靶点研发的治疗方法

晚期上皮性卵巢癌细胞中表达下调的 miRNA 可以通过 DNA 去甲基化剂 5- 氮杂 -2'- 脱氧胞苷或组蛋白去乙酰化酶抑制剂 4- 苯丁酸（PBA）来恢复；直接抑制 miR-214 对 *pten* 的靶向调节可降低 miR-214 通过 PTEN/AKT 信号通路诱导的卵巢癌细胞对顺铂的耐药性。这些方法可被借鉴到耐药性卵巢癌的治疗中，用以增加卵巢癌患者对化疗药物的敏感性[162]。

四、环境因素诱发卵巢癌的表观遗传机制

对卵巢癌病因的流行病学研究表明，诱发卵巢癌的环境因素主要包括工业环境污染、激素药物及饮食因素等。但对这些因素诱发卵巢癌的表观遗传机制研究尚不透彻。

（一）诱发卵巢癌的环境污染因素

调查研究发现在工业发达国家及上层社会妇女卵巢癌的发病率高，同时发展中国家的妇女移居至发达国家后卵巢癌的发病率也随之上升，表明工业化环境环境污染加剧可能与卵巢癌发病率增高有关。环境干扰物对 - 壬基酚、双酚 A 和邻苯二甲酸酯二丁酯均能促进雌激素受体阳性卵巢癌细胞系 PEO4 增殖，研究认为接触有机粉尘、芳香胺和芳香族碳氢化学物是卵巢癌的致病因素之一。

（二）激素、药物对卵巢癌发生的影响

一般研究认为已婚不孕为卵巢癌的高危因素，同时有研究发现促排卵药物与卵巢癌的发生也有关联，但现有的研究并不能得出统一的结论。例如，有研究指出促排卵药物能增加不孕症妇女卵巢癌的发病率，但也有研究认为不孕症而非促孕药物是卵巢癌的诱因。另外，大量的流行病学调查资料证实，口服避孕药可通过抑制排卵降低罹患卵巢癌的风险。

（三）饮食因素与卵巢癌的发生

发展中国家的妇女移居至发达国家后上升的卵巢癌发病率及发达国家妇女的卵巢癌高发病率可能与其饮食结构的高胆固醇有关。调查发现多食水果、新鲜蔬菜与较低卵巢癌的发病率相关。

（于文强 张兰）

第十节　表观遗传修饰与皮肤黑色素瘤

黑色素瘤（melanoma）又称恶性皮肤黑色素瘤，是一种恶性度极高并且能产生黑色素的肿瘤。黑色素瘤的预后多数较差，晚期可有淋巴道及血液转移。黑色素瘤和痣有一定相关性，60% 的恶性黑色素瘤是由色素痣恶变而来。黑色素瘤多发于白色人种，在西方黑色素瘤在所有肿瘤中发病率排名第六，但在黑色人种中却很少发生，中国虽属黑色素瘤的低发区，但进入 21 世纪后发病率却呈不断上升的趋势。

表观遗传通过 DNA 甲基化、组蛋白修饰、染色质重塑及非编码 RNA 等方式影响着染色质结构和基因组的稳定性，越来越多的研究表明表观遗传修饰的改变与黑色素瘤的发生发展密切相关。另外，表观遗传修饰改变可以被药理学操控所逆转，这将给黑色素瘤的治疗提供新的研究思路和方向。

一、DNA 甲基化与黑色素瘤

（一）DNA 超甲基化与黑色素瘤

基因启动子区 CpG 岛的超甲基化可以阻止转录因子与 DNA 的结合并且形成异染色质结构，从而抑制了特定基因的表达。目前已经证实在不同的肿瘤中都存在抑癌基因启动子的超甲基化现象。而在黑色素瘤的不同发展阶段人们已经发现大约有 50 多个基因存在不同程度的超甲基化现象。虽然现在人们对于超甲基化的基因在黑色素瘤的发生发展过程中所起的具体作用还不是很清楚，但是已有大量的数据表明这些基因参与了黑色素瘤细胞周期的调控、凋亡、侵袭和转移等肿瘤发生和发展的过程。

控制细胞周期的基因，例如细胞周期依赖的抑制因子被认为是一类抑癌基因。有研究表明细胞周期依赖的激酶抑制基因 *cdkn2a* 启动子区的超甲基化是其基因沉默的重要机制之一。32% 的原发色素层黑色素瘤和 50% 的色素层黑色素瘤细胞系中发现 *cdkn2a* 基因启动子区发生了超甲基化。另外也有报道在 19% 的皮肤黑色素瘤和 33% 的转移黑色素瘤中也存在 *cdkn2a* 启动子区超甲基化的现象 [163]。

抑癌基因 *mtap* 是一个甲硫氧嘧啶磷酸化酶，在多个黑色素瘤细胞系中都发现了 *mtap* 基因启动子区超甲基化现象的存在。MTAP 的表达量与黑色素瘤的进程成反比，从良性黑色素瘤到原位癌再到肿瘤及转移的进程中，MTAP 的表达量逐渐下降。高表达 MTAP 的黑色素瘤患者对干扰素治疗有更好的疗效。MTAP 对 STAT1（信号转导子和转录激活子）的活性有影响，而 STAT1 是干扰素 γ 信号通路活化所必需的 [164]。这些研究结果为联合治疗提供了一些方向：甲基化酶抑制剂如 5-Aza，可以让细胞中 MTAP 重新表达，将其与干扰素 γ 联用来治疗黑色素瘤也许会起到更好的效果。

apaf-1 是另外一个非常重要的抑癌基因，并且其表达水平与黑色素瘤的发展成负相关。APAF-1 是一个细胞死亡因子，可以介导 P53 依赖的细胞凋亡。与其他癌症相比，黑色素瘤中很少有 *p53* 基因的突变发生。然而黑色素瘤对化疗药物不敏感，化疗药物不能诱导黑色素瘤细胞凋亡或者是细胞周期阻滞，这些问题说明除了 *p53* 突变以外还有其他机制破坏了 P53 调控的细胞凋亡。Soengas 等发现在黑色素瘤中 *apaf-1* 存在启动子区的超甲基化现象，并发生了基因沉默，而这可导致黑色素瘤的抗凋亡。用 5-Aza 处理黑色素瘤细胞可以导致 *apaf-1* 的重新表达，并且可以增加细胞对化疗药物的敏感性。

在黑色素瘤细胞中细胞黏附因子如 *e-cadherin* 和 *p-cadherin* 也会发生超甲基化从而导致表达受到抑制。在很多黑色素瘤细胞系中转录因子 SNAIL 的表达下调会导致 *e-cadherin* 的表达沉默 [165]。然而在另一些黑色素瘤细胞系中由于 *e-cadherin* 启动子区的超甲基化也会导致该基因的表达沉默，如果用甲基化酶抑制剂处理黑色素瘤细胞，可以重新恢复 *e-cadherin* 的表达。同样，*p-cadherin* 基因也有类似的现象。

（二）低甲基化与黑色素瘤

已经有大量的文献报道在黑色素瘤中抑癌基因的表观沉默，但是对于 DNA 低甲基化在黑色素瘤的发生发展过程中所起的作用了解比较少。然而近年来由一些文献报道表明 DNA 的低甲基化通过活化一些转座子和重复序列造成基因组的不稳定，促进原癌基因的表达，从而促进黑色素瘤的发生发展。

黑色素瘤抗原（*mage*）是一个特异性在卵子中表达的基因，在正常人类组织中其启动子区域被甲基化而不表达。然而在黑色素瘤中其启动子区域被去甲基化而重新表达。肿瘤细胞中 *mage-a1* 与其家族中的其他成员（*mage-a2*、*mage-a3* 和 *mage-a4*）在甲基化酶抑制剂 5-Aza 的处理下都会重新活化。另外在黑色素瘤细胞中也发现一类癌 - 睾丸抗原（CTA）基因和一些其他类型基因发生了异常的低甲基化，如 *prame*、*gage 1-6*、*hmw-maa*、*ny-eso-1*、*pi5* 和 *tspy* 等。

在正常皮肤的黑色素细胞中这些基因（启动子区域）是被超甲基化而不表达的。然而在黑色素瘤细胞中这些基因都重新去甲基化而重新活化。现在人们对于这些重新表达的基因的生物学功能还不太清楚。这些基因的重新活化会促进黑色素瘤的发生，还仅仅是由于整个基因组低甲基化而重新表达的副产物？现在人们知道细胞如果表达这些肿瘤细胞特异的细胞抗原就可以被免疫系统所识别，并且被清除掉。*mage* 基因的表达可以加速良性黑色素瘤转变成恶性的黑色素瘤，并且产生抗药性。

睾丸特异抗原基因 *tspy* 是一个多拷贝基因，也是唯一一个位于 Y 染色体上的原癌基因。在性腺胚细胞瘤和多种其他肿瘤如前列腺癌、肝癌中，都观察到了该基因的高表达。更重要的是有研究表明异位表达 TSPY 可以加快细胞从 G_2/M 期的转化，从而增强细胞的生长能力，而且 TSPY 也可以增强肿瘤在裸鼠中的生长能力 [166]。在正常的黑色素细胞中 *tspy* 由于启动子区高甲基化而不表达，在黑色素瘤中 *tspy* 由于启动子区的低甲基化而重新活化。然而也有相反的报道：用甲基化抑制剂 5-Aza 处理从男性来的 TSPY 阴性的黑色素瘤细胞系，可以使 TSPY 重新表达，这一研究结果与以前的观点相反 [167]。然而这一研究结果只是用了一种恶性的黑色素瘤细胞系，其结果的可靠性有待于进一步验证。

MASPIN 是一个乳腺的丝氨酸蛋白酶抑制剂，在乳腺癌中被报道是一个抑癌基因。在不同的癌症以及不同的组织类型中 *maspin* 有着不同的表达类型，因此 *maspin* 是否可以被定义为抑癌基因还有待研究。免疫活化 *maspin* 与黑色素瘤的发展呈负相关，但是在部分病例中发现 *maspin* 与黑色素瘤的发展呈正相关。*maspin* 在黑色素瘤中的作用还有待于进一步的研究。

二、MiRNA 与黑色素瘤

众所周知 miRNA 在肿瘤细胞和正常细胞中有很大的差异，因此有很多研究关注这些 miRNA 表达的不同对肿瘤发生的影响。肿瘤特异表达 miRNA 的发现有助于人们对于肿瘤发生发展的理解，也有助于人们在肿瘤中找到新的生物标记及发明新的治疗方法。

与其他实体瘤相比，在黑色素瘤中 miRNA 的研究相对比较少。黑色素瘤中 miRNA 表达的变化结果表明 86% 的黑色素瘤细胞系中 DNA 拷贝数变异的区域包含了 miRNA 的基因，他们发现有 234 个 miRNA 基因是黑色素瘤特异的。应用高灵敏度的 qRT-PCR 技术，Gaur 等鉴定出了一组 miRNA 可以将黑色素瘤与其他所有肿瘤区分开来。除此之外，他们鉴定出 miR-137 是转录因子 MITF 的一个诱导因子，而 MITF 是黑色素细胞生长和黑色素瘤细胞生存的一个重要调控因子。在黑色素瘤和其他肿瘤中 Mir-221 和 Mir-222 表达异常会发挥原癌基因的功能。Worley 在色素层黑色素瘤中鉴定出一些 miRNA 与良好的预后有关，而 miR-199a 和 let-7b 与黑色素瘤转移有关 [168]。色素层黑色素瘤和表皮黑色素瘤在临床和分子水平都有着明确的差异，如色素层黑色素瘤倾向于血液转移而不是淋巴转移，多转移到肝和肺，与表皮黑色素瘤相比很少有 *braf* 和 *cdkn2a* 的突变。miR-34a 在色素层黑色素瘤中通过下调 *c-met* 基因的表达抑制肿瘤的生长，从而起到了抑癌基因的功能，而 miR-34b、miR-34c 和 miR-199a* 也可能抑制 C-MET 介导的侵袭生长。体内外实验已经证明 miR-182 可以促进黑色素瘤细胞的转移，下调 miR-182 的表达可以降低细胞侵袭并且促进细胞凋亡 [169]。

miRNA 在黑色素瘤的发生和发展过程中起到了重要的作用。区分不同 miRNA 在黑色素瘤的发生发展过程中所起的不同作用将对黑色素瘤的治疗起到一定的帮助。

（一）黑色素瘤中 *mitf* 和相关 miRNA

mitf 是黑色素瘤中的一个原癌基因，在黑色素瘤细胞的生长和凋亡中起到了调控作用，在 10% ~ 20% 的人类黑色素瘤中高表达。MITF 是一种碱性 - 螺旋 - 亮氨酸拉链形式的转录因子，是 MYC 超家族中的一员，是黑色素瘤细胞形成所必需的。由于 MITF 在黑色素瘤形成过程中的重要作用，已经有一些人研究了在黑色素瘤中 miRNA 对 MITF 信号通路的调控作用。

1. miRNA调控*mitf* 通过miRNA靶位点的预测网站MicroRNA.org可以预测有>300个miRNA可以靶向到*mitf*基因的3'UTR上，现已有研究证实某些miRNA确实可以靶向*mitf*基因，并发挥调控作用。有研究表明位于染色质1p22（1号染色体）上的miR-137已经被证明对于黑色素瘤的敏感性起作用，并且证实在黑色素瘤细胞中*mitf*确实是其一个靶基因[170]。miR-182是另一个*mitf*的负调节因子。在黑色素瘤中miR-182所在区域7q31-34经常会发生异位，miR-182可以通过抑制*mitf*和*foxo3*从而增强存活率和减少黑色素瘤迁徙的潜能。此外，染色质7q31-34这个区域也包含了另外2个重要的与黑色素瘤发生有关的基因，即*c-me*和*bra*，它们是两个在MAPK/ERK信号通路中非常重要的调控因子[171]。

2. 被*mitf*调控的miRNA Ozsolak等通过核小体定位及连接介导的PCR技术在黑色素瘤细胞中发现了一系列被*mitf*调控的miRNA。这些miRNA包括let-7家族（let-7a-1、-7d，-7f-1和-7i）、miR-221/222、miR-17-92簇、miR-106-363簇、miR-29、miR-146a、miR-148b以及miR-125b等。let-7家族的miRNA在不同物种间非常保守，也是第一个鉴定出来与肿瘤生成相关的miRNA。与良性黑色素瘤相比，在原位黑色素瘤中let-7家族的miRNA（let-7a、-7b、-7d、-7e和-7g）表达明显下调。这说明let-7家族的miRNA可能作为一种抑癌基因调控着黑色素瘤的生成，let-7b在黑色素瘤中的异常表达可以抑制细胞周期的进行，并且破坏黑色素瘤细胞的非停泊性生长能力。高表达let-7b可以抑制细胞周期调节蛋白Cyclin（D1、D3和A）以及细胞周期依赖的蛋白激酶4（CDK4），所有这些都证明let-7b在黑色素瘤的发生过程中扮演着重要的角色。与原位黑色素瘤的细胞系相比，恶性程度高的黑色素瘤细胞系丢失了let-7a的表达。测序的研究结果表明let-7a的一个靶基因为*integrin β 3*，与黑色素瘤的发生发展有着密切的关系，INTEGRIN β3可以增强黑色素瘤细胞的迁移和侵袭能力[172]。在黑色素瘤细胞系中转染let-7a的前体miRNA可以下调INTEGRIN β3蛋白的表达水平，这说明let-7a表达的丢失是黑色素瘤细胞中INTEGRIN β3高表达的原因之一。Müller和Bosserhoff等人的研究发现在黑色素瘤细胞中高表达let-7a可以减少75%黑色素瘤细胞的侵袭能力，然而转染let-7a的拮抗物可以增加INTEGRIN β3的表达水平，从而促进了黑色素瘤细胞迁徙。这些发现说明let-7a是*integrin β 3*的重要调控因子，失去了let-7a的表达会加速黑色素瘤的发生发展。

miR-17-92簇位于13号染色体上，包含6个成员：miR-17、miR-18a、miR-19a、miR-20a、miR-19b-1和miR-92a-1，另一个与miR-17、miR-92簇非常相似的miRNA簇miR-106-363也包含6个成员：miR-106a、miR-18b、miR-20b、miR-19b-2、miR-92a-2和miR-363。这2个miRNA簇作为原癌基因在多种癌症中都有高表达。Mueller对比了正常黑色素细胞、原位和转移黑色素瘤细胞系中miRNA表达的不同，发现与正常黑色素细胞相比，原位和转移黑色素瘤细胞中miR-17-92簇的miRNA表达都上调，并且miR-17-92簇在转移黑色素瘤细胞中比原位黑色素瘤细胞系中表达上调了2倍。miR-106-363簇在正常黑色素瘤子细胞和黑色素瘤细胞中的表达情况与miR-17-92非常相似。人们发现miR-106a在原位黑色素瘤细胞中表达上调，并且在转移黑色素瘤细胞中进一步上调。另外，人们发现一些其他的miRNA，如miR-17-5p、miR-18a、miR-20a及miR-92a等在黑色素瘤细胞中表达上调，而miR-146a、miR-146b和miR-155表达发生了下调。在黑色素瘤细胞中miR-155的表达可以抑制肿瘤细胞的恶性增殖[173]。

*mitf*可以在转录水平调控miR-221和miR-222，这2个miRNA都定位于X染色体上，有着共同的转录本，并且在多种肿瘤中都发生过表达，通过抑制C-KIT受体的表达发挥功能。皮肤黑色素瘤中经常会发生C-KIT表达的丢失。在C-KIT阳性的黑色素瘤中，抑制C-KIT受体酪氨酸激酶的活性可以促进黑色素瘤细胞的凋亡；然而在C-KIT阴性的黑色素瘤中重新表达C-KIT可以重塑C-KIT介导的细胞凋亡，从而失去了肿瘤生成的能力。与这些研究结果相同，Felicetti等发现在黑色素瘤从原位瘤向高侵袭性肿瘤转化的过程中，上调miR-221/222可以抑制C-KIT受体和P27KIP1（细胞周期依赖激酶抑制因子B1）发挥促癌基因的功能。在黑色素瘤中过表达miR-221/222可以增加细胞的增殖和侵袭能力。在miR-221/222高表达的黑色素瘤中加入反义miRNA可以降低黑色素瘤的增殖能力。研究人员发现黑色素瘤细胞中miR-221/222的高表达是由于转录因子PLZF的丢失所造成的。PLZF结合到miR-221/222的启动子区抑制了miR-221/222在正常黑色素细胞中的表达。Igoucheva和Alexeev等也发现了类似的结果，他们再一次证明了*c-kit*被miR-221/222所下调，而

且 *c-kit* 的调控方式主要是转录后的调控方式而不是 AP-2 依赖的转录调控方式。

（二）MiR-34 家族与黑色素瘤

MiR-34 是抑癌基因 *p53* 下游的一个关键因子。MiR-34 的表达异常可以引起细胞周期阻滞、衰老和凋亡，这说明 miR-34 可能是一个抑癌因子。在黑色素瘤细胞中也检测到了 miR-34 的异常表达 [174]。在多种癌症中 miR-34 由于启动子区 CpG 岛的超甲基化而发生表达沉默。在 43.2% 的黑色素瘤细胞系和 62.5% 的黑色素瘤样本中 miR-34 启动子区都被甲基化而表达沉默，而在正常的黑色素细胞中 miR-34 启动子没有或是很少被甲基化。在黑色素瘤细胞中鉴定出 3 个 miRNA（miR-34b、miR-34c 和 miR-199a*）作为 *met*（1 个原癌基因，编码干细胞生长因子的酪氨酸激酶受体）的负调控因子 [175]。MET 在多种肿瘤中都过表达，并且可以促进癌细胞的侵袭生长。在原位黑色素瘤中外源性地表达这些 miRNA 可以减少 MET 的蛋白含量，从而破坏 MET 介导的细胞迁徙。

miR-34a 在黑色素细胞中高表达，但是在色素层黑色素细胞瘤中却不表达。在黑色素细胞瘤中转染 miR-34a 可以抑制其下游的靶基因，从而抑制细胞生长和迁徙。这些都说明 miR-34a 是黑色素瘤发生发展过程中的一个重要因素。

（三）其他 miRNA 与黑色素瘤

Kitago 等研究发现，从黑色素细胞到黑色素瘤转变的过程中，miR-532-5p 直接作用于有抑癌作用的转录因子 RUNX3，从而促进了肿瘤的发生。与正常的黑色素细胞相比，黑色素瘤细胞中 miR-532-5p 发生了明显的上调，在黑色素瘤细胞中转染 miR-532-5p 的反义核酸可以恢复 RUNX3 的表达。甲基化分析表明在黑色素瘤中 *runx3* 启动子区的甲基化并不是 *runx3* 基因下调的主要因素，这表明 miR-532-5p 诱导的转录后调控可能是主要的调控方式。在多种肿瘤中 miR-210 是最显著的缺氧诱导因子，在多种肿瘤中都高表达，而且与乳腺癌和黑色素瘤的转移有着密切的关系。在 miR-210 过表达的癌细胞中，miR-210 可以通过直接靶向 MNT 从而绕过缺氧诱导的细胞周期停滞。但是如果将细胞中的 *myc* 敲除，便可以消除 miR-210 对缺氧诱导的效果，这说明 miR-210 可以通过诱发 MYC 样的反应来影响癌细胞对缺氧的反应。

总之，miRNA 在黑色素瘤的发生、发展、侵袭、转移等过程中发挥着重要的功能，由于 miRNA 对基因的调控是一个非常复杂的网络，另外，miRNA 的功能本身还有很多未知的领域要去探索，因此，miRNA 在黑色素瘤中所起的作用有待于进一步的研究。

三、染色质重塑与黑色素瘤

在黑色素瘤中多种与染色质重塑相关的酶都发生了突变或者是异常表达，这说明染色质重塑，这一表观遗传学事件也影响着黑色素瘤的发生与发展。

（一）染色质重塑复合体 SWI/SNF 与黑色素瘤

BRAF 是染色质重塑复合体 SWI/SNF 中的一个组分，50% ~ 70% 的黑色素瘤中都存在 BRAF 的活性突变，其中突变最多的是 600 位缬氨酸突变为谷氨酸 [BRAF（V600E）]。这样就使得细胞中 BRAF-MEK-ERK 信号通路持续活化，最终造成肿瘤的发生 [176]。然而在早期黑色素瘤中，BRAF（V600E）的表达不会造成肿瘤的进一步发展，相反会造成肿瘤的生长抑制，这说明在黑色素瘤的发生过程中还有另外的机制使得黑色素瘤能够绕过 BRAF 介导的肿瘤生长抑制作用 [177]。

BAF47 是染色质重塑复合体 SWI/SNF 中的另一个组分，BAF47 表达的下调可以使细胞逃避 BRAF（V600E）所造成的细胞凋亡。细胞中 BAF47 的表达需要生长因子 IGFBP7 的表达，然而在黑色素瘤细胞中，*igfbp7* 基因的启动子区域被超甲基化而发生表达沉默。在黑色素瘤细胞中表达重组的 *igfbp7* 会造成 BAF47 的高表达，最终会造成黑色素瘤细胞的凋亡。这些研究结果表明染色质重塑复合体中单一组分的丢失所造成的染色质重塑复合体功能的丢失也是肿瘤发生的重要机制之一。在很多转移的黑色素瘤样本中都有明显的 BAF47 表达下调现象，并且伴随着黑色素瘤恶性程度的增加 [178]。

在黑色素瘤中细胞周期蛋白依赖性激酶抑制因子 $p16^{ink4a}$ 基因由于突变、缺失、超甲基化而丧失功能的频率非常高，而且 $p16^{ink4a}$ 基因功能的缺失也会使黑色素瘤能够绕过 BRAF 介导的细胞凋亡。在黑色素瘤细胞系中强制性表达 BAF47 可以使重塑复合体 SWI/SNF 定位于 $p16^{ink4a}$ 的启动子区，最终使 $p16^{ink4a}$ 重新表达 [179]。SWI/SNF 在 $p16^{ink4a}$ 基因的启动子区可以通过去除转录抑制因子以及去除 DNA 甲基

化的作用使 $p16^{ink4a}$ 基因重新表达。因此在黑色素瘤中 BAF47 的基因功能丢失会造成 SWI/SNF 功能的丢失，从而使得其下游的靶基因功能丢失。

（二）MITF 与黑色素瘤

小眼畸形相关转录因子（microphthalmia-associated transcription factor，MITF）是一种有碱性 - 螺旋 - 环 - 螺旋结构的转录因子，其在神经嵴前体细胞向黑色素细胞分化并正常产生黑色素的过程中发挥着重要的功能。将 MITF 导入非黑色素细胞中也可以诱导黑色素的形成，因此 MITF 被认为是黑色素细胞形成过程中最重要的调控因子 [180]。

在 10%～20% 的黑色素瘤中有 MITF 过表达的现象，并且 MITF 可以和 BRAF（V600E）一起使正常的黑色素细胞向恶性转化。有研究表明 MITF 通过直接激活转录因子 CDK2 和抑制衰老因子 TBX2 促进黑色素细胞的增殖，并且通过激活 BCL2 和 MLIAP 促进黑色素细胞的存活能力，并促进黑色素瘤细胞对化疗的抵抗能力。然而，也有报道 MITF 可以直接活化 $p21^{cip1}$ 和 $p16^{ink4a}$ 的表达来抑制细胞周期的进行 [181]。因此，有学者指出 MITF 的活化程度与它的功能有着很大的关系，低活化的 MITF 可以抑制凋亡，中度活化的 MITF 可以促进细胞的增殖，高度活化的 MITF 促进末端分化和细胞周期的阻滞；并且 MITF 的活化程度与 MITF 的表达量、修饰以及相互作用的蛋白质又有很大的关系。

（于文强　王翔）

第十一节　表观遗传修饰与血液系统肿瘤

血液系统肿瘤一直是较难攻克的恶性肿瘤之一，目前，临床上常见的血液系统肿瘤主要包括白血病、恶性淋巴瘤和多发性骨髓瘤。关于这些肿瘤的研究，过去主要着眼于遗传机制的改变，包括基因突变、缺失以及染色体重排等。但是，随着科学的不断发展，科研工作者发现包括血液系统肿瘤在内的一系列肿瘤发生机制，并非可以全用癌基因突变学说加以解释。表观遗传修饰逐渐成为血液系统肿瘤发生机制研究的重要方向。DNA 甲基化、组蛋白修饰及非编码 RNA 等研究，为血液系统肿瘤的机制研究及临床治疗提供了新思路。

一、DNA 甲基化与血液系统肿瘤

DNA 甲基化是决定基因开关的形式之一，尤其当启动子区域甲基化发生改变，将直接影响基因的转录乃至翻译。血液系统肿瘤的产生很可能就源于一些基因的非正常甲基化以及正常情况下某些甲基化基因的修饰被去除，从而导致相关癌基因的低甲基化和抑癌基因的高甲基化。这些甲基化异常基因主要与细胞周期、增殖、分化和信号有关。

DNA 的甲基化包括从头合成甲基化以及维持甲基化，DNA 甲基转移酶主要位于细胞核内，*dnmt* 的转录本增加和酶活性增高是肿瘤的重要生物学特征之一。与正常骨髓组织样本相比，白血病患者样品中 DNA 甲基转移酶的转录水平增加了 4.4 倍，这是甲基转移酶活性与恶性血液系统疾病具有相关性的有力证据。随后，急性髓系白血病（acute myeloid leukemia，AML）患者 *dnmt1*、*dnmt3a* 和 *dnmt3b* 的转录水平分别提高了 5.3、4.4 和 11.7 倍，而在慢性髓系白血病（chronic myeloid leukemia，CML）患者急性期三者的转录水平分别提高了 3.2、4.5 及 3.4 倍。

同时，一些常见的肿瘤基因在血液系统肿瘤中出现低甲基化，目前已经发现 *bcl-2*、*h-ras* 和 *c-fms* 等癌基因在慢性淋巴细胞白血病（chronic lymphocytic leukemia，CLL）患者常出现低甲基化，而 *tnf-β*、髓过氧化物酶和 T 细胞受体 -β 等则在 AML 患者常出现低甲基化。此外，*hox11* 在急性淋巴细胞白血病（acute lymphocytic leukemia，ALL）中高表达，这也与其启动子的低甲基化有关。

血液系统肿瘤中发现的启动子甲基化模式被认为是肿瘤特异性的异常现象，并且具有疾病特异性。总的来说，血液系统肿瘤中高甲基化导致的基因失活范围与实体肿瘤是有区别的 [182]。表 10-3 总结的基因就是在血液系统肿瘤中通常都处于高甲基化状态。

具有混合谱系白血病（mixed-lineage leukemia，MLL）基因异常的白血病细胞系 SN-1、KOCL51 及 KOCL44 均不能单独被全反式维甲酸诱导分化。但加

表10-3　血液系统肿瘤中经常处于甲基化状态的基因

急性髓系白血病	*p15, e-cadherin, socs-1, p73, dapk1, hic1, rarb2, er*
骨髓增生异常综合征	*p15, e-cadherin, calcitonin, hic1, er*
急性淋巴细胞白血病	*e-cadherin, p16, p15, p73, dapk1, mgmt*
淋巴瘤	*dapk1, p73, p16, mgmt, gstp1, rarb2, crbp1*
多发性骨髓瘤	*p15, p16, socs-1, e-cadherin, p73, dapk1, pf4*

用DAC培养后不仅可以诱导分化，还可诱导*P16*的表达。DNA甲基化酶抑制剂也可与其他药物联用治疗白血病，与传统化疗药物或组蛋白去乙酰化酶抑制剂联用，可以出现协同作用。体外实验显示，DAC与曲古抑菌素（TSA，一种组蛋白去乙酰化酶抑制剂）联用可产生协同作用，诱导白血病细胞凋亡、分化和生长停滞。

（一）血液系统肿瘤相关基因的高甲基化

1. 急性髓系白血病　在急性髓系白血病（AML）中广泛存在着DNA的高甲基化，*p15*、*mdr1*、*er*和*hic1*等一些基因能被DNA甲基化抑制表达。其中*p15*的高甲基化发生于大多数AML患者，它是一种细胞周期蛋白依赖性激酶4的抑制剂，对细胞周期起着负调控的作用。小鼠在体实验证明，敲除*p15*基因会导致淋巴组织增生性疾病（lymphoproliferative disorders，LPD）和肿瘤，这表明*p15*是一个肿瘤抑制基因。在U937细胞中，用5-氮杂-2'-脱氧胞苷处理后进行基因芯片表达分析，发现*cebpd*基因（即*c/ebpdelta*基因）的表达是显著增加的。在Flt3-ITD细胞中*cebpd*具有抑制细胞生长的特性，表明在AML中*cebpd*是一个新的肿瘤抑制基因。AML患者的骨髓样本分析显示，*cebpd*是AML最常见的高甲基化*c/ebp*基因。另一个有趣的基因是*brca1*基因，它由于其启动子DNA高甲基化修饰而低表达。*brca1*在DNA损伤的修复过程中发挥着重要功能，特别是在化疗和电离辐射引起的DNA损伤。76%的t-AML（therapy-related AML）具有*brca1*的高甲基化。

AML中各种特异甲基化类型的形成与AML相关融合蛋白有关。例如，AML的两种由于染色体易位导致的不同亚型t（15；17）和t（8；21）不仅只与HDAC有关，而且还分别与PML/RARa和AML1/ETO融合蛋白相关，从而招募DNMT诱导靶基因的转录抑制。这些数据将表观遗传的改变与基因改变从而导致白血病生成联系了起来。AML患者中存在*rarb2*启动子的高甲基化，并且可能和CBFbeta-MYH11融合蛋白共同作用导致白血病的发生。

在11染色体核型正常的AML患者中，20%的患者发现了DNA甲基转移酶3基因（*dnmt3a*）的失活突变，从而抑制一些甲基化基因的表达[183]。这些突变的*dnmt3a*基因通常是杂合子。DNA甲基转移酶主要在造血干祖细胞向髓系分化而不是向淋系分化的过程中发挥作用。因此，这些失活突变通过降低*dnmt*的活性，增强髓系细胞的分化能力，促进造血干祖细胞向髓系分化。

2. 急性淋巴细胞白血病　许多研究表明，DNA甲基化修饰状态可以作为急性淋巴细胞白血病（ALL）预测的生物分子标记。例如，肿瘤相关基因的DNA甲基化修饰状态是预测疾病的无病生存率（disease free survival，DFS）和总生存率（overall survival rate，OS）的独立因素。DNA甲基化修饰影响儿童ALL t（12；21）的预后[184]。通过甲基化特异的PCR比较了54个ETV6/RUNX-1阳性样本和190个ETV6/RUNX-1阴性样本的38个基因的DNA甲基化修饰。4个基因（*dkk3*、*sfrp2*、*ptenN*与*P73*）的甲基化状态在ETV6/RUNX-1阳性样本中是特异的。同时，WNT信号通路受到DNA甲基化修饰的ALL患者具有较差的预后。此外，Wnt抑制剂（*sfrp1*、*sfrp2*、*sfrp4*、*sfrp5*、*wif1*、*dkk3*）和*hdpr-1*甲基化修饰异常的ALL患者，表现出10年期DFS的下降。

3. 慢性髓系白血病　费城染色体（PH1）或t（9；22）编码BCR/ABL融合蛋白等染色体异常现象，是慢性髓系白血病（CML）的标志。*abl*基因的启动子（*pa*），嵌入在一个CpG岛和BCR/ABL的转录单元，在CML患者中是高甲基化的。*pa*的甲基化作为诊断这种疾病的预后指标仍存在争议。慢性髓系白血病不可避免地通过一系列阶段进展，从慢性期（chronic phase，CP）、加速期（accelerated phase，AP）最后到急性转化期（blast crisis，BC），最终转化为急性白血病。从CP到BC的转化发展过程中，降钙素（*calca*）、*hic1*、*er*等基因的甲基化水平都随之增加。其中，*hic1*编码一种转录因子，已被证明在50%的CP-CML患者以及所有BC-CML患者中存在DNA甲基化。与其他髓系恶性肿瘤相比，CML患者中*p15*抑癌基因启动子没有或只有很少的甲基化修饰。

CML患者中印记基因*igf2*的去甲基化及其正常等位基因引起了人们的兴趣，*igf2*印记的缺失发生在所有的BC-CML患者中，而在CP-CML患者中发生率很低。由此说明，这种现象是与疾病进展密切相关的。

4. 骨髓增生异常综合征 *p15*是细胞周期的负调控基因，*p15*的高甲基化是骨髓增生异常综合征（myelodysplastic syndrome，MDS）最频繁出现的分子异常，所有MDS患者中约50%患者表现出*p15*的高甲基化。在MDS患者中*p15*基因的甲基化并不伴随与之毗邻的*p16*基因甲基化。*p15*的甲基化几乎发生在所有MDS患者中。显然*p15*的高甲基化是在疾病的演变和*p15*基因失活的过程中获得的，*p15*高甲基化可能是MDS患者最重要的特征之一。

*p15*基因启动子广泛存在的高甲基化对MDS这种疾病的重要性还不是非常清楚。检查MDS患者$CD34^+$细胞中与AML发展密切相关的4个基因启动子CpG岛甲基化，其中发生率最高的甲基化基因是*p15*（51%），然后是*hic1*（32%）、*e-cadherin*（27%）和*er*（19%）。值得注意的是，MDS患者中高甲基化的患者亚群预后较差。

5. 淋巴组织的恶性肿瘤 淋巴瘤在血液系统恶性肿瘤中具有*p16*和*p15*基因失活这一独特的模式，这也是肿瘤中DNA甲基化异常的特征之一。在非霍奇金淋巴瘤（non-Hodgkin lymphoma，NHL）中常发现*p16*基因甲基化而没有*p15*基因的异常。在淋巴瘤中*p16*基因CpG岛的高甲基化已经作为预后因子之一。例如，最近的一项研究发现，在中高风险和高风险的大细胞淋巴瘤中，*p16*启动子高甲基化的患者具有较差的预后。此外，在急性淋巴细胞白血病（ALL）/B- NHL中，*p73*基因（TP73）由于DNA高甲基化而导致表达量很低。

在B细胞瘤中存在多个基因启动子甲基化的异常，同时一种死亡相关的蛋白激酶基因*dapk1*在滤泡性淋巴瘤（follicular lymphoma，FL）和MALT淋巴瘤中的发生率是很高的。*gstp1*基因的甲基化在毛细胞白血病（75%）和FL（55.5%）中是常见的。雄激素受体在FL和其他淋巴瘤中常发生甲基化。较高比例的T细胞淋巴瘤和B细胞淋巴瘤存在雄激素受体的甲基化。*shp1*基因是另外一个在淋巴瘤中常发生甲基化的基因，*shp1*在B细胞中通过下调免疫球蛋白的产生发挥抑制细胞生长的作用，因此需要结合更多的受体以启动B细胞活化和增殖。在大部分的FL样本中*shp1*基因都是发生DNA甲基化修饰的，在其他淋巴瘤类型中*shp1*基因也具有很高的甲基化修饰。通过启动子的甲基化引起*shp1*基因的下调可能是淋巴瘤形成的重要一步。在霍奇金淋巴瘤（HL）中常发生肿瘤抑制基因*rassf1a*的表观失活，在初始HL中常发生*rassf1a*基因的高甲基化，检测发现52个样本中存在34个高甲基化情况，即达到了65%，但是在NHL中却很少发生*rassf1a*基因的甲基化。

6. 多发性骨髓瘤 在多发性骨髓瘤（multiple myeloma，MM）患者和单克隆免疫球蛋白血症（MGUS）患者中，细胞周期调节基因*p16*和*p15*的启动子位置常发生高甲基化。在98个MM患者中有41个*p16*基因发生甲基化修饰，而在MGUS患者却没有这种修饰，表明*p16*基因的甲基化是和疾病发生过程和早期疾病密切相关的。与之相反的是，33个MM患者和MGUS患者*p16*和*p15*基因的DNA甲基化修饰状态表明，在疾病早期这些基因的DNA甲基化与MM和MGUS的发病和恶化过程无关。

（二）DNA甲基化在血液系统肿瘤中的应用

1. DNA甲基化与血液系统肿瘤的诊断 不同基因的甲基化在AML中具有临床诊断意义。*p15*的高甲基化与AML患者的预后较差有关，而*er*的高甲基化与患者生存质量较高有关，AML中被高甲基化的基因可以根据其出现频率归类，研究36名AML患者14个基因的DNA甲基化状态，发现*myod1*、*pitx2*、*gpr37*和*sdc4*等基因的高甲基化在AML中是高频率出现的（47%～64%），而*p15*、*p16*、*cacna1g*、*mint1*、*mint2*、*mdr1*、*thbs1*和*ptc1*等基因的高甲基化在AML中是低频率出现的（6%～31%）。这些基因的甲基化程度与*er*的高甲基化呈正相关关系，同时，研究还发现AML患者的年龄与CpG岛的甲基化频率呈负相关关系，但是这个研究结论后来受到质疑，因为这份统计的样本来源都是比较年轻的患者（平均39岁），可能并不能反映总体AML患者染色体水平。

在多发性骨髓瘤（MM）和单克隆免疫球蛋白血症（MGUS）中也发现了 *dapk1* 的甲基化，同时 DAPK1 可能是 MM 患者的一项预后指标。在 MM 和 MGUS 患者中频繁发生 4q 的缺失，这一区域的肿瘤抑制基因 *pf4* 启动子位置在 MM 和 MM 细胞系中常发生高甲基化。将 *pf4* 转入肿瘤细胞，PF4 能抑制血管生成、肿瘤发生和减数分裂，表明 PF4 可能是治疗 MM 有效的分子靶标之一。

淋巴细胞性白血病与非淋巴细胞性白血病的甲基化谱是不相同的，具有细胞学特异性。白血病中出现细胞特异性高甲基化现象提示 CpG 岛的甲基化可以作为肿瘤标志物。例如，*p15* 甲基化通常多在急性白血病中出现。值得注意的是，在 AML 中 *p15* 高甲基化而 *p16* 甲基化率却很低。但在非霍奇金淋巴瘤却相反，*p16* 高甲基化而 *p15* 没有甲基化。由于甲基化谱的不同，可为血液系统肿瘤的诊断提供帮助。

2. DNA 甲基化抑制剂与血液系统肿瘤的治疗 去甲基化药物如地西他滨（5-aza-2'-deoxycytidine）有望提高 CML 患者的存活率。在一个实验中，地西他滨能提高 28% 的 BC-CML 患者、55% 的 AP-CML 患者以及 63% 的 CP-CML 患者的存活率。在费城染色体阳性的 CML 患者中，可能有效的治疗方式是用去甲基化药物和酪氨酸激酶抑制剂伊马替尼两者结合起来。

MDS 中的异常甲基化促进了临床上 DNA 甲基转移酶抑制剂的使用，如用 5- 氮杂胞苷和地西他滨来治疗 MDS。随机对照Ⅲ期临床试验中，用 5- 氮杂胞苷进行治疗后的总有效率是 60%，并对延长平均存活率和延迟白血病转化时间有非常明显的效果。同样，地西他滨也显示出可喜的治疗效果。在地西他滨治疗期间，患者表现出 *p15* 高甲基化的逆转，同时 P15 蛋白在骨髓中重新表达，进一步说明其较好的临床疗效。事实上，去甲基化药物确实可能逆转基因沉默，但去甲基化药物的作用是通过恢复 P15 蛋白的表达还是影响其他靶基因在骨髓中的表达仍然有待确定。

DNA 异常甲基化是血液系统肿瘤发生的一个重要分子机制，其中尤以抑癌基因的甲基化使其失活最为重要。启动子异常甲基化在细胞癌变过程中是一个早期、频发事件，可以作为肿瘤发生的敏感生物学标志物。不同肿瘤中 CpG 岛的甲基化谱是不同的，通过描绘不同血液系统肿瘤的基因甲基化谱，可以在血液系统肿瘤的诊断、治疗及其他领域得到更加广泛的应用。由于 DNA 高甲基化状态在白血病细胞中广泛存在，使得去甲基化治疗成为可能，发展个性化的去甲基化治疗可能成为研究的重要方向。在研究中发现 DNA 甲基化对肿瘤的作用是多层次、多角度的，因此要真正阐明 DNA 甲基化与血液系统肿瘤的关系，还需深入研究各种机制之间的联系。

二、组蛋白修饰与血液系统肿瘤

（一）组蛋白甲基化和血液系统肿瘤

PcG 蛋白通过一系列广泛的靶基因表达来影响和调节细胞周期、细胞凋亡、干细胞分化、衰老和肿瘤发生。PcG 蛋白能形成两种不同的大分子复合物，即 polycomb 抑制复合物（PRC）1 和 2。PRC2 复合物主要包括 EZH2、SUZ12 和 EED 等主要亚基，PRC1 复合物组成更加复杂，包括 BMI1、RING、HPH 和 CBX 家族。PRC2 复合物和 PRC1 复合物都具有组蛋白 H3K27 三甲基转移酶活性和组蛋白 2A 赖氨酸 119（H2AK119）E3 泛素连接酶活性，这些组蛋白修饰对基因沉默的机制至关重要。最近有报道表明，PcG 蛋白在白血病的许多亚型中都发挥重要的功能。

1. 急性早幼粒细胞白血病 急性早幼粒细胞白血病（acute promyelocytic leukemia，APL）主要以分化阻滞和早幼粒细胞的过度生长为特征。全反式维甲酸（all-trans-retinoic acid，ATRA）通过减轻 APL 细胞的分化阻滞，大大提高了 APL 患者的治疗效果。99% 的 APL 病例都是由 PML/RARa 融合蛋白引起的[185]，PML/RARa 融合蛋白是由染色体平衡相互易位 t（15；17）产生的。Villa 等人证实，这一融合蛋白通过招募 PRC2 复合物结合到 PML/RARa 的靶标之一，即 *rarb2* 的启动子上。在 APL 细胞系 NB4 中，*rarb2* mRNA 的表达与细胞分化由于 RNAi 介导的 PRC2 复合物的失活而重新恢复正常。重要的是，ATRA 也能缓解通过招募 PRC2 复合物引起的组蛋白分子标记的抑制效应，引起 APL 细胞的分化增加。

另一方面，具有 PLZF/RARa 异位的 APL 患者显示出对全反式维甲酸的耐受以及较差的预后。无论是 PLZF 还是 PLZF/RARa 都能结合到 PRC1 复合物上，而 PML/RARa 不能结合。有趣的是，ATRA 治疗以后，PLZF/RARa 不能招募 PRC2 复合物到 *rarb2* 的启动子上，而 PRC1 复合物在 ATRA 治疗之后依然在 *rarb2* 的启动子上富集，因而 PRC1 复合物可能在持

续抑制 *rarb2* 方面发挥作用。在 ATRA 治疗后，PML/RARa 和 PLZF/RARa 都能被降解，而在一些染色质范围内的部分 PLZF/RARa 通过和 PRC1 复合物结合形成高度紧密的染色质构象，从而保护 PLZF/RARa 免受降解。

2. 慢性髓系白血病 慢性髓系白血病（CML）的特征是存在费城染色体，费城染色是由于（9；22）（q34；q11）的相互异位产生的，9 号染色体的 *abl1* 基因和 22 号染色体的 *bcr* 基因异位，引起 *bcr/abl* 融合基因的产生和 ABL1 蛋白激酶活性增强。一些 PcG 蛋白在 CML 高表达，其中研究最广泛的是 BMI1，其高表达与正常细胞和白血病干细胞的增殖密切相关。具有临床意义的是，BMI1 可以被用来作为一种分子标志物预测骨髓疾病的预后效果。Rizo 等的研究表明[186]，使用 NOD-SCID 小鼠作为移植模型，在人 $CD34^+$ 细胞中共表达 BMI1 和 BCR/ABL 能引起白血病，但是单独表达 BMI1 或 BCR/ABL 却不能引起白血病。在 CML 患者 $CD34^+$ 细胞的慢性期过表达 BMI1，能激活这群细胞的增殖和自我更新能力，通过 BMI1 和 BCR/ABL 的相互作用引起疾病的发生。尽管目前引起 BMI1 上调的机制不是非常清楚，但是 BCR/ABL 已被证明能正向调控 *bmi1* mRNA 的表达。

CML 患者和健康对照相比，具有显著的更高的 E_2F_1 表达水平，由于 *bmi1* 是 E_2F_1 的直接靶基因，因而他们推断在 CML 中 E_2F_1 负责激活 *bmi1* 的表达。*suz12* 是一些 WNT 信号通路的靶基因，WNT1、WNT5 和 WNT11 都能增加 *suz12* 的转录活性。通过调控 b-Catenin，WNT 信号通路可以调节造血系统的长期重建过程。因为 PcG 蛋白的异常表达可能具有逆转一个细胞到干细胞状态的潜能，BCR/ABL-Wnt-PcG 轴可能对 CML 的治疗具有重要的病理生理学诊断意义。

3. *mll* 基因重排引起的白血病 混合谱系白血病（MLL）基因是人类 trithorax group（TRXG）蛋白家族的同源基因，参与染色质结构改变引起的转录激活。在 >70% 的婴幼儿急性髓系白血病（AML）和急性淋巴细胞白血病（ALL）以及 10% 的成人 AML 中，都检测到 *mll* 基因的重排。*mll* 基因通常和 *af4*、*af9* 及 *enl* 形成融合基因，它们分别来自 t（4；11）（q21；q23）、t（9；11）（p22；q23）和 t（11；19）（q23；p13.3）。一些研究表明，PRC1 复合物能和 MLL 或者 MLL 的融合蛋白相互作用。CBX8 能结合到 ENL 和 AF9 上。MLL 能通过其富含半胱氨酸的抑制结构域（CXXC 区域）和 CBX4 以及 BMI1 相互作用。在 BMI1 存在的情况下，MLL 抑制结构域能降低报告基因的活性。MLL 或者其融合蛋白能够和抑制蛋白 CtBP 和组蛋白去乙酰化酶（HDAC）形成发挥抑制作用的表观遗传学调控蛋白[187]。

4. 骨髓恶性肿瘤中的 PcG 家族蛋白基因突变 *rae28* 基因是 PRC1 复合物的成员之一，定位在染色体 12p13。在 43 例 B-ALL 的儿童患者中只有 4 例检测不到 RAE28 的表达。这 4 例患者的分子表面标记表明他们都有 B 细胞前体细胞的表型，这和 *rae28* 基因敲除的小鼠出现 B 细胞成熟阻滞是一致的。12p 和约 30% 的 ALL 出现的表型密切相关，而 *rae28* 是指示 12p 是否异常的很好的候选基因之一。

PcG 蛋白基因突变的另外一个例子是在急性 T 细胞白血病（acute T-cell leukemia，ATL）中的 *epc1* 基因。*epc1* 定位在染色体 10p11.2，而 10p11 是急性 T 细胞白血病频繁发生染色体断裂的位置之一。少数 ATL 患者样本和 ATL 细胞系的研究结果表明，其存在 *epc1/asxl2* 融合基因和截短的 *epc1* 基因。

（二）SUV39H1/G9a 在血液系统肿瘤的功能

1. *evi1* 高表达的白血病 在一些 AML、MDS 和 CML 中，能够检测到 *evi1* 的异常表达。*evi1* 定位在染色体 3q26、t（3；21）、t（3；12）、t（3；3）和 inv（3）等位置，常出现染色体的重排。在正常小鼠的造血系统中，EVI1 主要在造血干细胞中表达，它对造血干细胞的维持是很重要的。EVI1 能和 SUV39H1 及 G9A 相互作用，SUV39H1 和 G9A 都是组蛋白 H3K9 的甲基转移酶，和基因沉默密切相关。在报告基因检测分析中，SUV39H1 和 EVI1 相互作用能增强转录抑制的效果。

2. SUV39H1 和其他转录调控因子 在体内 SUV39H1 能和 PML/RARa 形成融合蛋白，共同调节 *rarb2*、*nfe2*、*pscd4* 和 *myo1f* 等靶基因的表达。他们认为，PML/RARa 和 SUV39H1、HDAC 及 DNA 甲基转移酶（DNMT）形成一个高度有序的复合物，结合到靶基因的启动子上，通过降低组蛋白 H3K27 甲基化、组蛋白去乙酰化和 DNA 甲基化的水平，抑制靶基因的表达。

(三)组蛋白去甲基化酶在血液系统肿瘤的功能

UTX 是 Jumonji C 蛋白家族的成员之一，被证明具有组蛋白 H3K27me2/me3 的去甲基化酶活性。近年来对编码基因组的大规模系统突变筛选显示，在许多癌症样本以及 AML、CML 和 T-ALL 的细胞系中都检测到 *utx* 的突变。在敲低 *utx* 的恶性上皮肿瘤细胞系 KYSE-180A 和 KYSE-450 中重新表达 UTX，显著降低了这群细胞的增殖活性，说明在这群细胞中 UTX 发挥肿瘤抑制的功能。考虑到在骨髓恶性肿瘤中发现了 *ezh2* 的失活突变，均衡调节组蛋白标记和相应的基因表达对保护细胞免受恶性肿瘤的威胁可能是至关重要的。

在一例 AML M7 患者中发现了 t(11；21；12)(p15；p13；p13)复合物的突变，形成 NUP98/JARID1A 的融合蛋白。这一融合蛋白包括 NUP98 最开始的 13 个外显子和 JARID1A 的 28～31 个外显子。JARID1A 是组蛋白 H3K4 的去甲基化酶，通过和 PRC2 复合物相互作用共同调控 PcG 的靶基因表达。在 NUP98/JARID1A 融合蛋白中，JARID1A 部分保留了能识别 H3K4me3 的 PHD 结构域。在小鼠模型中也证明这一融合蛋白能诱发白血病，同时 JARID1A 的 PHD 结构域以及其 H3K4me3 的去甲基化酶活性对白血病的生成也是至关重要的。

JMJD1B 是组蛋白 H3K9me2/me1 的去甲基化酶[188]，在造血系统高表达，包括 $CD34^+$ 细胞系和 AML 细胞系。*jmjd1b* 定位在染色体 5q31，这一区域在 AML 和 MDS 中都是频繁缺失的。在 KG-1 AML 细胞系中 *jmjd1b* 的高度保守区域存在一个可能的点突变。在 5 号染色体缺失的 AML MUTZ-1 细胞系中过表达 *jmjd1b* 能显著抑制其克隆形成能力。

(四)组蛋白乙酰化、泛素化和血液系统肿瘤

1. 组蛋白乙酰化和血液系统肿瘤 组蛋白乙酰转移酶(histone acetyltransferase，HAT)是另外一类与血液系统肿瘤发生密切相关的染色体修饰酶。基于 HAT 催化结构域的不同，HAT 可以分为 3 类：① GCN5 N- 乙酰基转移酶；② P300 和 CBP(cAMP 反应元件结合蛋白)；③ MYST，包括 MOZ、MORF、Ybf2、Sas2 和 Tip60 成员。在 AML 中，许多染色体异位主要影响第 2 类和第 3 类 HAT。

单核细胞白血病锌指(MOZ)能激活 *aml1* 的表达，当 MOZ 和 CBP 形成融合蛋白后，会失去 MOZ 对 *aml1* 的激活作用。AML1 对于定向造血过程是至关重要的。MOZ 缺失的小鼠死于胚胎期第 15 天，伴有严重的造血干细胞和祖细胞减少，以至于在骨髓重建的小鼠中不能重建造血作用。这些融合蛋白诱发白血病不仅通过和 AML1 的相互作用，也能够通过 DNA 损伤阻滞 P53 介导的转录作用，同时通过 NF-κB 的调控作用阻滞凋亡。在检测到 MOZ/CBP 融合蛋白的 AML 患者中，也检测到 *hoxa9*、*hoxa10*、*meis1* 和 *flt3* 这些基因的上调，这些基因在 *aml1* 重排的 AML 患者中也是部分表达的。在相关的 AML 患者，可检测到 MOZ 和 TIF2 的融合蛋白[189]，这一融合蛋白包含 MOZ 的 HAT 结构域、TIF2 的转录激活结构域和 CBP 相互作用结构域。在小鼠定向造血干细胞和祖细胞中表达 MOZ/TIF2，导致自我更新能力的异常和分化阻滞，并引起了 AML。MOZ 的 HAT 结构域对于诱导白血病的发生是必不可少的，MOZ/TIF2 和 CBP 的相互作用对于向白血病的转化是至关重要的。总之，各种融合蛋白和 CBP 或者 P300 直接或间接的结合，与人或小鼠白血病的发生密切相关。

转录激活蛋白 CBP 和它的同源物 P300 都参与造血发育过程。造血干细胞的自我更新依赖于 CBP，P300 对造血干细胞的正常分化是至关重要的。通过和 P300 的相互作用，C-MYB 控制造血干细胞和造血祖细胞的增殖和分化。二次治疗的 AML 患者常出现 t(11，16)(q23，P13)和 t(11；22)(q23；q13)的 2 种染色体异位。在骨髓移植实验和条件性基因敲入等位基因的小鼠都证实了 *mll/cbp* 的转化活性。在 *mll/cbp* 染色体异位的 SN-1 细胞系中敲低 *mll/cbp* 能引起细胞分化。这种融合蛋白引起的分化阻滞能够被 RXR 的激动剂或者是临床上广泛应用的全反式维甲酸和组蛋白去乙酰化酶抑制剂两者进行联合治疗。MOZ(也称 MYST1)和单核细胞白血病锌指相关因子(MORF，也称 MYST4)，两者都参与染色体异位——t(8；16)(p11；p13)和 t(10；16)(q22；p13)，分别引起 MOZ-CBP 和 MORF-CBP 的表达。

在肿瘤细胞中，增加组蛋白去乙酰化酶(HDAC)的活性能降低组蛋白乙酰化的修饰水平。肿瘤细胞和正常组织相比，具有更多的 HDAC，产生了组蛋白的高乙酰化。异常的 HDAC 活性也在

一些通过染色体异位形成融合基因的白血病亚型中被发现，例如核心结合蛋白 [t(8；21)(q22；q22) -FAML1-ETO、inv(16) -FCBFA-MYH11]及维甲酸受体 alpha[RARA；t(15；17)(q24；q21) FPML-RARA]。这些融合蛋白招募 HDAC到抑制复合物上，从而使基因转录抑制，引起血细胞分化阻滞。在PML-RARa阳性的急性早幼粒细胞白血病患者中，用全反式维甲酸治疗患者，减轻了转录抑制的效果。同时通过招募 HDAC，促进细胞分化。此外，DNA高甲基化也能引起异常的组蛋白乙酰化酶抑制剂和组蛋白甲基转移酶结合到特定的启动子上。

2. 组蛋白泛素化和血液系统肿瘤 早幼粒细胞白血病蛋白(promyelocytic leukemia protein，PML)是一个在哺乳动物细胞广泛表达的肿瘤抑制蛋白，它定位在点状的核结构上称为 PML 核体。PML 和 RARa 形成融合蛋白后能引起急性早幼粒细胞白血病(APL)的发生。SUMO 是最早发现的和 PML 相关的蛋白质，属于类泛素蛋白家族。SUMO 可通过级联酶促反应共价结合到 PML 上。SUMO 首先合成前体物质，被 SENP (Sentrin/SUMO-specific protease) C 端水解酶活性剪切，暴露出一个只有 2 个甘氨酸的基序。在 ATP 存在的情况下，成熟的 SUMO 被活化，通过硫酯键结合到 SUMO E1 激活的异二聚体 AOS1/UBA2 上。SUMO 随后转移到 E2 共价连接酶 UBC9。之后，SUMO 通过赖氨酸残基(K65、K160 或 K490)共价结合到 PML 上。ANBP2 发挥 E3 连接酶的作用，促进 SUMO 从 UBC9 转移到 PML 上 [190]。

在 98% 的 AML 患者中能检测到 PML/RARa 融合蛋白，它包括早幼粒细胞白血病蛋白(PML)和维甲酸受体蛋白(RARa)。体内和体外实验证实 PML/RARa 是引起 APL 的重要诱因。临床上通常用三氧化二砷(As_2O_3)和全反式维甲酸这 2 种药物治疗 APL，通过促进 PML/RARa 的降解来达到治疗的目的。2 种药物联合治疗，能减低 AML 患者的耐药性。PML 和 PML/RARa 的降解主要是通过 SUMO 化修饰来进行。三氧化二砷能直接结合到 PML/RARa 与 PML RBCC 结构域锌指半胱氨酸的残基上，三氧化二砷结合后诱导 PML 的寡聚化，从而增加其与 SUMO 共价连接酶 UBC9 的相互作用，引起 PML 的 SUMO 化并导致其降解 [191]。研究鉴定三氧化二砷能直接靶向 APL，这为 APL 的治疗提供了分子基础。

三、miRNA 与血液系统肿瘤

人类 miRNA 的作用已被广泛应用于研究造血功能。miRNA 通过控制造血分化来影响造血功能中重要 mRNA 的翻译调节。数据库预测 miR-128a、miR-181a 在髓系和淋系前体中都具有影响多能祖细胞(multipotent progenitor，MPP)分化的作用，而 miR-146 阻碍淋巴的分化，miR-155、miR-24a 和 miR-17 在早期阶段影响骨髓分化。

(一) miRNA 是血液系统肿瘤中的致癌基因

在人类恶性血液系统肿瘤中，miR-155 和 miR-17-92 簇已经明确具有致癌作用。

1. miR-155 miR-155 位于 *bic* 最后一个外显子区域，它之前被认为是鸟类白血病病毒(avian leukosis virus，ALV)诱导 B 细胞淋巴瘤过程中前病毒 DNA 的普通插入位点，实际上 *bic* 编码了 miR-155 的 pri-miRNA (原 miRNA)。尽管已经确定 miR-155 的表达与 *bic* 相关，但是调节 miR-155 表达的机制仍然不清楚，并且急需更深入的了解。

miR-155 被报道在固体肿瘤以及血液系统肿瘤中都存在过表达的现象。第 1 个显示 miR-155 具有致癌作用的证据是鸡模型中，这个 ncRNA 在 B 细胞融合集群(BIC)最后部分加速了 *myc* 基因介导的淋巴瘤形成。在小儿 Burkitt 淋巴瘤(Burkitt's lymphoma，BL)中，miR-155 (或者说 *bic* RNA)前体高表达，而在成人的同类型疾病中并不能检测到 miR-155 的高表达，这反映了 miR-155 的表达具有年龄特异性，并且与 BL 的发作年龄有关。miR-155 在 B 细胞淋巴瘤中也能被检测到，包括弥漫性大 B 细胞淋巴瘤(diffuse large B cell lymphoma，DLBCL)、原发性纵隔腔大 B 细胞淋巴瘤(primary mediastinal large B-cell lymphoma，PMBL)和霍奇金淋巴瘤。miR-155 的高表达也与 DLBCL 的 B 细胞激活表型有关(这种表型是预后差的表现)，同时表达水平与原中心表型也相符(预后好的表型)。最近，还有证据表明，与正常 $CD19^+$ 表面标记的 B 细胞相比，慢性淋巴细胞白血病细胞中存在 miR-155 高表达 [192]。

在不同细胞系中，*bic* 的转录本由蛋白激酶 C (protein kinase C，PKC)与 NF-κB 诱导，导致 miR-155 的过表达。这种调控形式并不发生在 Romas 和其他 BL 细胞系，这阻碍了从 *bic* 到成熟 miR-155

的形成过程。TG/KO 老鼠模型阐明了白血病形成及免疫中 miR-155 的功能。在炎症反应中间体及它所涉及的内毒素刺激反应物刺激过程中，miR-155 出现了可诱导表达的现象，从而将 miRNA、炎症反应、免疫以及肿瘤等现象联系起来，为药物设计提供了新思路。

2. miR-17-92 miR-17-92 簇包括了 miR-17-5p、miR-18a、miR-19a、miR-20a、miR-19-b-1 和 miR-92，它们位于染色体 13q31-32 的区段，正好在表达非编码 RNA 基因 *c13orf25* 的第 3 个外显子区域。*c13orf25* 基因经常在恶性 B 细胞淋巴癌中被大量复制。与 *bic*/miR-155 模型类似，*c13orf25* 基因在淋巴瘤中的广泛扩增解释了疾病中 miR-17-92 簇过表达的原因。miR-17-92 簇是 *c13orf25* 基因中仅有的高度保守区域的组成部分，由此推测 miR-17-92 簇的转录本具有致癌潜能。

在 *myc* 转基因的 B 细胞淋巴瘤小鼠中（即在 B 淋巴细胞中致癌基因 *c-myc* 特异性表达），被诱导高表达 miR-17-92 簇（不包括 miR-92）的小鼠淋巴瘤加速形成，并且死亡率大大增加。然而仅仅存在 miR-17-92 簇的高表达对肿瘤形成并没有明显效果，只有当 miR-17-92 簇与 *myc* 基因共同作用时才能加速淋巴瘤形成，这表明在肿瘤形成过程中，miRNA 的作用是很复杂的。另外，在红白血病模型中，通过病毒插入激活的方式激活人 *c13orf25* 基因在小鼠的同源基因（称作 *fli-3* 基因），从而编码来源于 miR-17-92 簇的成熟 miRNA，诱导红细胞生成素的产生，促进分化和增殖。最近，BCR-ABL-C-MYC-miR-17-92 通路被发现，BCR-ABL 和 C-MYC 都能调节 miR-17-92 的表达。

在 K562 细胞系中，过表达 miR-17-19b-1 簇（miR-17-19b 并不包括 miR-92）可以诱导增殖，但是如果抑制 *c-myc* 的表达则会部分抑制 miR-17-19b-1 簇的功能，并且 miR-17-19b-1 簇对伊马替尼（治疗用药物）诱导的细胞死亡很敏感。此外，miR-17-92 簇在 CML 慢性期的 $CD34^+$ 细胞中过表达，但是与正常 $CD34^+$ 细胞相比，急性期的 miRNA 簇表达量并不高，由此可以推断 miRNA 簇在 CML 病理生理学中发挥着重要作用。miR-17-92 簇成员（miR-17-5p 和 miR-20a）能够直接下调转录因子 E2F1，这个转录因子既能够促进增殖，也能在有些情况下诱导凋亡。*e2f1* 基因的表达受到 *c-myc* 的诱导，反过来 *e2f1* 又能通过正反馈作用诱导 *c-myc* 的表达。miR-17-92 簇（miR-175p 和 miR-20a）通过作用于 *e2f1* 来抑制 *myc* 与 *e2f1* 相互之间的激活，从而紧密调节 C-MYC 介导的细胞增殖。

总的来说，miR-17-92 簇是致癌基因，但是它也能通过作用于 *e2f1* 发挥肿瘤抑制因子的作用。可见，miRNA 在自然界既有致癌作用也有抑癌作用，关键要看它所处的环境条件。*kis2* 位于小鼠 X 染色体上，是一个反转录病毒整合位点，它被认为与辐射诱导的白血病以及病毒诱导的 T 细胞白血病有关，最新的研究发现这个位点表达 miR-106-363 的原 miRNA，而 miR-106-363 是鼠 miR-17-92 簇的同源基因。

在人类基因组中，存在着 3个 miR-17-92簇的同源基因：miR-17-92簇本身（位于 13号染色体上）、miR-106-363簇（位于 X染色体上，能够编码 miR-106a、miR-18b、miR-20b、miR-19-b-2、miR-92-2 和 miR-363）及 miR-106b簇（位于 7号染色体，编码 miR-106b、miR-93和 miR-25）。miR-106-363簇在人类 46%的 T细胞白血病中均存在高表达。在小鼠中，这个 miRNA簇通过作用于肌球蛋白调节轻链相互作用蛋白（myosin regulatory light chain-interacting protein，MYLIP）、类视网膜母细胞瘤结合蛋白 1（retinoblastoma-binding protein 1-like，RBP1-LIKE），另外，还有可能作用于同源结构域相互作用蛋白激酶 3（H1PK3），从而发挥致癌潜能，由此可见，它与 miR-17-92关系密切。

（二）血液系统中其他具有致癌作用的 miRNA

像 miR-155 一样，miR-21 和 miR-221 也确实在次级淋巴结中激活的 B 细胞表型 DLBCL 病例中高表达，而且这 3 种 miRNA 在滤泡细胞淋巴瘤患者中表达上调，这种患者体内 miR-21 的表达与预后有关。通过分析 30 个 AML 患者样品中 miRNA 的表达，发现与 M4 或者 M5 形态期样本相比，M1 或者 M2 形态期中的 miR-181a 表达水平更高。由于在正常人的骨髓中，miR-181a 更倾向于在 B 细胞、T 细胞、单核细胞及粒细胞中表达，这些类型的细胞状态与 M4 和 M5 形态期白血病亚型更为接近，这均说明 miR-181a 在白血病发生过程中具有重要功能。有趣的是 miR-181a 最近被发现在 CLL 中表达下调，说明这种 miRNA 在癌症形成中具有双重作用，既是致癌基因又是抑癌基因，它的作用类型主要取决于细胞的环境背景[193]。最近，在 ALL 和 CLL 中被调节基因（包括上调基因和下调基因）筛选的数据已经公布，这些数据为将来研究白血病生成及寻找各种致癌基因和抑癌基因提供了数据依据。

（三）miRNA 作为血液系统恶性肿瘤的肿瘤抑制基因

1. MiR-15a/16-1 基因簇 超过50% 的 CLL 患者存在染色体 13q14.3 区域纯合或杂合缺失，因此13q14.3 是 CLL 患者染色体缺失最频繁的区域。然而，在对 CLL 患者的研究过程中，没有发现任何肿瘤抑制基因（tumor suppressor gene，TSG）是参与CLL 形成的。MiR-15a/16-1 基因簇定位在 *leu2* 基因第 2 号外显子和第 5 号外显子 30kb 的缺失区域。有意思的是，miR-15a/16-1 基因簇在大部分（68%）CLL 患者中都是缺失或者低表达的。该基因簇表达缺失的突变与 2 个 CLL 患者白血病细胞正常等位基因的缺失是密切相关的。在 CLL 患者中 MiR-15a/16-1 作为 TSG，是因为 MiR-15a/16-1 的表达和抗凋亡基因 *bcl2* 的表达呈负相关，在白血病细胞中，MiR-15a/16-1 能够直接结合到 *bcl2* 上。这一发现证明，定位在 13q14.2 上 MiR-15a/16-1 基因簇是引起CLL 的原因之一。

2. MiR-29b 和 181b 在 CLL 中，MiR-29b 和181b 通过调控癌基因 *tcl1* 的表达，发挥肿瘤抑制基因的功能[194]。TCL1 在 CLL 疾病发生过程中发挥着重要的作用，TCL1 的表达与 ZAP-70 的高表达密切相关。TCL1 是 AKT 的共激活剂，AKT 是调控细胞生长、增殖和坏死等许多信号通路的癌基因。TCL1的过表达和频繁发生的染色体异位 11q 缺失密切相关，在小鼠祖细胞中异位表达 miR-181 增加了成年小鼠组织的 B 细胞数量，提示 miR-181 在 B 细胞分化前也发挥着一定的作用。

（四）miRNA 作为一个可能的治疗药物

考虑到肿瘤抑制蛋白和癌基因 miRNA 的存在，在不远的将来可能采取两种治疗策略：miRNA 作为药物和药物抑制 miRNA。miRNA 作为药物的可行性在于它们能内源性地调节细胞的功能，尽管它们参与许多不同的信号通路。因此，需要对其副作用产生的风险做进一步研究。例如，尽管存在着一些需要处理的药剂学问题，用 miR-15/16 治疗 BCL2 阳性的 CLL 患者可以达到一个理想的治疗效果。另外一个策略是沉默在肿瘤细胞中过表达的 miRNA，如miR-155、miR-21 和 miR-17-92 簇。为了达到一个良好的治疗效果，抗 miRNA 分子的可行性已经得到验证，例如我们所说的“antagomirs”。“antagomirs”是抗 miRNA 的锁核苷酸，抑制被核酸修饰的锁核苷酸。“antagomirs”已经在临床前的模式生物中研究了癌基因沉默的影响，并获得了理想的研究成果。miRNA 和化学治疗联合疗法的研究已经获得了可喜的成果：在胆管癌细胞中过表达 miR-21 提高了对吉他西滨的疗效，而在难治性低氧肿瘤中沉默 miR-98 可以减轻对多柔比星（阿霉素）的耐药性。miR-127 在肿瘤细胞中的表达是被抑制的，在 DNA 去甲基化酶地西他滨和组蛋白去乙酰化酶抑制剂 4- 苯丁酸的处理下，miR-127能够特异性地重新表达[195]。在重新激活以后，miR-127 通过其 TSG 的功能结合到癌基因 *bcl6* 上。

（五）血液系统肿瘤中的其他非编码 RNA（ncRNA）

非编码 RNA（non-coding RNA，ncRNA）也参与了血液系统肿瘤的发生过程。过去 10 年，真核生物转录组的全基因组分析结果表明，大部分人类基因组转录产生的长链非编码 RNA（long non-coding RNA，lncRNA）定位于内含子和基因间的区域。*hox* 基因对于胚胎发育和造血发生都是极其重要的，在长链非编码 RNA、表观激活因子 TRXG（Trithorax group）蛋白、表观抑制因子 PcG（Polycomb group）都能检测到 *hox* 基因的表达。TRXG 蛋白的激活因子 *mll1*（mixed lineage leukemia）发生 H3K4 三甲基化能激活 *hox* 基因的表达，而 PcG 蛋白抑制因子能抑制 *hox* 基因的表达。在哺乳动物中，lncRNA 是引起基因沉默的重要调节因子。lncRNA Mistral 通过招募MLL1 到染色体上，激活 *hoxa6* 和 *hoxa7* 的表达，表明 lncRNA 在哺乳动物细胞命运决定过程中发挥着重要的功能[196]。

在正常和病理的情况下，lncRNA 的表达量不同，暗示 lncRNA 在病理过程中也可能发挥着重要的生物学功能。Wenqian Hu 等研究了小鼠红细胞发育过程中 lncRNA 的表达模式，鉴定了一种红细胞特异的能抑制细胞凋亡的 lncRNA：LincRNA-EPS。抑制 LincRNA-EPS 能抑制红系分化，同时促进红系凋亡。相反，异位表达这种 LincRNA 能抑制小鼠红细胞的凋亡。LincRNA-EPS 能抑制凋亡前体蛋白基因 *pycard* 的表达，从而抑制程序性的细胞凋亡。这一发现为临床上治疗贫血提供了一条新的基因治疗思路。

miRNA在血液系统肿瘤中发挥着非常重要的作用。对miRNA在造血过程中生理功能的深入研究，有助于帮助我们理解恶性肿瘤中基因异常表达的分子机制。近年来发现的其他一些ncRNA，在血液系统恶性肿瘤中发挥着重要的作用。此外，在miRNA和其他ncRNA之间存在着相互调节机制。对人类血液系统恶性肿瘤发生机制的理解，有助于我们进一步推动新的诊断方法发展，并产生新的可行有效的治疗策略。

四、环境因素诱发血液系统肿瘤的表观遗传机制

（一）物理因素诱导血液系统肿瘤的表观遗传机制

γ射线、X射线能够通过电离产生的自由基或者不连续的电离作用来破坏DNA结构，相对于一些化学药物的影响，电离辐射产生损伤的穿透力更强，并且在少至几个微秒的作用时间下就能产生效应，还不受亚细胞结构的影响。电离辐射被广泛地运用于现代医学治疗程序，例如CT扫描和放射疗法。事实上，在美国放射疗法被用于60%以上固体肿瘤的治疗，这种治疗方式经常会引起由放射治疗导致的白血病或者其他血液系统肿瘤。研究发现，在小鼠中γ射线也可引起胸腺T细胞淋巴瘤。其实，100多年以前人们就意识到，暴露在电离辐射下易引起癌症，特别是白血病，但是电离辐射引起血液系统肿瘤的确切机制一直都不清楚。

电离辐射导致的DNA损伤形式多样，包括了核苷酸和碱基水平的损伤以及DNA链的断裂[DNA双链断裂（double-strands break，DSB）]，其中，DSB是电离辐射所致的最主要损伤形式，也是最严重的损伤形式，它会使细胞正常生命活动的维持乃至生存都受到严重的威胁，所以修复通路的激活对于保持细胞基因组完整性具有非常重要的意义。在拟南芥和人类细胞中证实DNA双链断裂位点邻近序列生成了21个核苷酸的小RNA，并认为这些小RNA在DNA双链断裂的修复信号通路中发挥了重要功能，它们有可能充当了向导分子，引导染色质修饰或将蛋白质复合物招募到DNA双链断裂位点促进了修复。这些发现为人们对DNA双链断裂修复机制的认识提供了突破性的新概念，对于由电离辐射引起的血液系统肿瘤的预防与治疗提供了思路。

电离辐射主要通过影响干细胞或者祖细胞的基因或者表观修饰来诱导肿瘤形成。例如，关键的肿瘤抑制基因*p53*缺失的动物中T细胞淋巴瘤的发病率高，并且在*p53*缺失的杂合子小鼠中，电离辐射可以显著加速淋巴瘤的发生。这是因为电离辐射有利于筛选出*p53*缺失的造血祖细胞，在电离辐射的压力下，*p53*缺失的造血祖细胞相对于正常细胞而言，表观修饰发生了变化，更利于应对辐射压力从而存活。高比例*p53*缺失的造血祖细胞大大增加了患淋巴瘤等血液系统肿瘤的概率。

（二）化学因素诱导血液系统肿瘤的表观遗传机制

苯能引起AML及其他可能的血液系统肿瘤。即使是暴露在美国国家标准允许的苯含量限制范围内，与苯接触的相关工作人员仍然很有可能患血液系统肿瘤。暴露在苯环境中的工人外周血中许多基因的表达都发生了异常，表观遗传可能是这些基因变化的主要调控机制，例如组蛋白修饰、DNA甲基化以及miRNA的表达。*p15*基因的高甲基化和*mage-1*基因的低甲基化就与暴露于低浓度苯非常相关。加油站服务人员和交警体内这两个基因的表达均有相关倾向，虽然甲基化的转变程度非常低。还有报告指出暴露于苯环境的工人，*p15*和*p16*基因的启动子区域甲基化程度高，从而导致这2个基因的表达下调。对苯二酚能够体外诱导TK6细胞整体DNA水平的低甲基化[197]，这也是苯诱导血液系统肿瘤的另一个潜在机制。苯诱导的肝中毒以及致瘤作用中表观遗传机制的研究是值得深入的，包括甲基化异常和miRNA表达改变的研究。

（三）病毒因素诱导血液系统肿瘤的表观遗传机制

急性淋巴母细胞白血病（acute lymphoblastic leukemia，ALL）的病理学机制复杂，很多患者在婴儿期就检测到白血病相关基因的突变，而且婴儿期持续接触病毒感染会增加ALL的发病风险。PVB19病毒和ALL患者相关基因启动子的DNA甲基化密切相关。PVB19通过作用于B细胞前体从而引起特定基因的DNA甲基化模式，诱发白血病。病毒感染可能通过引起DNA甲基化和易感细胞特定关键基因的突变诱发幼年时期的白血病，甚至在感染清除之后这些基因突变依然存在。

五、基于表观遗传修饰异常的血液系统肿瘤动物模型

若要更好地研究表观遗传修饰在人类血液系统肿瘤的发生机制，建立基于表观遗传修饰异常的血液系统肿瘤动物模型具有很大的科研价值，它可以准确地通过动物模型实验结果和人类血液系统肿瘤进行比较研究，从而进一步探寻肿瘤的预防和治疗措施。

（一）DNA 甲基化修饰异常的血液系统肿瘤动物模型

在小鼠动物模型中发现 TET2 与血液系统肿瘤发生密切相关。与 TET1 类似，TET2 也能将 DNA 上的 5- 甲基胞嘧啶（5-mC）变成 5- 羟甲基胞嘧啶（5-hmC）。在 MDS 和 AML 患者中，都发现了体细胞 *tet2* 的突变。在造血干组细胞中敲低 *tet2*，造血干细胞向单核巨噬细胞系方向分化[198]。*tet2* 在髓系分化过程中发挥重要作用，抑制 TET2 酶活性会引起髓系细胞恶性肿瘤的发生。

另一个 DNA 甲基化修饰相关的模型是在条件性敲除 *tif1γ* 的小鼠动物模型中，发现 *tif1γ* 的缺失影响了造血干祖细胞向共同髓系祖细胞的转化，从而引起粒细胞和单核细胞（即粒单系）祖细胞的大量增殖。小鼠缺失 *tif1γ* 后会出现年龄依赖性的细胞自主性的骨髓增生异常综合症，这和人类慢性骨髓单核细胞性白血病（chronic myelomonocytic leukemia，CMML）的特征一致。在 35% 的 CMML 患者中发现 *tif1γ* 缺失，*tif1γ* 的低表达与基因启动子 CpG 岛序列高甲基化密切相关。

（二）组蛋白修饰异常的血液系统肿瘤动物模型

在组蛋白 H3K4 甲基转移酶 MLL 和 AF9 通过染色体异位形成融合基因的 MLL-AF9 白血病小鼠模型中，通过比较造血干祖细胞和白血病干细胞（leukemia stem cell，LSC）之间 H3K79me2、H3K4me3、H3K27me3 及 H3K36me3 表观修饰的差异，发现 LSC 中 *mll-af9* 融合基因 H3K79me2 甲基化异常[199]。组蛋白 H3K79 甲基转移酶 DOT1L 失活后会引起 *mll-af9* 和 *mll* 异位相关基因表达下调。在 *mll-af9* 白血病小鼠模型中 *mll* 异位相关基因的表达是依赖于 DOT1L。因此，DOT1L 可以作为 *mll* 异位白血病治疗的潜在靶点。

T 细胞急性淋巴母细胞白血病（T-cell acute lymphoblastic leukemia，T-ALL）是主要通过激活 NOTCH1 信号通路形成的不成熟的血液系统恶性肿瘤。在 25% 的 T-ALL 患者中发现了 *ezh2* 和 *suz12* 的失活突变，两者编码 PRC2 复合物的关键成分。

（三）miRNA 表达异常的血液系统肿瘤动物模型

在 T-ALL 中，一些 miRNA 通过相互作用抑制抑癌基因的表达。通过比较 T-ALL 患者标本，找到了 5 种 miRNA（miR-19b、miR-20a、miR-26a、miR-92 和 miR-223）。在小鼠模型中，发现这些 miRNA 能促进 T-ALL 的发生。*ikaros*、*pten*、*bim*、*phf6*、*nf1 和 fbxw7* 等抑癌基因通过和 miRNA 相互作用，在 T-ALL 发病过程中发挥功能[200]。

另外，在 B 细胞前体急性淋巴母细胞白血病（B-cell precursor acute lymphoblastic leukemia，BCP-ALL）中发现了 miR-125b-1 的染色体异位 t（11；14）（q24；q32）。为了研究 miR-125b 在 B 细胞肿瘤中的功能，构建了 miR-125b 的转基因小鼠模型模拟人类 BCP-ALL，并发现抗凋亡基因 *trp53inp11* 是 miR-125b 在体内的直接靶基因，从而证实 miR-125b 在 B 细胞前体白血病生成过程中发挥重要的功能。

（于文强　肖　敏）

参考文献

1. 陈万青，张思维，曾红梅，等. 中国2010 年恶性肿瘤发病与死亡. 中国肿瘤. 2014, 23:1-10.
2. Baylin SB, Jones PA. A decade of exploring the cancerepigenome-biological and translational implications. Nat Rev Cancer, 2011, 11: 726-734.
3. Kasinathan S, Henikoff S. 5-Aza-CdR Delivers a GeneBody Blow. Cancer Cell, 2014, 26(4):449-451.
4. Suzuki MM, Bird A. DNA methylation landscapes: provocative insights from epigenomics. Nat Rev Genet, 2008, 9: 465-476 .
5. Zentner GE, Henikoff S. Regulation of nucleosome dynamics by histone modifications. Nat Struct Mol Biol, 2013, 20(3):259-266.
6. Barski A, Cuddapah S, Cui K, et al. High-resolution profiling of histone methylations in the human genome. Cell, 2007, 129:823-837.
7. Li B, Carey M & Workman J L. The role of chromatin during transcription. Cell, 2007, 128: 707-719.
8. Wilson BG, Roberts CW. SWI/SNF nucleosome remodellers and cancer. Nat Rev Cancer, 2011, 481-492.
9. Ghildiyal M, Zamore PD. Small silencing RNAs: an expanding universe. Nat RevGenet, 2009, 10:94-108.

10. Berger SL, Kouzarides T, Shiekhattar R, et al. An operational definition of epigenetics. Genes Dev, 2009, 23: 781-783.
11. Lin CH, Hsieh SY, Sheen IS, et al. Genome-wide hypomethylation in hepatocellular carcinogenesis. Cancer Res, 2001, 61: 4238-4243.
12. Takai D, Yagi Y, Habib N, et al. Hypomethylation of LINE1 retrotransposon in human hepatocellular carcinomas, but not in surrounding liver cirrhosis. Jpn J Clin Oncol, 2000, 30(7): 306-309.
13. 董桂银, 钱叶本, 朱立新. DNA甲基化与肝细胞癌. 国外医学：外科学分册, 2005, 32(3):161-165.
14. Nishida N, Kudo M, Nagasaka T, et al. Characteristic pattern of altered DNA methylation alterations predict emergence of human hepatocellular carcinoma. Hepatology, 2012, 56(3):994-1003.
15. Shiraz OB, Galehdari H, Yavarian M, et al. Possible down regulation of the p16 gene promoter in individuals with hepatocellular carcinoma. Hepat Mon. 2011, 11(9):719-23.
16. Zhang Y J, Ahsan H, Chen Y, et al. High frequency of promoter hypermethylation of RASSF1A and p16 and its relationship to afla-toxin B1-DNA adduct levels in human hepatocellular carcinoma. Mol Carcinog, 2002, 35(2): 85-92.
17. Liu W, Li X, Chu ES. Paired box gene 5 is a novel tumor suppressor in hepatocellular carcinoma through interaction with P53 signaling pathway. Hepatology, 2011, 53(3):843-853.
18. Qiu WH, Zhou BS, Zou HZ, et al. Hypermethylation of growth arrest damage-inducible gene 45 β promoter in human hepatocellular carcinoma. AM J Pathol, 2004, 165:1689-1699.
19. Oh BK, Kim H, Park HJ, et al. DNA methyltransferase expression and DNA methylation in human hepatocellular carcinoma and their clinicopathological correlation. Int J Mol Med, 2007, 20(1): 65-73.
20. Zhong S, Tang MW, Yeo W, et al. Silencing of GSTP1 gene by CpG island DNA hypermethylation in HBV-associated hepatocellular carcinomas. Clin Caneer Res, 2002, 8:1087-1092.
21. Zhang Y J, Wu H C, Shen J, et al. Predicting hepatocellular carcinoma by detection of aberrant promoter methylation in serum DNA. Clin Cancer Res, 2007, 13(8): 2378-2384.
22. 何军, 马兆龙, 陈立波, 等. 组蛋白甲基转移酶 SMYD3 在不同HBV表达水平肝癌细胞中的差异表达. 世界华人消化杂志, 2008, 16(18): 2036-2039.
23. Giraldez AJ, Cinalli RM, GlasnerME, et al. MicroRNAs regulate brain morphogenesis in zebrafish. Science, 2005, 308(5723):833-838.
24. Murakami Y, Yasuda T, Saigo K, et al. Comprehensive analysis of microRNA expression patterns in hepatocellular carcinoma and non-tumorous tissues. Oncogene, 2006, 25(17): 2537-2545.
25. Ladeiro Y, Couchy G, Balabaud C, et al. MicroRNA profiling in hepatocellular tumors is associated with clinical features and oncogene/tumor suppressor gene mutations. Hepatology, 2008, 47: 1955-1963.
26. Saito Y, Liang G, Egger G, et al. Specific activation of microRNA-127 with downregulation of the protooncogene BCL6 by chromatin-modifying drugs in human cancer cells. Cancer Cell, 2006, 9(6):435-443.
27. Berx G, Cleton-Jansen AM, Nollet F. E-cadherin is a tumor/invasion suppressor gene mutated in human lobular breast cancers. EMBO J, 1995,14(24):6107-6115.
28. Wainfan E, Poirier L A. Methyl groups in carcinogenesis: effects on DNA methylation and gene expression. Cancer Res, 1992, 52(7): 2071-2077.
29. Naushad A, Heba A, Randal M, et al. Hepatitis C virus-induced cancer stem cell-like signatures in cell culture and murine tumor xenografts. Journal of Virology, 2011, 231:34-37.
30. Yang IV, Schwartz DA. Epigenetic control of gene expression in the lung. Am J Respir Crit Care Med, 2011, 183(10):1295-1301.
31. Esteller M, Corn PG, Baylin SB, et al. A gene hypermethylation profile of human cancer. Cancer Res, 2001, 61:3225-3229.
32. Van Den Broeck A, Ozenne P, Eymin B, et al. Lung cancer: a modified epigenome. Cell Adh Migr, 2010, 4(1):107-113.
33. Bowman RV, Yang IA, Semmler AB, et al. Epigenetics of lung cancer. Respirology, 2006, 11(4):355-365.
34. An Q, Liu Y, Gao Y, et al. Detection of p16 hypermethylation in circulating plasma DNA of non-small cell lung cancer patients. Cancer Lett, 2002, 188(1-2):109-114.
35. Nakata S, Sugio K, Uramoto H, et al. The methylation status and protein expression of CDH1, p16(INK4A), and fragile histidine triad in nonsmall cell lung carcinoma: epigenetic silencing, clinical features, and prognostic significance. Cancer, 2006, 106(10):2190-2199.
36. Palmisano WA, Divine KK, Saccomanno G, et al. Predicting lung cancer by detecting aberrant promoter methylation in sputum. Cancer Res, 2000, 60(21):5954-5958.
37. Hirohashi S. Inactivation of the E-cadherin-mediated cell adhesion system in human cancers. Am J Pathol, 1998, 153(2):333-339.
38. Liu Y, Gao W, Siegfried JM, et al. Promoter methylation of RASSF1A and DAPK and mutations of K-ras, p53, and EGFR in lung tumors from smokers and never-smokers. BMC Cancer, 2007, 7:74.
39. Kim DS, Kim MJ, Lee JY, et al. Aberrant methylation of E-cadherin and H-cadherin genes in nonsmall cell lung cancer and its relation to clinicopathologic features. Cancer, 2007, 110(12):2785-2792.
40. Osada H, Tatematsu Y, Saito H, et al. Reduced expression of class II histone deacetylase genes is associated with poor prognosis in lung cancer patients. Int J Cancer, 2004, 112(1):26-32.
41. Platta CS, Greenblatt DY, Kunnimalaiyaan M, et al.Valproic acid induces Notch1 signaling in small cell lung cancer cells. J Surg Res, 2008, 148(1):31-37.
42. Bartling B, Hofmann HS, Boettger T, et al. Comparative application of antibody and gene array for expression profiling in human squamous cell lung carcinoma. Lung Cancer, 2005, 49(2):145-154.
43. Yeung ML, Jeang KT. MicroRNAs and Cancer Therapeutics. Pharm Res, 2011, 28(12): 3043-3049.
44. Yanaihara N, Caplen N, Bowman E, et al. Unique microRNA molecular profiles in lung cancer diagnosis and prognosis. Cancer Cell, 2006, 9(3):189-198.
45. Guo F, Li Y, Liu Y, et al. Inhibition of metastasis-associated lung adenocarcinoma transcript in CaSki human cervical cancer cells suppresses cell proliferation and invasion. Acta Biochim Biophys Sin (Shanghai), 2010, 42(3):224-229.
46. Liu M, Wang Z, Yang S, et al. TNF-α is a novel target of miR-19a. Int J Oncol, 2011, 38(4):1013-1022.
47. Ma L, Reinhardt F, Pan E, et al. Therapeutic silencing of miR-10b inhibits metastasis in a mouse mammary tumor model. Nat Biotechnol, 2010, 28(4):341-347.
48. Ball DW. Achaete-scute homolog-1 and Notch in lung neuroendocrine development and cancer. Cancer Lett, 2004, 204(2):159-169.
49. Migheli F, Migliore L. Epigenetics of colorectal cancer. Clin Genet, 2012, 81:312-318.
50. Hutter CM, Chang-Claude J, Slattery ML, et al. Characterization of gene-environment interactions for colorectal cancer susceptibility loci. Cancer Res, 2012, 72:2036-2044.
51. Vasovcak P, Pavlikova K, Sedlacek Z, et al. Molecular genetic analysis of 103 sporadic colorectal tumors in Czech patients. PLoS One, 2011, 6:24114.
52. Andras C, Toth L, Molnar C, et al. Correlations between clinic pathological parameters and molecular signatures of primary

tumors for patients with stage T3n0 colorectal adenocarcinomas: a single center retrospective study on 100 cases. Hepatogastroenterology, 2012, 59:1091-1097.
53. Lao VV, Grady WM. Epigenetics and colorectal cancer. Nat Rev Gastroenterology Hepatol, 2011, 8:686-700.
54. Kessler JD, Kahle KT, Sun T, et al. A SUMOylation-dependent transcriptional subprogram is required for Myc-driven tumorigenesis. Science, 2012, 335:348-353.
55. Lopez I, P OL, Tucci P, et al. Different mutation profiles associated to P53 accumulation in colorectal cancer. Gene, 2012, 499:81-87.
56. Ladd JJ, Busald T, Johnson MM, et al. Increased plasma levels of the APC-interacting protein MAPRE1, LRG1, and IGFBP2 preceding a diagnosis of colorectal cancer in women. Cancer Prev Res (Phila), 2012.
57. Wang F, Yang YZ, Shi CZ, et al. UHRF1 promotes cell growth and metastasis through repression of p16(ink4a) in colorectal cancer. Ann Surg Oncol, 2012, 19:2753-2762.
58. Nai HS, Lau QC. Advent of the cancer methylome. Comb Chem High Throughput Screen, 2012, 15(3): 216-220.
59. Egger G, Liang GN, Aparicio A, et al. Epigenetics in human disease and prospects for epigenetic therapy. Nature, 2004, 6990:457-463.
60. Clarke JM, Young GP, Topping DL, et al. Butyrate delivered by butyrate starch increases distal colonic epithelial apoptosis in carcinogen-treated rats. Carcinogenesis, 2012, 33:197-202.
61. Wilson AJ, Byun DS, Nasser S, et al. HDAC4 promotes growth of colon cancer cells via repression of P21. Molecular Biology of The Cell, 2008, 10:4062-4075.
62. Lee EJ, Lee BB, Kim SJ, et al. Histone deacetylase inhibitor scriptaid induces cell cycle arrest and epigenetic change in colon cancer cells. Int J Oncol, 2008, 33:767-776.
63. Earle JS, Luthra R, Romans A, et al. Association of microRNA expression with microsatellite instability status in colorectal adenocarcinoma. J Mol Diagn, 2010, 12:433-440.
64. Wu CW, Ng SS, Dong YJ, et al. Detection of miR-92a and miR-21 in stool samples as potential screening biomarkers for colorectal cancer and polyps. Gut, 2012, 61:739-745.
65. Smits KM, Paranjape T, Nallur S, et al. A let-7 microRNA SNP in the KRAS 3′ UTR is prognostic in early-stage colorectal cancer. Clin Cancer Res, 2011, 17:7723-7731.
66. Schepeler T, Reinert JT, Ostenfeld, et al. Diagnostic and prognostic microRNAs in stage II colon cancer. Cancer Research, 2008, 15:6416-6424.
67. El-Murr N, Abidi Z, Wanherdrick K, et al. MiRNA genes constitute new targets for microsatellite instability in colorectal cancer. PLoS One, 2012, 7:31862.
68. Harden SV, Guo Z, Epstein JI, et al. Quantitative GSTP1 methylation clearly distinguishes benign prostatic tissue and limited prostate adenocarcinoma. J Urol, 2003, 169(3): 1138-1142.
69. Beke L, Nuytten M, Van Eynde A, et al. The gene encoding the prostatic tumor suppressor PSP94 is a target for repression by the Polycomb group protein EZH2. Oncogene, 2007, 26(31): 4590-4595.
70. Weichert W, Roske A, Gekeler V, et al. Histone deacetylases 1, 2 and 3 are highly expressed in prostate cancer and HDAC2 expression is associated with shorter PSA relapse time after radical prostatectomy. Br J Cancer, 2008, 98(3): 604-610.
71. Chiosea S, Jelezcova E, Chandran U, et al. Up-regulation of dicer, a component of the microRNA machinery, in prostate adenocarcinoma. Am J Pathol, 2006, 169(5): 1812-1820.
72. Sun T, Wang Q, Balk S, et al. The role of microRNA-221 and microRNA-222 in androgen-independent prostate cancer cell lines. Cancer Res, 2009, 69(8): 3356-3363.
73. Varambally S, Cao Q, Mani RS, et al. Genomic loss of microRNA-101 leads to overexpression of histone methyltransferase EZH2 in cancer. Science, 2008, 322(5908): 1695-1699.
74. Rokhlin OW, Scheinker VS, Taghiyev AF, et al. MicroRNA-34 mediates AR-dependent p53-induced apoptosis in prostate cancer. Cancer Biol Ther, 2008, 7(8): 1288-1296.
75. Qian DZ, Wei YF, Wang X, et al. Antitumor activity of the histone deacetylase inhibitor MS-275 in prostate cancer models. Prostate, 2007, 67(11): 1182-1193.
76. Bolden JE, Peart MJ, Johnstone RW. Anticancer activities of histone deacetylase inhibitors. Nat Rev Drug Discov, 2006, 5(9): 769-784.
77. Liu Y, Colosimo AL, Yang XJ, et al. Adenovirus E1B 55-kilodalton oncoprotein inhibits p53 acetylation by PCAF. Mol Cell Biol, 2000, 20(15): 5540-5553.
78. Cohen HY, Lavu S, Bitterman KJ, et al. Acetylation of the C terminus of Ku70 by CBP and PCAF controls Bax-mediated apoptosis. Mol Cell, 2004, 13(5): 627-638.
79. Nakayama T, Watanabe M, Yamanaka M, et al. The role of epigenetic modifications in retinoic acid receptor beta 2 gene expression in human prostate cancers. Lab Invest, 2001, 81(7): 1049-1057.
80. Cheng JC, Weisenberger DJ, Gonzales FA, et al. Continuous zebularine treatment effectively sustains demethylation in human bladder cancer cells. Mol Cell Biol, 2004, 24(3): 1270-1278.
81. Lin X, Asgari K, Putzi MJ, et al. Reversal of GSTP1 CpG island hypermethylation and reactivation of pi-class glutathione S-transferase (GSTP1) expression in human prostate cancer cells by treatment with procainamide. Cancer Res, 2001, 61(24): 8611-8616.
82. Brueckner B, Garcia BR, Siedlecki P, et al. Epigenetic reactivation of tumor suppressor genes by a novel small-molecule inhibitor of human DNA methyltransferases. Cancer Res, 2005, 65(14): 6305-6311.
83. Annicotte JS, Iankova I, Miard S, et al. Peroxisome proliferator-activated receptor gamma regulates E-cadherin expression and inhibits growth and invasion of prostate cancer. Mol Cell Biol, 2006, 26(20): 7561-7574.
84. Lakshmikanthan V, Kaddour-Djebbar I, Lewis RW, et al. SAHA-sensitized prostate cancer cells to TNF alpha-related apoptosis-inducing ligand (TRAIL): mechanisms leading to synergistic apoptosis. Int J Cancer, 2006, 119(1): 221-228.
85. Shang D, Liu Y, Liu Q, et al. Synergy of 5-aza-2'-deoxycytidine(DAC) and paclitaxel in both androgen-dependent and -independent prostate cancer cell lines. Cancer Lett, 2009, 278(1): 82-87.
86. Szyf M, Pakneshan P, Rabbani SA. DNA demethylation and cancer: therapeutic implications. Cancer Lett, 2004, 211(2): 133-143.
87. Markus Christmann, Barbara Verbeek, Wynand P Roos, et al. O^6-Methylguanine-DNA methyltransferase (MGMT) in normal tissues and tumors: Enzyme activity, promoter methylation and immunohistochemistry. Biochimica et Biophysica Acta, 2011, 1816:179 -190.
88. Goto K, Numata M, Komura JI, et al. Expression of DNA methyltransferase gene in mature and immature neurons as well as proliferating cells in mice. Differentiation, 1994, 56:39-44.
89. Feng J, Chang H, Li E, et al. Dynamic expression of de novo DNA methyltransferases DNMT3a and DNMT3b in the central nervous system. Journal of Neuroscience Research, 2005, 79:734-746.
90. Mohn F, Weber M, Rebhan M, et al. Lineage-specific polycomb targets and de novo DNA methylation define restriction and potential of neuronal progenitors. Mol Cell, 2008, 30:755-766.

91. Zachariah RM, Rastegar M. Linking Epigenetics to Human Disease and Rett Syndrome: The Emerging Novel and Challenging Concepts in MeCP2 Research. Neural Plast, 2012: 415825.
92. Jensen LR, Amende M, Gurok U, et al. Mutations in the JARID1C gene, which is involved in transcriptional regulation and chromatin remodeling, cause X-linked mental retardation. Am J Hum Genet, 2005, 76:227-236.
93. Gama-Sosa MA, Slagel VA, Trewyn RW, et al. The 5-methylcytosine content of DNA from human tumors. Nucleic Acids Res, 1983, 11:6883- 6894.
94. Fraga MF, Ballestar E, Villar-Garea A, et al. Loss of acetylation at Lys16 and trimethylation at Lys20 of histone H4 is a common hallmark of human cancer. Nature Genetics, 2005, 37:391-400.
95. Li Q, Jedlicka A, Ahuja N, et al. Concordant methylation of the ER and N33 genes in glioblastoma multiforme. Oncogene, 1998, 16: 3197-3202.
96. Noushmehr H, Welsenberger D J, Diefes K, et al. Identification of a CpG island methylator phenotype that defines a distinct subgroup of gliomas. Cancer Cell, 2010, 17:510-522.
97. Alaminos M, Davalos V, Ropero S, et al. EMP3, a myelin-related gene located in the critical 19q13.3 region, is epigenetically silenced and exhibits features of a candidate tumor suppressor in glioma and neuroblastoma. Cancer Res, 2005, 5:2565-2571.
98. Brandes AA, Franceschi E, Tosoni A, et al. MGMT promoter methylation status can predict the incidence and outcome of pseudoprogression after concomitant radiochemotherapy in newly diagnosed glioblastoma patients. Journal of Clinical Oncology, 2008;, 26:2192-2197.
99. Flatau E, Bogenmann E, Jones PA. Variable 5-methylcytosine levels in human tumours cell lines and fresh pediatric explants. Cancer Res, 1983, 43: 4901-4905.
100. Hamilton DW, Lusher ME, Lindsey JC, et al. Epigenetic inactivation of the RASSF1A tumour suppressor gene in ependymoma. Cancer Letters, 2005, 227: 75-81.
101. Lucio-Eterovic AK, Cortez MA, Valera ET, et al. Differential expression of 12 histone deacetylase (HDAC) genes in astrocytomas and normal brain tissue: class II and IV are hypoexpressed in glioblastomas. BMC Cancer, 2008, 8:243.
102. Bracken AP, Pasini D, Capra M, et al. EZH2 is down-stream of the pRB-E2F pathway, essential for proliferation and amplified in cancer. EMBO Journal, 2003, 22:5323-5335.
103. Parsons DW, Jones S, Zhang X, et al. An integrated genomic analysis of human glioblastoma multiforme. Science, 2008, 321:1807-1812.
104. Ciafre SA, Galardi S, Mangiola A, et al. Extensive modulation of a set of microRNAs in primary glioblastoma. Biochem Biophys Res Commun, 2005, 334: 1351-1358.
105. Godlewski J, Nowicki MO, Bronisz A, et al. Targeting of the Bmi-1 oncogene/stem cell renewal factor by microRNA-128 inhibits glioma proliferation and self-renewal. Cancer Res, 2008, 68:9125-9130.
106. Kaz AM, Grady WM. Epigenetic biomarkers in esophageal cancer. Cancer Lett, 2014, 342(2): 193-199.
107. Kuroki T, Trapasso F, Yendamuri S, et al. Allele loss and promoter hypermethylation of VHL, RAR-beta, RASSF1A, and FHIT tumor suppressor genes on chromosome 3p in esophageal squamous cell carcinoma. Cancer Res, 2003, 63(13): 3724-3728.
108. Guo M, Ren J, Brock MV et al., Promoter methylation of HIN-1 in the progression to esophageal squamous cancer. Epigenetics, 2008, 3(6): 336-341.
109. Mao WM, Li P, Zheng QQ, et al. Hypermethylation-modulated downregulation of RASSF1A expression is associated with the progression of esophageal cancer. Arch Med Res, 2011, 42(3): 182-188.
110. Liu Z, Zhang L, Ding F, et al. 5-Aza-2′-deoxycytidine induces retinoic acid receptor-beta(2) demethylation and growth inhibition in esophageal squamous carcinoma cells. Cancer Lett, 2005, 230(2): 271-283.
111. Zhao SL, Zhu ST, Hao X, et al. Effects of DNA methyltransferase 1 inhibition on esophageal squamous cell carcinoma. Dis Esophagus, 2011, 24(8): 601-610.
112. I H, Ko E, Kim Y, et al. Association of global levels of histone modifications with recurrence-free survival in stage IIB and III esophageal squamous cell carcinomas. Cancer Epidemiol Biomarkers Prev, 2010, 19(2): 566-573.
113. Zhang B, Wang Y, Pang X. Enhanced radiosensitivity of EC109 cells by inhibition of HDAC1 expression. Med Oncol, 2012, 29(1): 340-348.
114. Bertos NR, Gilquin B, Chan GK, et al. Role of the tetradecapeptide repeat domain of human histone deacetylase 6 in cytoplasmic retention. J Biol Chem, 2004, 279(46): 48246-48254.
115. Hoshino I, Matsubara H, Akutsu Y, et al. Gene expression profiling induced by histone deacetylase inhibitor, FK228, in human esophageal squamous cancer cells. Oncol Rep, 2007, 18(3): 585-592.
116. Guo Y, Chen Z, Zhang L, et al. Distinctive microRNA profiles relating to patient survival in esophageal squamous cell carcinoma. Cancer Res, 2008, 68(1): 26-33.
117 Lu J, Getz G, Miska EA, et al. MicroRNA expression profiles classify human cancers. Nature, 2005, 435(7043): 834-838.
118. Bhatti I, Lee A, Lund J, et al. Small RNA: a large contributor to carcinogenesis? J Gastrointest Surg, 2009, 13(7): 1379-1388.
119. Matsushima K, Isomoto H, Kohno S, et al. MicroRNAs and esophageal squamous cell carcinoma. Digestion, 2010, 82(3) 138-144.
120. Tan Y, Zhang B, Wu T, et al. Transcriptional inhibiton of Hoxd4 expression by miRNA-10a in human breast cancer cells. BMC Mol Biol, 2009, 10: 12.
121. Kresty LA, Clarke J, Ezell K, et al. MicroRNA alterations in Barrett's esophagus, esophageal adenocarcinoma, and esophageal adenocarcinoma cell lines following cranberry extract treatment: Insights for chemoprevention. J Carcinog, 2011, 10: 34.
122. Ogawa R, Ishiguro H, Kuwabara Y, et al. Expression profiling of micro-RNAs in human esophageal squamous cell carcinoma using RT-PCR. Med Mol Morphol, 2009, 42(2): 102-109.
123. Kovacs G, Gaudi I, Kovi R. An interdisciplinary malignancy, the lung cancer in Hungary in 2006: epidemiology, prevention and access to therapy. Magy Onkol, 2006, 50(3): 207, 209-211, 213-215.
124. Dawsey SM. Environmental causes of esophageal cancer. Gastroenterol Clin North Am, 2009, 38(1): 27-57.
125. Tao Q, Robertson KD, Manns A, et al. Epstein-Barr virus (EBV) in endemic Burkitt's lymphoma: molecular analysis of primary tumor tissue. Blood, 1998, 91:1373-1381.
126. Krishna SM, Kattoor J, Balaram P. Down regulation of adhesion protein E-cadherin in Epstein-Barr virus infected nasopharyngeal carcinomas. Cancer Biomark, 2005, 1:271-277.
127. Hu L, Troyanovsky B, Zhang X, et al. Differences in the immunogenicity of latent membrane protein 1 (LMP1) encoded by Epstein-Barr virus genomes derived from LMP1-positive and -negative nasopharyngeal carcinoma. Cancer Res, 2000, 60:5589-5593.
128. Liu H, Zhang L, Niu Z, et al. Promoter methylation inhibits BRD7 expression in human nasopharyngeal carcinoma cells. Bmc Cancer, 2008, 8:253.
129. Fendri A, Khabir A, Hadri-Guiga B, et al. Epigenetic alteration

of the Wnt inhibitory factor-1 promoter is common and occurs in advanced stage of Tunisian nasopharyngeal carcinoma. Cancer Invest, 2010, 28:896-903.
130. Kwong J, Lo KW, Chow LS, et al. Epigenetic silencing of cellular retinol-binding proteins in nasopharyngeal carcinoma. Neoplasia, 2005, 7(1):67-74.
131. Wong TS, Tang KC, Kwong DL, et al. Differential gene methylation in undifferentiated nasopharyngeal carcinoma. Int J Oncol, 2003, 22:869-874.
132. Kao RH, Huang LC, Hsu YH. Mapping the methylation pattern by bisulfite genomic sequencing of the E-cadherin promoter CpG island in nasopharyngeal carcinoma. Anticancer Res, 2002, 22:4109-4113.
133. Du C, Huang T, Sun D, et al. CDH4 as a novel putative tumor suppressor gene epigenetically silenced by promoter hypermethylation in nasopharyngeal carcinoma. Cancer Lett, 2011, 309:54-61.
134. George SJ, Dwivedi A. MMPs, cadherins, and cell proliferation. Trends Cardiovasc Med, 2004, 14:100-105.
135. Yang H, Zhao R, Lee MH.14-3-3sigma, a p53 regulator, suppresses tumor growth of nasopharyngeal carcinoma. Mol Cancer Ther, 2006, 5:253-260.
136. Lung HL, Cheng Y, Kumaran MK, et al. Fine mapping of the 11q22-23 tumor suppressive region and involvement of TSLC1 in nasopharyngeal carcinoma. Int J Cancer, 2004, 112:628-635.
137. Wong TS, Kwong DL, Sham JS, et al. Promoter hypermethylation of high-in-normal 1 gene in primary nasopharyngeal carcinoma. Clin Cancer Res, 2003, 9:3042-3046.
138. Ng A, Tang JP, Goh CH, et al. Regulation of the H19 imprinting gene expression in human nasopharyngeal carcinoma by methylation. Int J Cancer, 2003, 104:179-187.
139. Cai MY, Tong ZT, Zhu W, et al. H3K27me3 protein is a promising predictive biomarker of patients' survival and chemoradioresistance in human nasopharyngeal carcinoma. Mol Med, 2011, 17:1137-1145.
140. Lu TY, Kao CF, Lin CT, et al. DNA methylation and histone modification regulate silencing of OPG during tumor progression. J Cell Biochem, 2009, 108:315-325.
141. Zhang L, Deng T, Li X, et al. MicroRNA-141 is involved in a nasopharyngeal carcinoma-related genes network. Carcinogenesis, 2010, 31:559-566.
142. Wong TS, Man OY, Tsang CM, et al. MicroRNA let-7 suppresses nasopharyngeal carcinoma cells proliferation through downregulating c-Myc expression. J Cancer Res Clin Oncol, 2011, 137:415-422.
143. Alajez NM, Lenarduzzi M, Ito E, et al. MiR-218 suppresses nasopharyngeal cancer progression through downregulation of survivin and the SLIT2-ROBO1 pathway. Cancer Res, 2011, 71:2381-2391.
144. Kwon MJ, Shin YK. Epigenetic regulation of cancer-associated genes in ovarian cancer. Int J Mol Sci, 2011, 12(2):983-1008.
145. Iramaneerat K, Rattanatunyong P, Khemapech N, et al. HERV-K hypomethylation in ovarian clear cell carcinoma is associated with a poor prognosis and platinum resistance. Int J Gynecol Cancer, 2011, 21(1):51-57.
146. Ehrlich M, Woods CB, Yu MC, et al. Quantitative analysis of associations between DNA hypermethylation, hypomethylation, and DNMT RNA levels in ovarian tumors. Oncogene, 2006, 25(18):2636-2645.
147. Wei SH, Chen CM, Strathdee G, et al. Methylation microarray analysis of late-stage ovarian carcinomas distinguishes progression-free survival in patients and identifies candidate epigenetic markers. Clin Cancer Res, 2002, 8(7):2246-2252.
148. Watts GS, Futscher BW, Holtan N, et al. DNA methylation changes in ovarian cancer are cumulative with disease progression and identify tumor stage. BMC Med Genomics, 2008, 1:47.
149. Honda H, Pazin MJ, Ji H, et al. Crucial roles of Sp1 and epigenetic modifications in the regulation of the CLDN4 promoter in ovarian cancer cells. J Biol Chem, 2006, 281(30):21433-21444.
150. Abbosh PH, Montgomery JS, Starkey JA, et al. Dominant-negative histone H3 lysine 27 mutant derepresses silenced tumor suppressor genes and reverses the drug-resistant phenotype in cancer cells. Cancer Res, 2006, 66(11):5582-5591.
151. Steele N, Finn P, Brown R, et al. Combined inhibition of DNA methylation and histone acetylation enhances gene re-expression and drug sensitivity in vivo. Br J Cancer, 2009, 100(5):758-763.
152. Appleton K, Mackay HJ, Judson I, et al. Phase I and pharmacodynamic trial of the DNA methyltransferase inhibitor decitabine and carboplatin in solid tumors. J Clin Oncol, 2007, 25(29):4603-4609.
153. Gregory PA, Bracken CP, Bert AG, et al. MicroRNAs as regulators of epithelial-mesenchymal transition. Cell Cycle, 2008, 7(20):3112-3118.
154. Merritt WM, Lin YG, Han LY, et al. Dicer, Drosha, and outcomes in patients with ovarian cancer. N Engl J Med, 2008, 359(25):2641-2650.
155. Zhang L, Volinia S, Bonome T, et al. Genomic and epigenetic alterations deregulate microRNA expression in human epithelial ovarian cancer. Proc Natl Acad Sci USA, 2008, 105(19):7004-7009.
156. Nam EJ, Yoon H, Kim SW, et al. MicroRNA expression profiles in serous ovarian carcinoma. Clin Cancer Res, 2008, 14(9):2690-2695.
157. Viswanathan SR, Daley GQ, Gregory RI. Selective blockade of microRNA processing by Lin28. Science, 2008, 320(5872):97-100.
158. Guan Y, Yao H, Zheng Z, et al. MiR-125b targets BCL3 and suppresses ovarian cancer proliferation. Int J Cancer 2011, 128(10):2274-2283.
159. Scott GK, Goga A, Bhaumik D, et al. Coordinate suppression of ERBB2 and ERBB3 by enforced expression of micro-RNA miR-125a or miR-125b. J Biol Chem, 2007, 282(2):1479-1486.
160. Saito Y, Liang G, Egger G, et al. Specific activation of microRNA-127 with downregulation of the proto-oncogene BCL6 by chromatin-modifying drugs in human cancer cells. Cancer Cell, 2006, 9(6):435-443.
161. Flavin R, Smyth P, Barrett C, et al. MiR-29b expression is associated with disease-free survival in patients with ovarian serous carcinoma. Int J Gynecol Cancer, 2009, 19(4):641-647.
162. Yang H, Kong W, He L, et al. MicroRNA expression profiling in human ovarian cancer: miR-214 induces cell survival and cisplatin resistance by targeting PTEN. Cancer Res, 2008, 68(2):425-433.
163. Straume O, Smeds J, Kumar R, et al. Significant impact of promoter hypermethylation and the 540 C>T polymorphism of CDKN2A in cutaneous melanoma of the vertical growth phase. Am J Pathol, 2002, 161(1):229-237.
164. Mowen KA, Tang J, Zhu W, et al. Arginine methylation of STAT1 modulates IFNalpha/beta-induced transcription. Cell, 2001, 104(5):731-741.
165. Poser I, Dominguez D, de Herreros AG, et al. Loss of E-cadherin expression in melanoma cells involves up-regulation of the transcriptional repressor Snail. J Biol Chem, 2001, 276(27):24661-24666.
166. Oram SW, Liu XX, Lee TL, et al. TSPY potentiates cell

proliferation and tumorigenesis by promoting cell cycle progression in HeLa and NIH3T3 cells. BMC Cancer, 2006, 6:154.
167. Gallagher WM, Bergin OE, Rafferty M, et al. Multiple markers for melanoma progression regulated by DNA methylation: insights from transcriptomic studies. Carcinogenesis, 2005, 26(11):1856-1867.
168. Worley LA, Long MD, Onken MD, et al. Micro-RNAs associated with metastasis in uveal melanoma identified by multiplexed microarray profiling. Melanoma Res, 2008, 18(3):184-190.
169. Segura MF, Hanniford D, Menendez S, et al. Aberrant miR-182 expression promotes melanoma metastasis by repressing FOXO3 and microphthalmia-associated transcription factor. Proc Natl Acad Sci USA, 2009, 106(6):1814-1819.
170. Bemis LT, Chen R, Amato CM, et al. MicroRNA-137 targets microphthalmia-associated transcription factor in melanoma cell lines. Cancer Res, 2008, 68(5):1362-1368.
171. Dhomen N, Marais R. BRAF signaling and targeted therapies in melanoma. Hematol Oncol Clin North Am, 2009, 23(3):529-545.
172. Haass NK, Smalley KS, Li L, et al. Adhesion, migration and communication in melanocytes and melanoma. Pigment Cell Res, 2005, 18(3):150-159.
173. Levati L, Alvino E, Pagani E, et al. Altered expression of selected microRNAs in melanoma: antiproliferative and proapoptotic activity of miRNA-155. Int J Oncol, 2009, 35(2):393-400.
174. Lodygin D, Tarasov V, Epanchintsev A, et al. Inactivation of miR-34a by aberrant CpG methylation in multiple types of cancer. Cell Cycle, 2008, 7(16):2591-2600.
175. Migliore C, Petrelli A, Ghiso E, et al. MicroRNAs impair MET-mediated invasive growth. Cancer Res, 2008, 68(24):10128-10136.
176. Davies H, Bignell GR, Cox C, et al. Mutations of the BRAF gene in human cancer. Nature, 2002, 417(6892):949-954.
177. Pollock PM, Harper UL, Hansen KS, et al. High frequency of BRAF mutations in nevi. Nat Genet, 2003, 33(1):19-20.
178. Lin H, Wong RP, Martinka M, et al. Loss of SNF5 expression correlates with poor patient survival in melanoma. Clin Cancer Res, 2009, 15(20):6404-6411.
179. Betz BL, Strobeck MW, Reisman DN, et al. Re-expression of hSNF5/INI1/BAF47 in pediatric tumor cells leads to G1 arrest associated with induction of p16ink4a and activation of RB. Oncogene, 2002, 21(34):5193-5203.
180. Tachibana M, Takeda K, Nobukuni Y, et al. Ectopic expression of MITF, a gene for Waardenburg syndrome type 2, converts fibroblasts to cells with melanocyte characteristics. Nat Genet, 1996, 14(1):50-54.
181. Carreira S, Goodall J, Aksan I, et al. Mitf cooperates with Rb1 and activates P21Cip1 expression to regulate cell cycle progression. Nature, 2005, 433(7027):764-769.
182. Galm O, Herman JG, Baylin SB. The fundamental role of epigenetics in hematopoietic malignancies. Blood Rev, 2006, 20(1):1-13.
183. Ley TJ, Ding L, Walter MJ, et al. DNMT3A mutations in acute myeloid leukemia. N Engl J Med, 2010, 363(25):2424-2433.
184. Roman-Gomez J, Cordeu L, Agirre X, et al. Epigenetic regulation of Wnt-signaling pathway in acute lymphoblastic leukemia. Blood, 2007, 109(8):3462-3469.
185. Villa R, Pasini D, Gutierrez A, et al. Role of the polycomb repressive complex 2 in acute promyelocytic leukemia. Cancer Cell, 2007 , 11(6):513-525.
186. Rizo A, Horton SJ, Olthof S, et al. BMI1 collaborates with BCR-ABL in leukemic transformation of human $CD34^+$ cells. Blood, 2010 , 116(22):4621-4630.
187. Xia ZB, Anderson M, Diaz MO, et al. MLL repression domain interacts with histone deacetylases, the polycomb group proteins HPC2 and BMI-1, and the corepressor C-terminal-binding protein. Proc Natl Acad Sci USA, 2003 , 100(14):8342-8347.
188. Klose RJ, Kallin EM, Zhang Y. JmjC-domain-containing proteins and histone demethylation. Nat Rev Genet, 2006, 7(9):715-727.
189. Liang J, Prouty L, Williams BJ, et al. Acute mixed lineage leukemia with an inv(8)(p11q13) resulting in fusion of the genes for MOZ and TIF2. Blood, 1998, 92(6):2118-2122.
190. Tatham MH, Kim S, Jaffray E, et al. Unique binding interactions among Ubc9, SUMO and RanBP2 reveal a mechanism for SUMO paralog selection. Nat Struct Mol Biol, 2005, 12(1):67-74.
191. Zhang XW, Yan XJ, Zhou ZR, et al. Arsenic trioxide controls the fate of the PML-RARalpha oncoprotein by directly binding PML. Science, 2010, 328(5975):240-243.
192. Marton S, Garcia MR, Robello C, et al. Small RNAs analysis in CLL reveals a deregulation of miRNA expression and novel miRNA candidates of putative relevance in CLL pathogenesis. Leukemia, 2008, 22(2):330-338.
193. Marton S, Garcia MR, Robello C, et al. Small RNAs analysis in CLL reveals a deregulation of miRNA expression and novel miRNA candidates of putative relevance in CLL pathogenesis. Leukemia, 2008, 22(2):330-338.
194. Pekarsky Y, Santanam U, Cimmino A, et al. Tcl1 expression in chronic lymphocytic leukemia is regulated by miR-29 and miR-181. Cancer Res, 2006 , 66(24):11590-11593.
195. Saito Y, Liang G, Egger G, et al. Specific activation of microRNA-127 with downregulation of the proto-oncogene BCL6 by chromatin-modifying drugs in human cancer cells. Cancer Cell, 2006, 9(6):435-443.
196. Bertani S, Sauer S, Bolotin E, et al. The noncoding RNA Mistral activates Hoxa6 and Hoxa7 expression and stem cell differentiation by recruiting MLL1 to chromatin. Mol Cell, 2011, 43(6):1040-1046.
197. Ji Z, Zhang L, Peng V, et al. A comparison of the cytogenetic alterations and global DNA hypomethylation induced by the benzene metabolite, hydroquinone, with those induced by melphalan and etoposide. Leukemia, 2010, 24(5):986-991.
198. Ko M, Huang Y, Jankowska AM, et al. Impaired hydroxylation of 5-methylcytosine in myeloid cancers with mutant TET2. Nature, 2010, 468(7325):839-843.
199. Bernt KM, Zhu N, Sinha AU, et al. MLL-rearranged leukemia is dependent on aberrant H3K79 methylation by DOT1L. Cancer Cell, 2011, 20(1):66-78.
200. Mavrakis KJ, Van Der Meulen J, Wolfe AL, et al. A cooperative microRNA-tumor suppressor gene network in acute T-cell lymphoblastic leukemia (T-ALL). Nat Genet, 2011, 43(7):673-678.

第十一章　表观遗传修饰与自身免疫性疾病

第一节　表观遗传修饰与系统性红斑狼疮

一、DNA 甲基化与系统性红斑狼疮

（一）DNA 甲基化研究

系统性红斑狼疮（systemic lupus erythematosus，SLE）是一种自身免疫性疾病，多以女性患者为主。SLE 常累及机体多个系统器官，包括关节、皮肤、肾、血液及神经系统等。SLE 病理生理改变包括外周血中 B 细胞功能异常产生大量自身抗体、炎症性 T 细胞和免疫复合物沉积于组织器官，而抗原呈递细胞功能异常是导致免疫细胞异常活化的重要原因。下面的内容将着重介绍 DNA 甲基化对不同类型免疫细胞功能异常的影响及机制。

（二）T 细胞中 DNA 甲基化修饰异常

T 细胞异常活化分泌大量炎症因子，并诱导 B 细胞产生大量自身抗体是诱导自身免疫反应的关键机制。T 细胞异常活化与 DNA 甲基化修饰异常密切相关。早在 20 年前，研究人员利用动物模型已经证明 DNA 异常甲基化在 SLE 发生中的作用。研究人员利用 DNA 甲基化抑制剂 5- 氮杂胞苷处理 $CD4^+$ T 细胞可诱导 T 细胞异常活化，自身反应性增加，诱导 B 细胞产生大量自身抗体。将体外 5- 氮杂胞苷处理的 $CD4^+$ T 细胞回输小鼠体内，可诱导小鼠发生狼疮样病理改变。直接体内给药 5- 氮杂胞苷或普鲁卡因胺亦可在小鼠体内诱导产生狼疮综合征[1-3]。由此可见，异常 DNA 低甲基化是诱导 T 细胞自身反应性的重要机制之一。

1. 整体 DNA 甲基化　整体基因组 DNA 甲基化是指细胞基因组范围内甲基胞嘧啶的水平。与正常人相比，SLE 患者外周血 $CD4^+$ T 细胞基因组整体甲基化水平显著降低。然而，活动性 SLE 患者与非活动性 SLE 患者 $CD4^+$ T 细胞之间无显著性差异[4]。这一结果反映了基因组 DNA 中甲基化胞嘧啶的含量，使我们初步了解患者与正常对照相比甲基化修饰的变化情况。近年来，随着第 2 代测序技术的发展，研究人员可以通过高通量测序方法精细地掌握细胞基因组 DNA 上甲基化胞嘧啶的水平和分布。最新的研究利用 DNA 甲基化芯片检测同卵双生子 SLE 患者（1 个发病、1 个不发病）甲基化谱。芯片结果发现同卵双生子 SLE 患者外周血白细胞之间存在 49 个基因甲基化水平显著差异。利用基因功能分类（GO 分类）发现这些异常 DNA 甲基化修饰的基因多数参与自身免疫性疾病发生，如免疫反应过程、细胞活化、外源性刺激引发的免疫反应等。例如，γ- 干扰素受体 2 在 SLE 中发生显著低甲基化，该基因功能被证明与狼疮小鼠模型中淋巴结大、脾大及肾受损密切相关。金属基质蛋白酶 MMP14 参与组织损坏、再生、炎症与凋亡过程。该基因在 SLE 中低甲基化导致基因表达上调被认为与 SLE 多器官受损密切相关。*lcn* 基因低甲基化导致表达上调被认为与 SLE 患者肾受累密切相关，并参与诱导细胞凋亡[5]。

2. 特异性基因甲基化

（1）重复序列 DNA 甲基化

① *alu* 序列和 *line* 序列。随着人类基因组计划的完成，人们对人类基因组序列有了更加充分的认识。人类基因组草图研究已证实人类 DNA 序列近一半来自保守的转座子元件。由于其含量丰富，它们对人类基因组的结构和功能十分重要。在人类基因组中存在近 41% 的散在重复序列（interspersed repeat sequence，IRS），被分类为非长末端重复（non-long terminal repeat，non-LTR）和长末端重复（LTR）反转录序列。其中拷贝数目较高的两个 non-LTR 是长散

在核苷元件（*lines*，约占 20.1%）和短散在核苷元件（*sines*，如 *alu* 约占 13%）。此外，主要的人类 LTR 反转录序列为人类内源性反转录病毒序列（*herv*），约占基因组 8.2%[6]。除了基因启动子区的 CpG 岛外，大部分甲基化胞嘧啶存在于基因组 IRS 中[7]。在正常条件下，IRS 处于失活状态，而 IRS 甲基化改变与基因组稳定性密切相关。在肿瘤细胞中，*alu* 和 *line-1* 处于低甲基化状态；而在衰老过程中外周血单个核细胞基因组 *alu* 处于低甲基化状态，而 *line-1* 甲基化未发生改变[8, 9]。最近研究人员对同卵双生子 SLE 患者外周血白细胞基因组甲基化状态进行高通量芯片检测发现，SLE 患者和健康对照之间 non-LTR 反转座子包括 *line-1*、*alu* 等重复序列甲基化状态无显著改变[5]。然而也有不同观点认为，上述研究对象外周血白细胞是多种细胞的混合体，不能够准确反映特定基因或区域的甲基化状态。在 SLE 患者外周血 $CD4^+$ T 细胞、$CD8^+$ T 细胞及 B 淋巴细胞中重复序列的甲基化状态发生变化。在活动性 SLE 患者 $CD4^+$ T 细胞和 $CD8^+$ T 细胞中 *line-1* 处于低甲基化状态，*alu* 甲基化状态未发生改变。鉴于 *line-1* 在基因组中含量较高，因此可以认为 *line-1* 低甲基化导致了 SLE 患者 $CD4^+$ T 细胞基因组整体的低甲基化[10]。此外，*line-1* 与 SLE 发生也密切相关。SLE 患者 *line-1* 过度表达可诱导Ⅰ型干扰素分泌增加[11]。

②内源性反转录病毒 HERV 的 LTR 反转座元件。*herv* 在人类基因组中分布广泛，*herv* 具备反转录病毒的序列结构特征，序列中包含多个翻译阻断区域如终止密码子和甲基化位点。LTR 在人类 DNA 中占近 8%，但是很多都没有活性。经历了数百万年的进化，大量基因组突变和删减，一些 *herv* 仍然保持了转录和翻译出功能性蛋白质的能力。在人类组织中可检测到 *herv* 衍生的转录本和蛋白质，它们可通过 *herv* 的逆转位作用，重排人类基因组的基因座位，从而影响基因表达和功能。多个研究已经证明 *herv* 基因转录活化后产生的 HERV 蛋白在自身免疫性疾病如 SLE 发病过程中发挥重要作用[12]。*herv* 诱导自身免疫发生的途径包括：插入特定基因的编码区，导致基因表达改变；*herv* 编码蛋白被视为“外来”蛋白，从而诱导免疫反应，B 细胞活化产生抗 HERV 蛋白的自身抗体，这些抗体又与体内其他蛋白相互作用，导致自身免疫发生[14]。与正常对照相比，SLE 患者中 *herv* clone 4-1 序列转录增加。近 50% 的 SLE 患者血清中出现 HERV 抗原和抗体。而体外合成的 HERV clone4-1 衍生肽能诱导多个异常的免疫反应，包括 T 细胞活化、细胞因子产生等。已有证据暗示是基因调控提高了 *herv* 的表达。研究人员已经证实在多种肿瘤组织中 *herv* 转录本增加与 *herv* 启动子区发生低甲基化密切相关。在人类免疫细胞中亦有研究证实 *herv* clone 4-1 的转录受到 DNA 甲基化调控，利用 DNA 甲基化抑制剂 5-Aza 处理可增加正常人 PBMC 中 *herv* clone4-1 转录[13, 15]。另有研究小组证实在 SLE 患者中 *herv* clone4-1 表达与患者血清中抗核抗体的水平密切相关[16]。由此可见在 SLE 患者 PBMC 中 DNA 甲基化降低可能是导致 *herv* 元件转录活化、自身抗体产生增加，以及产生自身免疫的重要机制之一[17]。

（2）免疫相关基因 DNA 甲基化：SLE 患者外周血 T 细胞异常活化，导致其自身反应性增加，分泌大量细胞因子，并诱导 B 淋巴细胞产生自身抗体。目前已有大量文献证实 T 细胞表面抗原分子过度表达是诱导 T 细胞自身反应性增加的重要分子机制之一。本节前面部分已经提到 SLE 患者外周血 T 细胞基因组整体处于低甲基化状态，暗示 SLE 患者 T 细胞可能存在异常的 DNA 甲基化修饰。近年来随着 DNA 甲基化研究的不断深入，研究人员发现大量基因在 SLE 中过度表达与 DNA 低甲基化修饰密切相关。下面将着重介绍多个在 SLE 患者 $CD4^+$ T 细胞中发生低甲基化的基因。

① CD70：又称 TNFSF7，是一种Ⅱ型跨膜糖蛋白，属于肿瘤坏死因子（tumor necrosis factor，TNF）家族。*cd70* 基因定位在基因组 19p13.2-3，编码 193 个氨基酸组成三聚体[18]。CD70 主要表达在一些 T 细胞和 B 细胞表面。CD70 在静止的淋巴细胞上不表达，而在活化的 T 淋巴细胞中表达增加。作为 CD27 的配体，CD70 可与 B 细胞表面 CD27 分子结合，活化 B 淋巴细胞，转化成浆细胞，分泌抗体[19]。Sawalha 等研究自发红斑狼疮小鼠（MRL/lpr）模型，从小鼠脾分离 $CD4^+$ T 细胞，检测红斑狼疮发生前后的 DNA 甲基转移酶 1（DNMT1），发现 DNMT1 表达水平显著降低。同时还发现 *cd70* 基因表达水平显著升高，该基因启动子甲基化水平显著降低[20]。此外，Lu 等研究人员利用 DNA 甲基化抑制剂 5-Aza 处理人 $CD4^+$ T 细胞，发现 CD70 表达水平增加 2 倍以上，证明 *cd70* 是一个甲基化敏感基因。基因组序列分析显示 *cd70* 基因启动子区无明显的 CpG 岛结构，然而利用荧光素酶报告载体系统分析证实 *cd70*

基因转录起始位点上游 1000bp 区域包含核心启动子区。研究人员鉴定了这一约 300bp 长度的核心启动子片段。该区域包含多个转录因子结合位点如 AP-1、SP1、NF-κB 及 AP-2。研究人员发现在 SLE 患者和健康对照 $CD4^+$ T 细胞中该区域存在明显甲基化差异。SLE $CD4^+$ T 细胞呈显著低甲基化状态 [21]。

② CD11a：*itgal* 基因定位在基因组 16p11.2，编码淋巴细胞功能相关抗原 1（lymphocyte function-associated antigen 1，LFA1，又称 CD11a 抗原），表达在淋巴细胞表面，可与血管内皮细胞表面细胞间黏附分子 -1（intercellular adhesion molecule-1，ICAM-1）形成稳定的免疫突触。LFA1 促进 T 淋巴细胞与其他免疫细胞如巨噬细胞、B 淋巴细胞相互作用，在招募 T 淋巴细胞到炎症反应部位、抗原特异性 T 淋巴细胞活化、细胞毒性 T 细胞反应、自身杀伤细胞反应和 B 细胞辅助活化等过程中发挥重要作用 [22]。在正常的 T 淋巴细胞中过度表达 CD11a 可诱导 T 细胞的自身反应性，在小鼠体内可复制出狼疮样疾病表型。研究人员发现利用 5-Aza 处理后的人 T 淋巴细胞，*cd11a* 基因表达水平显著升高。此外，SLE 患者 $CD4^+$ T 细胞中 CD11a 亦过度表达，其表达水平与 SLE 疾病活动性呈正相关。*itgal* 基因启动子区（–1818bp ~ +79bp）包含 22 个 CG 位点及多个转录因子（PU.1 和 Sp1）结合位点。在 *itgal* 基因转录起始位点上游 –1261bp ~ 68bp 区域内包含 16 个 CG 位点。与正常人及非活动性狼疮 T 细胞相比，活动性狼疮 T 细胞中该区段 DNA 处于低甲基化状态，狼疮活动度越高，DNA 甲基化水平越低。Lu 等进一步分析显示低甲基化 CG 位点主要集中在 –1289bp ~ 979bp 区域。利用 DNA 甲基化抑制剂 5-Aza 处理 $CD4^+$ T 细胞，亦可导致该区域甲基化水平显著降低 [23-24]。

③ PERFORIN：穿孔素 PERFORIN 由 *prf1* 基因编码，基因组定位于 10q22。PERFORIN 主要表达于细胞毒性 T 细胞和辅助杀伤靶细胞。研究人员发现狼疮患者 T 细胞能够杀伤自体来源的巨噬细胞或单核细胞，从而导致体内凋亡复合物增加，清除减少，最终导致红斑狼疮发生 [25]。研究人员进一步证实，*perforin* 基因主要表达在活动性红斑狼疮外周血 $CD4^+$ T 细胞，非活动性红斑狼疮 $CD4^+$ T 细胞 PERFORIN 表达水平与健康对照之间无显著差异。*perforin* 基因甲基化修饰研究发现，*perforin* 基因转录起始位点上游 1300bp 区域包含 29 个 CG 位点。在该区域中 –55bp ~ +1bp 区域包含核心启动子元件，–396bp ~ 83bp 区域富集一系列重复序列，而 –1089bp ~ 835bp 区域包含多个增强子元件。研究人员证实 –929bp ~ 577bp 区域包含的 7 个 CG 位点低甲基化与 *perforin* 基因过度表达密切相关，这一区域高甲基化可抑制 *perforin* 基因表达。Lu 等研究证实 *perforin* 基因在活动性 SLE 患者外周血 $CD4^+$ T 细胞中处于低甲基化状态，与基因表达增加呈负相关；而在非活动性 SLE 患者 T 细胞中 *perforin* 基因启动子呈高甲基化，基因表达受抑制 [26-27]。

④ CD40L：CD40L编码基因定位在基因组 X染色体上，又称 GP39、肿瘤坏死因子相关激活蛋白（TNF associated activation protein，TRAP）以及 T细胞 -B细胞活化分子（T cell-B cell-activating molecule，T-BAM），为分子量 33 000的Ⅱ型跨膜糖蛋白，共有 266个氨基酸，其中胞膜外区 214个氨基酸，与 TNF在氨基酸水平具有较高的同源性。CD40L主要表达于活化的 $CD4^+$ T淋巴细胞，部分活化的 $CD8^+$ T细胞、嗜碱性粒细胞、肥大细胞、NK细胞也有表达，胸腺肿瘤细胞系 EL-4也表达 CD40L。CD3单抗可以刺激 T细胞表达 CD40L。随着研究的深入，人们发现 CD40及其配体 CD40L在抗原呈递、T细胞活化等过程中发挥重要作用。首先，当 APC细胞接受外来抗原，并经过加工将其提呈给天然 T 细胞时，T 细胞活化并表达 CD40L。高表达的 CD40L 与 APC 细胞表面的 CD40 结合促进 APC 细胞表达 B7-1（CD80）、B7-2（CD86）等共刺激分子，这些分子再与 T 细胞表面的配体 CD28、CTLA-4 结合，形成对 T 细胞刺激的第二信号，从而使 T 细胞进一步活化 [28]。在女性 SLE 患者 $CD4^+$ T 细胞中 *cd40l* 基因表达显著增加，并高于男性 SLE 患者。对 *cd40l* 基因进行基因组序列分析发现，基因转录起始位点上游 -1227bp ~ +60bp 和转录起始位点下游 +11371bp ~ +12224bp 区域具有启动子和增强子活性，包含 NF-AT 结合位点和富集的 CG 位点。进一步研究 SLE 患者 $CD4^+$ T 细胞中 *cd40l* 基因甲基化修饰状态，发现在活动性 SLE 女性患者中 *cd40l* 基因启动子（转录起始位点附近 8 个 CG 位点）和增强子区均处于低甲基化状态，其中启动子区甲基化水平与疾病的活动性呈负相关 [29]。

⑤细胞介素（interleukin，IL）基因：细胞因子的异常表达在 SLE 发生、发展过程中发挥重要作用。例如，B 细胞的活化受多种 T 细胞亚群及多种

细胞因子尤其是白细胞介素的调节，B 细胞活化、增殖、分化的每一阶段都需要细胞因子的参与。到目前为止，人们发现白细胞介素（*il*）*-4*、*6*、*10* 基因及 *13* 基因在 SLE 患者 T 细胞中受到异常 DNA 甲基化调控。IL-4 作为生长、分化因子促进 Th2 细胞分化及体液免疫应答；IL-6、IL-10 及 IL-13 参与刺激 B 细胞增殖、分化及抗体生成[30]。在 SLE 患者外周血 T 淋巴细胞中这些细胞因子的 mRNA 和蛋白质水平均显著增加，患者血清细胞因子水平亦显著升高，并与 SLE 的疾病活动性密切相关[31]。研究人员利用 DNA 甲基化酶抑制剂 5-Aza 处理 T 淋巴细胞，这些细胞因子表达均显著增加，暗示这些基因表达可能受到 DNA 甲基化调控。对 *il-4* 基因和 *il-6* 基因转录起始位点上游 1000bp 区域包含 7 个和 10 个 CG 位点进行甲基化比较分析，发现活动性 SLE 患者 T 细胞中 2 个基因甲基化水平均低于健康对照[32]。另外，研究人员利用甲基化敏感性酶鉴定 *il-10* 基因第 4 内含子为甲基化敏感区，该区域 DNA 在 SLE 患者 $CD4^+$ T 细胞中呈低甲基化状态。*il-13* 基因近端启动子已被证实可调控 *il-13* 基因表达。然而，该区域甲基化水平在 SLE 患者与健康对照之间无显著差异。但是，在 *il-13* 基因远端启动子区部分 CG 位点甲基化水平在 SLE $CD4^+$ T 细胞中显著降低。该区域包含了多个转录因子结合位点 SP1、AP2 及 STAT5，提示该区域 DNA 甲基化与 *il-13* 基因转录活化密切相关[33-34]。

（三）T 细胞 DNA 甲基化修饰异常的分子机制

SLE 患者 $CD4^+$ T 细胞存在异常 DNA 低甲基化的分子机制目前尚不十分清楚。细胞整体低甲基化可能与细胞内 DNMT 表达受到抑制、或可能存在某种特异性去甲基化机制有关，特异性基因组位点的甲基化还可能与某些转录因子结合密切相关。下面将着重介绍目前已经发现的参与诱导 SLE 患者 T 细胞整体基因组 DNA 或特异性基因甲基化水平降低的基因或信号通路。

1. GADD45A DNA 去甲基化是当前研究的热点领域之一。GADD45A 又称 DNA 损伤修复蛋白 a，参与维持基因组稳定性、DNA 损伤修饰及抑制细胞生长。GADD45A 是否具有 DNA 去甲基化酶的作用目前仍然存在争议。Barreto 等首先发现了 GADD45A 具有去甲基化作用，然而 Jin 等无法重复 Barreto 等实验，无法证明 GADD45A 具有去甲基化作用[35-36]。最近，Rai 等在模式生物斑马鱼胚胎中发现 GADD45A 可与 5- 甲基化胞嘧啶脱氨基酶和 G-T 错配特异性胸腺嘧啶转葡萄糖基酶共同作用，导致基因去甲基化[37]。研究人员发现紫外线照射可诱导 GADD45A 过度表达，增加甲基化敏感基因 *cd11a*、*cd70* 基因过度表达，暗示 GADD45A 可能与 *cd11a* 和 *cd70* 基因低甲基化密切相关。研究人员发现在 SLE 患者 $CD4^+$ T 细胞中 GADD45A 表达水平显著升高，与 SLE 活动性呈正相关，与 SLE 患者 T 细胞整体基因组甲基化水平呈负相关。在正常人 $CD4^+$ T 细胞中过度表达 GADD45A，可导致 T 细胞整体基因组 DNA 和甲基化敏感基因 *cd11a* 和 *cd70* 启动子区甲基化水平显著降低，T 细胞自身反应性增加；相反，抑制 SLE 患者 $CD4^+$ T 细胞中 GADD45A 表达，可升高 T 细胞基因组 DNA 和特异性 *cd11a* 和 *cd70* 启动子甲基化水平，降低 T 细胞的自身反应性。由此可见 GADD45A 表达升高是导致 SLE 患者 T 细胞异常低甲基化及 SLE 发生、发展的重要机制之一[38]。目前关于 GADD45A 参与去甲基化的机制仍不清楚，GADD45A 是否具有 DNA 去甲基化作用仍有待研究。

2. ERK 信号通路 丝裂原活化蛋白激酶 /ERK 信号通路在调节细胞的多种生理功能及疾病的发病机制和病理生理过程中均发挥重要作用。ERK 信号通路包含 3 个蛋白激酶家族，即 RAF（MAPKKK 或 MEKK）、MAPKK（MEK1 和 MEK2）和 MAPK（ERK1 和 ERK2 或 P42/P44 MAPK）。这些分子在被磷酸化后具有激酶活性，可磷酸化、活化下游信号通路分子。ERK1/2 信号分子被活化后进入细胞核，活化转录因子 NF-κB、AP-1、C-JUN 和 C-FOS。ERK 信号通路在调控细胞生长、增殖，调节炎症反应等方面发挥重要作用。ERK 信号通路以 T 细胞受体（T-cell receptor，TCR）依赖或非依赖方式活化，进而活化 AP-1 分子，激活 T 细胞[39]。研究人员利用肼屈嗪、ERK 信号通路抑制剂 U0126 和 PD98059 处理 T 淋巴细胞，可导致 T 细胞基因组发生低甲基化，T 细胞中自身免疫相关基因 *cd11a* 和 *cd70* 基因表达升高，从而诱导自身免疫反应。进一步分析发现肼屈嗪、U0126 和 PD98059 通过抑制 ERK 信号通路，导致 T 细胞中 DNMT1 和 DNMT3A 表达显著下调，进而导致基因组甲基化水平降低。通过对 SLE 患者 T 细胞研究发现，细胞中 ERK1/2 磷酸化水平降低，ERK 信号通路缺陷的程度与 SLE 的疾病活动度显著相关。由此可以得出结论：在 SLE 患者 T 细胞中 ERK 信号通路缺陷可降低 T 细胞中 DNMT 表达水平，导致 T 细胞基因组低甲基化，特异性自身免疫相关基因 *cd11a* 和 *cd70* 启动子甲基化水平降低，从而诱导 T 细胞自身反应性增加 [40]。

3. miRNA　miRNA 是细胞内存在的一类长度为 18～23 个核苷酸的非编码小分子 RNA。miRNA 通过与靶基因 3' 端非翻译区结合，降解靶基因 mRNA，抑制靶基因蛋白表达。miRNA 在细胞的分化、增殖等生理过程及肿瘤、心血管疾病及自身免疫病等病理过程中发挥重要作用。除了 ERK 信号通路外，参与调控 DNMT1 表达的还包括 miRNA 分子。目前在 SLE 患者 $CD4^+$ T 细胞中已经鉴定的调控 DNMT1 表达的 miRNA 包括 miR-126、miR-21 及 miR-148a。研究人员发现在 SLE 患者 $CD4^+$ T 细胞中 miR-126 表达水平与细胞内 DNMT1 蛋白水平呈显著负相关。通过荧光素酶报告基因系统证实 *dnmt1* 是 miR-126 的靶基因。当在健康人 $CD4^+$ T 细胞中过度表达外源性 miR-126 时，DNMT1 蛋白水平显著受到抑制，同时 T 细胞中甲基化敏感基因 *cd11a* 和 *cd70* 基因启动子甲基化水平显著降低，而表达水平显著增加。在 SLE 患者 $CD4^+$ T 细胞中特异性抑制 miR-126 表达，DNMT1 蛋白水平增加，导致甲基化敏感基因 *cd11a* 和 *cd70* 启动子区甲基化水平明显升高，表达水平显著降低。由此可见，miR-126 可通过特异性抑制 DNMT1 蛋白表达水平，导致 SLE 患者 $CD4^+$ T 细胞异常低甲基化 [41-42]。

4. 转录因子 RFX1 和 CREMα　调节因子 X1（regulatory factors that bind to the X box1，RFX1）系 RFX 蛋白家族成员，在哺乳动物细胞中广泛表达，包含 3 个蛋白结构域，即 DNA 结合结构域、N 端活化结构域和 C 端抑制结构域。RFX1 作为转录因子具有双重调控功能。正常生理条件下，RFX1 的活化结构域与抑制结构域相互交错，作用相互中和，使其几乎成为一个“中性”转录因子。目前研究认为 RFX1 发挥何种转录调控作用与靶基因上游的 RFX1 结合序列密切相关。RFX1 与 *c-myc*、*col1a2*、*pcna* 及 *map1a* 基因上游结合的位点为负性调控元件，RFX1 抑制上述基因表达；相反，许多病毒的启动子及 *rpl30* 和 *il-5* 受体 α 基因包含正性调控元件，RFX1 可激活它们转录 [43-47]。有研究报道 RFX1 不仅可通过自身的调控单元发挥作用，还可以招募其他活性因子形成异源性嵌合体，共同调控基因表达。例如，RFX1 可通过招募组蛋白去乙酰化酶 1（HDAC1）和 DNA 甲基转移酶 1（DNMT1），抑制 *col1a2* 基因表达。血清饥饿的细胞中 RFX1 可招募 HDAC1，抑制立早反应基因 *id2* 表达 [44, 48-49]。目前发现在人 $CD4^+$ T 细胞中 RFX1 可以招募表观遗传调控蛋白 DNMT1、HDAC1 和 SUV39H1 到甲基化敏感基因 *cd11a* 和 *cd70* 启动子区，从而参与调控这些基因启动子局部 DNA 甲基化和组蛋白修饰状态 [50]。研究人员发现在 SLE 患者的 $CD4^+$ T 细胞中 *rfx1* 基因表达和活性显著下调。这导致结合到 *cd11a* 和 *cd70* 基因启动子区的 RFX1 蛋白减少，从而引起招募的 DNMT1 减少，导致基因组 DNA 局部甲基化水平降低。在 SLE 患者 $CD4^+$ T 细胞中过度表达外源性 RFX1，可增加局部 DNA 区域的 DNMT1 富集，导致 DNA 甲基化水平升高，抑制自身免疫相关基因 *cd11a* 和 *cd70* 表达，降低 T 细胞的自身反应性。由此可见，转录因子 RFX1 在调控基因特异性 DNA 甲基化修饰中发挥重要作用 [50]。

除了转录因子 RFX1 外，研究人员还发现与之类似的转录因子 CREMα。CREMα 可以招募 DNMT3A 到 *il-2* 基因启动子区的 CRE 调控元件，从而导致 *il-2* 启动子发生重甲基化，抑制 *il-2* 基因表达。IL-2 表达缺陷与自身免疫病的发生、发展密切相关，其表达减少可导致调节性 T 细胞数目降低、T 细胞活化诱导凋亡缺陷等。在 SLE 患者 T 细胞中 *crem α* 基因表达水平显著增加，导致招募到 *il-2* 基因启动子区的 DNMT3A 增加，*il-2* 基因启动子甲基化水平升高，IL-2 表达受到抑制 [51]。

（四）B 细胞中 DNA 甲基化修饰异常

SLE 自身反应性的重要特征之一是 B 细胞高度活化，产生大量自身抗体，并且可以产生过量的细胞因子，呈递自身抗原给 T 细胞以调控其他免疫细胞的功能。因此，B 细胞在 SLE 发生、发展过程中扮演非常重要的角色。虽然目前 SLE 的 DNA 甲基化研究主要集中在 T 淋巴细胞，但是根据最新研究显示 B 淋巴细胞也存在异常的 DNA 甲基化修饰。在类风湿关节炎（rheumatoid arthritis，RA）研究发现，DNA 低甲基化可激活许多基因转录，包括 B 细胞中的 *cd21* 基因 [52]。在 SLE 患者 B 淋巴细胞已经鉴定受到 DNA 甲基化调控的基因包括 *cd5*、*line-1* 及 *hla-dr* [10, 53-54]。

1. CD5　CD5 阳性 B 细胞又称为 B1 细胞，主要表达 BCR，参与自身免疫反应。研究证实 B 细胞表面的 CD5 抗原分子负性调控 BCR 信号，从而控制

B 细胞自身免疫反应性[55]。CD5 分子具有两个亚型，即 CD5-E1A 和 CD5-E1B。CD5-E1A 主要表达于 B 细胞表面，而 CD5-E1B 表达定位于 B 细胞质。研究人员发现在 SLE 患者 B 细胞的胞质中 CD5-E1B 表达明显增加，导致 $CD5^+$ B 细胞表面 CD5 抗原分子显著减少[56]。实际上，CD5-E1B 是由融合性转录本编码，转录本中整合了来自内源性反转录病毒的 5'-LTR序列。在人类基因组中 *herv* 已经被证明受到 DNA 甲基化沉默，而在 SLE 患者 T 细胞中 DNA 甲基化水平降低，导致 *herv* 转录激活[57, 58]。因此，可以推测 *cd5-e1b* 可能受到 DNA 甲基化调控。在正常 B 细胞中，CD5-E1B 的编码基因处于高甲基化状态。然而，Garaud 等发现在 SLE 患者 B 细胞中 *cd5-e1b* 启动子处于低甲基化状态，导致 CD5-E1B 表达显著增加，而 SLE 患者 B 细胞表面 CD5 抗原水平减少[53]。

2. LINE-1　在正常 T 细胞中已经提到基因组中的重复序列 *line-1* 受到 DNA 甲基化修饰表达沉默，而在 SLE 患者的 T 细胞中 DNA 甲基化水平降低，从而导致 LINE-1 表达增加。Nakkuntod 等在其研究中也检测了 SLE 患者 B 淋巴细胞中 *line-1* 的表达和甲基化水平。与正常 B 细胞相比，SLE 患者 B 细胞中 *line-1* 处于低甲基化状态，*alu* 序列甲基化无明显差异[10]。

3. HLA-DR　HLA-DR 分子是主要组织相容性复合体（major histocompatibility complex，MHC）Ⅱ类分子。HLA-DR 与自身免疫病发生密切相关。早在 20 多年前 Sano 等发现 *hla-dr* 基因表达在 SLE 患者 B 细胞中显著降低。此外，他们利用甲基化敏感性酶鉴定了 *hla-dr* 启动子区的甲基化敏感调控序列。Sano 等证实 SLE 患者 B 细胞中 HLA-DR 表达降低。

（赵　明　陆前进）

二、系统性红斑狼疮免疫细胞组蛋白修饰

系统性红斑狼疮（SLE）是一种慢性、自身免疫性疾病，以产生大量自身抗体（auto-antibody）为特点，临床表现复杂，可有不同程度的组织器官受累，预后也不尽相同。发病机制尚不清楚，目前认为与遗传、外界环境（如紫外线照射）、药物（普鲁卡因胺和肼屈嗪）等因素相关。近年来，大量的研究显示，表观遗传学机制在 SLE 的发生、发展中发挥重要的作用[59]。

组蛋白（histones）是真核生物细胞核中与 DNA 结合、富含精氨酸（Arg，R）和赖氨酸（Lys，K）的一类碱性蛋白质的总称，其分子量为 10 000～20 000。组蛋白修饰（histone modification）是表观遗传学修饰的重要机制之一。目前已经发现的组蛋白修饰方式多达上百种，例如甲基化（methylation）、乙酰化（acetylation）、磷酸化（phosphorylation）、泛素化（ubiquitination）和 ADP 核糖基化（ADP-ribosylation）等。各种组蛋白修饰的不同组合可以产生不同的生物学作用，与携带有生物遗传信息的 DNA 有相似之处，因而又被称为“组蛋白密码（histone code）”[60]。

（一）系统性红斑狼疮 T 细胞中组蛋白修饰的整体状态

组蛋白修饰的整体状态是指某一类细胞中某种组蛋白修饰的整体水平情况。与正常对照组相比，活跃期 SLE 患者 $CD4^+$ T 细胞中整体组蛋白 H3 和 H4 均呈低乙酰化水平，并且组蛋白 H3 乙酰化程度与狼疮患者疾病活动度评分（SLEDAI）呈负相关。此外，和正常对照组相比，不论是活动期还是非活动期的 SLE 患者，整体组蛋白 H3K9 均呈低甲基化水平；而 H3K4 甲基化水平无明显差异。除了检测 SLE 患者 $CD4^+$ T 细胞整体组蛋白甲基化和乙酰化水平以外，对参与乙酰化和甲基化修饰的相关酶类基因（*hat* 和 *hdac*）的 mRNA 表达水平也进行了比较。其中，*sirt1* mRNA 水平在活跃期狼疮患者体内表达显著增高，而 *crebbp*、*p300*、*hdac2*、*hdac7*、*suv39h2* 和 *ezh2* 的 mRNA 水平在活跃期狼疮患者体内表达明显下降[61]。由于 HAT 和 HDAC 的作用是相互拮抗的，组蛋白 H3/H4 乙酰化水平是 HAT 和 HDAC 相互作用的结果，而不是某一个酶单独发挥作用的结果。

（二）系统性红斑狼疮中特异性基因组蛋白修饰状态

1. RFX1　RFX1 不仅可通过自身的调控单元发挥作用，还可以招募其他活性因子形成异源性嵌合体，共同调控基因表达。例如，转录因子 RFX1 在 SLE 患者 $CD4^+$ T 细胞中 DNA 结合能力下降，并且 mRNA 和蛋白质水平显著低表达。RFX1 可以结合于 *cd11a* 和 *cd70* 转录位点的上游序列，由此推断 RFX1 的表达下调是 SLE 患者 $CD4^+$ T 细胞中 CD11a 和 CD70 过度表达的原因之一。表达下调的 RFX1 可能

是通过募集 HDAC1 和 DNMT1 到基因 *cd11a* 和 *cd70* 的启动子区域，从而促进 CD11a 和 CD70 的过表达，最终进一步加重了自身免疫反应[62]。因此，转录因子 RFX1 在维持特定基因的启动子区域甲基化和组蛋白乙酰化水平中扮演着重要的作用。

2. TNFSF7（CD70） CD70 属于 TNF 家族，由基因 *tnfsf7* 编码，是一种表达于活化的 T 细胞和 B 细胞上的Ⅱ型跨膜糖蛋白。在 SLE 中，T 细胞过度表达 CD70 可以导致自身反应性 IgG 的合成增多。并且，SLE 患者 $CD4^+$ T 细胞中 CD70 的高表达与 *tnfsf7* 启动子区域的低甲基化有关[63-64]。

通过进一步研究 SLE 患者 $CD4^+$ T 细胞中 *cd70* 启动子区域组蛋白修饰状态及组蛋白去乙酰化酶抑制剂（TSA）对 CD70 表达水平的影响，结果发现，*cd70* mRNA 水平在活动性 SLE 患者 $CD4^+$ T 细胞中表达显著增高。组蛋白 H3 乙酰化和 H3K4me2 甲基化水平在活动性 SLE 患者体内也显著增高。5-Aza 单独处理的 SLE $CD4^+$ T 细胞可显著增加 *cd70* 区域 H3K4me2 甲基化水平；TSA 处理的 SLE $CD4^+$ T 细胞可显著增加 *cd70* 区域 H3 和 H4 乙酰化水平以及 H3K4me2 甲基化水平[65]。这说明 *tnfsf7* 启动子区域异常的组蛋白修饰促进了 $CD4^+$ T 细胞中 CD70 的过表达，进而影响红斑狼疮的发病。

3. cAMP 应答元件调节蛋白 α cAMP 应答元件调节蛋白 α（cAMP responsive element modulator α，CREMα）属于转录因子超家族的一员，其家族成员还包括其他 CREM 的同系物，如诱导型 cAMP 早期阻遏蛋白（inducible cAMP early repressor，ICER）、cAMP 应答元件结合蛋白（cAMP responsive element binding protein，CREB）-1 和 -2，以及 CREM/ 转录激活因子（activating transcription factor，ATF）-1、-2 和 -3，它们具有高度相似的 DNA 结合结构域。以往认为，CREMα 是一个转录抑制剂，但最新的证据显示 CREMα 可以激活 $CD4^+$ T 细胞中某些细胞因子的转录。研究发现，CREMα 可以招募 HDAC1 和 DNMT3A 至 *il-2* 启动子区域，从而分别调控组蛋白乙酰化和甲基化修饰。

（三）系统性红斑狼疮其他免疫细胞的组蛋白修饰状态

SLE 是一个极其复杂的疾病过程，不同类型的免疫细胞可能在疾病的不同发展阶段发挥了不同程度的作用。因此，除了淋巴细胞外，其他类型免疫细胞的组蛋白修饰在 SLE 发病中的作用也是当前研究的热点之一。例如，和正常对照者外周血单核细胞（monocytes）相比，SLE 患者外周血单核细胞中组蛋白 H4 乙酰化整体水平增高。并且，与 H4 高乙酰化相关的 63% 的基因受干扰素调节因子 1（interferon regulatory factor 1，IRF1）的调控，进一步证实了Ⅰ型干扰素在 SLE 发病中的重要性[66]。

应用染色质免疫共沉淀法（chromatin-immunoprecipitation，ChIP）研究活动期 SLE 患者、非活动期 SLE 患者和类风湿关节炎患者外周血单个核细胞（peripheral blood mononuclear cell，PBMC）中 H3K4me3 区域 DNA 与蛋白质之间的相互关系。结果发现，和类风湿关节炎及正常对照组相比，SLE 患者 H3K4me3 区域有多个候选基因发生了显著改变，如 *ptpn22* 和 *lrp1b* 等[67]。

综上所述，组蛋白修饰在 SLE 的发病中发挥了重要的作用，影响着疾病的发生和发展进程，进一步深入研究其组蛋白修饰状态和其发生相应修饰的原因，能为 SLE 的诊断和治疗带来新的思路。

（张　鹏　陆前进）

三、系统性红斑狼疮免疫细胞 miRNA 表达与基因表达调控

系统性红斑狼疮（SLE）是一种累及多系统、多器官的自身免疫性结缔组织病。SLE 的发病机制尚不清楚，近年来研究发现表观遗传学机制在 SLE 的发生和发展中起重要作用。miRNA 是一类在动植物及病毒中广泛存在的单链非编码小分子 RNA，近年来已成为表观遗传学领域的研究热点。已有研究提示，miRNA 可通过调控细胞内基因表达在系统性红斑狼疮的发生、发展中起着重要的调控作用。下面的内容将着重介绍 SLE 免疫细胞 miRNA 的表达与其对基因表达的调控[68]。

（一）SLE 患者 T 细胞 miRNA 表达谱改变及其作用

T 淋巴细胞的免疫异常在 SLE 的发病中起着非常重要的作用。T 细胞免疫功能的改变在很大程度上反映了 SLE 患者体内细胞免疫的活化状态。近年研究发现一系列在 T 细胞中异常表达的 miRNA 与 SLE 的发病机制有关。

Zhao 等[69]利用 miRNA 微阵列（microarray）技术比较 10 例 SLE 患者和 10 例健康对照者 $CD4^+$ T 细胞 miRNA 表达谱的差异，发现 11 种 miRNA 在 SLE 表达异常，其中 miR-126 等六种 miRNA 在 SLE 表达异常升高，而 miR-142-3p/5p 等 5 种 miRNA 在 SLE 表达异常降低。他们进一步用 stem-loop RT-PCR 证实 miR-126 在 SLE $CD4^+$ T 细胞表达显著升高，而 miR-142-3p/5p 明显降低。这个研究小组通过 Mirbase /Targetscans/PicTar 等多个国际权威数据库发现 *dnmt1* 是 miR-126 的潜在靶基因，并用体外荧光素报告载体进行了验证，发现 SLE $CD4^+$ T 细胞 miR-126 的表达与 DNMT1 的蛋白表达水平成负相关。通过功能实验证明 miR-126 过表达可通过降低正常 $CD4^+$ T 细胞自身免疫相关基因 *cd11a*、*cd70* 的调控序列甲基化水平导致其基因过度表达，诱导自身免疫反应。这些研究揭示 SLE 的发病机制之一为：SLE 患者 miR-126 过度表达，从而靶向抑制 DNMT1 表达，导致 T 细胞基因调控序列低甲基化，使得 T 细胞自身免疫反应相关基因过度表达，从而辅助 B 细胞产生大量自身抗体，导致 SLE 的发病。研究证明 miR-126 异常高表达是导致 SLE $CD4^+$ T 细胞 DNA 低甲基化及自身免疫反应的重要分子机制。

另外，Ding 等[70]发现 miR-142-3p/5p 的低表达也在 SLE 发病中发挥了重要作用。在 SLE 患者 $CD4^+$ T 细胞中，miR-142-3p 的低表达导致其靶基因 *cd84*（信号转导淋巴细胞活化分子家族成员之一）和 *il-10* 的过表达，而 miR-142-5p 的低表达导致其靶基因 *sap*（信号转导淋巴细胞活化分子相关蛋白）的过表达，从而引起 T 细胞异常激活，如细胞增殖、共刺激信号和细胞因子的产生，同时 T 细胞与 B 细胞黏附增加，B 细胞被过度刺激产生大量抗体。研究证明 miR-142-3p/5p 的异常低表达是导致 SLE $CD4^+$ T 细胞异常激活和 B 细胞过度反应的重要分子机制，为寻找有效治疗 SLE 的新靶标提供了理论依据。

Stagakis 等[71]比较 16 例 SLE 患者和 10 例健康对照者 T 细胞 miRNA 表达谱的差异，发现在 SLE 患者 T 细胞中，miR-21、miR-25 和 miR-106b 表达增高，而 let-7a、let-7d、let-7g、miR-148a、miR-148ab、miR-324-3p、miR-296、miR-196a 表达降低。研究小组综合分析在 SLE 患者 T 细胞中，miR-21 表达增高，且与 SLE 疾病活动性呈正相关。经过功能分析实验，该小组发现 miR-21 在 T 细胞中参与多种免疫反应过程，如细胞增殖、共刺激信号和细胞因子的产生，从而导致系统性红斑狼疮中异常的 T 细胞反应；同时 B 细胞向分泌免疫球蛋白的浆细胞分化，自身抗体产生增多。他们还发现 miR-21 可能调节细胞凋亡相关的 PDCD4 蛋白，而 PDCD4 的水平下降可能导致人类系统性红斑狼疮中异常的 T 细胞反应。

Pan 等[72]通过高通量的 miRNA 分析，发现在 SLE 患者和狼疮倾向的 MRL/lpr 小鼠的 $CD4^+$ T 细胞中 miR-21 和 miR-148a 表达增高。在 SLE $CD4^+$ T 细胞中，miR-21 和 miR-148a 通过直接或间接调节 DNMT1 导致 DNA 低甲基化，自身免疫相关的甲基化敏感基因如 *cd70* 和 *lfa-1* 启动子区低甲基化。进一步的实验表明，miR-21 通过一个重要的自身免疫基因 *rasgrp1*，间接下调 RAS-MAPK 信号通路上游的 DNMT1；而 miR -148a 通过直接靶向作用 *dnmt1* 的蛋白质编码区域，直接下调 DNMT1 的表达。此外，抑制 SLE 患者 $CD4^+$ T 细胞 miR-21 和 miR -148a 的表达，可以增加 DNMT1 的表达和提高 DNA 甲基化水平。

（二）SLE 其他免疫细胞 miRNA 表达及其作用

1. 外周血单个核细胞（PBMC） 外周血单个核细胞，指外周血中具有单个核的细胞，包含淋巴细胞、单核细胞（monocyte）、树突状细胞和其他少量细胞（造血干细胞等）。虽然含有多种免疫细胞，但相对单种细胞成分容易获得，能为 SLE 的具体某一种免疫细胞 miRNA 的研究进行初步的筛选，因而近年在 SLE 的 PBMC 中 miRNA 研究较多，也发现了多个在 SLE 患者的 PBMC 中异常表达的 miRNA。

Stagakis 等[71]利用 TaqMan miRNA 芯片技术比较 34 例 SLE 患者和 25 例健康对照者 PBMC 细胞 miRNA 表达谱的差异，经过验证发现 27 种 miRNA 在 SLE 患者 PBMC 中表达异常，19 种 miRNA 与疾病活动性相关，其中 miR-21、miR-25、miR-106b 和 miR-148b 与疾病活动性呈显著正相关，而 miR-196a 和 miR-379 与疾病活动性呈显著负相关。

Zhao 等[73]利用 miRNA 芯片技术比较 5 例 SLE 患者和 8 例健康对照者 PBMC 中 miRNA 表达谱的差异，发现 42 种 miRNA 在 SLE 患者 PBMC 中表达异常，其中 miR-125a 在系统性红斑狼疮患者中的表达明显低于对照组。Zhao 等继续研究发现在系统性红斑狼疮中 miR-125a 能通过靶向调节 KLF13 升高炎症趋化因子 RANTES 的水平，从而可能诱发巨噬细胞和自身反应性 T 细胞在组织器官的局部浸润、增殖和活化，导致组织器官的损伤。

Yin 等 [74] 通过比较 miRNA 在 20 例系统性红斑狼疮患者和 20 例正常健康对照人 PBMC 中的表达情况，发现在 SLE 患者中高表达的 miRNA 有 let-7d、miR-106a、miR-142-3p、miR-17-5p、miR-20a、miR-20b、miR-26b、miR-27a、miR-342、miR-432 和 miR-501。这其中大部分属于 mir-17-92 簇，SLE 患者中低表达的 miRNA 有 miR-370 和 miR-379。

2007 年，Dai 等 [75] 分别收集了 27 例 SLE 患者和 10 例健康对照组的 PBMC，做 miRNA 的微阵列芯片检测，然后对结果进行分析比较。发现 SLE 患者有 16 个差异表达的 miRNA，并通过 Northern blot 进行了验证。与正常对照组相比，在系统性红斑狼疮患者 PBMC 中 miR-196a、miR-17-5p、miR-409-3p、miR-141、miR-383、miR-112 和 miR-184 表达降低，而 miR-189、miR-61、miR-78、miR-21、miR-142-3p、miR-342、miR-299-3p、miR-198 和 miR-298 表达升高。

Tang 等 [76] 比较 miRNA 在 52 例 SLE 患者和 29 例正常健康对照人 PBMC 中的表达情况，发现 42 种 miRNA 在 SLE 的 PBMC 中表达异常，其中 miR-31、miR-95、miR-99a、miR-130b、miR-10a、miR-134 和 miR-146a 7 种 miRNA 在 SLE 患者中的表达水平明显降低。miR-146a 作为一个负调控因子，在固有免疫应答中发挥重要作用。他们通过实时荧光定量聚合酶链反应技术检测 18 例 SLE 患者和 11 例正常对照者 miR-146a 的表达，发现同正常对照组相比，miR-146a 表达水平在 SLE 患者中明显降低，SLE 活动组中下降则更加明显。进一步的研究表明 miR-146a 能靶向调节 TRAF6、IRAK1、STAT-1 和 IFN 调节因子 5（IRF-5）的表达水平，所有这些都是干扰素途径重要的因子。SLE 患者 PBMC 中 miR-146a 的减少将可能显著影响这些因子的表达，导致Ⅰ型干扰素过度表达，Ⅰ型干扰素通路负调控作用被削弱，从而参与 SLE 疾病的发生发展。

Fan 等 [77] 以 36 例 SLE 患者和 23 名健康对照者作为研究对象，采集外周静脉血，Real-Time PCR 检测 miR-31 表达。研究发现 SLE 患者的外周血细胞 miR-31 表达显著低于健康对照者，与疾病活动及肾损害程度相关，与临床用药情况无显著相关性。这提示 miR-31 作为重要生物标志物有可能为 SLE 的早期诊断、治疗和预后评估提供一定的依据。

Lashine 等 [78] 研究发现与健康对照组相比，miR-181a 在小儿 SLE 外周血中显著下调，且与疾病活动性高度相关。miR-181a 能调节 T 细胞和 B 细胞的分化、成熟和功能。在进一步的研究中发现，在小儿 SLE 患者中 miR-181a 可引起 p300/CBP 相关因子（p300/CBP-associated factor，PCAF）上调，PCAF 通过影响 HDM2 泛素释放水平，导致其负性调节的 P53 过度释放，从而诱导细胞凋亡。

Te 等 [79] 利用 miRNA 芯片研究了美国黑种人 SLE 患者与白种人 SLE 患者中，用 EBV 感染的 B 细胞株和肾受累的 SLE 患者冷冻 PBMC 以及无肾损害的对照组，分析 miRNA 表达差异，发现在这 2 个人种中，5 种 miRNA 即 hsa-miR-371-5P、hsa-miR-423-5P、hsa-miR-638、hsa-miR-1224-3P 和 hsa-miR-663 均与狼疮性肾炎相关。之前已经报道在中国狼疮性肾炎患者肾活组织检查中 hsa-miR-638 和 has-miR-663 表达差异。在这两个人种中，EBV 感染的 B 细胞株中只有 hsa-miR-181 表达有差异。这些数据表明，miRNA 的异常可能参与了 SLE 的发病，并为狼疮肾炎的诊断提供了潜在的新诊断标志物。

2. B 细胞 B 细胞是 SLE 发病的直接参与者，研究显示，SLE 患者的 B 细胞处于高度活化状态，多种因素均可影响 B 细胞的免疫活性。Stagakis 等 [71] 通过比较 5 例 SLE 患者和 3 例健康对照者 B 细胞 miRNA 表达谱的差异，发现在 SLE 患者 B 细胞中，miR-21、miR-25 和 miR-106b 表达增高，而 miR-15a、miR-16、miR-150 和 miR-155 表达降低。有关 B 细胞中相关 miRNA 的功能分析还在进行中。

（丁　澍　陆前进）

四、表观遗传修饰异常的 SLE 动物模型

实验动物在生命活动中的生理和病理过程，与人类或异种动物都有很多相似之处，可互为参照。对一些难以在人体内进行的研究，可以采用取材容易、操作简便的动物来代替人类进行实验研究。为了保证这些动物实验更科学、准确和重复性好，用各种方法把

表11-1　系统性红斑狼疮免疫细胞中microRNA的表达

免疫细胞	miRNA的表达		参考文献
	升高	降低	
T细胞	miR-126、miR-1246、miR-1308、miR-638、miR-7、miR-574-5p	miR-142-3p、miR-142-5p、miR-197、miR-186、miR-31	[69]
	miR-21、miR-25、miR-106b	let-7a、let-7d、let-7g、miR-148a、miR-148ab、miR-324-3p、miR-296、miR-196a	[71]
	miR-21、miR-148a		[72]
外周血单个核细胞		miR-125a	[73]
	let-7d、miR-106a、miR-142-3p、miR-17-5p、miR-20a、miR-20b、miR-26b、miR-27a、miR-342、miR-432、miR-501	miR-370、miR-379	[74]
	miR-189、miR-61、miR-78、miR-21、miR-142-3p、miR-342、miR-299-3p、miR-198、miR-298	miR-196a、miR-17-5p、miR-409-3p、miR-141、miR-383、miR-112、miR-184	[75]
		miR-31、miR-95、miR-99a、miR-130b、miR-10a、miR-134、miR-146a	[76]
		miR-31	[77]
		miR-181a	[78]
	hsa-miR-371-5P、hsa-miR-423-5P、hsa-miR-638、hsa-miR-663	hsa-miR-1224-3P	[79]
B细胞	miR-21、miR-25、miR-106b	miR-15a、miR-16、miR-150、miR-155	[71]

表11-2　系统性红斑狼疮免疫细胞中miRNA的靶基因与功能

miRNA	靶基因	功能改变	参考文献
miR-126	*dnmt1*	DNA低甲基化	[69]
miR-142-3p	*cd48, il10*	引起异常的T、B细胞反应	[70]
miR-142-5p	*sap*	引起异常的T、B细胞反应	[70]
miR-21	*pdcd4*	引起异常的T细胞反应	[71]
miR-148a	*dnmt1*	DNA低甲基化	[72]
miR-21	*rasgrp1*	DNA低甲基化	[72]
miR-125a	*klf13*	影响炎症趋化因子RANTES的水平	[73]
miR-146a	*raf6, irak1, stat-1, irf-5*	影响干扰素途径	[76]
miR-181a	*pcaf*	诱导细胞凋亡	[78]

一些需要研究的生理或病理活动相对稳定地显现在标准化的实验动物身上，供实验研究之用。这些标准化的实验动物就称之为模式动物。

系统性红斑狼疮是一种复杂的、多因素诱导的自身免疫性疾病，其病因和发病机制目前仍不明确。尽管在过去的一个世纪开展了很多研究工作，但是其发病机制依然不明确。在遗传学研究方面，过去的研究主要集中在经典的遗传机制，但是近年来越来越多的研究表明，表观遗传机制在SLE等自身免疫病的发生、发展中起重要作用。表观遗传修饰是在DNA编码碱基序列不变的情况下，基因表达却发生了可遗传的改变。表观遗传修饰机制主要包括DNA甲基化、组蛋白修饰、miRNA等。异常的表观遗传修饰，使自身免疫相关的基因过度表达，从而参与SLE的发生和发展。

弄清SLE的异常表观遗传修饰，对于阐明SLE

的发病机制，以及后续的治疗有着重大的意义。SLE动物模型为我们提供了良好的研究对象，SLE动物模型研究主要有自发性小鼠模型和诱导性小鼠模型2种。自发性小鼠模型常见的有MRL/lpr鼠，BXBS鼠、NBZ鼠、NZBN/WZF1鼠，侧重研究遗传因素对SLE发病的影响。诱导性小鼠模型侧重于研究环境因素对SLE发病的影响。本节将以现有的SLE动物模型为例，从DNA甲基化修饰异常、组蛋白修饰异常和miRNA异常表达3方面阐述SLE模式动物的表观遗传修饰异常。

（一）DNA甲基化修饰异常的SLE动物模型

DNA甲基化（DNA methylation）是指DNA碱基上添入甲基基团的化学修饰现象。高等生物中的甲基化主要是发生在核苷酸链CpG二核苷酸的胞嘧啶5位碳原子上，生成m5CpG。大量研究表明，DNA的不同甲基化状态（超甲基化与去甲基化）能引起染色质结构、DNA构象、DNA稳定性及DNA与蛋白质相互作用方式的改变，从而控制基因表达。通常不活跃基因是甲基化所抑制，而转录活跃基因则是由于调控序列的低甲基化导致。甲基化模式是在个体发生中逐步建立，在成熟细胞中抑制有害或不必要基因的表达。但是，在成熟分化的细胞中，DNA甲基化很容易受内源性或外源性的影响而发生改变，有时这种改变可能产生病理结果。

研究发现，发病20周龄MRL/lpr狼疮模型鼠胸腺和腋淋巴结DNA甲基化水平明显低于未发病的4周龄鼠，且改变水平与疾病进程密切相关[80]。用DNA甲基化抑制剂5-氮杂胞苷（氮胞苷或普鲁卡因胺）处理雌性DBA/2小鼠的$CD4^+$T细胞，发现正常情况下不能被巨噬细胞单独活化的$CD4^+$T细胞，当用甲基化抑制剂处理后，抗原特异性的$CD4^+$T细胞不需抗原存在便能被自体的MHC Ⅱ所活化。将活化的$CD4^+$T细胞转入同源小鼠体内后，出现了蛋白尿和血尿等狼疮样症状[81]，提示$CD4^+$T细胞DNA低甲基化和狼疮模型的发病密切相关。进一步研究发现，16周龄（发病）的MRL/lpr鼠脾$CD4^+$T细胞DNA甲基化水平明显低于5周龄（未发病）鼠，且降低水平与自身免疫的发展一致。与5周龄鼠比较，MRL/lpr 16周龄鼠的DNA甲基转移酶1（DNMT1）mRNA水平明显降低，且和T细胞DNA甲基化降低水平一致[82]。由此可见，狼疮鼠模型MRL/lpr鼠$CD4^+$T细胞DNA低甲基化是其发病的主要病理机制，与SLE患者的研究结果一致。

$CD4^+$T细胞DNMT1表达下降导致DNA低甲基化，进而引起诸多自身免疫相关基因的过度表达。检测MRL/lpr小鼠TNFSF7（CD70）的表达水平发现，16周龄鼠CD70表达明显高于15周龄和野生对照MRL/MPJ鼠。亚硫酸盐测序显示16周龄鼠*cd70*基因转录起始位点200bp处甲基化水平明显降低[82]。而用5-氮杂胞苷处理鼠源的Th2细胞系D10.G4.1细胞后发现，LFA-1（CD11a / CD18）大量表达，自发性溶解同源巨噬细胞，并且分泌大量的IL-6和少量IL-4。将其转入同源小鼠体内后诱发免疫复合物介导的肾小球肾炎和肺泡炎等多器官系统的炎症，并产生大量的抗双链DNA、抗组蛋白抗体[83]。而在MRL/lpr小鼠体内抑制CD11a的表达后，小鼠的生存时间明显延长，各器官系统的炎症明显减轻，自身抗体减少，说明CD11a的过度表达与自身免疫的发生密切相关[84]。Lu等[85]研究发现，用5-氮杂胞苷处理后的$CD4^+$T细胞穿孔素（Perforin）分泌增加，亚硫酸盐测序发现其增强子和启动子之间DNA片段明显低甲基化，$CD4^+$T细胞穿孔素甲基化水平随SLE活动性增高而降低。有研究报道NZB /WF1狼疮鼠的肾、脾、肝、肺、心和脑组织中的穿孔素mRNA水平伴随着年龄的增长明显增加，同时野生对照小鼠的所有组织中穿孔素水平无明显变化。用甲泼尼龙治疗NZB/WF1狼疮鼠后发现上述各组织中穿孔素表达水平明显降低，狼疮症状明显缓解[86]。可见*cd70*、*cd11a*、*perforin*都是甲基化敏感基因，狼疮模型的$CD4^+$T细胞DNA低甲基化导致这些敏感基因的过度表达，介导了自身免疫的发生。这些来自于狼疮鼠的研究结果与SLE患者的改变是一致的，可见MRL/lpr小鼠是研究SLE甲基化异常修饰的理想模型。为了进一步研究狼疮鼠$CD4^+$T细胞DNA低甲基化的分子机制，Deng C[87]等用肼屈嗪或MEK特异抑制剂处理鼠源Th2细胞D10，发现ERK信号通路抑制，导致DNMT1和DNMT3A表达下降，进而甲基化敏感基因如*lfa-1*过度表达。将其转入同源AKR鼠体内后产生抗双链DNA等自身免疫抗体。随后SawalhaAH[88]等用C57BL/6与有狼疮遗传背景的SJL/J小鼠杂交，应用转基因技术产生具有狼疮遗传背景，能特异性表达抑制MEK的显性负突变体的杂交鼠。用该模型发现ERK信号抑制以后，DNMT1表达降低，而甲基化敏感基因*cd11a*和*cd70*表达和抗双链DNA抗体显著上调。而且通过微阵列分析发现，转基因鼠脾细胞内有数个干扰素调控基因过度表达，这与红斑狼疮患者外周血淋巴细胞改变一致。由此，我们可以看出，ERK 信号通路的抑制导致 DNMT1 表达水平下调是狼疮模型 $CD4^+$ T 细胞 DNA 低甲基化的主要机制之一，T 细胞 ERK 信号通路缺陷在自身免疫的发生中起重要作用。综上所述，$CD4^+$ T 细胞 DNA 低甲基化是系统性红斑狼疮患者和狼疮模型鼠共有的主要发病机制，狼疮模型鼠是开展红斑狼疮甲基化修饰研究的理想模型。

（二）组蛋白修饰异常的 SLE 动物模型

组蛋白（histone）是真核生物体细胞染色质中的碱性蛋白质，富含精氨酸和赖氨酸等碱性氨基酸，与缠绕它的 DNA 装配成核小体。组成核小体的组蛋白的核心部分状态大致是均一的，游离在外的 N- 端则可以受到各种各样的修饰，包括组蛋白末端的乙酰化、甲基化、磷酸化、泛素化及 ADP 核糖基化等，这些修饰都会影响基因的转录。相对而言，组蛋白的甲基化修饰方式最稳定，所以，最适合作为稳定的表观遗传信息，而乙酰化修饰具有较高的动态。另外，还有其他不稳定的修饰方式，如磷酸化、腺苷酸化、泛素化、ADP 核糖基化等，这些修饰更为灵活地影响染色质的结构与功能，通过多种修饰方式的组合调控基因转录。因此，这些能被识别的修饰信息被称为组蛋白密码。组蛋白的修饰异常与肿瘤、自身免疫性疾病等密切相关。

近年来，不少研究发现，MRL/lpr 狼疮鼠脾细胞存在组蛋白修饰异常。Garcia BA[89] 等利用稳定同位素标记和质谱分析技术，发现与野生对照 MRL/MPJ 鼠比较，MRL/lpr 狼疮鼠脾细胞组蛋白特异位点呈现总体高甲基化（除了 H3K4），组蛋白 H3、H4 明显总体低乙酰化。进一步研究发现，与野生对照相比，MRL/lpr 组蛋白特异位点 H3K9 二甲基和三甲基化，H3K27 二甲基化约升高 2 倍，H3K27、H3K36 三甲基化约升高 6 倍，H4K20 甲基化约升高 2 倍。除此之外，还发现了一些新的组蛋白修饰位点，如在野生对照 MRL/MPJ 鼠脾细胞中 H3K18 甲基化较 MRL/lpr 鼠略高，H3K4 也有类似改变。这表明 H3K18 这个新的修饰位点可能和 H3K4 功能相近，调控相关基因的转录活化。另一个新的组蛋白甲基化修饰位点是 H4K31 甲基化，与 MRL/MPJ 鼠比较，MRL/lpr 鼠 H4K31 甲基化约升高 2 倍。此外，当用去乙酰化酶抑制剂 TSA 处理 MRL/lpr 鼠后，H4K31 乙酰化明显升高。从上述实验结果不难看出，MRL/lpr 鼠组蛋白总体高甲基化和低乙酰化可能导致相关基因转录异常，进而导致相关细胞功能异常，产生自身免疫反应。当用组蛋白去乙酰化酶抑制剂治疗 MRL/lpr 鼠，H3、H4 总体乙酰化水平明显升高，*il-12*、*ifng*、*il-6* 和 *il-10* mRNA 和蛋白表达水平明显降低，且 MRL/lpr 鼠尿蛋白、血管球性肾炎和脾大等表型明显缓解 [90]。进一步说明组蛋白修饰异常是 MRL/lpr 鼠重要的发病机制。

为了进一步研究 MRL/lpr 鼠组蛋白修饰异常的机制，Hu N[91] 等检测了 MRL/lpr 鼠组蛋白修饰酶谱的改变，通过实时定量 PCR 发现，18 周龄 MRL/lpr 鼠与同龄野生对照比较，$CD4^+$ T 细胞中 SUV39H2 及 EZH2 表达水平显著下降，SUV39H1 表达无明显变化，*suv39h2* mRNA 与 H3K9 水平呈正相关。乙酰转移酶（HAT）P300 和 PCAF 表达明显下调，P300 和 CBP 通过招募 PCAF 使相关组蛋白乙酰化，这为狼疮鼠组蛋白 H3、H4 乙酰化水平下降提供了合理解释。组蛋白去乙酰化酶 HDAC1、HDAC2、HDAC5、HDAC7 表达水平下降，其中 HDAC2、HDAC7 改变最为明显。SIRT1 表达则明显升高。HAT 和 HDAC 的作用是相互拮抗的，在基因转录过程中共同发挥作用，MRL/lpr鼠组蛋白 H3、H4低乙酰化可能是 HAT-P300、CBP、PCAF和 HDAC-HDAC2、HDAC7、SIRT1共同作用的结果。Luo 等通过实验证明 SIRT1 可通过乙酰化抑制 P53 的活性而延长细胞寿命 [91]。SIRT1 表达升高，可能促进 T 细胞相关基因表达异常（包括凋亡相关基因），参与狼疮样症状的发生。

最近有研究发现，敲除 MRL/lpr 鼠 HDAC9 后，抑制淋巴细胞增殖，炎症反应和自身抗体的产生减轻。进一步研究发现 GATA3 和 ROQUIN 表达上调，BCL6 的表达降低。HDAC9 缺失导致组蛋白特异位点乙酰化水平升高，如 H3K9、H3K14 和 H3K18，进而导致相关基因如 *il-4*、*roquin* 和 *ppar-γ* 转录增加。在肾和脾，由于 PPAR-γ 过表达降低了炎症反应，减少了相关细胞因子和趋化因子的产生 [92]。可见 HDAC9 在 T 细胞介导的自身免疫中扮演了重要的角色。

综上所述，MRL/lpr 狼疮鼠 T 细胞存在组蛋白乙酰化和甲基化修饰异常。这些组蛋白修饰异常和红斑狼疮的发生发展密切相关。

(三)miRNA 表达异常的 SLE 动物模型

miRNA 是一类进化上保守的非编码小分子 RNA，长约 22 个核苷酸。通常与目标靶基因的 3′端非翻译区(3′-UTR)互补结合，抑制转录或者促使 mRNA 降解，或两者兼有，从而调控基因表达。通过计算分析人类基因组约有 3% 编码 miRNA，调控至少 30% 的基因表达。由此可见 miRNA 在多种生物进程中扮演了非常重要的角色，包括胚胎发育、细胞增殖和凋亡以及信号转导等。更重要的是，在各种病理过程中都发现了异常的 miRNA 表达形式，充分说明了 miRNA 的异常表达可能是许多疾病发生发展的关键所在，包括恶性肿瘤、自身免疫性疾病等。在红斑狼疮的研究中，近年来利用模型鼠发现了一些 miRNA 的异常表达和红斑狼疮发病密切相关，且大多在 SLE 患者体内得到验证，极大推动了红斑狼疮发病机制的研究，为今后的临床治疗提供了新靶点。

Rujuan Dai [93] 等用 3 种不同遗传背景的狼疮模型鼠 MRL/lpr、B6/lpr 和 NZB/WF1FF0C 研究狼疮鼠 miRNA 表达谱。芯片分析结果显示 MRL/lpr 鼠脾细胞中约有 49 个 miRNA 以及 B6/lpr 鼠脾细胞中约有 24 个 miRNA 发生了改变。尽管两种模型有着不同的遗传背景，但两者有 15 个 miRNA 的改变是一致的(具体数据见表 11-3)。而 3～4 月龄(文献报道的发病期)NZB/W 鼠 miRNA 表达谱并没有明显改变，仅有 miR-148a 明显上调。荧光实时定量 PCR 证实 miR-182、miR-183、miR-31，miR-127 和 miR-379 在 MRL/lpr 和 B6/lpr 鼠的脾细胞都显著上调。虽然芯片并没有检测到 miR-96、miR-155 和 miR-150 的改变，但实时定量 PCR 发现 2 种狼疮鼠脾细胞 miR-96、miR-155 显著上调，而 miR-150 表达下调。进一步实验发现 MRL/lpr 鼠脾 T、B 细胞 miR-182-183 基因簇(miR-182、miR-96、miR-183)、miR-31、miR-127 和 miR-379 显著上调，与总体脾细胞的改变一致。miR-17-92 基因簇(miR-17、miR-18a、miR-19a、miR-20a)、miR-146a 及 miR-101a 特异地在脾 T 细胞显著上调，而在脾 B 细胞无明显改变。但 miR-17-92 基因簇的另一个成员 miR-92 在脾 T、B 淋巴细胞中都未见改变。

3～4 月龄的 NZB/W 鼠 miRNA 芯片结果未见明显差异，其鼠血清未发现抗双链 DNA 抗体，而 3～4 月龄的 MRL/lpr 和 B6/lpr 鼠血清中抗双链 DNA 抗体明显上调。继续观察发现，9 月龄 NZB/W 鼠血清可检测到高滴度抗双链 DNA 抗体，且出现严重的肾小球肾炎和蛋白尿。9 月龄的 NZB/W 鼠多种 miRNA 表达异常，miR-182-183 基因簇、miR-31、miR-155、miR-127 和 miR-379 在 9 月龄 NZB/W 鼠明显升高。由此可见上述 miRNA 在脾淋巴细胞的改变是这三种模型鼠所共有的，而不仅仅只存在于 MRL/lpr 鼠。脂多糖(LPS)刺激 1 月龄(未发病)MRL/lpr 鼠后进行分析，发现和未处理的 1 月龄 MRL/lpr 鼠比较，LPS 刺激鼠 miR-96、miR-31、miR-127 改变不明显，miR-146a 和 miR-155 则显著上调，这和之前文献报道的一致。可见前述 miRNA 的改变与红斑狼疮的发

表11-3 MRL/lpr与B6/lpr的miRNA表达差异

	miRNA ID	MRL/lpr		B6/lpr	
		P 值	倍	*P* 值	倍
上调	mmu-miR-127	2.57E-06	6.87	1.86E-03	8.34
	mmu-miR-182	9.86E-04	4.08	6.06E-02	4.35
	mmu-miR-183	5.65E-06	7.57	5.84E-04	7.71
	mmu-miR-300	2.29E-03	2.58	5.64E-02	3.64
	mmu-miR-31	2.82E-07	16.22	1.87E-03	9.90
	mmu-miR-379	1.02E-07	16.80	7.34E-06	24.37
	mmu-miR-382	1.10E-03	3.66	1.90E-02	3.75
	mmu-miR-433	1.68E-04	3.48	1.06E-02	4.29
下调	mmu-miR-200b	2.76E-02	-2.00	1.18E-02	-5.89
	mmu-miR-29b	2.76E-02	-4.76	3.91E-03	-18.28
	mmu-miR-29c	4.62E-02	-4.59	2.50E-02	-14.91
	mmu-miR-340-5p	1.22E-02	-3.73	7.29E-03	-9.96
	mmu-miR-467e	2.57E-06	-13.83	2.71E-02	-4.12
	mmu-miR-7a*	4.62E-02	-3.01	4.03E-02	-4.13
	mmu-miR-98	7.37E-03	-3.01	9.78E-02	-3.91

生、发展密切相关，而非单纯淋巴细胞活化导致。

Wen P[94] 等通过高通量 miRNA 分析，发现在 SLE 患者以及 MRL/lpr 鼠 $CD4^+$ T 细胞中 miR-21 和 miR-148a 高表达，通过抑制 DNA 甲基转移酶的表达，引起自身免疫相关的甲基化敏感基因的高表达，如 *cd70* 和 *lfa-1*。进一步研究发现，*rasgrp1* 是一种重要的自身免疫相关基因，参与调控 RAS-MAPK 通路，mir-21 通过作用于 *rasgrp1* 影响 RAS-MAPK 通路，间接下调 DNMT1 的表达。*dnmt1* 为 mir-148a 靶基因，Mir-148a 可以直接下调 DNMT1 的表达。miR-21 和 miR-148a 高表达可导致 DNMT1 表达下调，进而诱导甲基化敏感基因调控序列低甲基化，导致其过度表达，诱发自身免疫反应。因此，异常的 miRNA 表达可导致 DNA 甲基化的改变，进而在红斑狼疮的发生、发展中起重要作用。

Barry G 等利用高通量检测分别比较了 2、6 和 12 月龄的 B6. Sle123 狼疮鼠初始和记忆性 T 细胞，以及 B 细胞 miRNA 表达差异 [95]。与野生型对照比较，B6. Sle123 小鼠脾 B 细胞 miR-21 和 miR-222 表达上调，且与疾病严重程度正相关；miR-34a、miR-146a、miR-221、miR-223、miR-142-5p 和 miR-155 主要在严重器官受累的大龄鼠中表达上调；miR-181a 在低月龄和大月龄鼠中表达下调。脾初始 T 细胞中 miR-21 表达上调，miR-34a、miR-146a 和 miR-223 则在高月龄鼠体内上调显著；miR-222、miR-150、miR-181a、miR-221 和 miR-155 表达下调。脾记忆性 T 细胞中 miR-21 和 miR-146a 表达上调，miR-221 主要在高月龄小鼠中增加明显；miR-181a 在高月龄小鼠中表达明显下调，而 miR-155 在低龄和大龄小鼠中表达皆显著下调（表 11-4）。从以上结果可以看出，与野生对照相比，miR-21 在各月龄小鼠的 B 细胞以及初始和记忆性 T 细胞中都表达上调，相反 miR-181a 和 miR-150 在狼疮小鼠的各个淋巴细胞亚群中表达下降。

Sle123 小鼠腹腔和脾富含 B1-a 细胞亚群 [96]，但 B2 亚群仍然含量最为丰富。为了评估每个 B 细胞亚群在高月龄 Sle123 鼠脾 B 细胞池的作用，对 miR-21、miR-146a 和 miR-155 这几个异常表达显著的 miRNA 在 B1-a 和 B2 亚群进行了定量检测。发现在两个狼疮性 B 细胞亚群中 miR-21 和 miR-146a 表达趋势一致，而 miR-155 选择性地在 B2 细胞中表达上调。对高月龄狼疮鼠 T 细胞亚群进行检测时发现，和对照组相比，$CD4^+$ 和 $CD8^+$ T 细胞中 miR-21 的表达分别增长 10 倍和 24 倍。

从上述实验结果我们可以看出，各种狼疮鼠在生长发育及疾病进程中 T、B 淋巴细胞内有大量的 miRNA 异常表达，有些与疾病的严重程度以及器官功能损害密切相关。miRNA 的表达异常也是 SLE 疾病发生的重要因素，而且可以通过与 DNA 甲基化和组蛋白修饰之间相互影响，协同导致疾病的发生。

（梁功平　陆前进）

五、环境因素诱发或加重系统性红斑狼疮的表观遗传机制

（一）诱发或加重 SLE 的环境因素

系统性红斑狼疮（SLE）是一种自身免疫性疾病，其发病机制尚不清楚，目前认为可能与遗传、性激素、环境等多种因素相互作用造成机体免疫功能紊乱有关。在遗传背景下，人体所处的某些环境因素包括感染、紫外线照射、食物、药物及性激素水平等在 SLE 发病中起重要作用 [97-98]。

1. 物理因素　紫外线照射是直接诱发红斑狼疮的因素，约 40% 的患者暴露于阳光或紫外线中，可见面部蝶形红斑加重，或出现新的皮损，或使全身症状加重，这种现象称为光敏感。磺胺类、四环素等药物及含有补骨脂素的食物如芹菜、无花果等光敏物质具有增强系统性红斑狼疮患者光敏感的潜在作用。

2. 化学因素　一些药物可以引起药物性狼疮或加重红斑狼疮。其中相关性较强的药物有氯丙嗪、肼屈嗪、异烟肼、甲基多巴、青霉胺、普鲁卡因胺和奎尼丁等，而这些药物诱发药物性狼疮或 SLE 可能与机体乙酰化、DNA 甲基化等有关；近年来上市的分子生物制剂如抗肿瘤坏死因子生物制剂依那西普（Etanercept）可能引起狼疮样症状。

3. 感染因素　病毒感染可能诱发 SLE 发病或使病情加剧。SLE 患者的肾小球内皮细胞和皮损中可找到包涵体及类包涵体物质，血清中抗病毒抗体增高，SLE 动物模型 NZB/NZW 小鼠组织中可分离出 C 型病毒（慢病毒），并在肾小球内可测得 C 型病毒相关抗原的抗体。病毒感染诱发 SLE 的机制不清，病毒抗原可能作为一种交叉抗原激活自身免疫反应从而诱发 SLE 发病，如 EBV 蛋白 EBNA-1 与 SLE 特异性抗原 SMD 抗原相似，可能发生交叉抗原反应，产生自身免疫反应诱发 SLE。此外，部分 SLE 患者能够检测出抗人 T 细胞嗜淋巴细胞性病毒（HTLV）相关

表11-4 B6.Sle123小鼠T、B淋巴细胞miRNA表达差异

miRNA	2 月龄（轻度疾病）		6 月龄（中度疾病）		12月龄 (重度疾病)	
	RQ ±SEM*	*P* 值	RQ ±SEM	*P* 值	RQ±SEM	*P* 值
A. B6. Sle123脾B细胞中miRNA表达差异						
miR-21	1.7±0.15	0.001	2.2±0.42	0.036	5.8±0.64	0.016
miR-34a	0.9±0.38	0.670	1.2±1.33	0.821	13.2±0.65	0.000
miR-146a	1.0±0.51	0.996	0.6±0.25	0.044	5.3±0.75	0.032
miR-221	1.2±0.29	0.504	1.2±0.28	0.398	13.3±1.05	0.023
miR-222	1.4±0.22	0.040	2.1±0.26	0.015	5.8±0.96	0.037
miR-223	0.9±0.53	0.720	2.3±1.61	0.507	11.4±0.68	0.006
miR-142-5p	1.1±0.21	0.374	0.4±0.34	0.017	2.7±0.45	0.032
miR-155	1.3±0.12	0.026	1.2±0.39	0.504	2.8±0.53	0.050
miR-150	0.7±0.45	0.314	0.5±0.27	0.098	0.5±0.18	0.006
miR-181a	0.5±0.20	0.007	0.3±0.78	0.069	0.4±0.36	0.020
B. B6. Sle123脾未致敏T细胞中 miRNA表达差异						
miR-21	2.5±0.37	0.012	3.6±1.00	0.110	3.0±0.58	0.032
miR-34a	1.5±0.91	0.528	4.2±1.05	0.094	6.2±0.50	0.006
miR-146a	1.0±1.20	0.955	4.9±1.56	0.216	4.1±0.31	0.002
miR-221	0.3±0.47	0.013	2.3±1.40	0.433	4.0±0.39	0.002
miR-222	0.6±0.49	0.187	1.2±0.50	0.672	0.5±0.20	0.006
miR-223	1.2±0.55	0.697	4.6±0.58	0.019	11.1±0.23	0.000
miR-142-5p	1.0±0.33	0.906	1.3±0.56	0.550	2.6±0.46	0.027
miR-155	0.5±0.12	0.000	2.1±1.40	0.475	2.1±0.17	0.000
miR-150	1.0±0.84	0.943	0.7±0.69	0.553	0.6±0.22	0.008
miR-181a	1.4±0.77	0.562	1.0±0.97	0.980	0.2±0.66	0.015
C. B6. Sle123脾记忆T细胞中 miRNA表达差异						
miR-21	2.3±0.26	0.00371	2.3±0.32	0.00935	2.9±0.31	0.00734
miR-34a	1.2±0.46	0.61619	2.8±0.98	0.17000	6.1±1.0	0.03999
miR-146a	2.0±0.27	0.00815	1.9±0.23	0.00692	1.8±0.31	0.03301
miR-221	0.9±0.29	0.78955	2.2±0.33	0.02462	3.5±0.59	0.01522
miR-222	3.0±0.66	0.04896	2.5±0.39	0.02568	4.7±0.91	0.03822
miR-223	1.1±0.44	0.80584	1.7±0.14	0.00425	5.3±0.89	0.02602
miR-142-5p	1.2±0.22	0.35640	1.3±0.39	0.38912	0.9±0.52	0.72454
miR-155	0.1±0.86	0.02879	1.3±0.30	0.91145	0.1±0.31	0.00023
miR-150	1.3±0.36	0.34351	1.1±0.50	0.80519	1.0±0.68	0.92495
miR-181a	0.8±0.33	0.49138	0.9±0.98	0.93433	0.2±0.79	0.01509

*RQ为与野生对照相比改变倍数，SEM为3次独立试验数据计算所得标准差

性内源序列（*hres-1*）编码核抗原的自身抗体。

4. 内分泌因素　红斑狼疮多发于育龄期妇女，男性的睾丸发育不全患者常发生红斑狼疮，在红斑狼疮患者中无论男女均有雌酮羟基化产物增高。SLE 动物模型 NZB/NZW 鼠，雌性鼠病情较雄性重，用雄激素治疗可使病情缓解，而用雌激素治疗可使病情恶化，提示雌激素在发病中有影响。

此外，有研究报道吸烟、有毒环境毒物暴露（如杀虫剂、工业硅、汞）也可能诱发 SLE 发病。

（二）环境因素诱发或加重 SLE 的表观遗传修饰机制

这些环境因素是如何引起 SLE 发病的具体机制尚不清楚，近年来表观遗传学研究的迅速发展，为阐明环境因素在 SLE 发病中的具体机制提供新的思路，并已经在某些方面取得突破，如紫外线、药物诱发 SLE 的表观遗传修饰机制[99]。

1. 紫外线诱发或加重 SLE 的表观遗传修饰机制　Wang 等发现用中等或高剂量 UVB 照射狼疮患者 PBMC，使细胞 DNA 整体甲基化水平明显下降；而正常对照组 PBMC 用高剂量 UVB 照射也可使 DNA 整体甲基化水平下降。研究还发现这些 DNA 甲基化的改变并不依赖于 DNMT1 的改变[99]。

我们的研究进一步揭示紫外线通过诱导产生生长阻滞和 DNA 损伤蛋白 GADD45A，使 $CD4^+$ T 细胞发生病理性 DNA 低甲基化，从而参与 SLE 的发病。紫外线照射人体细胞可诱导生长阻滞和 DNA 损伤蛋白 GADD45A 表达，后者可参与 DNA 损伤修复，也可诱导基因组 DNA 主动去甲基化，可通过与启动子直接结合促使位点特异性去甲基化。我们的研究发现 SLE 患者 $CD4^+$ T 细胞中 GADD45A 表达异常升高，并与 SLE 疾病活动程度及自身免疫相关的甲基化敏感基因 *cd11a* 和 *cd70* 表达呈正相关性，提示 GADD45A 异常表达诱导 SLE $CD4^+$ T 细胞甲基化敏感基因 *cd11a* 和 *cd70* 病理性低甲基化；为此我们在体外实验用紫外线照射正常人 $CD4^+$ T 细胞能诱导 GADD45A 过度表达，并且使 CD11a 和 CD70 表达增加及其基因启动子序列 DNA 甲基化水平降低，同时用紫外线照射 SLE $CD4^+$ T 细胞可使 GADD45A 表达进一步增加。上述研究结果揭示紫外线诱发 SLE 发病的全新机制：紫外线通过诱导生长阻滞和 DNA 损伤蛋白 GADD45A 过表达，从而使 $CD4^+$ T 细胞自身免疫相关的甲基化敏感基因 *cd11a* 和 *cd70* 发生病理性 DNA 低甲基化并过度表达，发生自身免疫反应，从而参与 SLE 的发病[100]。

2. 药物因素诱发或加重 SLE 的表观遗传修饰机制　除了上述紫外线通过影响免疫细胞 DNA 甲基化诱发 SLE 发病外，研究也发现化学因素如药物肼屈嗪、普鲁卡因胺通过使免疫细胞病理性 DNA 低甲基化而诱发药物性狼疮或 SLE。Richardson 等发现肼屈嗪、普鲁卡因胺等药物能够抑制 T 细胞 DNA 甲基化，导致 T 细胞淋巴细胞功能相关抗原 -1（lymphocyte function antigen-1，LFA-1）等过表达成为自身反应性 T 细胞，将上述药物处理的 T 细胞转移至小鼠体内，可诱导产生抗 DNA 和组蛋白等 IgG 自身抗体，后者形成免疫复合物，导致肾小球肾炎等自身免疫性疾病改变[101-102]。肼屈嗪是一种 ERK 通路抑制剂，通过抑制 PKC 及磷酸化使 DNMT1 表达下降，引起免疫细胞病理性 DNA 低甲基化，使自身免疫相关的甲基化敏感基因 *cd11a* 和 *cd70* 异常过度表达，激活自身免疫反应，诱发狼疮样症状或 SLE 发病[103]。而普鲁卡因胺是 DNMT1 酶竞争性拮抗剂，抑制 DNMT1 活性，引起免疫细胞病理性低甲基化，诱发药物性狼疮或 SLE 发病[104]。

3. 病毒感染诱发或加重 SLE 的表观遗传修饰机制　病毒感染是否通过表观遗传机制参与 SLE 发病是一个值得探讨的问题，虽然目前还缺乏直接证据证实之。目前已经在两个方向做出初步探讨：①病毒感染可能通过调控 miRNA 表达或表达自身病毒编码的 miRNA 参与 SLE 的发病。如 EB 病毒抗原 EBNA-2 可调控 miR-146 和 miR-21 的表达，EBNA-2 促进 miR-21 的表达，使 EBV 在 B 细胞转化，同时抑制 miR-146 表达，影响先天性免疫系统的抗病毒能力[105]。有意思的是，SLE 患者也存在 miR-21 异常过表达而 miR-146 异常低表达，miR-21 异常过表达通过抑制 DNMT1 表达使 SLE 患者 T 细胞病理性低甲基化，而 miR-146 异常表达通过异常激活Ⅰ型干扰素通路参与 SLE 发病[106, 107]，但 SLE 患者上述 2 种异常表达的 miRNA 是否与 EBV 感染有关有待进一步研究证实。② DNA 甲基化是高级生物如哺乳动物抑制一些进化过程中体内反转录病毒活化的重要表观遗传机制[108-109]，而 SLE 患者免疫细胞处于病理性低甲基化状态，使一些体内原本失活的内源性反转录病毒激活，产生自身免疫性抗原或 DNA，在 SLE 发病中可能起重要作用。如内源性反转录病毒 4-1（HERV-E4-1）在狼疮患者 PBMC 中表达较正常对照明显升高，而且如果用5-Aza-dC处理狼疮患者PBMC可使其表达量进一步升高，而*herv- e4-1*基因序列与*ro/ssa*自身抗原基因序列具有高度同源性，可作为自身抗原诱发SLE或加重病情[110]。

吸烟、有毒环境毒物暴露也可以引起宿主DNA整体低甲基化[111-113]，但是否通过表观遗传修饰诱发SLE发病目前尚未见相关报道，值得进一步研究。

（梁云生 陆前进）

第二节 表观遗传修饰与类风湿关节炎

类风湿关节炎（rheumatoid arthritis，RA）是一种以多滑膜关节炎及关节外组织血管炎为主要特征的慢性自身免疫性疾病，主要好发于手、腕、足等小关节，反复发作，呈对称性分布。RA的病理学特征为主要累及关节滑膜、关节软骨、骨组织、关节韧带和肌腱，其次累及浆膜、心、肺及眼的广泛性结缔组织炎症。RA患者的滑膜组织和滑膜液中存在大量的免疫细胞（如T细胞、巨噬细胞、肥大细胞、树突状细胞等）和免疫因子（如IL-1、IL-6、IL-17、TNF等）。外界环境因素及内在抗原刺激可活化体内相关免疫细胞，如巨噬细胞、单核细胞、树突状细胞等。活化免疫细胞可产生大量前炎症因子，如TNF-α、IL-1、IL-6等。这些前炎症因子将进一步诱导趋化因子及黏附分子的表达，进而促进单个核细胞的趋化、迁移，诱导滑膜组织炎症反应，并导致RA关节破坏及并发症的产生。RA确切的病因和发病机制目前仍不为人知，大量文献显示RA为多基因和环境因素共同诱发的病理性自身免疫反应所致。近年来，随着表观遗传学的兴起，RA的表观遗传学发病机制研究工作在全世界广泛开展，并取得了许多显著性的进展。本篇将围绕RA的表观遗传学发病机制进行总结论述。

一、DNA甲基化与类风湿关节炎

（一）滑膜成纤维细胞

1. 基因组整体DNA甲基化水平 整体基因组DNA甲基化是指细胞基因组范围内甲基化胞嘧啶的水平。Karouzakis等研究显示，RA患者滑膜成纤维细胞（synovial fibroblast, SF）基因组DNA整体甲基化水平较骨关节炎患者SF显著下降[114]。利用无毒剂量的甲基化抑制剂5-氮杂胞苷（5-Aza-C）处理正常组织SF，可降低SF基因组DNA整体甲基化水平，导致SF活化，诱导其产生类似RA患者SF的表型。进一步检测发现，这些活化的SF中多个基因表达较正常时上调，上调幅度超过对照组2倍的基因多达186个。这些基因的表达产物包括生长因子及其受体、细胞外基质蛋白、黏附分子、细胞外基质降解酶等，均在RA的发病中起重要作用。由此可见，RA患者SF整体DNA甲基化水平低下，可能为RA患者SF自身活化并产生大量炎症因子，进而导致RA关节损伤、疾病进展的重要机制所在。

2. 全基因组DNA甲基化改变 随着具有划时代意义的高通量测序技术的诞生与推广，目前利用高通量测序技术进行全基因组甲基化研究已成为生命科学研究的热点。Nakano K等通过对6例RA患者和5例骨关节炎（osteoar thritis，OA）患者的成纤维细胞样滑膜细胞（fibroblast-like synoviocytes，FLS）DNA进行高通量测序，发现RA患者FLS与对照组FLS存在1859个甲基化差异位点。其中，与RA发病密切相关的基因中，部分基因启动子呈现低甲基化，如*chi3l1*、*casp1*、*stat3*、*map3k5*、*mefv*、*wisp3*等；部分呈高甲基化，如*tgfbr2*、*foxo1*等[115]。这些基因甲基化模式的差异决定了其表达的差异，进而在局部黏着、细胞黏附、细胞迁移和细胞外基质的相互作用等多种生物学通路中发挥其病理性作用，最终参与RA的发生与发展。

3. 单个基因甲基化水平

（1）死亡受体3（death receptor 3，DR3）：DR3属肿瘤坏死因子受体超家族成员，其胞质区含死亡结构域，表达于富含淋巴组织的器官。DR3与相应配体TWEAK结合，可诱导细胞凋亡或NF-κB活化。Takami等研究发现，在RA患者滑膜细胞中，DR3表达明显下调，而*dr3*基因启动子区CpG岛呈高甲基化，两者有相关性[116]。在*dr3*基因启动子区有GATA、OCT-1、SP1等转录因子结合位点，特别是广泛表达的转录因子SP1，呈锌指结构，在缺乏

TATA 框的真核细胞中对 mRNA 的表达起重要调控作用。由此可见，RA 患者滑膜细胞中 *dr3* 基因启动子的高甲基化可抑制 DR3 的表达，导致凋亡诱导功能的缺陷，而促使炎症反应迁延反复，进而导致滑膜组织过度增生，参与 RA 的疾病活动性进展。

（2）趋化因子 CXCL12：CXCL12 是一种主要在淋巴祖细胞和造血祖细胞迁移、组织早期分化及再生过程中发挥关键作用的趋化因子，也称作基质细胞衍生因子 -1。当机体受到缺氧、中毒及辐射等有害因素的影响时，CXCL12 的表达可增加，进而诱导表达 CXCL12 受体之一 CXCR4 的祖细胞迁移[117]。CXCR7 是 CXCL12 的另一个受体，研究发现主要在肿瘤生长和转移中发挥作用。Kanbe 等研究发现，CXCL12 在 RA 患者关节滑液中表达显著增加，约为正常对照者的 10 倍之多。CXCL12 的上升可招募单核细胞和淋巴细胞进入关节内介导慢性炎症，同时可刺激滑膜成纤维细胞分泌前炎症因子导致 RA 组织损伤[118-121]。Karouzakis 等研究发现，RASF 细胞中 *cxcl12* 基因启动子呈低甲基化状态，促使 CXCL12 表达增加，通过 CXCR7 介导激活基质金属蛋白酶（matrix metalloproteinase，MMP），进而导致 RA 患者关节损伤[122]。

4. DNA 甲基化相关酶　DNA 甲基化状态受到多种因素的影响，基因多态性、饮食和环境中的多种化学物质均可导致 DNA 的甲基化状态改变。研究显示，DNA 甲基化状态的维持主要受到两个相反因素的影响，即甲基转移酶（实现甲基化）和去甲基酶（降低甲基化）。在哺乳动物中，我们发现了至少 3 种 DNA 甲基转移酶（DNMT），包括 DNMT1、DNMT3a、DNMT3b 等。根据它们的作用方式可以分为 2 类：DNMT1 为维持型甲基转移酶，即使半甲基化 DNA 转化为全甲基化 DNA 的状态；DNMT3a 与 DNMT3b 属于新生型甲基转移酶，即催化非甲基化 DNA 成为甲基化 DNA 状态。Karouzakis 等用骨关节炎（OA）患者 SF 做对照，对 RA 患者 SF 中 DNMT 的表达进行研究发现，RA 患者 SF 中 DNMT1 的表达水平较 OA 患者显著降低，提示 DNMT1 可能在促进 RA 患者 SF 基因组调控序列低甲基化过程中起重要作用[114]。

（二）外周血单个核细胞（PBMC）

1. 基因组整体 DNA 甲基化水平　Liu 等对 65 例 RA 患者和 64 例正常对照者进行基因组整体 DNA 甲基化水平检测发现，RA 患者 PBMC 整体 DNA 甲基化水平较正常对照组显著下降。PBMC 的基因组整体 DNA 低甲基化可能参与 RA 疾病的发病过程[123]。

2. DNA 甲基化相关酶的表达　Liu 等研究发现 RA 患者 PBMC 甲基化修饰酶 DNMT1 及 MBD2 表达水平增加。RA 患者甲基化修饰酶 *dnmt1* mRNA 表达水平上升，与 RA 疾病活动性没有显著相关性，但在轻度至中度活动的 RA 患者中，DNMT1 表达水平呈现一定的升高趋势。同时发现，抗 CCP 抗体阳性的 RA 患者中 DNA 整体甲基化水平与 DNMT1 表达水平均低于抗 CCP 抗体阴性 RA 组，具体机制尚不清楚。MBD2 作为甲基结合蛋白发挥转录抑制功能，在相关基因表达中起协同或抑制作用。在 Liu 等的研究中，RA 患者 PBMC 中 MBD2 表达水平较对照组显著增加，可能发挥其甲基化抑制作用，进而导致 RA 患者 PBMC 整体甲基化水平的下降[123]。

3. 单个基因甲基化水平

（1）IL-6：IL-6 是一种多功能细胞因子，主要由单核巨噬细胞、Th2 细胞、血管内皮细胞及成纤维细胞产生。其功能包括刺激活化 B 细胞增殖和抗体分泌、刺激 T 细胞增殖及 CTL 活化、刺激肝细胞合成急性期蛋白参与炎症反应及促进血细胞发育等。大量文献报道，在 RA 患者血清、滑膜组织、滑膜液中 IL-6 的表达明显增加，且与疾病活动性呈显著正相关。Alonzi 等研究证实在胶原诱导的 RA 鼠模型中，IL-6 缺乏的小鼠关节炎症减轻，提示 IL-6 在 RA 发病过程中发挥重要作用。Christoper 等通过对 RA 患者及正常对照者 PBMC 中 *il-6* 基因启动子区甲基化状态进行比较研究发现，RA 患者及正常对照近端 CpG 岛（-666bp～+27bp）均为去甲基化状态，而上游 CpG 岛（-1099bp～-1001bp）均处于高甲基化状态，两者无明显差异。而进一步研究发现 RA 患者 -1099bp CG 位点较正常对照呈显著低甲基化。凝胶电泳迁移率变化分析法显示 *il-6* 基因启动子 -1099bp CG 位点甲基化异常通过影响 DNA- 蛋白相互作用而影响基因表达[124-125]。上述研究提示，RA 患者 *il-6* 基因启动子的异常低甲基化状态可能导致 IL-6 表达上调，过表达的 IL-6 可能作为炎症因子参与 RA 的发生与发展。

（2）IL-10 与 IL-1R2：Th1 细胞与 Th2 细胞比例失衡在 SLE、RA 等自身免疫性疾病的发生、发展过程中发挥关键作用。有研究证实，当血清中富集 IL-4、IL-6 和 IL-10 等 Th2 型细胞因子，而缺乏 IL-1、IL-2 及 IFN-γ 等 Th1 型细胞因子时，能诱导

Th1 细胞向 Th2 细胞分化，从而打破 Th 细胞平衡，参与自身免疫性疾病的发病与进展。

IL-10 是人体内最主要的抑炎性细胞因子，主要由单核 / 巨噬细胞、Th2 细胞和 Treg 细胞分泌。IL-10 的功能主要有促进 B 细胞的增殖与分化、抑制 T 细胞增殖反应、抑制抗原提呈细胞功能等。Lin 等研究发现，RA 患者 PBMC 细胞中 IL-10 表达显著增加，而 *il-10* 基因呈低甲基化修饰状态，IL-10 的过度表达可能是 *il-10* 基因低甲基化导致基因表达激活的结果。而 IL-10 的过度表达，可能进一步诱导 Th 细胞的失衡而参与 RA 发病过程[126]。

IL-1R2 为 IL-1 受体 2，与 IL-1A 和 IL-1B 表现出高亲和力，而与 IL-1 拮抗剂 IL-1R1 表现出低亲和力。IL-1R2 可能为诱导型受体，可干扰 IL-1 与 IL-1R1 的结合。据 Lin 等的研究，RA 患者 PBMC 细胞中 IL-1R2 的表达显著升高，*il-1r2* 基因启动子区呈现明显低甲基化。*il-1r2* 基因低甲基化可能导致 IL-1R2 的过表达，进而干预 IL-1 功能的正常发挥，最终影响 Th 细胞失衡，参与 RA 发病[127]。

（三）T 细胞

CD40L 为分子量 33 000 的Ⅱ型跨膜糖蛋白，是 T 细胞 -B 细胞活化的共刺激分子之一。据 Goules 等研究发现，RA 患者血清中 CD40L 表达较正常对照组明显上升，可能通过激活表达 CD40 受体的 B 细胞，诱导自身抗体的产生而导致 RA 免疫异常和组织炎症产生[128]。为进一步阐明机制，Lu 等对 $CD40^+$ T 细胞中 CD40L 的表达及机制进行了深入研究，发现 CD40L 编码基因启动子区呈低甲基化修饰状态，其与 CD40L 在 $CD40^+$ T 细胞中的表达水平呈显著相关性，提示 CD40L 编码基因启动子区低甲基化可能导致了 CD40L 的过表达，进而参与 RA 发病[129]。据 Lu 等研究发现，SLE 女性患者占绝大多数的原因主要为女性已失活的 X 染色体重新激活，而 X 染色体的低甲基化修饰正是其激活的重要机制。CD40L 编码基因定位于基因组 X 染色体上，CD40L 编码基因启动子低甲基化，进而导致 $CD4^+$ T 细胞中 CD40L 表达的上升，可能为 RA 女性患者占优势的重要机制[130]。

二、组蛋白修饰与类风湿关节炎

（一）组蛋白修饰与基因表达调控

除 DNA 甲基化外，组蛋白修饰是基因表达调控的另一重要表观遗传学机制之一。组蛋白乙酰化常常促进基因转录。组蛋白赖氨酸残基加上乙酰基团后可使染色体结构变得松散，有利于基因转录活化。乙酰化和去乙酰化过程受到相应的乙酰化酶（HAT）和去乙酰化酶（HDAC）催化。

组蛋白甲基化既可促进基因转录，亦可抑制基因转录。研究显示，组蛋白赖氨酸 H3K4、H3K36 和 H3K79 的甲基化可促进基因转录活化。相反，组蛋白赖氨酸 H3K9、H3K27 和 H4K20 的甲基化则抑制基因转录。组蛋白甲基化和去甲基化过程受到相应的甲基化酶和去甲基化酶催化，且这些酶都具有位点特异性，能特异识别赖氨酸残基特定的氨基酸序列。精氨酸的甲基化过程受蛋白质精氨酸甲基转移酶（protein arginine methyltransferase，PRMT）的催化。组蛋白的去甲基化还可受到肽精氨酸脱亚胺酶 4（peptidyl-arginine deiminase 4，PAD4）催化，在此过程中组蛋白氨基酸残基被转变为瓜氨酸[131]。

（二）吸烟促进 RA 发生的组蛋白修饰机制

吸烟被认为是 RA 发生发展的重要危险因素之一。Yang 等通过动物实验证实慢性吸烟可导致大鼠肺组织组蛋白去乙酰化酶 SIRT1 和 SIRT2 的表达下降，而在巨噬细胞中应用 SIRT1 的激活剂白藜芦醇显著抑制吸烟诱导的促炎症因子的产生[132]。由此认为吸烟导致的组蛋白去乙酰化酶 SIRT1 和 SIRT2 的表达下降可能与 RA 促炎症因子的表达增加有关。

（三）组蛋白修饰酶抑制剂与 RA 发病机制的相关研究

应用组蛋白去乙酰化酶抑制剂（histone deacetylase inhibitor，HDI）在 RA 实验模型或体外进行的相关研究已有大量报道。在自身抗体介导的关节炎（AMA）鼠模型中，静脉应用组蛋白去乙酰化酶抑制剂 FK-228 可下调 TNF-α 和 IL-1β 的表达而迅速减轻关节炎症状[134]。在体外将 RASF 细胞与 HDI 孵育后，细胞周期抑制因子 $P16^{INK4a}$ 和 $P21^{WAF1/Cip1}$ 表达上调，可能与 $p16^{ink4a}$ 启动子组蛋白高乙酰化促进基因表达有关。在胶原蛋白诱导的关节炎（collagen induced arthritis，CIA）大、小鼠模型中，预防性应用组蛋白去乙酰化酶抑制剂 SAHA 和 MS-275 可显著降低关节炎评分。应用 HDI 的小鼠在降低组织评分的同时，IL-6 和 IL-1β 的水平下调。应用 MS-275 的大鼠模型关节炎评分、放射显影评分及骨质再吸收得到改善[135]。在大鼠佐剂诱导的关节炎（adjuvant induced arthritis，AIA）模型中，Nakamura 等检测了 FK-228 对 RA 骨质破坏过程中的关键因素——骨质破坏及破骨细胞产生的作用。在体外 FK-228 可抑制破骨细胞的分化，而在体内可抑制 AIA 的发展。但是 FK-228 不能降低关节炎评分，尽管其可显著降低骨质破坏的程度[136]。有报道显示，另一组蛋白去乙酰化酶抑制剂 TSA 可降低 AMA 鼠模型关节炎临床评分，并减轻滑膜炎症，下调基质降解酶的表达[137]。以上所有研究均显示 HDI 可能作为 RA 的一个重要治疗手段。

然而，Huber 等对 RA 患者整个滑膜组织进行研究发现，与正常人及骨关节炎患者相比，RA 患者 HADC 表达水平是降低的。HDI 或许并不适合于 RA 患者的治疗。尽管 HDAC 表达的整体水平是降低的，但是否存在 HDAC 某些亚型的表达上调及 HDI 是否能引起特定的 HDAC 表达目前依然未知[138]。目前，还没有研究显示不同滑膜细胞类型中 HDAC 准确的表达谱。我们应该认识到，HDI 给治疗带来的益处依然是有限的，HDI 的作用在人和鼠之间亦可能存在差别。

（四）组蛋白瓜氨酸化与 RA

PAD4 是唯一能使组蛋白精氨酸残基脱氨基化转变为瓜氨酸的催化酶。它存在于细胞核，除能催化组蛋白脱氨基化外，还可催化组蛋白去甲基化过程。抗环瓜氨酸肽（cyclic citrullinated peptide，CCP）抗体是 RA 患者的标志性自身抗体，有约 80% 的患者可检测到抗 CCP 的产生。Chang 等研究发现，与骨关节炎患者相比，RA 滑膜细胞 PAD4 表达增加，但其对 RA 发病过程中表观遗传改变的影响程度尚不清楚。在中性粒细胞系 HL-60 分化而来的粒细胞中，PAD4 为组蛋白高瓜氨酸化所必需。在促炎因子的作用下，血中性粒细胞组蛋白瓜氨酸化水平迅速上升，并导致广泛性染色质松散[139]。Neeli 等认为潜在自身抗原的释放可能为感染与自身免疫发展之间的桥梁[140]。但在 RA 中是否存在精氨酸的脱氨基化、去甲基化及高瓜氨酸化尚不清楚。

三、miRNA 与类风湿关节炎

作为生物体内重要的调节分子，miRNA 参与了生物体内一系列重要的生命进程，包括发育过程、病毒防御、造血过程、器官形成、细胞增殖和凋亡、脂肪代谢等。miRNA 的异常表达常导致人类疾病的发生，如干燥综合征、系统性红斑狼疮及类风湿关节炎等。类风湿关节炎是一种慢性炎症性自身免疫病，近年来的研究显示在 RA 血液中和受累关节中均存在多种 miRNA 的表达异常，本节着重对 RA 患者中差异表达的 miRNA 展开论述。

（一）miR-15/16

Nagata 等研究表明，在自身抗体介导的关节炎鼠模型滑膜组织中，miR-15a 的表达相比正常对照降低。miR-15a 可通过负性调节 BCL-2 的表达而诱导细胞凋亡。研究者通过关节内电转移方式将 miR-15a- 胶原蛋白复合物注入关节炎鼠模型滑膜组织内，可短暂上调 miR-15a 的表达，通过检测发现 miR-15a 上调的同时，BCL-2 的表达被抑制，而 CASOASE 3 的表达上调。但该实验中并未观察到临床表型的变化[141]。

在哺乳动物中，miR-15a/16-1 和 miR-15b/16-2 簇被认为是调节细胞增殖和凋亡的重要分子，其作用靶点为细胞周期蛋白和抗凋亡基因。有研究表明，在多种淋巴和骨髓恶性肿瘤中发现存在 miR-15/16 的表达异常，进一步说明其在生长信号网络中的重要作用。Pauley 等研究发现在 RA 患者外周血单个核细胞（PBMC）中亦存在 miR-16 的异常高表达，而且与 RA 疾病活动性正相关，提示 miR-16 可能参与了 RA 的发病过程，并有希望成为 RA 疾病活动性的生物标志[142]。Murata 等通过研究亦证实了这一研究结果，发现血浆 miR-16 的表达与 DAS28 评分呈正相关。此外，还发现 RA 关节滑液中 miR-16 的表达显著高于骨关节炎和 RA 血浆水平，提示 miR-16 主要为滑膜组织分泌[143]。Gazzar 等制作了转 *htnf* 基因但缺乏 3'-UTR 的转基因鼠模型，该鼠模型异常高表达 TNF-α 且发生严重的自发性关节炎症状。3'-UTR 的缺失导致其编码的 miR-16 和锌指蛋白 36（Tristetraprolin，TTP）表达缺失，而 TTP 是一种 RNA 结合蛋白，能与 mRNA 3'-UTR 富含 AU 区域结合，介导 mRNA 的降解。该鼠模型自发性关节炎的发生可能与 miR-16、TTP 及 TNF 的异常表达相关，而三者间的具体调控机制有待进一步研究[144]。

（二）miR-34a*

Fabienne Niederer 等研究发现，miR-34a* 在 RASF 中基础表达水平较 OASF 中低，而 X 连锁凋亡抑制蛋白（X-chromosome linked inhibitor-of-apoptosis protein，XIAP）表达水平上升，miR-34a* 表达水平与 XIAP 表达水平呈显著负相关，进一步研究发现 *xiap* 为 miR-34a* 的直接调控靶基因[145]。XIAP 是凋亡抑制蛋白（inhibitor of apoptosis protein，IAP）家族中的一个主要成员，是 IAP 家族中最强的凋亡抑制因子，它可直接抑制 CASPASE 并可多途径调节细胞凋亡。*xiap* 基因在大多数的肿瘤细胞株中呈过表达状态，其表达与肿瘤的进展、复发、预后及肿瘤化疗的耐药密切相关。RA 患者中 miR-34a* 表达水平下降，从而导致其靶基因 *xiap* 表达水平升高，XIAP 通过抑制线粒体途径抑制 RASF 细胞的凋亡，最终导致滑膜组织过度增生，促进 RA 发生与发展。

（三）miR-124a

Nakamachi 等研究发现 RASF 中 miR-124a 表达相比 OASF 中下降，而在 RASF 中过度表达 miR-124a 可抑制 RASF 的增殖。*cdk-2* 和 *mcp-1* mRNA 分子 3'-UTR 为 miR-124a 的作用靶点，其结合可下调 CDK-2 和 MCP-1 的表达水平[146]。Lindenblatt 等通过报告基因分析法研究发现 *iκbζ* 为miR-124a 的另一靶基因，提示 miR-124a 可能调节 NF-κB 介导的基因表达[147]。有研究发现，miR-124a 特异表达于胰腺和脑组织中，并参与代谢过程的调节。在恶性肿瘤研究中，miR-124a 还是一个肿瘤抑制性 miRNA 分子，并可能参与肿瘤转移过程[148-149]。

（四）miR-132

Murata 等研究发现，在 RA 和 OA 患者滑液中 miR-132 表达水平均显著低于其血浆水平，而血浆水平亦显著低于正常对照组。miR-132 在 RA、OA 及正常对照组之间表达水平各异，提示 miR-132 有希望成为诊断分子标记[143]。但 Pauley 等的研究却发现 RA 患者 PBMC 中 miR-132 的表达上调[142]。miR-132 研究主要开展于大脑与神经传递领域，但其亦有抗炎功能。miR-132 可表达于单核细胞，发挥调控抗病毒免疫的功能。

（五）miR-146a

多项研究显示，无论是在 RASF 中、受累关节滑液或滑液提取的 $CD4^+$T 细胞中，还是在 RA 患者的血浆、PBMC 或 $CD4^+$T 细胞中，与 OA 患者或正常人相比，RA 患者 miR-146a 表达水平异常增加[150-151]。Pauley 等研究还发现异常高表达的 miR-146a 与 RA 疾病活动性相关。研究发现，多种微生物成分和促炎症因子，如 LPS、CpG、IFN-α 和 TNF-α 等，可刺激机体上调 miR-146a/b 的表达。反之，PBMC 中异常表达的 miR-146a 又可促进 Th1 细胞功能，并诱导 TNF-α、MCP-1 及 NF-κB、P65 的表达[142]。miR-146a 表达受到 NF-κB 及 miR-146a 相关靶基因的调控。这些靶基因包括 TNF 受体相关分子 6（*traf6*）、IL-1 受体相关激酶 1（*irak1*）、*irak2*、*fadd*、*irf-5*、*stat-1* 及 *ptc1* 等。以上研究结果充分说明，miR-146 可通过负反馈途径在天然免疫反应过程中起重要的调节作用。尽管 RA 患者 PBMC 中 miR-146a 表达增加，但 TRAF6 和 IRAK-1 的表达在 RA 和正常对照之间并无差异，且过表达的 miR-146a 既可抑制 AP-1 活性和 IL-2 的表达，又可抑制 FAS 相关因子 1（FAF1）生成，提示 miR-146a 在 TCR 表达调节及 T 细胞凋亡过程中可能起到一定的作用。亦有研究显示 miR-146a 在人原始成纤维细胞中异常表达，可通过下调 IRAK1 而抑制 IL-6、IL-10 的分泌，提示 miR-146a 可能通过代偿途径抑制炎症反应。

（六）miR-155

在 TNF 刺激的 RASF 中，miRNA 表达谱显示 miR-155 表达显著上调。Stanczyk 等研究亦显示，与 OA 患者相比，RASF 或整个滑膜组织中 miR-155 表达显著升高（约 8 倍）[152]。Murata 等研究发现 miR-155 主要由滑膜组织分泌，且在滑液中富集。在 RA 患者血浆或 PBMC 中 miR-155 亦成倍升高。功能分析显示，不管是在正常条件下还是炎症反应条件下，miR-155 均参与了 MMP-3 和 MMP-1 表达的调控[143]。McCoy 等还发现在骨髓来源的巨噬细胞中，抗炎因子 IL-10 可通过 STAT3 依赖方式抑制 LPS 诱导的 miR-155 表达，而导致 miR-155 靶基因 *ship1* 的表达增加[152]。

（七）miR-223

Murata 等研究发现 miR-223 主要为炎症浸润受累关节的单个核细胞产生，而 RA 滑膜组织或成纤维细胞样滑膜细胞很少分泌。与 OA 相比，RA 患者 miR-223 表达水平上升，且与疼痛关节受累数量呈负相关。Fulei 等研究发现在 RA 患者外周血 T 淋巴细胞中 miR-223 是唯一表达显著增加的 miRNA，特别是在初始 $CD4^+$T 细胞中[153]。

（八）miR-346

Alsaleh 等研究发现，LPS 可刺激 RASF 中 miR-346 的产生，而 miR-346 通过抑制 LPS 诱导的酪氨酸蛋白激酶 BTK 的表达而间接影响 IL-18 的释放[154]。miR-346 作用靶点之一为受体介导蛋白 140（*rip140*）mRNA 5'-UTR，提示 miR-346 可能在激素及代谢过程中发挥调节作用[155]。

（尹 恒 陆前进）

第三节 表观遗传修饰与银屑病

银屑病（psoriasis）是一种常见的慢性复发性炎症性皮肤病，好发于青壮年，全球有 0.6%～4.8% 的人群罹患本病[156]。虽然银屑病通常并不危及生命，但约 30% 的患者可出现关节炎的症状[157]，从而造成不同程度的致残率，给患者的生活质量造成严重影响，并给家庭及社会带来巨大的经济负担[158]。银屑病的病因和发病机制十分复杂，确切的发病机制尚不清楚。目前，银屑病被认为是具有遗传易感性的个体在内、外环境因素的相互作用下 T 细胞介导的一种自身免疫性疾病[159]。最易促发或加重银屑病的因素包括感染因素、精神神经因素（紧张和应激事件）、吸烟、外伤、手术、妊娠和某些药物作用。种种现象表明，环境因素在银屑病的发生、发展中发挥着重要的作用。

在自身免疫性疾病的研究中，遗传学（genetics）的发展，如人类基因组测序，在易感基因遗传方式的识别中起到重要的作用。但其仅仅反映了疾病某一方面的特征，无法全面揭示环境、性别和年龄等因素与疾病发生、发展之间的相互联系。而表观遗传学（epigenetics）是指在 DNA 序列没有发生改变的情况下，对基因的表达进行调控，并将这种改变遗传给后代。表观遗传修饰状态随着年龄发生变化，并受到环境因素的影响，从而解释了环境因素、年龄和自身免疫性疾病的发生、发展之间的关联[160]。更为重要的一点是，当受到某种刺激或暴露于某种外界环境因素下，表观遗传学修饰可以发生快速、可逆的转变。

一、DNA 甲基化与银屑病

（一）银屑病免疫细胞的基因组 DNA 总体甲基化水平

与正常对照组相比，寻常型银屑病患者外周血单个核细胞（PBMC）整体 DNA 甲基化水平升高，且 *dnmt1* mRNA 表达水平升高，*mbd2* 和 *mecp2* mRNA 表达水平明显降低[161]，说明寻常型银屑病患者存在异常的 DNA 甲基化修饰。

（二）银屑病皮损组织中的全基因组甲基化改变

与正常皮肤组织相比，寻常型银屑病患者皮损组织中 5- 甲基胞嘧啶表达显著增高[161]，提示寻常型银屑病患者皮损组织中 DNA 亦呈高甲基化状态。进一步对寻常型银屑病患者皮损区、非皮损区及正常人的皮肤组织进行全基因组 DNA 甲基化测序（MeDIP-seq）研究发现，甲基化发生异常改变的差异甲基化区域（differential methylated region，DMR）数量达到 63 194 个。与正常人皮肤组织相比，银屑病患者皮损区中呈高甲基化改变的基因 DMR 数量（40 357 个）远远多于低甲基化改变的基因 DMR 数量（22 837 个）。GO 分析显示甲基化异常改变明显的基因类型包括免疫系统类、细胞周期类和细胞凋亡类等[162]。此外，对寻常型银屑病皮损全基因组进行了 Medip-chip 研究，结果也发现银屑病患者皮损区中呈高甲基化改变的基因 DMR 数量（674 个）远远多于低甲基化改变的基因 DMR 数量（444 个）。改变最明显的前 10 个 CpG 位点所属的基因类别主要与细胞周期、凋亡、慢性炎症反应等有关[163]。和 MeDIP-chip 结果相比，MeDIP-seq 的结果数据量更大，信息量更加丰富，对于疾病的认识也更为全面，但是庞大的数据量也给生物信息学分析带来了巨大的挑战。

（三）银屑病发病相关的基因甲基化改变

研究发现，银屑病皮损中角质形成细胞的增殖、分化发生了广泛的改变[164]，并且银屑病皮损区角质形成细胞有凋亡异常现象[165]。

1. *p16* 和 *p14*^{arf}　*p16* 和 *p14*^{arf} 属于抑癌基因。与正常人相比，银屑病患者骨髓 CFU-HPP 集落形成数

明显减少，且形态较小，且集落细胞中基因 *p16* 启动子甲基化率明显降低。Xia 等检测了寻常型银屑病患者角质形成细胞 *p16* 基因启动子甲基化状态，发现皮损区和非皮损区 *p16* 基因启动子 CpG 岛甲基化率分别为 23.08% 和 19.23%，而正常角质形成细胞未见甲基化，并且发现甲基化率和疾病病程有关[166]。在皮损组织中，对 *p16* 基因启动子甲基化阳性银屑病患者 CpG 甲基化的位点和频度进行了研究，发现银屑病患者皮损区 *p16* 基因启动子只有部分 CpG 发生甲基化，而并非完全甲基化，提示可能与银屑病反复发作及皮损自然消退的特征相关[167]。

与正常对照组相比，寻常型银屑病患者皮损组织中抑癌基因 $p14^{arf}$mRNA 表达水平下降，且其启动子区甲基化水平升高[161, 168]。

2. *shp-1* SHP-1 是一种天然存在于胞质内的酪氨酸磷酸酶，其通过催化受体相关酪氨酸激酶（Janus Kinase，JAK）去磷酸化，导致 JAK/STAT 信号转导途径活性下调，是 JAK/STAT 途径的主要负调控因子之一，可拮抗蛋白酪氨酸激酶的潜在促生长和致癌作用。其发挥作用的基本模式是细胞因子等外来信号与其受体结合后引起受体分子的二聚化，使得受体偶联的 JAK 激酶相互接近，并通过交互的酪氨酸磷酸化而活化，活化的 JAK 催化受体本身的酪氨酸磷酸化，同时也形成磷酸酶 SHP-1 的停靠位点。一旦停靠在这个位点，SHP-1 就会催化 JAK 或其他酪氨酸激酶的酪氨酸去磷酸化，降低这些激酶的催化活性，从而中止信号转导，起负性调控作用，抑制细胞增殖。因此，近年来有学者认为其可能是候选的抑癌基因。与正常人相比，在银屑病患者中 *shp-1* 基因启动子 2 呈低甲基化状态，并且 SHP-1 亚型Ⅱ表达增高，提示 *shp-1* 启动子的去甲基化可能通过促进 SHP-1 亚型Ⅱ的转录，从而在银屑病的发病机制中起着重要作用[169]。

3. *p21* P21 是细胞周期蛋白依赖性激酶抑制剂家族中的重要成员。P21 可以抑制细胞周期进程，使细胞保持于 G_0 期。*p21* 基因失活将导致造血干细胞（hematopoietic stem cell，HSC）的扩增，但不影响其分化潜能和造血祖细胞数量。通过对银屑病患者及正常对照骨髓高增殖潜能集落形成细胞（high proliferative potential colony forming cell，HPP-CFC）*p21* 基因启动子甲基化状态的检测发现，银屑病患者骨髓 HPP-CFC 中 *p21* 基因启动子区甲基化阳性率显著低于正常对照，表明银屑病患者骨髓 HPP-CFC 集落能力降低可能与其 *p21* 基因低甲基化密切相关[170]。

二、组蛋白修饰与银屑病

与正常对照组相比，寻常型银屑病患者 PBMC 中组蛋白 H4 乙酰化水平显著降低，组蛋白 H3 乙酰化水平、H3-K4 和 H3-K27 甲基化水平均低于正常对照组，但无统计学差异[171]。

组蛋白乙酰化和组蛋白去乙酰化是两个相互关联的组蛋白修饰状态，是一个动态、可逆的过程，分别由组蛋白乙酰化酶（HAT）和组蛋白去乙酰化酶（HDAC）催化；HAT 使组蛋白乙酰化，而 HDAC 使组蛋白发生去乙酰化。HDAC1 属于第一组组蛋白去乙酰化酶（Class I），近来研究表明，HDAC1 在银屑病皮损中表达增高[172]。研究证实，寻常型银屑病患者 PBMC 中 *hdac1* mRNA 表达水平显著升高。此外，*p300*、*cbp* 和 *sirt1* mRNA 在寻常型银屑病 PBMC 中表达水平显著降低[171]。SIRT1 属于 Sir2 家族成员之一，是依赖 NAD 的去乙酰化酶，在基因表达、细胞代谢及细胞应激反应等方面起重要作用[173]。研究发现，SIRT1 可能通过抑制 E2F 的活性从而阻遏正常人角质形成细胞的增生[174]。据此推测，SIRT1 表达下降减少了对 E2F 活性的抑制作用，从而促进角质形成细胞的增生。HAT 和 HDAC 的作用是相互拮抗的，在基因转录过程中共同发挥着作用，寻常型银屑病 PBMC 中 H4 低乙酰化可能是 P300、CBP、HDAC1、SIRT1 共同作用的结果。H4 低乙酰化可以使染色质结构变得紧密，不利于基因的正常表达，使某个或某些基因表达沉默，从而诱发或加重银屑病。

三、miRNA 与银屑病

1. miR-203 miR-203 是第一个被发现在寻常型银屑病中异常表达的 miRNA。在 21 个不同的人体组织和器官中，miR-203 的表达具有高度的皮肤组织特异性，并且主要表达于角质形成细胞[175]。细胞因子信号 3 抑制剂（suppressor of cytokine signaling 3，SOCS-3）是 miR-203 的靶基因，它在炎症反应和角质形成细胞的多种功能中发挥作用。SOCS-3 蛋白是抑制 SATA-3 活化的一个负反馈调节因子，后者是银屑病斑块形成过程中一个重要的转录因子[176]。miR-203 过度表达能够抑制银屑病患者皮损区 SOCS-3 的表达水平，从而激活 STAT-3 信号通路；角质形成细胞中 STAT-3 通路的持续性激活可以导致转基因小鼠自发地产生银屑病样皮损[177]。

与 miR-203相似，miR-146a、miR-21和 miR-125b 的表达也呈组织特异性。其中，miR-146a 在富含淋巴细胞的组织如淋巴结和脾等组织中高表达；miR-21 在肺、气管、结肠、前列腺和膀胱中高表达；而 miR125b 主要在富含外胚层细胞的器官中表达，如子宫颈、大脑和膀胱。

2. miR-125b　miR-125b 在寻常型银屑病皮损组织的角质形成细胞中表达显著减低，*fgfr2* 是其靶基因。人原代角质形成细胞中 miR-125b 的过表达可以抑制其过度增殖，相反，抑制内源性 miR-125b 可以促进细胞增殖[178]。

3. miR-99a　miR-99a 在寻常型银屑病皮损区表达下降，其靶基因为 *igf-1r*。原始角质形成细胞中 miR-99a 过表达可以减少内源性 IGF-1R 蛋白的表达水平，抑制角质形成细胞增殖，并增加角蛋白 10 的表达。并且，IGF-1 亦可以增加 miR-99a 的表达。这说明 miR-99a 是角质形成细胞中 IGF-1R 信号通路的一个调节分子；活化的 IGF-1 信号通路也可以促进 miR-99a 的表达，从而负反馈抑制 IGF-1R 的表达[179]。

随着 miRNA 研究工作的不断深入，越来越多的 miRNA 和它们所调控的靶基因被发现和认识，这极大丰富了有关银屑病发病机制的理论知识。但每一个 miRNA 与其靶基因之间并非是特定的一对一相互作用关系。相反，1 个 miRNA 可能调控多个靶基因的表达，而同一个靶基因也可以受到多个 miRNA 的调控，因而构成了一个庞大而复杂的网络系统，这为今后的功能研究带来了巨大的挑战。

四、小结

银屑病的表观遗传学机制研究才刚刚起步，并且以最常见的类型——寻常型银屑病为主，许多未解之谜仍等待我们去一一解开。目前已发表的文章多集中在 DNA 甲基化和 miRNA 两大方面，而组蛋白修饰的研究则相对较少，其原因可能与组蛋白修饰的复杂性和研究难度较大等因素相关。但上述 3 个机制并非单独发挥作用，而是相互之间互有关联。因此，确定三者之间是否存在关联及怎样的关联将是今后工作的重点和难点之一。其他类型的银屑病是否也发生了表观遗传学修饰改变？与寻常型银屑病有何不同？也是值得进一步探索的未知领域。相信随着研究的进一步深入，有关银屑病的发病机制研究将得到更加全面的阐释。

（苏玉文　陆前进）

第四节　表观遗传修饰与系统性硬皮病

硬皮病是以局限性或弥漫性皮肤及内脏器官纤维化或硬化，最后发展为萎缩为特点的自身免疫性疾病。患病率具有明显的性别差异，80%以上的系统性硬皮病（systemic scleroderma，SSc）患者为女性[180]。硬皮病的病理改变较为复杂，以组织纤维化、血管病变和针对多种细胞内抗原的自身抗体产生为主要特征。通常情况下，根据皮肤硬化的范围和内脏器官受累的情况将硬皮病分为局限性硬皮病（localized scleroderma）和系统性硬皮病（SSc），系统性硬皮病也称进行性系统性硬化症（progressive systemic sclerosis，PSS）。局限性硬皮病主要局限于皮肤，早期损害往往局限于手部、上肢和面部，内脏一般不受累，预后较好；系统性硬皮病则广泛累及皮肤，并伴有多个内脏器官损害。硬皮病内脏器官的累及是决定预后的一个重要因素，肾、食管、心脏和肺是最主要的常见受累器官，食管功能障碍是最常见的内脏并发症，肺的累及是主要死因，包括间质性肺疾病和肺动脉高压[181]。

系统性硬皮病的病因仍未明确，许多学者认为是环境因素与遗传因素共同作用所导致的复杂性疾病。在基因易感性基础上，由于环境因素通过表观遗传机制而激活机体免疫系统，造成血管内皮损伤、成纤维细胞增殖、胶原蛋白及细胞外基质的合成与沉积，导致组织纤维化发生[182]。本节将着重介绍表观遗传调控在系统性硬皮病发病中的作用及机制、硬皮病的表观遗传干预治疗新进展（表 11-5）。

表11-5 表观遗传修饰与系统性硬皮病

表观遗传机制	相关异常表达基因	参与环节
DNA甲基化	*dnmt1*↓, *mbd3*↓, *mbd4*↓[192]	基因甲基化改变及基因转录调控
	基因启动子区域低甲基化→*cd70*↑[194]	T细胞活化
	基因启动子区域低甲基化→*cd40l*↑[189]	女性高发病率及T细胞所致B细胞活化
	基因启动子区域高甲基化→*fli-1*↓[197]	胶原合成增加
	基因启动子区域高甲基化→*thy-1*↓[199]	减少胶原凋亡，诱导其合成
miRNA	miR-150, 20b, 377, 23b, 197, 28-5p, 198, 26a, 21↑; miR-214,125b,133a,486-5p,206,685,140-5p,125a-5p,145, 30a, 801, 30d, 92a, 381, 27b, 145, 29b↓[201, 202]	调节TGF-β通路及促进纤维化和炎症相关因子(COL1A1、MMP-1、CTGF、整合素β3/α5、Smad3磷酸化等)形成
	EGR-1→p300↑→DNA乙酰化程度↑→基因转录活性↑[218, 219]	通过TGF-β/Smad信号通路介导皮肤纤维化
组蛋白修饰	基因启动子区域H3、H4低乙酰化→ *fli-1*↓[223]	胶原合成增加
	H3K27me3↓→胶原纤维表达↑	负性调节纤维化过程
	HDAC7↓→COL1A1、COL3A1↓，但同时不升高促纤维化分子ICAM-1、CTGF[221]	其特异性较TSA高，提示其可能是治疗方向

一、DNA 甲基化与系统性硬皮病

（一）女性高发病率与 DNA 甲基化

近年来系列研究发现一些定位在 X 染色体上的基因既调控着机体性征发育，又在维持免疫耐受方面起着重要作用，女性 2 条 X 染色体上的这些基因剂量发生变化时，将会出现自身免疫反应[183-185]。该理论为进一步研究包括 SSc 在内的女性易患性疾病的致病机制指明了新的方向。正常状态下，为了使 X 染色体相关联的基因在男女之间保持平衡，女性 2 条 X 染色体中只有 1 条处于活化状态，而另 1 条处于失活状态。X 染色体失活（X-chromosome inactivation，XCI）的确切机制尚不完全清楚，新近的研究表明，表观遗传学机制在此过程中起着非常关键的作用，并因此改变着机体的自身免疫状况，DNA 甲基化在启动和维持 X 染色体失活中起十分重要的作用[186]。DNA 甲基化抑制剂可重新激活已失活的 X 染色体编码基因[187-188]。CD40 配体（CD40L）是肿瘤坏死因子配体家族中的一员，为 X 染色体编码基因，主要表达于已激活的 $CD4^+$ T 细胞表面。CD40/CD40L 共刺激分子通路在许多自身免疫性疾病的发病机制中发挥着重要作用。我们课题组研究发现 $CD4^+$ T 细胞 *cd40l* 基因启动子区域低甲基化致其在女性硬皮病患者中表达水平显著升高，导致 T 细胞功能紊乱，使 T 细胞具有自身反应性：一方面刺激 B 细胞产生大量自身抗体；另一方面则直接与成纤维细胞作用，使后者活化、增殖，从而参与了女性 SSc 的发生。而在男性硬皮病患者中未发现类似的异常改变，从一个方面揭示了 SSc 女性高发的原因[189]。此外，Selmi C 等对同卵双胞胎患或不患 SSc 的个体进行对照研究，涉及 X 染色体上所有基因（包含启动子）998 个位点，发现患者中均发生高甲基化的位点 18 个和低甲基化的位点 25 个，这些甲基化水平发生改变的基因主要包括转录因子（*arx*、*hsfx1*、*zbed1*、*znf41*）和表面抗原（*il1rpl2*、*pgrmc1*），它们的功能涉及细胞增殖（*pgk1*、*sms*、*utp14a*、*ssr4*）、凋亡（*mtm1*）、炎症（*araf*）和氧化应激（*enox2*）等过程。这些过程与硬皮病发生中成纤维细胞功能亢进、免疫细胞异常活化及血管内皮细胞损伤的病理特征相契合，推测 X 染色体上述基因甲基化水平的改变是硬皮病女性易感性发生的重要因素[190]。

（二）免疫异常与 DNA 甲基化

系统性硬皮病患者血清中存在多种自身抗体，并且发现有些抗体与疾病的型别相关，如抗着丝点抗体对 CREST 综合征有高度特异性，是该病的标志抗体。系统性硬皮病患者抗 SCL-70 抗体阳性率为 40%～50%，可调节患者的胶原合成量；直接免疫荧光发现系统性硬皮病患者的皮肤、肌肉和肾血管的平滑肌和弹力层中有 IgM、IgA、IgG 沉积；本病常合并红斑狼疮、皮肌炎、类风湿关节炎等自身免疫性疾病。以上提示本病属自身免疫性疾病范畴。

自身抗体和（或）自身反应性T淋巴细胞介导的对自身细胞或自身成分发生的免疫应答是自身免疫性疾病发病的重要机制。硬皮病早期损伤中细胞浸润主要为T细胞、B细胞、巨噬细胞和肥大细胞，其中T细胞主要为$CD4^+$T细胞，表现为单克隆膨胀，是活化的标志。$CD4^+$T细胞主要分化为Th2细胞，这些特征与Th2细胞分泌的细胞因子在硬皮病患者血清中水平增加相一致。Th2细胞分泌的细胞因子（IL-4、IL-5、IL-6、IL-10和IL-13）可促进B细胞增殖、分化和抗体的产生，可诱导和促进B细胞介导的体液免疫应答。B细胞对TD抗原的应答需要T细胞的辅助，这一协助需要T、B细胞间的相互作用来完成。一方面B细胞可以作为抗原提呈细胞活化T细胞，另一方面活化的T细胞可以提供B细胞活化的第二信号，并分泌多种细胞因子协助B细胞的进一步分化。人们观察到DNA调控序列低甲基化与B淋巴细胞和T淋巴细胞的激活与分化有关。

Richardson等[191]首次研究报道了DNA低甲基化与免疫细胞激活有关，他们发现在没有抗原情况下，使用MHC Ⅱ类分子的巨噬细胞能够激活经过5-氮杂胞苷处理过的$CD4^+$T淋巴细胞。我们课题组之前研究发现系统性硬皮病患者$CD4^+$T细胞表现出明显的整体基因组DNA低甲基化[192]。T细胞整体DNA甲基化水平的降低可诱导与结缔组织病相关的基因表达上调。用DNA甲基转移酶抑制剂5-氮杂胞苷处理T细胞，可造成T细胞基因组广泛的低甲基化，使基因表达增加；应用单克隆抗体和寡核苷酸芯片方法分析证明，有100多种已知基因的转录增加，并鉴别出对结缔组织病有潜在作用的基因如*cd11a*、*cd70*、*cd40l*、*ifn-γ*、*Igefcrγ1*、*il4*、*il6*和穿孔素等[193]。这些基因有些提供B细胞活化的第二信号，有些可激活B细胞的多种效应。我们课题组发现SSc患者外周血$CD4^+$T细胞中*cd70*基因启动子区域存在低甲基化，致其表达增高引起T细胞活化：一方面活化的T细胞分泌有关的炎症细胞因子参与疾病的发生；另一方面通过CD70/CD27共刺激分子通路致B细胞激活、自身抗体的产生，参与疾病的发生[194]。

DNA甲基化受DNA甲基转移酶（DNMT）的调控，在哺乳动物中发现至少3种DNMT，包括DNMT1、DNMT3a、DNMT3b等。在胚胎发育后的有丝分裂中，甲基化模型主要通过维持型甲基转移酶DNMT1来复制维持，即使半甲基化的DNA转化为全甲基化DNA状态，DNMT1活性改变可使DNA发生异常甲基化、基因活性改变和染色体不稳定[195]。我们课题组之前研究发现，系统性硬皮病患者$CD4^+$T细胞中*dnmt1* mRNA水平较正常对照显著下调，据此推测可能由于DNMT1的减少导致$CD4^+$T细胞甲基化水平降低，相关基因表达上调，从而参与系统性硬皮病免疫系统的激活。

CpG岛甲基化导致基因失活、转录抑制的机制可能与基因启动子区域高甲基化后直接阻止转录因子与启动子区域结合有关，涉及的机制可能为基因调控序列CpG岛甲基化后与核内甲基化胞嘧啶结合蛋白（MBD）结合，阻止转录因子与基因结合形成转录复合物从而抑制转录[196]。我们课题组研究发现系统性硬皮病患者$CD4^+$T细胞中*mbd3*及*mbd4* mRNA水平较正常对照显著下调，并且*mbd4* mRNA水平与整体基因组DNA甲基化水平呈正相关性，说明MBD4参与基因甲基化改变和基因转录的调控，最终参与SSc的发生。

（三）胶原合成异常与DNA甲基化

目前已明确，硬皮病皮肤的变硬是由于新合成的胶原代替了大部分或全部的真皮和皮下脂肪，其组织学表现为胶原束肿胀，真皮增厚，成纤维细胞增多，这与成纤维细胞合成胶原增加有关。

Wang Y等[197]在一系列实验中，探讨系统性硬皮病成纤维细胞功能异常与表观遗传因素的可能关系。研究人员针对系统性硬皮病成纤维细胞分泌胶原功能异常增加的特点，使用DNA甲基化抑制剂5-氮杂胞苷处理成纤维细胞，结果显示：系统性硬皮病成纤维细胞异常分泌胶原的表型恢复正常。Qi Q等发现系统性硬皮病成纤维细胞DNMT1显著高于正常人成纤维细胞，由此推测DNMT1与硬皮病成纤维细胞异常表型的发生密切相关[198]。以上研究提示表观遗传学机制可能参与系统性硬皮病患者皮损的形成。Wang Y等还检测了与胶原表达相关的抑制因子Friend白血病病毒整合素1（Friend leukemia virus integration 1，FLI1）的表达水平，结果显示抑制因子FLI 1在系统性硬皮病成纤维细胞中表达减少，当用5-氮杂胞苷处理后，FLI 1表达恢复到正常水平，且FLI 1的表达水平与胶原表达负相关。同时，重亚硫酸盐基因测序显示，系统性硬皮病成纤维细胞*fli 1*基因启动子区域的CpG位点92.18%被甲基化。由此可见，系统性硬皮病成纤维细胞中 *fli 1* 基因启动子区域过度甲基化可导致 FLI 1 表达降低，进而导致胶原合成增加，从而参与硬皮病的发病过程。

系统性硬皮病内脏器官纤维化也是由于胶原纤维等细胞外间质合成增加引起，如间质性肺纤维化和心肌纤维化。虽然目前还未见系统性硬皮病患者内脏器官纤维化与 DNA 甲基化的相关研究，但有大量研究表明 DNA 甲基化参与肺纤维化及肺动脉高压的发生。

有研究显示间质性肺纤维化患者成纤维细胞 *thy-1* 启动子区域高甲基化，导致 THY-1 表达降低。THY-1 表达缺陷的肺成纤维细胞收缩性降低，对胶原诱导的细胞凋亡抵抗力下降 [199]。肺动脉高压患者由于 DNMT（DNMT1、DNMT3B）表达增高，导致 *sod* 基因启动子区域甲基化后 SOD 表达下降，从而促进 ROS 降解，而 ROS 参与细胞信号转导，诱导内皮素介导的血管平滑肌细胞增殖 [200]。

二、miRNA 与系统性硬皮病

MiRNA 几乎参与了生物的所有生命过程，并在多种疾病的发病中发挥重要作用。近年来有研究相继报道 miRNA 在系统性硬皮病成纤维细胞、皮损组织和血清中表达异常。表达异常的 miRNA 其靶基因参与细胞增殖、分化与凋亡、信号转导、炎症因子产生、纤维化相关因子形成等生物学进程，在 SSc 发生和发展过程中发挥重要作用。

Li H 等 [201] 利用 miRNA 芯片筛选 SSc 患者皮损与正常人皮肤组织中差异表达的 miRNA。与正常皮肤组织相比，有 24 个 miRNA 在系统性硬皮病患者皮损中有异常表达，其中 9 个 miRNA 表达显著上调，15 个 miRNA 表达显著下调。通过在线生物信息学软件预测和文献检索，研究人员发现筛选得到的差异表达 miRNA 中，6 个 miRNA 调节的部分靶基因与系统性硬皮病发病相关，分别是 miR-206、miR -133a、miR-125b、miR-140-5p、miR-23b 和 miR-7g。例如，miR-206 其潜在靶基因约 516 个，其中与系统性硬皮病发病相关的基因有 15 个，这 15 个相关基因包括 *tgfβ 1*、*tgfβ 2*、*smad5*、*il1β*、*il21*、整合素 α_2、周期蛋白 T_2、*cd28*、*fgf2*、*fgf5*、*fgfr3*、*il-1rap*、*fgβ*、*col6α3* 和 *colL29α2*，特别是前 8 者在系统性硬皮病患者的皮损、血清及硬皮病小鼠模型中均表达上调，这些基因在硬皮病的发生、发展过程中都起着非常重要的作用。

Zhu H[202] 等通过 miRNA 芯片发现 miR-21、miR-31、miR-146、miR-503、miR-145 和 miR-29b 与皮肤的纤维化相关，进一步研究发现在皮损组织与成纤维细胞中 miR-21 显著升高，而 miR-145 和 miR-29b 则明显下调，通过靶基因预测分析，这些 miRNA 可以调控纤维化相关基因 *smad7*、*smad3*、*col1a1* 的表达。TGF-β 可以上调 miR-21、miR-145 表达和下调 *smad7*、*smad3* mRNA 的表达。miR-29b 表达下降与 COL1A1 表达上升有关。研究结果显示上述差异表达的 miRNA 在系统性硬皮病的发病机制中发挥重要作用。

1. miR-29　系统性硬皮病的主要特点是成纤维细胞合成胶原增多，分解减少，大量胶原纤维在皮肤、肺、消化道等组织器官沉积，组织器官硬化，出现功能障碍，故最早开始研究 miRNA 在系统性硬皮病中的作用是针对纤维化的。Maurer B[203] 等通过 in silico 生物信息学预测来确定靶基因是 I 型、Ⅲ型胶原蛋白（col1a1、col3a1）的 miRNA，再利用 TaqMan 探针实时定量 PCR 检测发现系统性硬皮病患者和博来霉素诱导皮肤纤维化小鼠模型中，皮肤活检和成纤维细胞样本的 miRNA-29 表达量是降低的。通过荧光素酶报告基因系统证实 miR-29 对 col1a1、col3a1 的直接调控。过度表达 miR-29 导致系统性硬皮病成纤维细胞 col1a1、col3a1 mRNA 水平和蛋白质水平显著下降；相反，敲除 miR-29a 基因的正常成纤维细胞，col1a1、col3a1 mRNA 水平和蛋白质水平表达增高。促纤维化基因 *tgf-β*、*pdgf-b* 或者 *il-4* 可以下调 miR-29a 的表达，参与促纤维化的进程。在肝星状细胞中，肝细胞生长因子上调 miR-29 的表达，发挥抗纤维化的作用；TGF-β 则下调 miR-29 的表达，发挥促纤维化的作用 [204]。Ushing L[205] 等发现 miR-29 是一个与肺纤维化相关基因的主要调节者。在博来霉素诱导的肺纤维化的 miRNA 筛选中，发现在纤维化的肺部 miR- 29 家族成员表达显著减少。miR-29 水平与促纤维化靶基因的表达水平和纤维化的严重程度呈负相关。Qin W [206] 等研究发现随着梗阻性肾病肾纤维化的逐步发展，野生型小鼠 miR-29 的表达减少。相反，在相同的情况下 *smad3* 基因敲除小鼠 miR-29 的表达增加。在培养的成纤维细胞和肾小管上皮细胞，*smad3* 基因介导的 TGF-β1 通过结合在 miR-29 的启动子区域，诱导下调 miR-29 的表达。这证实 miR-29 是 TGF-β/Smad3 介导纤维化的一个下游抑制剂，并可能对纤维化疾病有治疗潜力。

2. miR-142-3p　整合素 α5（integrin αV）是介导纤连蛋白 - 成纤维细胞（fibronectin-fibroblast，Fn-FB）间作用的黏附分子，在硬皮病皮损成纤维细胞表面表达较正常成纤维细胞显著增强。miR-142-3p 具有调控整合素 α5 的作用。有研究发现系统性硬皮病患者血清 miR-142-3p 的表达显著增高，并且跟患者的严重程度正相关，提示血清 miR-142-3p 的表达上调可能作为一种系统性硬皮病的生物标志物[207]。

3. miR-150　整合素 β3 在成纤维细胞中的过表达在系统性硬皮病的发病中起重要作用。系统性硬皮病患者成纤维细胞中 miR-150 的表达下降可以诱导整合素 β3 表达上调、SMAD3 磷酸化及 COL1A1 的合成增多，同时患者血清中 miR-150 也出现低表达。血清中 miR-150 水平越低，其临床表现越严重，提示 miR-150 介导的整合素 β3 表达上调在系统性硬皮病的纤维化过程中具有重要的作用[208]。

4. miR-196a　TGF-β 介导的信号通路在系统性硬皮病的纤维化过程中起着非常重要的作用。系统性硬皮病皮肤成纤维细胞中 TGF-β 介导的 miR -196a 的表达下调可导致 COL1A1 的过度表达。此外，无论在系统性硬皮病患者还是在局限性硬皮病患者中 miR-196a 血清水平均下降，其下降程度越高，皮肤 Rodnan 评分就越高。提示 miRNA-196a 可能参与系统性硬皮病的发病[209]。在正常人成纤维细胞中下调盘状结构域受体 2（discoidin domain receptor 2，DDR2）的表达能诱导 miR-196a 表达升高，导致 COL1A1 表达减少。但是在系统性硬皮病患者的成纤维细胞中下调 DDR2 并不能影响 TGF-β 信号通路及 miR-196a 的表达。以上研究提示，内源性 TGF-β 一方面诱导 COL1A1 的表达，一方面降低 DDR2 的表达。DDR2-miR-196a 通路可能作为对抗胶原过度表达的负反馈机制，提示一旦这种机制受损也将参与系统性硬皮病的发病过程[210]。

5. miR-129-5p　在 IL-17 家族中，IL-17A 和 IL-17F 具有相似的氨基酸序列，能够与 A 型 IL-17 受体结合，IL-17 介导的信号通路参与各种自身免疫性疾病的发病机制。在系统性硬皮病的血清及皮肤中 IL-17A 的表达上调，而 IL-17F 没有显著差异。miR-129-5p 在硬皮病患者中低表达。Nakashima T[211] 等在硬皮病皮肤成纤维细胞中发现 IL-17A 信号通路可以通过上调 miR-129-5p 表达，下调结缔组织生长因子（connective tissue growth factor，CTGF）和 Ⅰ 型胶原蛋白（alpha-1 type 1 collagen，COL1A1），在硬皮病患者中具有抗纤维化作用。

6. miR-92a　Sing T[212]等研究发现系统性硬皮病患者的皮肤及血清中 miR-92a表达显著升高。内源性的 TGF-β能够刺激 miR-92a表达上调，上调的 miR-92a引起基质金属蛋白酶 1(matrix metalloproteinase-1，MMP-1）表达增高，进而导致过度的胶原蛋白沉积。

7. let-7a　系统性硬皮病纤维化是一个细胞外基质异常增多和过度沉积的病理过程，是成纤维细胞过度合成胶原所致。let-7a 在系统性硬皮病皮肤组织中表达下调，低表达的 let-7a 导致成纤维细胞过度表达 Ⅰ 型胶原蛋白（COL1A1），进而基质沉积及皮肤纤维化[213]。

三、组蛋白修饰与系统性硬皮病

组蛋白修饰作为另一种重要的表观遗传调控机制，一方面能够近距离或远距离直接影响染色质的结构；另一方面能够正性或负性调节一系列效应分子的生物学活性，主要通过募集具有特异性酶活性（ATP 酶活性等）的蛋白酶和复合体，从而参与调控基因的表达[214]。目前组蛋白修饰被广泛认为参与免疫性疾病、肿瘤、心血管疾病以及肺部疾病等的发生发展，并已取得一定的进展。组蛋白修饰在系统性硬皮病发病机制中的作用，虽未取得明显的进展，但在一定程度上为疾病的治疗提供了方向[215]。

1. 组蛋白乙酰化酶与系统性硬皮病　转录共活化因子 P300/CBP 是组蛋白乙酰化酶的一种，通过乙酰化组蛋白和非组蛋白（包括一些转录因子）来调控基因表达，从而参与细胞周期的调控、细胞凋亡和癌症的发生[216, 217]。近年来对于其参与 TGF-β 通路在纤维化机制中的研究越来越多，研究者发现 P300/CBP 不仅参与 TGF-β/SMAD 信号通路，从而增加 Ⅰ 型胶原表达，而且能负性调节抗纤维化基因 *ifn-γ*、*tnf-α* 的拮抗 TGF-β 促纤维化作用。同时，研究者在皮肤成纤维细胞中发现 P300 能激活 Ⅰ 型胶原 α2 链（alpha-2 type 1collagen，COL1A2）和 Ⅰ 型胶原表达，并且可与 SMAD3 形成转录调控复合体，提高 *col1a 2* 基因启动子乙酰化水平，增加 *col1a 2* 基因启动子转录活性[218]。最新研究表明，P300 在 SSc 患者皮损中表达增高，且 TGF-β 能在正常皮损中通过早期生长反应因子 -1（early growth response 1，EGR-1）诱导 P300 的高表达。EGR-1 是促纤维化

TGF-β通路中的一种重要调节因子，参与疾病的促纤维化过程。且P300的高表达与成纤维细胞的高乙酰化呈正相关，P300缺失可以降低组蛋白乙酰化水平，并能缓解TGF-β诱导产生的纤维化效应[219]。以上研究均表明P300参与系统性硬皮病的纤维化过程，一定程度上为抗纤维化治疗提供了方向。

2. 组蛋白去乙酰化酶与系统性硬皮病 曲古抑菌素A（Trichostatin A，TSA）是一种非特异性组蛋白去乙酰化酶抑制剂。研究表明TSA不但能减少硬皮病鼠模型细胞外基质聚集，而且经TSA处理后硬皮病患者皮肤成纤维细胞表达的总胶原蛋白减少，可能与促纤维化基因*col1α1*和纤连蛋白的表达下降有关[220]。进一步研究发现，硬皮病患者皮肤成纤维细胞中HDAC1-11的表达无明显特异性，然而经TSA处理后发现成纤维细胞HDAC7的表达减少，而HDAC3的表达增加。通过沉默HDAC7发现，成纤维细胞中细胞外基质蛋白相关基因的表达下降[221]。

FLI1是Ets家族的一种转录因子，高度表达于内皮细胞和造血细胞中，在血管形成、免疫调节和恶性转换中起着非常重要的作用。研究表明，FLI1显著低表达于系统性硬皮病患者的内皮细胞和皮肤成纤维细胞，从而引起细胞外基质基因（Ⅰ型胶原、CTGF/CCN2、基质金属蛋白酶1、生腱蛋白C）的表达增加，致细胞外基质沉积增多[222]。硬皮病患者成纤维细胞*fli1*基因启动子区域H3、H4呈低乙酰化，使核小体周围所带正电荷增加，增强其和DNA的相互结合作用，染色质结构变得紧密而不利于转录，引起FLI1表达下降。同时他们还发现HDAC1、HDAC6在成纤维细胞中高表达，这与H3、H4的低乙酰化状态相符。研究结果表明*fli1*基因组蛋白的异常修饰参与系统性硬皮病的发生[223]。

3. 组蛋白甲基化修饰与系统性硬皮病 目前关于组蛋白甲基化修饰如何参与硬皮病的发病机制尚不明确。但有研究表明在成纤维细胞中通过抑制H3K27me3能以一种时间和剂量依赖方式刺激胶原纤维的表达，且在硬皮病鼠模型中通过其抑制剂3-deazaneplanocin A（DZNep）可恶化博来霉素诱导的皮肤纤维化程度以及TGF-β的活化。体外、体内研究表明H3K27me3负性调节成纤维细胞的活化[224]。而Sun等在鼠肾小球系膜细胞中研究发现，TGF-β1增加细胞外基质相关基因（结缔组织生长因子、Ⅰ型胶原等）的表达，而这些基因的启动子区域H3K4me1、H3K4me2、H3K4me3水平增加，而H3K9me2、H3K9me3水平下降。他们还研究发现TGF-β1主要通过增加H3K4甲基转移酶SET7/9的表达，从而引起细胞外基质相关基因启动子区域H3K4me1、H3K4me2、H3K4me3的水平增加，致基因活化[225]。

4. 组蛋白修饰的干预与系统性硬皮病的治疗研究 研究表明TSA在动物模型和硬皮病患者成纤维细胞中均能减少细胞外基质相关基因的表达，从而减少细胞外基质的聚集。但也有研究者发现TSA在减少COL1A1、COL3A1等表达的同时，也能增加促纤维化分子ICAM-1、CTGF的表达；然而通过沉默*hdac7*发现，不仅COL1A1、COL3A1等表达减少，而且促纤维化分子ICAM-1、CTGF未发现增高。因此，以*hdac7*作为靶基因的治疗方向也许比TSA更具有特异性，但目前还没有相关临床研究证实[221]。

四、小结

随着表观遗传学技术的不断发展及硬皮病研究的不断深入，表观遗传修饰在该病发生、发展中的重要作用越来越被人们所认识。硬皮病主要病理过程如内皮细胞被破坏、小血管功能受损、T/B淋巴细胞活化、自身免疫反应的发生、成纤维细胞功能亢进、大量胶原纤维产生和沉积等均与特定基因的表观遗传学异常改变密切相关，深入研究已发现的表观遗传调控基因并进一步寻找新的关键基因及其表观修饰特征，将对阐释该复杂疾病的发病机制具有重要意义，特别是在众多的发现中甄别出最为关键的基因及其调控通路，将为本病的早期诊断和预后评估带来可靠的生物学标志，也有望为临床治疗硬皮病提供新的靶点。

（肖　嵘　王瑶瑶　罗鸯鸯　廉晓日）

参考文献

1. Cornacchia E, Golbus J, Maybaum J, et al. Hydralazine and procainamide inhibit T cell DNA methylation and induce autoreactivity. Immunol, 1988, 140: 2197-2200.
2. Quddus J, Johnson KJ, Gavalchin J, et al. Treating activated CD4+T cells with either of two distinct DNA methyltransferase inhibitors, 5-azacytidine or procainamide, is sufficient to cause a lupus-like disease in syngeneic mice. Clin Invest, 1993, 92:38-53.
3. Yung R, Powers D, Johnson K, et al. Mechanisms of drug-induced lupus: II. T cells overexpressing lymphocyte function-associated antigen 1 become autoreactive and cause a lupus-like disease in syngeneic mice. Clin Invest, 1996, 97:

2866-2871.
4. Lei W, Luo Y, Yan K, et al. Abnormal DNA methylation in CD4+ T cells from patients with systemic lupus erythematosus, systemic sclerosis, and dermatomyositis. Scand J Rheumatol, 2009, 38(5):369-374.
5. Biola M Javierre, Agustin F Fernandez, Julia Richter, et al. Changes in the pattern of DNA methylation associate with twin discordance in systemic lupus erythematosus. Genome Res, 2010, 20:170-179.
6. Levy S, Sutton G, Ng PC, et al. The diploid genome sequence of an individual human. PLoS Biol, 2007, 5:254.
7. Daniel J Weisenberger, Mihaela Campan, Tiffany I Long, et al. Analysis of repetitive element DNA methylation by MethyLight. Nucleic Acids Res, 2005, 33(21): 6823-6836.
8. Baba Y, Huttenhower C, Nosho K, et al. Epigenomic diversity of colorectal cancer indicated by LINE-1 methylation in a database of 869 tumors. Mol Cancer, 2010, 9:125.
9. Bollati V, Schwartz J, Wright R, et al. Decline in genomic DNA methylation through aging in a cohort of elderly subjects. Mech Ageing Dev, 2009, 130:234-239.
10. Jeerawat Nakkuntod, Yingyos Avihingsanon, Apiwat Mutirangura, et al. Hypomethylation of LINE-1 but not Alu in lymphocyte subsets of systemic lupus erythematosus patients. Clinica Chimica Acta, 2011, 412:1457-1461.
11. Crow MK. Long interspersed nuclear elements (LINE-1): potential triggers of systemic autoimmune disease. Autoimmunity, 2010, 43:7-16.
12. Balada E, Ordi-Ros J, Vilardell-Tarrés M. Molecular mechanisms mediated by human endogenous retroviruses (HERVs) in autoimmunity. Rev Med Virol, 2009, 19(5):273-286.
13. Okada M, Ogasawara H, Kaneko H, et al. Role of DNA methylation in transcription of human endogenous retrovirus in the pathogenesis of systemic lupus erythematosus. Rheumatol, 2002 , 29(8):1678-1682.
14. Antonina Dolei. Endogenous retroviruses and human disease. Expert Review of Clinical Immunology, 2006, 2(1):149-167.
15. Groudine M, Eisenman R, Weintraub H. Chromatin structure of endogenous retroviral genes and activation by an inhibitor of DNA methylation. Nature, 1981, 292: 311-317.
16. Hishikawa T, Kaneko H, Shirasawa T, et al. Detection of antibodies to recombinant gag protein derived from human endogenous retrovirus like sequence, clone 4-1, in autoimmune diseases. Viral Immunol, 1997, 10: 137-147.
17. Sekigawa I, Okada M, Ogasawara H, et al. DNA methylation in systemic lupus erythematosus. Lupus, 2003, 12: 79.
18. Hintzen RQ, Lens SM, Beckmann MP, et al. Characterization of the human cd27 ligand, a novel member of the TNF gene family. Immunol, 1994, 152: 1762-1773.
19. Jannie Borst, Jenny Hendriks, Yanling Xiao. CD27 and CD70 in T cell and B cell activation. Current Opinion in Immunology, 2005, 17:275-281.
20. Amr H, Sawalha, Matlock Jeffries. Defective DNA methylation and CD70 overexpression in CD4+ T cells in MRL/lpr lupus-prone mice. Immunol, 2007, 37: 1407-1413.
21. Lu Q, Wu A, Richardson BC. Demethylation of the same promoter sequence increases CD70 expression in lupus T cells and T cells treated with lupus-inducing drugs. Immunol, 2005, 174:6212-6219 .
22. Hawkins HK, Heffelfinger SC, Anderson DC, et al. Leukocyte adhesion deficiency: clinical and postmortem observations. Pediatr Pathol, 1992, 12:119-130.
23. Qianjin Lu, Donna Ray, David Gutsch. Effect of DNA methylation and chromatin structure on ITGAL expression. Blood, 2002, 99: 4503-4508.
24. Qianjin Lu, Mariana Kaplan, Donna Ray, et al. Demethylation of ITGAL (CD11a) regulatory sequences in systemic lupus erythematosus. Arthritis & Rheumatism, 2002, 46(5):1282-1291.
25. Walport M J. Lupus, DNase and defective disposal of cellular debris. Genet, 2000, 25:135.
26. Lu Q, Wu A, Ray D, et al. DNA methylation and chromatin structure regulate T cell perforin gene expression. Immunology, 2003, 170: 5124-5132.
27. Kaplan MJ, Lu Q, Wu A, et al. Demethylation of promoter regulatory elements contributes to perforin overexpression in CD4- lupus T cells. Immunology, 2004, 172: 3652-3661.
28. Mackey MF, Barth RJ Jr, Noelle RJ. The role of CD40/CD154 interactions in the priming, differentiation, and effector function of helper and cytotoxic T cells. Leukoc Biol, 1998, 63(4):418-428.
29. Lu Q, Wu A, Tesmer L, et al . Demethylation of CD40LG on the inactive X in T cells from women with lupus. Immunology, 2007, 179: 6352-6358.
30. Anisur Rahman. Cytokines in systemic lupus erythematosus. Arthritis Res Ther, 2003, 5:160-164.
31. Richaud-Patin Y, Alcocer-Varela J, Llorente L. High levels of TH2 cytokine gene expression in systemic lupus erythematosus. Rev Invest Clin, 1995, 47:267-272.
32. Mi XB, Zeng FQ. Hypomethylation of interleukin-4 and -6 promoters in T cells from systemic lupus erythematosus patients. Acta Pharmacol Sin, 2008, 29(1):105-112.
33. Santangelo S, Cousins DJ, Winkelmann NE, et a1. DNA methylation changes at human Th2 cytokine genes coincide with DNase I hypersensitive site formation during CD4(+) T cell differentiation. Immunol, 2002, 169:1893-1903.
34. Agarwal S, and Rao A. Modulation of chromatin structure regulates cytokine gene expression during T cell differentiation. Immunity, 1998, 9:765-775.
35. Barreto G, Schäfer A, Marhold J, et a1. Gadd45a promotes epigenetic gene activation by repair-mediated DNA demethylation. Nature, 2007 , 445(7128):671-675.
36. Jin SG, Guo C, Pfeifer GP. GADD45A does not promote DNA demethylation. PLoS Genet, 2008, 4(3):1000013.
37. Rai K, Huggins IJ, James SR, et al. DNA demethylation in zebrafish involves the coupling of a deaminase, a glycosylase, and gadd45. Cell, 2008 , 135(7):1201-1212.
38. Li Y, Zhao M, Yin H, et al. Overexpression of the growth arrest and DNA damage-induced 45alpha gene contributes to autoimmunity by promoting DNA demethylation in lupus T cells. Arthritis Rheum, 2010, 62(5):1438-1447.
39. Gabriela Gorelik and Bruce Richardson. Key role of ERK pathway signaling in lupus. Autoimmunity, 2010, 43(1): 17.
40. Gorelik G, Richardson B. Aberrant T cell ERK pathway signaling and chromatin structure in lupus. Autoimmun Rev, 2009 , 8(3):196-198.
41. Zhao S, Wang Y, Liang Y, et al. MicroRNA-126 regulates DNA methylation in CD4+ T cells and contributes to systemic lupus erythematosus by targeting DNA methyltransferase 1. Arthritis Rheum, 2011, 63(5):1376-1386.
42. Pan W, Zhu S, Yuan M, et al. MicroRNA-21 and microRNA-148a contribute to DNA hypomethylation in lupus CD4+ T cells by directly and indirectly targeting DNA methyltransferase 1. Immunol, 2010, 184(12):6773-6781.
43. Katan Y, Agami R, Shaul Y. The transcriptional activation and repression domains of RFX1, a context-dependent regulator, can mutually neutralize their activities. Nucleic Acids Res, 1997, 25: 3621-3628.
44. Xu Y, Sengupta PK, Seto E, et al. Regulatory factor for X-box family proteins differentially interact with HDACs to repress Collagen α2(I) gene (COL1A2) expression. Biol Chem, 2006, 281(14): 9260-9270.
45. Nakayama A, Murakami H, Maeyama N, et al. Role for RFX transcription factors in non-neuronal cell-specific inactivation

of the microtubule-associated protein MAP1A promoter. Biol Chem, 2003, 278(1): 233-240.

46. Tierney R, Kirby H, Nagra J, et a1. The Epstein-Barr virus promoter initiating B-cell transformation is activated by RFX proteins and the B-cell-specific activator protein BSAP/Pax5. Virol, 2000, 74: 10458-10467 .
47. Iwama A, Pan J, Zhang P, et al. Dimeric RFX proteins contribute to the activity and lineage specificity of the interleukin-5 receptor α promoter through activation and repression domains. Mol Cell Biol, 1999, 19(6): 3940-3950.
48. Sengupta PK, Agarwal A, Smith BD. DNA methylation of collagen genes by RFX1 recruitment of DNMTs. ASMB Meeting Abstracts / Matrix Biology, 2006, 25: 77.
49. Wang KR, Nemoto T, Yokota Y. RFX1 mediates the serum-induced immediate early response of Id2 gene expression. Biol Chem, 2007, 282(36): 26167-26176.
50. Zhao M, Sun Y, Gao F, et al. Epigenetics and SLE: RFX1 downregulation causes CD11a and CD70 overexpression by altering epigenetic modifications in lupus CD4+ T cells. J Autoimmun, 2010, 35(1):58-69.
51. Hedrich CM, Rauen T, Tsokos GC. cAMP responsive element modulator (CREM) α protein signaling mediates epigenetic remodeling of the human IL2 gene: implications in systemic lupus erythematosus (SLE). Biol Chem, 2011, 286(50):43429-43436
52. Schwab J, Illges H. Regulation of CD21 expression by DNA methylation and histone acetylation. Int Immunol, 2001, 13: 705-710.
53. Garaud S, Le Dantec C, Jousse-Joulin S, et al. IL-6 modulates CD5 expression in B cells from patients with lupus by regulating DNA methylation. J Immunol, 2009, 182: 5623-5632.
54. Hiroshi Sano, Laurel J Compton, Naoko Shiomi, et al. Low expression of human histocompatibility leukocyte antigen-DR is associated with hypermethylation of human histocompatibility leukocyte antigen-DR α gene regions in B cells from patients with systemic lupus erythematosus. Clin Invest, 1985, 76: 1314-1322.
55. Hippen KL, LE Tze, TW Behrens. CD5 maintains tolerance in anergic B cells. J Exp Med, 2000, 191: 883-890.
56. Renaudineau Y, Hillion S, Saraux A, et al. An alternative exon 1 of the CD5 gene regulates CD5 expression in human B lymphocyte. Blood, 2005, 106: 2781-2789.
57. Renaudineau Y, Vallet S, Le Dantec C, et al. Characterization of the human CD5 endogenous retrovirus-E in B lymphocytes. Gene Immunol, 2005, 6: 663-671.
58. Garaud S, Le Dantec C, Berthou C, et al. Selection of the alternative exon 1 from the cd5 gene down-regulates membrane level of the protein in B lymphocytes. Immunol, 2008, 181: 2010-2018.
59. Hedrich CM, Tsokos GC. Epigenetic mechanisms in systemic lupus erythematosus and other autoimmune diseases. Trends Mol Med, 2011, 17:714-724.
60. Kouzarides T. Chromatin modifications and their function. Cell, 2007, 128:693-705.
61. Hu N, Qiu X, Luo Y, et al. Abnormal histone modification patterns in lupus CD4+ T cells. Rheumatol, 2008, 35:804-810.
62. Zhao M, Sun Y, Gao F, et al. Epigenetics and SLE: RFX1 downregulation causes CD11a and CD70 overexpression by altering epigenetic modifications in lupus CD4+ T cells. Autoimmun, 2010, 35:58-69.
63. Lu Q, Wu A, Richardson BC. Demethylation of the same promoter sequence increases CD70 expression in lupus T cells and T cells treated with lupus-inducing drugs. J Immunol, 2005, 174:6212-6219.
64. Sawalha AH, Jeffries M. Defective DNA methylation and CD70 overexpression in CD4+ T cells in MRL/lpr lupus-prone mice. Immunol, 2007, 37:1407-1413.
65. Zhou Y, Qiu X, Luo Y, et al. Histone modifications and methyl-CpG-binding domain protein levels at the TNFSF7 (CD70) promoter in SLE CD4+ T cells. Lupus, 2011, 20:1365-1371.
66. Zhang Z, Song L, Maurer K, et al. Global H4 acetylation analysis by ChIP-chip in systemic lupus erythematosus monocytes. Genes Immun, 2010, 11:124-133.
67. Dai Y, Zhang L, Hu C, et al. Genome-wide analysis of histone H3 lysine 4 trimethylation by ChIP-chip in peripheral blood mononuclear cells of systemic lupus erythematosus patients. Clin Exp Rheumatol, 2010, 28:158-168.
68. 丁澍, 龙海, 陆前进. 系统性红斑狼疮发病中microRNA的异常表达及其与DNA甲基化的相互调控. 国际皮肤性病学杂志, 2012, 38(04): 231-234.
69. Zhao S, Wang Y, Liang Y, et al. MicroRNA-126 regulates DNA methylation in CD4+ T cells and contributes to systemic lupus erythematosus by targeting DNA methyltransferase 1. Arthritis Rheum, 2011, 63(5):1376-1386.
70. Ding S, Liang Y, Zhao M, et al. Decreased miR-142-3p/5p expression regulates aberrant CD4+ T cell responses and B cell hyperstimulation in systemic lupus erythematosus. Arthritis Rheum, 2012, 64(9):2953-2963.
71. Stagakis E, Bertsias G, Verginis P, et al. Identification of novel microRNA signatures linked to human lupus disease activity and pathogenesis: miR-21 regulates aberrant T cell responses through regulation of PDCD4 expression. Ann Rheum Dis, 2011, 70(8):1496-1506.
72. Pan W, Zhu S, Yuan M, et al. MicroRNA-21 and microRNA-148a contribute to DNA hypomethylation in lupus CD4+ T cells by directly and indirectly targeting DNA methyltransferase 1. Immunol, 2010, 184(12):6773-6781.
73. Zhao X, Tang Y, Qu B, et al. MicroRNA-125a contributes to elevated inflammatory chemokine RANTES levels via targeting KLF13 in systemic lupus erythematosus. Arthritis Rheum, 2010, 62(11):3425-3435.
74. 尹志华, 叶志中, 罗秀霞, 等. MicroRNAs在SLE患者外周血中的异常表达. 细胞与分子免疫学杂志, 2008, 24(3):306-307.
75. Dai Y, Huang YS, Tang M, et al. Microarray analysis of microRNA expression in peripheral blood cells of systemic lupus erythematosus patients. Lupus, 2007, 16(12):939-946.
76. Sabbatini A, Bombardieri S, Migliorini P. Autoantibodies from patients with systemic lupus erythematosus bind a shared sequence of SmD and Epstein-Barr virus-encoded nuclear antigen EBNA I. Eur Immunol, 1993, 23(5): 1146-1152.
77. Matlock AJ, Amr HS. Epigenetics in systemic lupus erythematosus: leading the way for specific therapeutic agents. Int Clin Rheumatol, 2011, 6(4), 423-438.
78. Wang GS, Zhang M, Li XP, et al. Ultraviolet B exposure of peripheral blood mononuclear cells of patients with systemic lupus erythematosus inhibits DNA methylation. Lupus, 2009, 18(12):1037-1044.
79. Li Y, Zhao M, Yin H, et al. Overexpression of the growth arrest and DNA damage-induced 45alpha gene contributes to autoimmunity by promoting DNA demethylation in lupus T cells. Arthritis Rheum, 2010, 62:1438-1447.
80. Mizugaki M, Yamaguchi T, Ishiwata S, et al. Alteration of DNA methylation levels in MRL lupus mice. Clin Exp Immunol, 1997, 110(2): 265-269.
81. Quddus J, Johnson KJ, Gavalchin J, et al. Treating activated CD4+ T cells with either of two distinct DNA methyltransferase inhibitors, 5-azacytidine or procainamide, is sufficient to cause a lupus-like disease in syngeneic mice. Clin Invest, 1993, 92(1): 38-53.
82. Sawalha AH, Jeffries M. Defective DNA methylation and

CD70 overexpression in CD4+ T cells in MRL/lpr lupus-prone mice. Immunol, 2007, 37(5): 1407-1413.
83. Yung RL, Quddus J, Chrisp CE, et al. Mechanism of drug-induced lupus. I. Cloned Th2 cells modified with DNA methylation inhibitors in vitro cause autoimmunity in vivo. Immunol, 1995, 154(6): 3025-3035.
84. Kevil CG, Hicks MJ, He X, et al. Loss of LFA-1, but not Mac-1, protects MRL/MpJ-Fas(lpr) mice from autoimmune disease. Pathol, 2004, 165(2): 609-616.
85. Lu Q, Wu A, Ray D, et al. DNA methylation and chromatin structure regulate T cell perforin gene expression. Immunol, 2003, 170(10): 5124-5132.
86. Nakamura T, Ebihara I, Tomino Y, et al. Perforin mRNA expression in the inflamed tissues of NZB/W F1 lupus mice decreases with methylprednisolone treatment. Pathol, 1991, 139(4): 731-736.
87. Deng C, Lu Q, Zhang Z, et al. Hydralazine may induce autoimmunity by inhibiting extracellular signal-regulated kinase pathway signaling. Arthritis Rheum, 2003, 48(3): 746-756.
88. Sawalha AH, Jeffries M, Webb R, et al. Defective T-cell ERK signaling induces interferon-regulated gene expression and overexpression of methylation-sensitive genes similar to lupus patients. Genes Immun, 2008, 9(4): 368-378.
89. Garcia BA, Busby SA, Shabanowitz J, et al. Resetting the epigenetic histone code in the MRL-lpr/lpr mouse model of lupus by histone deacetylase inhibition. Proteome Res, 2005, 4(6): 2032-2042.
90. Mishra N, Reilly CM, Brown DR, et al. Histone deacetylase inhibitors modulate renal disease in the MRL-lpr/lpr mouse. Clin Invest, 2003, 111(4):539-552.
91. Hu N, Long H, Zhao M, et al. Aberrant expression pattern of histone acetylation modifiers and mitigation of lupus by SIRT1-siRNA in MRL/lpr mice. Rheumatol, 2009, 38(6): 464-471.
92. Luo J, Nikolaev AY, lmai S, et al. Negative control of p53 by Sir2alpha promotes cell survival under stress. Cell, 2001, 107(2): 137-148.
93. Yan K, Cao Q, Reilly CM, et al, Histone deacetylase 9 deficiency protects against effector T cell-mediated systemic autoimmunity. Biol Chem, 2011, 286(33): 28833-28843.
94. Dai R, Zhang Y, Khan D, et al. Identification of a common lupus disease-associated microRNA expression pattern in three different murine models of lupus. PLoS One, 2010, 5(12): 14302.
95. Pan W, Zhu S, Yuan M, et al. MicroRNA-21 and microRNA-148a contribute to DNA hypomethylation in lupus CD4+ T cells by directly and indirectly targeting DNA methyltransferase 1. J Immunol, 2010, 184(12): 6773-6781.
96. Garchow BG, Bartulos Encinas O, Leung YT, et al. Silencing of microRNA-21 in vivo ameliorates autoimmune splenomegaly in lupus mice. EMBO Mol Med, 2011, 3(10): 605-615.
97. Zandman-Goddard G, Solomon M, Rosman Z, et al. Environment and lupus-related diseases. Lupus, 2012, 21(3): 241-250.
98. Matlock AJ, Amr HS. Epigenetics in systemic lupus erythematosus: leading the way for specific therapeutic agents. Int Clin Rheumatol, 2011, 6(4): 423-438.
99. Wang GS, Zhang M, Li XP, et al. Ultraviolet B exposure of peripheral blood mononuclear cells of patients with systemic lupus erythematosus inhibits DNA methylation. Lupus, 2009, 18(12): 1037-1044.
100. Li Y, Zhao M, Yin H, et al. Overexpression of the growth arrest and DNA damage-induced 45alpha gene contributes to autoimmunity by promoting DNA demethylation in lupus T cells. Arthritis Rheum, 2010, 62:1438-1447.
101. Yung R, Chang S, Hemati N, et al. Mechanisms of drug-induced lupus. IV. Comparison of procainamide and hydralazine with analogs in vitro and in vivo. Arthritis Rheum, 1997, 40:1436-1443.
102. Quddus J, Johnson KJ, Gavalchin J, et al. Treating activated CD4+ T cells with either of two distinct DNA methyltransferase inhibitors, 5-azacytidine or procainamide, is sufficient to cause a lupus-like disease in syngeneic mice. Clin Invest, 1993, 92:38-53.
103. Gorelik G, Fang JY, Wu A, et al. Impaired T cell protein kinase C delta activation decreases ERK pathway signaling in idiopathic and hydralazine-induced Lupus. Immunol, 2007, 179(8): 5553-5563.
104. Lee BH, Yegnasubramanian S, Lin X, et al. Procainamide is a specifc inhibitor of DNA methyltransferase 1. Biol Chem, 2005, 280(49): 40749-40756 .
105. Rosato P, Anastasiadou E, Garg N, et al. Differential regulation of miR-21 and miR-146a by Epstein-Barr virus-encoded EBNA2. Leukemia, 2012, 26(11): 2343-2352.
106. Pan W, Zhu S, Yuan M, et al. MicroRNA-21 and microRNA-148a contribute to DNA hypomethylation in lupus CD4+ T cells by directly and indirectly targeting DNA methyltransferase 1. The Journal of Immunology, 2010, 184(12): 6773-6781.
107. Tang Y, Luo X, Cui H, et al. MicroRNA-146a contributes to abnormal activation of the type I interferon pathway in human lupus by targeting the key signaling proteins. Arthritis & Rheumatism, 2009, 60(4):1065-1075.
108. Bergbauer M, Kalla M, Schmeinck A, et al. CpG-methylation regulates a class of Epstein-Barr virus promoters. PLoS pathogens, 2010, 6(9): 1001114.
109. Flower K, Thomas D, Heather J, et al. Epigenetic control of viral life-cycle by a DNA-methylation dependent transcription factor. PLoS One, 2011, 6(10): 25922.
110. Balada E, Ordi-Ros J, Vilardell-Tarrés M. Molecular mechanisms mediated by human endogenous retroviruses (HERVs) in autoimmunity. Reviews in Medical Virology, 2009, 19(5):273-286.
111. Ogasawara H, Okada M, Kaneko H, et al. Possible role of DNA hypomethylation in the induction of SLE: relationship to the transcription of human endogenous retroviruses. Clinical and Experimental Rheumatology, 2003, 21(6):733.
112. Breton CV, Byun HM, Wenten M, et al. Prenatal tobacco smoke exposure affects global and gene-specific DNA methylation. Am J Respir Crit Care Med, 2009, 180(5):462-467.
113. Szyf M. Epigenetics, DNA methylation, and chromatin modifying drugs. Annual Review of Pharmacology and Toxicology, 2009, 49(3): 243-263.
114. Karouzakis E, Gay RE, Michel BA, et al. DNA hypomethylation in rheumatoid arthritis synovial fibroblasts. Arthritis Rheum, 2009, 60:3613-3622.
115. Nakano K, Whitaker JW, Boyle DL, et al. DNA methylome signature in rheumatoid arthritis. Ann Rheum Dis, 2012, 72:110-117.
116. Takami N, Osawa K, Miura Y, et al. Hypermethylated promoter region of DR3, the death receptor3 gene, in rheumatoid arthritis synovial cells. Arthritis Rheum, 2006, 54:779-787.
117. Kucia M, Jankowski K, Reca R, et al. CXCR4-SDF-1 signalling, locomotion, chemotaxis and adhesion. Mol Histol, 2004, 35: 233-245.
118. Nanki T, Hayashida K, El-Gabalawy HS, et al. Stromal cell-derived factor-1-CXC chemokinereceptor 4 interactions play a central role in CD4+ T cell accumulation in rheumatoid arthritis synovium. Immunol, 2000, 165: 6590-6598.
119. Burger JA, Zvaifler NJ, Tsukada N, et al. Fibroblast-like synoviocytes support B-cell pseudoemperipolesis via a stromal cell-derived factor-1- and CD106(VCAM-1)-dependent mechanism. Clin Invest, 2001, 107:305-315.

120. Nanki T, Nagasaka K, Hayashida K, et al. Chemokines regulate IL-6 and IL-8 production by fibroblast like synoviocytes from patients with rheumatoid arthritis. Immunol, 2001, 167: 5381-5385.
121. Blades MC, Ingegnoli F, Wheller SK, et al. Stromal cell-derived factor 1 (CXCL12) induces monocyte migration into human synovium transplanted onto SCID Mice. Arthritis Rheum, 2002, 46: 824-836.
122. Karouzakis E, Rengel Y, Jungel A, et al. DNA methylation regulatesthe expression of CXCL12 in rheumatoid arthritis synovial fibroblasts. Genes Immun, 2011, 12:643-652.
123. Liu CC, Fang TJ, Ou TT, et al. Global DNA methylation, DNMT1, and MBD2 in patients with rheumatoid arthritis. Immunol Lett, 2011, 135:96-99.
124. Nile CJ, Read RC, Akil M, et al. Methylation status of a single CpG site in the IL6 promoter is related to IL6 messenger RNA levels and rheumatoid arthritis. Arthritis Rheum, 2008, 58:2686-2693.
125. Ishida K, Kobayashi T, Ito S, et al. Interleukin-6 gene promoter methylation in rheumatoid arthritis and chronic periodontitis. Periodontol, 2012, 83:917-925.
126. Fu LH, Ma CL, Cong B, et al. Hypomethylation of proximal CpG motif of interleukin-10 promoter regulates its expression in human rheumatoid arthritis. Acta Pharmacol Sin, 2011, 32:1373-1380.
127. Lin SY, Hsieh SC, Lin YC, et al. A whole genome methylation analysis of systemic lupus erythematosus: hypomethylation of the IL10 and IL1R2 promoters is associated with disease activity. Genes Immun, 2012, 13:214-220.
128. Goules A, Tzioufas AG, Manousakis MN, et al. Elevated levels of soluble CD40 ligand(sCD40L) in serum of patients with systemic autoimmune diseases. Autoimmun, 2006, 26:165-171.
129. Liao J, Liang G, Xie S, et al. CD40L demethylation in $CD4^{+}T$ cells from women with rheumatoid arthritis. Clin Immunol, 2012, 145(1):13-18.
130. Lu Q, Wu A, Tesmer L, et al. Demethylation of CD40LG on the inactive X in T cells from women with lupus. Immunol, 2007, 179(9):6352-6358.
131. Kouzarides T. 635 Chromatin modifications and their function. Cell, 2007, 128(4):693-705.
132. Yang SR, Wright J, Bauter M, et al. Sirtuin regulates cigarette smoke-induced proinflammatory mediator release via RelA/p65 NF-kappaB in macrophages in vitro and in rat lungs in vivo: implications for chronic inflammation and aging. Physiol Lung Cell Mol Physiol, 2007, 292(2):567-576.
133. Kawahara TL, Michishita E, Adler AS, et al. SIRT6 links histone H3 lysine 9 deacetylation to NF-kappaB-dependent gene expression and organismal life span. Cell, 2009, 136(1):62-74.
134. Nishida K, Komiyama T, Miyazawa S, et al. Histone deacetylase inhibitor suppression of autoantibody-mediated arthritis in mice via regulation of p16INK4a and p21(WAF1/Cip1) expression. Arthritis Rheum, 2004, 50(10):3365-3376.
135. Lin HS, Hu CY, Chan HY, et al. Anti-rheumatic activities of histone deacetylase (HDAC) inhibitors in vivo in collagen-induced arthritis in rodents. Br J Pharmacol, 2007, 150(7):862-872.
136. Nakamura T, Kukita T, Shobuike T, et al. Inhibition of histone deacetylase suppresses osteoclastogenesis and bone destruction by inducing IFN-beta production. Immunol, 2005, 175(9):5809-5816.
137. Nasu Y, Nishida K, Miyazawa S, et al. Trichostatin A, a histone deacetylase inhibitor, suppresses synovial inflammation and subsequent cartilage destruction in a collagen antibody-induced arthritis mouse model. Osteoarthritis Cartilage, 2008, 16(6):723-732.
138. Huber LC, Brock M, Hemmatazad H, et al. Histone deacetylase/acetylase activity in total synovial tissue derived from rheumatoid arthritis and osteoarthritis patients. Arthritis Rheum, 2007, 56(4):1087-1093.
139. Chang X, Zhao Y, Sun S, et al. The expression of PADI4 in synovium of rheumatoid arthritis. Rheumatol Int, 2009, 29(12):1411-1416.
140. Neeli I, Khan SN, Radic M. Histone deimination as a response to inflammatory stimuli in neutrophils. Immunol, 2008, 180(3):1895-1902.
141. Nagata Y, Nakasa T, Mochizuki Y, et al. Induction of apoptosis in the synovium of mice with autoantibody-mediated arthritis by the intraarticular injection of double-stranded MicroRNA-15a. Arthritis Rheum, 2009, 60(9):2677-2683.
142. Pauley KM, Satoh M, Chan AL, et al. Upregulated miR-146a expression in peripheral blood mononuclear cells from rheumatoid arthritis patients. Arthritis Res Ther, 2008, 10(4):101.
143. Murata K, Yoshitomi H, Tanida S, et al. Plasma and synovial fluid microRNAs as potential biomarkers of rheumatoid arthritis and osteoarthritis. Arthritis Res Ther, 2010, 12(3):86.
144. El Gazzar MA, McCall CE. MicroRNAs distinguish translational from transcriptional silencing during endotoxin tolerance. Biol Chem, 2010, 285(27):20940-20951.
145. Niederer F, Trenkmann M, Ospelt C, et al. Down-regulation of microRNA-34a* in rheumatoid arthritis synovial fibroblasts promotes apoptosis resistance. Arthritis Rheum, 2012, 64(6):1771-1719.
146. Nakamachi Y, Kawano S, Takenokuchi M, et al. MicroRNA-124a is a key regulator of proliferation and monocyte chemoattractant protein 1 secretion in fibroblast-like synoviocytes from patients with rheumatoid arthritis. Arthritis Rheum, 2009, 60(5):1294-1304.
147. Lindenblatt C, Schulze-Osthoff K, Totzke G. IkappaBzeta expression is regulated by miR-124a. Cell Cycle, 2009, 8(13):2019-2023.
148. Baroukh NN, Van Obberghen E. Function of microRNA-375 and microRNA-124a in pancreas and brain. Febs, 2009; 276(22):6509-6521
149. Le MT, Teh C, Shyh-Chang N, et al. MicroRNA-125b is a novel negative regulatorof p53. Genes Dev, 2009, 23(7):862-876.
150. Nakasa T, Miyaki S, Okubo A, et al. Expression of microRNA-146 in rheumatoid arthritis synovial tissue. Arthritis Rheum, 2008, 58(5):1284-1292.
151. Stanczyk J, Pedrioli DM, Brentano F, et al. Altered expression of MicroRNA in synovial fibroblasts and synovial tissue in rheumatoid arthritis. Arthritis Rheum, 2008, 58(4):1001-1009.
152. McCoy CE, Sheedy FJ, Qualls JE, et al. IL-10 inhibits miR-155 induction by Toll like receptors. J Biol Chem, 2010, 285(27):20492-20498.
153. Fulci V, Scappucci G, Sebastiani GD, et al. miR-223 is overexpressed in T lymphocytes of patients affected by rheumatoid arthritis. Hum Immunol, 2010, 71(2):206-211
154. Alsaleh G, Suffert G, Semaan N, et al. Bruton's tyrosine kinase is involved in miR-346-related regulation of IL-18 release by lipopolysaccharide activated rheumatoid fibroblast-like synoviocytes. Immunol, 2009, 182(8):5088-5097.
155. Tsai NP, Lin YL, Wei LN. Micro-RNA mir346 targets the 5'UTR of RIP140 mRNA and up-regulates its protein expression. Biochem, 2009, 424(3):411-418.
156. Neimann AL, Porter SB, Gelfand JM, et al. The epidemiology of psoriasis. Expert Rev Dermatol, 2006, 1:63-75.
157. Zachariae H. Prevalence of joint disease in patients with psoriasis: implications for therapy. American Journal of

Clinical Dermatology, 2003, 4:441-447.
158. Lebwohl M. Psoriasis. Lancet, 2003, 361:1197-1204.
159. Griffiths CE, Barker JN. Pathogenesis and clinical features of psoriasis. Lancet, 2007, 370:263-271.
160. Grolleau-Julius A, Ray D, Yung RL, et al. The role of epigenetics in aging and autoimmunity. Clinical Reviews in Allergy & Immunology, 2010, 39:42-50.
161. Zhang P, Su Y, Chen H, et al. Abnormal DNA methylation in skin lesions and PBMCs of patients with psoriasis vulgaris. J Dermatol Sci, 2010, 60:40-42.
162. Zhang P, Zhao M, Liang G, et al. Whole-genome DNA methylation in skin lesions from patients with psoriasis vulgaris. Autoimmun, 2013, 41:17-24.
163. Roberson ED, Liu Y, Ryan C, et al. A subset of methylated CpG sites differentiate psoriatic from normal skin. The Journal of Investigative Dermatology, 2012, 132:583-592.
164. Bowcock AM, Krueger JG. Getting under the skin: the immunogenetics of psoriasis. Nature Reviews Immunology, 2005, 5:699-711.
165. Wrone-Smith T, Mitra RS, Thompson CB, et al. Keratinocytes derived from psoriatic plaques are resistant to apoptosis compared with normal skin. Pathol, 1997, 151:1321-1329.
166. Hang K, Zhang R, Li X, et al. Promoter methylation status of p15 and p21 genes in HPP-CFCs of bone marrow of patients with psoriasis. Dermatol, 2009, 9:141-146.
167. Chen M, Chen ZQ, Cui PG, et al. The methylation pattern of p16INK4a gene promoter in psoriatic epidermis and its clinical significance. Br J Dermatol, 2008, 158:987-993.
168. 任虹，张瑞丽. 银屑病角质形成细胞$p14^{ARF}$基因甲基化的研究. 中国麻风皮肤病杂志, 2006, 12:983.
169. Ruchusatsawat K, Wongpiyabovorn J, Shuangshoti S, et al. SHP-1 promoter 2 methylation in normal epithelial tissues and demethylation in psoriasis. Molecular Medicine, 2006, 84:175-182.
170. 张瑞丽，牛旭平，李新华，等. 银屑病患者骨髓HPP-CFC集落形成及p21基因启动子甲基化的研究. 中国免疫学杂志, 2007, 9:842-846.
171. Zhang P, Su Y, Zhao M, et al. Abnormal histone modifications in PBMCs from patients with psoriasis vulgaris. Eur J Dermatol, 2011, 21:552-557.
172. Tovar-Castillo LE, Cancino-Diaz JC, Garcia-Vazquez F, et al. Under-expression of VHL and over-expression of HDAC-1, HIF-1alpha, LL-37, and IAP-2 in affected skin biopsies of patients with psoriasis. Int J Dermatol, 2007, 46:239-246.
173. Haigis MC, Guarente LP. Mammalian sirtuins-emerging roles in physiology, aging, and calorie restriction. Genes & Development, 2006, 20:2913-2921.
174. Blander G, Bhimavarapu A, Mammone T, et al. SIRT1 promotes differentiation of normal human keratinocytes. The Journal of Investigative Dermatology, 2009, 129:41-49.
175. Sonkoly E, Wei T, Janson PC, et al. MicroRNAs: novel regulators involved in the pathogenesis of psoriasis? PLoS One, 2007, 2:610.
176. Lowes MA, Bowcock AM, Krueger JG, et al. Pathogenesis and therapy of psoriasis. Nature, 2007, 445:866-873.
177. Sano S, Chan KS, Carbajal S, et al. Stat3 links activated keratinocytes and immunocytes required for development of psoriasis in a novel transgenic mouse model. Nat Med, 2005, 11:43-49.
178. Xu N, Brodin P, Wei T, et al. MiR-125b, a microRNA downregulated in psoriasis, modulates keratinocyte proliferation by targeting FGFR2. Invest Dermatol, 2011, 131:1521-1529.
179. Lerman G, Avivi C, Mardoukh C, et al. MiRNA expression in psoriatic skin: reciprocal regulation of hsa-miR-99a and IGF-1R. PLoS One, 2011, 6:20916.
180. Whitacre CC. Sex differences in autoimmune disease. Nat Immunol, 2001, 2:777-780.
181. Gabrielli A, Avvedimento EV, Krieg T. Scleroderma. N Engl J Med, 2009, 360:1989-2003.
182. Kissin EY, Kom JH. Fibrosis in scleroderma. Rheum Dis Clin North Am, 2003, 29:351-369.
183. Ranke MB, Saenger P. Turner's syndrome. Lancet, 2001, 358:309-314 .
184. Davis CJ, Davison RM, Payne NN, et al. Female sex preponderance for idiopathic familial premature ovarian failure suggests an X chromosome defect: opinion. Hum Reprod, 2000, 15:2418-2422.
185. Ochs HD, Ziegler SF, Torgerson TR. FOXP3 acts as a rheostat of the immune response. Immunol Rev, 2005, 203:156-164.
186. Migeon BR, Axelman J, Jeppesen P. Differential x reactivation in human placental cells: implications for reversal of x inactivation. Am J Hum Genet, 2005, 77:355-364.
187. Singer-Sam J, Riggs AD. X chromosome inactivation and DNA methylation. EXS, 1993, 64:358-384.
188. Toniolo D, Martini G, Migeon BR, et al. Expression of the G6PD locus on the human X chromosome is associated with demethylation of three CpG islands within 100 kb of DNA. EMBO , 1988, 7(2):401-406.
189. Lian X, Xiao R, Hu X, et al. DNA demethylation of CD40L in $CD4^+$ T-cells from women with systemic sclerosis -A possible explanation for female susceptibility. Arthritis Rheum, 2012, 64(7):2338-2345.
190. Selmi C, Feghali-Bostwick CA, Lleo A, et al. X chromosome gene methylation in peripheral lymphocytes from monozygotic twins discordant for scleroderma. Clin Exp Immunol, 2012, 169(3):253-262.
191. Richardson BC, Strahler JR, Pivirotto TS, et al. Phenotypic and functional similarities between 5-aza-cytidine-treated T cells and a T cell subset in patients with active systemic lupus erythematosus. Arthritis Rheum, 1992, 35:647-662.
192. Lei W, Luo Y, Lei W, et al. Abnormal DNA methylation in $CD4^+$ T cells from patients with systemic lupus erythematosus, systemic sclerosis, and dermatomyositis. Scand J Rheumatol, 2009, 38:369-374.
193. Lu Q, Kaplan M, Ray D, et al. Demethylation of ITGAL(CDlla) regulatory sequences in systemic lupus erythematosus. Arthritis Rheum, 2002, 46:1282-1291.
194. Jiang H, Xiao R, Lian X, et al. Demethylation of TNFSF7 contributes to CD70 overexpression in $CD4^+$ T cells from patients with systemic sclerosis. Clin Immunol, 2012, 143(1):39-44.
195. Pradhan S, Bacolla A, Wells RD, et al. Recombinant human DNA (cytosine-5) methyltransferase. I. Expression, purification, and comparison of de novo and maintenance methylation. Biol Chem, 1999, 274:33002-33010.
196. Comb M, Goodman HM. CpG methylation inhibits proenkephalin gene expression and binding of the transcription factor AP-2. Nucleic Acids Res, 1990, 18:3975-3982.
197. Wang Y, Fan PS, Kahaleh B. Association between enhanced type I collagen expression and epigenetic repression of the FL11 gene in scleroderma fibroblasts. Arthritis Rheum, 2006, 54:2271-2279.
198. Qi Q, Guo Q, Tan G, et al. Predictors of the scleroderma phenotype in fibroblasts from systemic sclerosis patients. J Eur Acad Dermatol Venereol, 2009, 23:160-168.
199. Sanders YY, Pardo A, Selman M, et, al. Thy-1 promoter hypermethylation: a novel epigenetic pathogenic mechanism in pulmonary fibrosis. Am J Respir Cell Mol Biol, 2008, 39:610-618.
200. Xu XF, Cheng F, Du LZ. Epigenetic regulation of pulmonary artcrial hypertension. Hypertens Res, 2011, 34:981-986.
201. Li H, Yang R, Fan X, et al. MicroRNA array analysis of microRNAs related to systemic scleroderma. Rheumatol Int,

2012, 32(2):307-313.
202. Zhu H, Li Y, Qu S, et al. MicroRNA expression abnormalities in limited cutaneous scleroderma and diffuse cutaneous scleroderma. J Clin Immunol, 2012, 32(3), 514-522.
203. Maurer B, Stanczyk J, Jungel A, et al. MicroRNA-29, a key regulator of collagen expression in systemic sclerosis. Arthritis Rheum, 2010, 62(6):1733-1743.
204. Kwiecinski M, Noetel A, Elfimova N, et al. Hepatocyte growth factor (HGF) inhibits collagen I and IV synthesis in hepatic stellate cells by miRNA-29 induction. PLoS One, 2011, 6(9):e24568.
205. Cushing L, Kuang PP, Qian J, et al. miR-29 is a major regulator of genes associated with pulmonary fibrosis. Am J Respir Cell Mol Biol, 2011, 45(2):287-294.
206. Qin W, Chung AC, Huang XR, et al. TGF-β/Smad3 signaling promotes renal fibrosis by inhibiting miR-29. J Am Soc Nephrol, 2011, 22(8):1462-1474.
207. Makino K, Jinnin M, Kajihara I, et al. Circulating miR-142-3p levels in patients with systemic sclerosis. Clin Exp Dermatol, 2012, 37(1):34-39.
208. Honda N, Jinnin M, Kira-Etoh T, et al. miR-150 down-regulation contributes to the constitutive type I collagen overexpression in scleroderma dermal fibroblasts via the induction of integrin β3. Am J Pathol, 2013, 182(1):206-216.
209. Honda N, Jinnin M, Kajihara I, et al. TGF-β-mediated downregulation of microRNA-196a contributes to the constitutive upregulated type I collagen expression in scleroderma dermal fibroblasts. Immunol, 2012, 188(7):3323-3331.
210. Makino K, Jinnin M, Aoi J, et al. Discoidin domain receptor 2-microRNA 196a-mediated negative feedback against excess type I collagen expression is impaired in scleroderma dermal fibroblasts. Invest Dermatol, 2013, 133(1):110-119.
211. Nakashima T, Jinnin M, Yamane K, et al. Impaired IL-17 signaling pathway contributes to the increased collagen expression in scleroderma fibroblasts. Immunol, 2012, 188(8):3573-3583.
212. Sing T, Jinnin M, Yamane K, et al. MicroRNA-92a expression in the sera and dermal fibroblasts increases in patients with scleroderma. Rheumatology, 2012, 51(9):1550-1556.
213. Makino K, Jinnin M, Hirano A, et al. The Downregulation of microRNA let-7a contributes to the excessive expression of type I collagen in systemic and localized scleroderma. J Immunol, 2013, 190(8):3905-3915.
214. Andrew J Bannister, Tony Kouzarides. Regulation of chromatin by histone modifications. Cell Research, 2011, 21:381-395.
215. Luo Y, Wang Y, Wang Q, et al. Systemic sclerosis: genetics and epigenetics. Autoimmun, 2013, 41:161-167.
216. Timmermann S, Lehrmann H, Polesskaya A, et al. Histone acetylation and disease. Cell Mol Life Sci, 2001, 58(5-6):728-736.
217. Miyong Yun, Jun Wu, Jerry L Workman, et al. Readers of histone modifications. Cell Research, 2011, 21:564-578.
218. Ghosh AK, Varga J. Transcriptional coactivators p300/CBP and type I collagen gene expression. Current Science, 2003, 85(2):155-161.
219. Ghosh AK, Bhattacharyya S, Lafyatis R, et al. p300 is elevated in systemic sclerosis and its expression is positively regulated by TGF-beta: epigenetic feed-forward amplification of fibrosis. Invest Dermatol, 2013, 133(5):1302-1310.
220. Huber LC, Distler JH, Moritz F, et al. Trichostatin A prevents the accumulation of extracellular matrix in a mouse model of bleomycin-induced skin fibrosis. Arthritis Rheum, 2007, 56:2755-2764.
221. Hemmatazad H, Rodrigues HM, Maurer B, et al. Histone deacetylase 7, a potential target for the antifibrotic treatment of systemic sclerosis. Arthritis Rheum, 2009, 60(5):1519-1529.
222. Kubo M, Czuwara-Ladykowska J, Moussa O, et al. Persistent downregulation of Fli1, a suppressor of collagen transcription, in fibrotic scleroderma skin. Am J Pathol, 2003, 163(2):571-581.
223. Wang Y, Fan PS, Kahaleh B. Association between enhanced type I collagen expression and epigenetic repression of the FLI1 gene in scleroderma fibroblasts. Arthritis Rheum, 2006, 54(7):2271-2279.
224. Kramer M, Dees C, Huang J, et al. Inhibition of H3K27 histone trimethylation activates fibroblasts and induces fibrosis. Ann Rheum Dis, 2013, 72:614-620.
225. Sun G, Reddy MA, Yuan H, et al. Epigenetic histone methylation modulates fibrotic gene expression. Am Soc Nephrol, 2010, 21(12):2069-2080.

第十二章　表观遗传修饰与代谢性疾病

第一节　概　论

复杂性疾病是外界因素与遗传因素共同作用的结果。对多基因复杂症状性疾病来说，单一的蛋白质编码基因研究远远不能解释疾病的发生机制。人类疾病与环境有明确的关系，高血压、卒中、糖尿病、骨质疏松症等疾病的发病率与环境密切相关[1]。

新陈代谢指在生命机体中所进行的众多化学变化的总汇，是人体生命活动的基础，通过新陈代谢，使机体与环境之间不断进行物质交换和转化，同时体内物质又不断进行分解、利用与更新，为个体的生存、劳动、生长、发育、生殖和维持内环境恒定提供物质和能量[2]。中间代谢指营养物质进入机体后在体内合成和分解的代谢过程中的一系列化学反应。中间代谢某一环节出现障碍，则引起代谢性疾病，如糖尿病、骨质疏松、非酒精性脂肪肝、代谢综合征等。越来越多的研究表明遗传与表观遗传因素共同参与了代谢性疾病的发生发展过程。

一、表观遗传修饰与糖代谢紊乱

糖尿病是一组以慢性血糖水平增高为特征的代谢性疾病，由于胰岛素分泌和（或）作用缺陷引起长期糖类及脂肪、蛋白质代谢紊乱从而导致多系统损害，包括眼、肾、神经、心脏、血管等组织器官的慢性进行性病变、功能减退及衰竭；病情严重或应激时可发生急性严重代谢紊乱[3]。表观遗传学作为联系环境与基因之间相互作用的桥梁，在糖尿病发病中的作用也越来越受到重视。

1 型糖尿病是以胰岛 B 细胞破坏，胰岛素分泌绝对缺乏为主要特征的疾病。T 细胞功能紊乱是 1 型糖尿病发病的主要环节。表观遗传修饰通过对免疫相关基因表达状态的调控，从而参与自身免疫性疾病的发生。2 型糖尿病是以胰岛素抵抗为主，伴胰岛功能相对或绝对减退的糖尿病。随着人类生活方式的改善，2 型糖尿病的发病率迅猛上升，环境因素在 2 型糖尿病发病中的作用受到广泛关注。

表观遗传修饰在糖尿病代谢记忆效应的形成中发挥重要作用，参与糖尿病并发症的发生。糖尿病控制与并发症试验（Diabets Control and Complications Trial，DCCT）及英国前瞻性糖尿病研究（United Kingdom Prospective Diabets Study，UKPDS）均发现，严格控制血糖，可以明显降低糖尿病肾病、糖尿病视网膜病变等微血管并发症的发生，同时有助于减少大血管并发症带来的严重心脑血管事件。但在常规治疗组中的观察发现，即使后期血糖同强化治疗组一样得到了良好控制，发生并发症的概率仍高于强化治疗组。这种现象被称为“代谢记忆”（metabolic memory）。表观遗传修饰在糖尿病代谢记忆效应的形成中发挥重要作用，参与糖尿病并发症的发生。

二、表观遗传修饰与骨代谢

骨代谢包括骨形成和骨吸收，即成骨过程与破骨过程，是保持骨平衡、维持正常骨量的关键。成骨细胞和破骨细胞是骨代谢中成骨过程与破骨过程中的重要功能细胞，其中成骨细胞的作用是骨的形成，而破骨细胞的作用是骨的吸收。当成骨细胞和破骨细胞之间失平衡，如成骨细胞作用减少、破骨细胞作用增加，就会引发骨形成减少，骨吸收增加，表现为骨量减少、丢失，出现骨质疏松症。对骨代谢的研究，是骨质疏松症病因研究的重要基础。骨代谢调控中有多种细胞、因子及多种机制参与，包括全身激素的相互作用，以及成骨细胞、破骨细胞、骨髓细胞、局部细胞因子、生长因子及转录因子等参与。近年来在表观遗传学研究上已取得很大的进展，DNA 甲基化、组蛋白修饰和 RNA 干扰等都精密调控着基因表达[4]，与各种疾病紧密相关。随着对表观遗传学研究的深入，研究者逐渐开始关注表观遗传学对骨代谢的影响。

三、表观遗传修饰与脂代谢紊乱

表观遗传修饰同样参与脂代谢过程。有学者用 86 种针对人类 miRNA 的反义寡核苷酸转染培养的人类前脂肪细胞，发现在脂肪细胞分化过程中 miR-143 水平上升，抑制 miR-143 的表达，可以有效抑制脂肪细胞分化。*erk5* 可能是 miR-143 的靶基因，实验发现 *erk5* 表达蛋白在抗 miR-143 AsO 处理过的脂肪细胞中水平明显升高。这些结果表明 miR-143 可能参与脂肪细胞分化，且可能通过靶基因 *erk5* 发挥作用[5]。给小鼠静脉注射抗 miR-122 的寡核苷酸，可显著降低小鼠体内的 miR-122 表达水平，血浆胆固醇水平降低。通过对下调表达基因的功能特征进行分析，推测胆固醇的生物合成可能受 miR-122 的影响[6]。通过芯片筛查 miR-29 在糖尿病大鼠中呈高表达，并且在肌肉、脂肪和肝 3 个靶器官中得到了验证。进一步在 3T3-L1 脂肪细胞研究中发现，过表达 miR-29 可以显著抑制胰岛素刺激的葡萄糖摄取，诱导胰岛素抵抗，从而导致糖尿病的发生[7]。

四、表观遗传修饰与非酒精性脂肪肝

随着生活方式的改变，非酒精性脂肪肝病（non-alcoholic fatty liver disease，NAFLD）的发生率逐渐升高，且肝脂肪异位沉积会引起胰岛素抵抗，进而促进 2 型糖尿病的发生，其发病机制目前尚不明确。表观遗传学受环境、饮食等因素的影响，对基因表达具有调控作用。研究表明，细胞色素 C 氧化酶亚单位 7A 多肽 1（cytochrome C oxidase subunit Ⅶa polypeptide 1，COX7A1）、过氧化物酶体增殖物活化受体 γ 共激活因子 -1d（peroxisome proliferator-activated receptor γ coactivator-1d，PGC-1d）及烟酰胺腺嘌呤二核苷酸脱氢酶（NDUFB）6 和葡萄糖激酶启动子 CpG 位点的高度甲基化可导致相应基因的表达水平下降，而这些基因的表达量下调与胰岛素抵抗的发生密切相关。同时研究报道在 NAFLD 存在多种 miRNA 异常表达，因此基因的表观遗传修饰如 DNA 甲基化、组蛋白修饰及 miRNA 在 NAFLD 及糖脂代谢异常的发生机制中起重要作用[8]。

综上所述，表观遗传修饰参与众多代谢性疾病的发病过程，其具体机制有待进一步探讨。以下将从 DNA 甲基化、组蛋白修饰与 miRNA 3 个层面阐述表观遗传修饰与糖尿病及骨质疏松的关系。

（侯　粲）

第二节　表观遗传修饰与糖尿病

糖尿病是一组以慢性血糖水平增高为特征的代谢性疾病，由于胰岛素分泌和（或）作用缺陷引起长期糖类及脂肪、蛋白质代谢紊乱从而导致多系统损害，包括眼、肾、神经、心脏、血管等组织器官的慢性进行性病变、功能减退及衰竭；病情严重或应激时可发生急性严重代谢紊乱。遗传、自身免疫、环境因素等均与糖尿病的发生发展密切相关。近年研究发现，表观遗传调控在糖尿病的发病机制中起十分重要的作用。表观遗传修饰包括 DNA 甲基化、组蛋白修饰及 miRNA 调控等。以下将从表观遗传修饰的角度阐述糖尿病表观遗传学的国内外研究现状和发展趋势。

一、DNA 甲基化与糖尿病

DNA 甲基化是表观遗传调控的重要机制之一，指在 DNA 甲基转移酶催化下，以 S- 腺苷甲硫氨酸为甲基供体，将胞嘧啶转变为 5- 甲基胞嘧啶的过程。DNA 甲基化修饰异常可能参与糖尿病及其并发症的发生[9]。

（一）DNA 甲基化与胰腺发育及胰岛素分泌

胰十二指肠同源框（pancreatic and duodenal homeobox 1，Pdx-1）蛋白为胰腺发育的重要转录

因子，与胰岛素分泌、胰腺的发育及分化相关。*pdx-1* 启动子 CpG 岛高甲基化影响胎儿 *pdx-1* 基因的转录及表达，从而参与胎儿宫内发育迟缓，损伤胰岛 B 细胞，进而影响新生儿胰岛素分泌能力[10]。胰岛素基因启动子区 CpG 岛高甲基化抑制胰岛素表达[11-12]。研究发现 2 型糖尿病患者胰岛 B 细胞中胰岛素基因转录起始点上游 4 个 CpG 岛较正常对照组甲基化程度增高，甲基化程度与胰岛素分泌水平负相关，并与 HbA1c 水平呈正相关[9]。DNA 甲基化水平与基因转录水平呈负相关。胰腺组织基因甲基化水平升高，很可能关闭了一些与胰岛素合成相关的基因。

（二）DNA 甲基化与胰岛素抵抗

胰岛素抵抗是 2 型糖尿病发病的中心环节。在脂肪细胞内，胰岛素抵抗导致储存的三酰甘油水解，进而提高血浆内游离脂肪酸的含量。在肌肉细胞内，胰岛素抵抗降低肌肉对葡萄糖的摄取；而在肝细胞内，胰岛素抵抗降低葡萄糖的储存和糖原合成，两者共同导致血糖升高。胰岛素抵抗引起的血浆中高胰岛素和高血糖可导致代谢综合征和 2 型糖尿病。在高脂饮食喂养的肥胖大鼠中，研究人员发现肝葡萄糖激酶（glucokinase，GcK）及左旋丙酮酸激酶基因 DNA 甲基化水平增高，并与该基因表达水平呈负相关[13]。也有研究报道，非酒精性脂肪肝患者肝组织中基因启动子 CpG 岛高甲基化水平与过氧化物酶体增殖物活化受体 γ 共激活因子 -1α（PGC-1α）和线粒体转录因子 A（mitochondrial transcription factor A，TFAM）mRNA 表达水平呈负相关，并与血浆空腹胰岛素水平及胰岛素抵抗水平相关，介导胰岛素抵抗的发生[14]。

（三）基因组印记与新生儿暂时性糖尿病

基因组印记引起机体疾病的方式一般不涉及基因结构的改变，而是当环境因素等发生变化时，诱导相关基因异常启动或关闭，使正常细胞转化为异常细胞[15]。CpG 岛 DNA 甲基化是目前公认的基因组印记调控方式。新生儿暂时性糖尿病（transient neonatal diabetes mellitus，TNDM）的发病率约为出生婴儿的 1/500 000，占新生儿糖尿病的 50%～60%。对 TNDM 病因进行探究，发现基因组印记异常是其发病的重要原因[15]。TNDM 主要由于染色体 6q24 父源印记基因过量表达，导致胰腺 B 细胞发育成熟迟缓所致，具有家族遗传性[16]。6q24 的父源复制及印记基因 *zac/hymai* 重叠外显子 CpG 岛甲基化缺陷为 TNDM 致病因素[17-19]。TNDM 患者染色体 6q24 和 11p15.5 呈现一定程度的低甲基化，11p15 印记区的糖尿病位点 2 内含有 *ins* 基因和 *igf2* 基因，由此引起的糖尿病可能是通过父源遗传的[20]。而胰岛素样生长因子Ⅱ受体（insulin-like growth factor 2 receptor，IGF2R）母本基因多态性与 1 型糖尿病有关，基因印记为母源特异性甲基化[21]。采用 DNA 甲基化芯片技术发现了其他参与 TNDM 发病的印记基因，如 *grb10*、*peg1*、*peg3* 及 *kvdmr*，这些基因的表达均受到 DNA 甲基化的调控[22]。因此表观遗传调控在 TNDM 发病中起到重要作用。

（四）DNA 甲基化与糖尿病发病

研究发现，与正常对照组相比，经典 1 型糖尿病患者 $CD4^+$ T 细胞基因组 DNA 总体甲基化水平增高，DNMT3b 的 mRNA 水平明显增高，MBD1 的 mRNA 水平明显降低。与正常对照组相比，经典 1 型糖尿病患者 $CD4^+$ T 细胞 Foxp3 表达下降，且其基因调节序列呈明显的高甲基化[23]。使用 DNA 甲基转移酶抑制剂诱导 Foxp3 基因去甲基化，可增加调节性 T 细胞表达，预防 1 型糖尿病动物模型非肥胖型糖尿病（non-obese diabetes，NOD）鼠发病[24]。

近年来的研究发现表观遗传学修饰调节呼吸链中重要基因的表达，影响重要的生理过程。转录因子 PGC-1α（*ppargc1a* 基因）是一种重要的线粒体调节因子，其表达下调与 2 型糖尿病患者肌肉氧化磷酸化异常有关。PGC-1α 是刺激线粒体氧化代谢及 ATP 生成的重要转录共刺激因子。2 型糖尿病患者胰岛细胞中 *ppargc1a* 基因甲基化程度升高，PGC-1α mRNA 水平降低，伴随糖刺激胰岛素分泌水平下降[14]。运动可以增加胰岛素敏感性，在骨骼肌中观察到 *ppargc1a* 基因随着机体活动量的增加表达上调，DNA 甲基化程度下降[25]。糖尿病患者肌肉组织中呼吸链复合体 4 的重要组成部分 COX7A1 表达下降，而 COX7A1 随着年龄的增长其基因启动子区域甲基化水平明显升高[26]。这提示年龄可能影响基因的甲基化水平，进而影响基因表达，参与糖尿病的发病。

（五）DNA 甲基化与糖尿病并发症

糖尿病肾病是糖尿病常见的并发症之一。糖尿病大鼠肾组织基因组 CpG 岛胞嘧啶甲基化程度降低。对 1 型糖尿病肾病患者使用甲基化芯片分析胞嘧啶甲基化状态，发现 19 个可能与糖尿病肾病相关的 CpG 区域，如与糖尿病肾病发病相关的 *unc13b* 基因高甲基化等[27]。进一步研究显示，DNA 甲基化谱可以识别终末期糖尿病肾病患者与无肾病的糖尿病患者。DNA 甲基化差异表达基因参与肾的发育、糖尿病肾病的发生[28]。糖尿病患者易发生大血管并发症，已有研究发现动脉粥样硬化患者的血管平滑肌细胞总体 DNA 甲基化程度下降[29]。

综上，DNA 甲基化模式的改变与糖尿病并发症的发生相关。糖尿病大血管及微血管病变患者 DNA 甲基化修饰的改变值得进一步探讨。

二、组蛋白修饰与糖尿病

组蛋白修饰也是近来备受关注的表观遗传调控机制之一。组蛋白在翻译后的修饰中会发生改变，从而提供一种识别的标志，为其他蛋白质与 DNA 的结合产生协同或拮抗效应，称为组蛋白密码。染色质中 1 个或数个核心组蛋白的 N 基尾端受到不同化学基团的共价修饰，组合形成一个修饰的级联，被一系列蛋白质或蛋白质复合物所识别，并将该“信号”翻译成特定的染色质状态，从而影响染色质构象，具有十分重要的基因转录动态调控功能。在组蛋白的修饰中，乙酰化、甲基化研究最多，通常发生在组蛋白 H3 和 H4 的某些氨基酸残基。

（一）组蛋白乙酰化

组蛋白乙酰化修饰由组蛋白乙酰转移酶（HAT）及组蛋白去乙酰化酶（HDAC）调控。组蛋白乙酰转移酶及组蛋白去乙酰化酶通过调节乙酰化平衡调控了一系列转录因子的活性。越来越多的证据提示上述机制的失调参与了糖尿病的病理过程。

1. 组蛋白乙酰化与胰岛发育 胰岛的发育受到组蛋白乙酰化的调控（图 12-1）。正常情况 *pdx1* 基因启动子区高乙酰化，在胎儿宫内发育迟缓（intrauterine growth retardation，IUGR）时，*pdx1* 启动子区募集 HDAC1 及 Sin3，导致启动子乙酰化水平降低，*pdx1* 转录下调，而组蛋白去乙酰化酶抑制剂（histone deacetylase inhibitor，HDACi）可逆转该效应[30]。Gradwohl 的研究发现在大鼠宫内发育迟缓中 HDAC1 可以沉默 *pdx1* 的表达，导致胰岛 B 细胞发育及功能障碍，用 HDACi 干预可以上调胰腺内分泌前体细胞的标志 Ngn3[31]，Ngn3 可以促进表达 PDX1 的祖细胞分化为内分泌细胞[32]，HDAC 及 HDACi 共同调控着胰腺的发育。

大部分单基因糖尿病多由于转录因子突变引起，这些转录因子包括肝细胞核因子（hepatocyte nuclear factor，HNF）1α、4α、1β 及胰岛素启动因

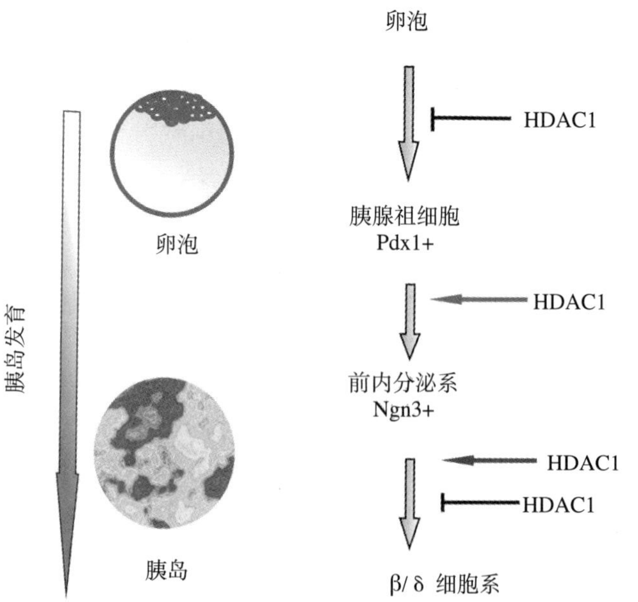

图 12-1 HDAC 在胰腺内分泌细胞发育过程中的作用

子 1（insulin promoter factor 1，IPF1）、PDX1 和神经源分化因子 1（neurogenic differentiation 1，NeuroD1）。HAT 和 HDAC 的相互作用参与调节这些基因的转录过程。HNF1α 的转录激活通过 2 种不同的机制：招募转录相关蛋白；改变启动子区域染色质构象。染色质构象的改变包括招募 HAT，如 P300/CBP，导致 B 细胞特定基因启动子区域如葡萄糖转运子 2（glucose transporter 2，GLUT2）、丙酮酸激酶等出现高乙酰化状态[33]。且 HNF1α 的错义突变（R263L）导致其与 P300 亲和力下降，参与单基因糖尿病的发生[34]。HNF1β 基因突变改变 HNF1β 结合 HAT 的能力，导致染色质构象变化，影响糖尿病发病相关基因的转录表达[35]。

综上所述，单基因突变后导致组蛋白修饰的异常，影响了染色质结构改变，使胰岛素相关基因转录异常，可能参与糖尿病的发病。

2. 组蛋白乙酰化与胰岛素分泌　Mutskov 研究显示人类胰岛来源启动细胞（hIPC）及胰岛素基因均存在 H3/H4 高乙酰化，提示基因激活，促进胰岛素基因表达[36]，从而解析了表观遗传学修饰参与干细胞分化为胰岛素分泌细胞的过程。

PDX-1 影响糖刺激后 B 细胞的胰岛素分泌，这一过程中 PDX-1 与 p300、SET9 相互作用，使胰岛素基因 H4 乙酰化、H3 甲基化，促进胰岛素分泌[37]。当血糖下降后，PDX-1 可以招募 HDAC1 和 HDAC2，发生去乙酰化，减少胰岛素分泌[38]。*pdx-1* 基因突变后导致其与 P300 和 DNA 的亲和力改变，影响胰岛素分泌，从而发生糖尿病。

在动物实验中，使用组蛋白去乙酰化酶抑制剂处理可以减少糖尿病的发生率。组蛋白去乙酰化酶 SIRT1 可以直接作用于胰岛素信号转导途径，调节胰岛素敏感性[39]。在胰岛细胞株中，组蛋白乙酰化酶 P300 常被招募到胰岛素基因启动子区激活胰岛素基因转录[37]，NeuroD1 在促进胰腺发育及调节胰岛素基因转录中发挥重要作用。*neuroD1* 基因突变后，其与 P300/CBP 无法结合，可能参与糖尿病的发病过程[40]。进而推测 HAT / HDAC 影响了 B 细胞功能和代谢稳态相关的关键基因转录，可能在糖尿病病理及疾病进展中起到关键作用。

3. 组蛋白乙酰化与糖尿病并发症　组蛋白乙酰化修饰的异常也参与糖尿病并发症的发生。炎症在糖尿病血管并发症的形成中具有重要作用。高糖刺激单核细胞可以招募 HAT 促进炎症基因启动子区域组蛋白乙酰化，使相应基因表达增加，在 1 型糖尿病及 2 型糖尿病患者外周血单核细胞也观察到类似组蛋白乙酰化修饰模式。NF-κB 作为转录因子，可以介导炎症介质的生成及炎症反应。HAT 与 HDAC 可以调节 NF-κB 转录活性，进而调节下游炎症因子表达[41]。体外实验证明，高糖培养条件下，炎症基因启动子区组蛋白 HAT 及组蛋白乙酰化增加，导致染色体重塑及异常转录[42]。

Kadiyala[43] 的研究表明，在糖尿病小鼠动物实验及体外高糖培养的视网膜 muller 胶质细胞中，与糖尿病发病相关的基因组蛋白乙酰化水平及炎症蛋白表达上调，乙酰化导致高糖诱导的炎症蛋白上调，从而导致糖尿病视网膜病变的形成及进展。1 型糖尿病患者单核细胞炎症相关环氧化酶 -2（COX-2）及前列腺素 E_2 过表达[44]。HDAC 在 TGF-β1 介导的细胞外基质生成和肾纤维化中具有重要作用[45]。糖尿病肾病的 db/db 小鼠，心肌细胞的组蛋白修饰谱显示 H3K9Ac、H3K23Ac、H3K4me2 及 H3 丝氨酸 10 的磷酸化水平均增加，而 H3K9me2 却下调，这种组蛋白修饰模式表明 2 型糖尿病小鼠的心肌染色质发生了有利于转录活化的改变，这种改变可能是糖尿病肾病发展到肾衰竭时会促进糖尿病心肌病形成的原因[46]。

4. 组蛋白去乙酰化酶抑制剂的研究进展　糖尿病患者及正常人之间出现组蛋白乙酰化水平的差异，组蛋白乙酰化通过调控基因的转录活性、与炎症蛋白相互作用等机制促进了糖尿病及其并发症的发生与发展。大量的证据表明（表 12-1），HDACi 促进 B 细胞的发育、增殖、分化和功能，防止 B 细胞的炎症损伤，改善胰岛素抵抗，并对糖尿病晚期并发症有积极的作用。这表明进一步开展 HDACi 的临床前期实验非常必要。目前一系列调节乙酰化水平的药物已进入动物实验及各期临床实验。

HDACi 对多种器官有保护作用，Shin JS 等[47]用一种含有 HDACi 的培养液在体外培养 SD 大鼠的胰岛，发现 HDACi 增加了组蛋白乙酰化水平，诱导基因 *insulin 1*、*insulin 2*、*glut2* 和 *ogg* 表达上调，这些作用可增加胰岛抗氧化应激的能力。作为一种非选择性组蛋白去乙酰化酶抑制剂，曲古抑菌素 A（TSA）可以下调细胞外基质的表达，并抑制肾小管上皮细胞的上皮 - 间质化（epithelial-to-mesenchymal transition，EMT），从而有效阻止或延缓了糖尿病肾病的肾纤维化[48]。但曲古抑菌素 A 的口服生物利用度低及其药物浓度半衰期较短，在临床中的应用有

表12-1 HDAC作为糖尿病治疗靶点的依据

遗传相关
1型和2型糖尿病6q21基因区域募集HDAC2
*mody*基因突变直接影响MODY蛋白与HAT /HDAC的相互作用
HDAC与胰岛B细胞的发育和功能
HDAC1与SOX6共同作用抑制B细胞的增殖
HDAC1沉默*pdx1*，造成胎儿宫内发育迟缓，从而导致B细胞的发育异常及功能障碍；这种情况可被新生儿时期使用HDAC抑制剂所逆转
HDACi增强和维持转录因子NGN3的表达
HDACi刺激胚胎干细胞中胰腺特异的早期事件
HDACi促进骨髓来源的干细胞分化转移为胰岛素分泌细胞
HDACi增加胰岛素的表达
HDAC与1型、2型糖尿病的炎症致病机制
HDACi降低外周血单个核细胞产生TNFα、IL-1β和IFN γ
HDACi阻止细胞因子诱导的胰岛素累积分泌减少
HDACi保护B细胞免于细胞因子诱导的针对NF-κB的细胞凋亡
HDAC与胰岛素抵抗
胎儿宫内发育迟缓促进成人肌肉组织中HDAC 1和4介导的GLUT4启动子的组蛋白去乙酰化，从而抑制其转录
HDAC5可抑制 *glut4*的转录
HDACi上调骨骼肌组织中PGC-1的表达、GLUT4 转运和胰岛素介导的葡萄糖摄取
HDAC2抑制*irs-1*的高乙酰化，并部分恢复胰岛素信号
HDAC与晚期糖尿病并发症
HDACi一定程度上防止糖尿病肾病和视网膜病变

限。Vorinostat，一种美国 FDA 在 2004 年批准的治疗皮肤 T 细胞淋巴瘤（cutaneous T-cell lymphoma，CTCL）的组蛋白去乙酰化酶抑制剂，能延缓和减轻鼠科模型的糖尿病肾病。糖尿病肾病的发病机制包括血糖水平升高时 eNOS 脱偶联导致 ROS 产生增加并损伤肾。Vorinostat 缓解糖尿病肾病的机制除了其抗细胞增殖作用外，还能通过下调 eNOS 的表达减轻肾的氧化应激损伤[49]。而 Gilbert RE 等[50,17]发现 Vorinostat 可通过负向调节表皮生长因子 - 表皮生长因子受体轴起到减轻肾小球增殖的作用。综上所述，HDACi 通过多种机制对糖尿病肾病起到保护作用，Vorinostat 较 TSA 有更高的口服生物利用度及更强的临床应用可行性。

（二）组蛋白甲基化

组蛋白赖氨酸的异常甲基化可以促进基因异常转录和疾病进展。组蛋白赖氨酸甲基化受甲基转移酶及去甲基化酶调控。

1. 组蛋白甲基化与胰岛细胞的结构及功能相关 胰岛素基因中组蛋白 H3K4 的高甲基化状态有助于维持染色质疏松状态，是基因激活的重要标志。胰岛 B 细胞中，胰岛素基因呈现 H4 高乙酰化、H3K4 高甲基化，促进胰岛素基因表达。*ins1/2* 启动子区 H3 高乙酰化、H3K4 高甲基化有助于维持染色质疏松状态，激活基因转录[9]。*ins1/2* 基因调控区 H3K4 二甲基化状态是通过包含 PDX1、甲基转移酶 SET7/9 在内的复杂的转录蛋白复合物维持，而 *pdx1* 基因是 B 细胞发育过程中的核心转录因子，SET7/9 可以促进 *ins1/2* 基因持续的转录激活，并调控参与葡萄糖刺激的胰岛素分泌过程的其他基因[51,52]。组蛋白甲基转移酶 Set7/9 对正常 B 细胞功能的维持非常重要，通过上调组蛋白甲基化水平，维持与葡萄糖刺激胰岛素分泌有关基因的染色质结构，增加染色质的可接近性，促进 B 细胞基因转录。此外，SET7/9 也通过调节 NF-κ B 相关的炎症基因，参与了炎症、糖尿病及代谢记忆。

2. 组蛋白甲基化与高血糖“代谢记忆” 糖尿病患者血糖控制正常后仍存在炎症状态，血管并发症仍有可能发生，这种“代谢记忆”现象成为糖尿病治疗的挑战。在 1 型糖尿病患者淋巴细胞中观察到 H3K9me2 修饰出现在炎症免疫相关基因调控区域。H3K9me3 及调控 H3K9me3 的甲基转移酶 SUV39H1 可能对糖尿病血管平滑肌细胞的激活起保护作用[53]。高糖培养的人血管平滑肌细胞也表现为相似的组蛋白赖氨酸甲基化修饰状态。高糖培养的内皮细胞中 SET7/9 可以调控 NF-κB 表达，影响炎症反应。体外培养的糖尿病 db/db 血管平滑肌细胞持续表达与糖尿病并发症发病相关的炎症基因，而这些基因启动子区域作为转录抑制标志的 H3K9me3 表达减少，并且调节 H3K9 甲基化的组蛋白甲基转移酶 SUV39H1 蛋白表达减少，而过表达 SUV39H1 可以抑制糖尿病 db/db 血管平滑肌的改变[54]。过氧化物歧化酶 H4K20me3 增加促进其表达下调，与糖尿病视网膜病变及代谢记忆现象有关，可能成为延缓糖尿病视网膜病变的治疗靶点。此外，动物模型中发现，组蛋白甲基化酶 JHDM2a 缺乏的小鼠中，组蛋白 H3K9 甲基化状态改变导致参与能量代谢及脂肪储存的基因发生转录改变，出现高血脂、肥胖等胰岛素抵抗情况。

3. 糖尿病全基因组的组蛋白甲基化研究进展 Miao[55] 使用 ChIP-on-chip 比较了正常血糖和高血糖培养条件下人类急性单核细胞白血病细胞系（human acute monocytic leukemia cell line，THP-1）单核细胞基因编码区和 CpG 岛区域的组蛋白 H3 赖氨酸 4 和赖氨酸 9 双甲基化（H3K4me2 和 H3K9me2）改变，发现了高糖与正常血糖状态下 H3K4me2 和 H3K9me2 差异分化的关键相关基因，并使用传统 ChIPs 技术证实了这些基因的功能，从而首次在全基因组水平证明糖尿病组蛋白甲基化的改变。使用 ChIP-on-chip 比较 1 型糖尿病患者及正常对照外周血淋巴细胞和单核细胞全基因组 H3K9me2，发现患者外周血淋巴细胞中 1 型糖尿病易感基因 *ctla4* 启动子组蛋白 H3K9me2 增高，而单核细胞中没有此现象。此外，使用 IPA 技术识别了启动子组蛋白 H3K9me2 增高的 2 个基因网络，发现许多分子与自身免疫及炎症相关的通路有关，如 TGF-β、NF-κB、p38MAPK、TLR 和 IL-6。研究也证实了上述网络与 1 型糖尿病候选基因的关系。上述研究为糖尿病相关通路的关键基因组蛋白甲基化异常参与糖尿病及并发症的发生过程提供了证据，也开辟了糖尿病研究的新途径。

三、miRNA 与糖尿病

miRNA 是内源性单链小分子 RNA，位于基因组非编码区，具有高度保守性、时序性和组织特异性。miRNA 在基因表达调控中起十分重要的作用。

（一）miRNA 与胰岛发育及胰岛素分泌

miRNA 在胰岛细胞的发育中具有重要作用。miR-124a 通过作用于调控胰岛细胞分化、胰腺发育的转录因子叉头蛋白 A2（forkhead box A2，FOXA2），调控胰岛细胞发育[56]。在大鼠模型中，胰岛细胞 miRNA 缺失可以加速链脲菌素诱导的 1 型糖尿病的发生。miRNA 同时参与调控胰岛素分泌。胰腺胰岛细胞特定 miRNA 缺陷加速多次小剂量链脲菌素诱导的自身免疫 1 型糖尿病动物模型的发病。Poy 等[57] 发现在胰腺组织中特异性调节胰岛素分泌的 miRNA——miR-375，其调节胰岛素分泌的模式与葡萄糖代谢、细胞内钙离子信号均无关，而与胰岛素分泌的胞吐方式相关联。Northern 杂交结果表明，miR-375 只在 MIN6、TC1 及鼠胰岛细胞中表达，在外分泌型胰腺细胞、肝、肺、脂肪、小肠、脑、肾、脾、心及其他组织都没有表达。miR-375 上调与 2 型糖尿病胰腺胰岛淀粉样蛋白形成和 B 细胞缺陷相关。miR-375 的过度表达可以抑制鼠胰岛 B 细胞中由葡萄糖所诱发的胰岛素分泌；相反，内源性 miR-375 的功能被抑制后则可以促进胰岛素分泌。胰岛细胞特异 miR-375 通过抑制胰岛素样生长因子蛋白的表达进而抑制 B 细胞胰岛素分泌，2 型糖尿病患者胰腺组织中 miR-375 表达增加，且与 B 细胞功能受损相关。高血糖可以通过促进 miR-133a 的合成抑制人胰岛细胞胰岛素的合成。miR-9 通过下调转录因子 OC2 抑制糖刺激的胰岛素分泌。miR-30d 可以促进胰岛素 *insulin* 基因转录，抑制 miR-30d 后糖刺激的胰岛素 *insulin* 基因转录水平下降。miR-124a 作用于胰岛中调控糖代谢与胰岛素分泌的基因 *kir6.2* 及 *sur-1*，调节胰岛素分泌。

（二）miRNA 与胰岛素抵抗

miRNA 通过影响胰岛素抵抗相关基因的表达从而参与胰岛素抵抗的发生。在 2 型糖尿病动物模型中发现，肌肉组织中 miR-29a、miR-29b 表达上调，进一步研究发现在胰岛素作用的其他靶器官，如肝、脂肪中 miR-29 家族表达也上调[58]。在脂肪细胞中过表达 miR-29 会抑制胰岛素作用下细胞对葡萄糖的摄取。此外，miR-278 也具有调节脂肪细胞胰岛素敏感性的作用。miR-143 在脂肪细胞分化过程中表达上调，抑制 miR-143 后脂肪组织中葡萄糖转运子 4（glucose transporter 4，GLUT4）、脂肪酸结合蛋白 aP2 及过氧化物酶体增殖物激活受体 -2（peroxisome proliferator-activated receptor-2，PPAR-2）表达下降，三酰甘油堆积，诱导胰岛素抵抗发生[59-60]。miR-14 可以调节脂肪细胞脂滴大小及三酰甘油水平。胰岛素受体底物蛋白（insulin receptor substrate，IRS）是胰岛素信号转导途径中的重要组成部分。已发现*irs1*是miR-145的靶基因，miR-145可以下调*irs1* mRNA水平[61]。肝细胞中，miR-122可以影响三酰甘油的代谢及胆固醇的合成，参与肝内脂肪的代谢过程，可能影响肝细胞胰岛素抵抗。

（三）miRNA与糖尿病血管并发症

有研究表明miRNA还能调节与糖尿病血管病变发病相关的血管内皮细胞及血管平滑肌细胞功能。miRNA影响血管平滑肌细胞增殖、迁移，参与血管内皮细胞迁移、衰老、黏附分子及转录因子表达。研究发现沉默miR-155可增强氧化型低密度脂蛋白刺激的人单核细胞株THP-1参与的炎症反应及其对脂质的吞噬[62]。miR-26a可促进血管平滑肌细胞增殖、抑制细胞分化和凋亡，miR-125b能作用于Suv39h1，降低H3K9me3水平，增加炎症基因转录及血管平滑肌细胞与单核细胞的黏附。在单核细胞及巨噬细胞中，miRNA通过调节炎症过程、氧化应激、胆固醇代谢等参与血管病变发病的过程。此外，miR-192、miR-216a可以调节肾细胞中E-钙黏蛋白及胶原1基因的表达，参与糖尿病肾病发生。在动物模型中发现，miR-216a、miR-217在糖尿病小鼠肾小球表达增加，可能通过TGF-β促进肾小球肥大。高血糖情况下，miR-93能调节血管内皮细胞生长因子（vascular endothelial growth factor，VEGF）表达，糖尿病肾病中miR-200b表达下降，引起VEGF表达增加，促进肾病发生[63-64]。miR-200a通过抑制TGF-β2表达而抑制肾纤维化。由于miR-200a和miR-141能抑制肾TGF-β依赖的上皮细胞间质转化和纤维化的发生和发展，因此可能成为预防糖尿病肾病的靶点。

由此可见miRNA的研究对糖尿病的防治具有重要意义，通过寻找与糖尿病发病相关的miRNA，有助于进一步阐明胰岛素分泌的调节机制，为探寻新的药物治疗靶点开辟方向。

综上所述，表观遗传机制通过调控相关基因的转录活性，参与糖尿病发生及并发症发展的各个环节。针对DNA甲基转移酶、特异组蛋白修饰酶为作用靶点的新型药物已经在肿瘤等疾病中进行了研究及临床应用。对糖尿病表观遗传学机制的研究，将有助于进一步揭示疾病的本质，为糖尿病的治疗指引新方向，为研发新型药物提供科学依据。

（侯　粲）

第三节　表观遗传修饰与骨质疏松

一、概述

随着全球社会经济的发展和生活水平的提高，如今已逐渐步入老龄化社会，骨质疏松症的患病率呈逐年增长趋势。据相关数据统计，中国骨质疏松症患者已超过9000万，即每14人中就有1人患不同程度的骨质疏松症[65]。骨质疏松症（osteoporosis，OP）是一种以低骨量和骨组织微结构破坏为特征，导致骨骼脆性增加，易于发生骨折的一种全身性骨骼疾病[66]。它的发病原因与多种因素有关：年龄、性别、内分泌激素、生活习惯、饮食因素、遗传等，属于多因素的疾病。有关其发病机制的研究是热点同时也是难点。

骨代谢包括骨形成和骨吸收，即成骨过程与破骨过程，是保持骨平衡、维持正常骨量的关键。成骨细胞和破骨细胞是骨代谢中成骨过程与破骨过程中的重要功能细胞，其中成骨细胞的作用是骨的形成，而破骨细胞的作用是骨的吸收。当成骨细胞和破骨细胞之间失平衡，如成骨细胞作用减少、破骨细胞作用增加，就会引发骨形成减少，骨吸收增加，表现为骨量减少、丢失，出现骨质疏松症。对骨代谢的研究，是骨质疏松症病因研究的重要基础。骨代谢调控中有多种细胞、因子及多种机制参与，包括全身激素的相互作用，成骨细胞、破骨细胞、骨髓细胞、局部细胞因子、生长因子及转录因子等参与。近年来在表观遗传学研究上已取得很大的进展，DNA甲基化、组蛋白修饰和RNA干扰等都精密调控着基因表达[67]，与各种疾病紧密相关。随着对表观遗传学研究的深入，研究者逐渐开始关注表观遗传学对骨代谢的影响。

二、miRNA 与骨代谢

（一）miRNA

miRNA 是一类内源性具有调控功能的非编码 RNA，大小长为 20～25 个核苷酸。通过与靶 mRNA 的 3' 端非编码区完全或不完全结合，降解靶 mRNA 或抑制靶 mRNA 的翻译。最近研究表明 miRNA 参与各种各样的调节途径，包括发育、病毒防御、造血过程、器官形成、细胞增殖和凋亡、脂肪代谢等[68]。

（二）miRNA 参与成骨分化和骨形成

间充质细胞向成骨细胞分化要经历成骨细胞的定向、增殖和最终分化，这个过程受多个基因调控。成骨细胞的定向由成骨分化的主要调节因子 Runx2 来驱动，在此之后，前成骨细胞进入增殖阶段，产生组蛋白、纤维连接蛋白、Ⅰ型胶原、C-FOS、C-JUN 及 P21 等蛋白[69-71]，随后开始产生细胞外基质，主要包括碱性磷酸酶、Ⅰ型胶原和骨唾液蛋白，最后由骨钙素、骨桥蛋白和胶原酶等参与细胞外基质矿化[72]。多个调控基因如 *runx2*、*osterix*、*smads*、*tcf/lef*、*nfatc1*、*twist* 及 *ap-1* 等的适时表达[73-75]，以及 Wnt/ββ-catenin[76]、BMP[77]、JAK/STAT[78] 和 MAPK[79] 等多个信号通路是成骨细胞分化得以顺利进行的保证。

目前已发现多个 miRNA 在成骨细胞分化中出现表达改变，那这些 miRNA 对成骨细胞的作用如何？通过何种作用机制参与成骨分化？近来已经有不少研究对这些问题做出解释，其中大多数研究是通过改变 miRNA 在细胞中的表达水平，进而检测成骨分化指标变化，来观察其对成骨分化的影响，并用生物信息学方法预测靶基因，荧光素酶报告基因检测实验证实靶基因，从而对 miRNA 调控成骨分化的机制进行深入研究。

Luzi 等[80]发现在人脂肪组织来源的干细胞向成骨细胞分化中，miR-26a 表达升高，而 SMAD1 表达降低，到分化末期 miR-26a 表达达到最高值，SMAD1 则表达最低，于是他们用反义寡核苷酸抑制 miR-26a 作用，发现 SMAD1 蛋白表达增加，且碱性磷酸酶、Ⅰ型胶原、骨钙素和骨桥蛋白的水平均升高，因此说明 miR-26a 能作用于 SMAD1 发挥对成骨分化的抑制作用。Li 等用基因芯片技术检测 C2C12 细胞在 BMP2 干预前后的 miRNA 表达变化，发现 C2C12 在 BMP-2 诱导向成骨细胞分化的过程中有 22 个 miRNA 表达显著下调，有 3 个 miRNA 表达增加，用 miRanda、TargetScan 或 PicTar 对这 22 个 miRNA 的靶基因进行预测后发现有很多与骨代谢相关，例如骨调节蛋白 RUNX2、MSX2、DlX3、SMAD1 和 SMAD5，Wnt/β-catenin 信号通路中的 2 个成员 WNT 和 CTNNB1，BMP 及其受体成员 BMP2、BMPR2、BMPR1A，JAK/STAT 信号通路中的 JAK2、STAT3 和 STAT6，以及 MAPK 及信号通路中的 ERK1、ERK2 和 MAPK。他们选择 miR-133（其预测的靶基因为 *runx2*）和 miR-135（其预测的靶基因为 *smad5*）进行研究，同样用荧光素报告基因与相应 miRNA 共同转染，结果表明 miR-133 或 miR-135 能够分别显著抑制 *runx2* 或 *smad5* 报告基因的荧光素酶活性，而与 miRNA 的抑制剂 anti-miR-133 或 anti-miR-135 共同转染则会增加荧光素酶活性，因此证实 *runx2* 和 *smad5* 分别是 miR-133 和 miR-135 的靶基因。当 miR-133 过表达时，RUNX2 蛋白水平降低，成骨分化受抑，miR-135 过表达可以降低 SMAD5 蛋白水平，同样抑制成骨细胞分化，说明 miR-133 和 miR-135 分别作用于 *runx2* 和 *smad5*，抑制两者表达，发挥其抑制成骨细胞分化的功能。

在另一项研究中，为明确 miR-204/211 调节间充质祖细胞和骨髓干细胞分化的作用是否通过作用于 RUNX2 来完成，Huang 等[81]首先采用腺病毒转染技术稳定转染 miR-204/211 前体序列进入 C3H10T1/2、ST2 和 C2C12 细胞造成 miR-204/211 过表达，转染 miRNA sponge 使得 miR-204/211 功能缺失，结果表明 miR-204/211 过表达后 RUNX2 蛋白水平显著降低，而 miR-204/211 功能缺失则增加 RUNX2 蛋白表达，提示 miR-204/211 通过抑制 RUNX2 蛋白翻译来减少其表达。随后，该研究小组分别瞬时转染 miR-204 模拟物或 miR-204 反义核苷酸序列至 ST2 和人 BMSC 细胞，得到的结果与腺病毒转染后一致，说明在 ST2 和人 BMSC 细胞，内源性 miR-204/211 能够减少 RUNX2 蛋白水平，从而阻止间充质祖细胞和骨髓干细胞向成骨分化。

骨连接素是骨中含量最高的非胶原基质蛋白，能够促进成骨细胞分化和存活，Kapinas 等[82]发现在骨连接素的 3'-UTR存在 miR-29 的靶位点，随后的实验发现在基质成熟和矿化的阶段，miR-29a 和 miR-29c 表达增加可以抑制骨连接素蛋白表达，表明 miR-29 家族可以在成骨分化中发挥抑制作用。此外，Mizuno 等[83]研究表明 miR-125b 可以通过抑制 ErbB2 受体酪氨酸激酶活性来抑制成骨细胞的增殖。

miR-141 和 miR-200a 则是通过对骨生成转录因子 Dlx5 的翻译抑制参与成骨细胞分化过程[84]。

以上这些 miRNA 均对成骨细胞分化起着抑制作用，研究也发现了一些正性调控成骨分化的 miRNA。Li 等[85]在最近的一项研究中也采用荧光素酶报告基因检测的方法对经 TargetScan、PicTar 和 miRanda 预测得到的 5 个 miR-29b 靶基因 *hdac4*、*tgfβ3*、*acvr2a*、*ctnnbip1* 和 *dusp2* 进行验证，最终证实全部为 miR-29b 的靶基因，miR-29b 能够下调这 5 个靶基因的表达，促进成骨细胞分化，提示 miR-29b 是成骨细胞分化过程中的关键调节因子。Mizuno 等[86]发现 miR-210 能够促进 ST2 细胞向成骨细胞分化，其机制是 miR-210 抑制 ACVR1B，从而抑制 TGF-beta/activin 信号通路。在我们对成骨细胞优先表达的 miR-2861 的研究中发现，miR-2861 过表达，可以使 BMP2 诱导的 ST2 细胞向成骨细胞分化的指标如 ALP 活性、OC 分泌以及 Runx2 的表达均增加，而 miR-2861 的靶标 HDAC5 的蛋白水平下降。转染 2’-O-methyl 修饰的反义核苷酸序列后得到的结果与过表达 miR-2861 相反，说明 miR-2861 通过抑制 HDAC5 蛋白翻译来促进成骨细胞分化。此外，我们通过小鼠尾静脉注射 antagomir-2861 在小鼠体内特异性沉默 miR-2861 表达，发现 miR-2861 表达缺失的小鼠骨密度较正常小鼠低，进一步支持 miR-2861 是骨形成的正性调节因素[87]，我们进一步克隆了 miR-3960/miR-2861 表达簇，发现 miR-3960/miR-2861 表达簇与转录因子 Runx2 形成正反馈调控体系，紧密结合，协同调控成骨分化（图 12-2）[88]。

（三）miRNA 在破骨细胞分化中的作用

miRNA 在破骨细胞分化中的研究较少，但也取得了一定的进展。Sugatani 等[89]发现 miR-223 在小鼠破骨前体细胞 RAW264.7 中表达，用腺病毒载体稳定转染 miR-223 前体后，能够阻断 TRAP 阳性的多核细胞形成，说明 miR-223 在破骨分化中发挥着一定的作用。随后该研究小组发现在体外运用 siRNA 干扰技术抑制 miRNA 合成过程中的重要因子 DGCR8、DICER 或 AGO2 表达，能够阻碍破骨细胞形成，抑制骨吸收。Dicer 缺失的小鼠因破骨细胞数量和骨吸收受抑制而表现为骨质硬化。然而在此项研究中研究人员发现抑制 miR-223 在 RAW264.7 中表达，也能抑制 RAW264.7 向破骨细胞分化，这就提示在破骨细胞分化过程中 miR-223 的适度表达是有利的[90]。由此 Sugatani 等[90]提出在 PU.1、miR-223、NFI-A 和 M-CSF 受体（M-CSFR）之间存在一个正反馈环路，PU.1 刺激 miR-223 表达，而 miR-223 能下调靶基因 *nfi-a* 水平，*nfi-a* 表达降低可以使 M-CSFR 表达增加，进而促进破骨分化，而 M-CSFR 又可增加 PU.1 表达，因而形成一个正反馈环路，保证破骨分化的正常进行。

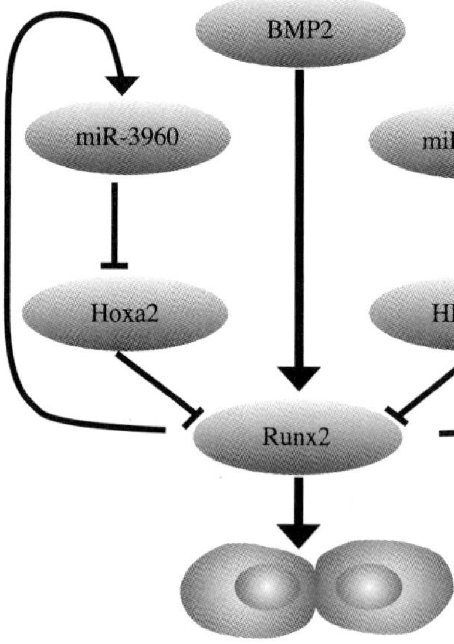

图 12-2 miR-3960、miR-2861 与转录因子 Runx2 形成了一个正反馈的调控环路调节成骨细胞分化

（四）miRNA 在软骨分化中的作用

最近的一项研究显示 miRNA 对于骨骼的正常生长是必需的 [91]。软骨细胞中不表达 Dicer 的小鼠出现严重的骨发育缺陷，对此种小鼠生长板的分析表明软骨细胞增殖降低而肥大分化加速，从而导致增殖状态的软骨细胞数量明显减少，肥大面积增加，引发骨发育缺陷 [92]。这就提示应该有 miRNA 在抑制软骨分化的过程中发挥作用。Wienholds 等 [92] 应用 LNA 探针的原位杂交技术发现 miR-140 在胚胎时期的斑马鱼软骨组织特异性表达，其他 miRNA 包括 miR-146、140*、199a、199a*、145 等，也在软骨组织非特异性高度表达。Kloosterman 等 [93] 发现 miRNA 140、199a 和 199a* 在鸡胚胎时期的软骨组织也有表达。在小鼠胚胎的软骨组织也发现了 miR-140 的特异性表达 [95]，而 miR-199a 和 miR-199a* 在小鼠胚胎中的表达尚未通过原位杂交被证实。因此到目前为止，miR-140 是唯一被证实在软骨组织特异性表达的 miRNA，*hdac4* 是其作用的靶基因 [94]，然而 miR-140 是否在软骨形成的分化过程中发挥重要作用尚不清楚。在人间充质干细胞向软骨细胞分化的过程中，miR-638 和 miR-663 表达上调，但其作用尚未研究 [95]。Suomi 等 [96] 比较小鼠骨髓基质细胞向软骨细胞分化前后的 miRNA 表达谱，有 5 个 miRNA（miR-24、-101、-124a、-199a、-199b）表达上调，2 个 miRNA 表达降低（miR-18mi 和 RNA96）。

关于 miRNA 在软骨分化中的作用，目前研究较清楚的是 miR-199a 和 miR-199a*。在软骨形成的早期，miR-199a* 的表达水平明显降低，提示其在软骨细胞分化的早期起着抑制作用。在软骨细胞分化早期过表达 miR-199a* 导致软骨分化的指标受抑制，进一步支持这一推论。深入的研究已表明 miR-199a* 是直接作用于 SMAD1 表达来抑制软骨细胞早期分化 [97]。

（五）展望

随着 miRNA 的不断发现以及对其功能研究的不断深入，miRNA 在多个生理和病理过程中发挥的重要作用业已被证实。对 miRNA 在骨代谢领域中的研究已发现，部分 miRNA 在成骨细胞、软骨细胞及破骨细胞的分化过程中起着关键的调控作用，然而还有很多机制尚未阐明，继续研究已知或未知 miRNA 在骨代谢中的作用，有助于阐明骨形成和骨吸收机制，为骨疾病的防治拓展新思路。

三、DNA 甲基化与骨质疏松症

（一）DNA 甲基化概述

DNA 甲基化是一种由酶介导的化学修饰，是调节基因转录表达的一种重要的表观遗传修饰方式。DNA 甲基化是由 DNA 甲基转移酶（DNA methyltransferases，DNMT）所催化，通过将基因组 CpG 二核苷酸的胞嘧啶（C）5 碳位共价键结合一个甲基基团，使其甲基化为 5- 甲基化胞嘧啶（5-methylcytosine，5-mC），从而改变 DNA 的构象，直接抑制转录。DNA 甲基化能够有效沉默基因表达。很多证据表明异常的 DNA 甲基化模式会导致细胞的增殖分化，引起各种疾病，如癌症、某些 X 连锁基因遗传病、自身免疫性疾病及老化等 [98-99]。

（二）骨质疏松症与 DNA 甲基化的相关机制

许多研究表明 DNA 甲基化在成骨细胞分化与骨代谢中发挥重要作用。NF-κB 受体活化蛋白配体（receptor activator of nuclear factor kappa-B ligand，RANKL）在成骨细胞中表达，是破骨细胞分化和激动的关键因子。RANKL 的过表达可引起多种退化性骨病，如风湿性关节炎和银屑病性关节炎等。Kitazawa 等曾分析 DNA 甲基化对细胞和组织特异性表达 RANKL 以及破骨细胞生成的影响。在 *rankl* 基因低表达或无表达的组织中，*rankl* 基因启动子处可检测到较高水平的 CpG 甲基化，实验证明在高表达 RANKL 的基质 / 成骨细胞中，对 *rankl* 基因启动子进行甲基化可降低 *rankl* 基因的转录活性及对维生素 D_3 的反应。相反，使用 DNA 甲基转移酶抑制剂后，*rankl* 基因的表达和破骨细胞的生成则显著恢复。这些结果表明，*rankl* 基因启动子 CpG 的甲基化可逆性地抑制 *rankl* 基因表达，这样的表观遗传学不仅是基质 / 成骨细胞对骨吸收刺激表现出异质性和多样性的发生机制，也是 RNAKL 组织特异性表达的发生机制。此外，以往研究证明了骨钙素基因（*oc*）和雌激素受体基因 α（*esr1*）的启动子 CpG 甲基化可能影响人类成骨细胞和成骨细胞分化的基因表达。以下将从 RANKL、维生素 D_3、ESR1 相关的 DNA 甲基化对骨质疏松症的影响分别进行论述。

1. 人骨 RANKL-OPG 系统调控中 DNA 甲基化的作用　骨重构是由 RANKL-RANK-OPG 系统来紧密

调控[100]，目前关于DNA甲基化与骨质疏松症的关系也大多着眼于此。护骨素（osteoprotegerin，OPG）和NF-κB受体活化蛋白配体（RANKL）是调节骨质量和骨强度的重要决定因素。RANKL结合存在于破骨细胞系的受体RANK，激活破骨细胞的生成、活化及生存[101-102]。而RANKL与OPG的结合能防止骨过多吸收，并避免RANKL与RANK的相互作用[103-104]。表观遗传学特别是DNA甲基化对许多组织的基因转录有重要作用，虽然目前有一些研究表明DNA甲基化在鼠科动物中对RANKL及OPG有作用，但对于人骨基因调控所起的作用还不甚清楚。

一些研究揭示了DNA甲基化对人成骨细胞*rankl*、*opg*基因表达的作用及与骨质疏松症继发骨折可能的关联。成骨细胞是专门的骨形成细胞，并通过产生某些因子来调控破骨细胞分化，从而间接影响骨吸收。成骨细胞和基质细胞中都表达RANKL，而在破骨细胞及其前体细胞则高表达其同族受体RANK。生物信息学研究揭示*rankl*基因有2个富含CpG岛的区域，即上游区和下游区。尽管有研究表明CpG岛的甲基化在基因表达上起重要作用，但有关它在人骨组织中所起作用的相关研究却很少。Jesús Delgado-Calle等的研究[105]发现CpG岛的甲基化对成骨来源的2个关键转录因子RANKL及它的可溶性受体OPG在调控破骨细胞分化中起到重要作用。通过对各类型骨细胞甲基化的定量PCR及焦磷酸测序分析，表明对转录起始区附近即这些调控基因区域进行甲基化，可以抑制基因转录，由此推论高转录活性和低甲基化是紧密相关的。研究也表明，CpG岛高度甲基化后RANKL及OPG的转录表达明显抑制。而所有这些基因的转录水平在髋部骨折及骨关节患者的骨组织样品中却都有所发现。也就是说，DNA甲基化与RANKL及OPG的表达抑制表明了甲基化影响着这些基因的转录，并且该机制在成骨细胞生成中起了重要作用。另外，实验发现，通过去甲基化治疗可以诱导一些基本不表达RANKL和OPG的细胞中这些基因的表达明显上调，这也进一步支持了DNA甲基化的基因沉默作用。

进一步研究表明，对*rankl*下游CpG岛进行DNA甲基化都可抑制RANKL和OPG的转录，但*rankl*上游CpG岛却并非如此，表明了后者在基因表达的调控中并没起重要作用。总而言之，DNA甲基化对基因表达、维持骨平衡起重要的作用，是骨质疏松症继发骨折的重要表观遗传机制。

2. 维生素D相关的RANKL-TATA盒区的DNA甲基化 前面已提到RANKL在成骨细胞中的作用。RANKL的表达有组织特异性，只表达在某些T细胞和基质/成骨细胞中。已知的大部分调控破骨生成的固醇类激素和细胞因子是通过维生素D（vitamin D receptor，VDR）、cAMP蛋白酶A和IL-6/IL-11-糖蛋白130通路来控制*rankl*基因表达的[106-107]。一些动物实验研究表明：维生素D_3可以诱导RANKL表达及促进破骨细胞生成，但有研究发现在RANKL表达的ST2细胞中，上述信号通路减少。进一步研究ST2细胞中的P9和P16亚群，揭示此通路对维生素D_3诱导的*rankl*基因缺少反应并不是由于VDR表达水平的降低或与维生素D应答元件（vitamin D response element，VDRE）结合能力降低所致，而可能是因为*rankl*基因遗传变异所致。其根源是ST2细胞2个亚群P9和P16的内源性*rankl*基因启动子的CpG甲基化。

通过亚硫酸氢盐-基因组测序法分析，在无RANKL表达的T细胞亚群P16中，其*rankl*基因启动子CpG位点表现出大量甲基化，特别是位于TATA盒上游的3个碱基。最近的研究表明，邻近CpG甲基化的富含A/T碱基片段（多于4个A/T）的DNA，需要拥有甲基化结合域蛋白MeCP2，以选择性结合靶向DNA。研究发现位于TATA盒上游3个碱基位置上的CpG甲基化位点，是最典型的MeCP2靶向结合位点，并且是最可能沉默*rankl*基因的位点[108]。通过染色质免疫沉淀（chromatin immunoprecipitation，ChIP）序列分析和凝胶迁移实验（electrophoretic mobility shift assay，EMSA），表明该CpG位点是MeCP2的靶向结合位点，并且MeCP2干扰TBP（TATA-binding protein）与TATA盒结合。通过ChIP和凝胶序列研究，推断在小鼠*rnakl*基因启动子上的TATA盒不能同时结合TBP和MeCP2，而且TATA盒与MeCP2的结合可以关闭*rankl*基因转录。这个假设可以用来解释在ST2细胞亚群P12和P13中*rankl*基因表达的突然下降及成骨过程受抑制。

体外观察结果提示，*rankl*基因启动子的甲基化会导致基因转录活性减低以及对维生素D_3反应下降，而使用DNA甲基化抑制物可部分修复RANKL mRNA、蛋白质表达和促进有甲基化倾向的ST2细胞亚群P16中的破骨细胞形成过程。因为维生素D_3通过增加组胺乙酰化酶活化因子从而影响基因转录过程，相反，DNA甲基化则是由MeCP2蛋白通过增加组胺乙酰化酶抑制因子而抑制转录，因此，维生素 D_3 的诱导作用部分被一定组胺水平下的 CpG 甲基化干扰。亚硫酸氢盐 - 基因组测序法显示 8 周到 12 个月大的小鼠破骨祖细胞在 *rankl* 基因启动子 CpG 位点上没有甲基化。这些破骨祖细胞有分化为破骨细胞的潜能，并在维生素 D_3 刺激下表达 RANKL。而在其他没有 RANKL 表达的器官 CpG 位点上则出现了高水平的甲基化。这一结果也表明 *rankl* 基因启动子的甲基化与基因组织特异性表达有关。

总而言之，*rankl* 基因 TATA 盒上游 3 个碱基 CpG 位点易表现出甲基化，*rankl* 基因启动子甲基化可以降低稳定状态下 *rankl* 基因转录活性及对维生素 D_3 的刺激反应。相反，用 DNA 甲基化抑制物可以在成骨原细胞 P16 中显著恢复 RANKL 的表达[109]。*rankl* 基因启动子的 CpG 甲基化可逆性地通过维生素 D_3 抑制 *rankl* 基因活性，从而使破骨过程受抑制，成为骨质疏松症重要的分子生物学机制之一。

3. 同型半胱氨酸与雌激素受体 DNA 甲基化引起的骨质疏松症　近来研究表明成年人骨质疏松症可以归结于老龄化、雌激素的缺乏及血浆中同型半胱氨酸的缓慢增加。同型半胱氨酸（homocysteine，Hcy）已成为骨质疏松症继发骨折病的一个独立危险因素[110,111]。高水平的 Hcy 是骨质疏松症的一个危险因素，但是其调控成骨细胞的增殖分化及最终导致骨质疏松症的机制却不清楚，目前推测可能是由于氧化应激、细胞凋亡或是炎症反应，但都没有确切依据[112]。

尽管绝经后妇女的骨形成标志物比绝经前增加 150%，但骨吸收标志物却增加了两倍。所以成骨系细胞的骨形成活性是降低的。绝经后妇女 Hcy 的浓度比绝经前平均增加 3.4 倍，Hcy 诱导剂量依赖和时间依赖的成骨细胞系的增殖和分化。研究表明 Hcy 是雌激素缺乏时期骨形成的直接调控者。

雌激素受体既存在于成骨细胞中，也存在于破骨细胞中，并通过多种机制调控成骨细胞功能；一些细胞及动物模型表明雌激素受体 α（estrogen receptor α，ERα）参与成骨的增殖分化。*erα* 基因是已知的在成骨细胞系中启动子区异常甲基化的重要基因[113]。*erα* 的异常甲基化是如何调控骨质疏松症？同 Hcy 引起的骨质疏松症机制是否有紧密联系？通过 Haihong Lv 等的研究可以看到其内在联系[114]。Hcy 可以诱导基因组甲基化，增加甲基转移酶活性。它在雌激素缺乏时期通过 *erα* 甲基化诱导骨形成中发挥重要的作用。用不同浓度 Hcy 作用人骨髓基质细胞（human bone marrow stromal cell，hBMSC）及成骨细胞诱导 *erα* 甲基化，研究发现高浓度 Hcy 与 *erα* 启动子 A 区的甲基化水平紧密相关，并下调 *erα* 基因表达及抑制 hBMSC 及 OB 细胞增殖分化。研究也表明表观遗传基因修饰是 Hcy 诱导骨质疏松症的一个重要机制，也是绝经后妇女骨质疏松症的一个重要发病机制。这也为绝经后妇女骨质疏松症的治疗提供了新方向。

（三）DNA 甲基化与骨质疏松症研究前景

有关 DNA 甲基化与骨质疏松症研究，目前研究方向是确定成骨细胞基因组甲基化模式，识别目标基因，并确定甲基化与骨密度变化的关系。这些研究将为人类骨密度改变和骨质疏松症危险因素识别出一些新的相关遗传因子，并为骨质疏松症领域带来开创性的研究成果。DNA 甲基化的研究也可能导致今后研究模式的重大改变，从而使骨质疏松症的遗传学研究从传统的 DNA 序列变异延展为表观遗传学机制研究。除了这些在骨代谢领域里前瞻性的 DNA 甲基化研究，目前对在整个基因组层面的人类成骨细胞 DNA 甲基化作用机制还知之甚少，有待以后进一步深入研究，为骨质疏松症提供新的靶向治疗方案。

四、组蛋白修饰与骨代谢

（一）组蛋白修饰概述

核小体是由 DNA 双螺旋结构与组蛋白结合而形成的复合体，而组蛋白结构的改变会引起 DNA 的转录和表达。目前的研究发现，在组蛋白合成中有乙酰化、甲基化及磷酸化的修饰等，这些改变对真核生物基因的表达具有一定的调节作用[115-117]。

对于组蛋白修饰目前研究最多的是组蛋白的乙酰化，组蛋白的乙酰化可以促进一些转录因子聚集在目的基因区域，从而上调目的基因的表达；相反，去乙酰化则使得相应的基因表达下调。组蛋白乙酰化需要组蛋白乙酰转移酶（HAT）的参与，而组蛋白去乙酰基酶（HDAC）则使组蛋白去乙酰化，通过改变组蛋白乙酰化状态可以对相关基因的表达进行调控。目前 HAT 家族中有很多成员，如 P300、PCAF[118,119]。HDAC 同样也存在多种亚型，其中第一类包括 HDAC1、HDAC2、HDAC3 和 HDAC8，它们在大部分的哺乳动物细胞中都有表达[120-122]；第二类包括 HDAC4、HDAC5、HDAC6 和 HDAC7，它们游离在细胞核与细胞质之间，表达具有一定的组织特异性，如在心脏、大脑以及骨骼肌中表达[123]。

目前，对于组蛋白甲基化修饰的研究也逐步成为研究者的关注热点。组蛋白甲基化是指发生在H3组蛋白和H4组蛋白N端精氨酸或者赖氨酸残基上的甲基化，由组蛋白甲基转移酶介导催化。根据每一位点甲基化程度的不同，赖氨酸残基可以被单甲基化（me1）、双甲基化（me2，对称或非对称）和三甲基化（me3），而精氨酸只可单或双甲基化[124]。根据其甲基化的切入位点不同，已发现多种组蛋白甲基转移酶，如在人类发现位于H3K9的SUV39H1，位于H3R2的CARM1；同时研究也发现多种去甲基化酶，如位于H3R2的PAD4、H3K4的LSD1。

（二）组蛋白修饰对成骨细胞分化的影响

1. 成骨细胞分化中的一些重要转录因子 随着分子生物学的发展，目前已确立了很多与骨代谢相关的信号通路，如OPG/RANKL/RANK信号通路。在成骨细胞的分化中，目前具有代表性的是BMP-2/Smads/Runx-2/Osterix通路。每个通路都有多个转录因子参与，通过影响通路中某一相关因子，在一定程度上引起靶基因的改变，从而调节细胞分化。

RUNX-2是新发现的一类调控间充质干细胞向成骨细胞方向分化的特异性转录因子。研究发现*runx-2*基因缺陷纯合鼠在出生后不久死于呼吸衰竭，主要死亡原因是体内无成熟成骨细胞，从而形成软骨内成骨和膜内成骨缺陷[125, 126]。RUNX-2在前成骨细胞、成骨细胞、前软骨细胞和前肥大软骨细胞中表达，是成骨细胞分化、骨发育的重要调节因子[127]。RUNX-2参与调节某些与成骨分化相关的基因，如碱性磷酸酶（alkaline phosphatase，ALP）、osterix（osx），并能产生骨质素[128, 129]。RUNX-2的激活需要通过丝裂原活化蛋白激酶（mitogen-activated protein kinase，MAPK）途径，诱导这一途径激活的信号有细胞外基质（extracellular matrix，ECM）、成纤维细胞生长因子-2（fibroblast growth factor-2，FGF-2）及成骨分化蛋白（bone morphogenetic protein，BMP）[129]。BMP是一种广泛存在于骨基质中的酸性糖蛋白，是较强的成骨因子，其下游产物RUNX-2水平决定了骨骼成熟程度及转换率[130]。BMP-2/Smads/RUNX-2/Osterix通路中，BMP-2激活Smads后，通过启动子启动*runx-2*基因的表达，在Smads与RUNX-2相互作用下可诱导成骨细胞分化[131]。

另一个在所有发育骨的成骨细胞和骨细胞中均表达的成骨细胞特异性转录因子Osterix，属于特殊蛋白（specal protein，SP）转录家族成员，具有锌指结构[132, 133]。Osterix与SP转录家族成员SP1～6代同源，故又称为SP7。胚胎期剔除Osterix的小鼠表现出完全缺乏骨形成和成骨细胞，可见在骨发育和成骨细胞发生中Osterix起着不可替代的作用。Matsubara[134]等经实验研究显示，在成骨细胞分化过程中Osterix受BMP-2正性调节，促进成骨细胞形成。

2. 组蛋白乙酰化修饰调节成骨细胞分化 在成骨细胞的分化过程中，必须经历一系列的分化阶段，包括细胞增殖、骨矿化物质合成，以及最后分化为成熟细胞。在细胞增殖阶段，成骨细胞前体细胞，必须使细胞周期停止，而此过程需要细胞周期蛋白的磷酸化来调节。如细胞周期抑制蛋白pRb，其活化需要细胞周期蛋白依赖性激酶（cyclin-dependent kinase，CDK）使其磷酸化[135]。目前有很多的研究证实，在细胞周期停止和成骨分化过程中，HDCA1有非常重要的作用。例如，在胚胎干细胞的分化中，HDAC1可以抑制CDK抑制蛋白（CKI）家族中负性细胞周期调节因子P21和P27的表达[136]。此外也发现在前体MC3T3-E1细胞中，HDAC6可以抑制P21的表达[137]。因此推测组蛋白的乙酰化修饰，促成细胞周期停止，从而诱导细胞分化。

然而，HDAC的活性不仅通过对细胞周期的控制来促进分化，同时也可改变与成骨分化相关基因的表达。已有研究表明，在很多特异性组织中有HDAC的表达，如在平滑肌细胞的分化过程中，通过HDAC1的作用，使组蛋白去乙酰化，而下调转录因子的表达[138-139]。同样，在成骨分化的过程中，发现有HDAC3的参与，并且下调*runx-2*基因的表达[140]。Hyun Woo Lee等研究者发现，在已分化成熟的成骨细胞中，组蛋白H3和H4乙酰化水平增加，而HDAC活性减弱，说明HDAC的活性在成骨细胞分化中起了关键调控作用[141]。此外，从蛋白质以及mRNA的表达水平，证实成骨前体细胞分化前后组蛋白的总含量并未发生改变。但分化后HDAC1和HDAC-2的mRNA水平减少，而HDAC3～5和HDAC6有所增加或保持不变。这说明成骨分化中组蛋白的乙酰化修饰主要是由HDAC1催化，使组蛋白乙酰化水平增加。为了进一步证实HDAC1的表达是否与成骨分化有直接关联，运用基因敲除的方法，敲除*hdac1*基因后，发现HDAC的活性减低，而HAT

的活性却无改变。同样，在 *hdac1* 基因敲除的细胞中，发现与成骨分化有关的因子活性加强 [141]。这说明 HDAC1 的表达促进了成骨细胞的基因表达。

有文献报道，在骨钙素基因启动子区，可观察到 P300 和 *runx-2* 聚集在一起 [142]。这提示组蛋白的乙酰化可促使成骨细胞分化。在转染了 P300 和 *runx-2* 基因的 HEK293 细胞中，当过度表达 HDAC1 时，*runx-2* 的活性减弱，并和酶的活性成剂量相关性。这在一定程度上说明 HDAC1 能够抑制 *runx-2* 的转录活性，也就是通过抑制 HDAC1 的活性，可以上调 *runx-2* 基因的表达。

此外，也有研究阐明，除 HDAC1 外，HDAC 其他成员也参与骨形成过程，其中 HDAC4、5 参与 Smad3 与 *runx-2* 相互作用，并诱导成骨细胞分化的过程 [143]。在软骨细胞的体外培养中，发现 HDAC4 过度表达 [140]，推测 HDAC4 也是软骨形成的一个关键调控因子。综合以上结论，可以看出 HDAC 的活性在成骨分化中发挥重要的调节作用，其中 HDAC1 更是成骨分化重要的调控因子。

3. 组蛋白甲基化修饰调节成骨细胞分化　在干细胞的分化中，组蛋白甲基化一直被认为是组蛋白修饰的一种重要形式。Ge WL[144] 等研究表明，在人脂肪基质细胞向成骨的分化过程中，抑制 H3K4 的特异去甲基化酶——视网膜母细胞瘤结合蛋白 2（retinoblastoma binding protein 2，RBP2）表达后，促进成骨分化；抑制 *rbp2* 基因表达后，与成骨分化有关的基因 mRNA 表达也增加，如 osterix、骨钙素及碱性磷酸酶等。此外 Sinha Km 等 [145] 的研究发现，在成骨前体细胞中抑制 NO66（一种具有 Jmjc 区域特异的组蛋白去甲基化酶）的活性，可以诱发成骨细胞分化加速，并刺激 *osx* 的基因表达。因此可以推测，某些与成骨细胞分化有关的基因，通过组蛋白的甲基化修饰，可以促进成骨分化。

（三）组蛋白修饰与破骨细胞的分化调节

1. 破骨细胞分化相关因子介绍　目前对破骨细胞分化相关通路研究较多的是 OPG/Rank/RANKL 通路。该通路可以诱导破骨细胞分化，下面大致介绍与该通路相关的因子。

破骨细胞分化过程中，巨噬细胞集落刺激因子（macrophage colony-stimulating factor，M-CSF）与 RANKL结合于细胞表面受体上，提供破骨细胞存活、增殖的信号，并激活相应的信号转导通路，使分化中的破骨细胞表达特异性基因，使成熟的破骨细胞产生骨吸收功能。在此过程中，PU.1、NF- κB、NFATc1、AP-1、Mitf等转录因子协同调节破骨细胞的生物学行为 [146]。

NF- κB受体活化因子（receptor activator of NF-κB，RANK）是激活 c-Jun氨基端激酶（c-jun-N-terminal kinase，JNK）和 NF- κB的关键因子之一。当 RANK与 RANKL结合后，将启动多种信号传递途径，从而诱导破骨前体细胞向成熟的破骨细胞分化，如 JNK 途径 [147]，并相继激活一些激酶的活性，从而调节 c-Fos 表达，使得破骨前体细胞功能活跃，在这个通路中 c-Fos 具有重要作用 [148]。

破骨细胞中活化 T 细胞核因子 c1（nuclear factor of activated T-cells c1，NFATc1）的转录活化可由 RANKL /TRAF6 /Fos 信号通路介导，在 Fos-/- 的破骨祖细胞中，NFATc1 表达水平降低。在 RANKL 存在的情况下，向缺乏 c-Fos 的破骨祖细胞中转入 *nfatc1* 基因，可使破骨细胞特异性基因转录，形成破骨细胞，恢复骨吸收；而在无 RANKL 存在的情况下，转入 *nfatc1* 基因不能有效诱导 Fos-/- 的破骨祖细胞向成熟破骨细胞分化，表明 Fos-/- 破骨祖细胞的分化障碍是由 NFATc1 表达缺乏所造成的。因此，NFATc1 在破骨细胞分化中起关键作用 [146]。

2. 组蛋白乙酰化调节破骨细胞分化　NFATc1 在破骨细胞的特异性分化过程中，能调节靶基因下游区域，如抗酒石酸酸性磷酸酶（tartrate-resistant acid phosphatase，TRAP）及破骨细胞相关受体（osteoclast-associated receptor，OSCAR）的表达 [149]。Kim JH 的研究表明，RANKL 可增加 *nfatc1* 的转录活性，在 HAT 的作用下 RANKL 刺激 *nfatc1* 乙酰化，如 P300 和 PCAF，使乙酰化的 *nfatc1* 的稳定性增强，从而使转录活性增强。同时研究也发现 HDAC5 过表达可减少 RANKL 乙酰化，使破骨细胞分化减弱 [150]。根据这些研究，可以推测 HAT 和 HDAC 的活性在 NFATc1 的调节中起重要作用。RANKL 可以诱导 HAT 介导的 *nfatc1* 乙酰化，使其稳定性增强，最后通过增加 *nfatc1* 的转录活性，促进破骨细胞分化。

Rahman MM 等研究发现 HDAC3 的活性对于破骨细胞的分化起着重要作用，尽管目前作用于破骨细胞的靶基因并没有明确，但 HDAC3 可促进破骨细胞形成 [151]。在 Lan Pham 等的研究中，抑制 HDAC7 活性，可以促进破骨细胞的形成，而过度表达 HDAC7 则可抑制破骨细胞的形成，因此，可以推断 HDAC7

能抑制破骨细胞的分化。虽然目前对于组蛋白修饰影响破骨细胞形成的研究不多，但已有的研究表明HAT和HDAC的活性对于破骨细胞的形成起重要作用。具体每一类别HDAC对破骨细胞形成的影响，目前无法得出统一结论，还需要进一步的分子机制研究。

3. 组蛋白甲基化调节破骨细胞分化 随着表观遗传学研究的不断进展，越来越多的研究结果表明组蛋白甲基化在基因表达的调控中起关键作用，表现在调节正常组织分化、肿瘤形成及免疫应答等[152]。但对于组蛋白甲基化对破骨细胞分化影响的研究很少，最新一个研究报道显示，H3K27的去甲基化酶JMJD3，可调节NFATc1的表达。运用基因芯片及实时定量PCR，发现在已分化小鼠的破骨细胞*nfatc1*基因的转录起始区域中，H3K27me3表达降低，而在尚未启动分化的骨髓基质细胞中表达却增加。而NFATc1在与RANKL结合后，并在NFATc1表达增强的诱导下JMJD3的表达上调。敲除小鼠的*jmjd3*基因后，破骨细胞分化被抑制[153]。虽然该研究对象只是小鼠，但可以据此推测，在人破骨细胞分化中，具有Jmjc区域的去甲基化酶活性对破骨细胞的分化有重要作用，也为我们揭示骨代谢平衡的分子机制起到极其关键的作用。

（四）组蛋白修饰作用对于骨代谢疾病的治疗前景

目前发现多种HDAC抑制剂（histone deacetylase inhibitor，HDI），根据其成分主要有脂肪酸链、苯甲酰胺以及丁酸盐等几类[154-157]，如曲古抑菌素A（trichostatin A，TSA）、NaB。HDI能对大部分一类和二类HDAC起到抑制作用，进而促进组蛋白乙酰化。由于一些研究表明HDI可促进分化成熟，相关的HDI已经投入到抗肿瘤的临床药物研究中，如在治疗白血病和实体瘤的研究中已经进入药物临床一期、二期试验[158-159]。但对于一些特定正常细胞的研究却很少[160]，如成骨细胞、破骨细胞。

在成骨细胞方面，早在1993年，Iwami和Moriyama等就发现抑制剂NaB[161]在成骨细胞MC3T3-E1中可促进碱性磷酸酶的表达，同时Sakata等也发现曲古抑菌素A（TSA）在成骨前体细胞C3H10T1/2中能促进骨钙素基因的表达[162]，这为HDI对成骨细胞和破骨细胞作用的研究奠定了基础。Tania M和Jennifer J等通过研究表明，在成骨细胞中需保持低浓度的HDI以避免组蛋白的过度乙酰化；特别在成骨细胞分化早期，抑制HDAC的活性，可加速成骨的分化进程。研究进一步发现在运用HDI处理过的成骨前体细胞中，其Runx-2的活性被增强，由此推断HDI可加速成骨细胞分化。研究还发现在成骨细胞分化中，低浓度的HDI对成骨细胞的分化并无副作用[163]。

在破骨细胞方面，关于HDAC抑制剂（HDI）的研究却尚不能得出统一结论。一些研究表明HDI能抑制破骨细胞的形成，如HDI能抑制RANKL对*p38*的激活，也就是在一定程度上防止骨的流失[151, 164]。但是在Lan Pham等的研究中，却发现HDAC7可抑制破骨细胞的分化，如果使用HDI，则通过抑制HDAC7的活性，促进破骨细胞的形成，进一步加重骨的流失。因此，需要进一步进行更深入的分子机制研究。

鉴于目前对HDI在成骨细胞和破骨细胞影响的研究，我们可以看到，组蛋白的多种修饰都参与了成骨和破骨细胞的分化，这对以后研究骨形成、维持及病理状态做出了重要贡献，同时也为治疗骨代谢疾病如骨质疏松症，提出新的思路，对开辟新的治疗策略具有指导意义。

（罗湘杭）

参考文献

1. Godfrey KM, Lillycrop KA, Burdge GC, et al. Epigenetic mechanisms and the mismatch concept of the developmental origins of health and disease. Pediatr Res, 2007, 61(5 Pt 2):5-10.
2. 陆再英, 钟南山. 内科学(7版). 北京: 人民卫生出版社, 2010.
3. Cutfield WS, Hofman PL, Mitchell M, et al. Could epigenetics play a role in the developmental origins of health and disease? Pediatr Res, 2007, 61(5 Pt 2):68-75.
4. Kouzarides T. Chromatin modifications and their function. Cell, 2007, 128(4):693-7050.
5. Esau C, Kang X, Peralm E, et al. MicroRNA-143 regulates adipocyte differentiation. J Biol Chem, 2004, 279(50): 52361-52365.
6. Krützfeldt J, Rajewsky N, Braich R, et al. Silencing of microRNAs in vivo with 'antagomirs'. Nature, 2005, 438: 685-689.
7. He A, Zhu L, Gupta N, et al. Over-expression of miR-29, highly upregulated in diabetic rats, leads to insulin resistance in 3T3-L1 adipocytes. Mol Endoerinol, 2007, 21(11): 2785-2794.
8. 常薪霞, 高鑫. 表观遗传学与非酒精性脂肪肝及相关代谢紊乱. 国际内分泌代谢杂志, 2009, 9（25）: 338-341.
9. Yang BT, Dayeh TA, Kirkpatrick CL, et al. Insulin promoter DNA methylation correlates negatively with insulin gene expression and positively with HbA(1c) levels in human pancreatic islets. Diabetologia, 2011, 54(2):360-367.
10. Iype T, Francis J, Garmey JC, et al. Mechanism of insulin gene

regulation by the pancreatic transcription factor Pdx-1: application of pre-mRNA analysis and chromatin immunoprecipitation to assess formation of functional transcriptional complexes. J Biol Chem, 2005, 280(17):16798-16807 .
11. Maier S, Olek A. Diabetes: a candidate disease for efficient DNA methylation profiling. J Nutr, 2002, 132:2440-2443.
12. Chakrabarti SK, Francis J, Ziesmann SM, et al. Covalent histone modifications underlie the developmental regulation of insulin gene transcription in pancreatic beta. J Biol Chem, 2003, 278:23617-23623.
13. Jiang M, Zhang Y, Liu M, et al. Hypermethylation of hepatic glucokinase and L-type pyruvate kinase promoters in high-fat diet-induced obese rats. Endocrinology, 2011, 152(4): 1284-1289.
14. Ling C, Del Guerra S, Lupi R, et al. Epigenetic regulation of PPARGC1A in human type 2 diabetic islets and effect on insulin secretion. Diabetologia, 2008, 51(4):615-622.
15. Mitchell BD, Pollin TI. Genomic imprinting in diabetes. Genome Med, 2010, 2 (8):55.
16. Temple IK, Shield JP. 6q24 transient neonatal diabetes. Rev Endocr Metab Disord, 2010, 1(3):199-204.
17. Temple IK, Shield JP. Transient neonatal diabetes: a disorder of imprinting. J Med Genet, 2002, 39: 872-875.
18. Arima T, Drewell RA, Arney KL, et al. A conserved imprinting control region at the HYMAI/ZAC domain is implicated in transient neonatal diabetes mellitus. Hum Mol Genet, 2001, 10:1475-1483.
19. Mackay DJ, Coupe AM, Shield JP, et al. Relaxation of imprinted expression of ZAC and HYMAI in a patient with transient neonatal diabetes mellitus. Hum Genet, 2002, 110: 139-144.
20. Julier C, Hyer RN, Davies J, et al. Insulin-IGF2 region on chromosome 11p encodes a gene implicated in HLA-DR4-dependent diabetes susceptibility. Nature, 1991, 354: 155-159.
21. McCann JA, Xu YQ, Frechette R, et al. The insulin-like growth factor-II receptor gene is associated with type 1 diabetes: evidence of a maternal effect. J Clin Endocrinol Metab, 2004, 89: 5700-5706.
22. Martin-Subero JI, Bibikova M, Mackay D, et al. Microarray-based DNA methylation analysis of imprinted loci in a patient with transient neonatal diabetes mellitus. Am J Med Genet A, 2008, 146A(24):3227-3229.
23. Li Y, Zhao M, Hou C, et al. Abnormal DNA methylation in CD4(+) T cells from patients with latent autoimmune diabetes in adults. Diabetes Res Clin Pract, 2009, 31(3):457-468.
24. Zheng Q, Xu Y, Liu Y, et al. Induction of Foxp3 demethylation increases regulatory $CD4^{+}CD25^{+}$ T cells and prevents the occurrence of diabetes in mice. J Mol Med, 2009, 87(12):1191-1205.
25. Alibegovic AC, Sonne MP, Højbjerre L, et al. Insulin resistance induced by physical inactivity is associated with multiple transcriptional changes in skeletal muscle in young men. Am J Physiol Endocrinol Metab, 2010, 299(5):752-763.
26. Rönn T, Poulsen P, Hansson O, et al. Age influences DNA methylation and gene expression of COX7A1 in human skeletal muscle. Diabetologia, 2008, 51 (7): 1159-1168.
27. Bell CG, Teschendorff AE, Rakyan VK, et al. Genome-wide DNA methylation analysis for diabetic nephropathy in type 1 diabetes mellitus. BMC Med Genomics, 2010, 5(3):33.
28. Sapienza C, Lee J, Powell J, et al. DNA methylation profiling identifies epigenetic differences between diabetes patients with ESRD and diabetes patients without nephropathy. Epigenetics, 2011, 6(1):20-28.
29. Castillo-Díaz SA, Garay-Sevilla ME, Hernández-González MA, et al. Extensive demethylation of normally hypermethylated CpG islands occurs in human atherosclerotic arteries.Int J Mol Med, 2010, 26(5):691-700.
30. Park J H, Stoffers D A, Nicholls R D, et al. Development of type 2 diabetes following intrauterine growth retardation in rats is associated with progressive epigenetic silencing of Pdx1. J Clin Invest. 2008, 118(6): 2316-2324.
31. Gradwohl G, Dierich A, Lemeur M, et al. Neurogenin3 is required for the development of the four endocrine cell lineages of the pancreas. Proc Natl Acad Sci U S A, 2000, 97(4): 1607-1611.
32. Haumaitre C, Lenoir O, Scharfmann R. Histone deacetylase inhibitors modify pancreatic cell fate determination and amplify endocrine progenitors. Mol Cell Biol, 2008, 28(20): 6373-6383.
33. Ban N, Yamada Y, Someya Y, et al. Hepatocyte nuclear factor-1alpha recruits the transcriptional co-activator p300 on the GLUT2 gene promoter. Diabetes, 2002, 51(5):1409-1418.
34. Kim KA, Kang K, Chi YI, et al. Identification and functional characterization of a novel mutation of hepatocyte nuclear factor-1alpha gene in a Korean family with MODY3. Diabetologia, 2003, 46(5):721-727.
35. Soutoglou E, Papafotiou G, Katrakili N, et al. Transcriptional activation by hepatocyte nuclear factor-1 requires synergism between multiple coactivator proteins. J Biol Chem, 2000, 275(17):12515-12520.
36. Mutskov V, Raaka BM, Felsenfeld G, et al. The Human insulin gene displays transcriptionally active epigenetic marks in islet-derived mesenchymal precursor cells in the absence of insulin expression. Stem Cells, 2007, 25:3223-3233.
37. Mosley AL, Corbett JA, Ozcan S. Glucose regulation of insulin gene expression requires the recruitment of p300 by the beta-cell-specific transcription factor Pdx-1. Mol Endocrinol, 2004, 18(9):2279-2290.
38. Mosley AL, Ozcan S. The pancreatic duodenal homeobox-1 protein (Pdx-1) interacts with histone deacetylases Hdac-1 and Hdac-2 on low levels of glucose. J Biol Chem, 2004, 279(52):54241-54247.
39. Liang F, Kume S, Koya D. SIRT1 and insulin resistance. Nat Rev Endocrinol, 2009, 5(7):367-373.
40. Sharma A, Moore M, Marcora E, et al. The NeuroD1/BETA2 sequences essential for insulin gene transcription colocalize with those necessary for neurogenesis and p300/CREB binding protein binding. Mol Cell Biol, 1999, 19(1):704-713.
41. Pakala SB, Bui-Nguyen TM, Reddy SD, et al. Regulation of NF-kappaB circuitry by a component of the nucleosome remodeling and deacetylase complex controls inflammatory response homeostasis. J Biol Chem, 2010, 285(31):23590-23597.
42. Miao F, Gonzalo IG, Lanting L, et al. In vivo chromatin remodeling events leading to inflammatory gene transcription under diabetic conditions. J Biol Chem, 2004, 279: 18091-18097.
43. Kadiyala C S, Zheng L, Du Y, et al. Acetylation of retinal histones in diabetes increases inflammatory proteins: effects of minocycline and manipulation of histone acetyltransferase (HAT) and histone deacetylase (HDAC). J Biol Chem, 2012, 287(31): 25869-25880.
44. Chen SS, Jenkins AJ, Majewski H. Elevated plasma prostaglandins and acetylated histone in monocytes in type 1 diabetes patients. Diabet Med, 2009, 26 (2):182-186.
45. Lei W, Zhang K, Pan X, et al. Histone deacetylase 1 is required for transforming growth factor-beta1-induced epithelial-mesenchymal transition. Int J Biochem Cell Biol, 2010, 42(9):1489-1497.
46. Gaikwad A B, Sayyed S G, Lichtnekert J, et al. Renal failure increases cardiac histone h3 acetylation, dimethylation, and phosphorylation and the induction of cardiomyopathy-related genes in type 2 diabetes. Am J Pathol, 2010, 176(3): 1079-1083.

47. Shin J S, Min B H, Lim J Y, et al. Novel culture technique involving an histone deacetylase inhibitor reduces the marginal islet mass to correct streptozotocin-induced diabetes. Cell Transplant, 2011, 20(9): 1321-1332.
48. Noh H, Oh EY, Seo JY, et al. Histone deacetylase-2 is a key regulator of diabetes- and transforming growth factor-beta1-induced renal injury. Am J Physiol Renal Physiol, 2009. 297(3): 729-739.
49. Advani A, Huang Q, Thai K, et al. Long-term administration of the histone deacetylase inhibitor vorinostat attenuates renal injury in experimental diabetes through an endothelial nitric oxide synthase-dependent mechanism. Am J Pathol, 2011, 178(5): 2205-2214.
50. Gilbert R E, Huang Q, Thai K, et al. Histone deacetylase inhibition attenuates diabetes-associated kidney growth: potential role for epigenetic modification of the epidermal growth factor receptor. Kidney Int, 2011, 79(12): 1312-1321.
51. Ogihara T, Vanderford NL, Maier B, et al. Expression and function of Set7/9 in pancreatic islets. Islets, 2009, 1(3):269-272.
52. Deering TG, Ogihara T, Trace AP, et al. Methyltransferase Set7/9 maintains transcription and euchromatin structure at islet-enriched genes. Diabetes, 2009, 58(1):185-193.
53. Villeneuve LM, Reddy MA, Lanting LL, et al. Epigenetic histone H3 lysine 9 methylation in metabolic memory and inflammatory phenotype of vascular smooth muscle cells in diabetes. Proc Natl Acad Sci USA, 2008, 105 (26): 9047-9052.
54. Li Y, Reddy MA, Miao F, et al. Role of the histone H3 lysine 4 methyltransferase, SET7/9, in the regulation of NF-kappaB-dependent inflammatory genes: relevance to diabetes and inflammation. J Biol Chem, 2008, 283 (39): 26771-26781.
55. Miao F, Wu X, Zhang L, et al. Genome-wide analysis of histone lysine methylation variations caused by diabetic conditions in human monocytes. J Biol Chem, 2007, 282: 13854-13863.
56. Baroukh N, Ravier MA, Loder MK, et al. MicroRNA-124a regulates Foxa2 expression and intracellular signaling in pancreatic beta-cell lines. J Biol Chem, 2007, 282(27):19575-19588.
57. Poy MN, Eliasson L, Krutzfeldt J, et al. A pancreatic islet-specific microRNA regulates insulin secretion. Nature, 2004, 432: 226-230.
58 Herrera BM, Lockstone HE, Taylor JM, et al. Global microRNA expression profiles in insulin target tissues in a spontaneous rat model of type 2 diabetes. Diabetologia, 2010, 53(6):1099-1109.
59. Xie H, Lim B, Lodish HF. MicroRNAs induced during adipogenesis that accelerate fat cell development are downregulated in obesity. Diabetes, 2009, 58(5):1050-1057.
60. Esau C, Kang X, Peralta E, et al. MicroRNA-143 regulates adipocyte differentiation. J Biol Chem, 2004, 279(50):52361-52365.
61. Shi B, Sepp-Lorenzino L, Prisco M, et al. MicroRNA-145 targets the insulin receptor substrate-1 and inhibits the growth of colon cancer cells. J Biol Chem, 2007, 282(45):32582-32590.
62. Huang RS, Hu GQ, Lin B, et al. MicroRNA-155 silencing enhances inflammatory response and lipid uptake in oxidized low-density lipoprotein-stimulated human THP-1 macrophages. J Investig Med, 2010, 58(8):961-967.
63. Long J, Wang Y, Wang W, et al. Identification of microRNA-93 as a novel regulator of vascular endothelial growth factor in hyperglycemic conditions. J Biol Chem, 2010, 285(30):23457-23465.
64. McArthur K, Feng B, Wu Y, et al. MicroRNA-200b regulates vascular endothelial growth factor-mediated alterations in diabetic retinopathy. Diabetes, 2011, 60(4):1314-1323.
65. 张娜, 曹艳, 史亦丽. 骨质疏松症治疗药物应用分析. 中国医院用药评价与分析, 2009, 6(5) : 286-290.
66. 何伟, 张俐, 王维佳, 等. 骨病临床研究. 北京: 北京科学技术出版社, 2006: 323 -335.
67. Kouzarides T. Chromatin modifications and their function. Cell, 2007, 128(4):693-7050.
68. Bartel DP. MicroRNAs: genomics, biogenesis, mechanism, and function. Cell, 2004, 116:281-297.
69. Winnard RG, Gerstenfeld LC, Toma CD, et al. Fibronectin gene expression, synthesis and accumulation during in vitro differentiation of chicken osteoblasts. J Bone Miner Res, 1995, 10: 1969-1977.
70. Yang XB, Roach HI, Clarke NM, et al. Human osteoprogenitor growth and differentiation on synthetic biodegradable structures after surface modification. Bone, 2001, 29: 523-531.
71. Zhang Y, Feng XH, Derynck R. Smad3 and Smad4 cooperate with c-Jun/c-Fos to mediate TGF-beta-induced transcription. Nature, 1998, 394: 909-913.
72. Jensen ED, Gopalakrishnan R, Westendorf JJ. Regulation of gene expression in osteoblasts. Biofactors, 2010, 36: 25-32.
73. Kim YJ, Kim HN, Park EK, et al. The bone-related Zn finger transcription factor Osterix promotes proliferation of mesenchymal cells. Gene, 2006, 366: 145-151.
74. Bialek P, Kern B, Yang X, et al. A twist code determines the onset of osteoblast differentiation. Dev Cell, 2004, 6: 423-435.
75. Xiao G, Jiang D, Ge C, et al. Cooperative interactions between activating transcription factor 4 and Runx2/Cbfa1 stimulate osteoblast-specific osteocalcin gene expression. J Biol Chem, 2005, 280: 30689-30696.
76. Etheridge SL, Spencer GJ, Heath DJ, et al. Expression profiling and functional analysis of wnt signaling mechanisms in mesenchymal stem cells. Stem Cells, 2004, 22: 849-860.
77. Osyczka AM, Leboy PS. Bone morphogenetic protein regulation of early osteoblast genes in human marrow stromal cells is mediated by extracellular signal-regulated kinase and phosphatidylinositol 3-kinase signaling. Endocrinology, 2005, 146: 3428-3437.
78. Levy JB, Schindler C, Raz R, et al. Activation of the JAK-STAT signal transduction pathway by oncostatin-M cultured human and mouse osteoblastic cells. Endocrinology, 1996, 137: 1159-1165.
79. Lee KS, Hong SH, Bae SC, et al. Both the Smad and p38 MAPK pathways play a crucial role in Runx2 expression following induction by transforming growth factor-beta and bone morphogenetic protein. Oncogene, 2002, 21: 7156-7163.
80. Luzi E, Marini F, Sala SC, et al. Osteogenic differentiation of human adipose tissue-derived stem cells is modulated by the miR-26a targeting of the SMAD1 transcription factor. J Bone Miner Res, 2008, 23: 287-295.
81. Huang J, Zhao L, Xing L, et al. MicroRNA-204 regulates Runx2 protein expression and mesenchymal progenitor cell differentiation. Stem Cells, 2010, 28: 357-364.
82. Kapinas K, Kessler CB, Delany AM, et al. MiR-29 suppression of osteonectin in osteoblasts: regulation during differentiation and by canonical Wnt signaling. J Cell Biochem, 2009, 108: 216-224.
83. Mizuno Y, Yagi K, Tokuzawa Y, et al. miR-125b inhibits osteoblastic differentiation by down-regulation of cell proliferation. Biochem Biophys Res Commun, 2008, 368: 267-272.
84. Itoh T, Nozawa Y, Akao Y, et al. MicroRNA-141 and -200a are involved in bone morphogenetic protein-2-induced mouse pre-osteoblast differentiation by targeting distal-less homeobox 5. J Biol Chem, 2009, 284: 19272-19279.

85. Li Z, Hassan MQ, Jafferji M, et al. Biological functions of miR-29b contribute to positive regulation of osteoblast differentiation. J Biol Chem, 2009, 284: 15676-15684.
86. Mizuno Y, Tokuzawa Y, Ninomiya Y, et al. MiR-210 promotes osteoblastic differentiation through inhibition of AcvR1b. FEBS Lett, 2009, 583: 2263-2268.
87. Li H, Xie H, Liu W, et al. A novel microRNA targeting HDAC5 regulates osteoblast differentiation in mice and contributes to primary osteoporosis in humans. J Clin Invest, 2009, 119: 3666-3677.
88. Hu R, Liu W, Li H, et al. A Runx2/miR-3960/miR-2861 regulatory feedback loop during mouse osteoblast differentiation. J Biol Chem, 2011, 286: 12328-12339.
89. Sugatani T, Hruska KA. MicroRNA-223 is a key factor in osteoclast differentiation. J Cell Biochem, 2007, 101: 996-999.
90. Sugatani T, Hruska KA. Impaired micro-RNA pathways diminish osteoclast differentiation and function. J Biol Chem, 2009, 284: 4667-4678.
91. Kobayashi T, Lu J, Cobb BS, et al. Dicer-dependent pathways regulate chondrocyte proliferation and differentiation. Proc Natl Acad Sci USA, 2008, 105: 1949-1954.
92. Wienholds E, Kloosterman WP, Miska E, et al. MicroRNA expression in zebrafish embryonic development. Science, 2005, 309: 310-311.
93. Kloosterman WP, Wienholds E, de Bruijn E, et al. In situ detection of miRNAs in animal embryos using LNA-modified oligonucleotide probes. Nat Methods, 2006, 3: 27-29.
94. Tuddenham L, Wheeler G, Ntounia-Fousara S, et al. The cartilage specific microRNA-140 targets histone deacetylase 4 in mouse cells. FEBS Lett, 2006, 580: 4214-4217.
95. Lakshmipathy U, Love B, Goff LA, et al. MicroRNA expression pattern of undifferentiated and differentiated human embryonic stem cells. Stem Cells Dev, 2007, 16: 1003-1016.
96. Suomi S, Taipaleenmaki H, Seppanen A, et al. MicroRNAs regulate osteogenesis and chondrogenesis of mouse bone marrow stromal cells. Gene Regul Syst Bio, 2008, 2: 177-191.
97. Lin EA, Kong L, Bai XH, et al. MiR-199a, a bone morphogenic protein 2-responsive microRNA, regulates chondrogenesis via direct targeting to Smad1. J Biol Chem, 2009, 284: 11326-11335.
98. Huang J, Berger SL. The emerging field of dynamic lysine methylation of non-histone proteins. Curr Opin Genet Dev, 2008, 18:152-158.
99. Sado T, Fenner MH, Tan SS, et al. Inactivation in the mouse embryo deficient for DNMT1: distinct effect of hypomethylation on imprinted and random X inactivation. Dev Biol, 2000, 225:294-303.
100. Boyce BF, Xing L. Functions of RANKL/RANK/OPG in bone modeling and remodeling. Arch Biochem Biophys, 2008, 473:139-146.
101. Yasuda H, Shima N, Nakagawa N, et al. Osteoclast differentiation factor is a ligand for osteoprotegerin/osteoclasto-genesis-inhibitory factor and is identical to TRANCE/RANKL. Proc Natl Acad Sci USA, 1998, 95:3597-3602.
102. Lum L, Wong BR, Josien R, et al. Evidence for a role of a tumor necrosis factor alpha (TNFalpha)-converting enzyme-like protease in shedding of TRANCE, a TNF family member involved in osteoclastogenesis and dendritic cell survival. J Biol Chem, 1999, 274:13613-13618.
103. Simonet WS, Lacey DL, Dunstan CR, et al. Osteoprotegerin: a novel secreted protein involved in the regulation of bone density. Cell, 1997, 89:309-319.
104. Kong YY, Yoshida H, Sarosi I, et al. OPGL is a key regulator of osteoclastogenesis, lymphocyte development and lymph-node organogenesis. Nature, 1999, 397:315-23.
105. Jesús Delgado-Calle, Carolina Sañudo, Agustín F. Fernández, et al. Role of DNA methylation in the regulation of the RANKL-OPG system in human bone. Epigenetics, 2012, 7(1):83-91.
106. Teitelbaum SL, Ross FP. Genetic regulation of osteoclast development and function. Nat Rev Genet, 2003, 4:638-649.
107. Suda T, Takahashi N, Udagawa N, et al. Modulation of osteoclast differentiation and function by the new members of the tumor necrosis factor receptor and ligand families. Endocr Rev, 1999, 20:345-357.
108. Klose RJ, Sarraf SA, Schmiedeberg L, et al. Bird AP DNA binding selectivity of MeCP2 due to a requirement for A/T sequences adjacentto methyl-CpG. Mol Cell, 2005, 19:667-678.
109. Riko Kitazawa, Sohei Kitazawa. Methylation status of a single CpG locus 3 bases upstream of TATA-box of receptor activator of nuclear factor-B ligand (RANKL) gene promoter modulates cell- and tissue-specific RANKL expression and osteoclastogenesis. Molecular Endocrinology, 2006, 21(1):148-158.
110. Van Meurse JB, Dhonukshe-Rutten AR, Plujim SM, et al. Homocysteine levels and the risk of osteoporotic fracture. N Engl J Med, 2005, 350:2033-240.
111. Auer J, Lamm G, Eber B. Homocysteine as a predictive factor for hip fracture in older persons. N Engl J Med, 2004, 351(10):1027-1030.
112. Herrmann M, Umanskaya N, Wildemann B, et al. Stimulation of osteoblast activity by homocysteine. J Cell Mol Med, 2008, 12(4):1205-1210.
113. Lambertini E, Penolazzi L, Giordano S, et al. Expression of the human oestrogen receptor-alpha gene is regulated by promoter F in MG-63 osteoblastic cells. Biochem J, 2003, 372:831-839.
114. Haihong Lv, Xiaolan Ma, Tuanjie Che, et al. Methylation of the promoter A of estrogen receptor alpha gene in hBMSC and osteoblasts and its correlation with homocysteine. Mol Cell Biochem, 2011, 355:35-45.
115. Rice JC, Allis CD. Histone methylation versus histone acetylation: new insights into epigenetic regulation. Curr Opin Cell Biol, 2001, 13:263-273.
116. Wu J, Grunstein M. 25 years after the nucleosome model: chromatin modifications. Trends Biochem Sci, 2000, 25:619-623.
117. Carrozza MJ, Utley RT, Workman JL, et al The diverse functions of histone acetyltransferase complexes. Trends Genet, 2003, 19:321-329.
118. Hassig CA, Schreiber SL. Nuclear histone acetylases and deacetylases and transcriptional regulation: HATs off to HDACs. Curr Opin Chem Biol, 1997, 1:300-308.
119. Ng HH, Bird A. Histone deacetylases: silencers for hire. Trends Biochem sci, 2000, 25:121-126.
120. Gray SG, Ekstrom TJ. The human histone deacetylase family. Exp Cell Res , 2001, 262:75-83.
121. Hu E, Chen Z, Fredrickson T, et al. Cloning and characterization of a novel human class I histone deacetylase that functions as a transcription repressor. J Biol Chem 2000, 275:15254-15264.
122. Gao L, Cueto MA, Asselbergs F, et al. Cloning and functional characterization of HDAC11, a novel member of the human histone deacetylase family. J Biol Chem, 2002, 277:25748-25755.
123. de Ruijter AJ, van Gennip AH, Caron HN, et al. Histone deacetylases(HDACs): characterization of the classical HDAC family. Biochem J, 2003, 370:737-749.
124. Martin C, Zhang Y. The diverse functions of histone lysine methylation. Nat Rev Mol Cell Biol, 2005, 6(11): 838-849.
125 Komori T, Yagi H, Nomura S, et al. Targeted disruption of Cbfa1 results in a complete lack of bone formation owing to

maturational arrest of osteoblasts. Cell, 1997, 89:755-764.
126. Otto F, Thornell AP, Crompton T, et al. Cbfa1, a candidate gene for cleidocranial dysplasia syndrome, is essential for osteoblast differentiation and bone development. Cell, 1997; 89:765-771.
127. Jeon EJ, Lee KY, Choi NS, et al. Bone morphogenetic protein-2 stimulate Runx-2 acetylation. J Biol Chem, 2006, 281(24):16502-16511.
128. Franceschi RT, Xiao G. Regulation of the osteoblast-specific transcription factor, Runx2: responsiveness to multiple signal transduction pathways. J Cell Biochem, 2003, 88:446-454.
129. Wagner EF, Karsenty G. Genetic control of skeletal development. Curr Opin Genet Dev, 2001, 11:527-532.
130. Maruyama Z, Yoshida CA, Furuichi T, et al. Runx-1 determines bone maturity and tumover rate in postnatal bone development and is involved in bone loss in estrogen deficiency. Dev Dyn, 2007, 236(7):1876-20285.
131. Javed A, Bae JS, Afzal F, et al. Structural coupling of Smad and Runx-2 for execution of the BMP-2 osteogenic signal. J Biol Chem , 2008, 283(13):8412-8422.
132. Zhang X, Schwarz EM, Young DA, et al. Cyclooxygenase-2 regulates mesenchymal cell differentiation into the osteoblast lineage and is critically involved in bone repair. J Clin Invest, 2002, 109:1405-1415.
133. Nakashima K, Zhou X, Kunkel G, et al. The novel zinc finger-containing transcription factor osterix is required for osteoblast differentiation and bone formation. Cell, 2002;108:17-29.
134. Matsubara T, Kida K, Yamaguchi A, et al. BMP-2 regulates Osterix through Msx2 and Runx-2 during osteoclast differentiation. J Biol Chem, 2008, 283(43):29119-29125.
135. Weinberg RA. The retinoblastoma protein and cell cycle control. Cell, 1995, 81:323-330.
136. Lagger G, O'Carroll D, Rembold M, et al. Essential function of histone deacetylase 1 in proliferation control and CDK inhibitor repression. EMBO J , 2002, 21:2672-2681.
137. Westendorf JJ, Zaidi SK, Cascino JE, et al. Runx2 (Cbfa1, AML-3) interacts with histone deacetylase 6 and represses the p21(CIP1/WAF1) promoter. Mol Cell Biol, 2002, 22:7982-7992.
138. Mal A, Sturniolo M, Schiltz RL, et al. A role for histone deacetylase HDAC1 in modulating the transcriptional activity of MyoD: inhibition of the myogenic program. EMBO J, 2001, 20:1739-1753.
139. Puri PL, Iezzi S, Stiegler P, et al. Class I histone deacetylases sequentially interact with MyoD and pRb during skeletal myogenesis. Mol Cell, 2001, 8:885-897.
140. Schroeder TM, Kahler RA, Li X, et al. Histone deacetylase 3 interacts with Runx2 to repress the osteocalcin promoter and regulate osteoblast differentiation. J Biol Chem, 2004, 279:41998-42007.
141. Hyun Woo Lee, Jung Hee Suh, A Young Kim, et al. Histone deacetylase 1-mediated histone modification regulates osteoblast differentiation. Molecular Endocrinology, 2006, 20(10):2432-2443.
142. Sierra J, Villagra A, Paredes R, et al. Regulation of the bone-specific osteocalcin gene by p300 requires Runx2/Cbfa1 and the vitamin D_3 receptor but not p300 intrinsic histone acetyltransferase activity. Mol Cell Biol , 2003, 23:3339-3351.
143. Harada H, Tagashira S, Fujiwara M, et al. Cbfa1 isoforms exert functional differences in osteoblast differentiation. J Biol Chem, 1999, 274:6972-6978.
144. Ge W, Shi L, Zhou Y, et al. Inhibition of osteogenic differentiation of human adipose-derived stromal cells by retinoblastoma binding protein 2 repression of RUNX2-activated transcription. Stem Cells, 2011, 29(7):1112-25.
145. Sinha KM, Yasuda H, Coombes MM, et al. Regulation of the osteoblast-specific transcription factor Osterix by NO66, a Jumonji family histone demethylase. EMBO J, 2010, 29(1):68-79.
146. 赵晴潇，何爱民. 破骨细胞分化发育中的信号转导及转录因子的研究进展. 山东医药, 2009, 49(19):111-113.
147. Brian R, Wong, Jae rang Rho, et al. TRANCE is a novel ligand of the tumor necrosis factor receptor family that activates c-Jun N-terminal kinase in T cells. J Biol Chem, 1997, 272(40):25190-25194.
148. Shi Wei, Steven L, Teiteibaum, et al. Receptor activator of nuclear factor - κ B in osteoclast precursors. Endocrinology, 2001, 142(3): 1290-1295.
149. Takayanagi H, Kim S, Koga T, et al. Induction and activation of the transcription factor NFATc1 (NFAT2) integrate RANKL signaling in terminal differentiation of osteoclasts. Dev Cell, 2002, 3(6): 889-901.
150. Kim JH, Kim K, Youn BU, et al. RANKL induces NFATc1 acetylation and stability via histone acetyltransferases during osteoclast differentiation. Biochem, 2011, 436(2):253-262.
151. Rahman MM, Kukita A, Kukita T, et al. Two histone deacetylase inhibitors, trichostatin A and sodium butyrate, suppress differentiation into osteoclasts but not into macrophages. Blood, 2003, 101, 3451-3459.
152. Roh TY, Cuddapah S, Cui K, et al. The genomic landscape of histone modifications in human T cells. Proc Natl Acad Sci U S A, 2006, 103(43):15782-15787.
153. Tetsuro Yasui, Jun Hirose, Shuichi Tsutsumi, et al. Epigenetic regulation of osteoclast differentiation: possible involvement of Jmjd3 in the histone demethylation of Nfatc1. Journal of Bone and Mineral Research, 2011, 26(11): 2665-2671.
154. Yoshida M, Kijima M, Akita M. Potent and specific inhibition of mammalian histone deacetylase both in vivo and in vitro by trichostatin A. J Biol Chem, 1990, 265:17174-17179.
155. Komatsu Y, Tomizaki K, Tsukamoto M, et al. Cyclic hydroxamic-acid-containing peptide 31, a potent synthetic histone deacetylase inhibitor with antitumor activity. Cancer Res, 2001, 61:4459-4466.
156. Candido EP, Reeves R, Davie JR. Sodium butyrate inhibits histone deacetylation in cultured cells. Cell , 1978, 14:105-113.
157. Saito A, Yamashita T, Mariko Y, et al. A synthetic inhibitor of histone deacetylase, MS-27-275, with marked in vivo antitumor activity against human tumors. Proc Natl Acad Sci USA, 1999, 96:4592-4597.
158. Somech R, Izraeli S, Simon J. Histone deacetylase inhibitors—a new tool to treat cancer. Cancer Treat Rev, 2004, 30:461-472.
159. Coleman R. Skeletal complications of malignancy. Cancer, 1997, 80:1588-1594.
160. Villar-Garea A, Esteller M. Histone deacetylase inhibitors: Understanding a new wave of anticancer agents. Int J Biochem, 2004, 112:171-178.
161. Iwami K, Moriyama T. Effects of short chain fatty acid, sodium butyrate, on osteoblastic cells and osteoclastic cells. Int J Biochem, 1993, 25:1631-1635.
162. Sakata R, Minami S, Sowa Y, et al. Trichostatin A activates the osteopontin gene promoter through AP1 site. Biophys Res, 2004, 315:959-963.
163. Schroeder TM, Westendorf JJ. Histone deacetylase inhibitors promote osteoblast maturation. J Bone And Mineral Research, 2005, 20:2254-2263.
164. Kim HN, Ha H, Lee JH, et al. Trichostatin A inhibits osteoclastogenesis and bone resorption by suppressing the induction of c-Fos by RANKL. Eur J Pharmacol, 2009, 623(1-3):22-29.

第十三章　表观遗传修饰与心血管系统疾病

第一节　概　论

近几年，表观遗传学在很多学科领域中的研究和应用均被视为前沿和热点，在医学方面的研究成果帮助解决了部分重大的医学难题，也为疾病的早期诊断、预后判断和干预治疗提供了新的思路。高血压等心血管疾病是多基因、微基因效应累积和环境、心理等因素共同作用的结果，其病因及发病机制都极其复杂，使得表观遗传学在心血管领域的研究目前仍处于探索的阶段，研究结果也存在不一致的现象。尽管如此，我们仍然可以看到，现阶段已有的研究成果提示原发性高血压的相关候选基因表达和表观遗传学之间可能有一定的关联性[1-2]，这些进展都为我们更好地认识心血管疾病、解决临床治疗上的困难开辟了一条新的道路。

高血压是一类复杂的多因子疾病，它的发生取决于遗传易感性和环境因素。高血压的发病机制比较复杂，包括交感神经过度兴奋、过度激活的肾素 - 血管紧张素 - 醛固酮系统（renin-angiotesin-aldosterore system，RAAS）、血管内皮功能障碍、血小板功能失常、血栓形成、血管平滑肌和心肌肥厚、血管生成发生异常。我国高血压的患病率逐年增高，自 1959 年的 5.11%，上升至 1979 年的 7.73% 和 1991 年的 11.26%，到 2011 年的 18.8%，全国有高血压患者约 1.6 亿。导致高血压的不良因素包括体重超重、经常饮酒、高钠、低钾、低钙及低蛋白饮食等。在我国，高血压患者是冠心病和脑卒中发病的高危人群。

动脉粥样硬化是伴随人类年龄增长而出现的非炎症性血管疾病。男性的发病率比女性高，近年来随着我国人口膳食结构的变化，其总体发病率在我国逐渐升高，成为老年人死亡的主要原因之一。

流行病学研究揭示了诱发动脉粥样硬化的诸多环境和遗传因素，而基因背景作为一种内在的因素起了决定性作用。随着表观遗传学的进步，其在基因表达调控方面的重要作用逐渐被揭示，人们发现脂肪酸、胆固醇、脂蛋白的代谢相关基因显然受到表观遗传的调控。

第二节　表观遗传修饰与高血压

一、DNA 甲基化与高血压

近年来的研究发现，高血压的发生和发展与甲基化密切相关。DNA 甲基化已被证实与诸多高血压病例存在联系，如 11β-HSD-2 增强子甲基化与高血压有清晰的正相关关系[3]，DNA 甲基化影响血清血管紧张素转化酶（serum angiotension converting enzyme，sACE）的调控[4]，肼屈嗪（肼苯哒嗪）由于降低甲基化水平且活化基因而作为高血压治疗药物[5]，这些均揭示 DNA 甲基化参与高血压的发生。

然而，由于高血压的发病机制和病变过程极为复杂，很难用某一种原因来解释，因此 DNA 甲基化修饰与高血压的相关研究始终没有找到一个关键性的突破口。尽管如此，深入了解 DNA 甲基化调控在原发性高血压发病过程中的分子机制，找到可能影响某些高血压候选基因表达的 DNA 异常甲基化修饰，将为临床制订合理化的用药方案提供依据。

（一）11β-HSD-2 基因甲基化与高血压

11β-羟基类固醇脱氢酶-2（11β-hydroxysteroid dehydrogenase-2，11β-HSD-2）基因定位于 16q22，编码蛋白质分子量为 44 127。11β-HSD-2 选择性地在外周血单核细胞、肾上腺等部位表达，是催化有活性的糖皮质激素转化为无活性糖皮质激素的一种重要的微粒体酶，它通过氧化作用使糖皮质激素失活而保护盐皮质激素受体，通过四氢帕马丁 / 四氢可的松（THF/THE）穿梭模式引发高血压[3,6-7]。如果 *11β-hsd-2* 基因表达下调，肾 11β-HSD-2 活性就随之降低，使肾游离皮质醇水平增高，过多的皮质醇与醛固酮受体结合产生了高盐皮质激素状态，引起低肾素、低醛固酮和盐敏感型高血压。以下主要通过 3 位学者对 11β-HSD-2 的研究来阐释 *11β-hsd-2* 基因甲基化与高血压的关系。

Alikhani-Koopaei 等认为，*11β-hsd-2* 基因表达低的组织和细胞系中 *11β-hsd-2* 基因启动子及第一外显子的 CpG 岛呈现高甲基化，而 *11β-hsd-2* 基因表达水平高的组织和细胞系却没有呈现高甲基化。说明 *11β-hsd-2* 基因启动子及第一外显子的 CpG 岛甲基修饰程度可能会引起该基因表达的差异。而由 DNA 甲基化酶抑制剂引发的去甲基化会提高 *11β-hsd-2* 在人体外实验和大鼠体内实验的基因转录活性，提示成年个体 DNA 甲基化水平的改变与高血压的发病密切相关。甲基化的 *11β-hsd-2* 启动子 - 荧光素酶模型也显示转录活性降低。这些结果显示 DNA 甲基化在 *11β-hsd-2* 基因表达中发挥重要作用，并且表明在高血压中存在影响基因表达的表观遗传学机制[8]。

Friso 等针对 35 例原发性高血压患者（其中 32 例主要采用肾上腺皮质激素可的松疗法）的 *11β-hsd-2* 基因甲基化水平与血压的关系，检测体内、外细胞 *11β-hsd-2* 基因的甲基化修饰，结果显示：人外周血单核细胞上的 *11β-hsd-2* 基因启动子区甲基化水平和基因表达水平呈负相关；*11β-hsd-2* 基因表达和血压水平也呈负相关，提示 *11β-hsd-2* 基因启动子区高甲基化与血压水平有明显相关性[3]。

Wyrwoll 等为了验证大鼠中原发性高血压与肾中糖皮质激素、盐皮质激素、11β-HSD-2 和肾素 - 血管紧张素系统中其他组分的表达变化之间有明确联系这一假设，对孕妇及其后代做了一系列研究显示，孕妇在服用地塞米松（0.75mg/ml）后，6 月龄后代的肾糖皮质激素受体表达明显增高，并且与糖皮质激素受体的低甲基化相关。但与此相反，孕妇服用地塞米松会降低其子代肾 11β-HSD-2 的表达，导致血压升高。但这一趋势可以被高不饱和脂肪酸 Omega-3 饮食逆转。实验数据支持这一假说——高血压由以下因素调控或部分调控，如增多的肾糖皮质激素受体、Na^+/K^+-ATP 酶 α 和肾素 - 血管紧张素系统组分的持续刺激效应。而孕妇高不饱和脂肪酸 Omega-3 饮食习性带来的血压降低可能为子代糖皮质激素受体超标造成的高血压机制打开突破口[9]。

以上的研究证实，*11β-hsd-2* 基因启动子区甲基化与高血压发病密切相关，人外周血单核细胞 *11β-hsd-2* 基因的甲基化修饰模型或许可以成为高血压病相关机制研究的遗传标志物，有着重要意义。

（二）AT1b 受体基因甲基化与高血压

AT1b 受体基因可以通过甲基化调控参与高血压的发生和发展。因失血引起循环血量减少或肾疾病导致肾血流量减少时，可促进肾小球旁器的球旁细胞分泌肾素。肾素进入血液后，使血中由肝生成的血管紧张素原（属 α 球蛋白）水解为血管紧张素 Ⅰ（10 肽），它随血液流经肺循环时，受肺所含的转化酶作用，被水解为 8 肽的血管紧张素 Ⅱ，部分血管紧张素 Ⅱ 受血浆和组织液中血管紧张素酶 A 的作用，被水解为 7 肽的血管紧张素 Ⅲ。血管紧张素 Ⅱ 受体（angiotensin Ⅱ receptor，ATR）分为 1 型（AT1）受体和 2 型（AT2）受体。最初研究发现，复合物 Compound 21 可以引起对 AT2 受体的直接刺激，且与碱性分泌物、神经轴突膨大、血压调节和心肌梗死有关[10, 11]。其中 AT1 受体主要起介导血管紧张素域的作用，通过强有力的直接收缩小动脉、刺激肾上腺皮质球状带分泌醛固酮而扩大血容量，或通过促进肾上腺髓质和交感神经末梢释放儿茶酚胺，均可显著升高血压。AT1 受体又可分为 AT1a 和 AT1b 受体 2 个亚型，血管紧张素 Ⅱ 分别通过 AT1a 和 AT1b 受体在不同的靶器官发挥不同的作用。AT1b 受体主要分布于肾上腺，部分分布于垂体和肾等部位。

Bogdarina 首先验证孕妇的糖皮质激素调节子代 DNA 甲基化和基因表达水平的假说，探索大鼠中糖皮质激素的抑制剂美替拉酮是否能够抑制 DNA 甲基化和基因表达[7]。之前已经证实，大鼠妊娠期间给予低蛋白饮食，其子代肾上腺的 AT1b 受体基因启动子发生显著的去甲基化，基因表达随之上调，且子代对血管紧张素的反应性升高，表现为收缩压、舒张压均高于正常。低蛋白饮食的大鼠孕期前 14 天服用美替拉酮，逆转了 DNA 甲基化和基因表达的变化，且后代 4 周龄时并未出现高血压症状。然而，大鼠孕期 15 天之后服用地塞米松，虽然血压上升了，但是并没有提高 AT1b 的甲基化程度和基因表达水平。

因此，孕早期的糖皮质激素的确可以影响后代的高血压易感性，因为低蛋白饮食大鼠的高血压被糖皮质激素抑制剂所逆转。然而，孕后期给予糖皮质激素并没有使 AT1b 受体基因低甲基化，这可能反映了糖皮质激素的其他反应机制或者特定阶段性的作用。以上说明 AT1b 受体基因低甲基化很可能是高血压的潜在病因。

值得注意的是，除了妊娠期低蛋白饮食可以引起 AT1b 受体基因的去甲基化，还有很多其他未知的因素也可以引起类似的表观遗传修饰改变。Zhang MZ 的一项研究表明肾内的多巴胺缺陷也可以导致小鼠高血压和寿命减少，这个过程会造成 AT1b 增加 [12]。而且由于 DNA 甲基化修饰是可逆的，个体出生后内、外环境所致的甲基化改变也始终存在，因此，对于 AT1b 受体基因甲基化修饰是否能够从某一方面解释高血压的发病机制仍有待进一步探讨。

（三）ECE-1 甲基化与原发性高血压

内皮素是一种缩血管活性肽，内皮素转换酶 -1（endothelin converting enzyme-1，ECE-1）是其生物合成中的关键酶，在调节体内内皮素生物学活性上起重要作用。内皮素转换酶 1 基因定位于 1p36.1，编码蛋白质的分子量为 87 164，主要分布于血管内皮细胞。ET-1 强烈收缩入球和出球小动脉、降低肾血流和肾小球滤过率、导致尿液和钠排泄减少，从而导致血压升高，而 ECE-1 的主要作用是维持血管的紧张性。*ece-1* 基因表达上调使体内 ET-1 生成增多，导致血压升高。Funke-Kaiser 等进一步研究发现，内皮素转换酶（*ece-1c*）基因启动子区存在 CpG 岛，在体外血管内皮细胞实验中，*ece-1c* 基因启动子区 CpG 岛的甲基化会降低转录活性，ECE-1c 表达下降；反之，该基因启动子区去甲基化会增强转录活性 [13]。

（四）高同型半胱氨酸所致的基因组 DNA 低甲基化与原发性高血压

同型半胱氨酸（homocystine，Hcy）是一种含硫氨基酸，为甲硫氨酸和半胱氨酸代谢过程中的代谢产物。Hcy 和血压水平的一项横向调查表明，在排除了其他心血管危险因素后，Hcy 水平与血压呈独立正相关。有卒中病史的高血压患者中也同样发现高 Hcy 血症与高血压相关。以上研究表明，Hcy 浓度升高会增加高血压的发病风险。

Castro 等研究发现，在心血管疾病患者中，血浆总同型半胱氨酸 Hcy 和胱氨酸 AdoHcy 普遍高于正常值，而甲硫氨酸 / 胱氨酸（AdoMet/AdoHcy）比值和基因组甲基化程度低于对照组。血浆总 Hcy 与 AdoHcy 正相关，与 AdoMet/AdoHcy 比值负相关，即血浆总 Hcy 浓度可以反映机体 AdoHcy 水平。血浆 Hcy、AdoHcy 水平增高会引起基因组 DNA 低甲基化 [14]。Ingrosso 等通过对尿毒症患者的研究进一步证实，Hcy 抑制剂可导致红细胞累计，Hcy 水平与基因组甲基化水平呈负相关，AdoHcy 可能是甲基转移酶的抑制剂 [15]。

由高 Hcy 和 AdoHcy 水平所致的基因组低甲基化，容易诱发 AT1b、ECE-1 等的基因去甲基化，这些受体和代谢酶基因表达上调后，可引发高血压。因此，高 Hcy 和 AdoHcy 所引起的基因组低甲基化状态，可能是高血压发生的另外一种机制。另外，Wang Y 的一项为期 2 年的追踪研究表明，Hcy 是高血压疾病的风险因子。Hcy 与高血压发生概率呈现 U 型的关系曲线，特别是在男性中尤其明显。同时说明除了高水平的 Hcy 造成高血压的风险外，低水平的 Hcy 也可能造成高血压疾病 [16]。

二、组蛋白修饰与高血压

表观遗传修饰的作用机制包括 DNA 甲基化、组蛋白修饰和染色质重塑等，组蛋白修饰主要以共价键形式发生，包括乙酰化、甲基化、磷酸化和泛素化等。组蛋白甲基化与乙酰化作为共价修饰的两种不同方式，参与许多生物学过程，并在基因表达调控中发挥重要作用。关于组蛋白修饰在遗传、肿瘤等领域中的作用研究已有大量文献报道，但在心血管疾病中的作用研究相对较少。研究发现，组蛋白甲基化可引发 DNA 的甲基化，而 DNA 甲基化可通过影响组蛋白乙酰化而起作用，说明组蛋白修饰与 DNA 甲基化相互作用、相互影响 [17]。因此，组蛋白修饰在高血压发生、发展过程中的作用也引起人们关注。

（一）组蛋白甲基化与高血压

表观遗传改变与心肌肥厚和心力衰竭的发展有关，但具体表观遗传作用机制还未研究清楚。Friso S等发现，转录后组蛋白甲基化如H3赖氨酸甲基化可以调控高血压相关基因如*lsd1*、*hsd11b2*和*scnn1a*[18]。

Kaneda等采用高盐摄入建立系统性高血压和心肌肥厚，然后发展为充血性心力衰竭的大鼠模型，研究全基因组蛋白甲基化对心力衰竭的影响。研究结果表明，H3K4或H3K9三甲基化显著影响心力衰竭大鼠的心肌细胞。运用高通量焦磷酸染色质免疫共沉淀测序对人类左心室组织中的K4TM或K9TM进行检测，在正常心肌和无功能心肌两组对照中，分别找到定位于K4TM附近的蛋白编码基因，结果发现，两组基因是不同的，但都归属于相同的心脏功能信号转导通路，揭示在心力衰竭发展过程中定位于不同基因的K4TM印记，另一方面，K9TM附近并没有发现类似K4TM的明显规律[19]。

（二）组蛋白乙酰化与高血压

组蛋白乙酰化有2种。一种是H1、H2A、H4组蛋白的氨基末端乙酰化，形成α-乙酰丝氨酸，组蛋白在细胞质内合成后输入细胞核之前发生这一修饰。另一种是在H2A、H2B、H3、H4氨基末端区域的某些专一位置形成N6-乙酰赖氨酸。真核细胞中H3是维持组蛋白结构的重要蛋白，其N端易被转录后修饰，在赖氨酸和精氨酸位置加入甲基化或者乙酰化基团。组蛋白乙酰化酶在组蛋白H3的不同赖氨酸位置进行乙酰化，位置的不同表明了作用的差异。例如，在赖氨酸-14位的乙酰化与DNA到RNA的转录活化有关。

Lee HA等研究发现组蛋白去乙酰化酶抑制剂可以通过乙酰化作用下调盐皮质激素的转录活性，从而降低原发性高血压大鼠的发病概率[20]。Alsarraf O等也发现组蛋白去乙酰化酶抑制剂VPA，可以抑制高血压大鼠中的视网膜神经细胞恶化[21]。

组蛋白去乙酰化酶Sirt1在高血压方面的直接作用尚不明确，但已经证实其在维持心脏功能、促进心脏发育和心肌细胞生长中起着非常重要的作用。Sirt1通过FOXO依赖机制保护细胞的氧化应激，参与心肌细胞的应激抵抗。Sirt1亦通过抑制氧化应激诱导Sirt1核转运导致的细胞死亡，参与心力衰竭的内源性保护。另有研究表明，Sirt1对心血管疾病具有保护作用。众所周知，血浆高密度脂蛋白（high density lipoprotein，HDL）水平与心血管疾病风险成反比，因为HDL介导的胆固醇逆向运输可以通过清除动脉细胞中多余的胆固醇，防止动脉粥样硬化。Sirt1可激活肝X受体的转录，介导HDL的合成，逆向运输胆固醇，降低动脉粥样硬化和心血管疾病的风险。

随着对组蛋白甲基化和去乙酰化发生机制的深入研究，将可能更好地了解组蛋白甲基转移酶和去乙酰化酶与心血管疾病之间的关系，有助于进一步了解心血管疾病的发生机制，特别是对于心血管疾病的治疗将起到很大的帮助作用。

三、miRNA与高血压

miRNA是一类较短的非编码核苷酸，可以在转录后水平调节目标mRNA。自从1993年发现miRNA可以作为转录的调节因子，miRNA就被发现参与众多的生命过程，如决定细胞命运、细胞凋亡、增殖和应激反应。miRNA是一类进化上保守的较短的非编码RNA，通过和目标mRNA的3'端非翻译区（3'-UTR）结合，从而导致目标mRNA降解和抑制蛋白质的合成，调控目标mRNA的翻译。miRNA分子在人体细胞中分布广泛，并在不同的调控水平发挥作用。人类miRNA基因的数目有1000多条，调控了约50%的基因组活性。因此，小分子RNA功能异常往往导致细胞功能障碍和疾病的发生演变，这使小分子RNA有潜在的治疗意义。但是对于原发性高血压，在分子水平上的变化还是未知数。因此，从分子水平阐述miRNA的调控机制和鉴定新的相关miRNA将是非常有意义的，也为治疗高血压提供了新的靶标和手段。

为了研究miRNA是否与高血压的发病机制有关联，Xu CC等分析自发性高血压大鼠中miRNA及其靶基因。经过筛选发现miR-122、miR-133a、miR-155和miR-208与血压有内在联系，进一步分析发现miR-155在主动脉中表达较少，并且与血压呈负相关，提示它可能参与高血压的发展和病理学过程[22]。

Yang Z等研究发现，L-精氨酸转运体1（SLC7A1）基因3'-UTR的功能性多态现象，可能参与了内皮功能紊乱、L-精氨酸和NO代谢改变、原发性高血压的发生。*slc7a1*基因3'-UTR因长短变异分别有3或4个miRNA-122潜在结合位点。因此，*slc7a1*基因3'-UTR功能性多态现象很可能是

miRNA-122 与之作用的结果。miR-122 可能是原发性高血压患者内皮功能障碍的起因，调控 miRNA-122 的表达有望治疗原发性高血压[23]。

尽管 Naraba 等的研究表明 miRNA 表达谱在盐敏感性高血压大鼠中与正常组没有显著性差异[24]，但这并不能说明 miRNA 在盐敏感性高血压中不起作用。因为 miRNA 序列很短不易检测，加之实验方法灵敏度的限制，可能检测不出某些低表达的 miRNA。因此，miRNA 是否参与盐敏感性高血压的发生，尚需深入研究。

四、环境因素诱发高血压的表观遗传机制

对多基因复杂症状性疾病来说，单一的蛋白质编码基因研究远远不能解释疾病的发生机制，需要环境与外界因素的作用才会发病。疾病是外界因素与遗传因素共同作用的结果。流行病学研究已经证实，高血压与环境有明确的关系。特别是在发育初期，不利的环境、营养的缺乏都有可能导致出生低体重、早产、胎儿发育不成熟等。环境与 DNA 甲基化的关系一旦建立，将为环境射线暴露与癌症发生提供依据。此外，精神焦虑恐慌症、肥胖、吸烟、酗酒、年龄、摄入盐分过多等环境因素和个人因素也会导致高血压的发生[25-26]。

环境污染等不利因素均有可能增加基因的不稳定性，每个人对环境和饮食的敏感性可因先天遗传不同而不同，环境因素与个体遗传共同作用，决定潜在表观遗传疾病的危险性。有人推测上述因素肯定会在我们基因组上遗留下微量的基因表观遗传学痕迹。随着年龄增长，DNA 甲基化等化学修饰改变也在长时间中逐渐积累，这也有助于解释为什么很多疾病总是在人进入老年后才发生。由此可见，如果改变不良生活习惯、减少环境污染，都有可能降低表观遗传疾病的发病率。

（一）摄入盐量

盐的主要成分是氯化钠，而引起高血压的原因之一是由于体内氯离子偏多，过多的氯离子使体内血管紧张素Ⅰ向血管紧张素Ⅱ转化，造成血管收缩，从而引起高血压。所以一定要注意饮食，平时可以多吃些高纤维的碱性健康食品，坚持要少盐多醋，清淡饮食。

在表观遗传学层面，研究发现，在针对盐敏感性高血压的研究中，β_2- 肾上腺素受体（β_2AR）的产生减少了编码 WNK4 的基因转录。β_2AR 导致组蛋白脱乙酰酶 -8 的抑制作用，从而促进了组蛋白乙酰化作用，使糖皮质激素受体与启动子区域的糖皮质激素受体阴性应答元件结合。这些发现说明 *wnk4* 基因转录的表观遗传学调控在盐敏感性高血压的发生发展中起作用。肾的 β_2AR-WNK4 途径可能成为治疗盐敏感性高血压的有效靶标[27]。

（二）精神焦虑

Adamis 等发现，焦虑患者高血压的发病率增高，焦虑的情绪与血压增高水平呈正相关[28]。Jonas 等对 2922 例血压正常者进行 7 ~ 16 年的随访发现，具有高评分抑郁症状的患者发生高血压的风险成倍增加。焦虑不仅可导致原无高血压的人群血压升高，也能使高血压人群血压急剧上升，尤其是在老年人群中[29]。

Gafarov 等在研究焦虑情绪对男性高血压等危险因素的影响时，对 2149 名患者随访 10 ~ 20 年后，结果显示 42% 的男性高血压患者存在高水平的焦虑状态，高水平焦虑状态也许是中年男性预测心血管疾病的高危险因素之一[30]。最新一项来自南非的关于高血压与情绪障碍的研究认为，焦虑与高血压的诊断密切相关 [比值比（OR）=1.55，95% 可信区间（CI）=1.10 ~ 2.18][31]。

在表观遗传学层面，精神恐慌的高血压患者，在交感神经中有苯基乙醇胺甲基转移酶（phenylethanolamine N-methyl transferase，PNMT）的产生。原发性高血压显示了更深层次的精神压力，在下丘脑和扁桃体有产生去甲肾上腺素的脑干细胞神经突触产生。以上结果证明慢性精神压力在高血压的发生发展过程中起到重要作用。另有一种假说认为，交感神经中的 PNMT 在大部分压力环境下充当了 DNA 甲基化酶的角色，导致去甲肾上腺素基因沉默，这与高血压和神经失常 2 种情况皆相关[32]。

（三）吸烟

研究证明，吸 1 支烟后心率每分钟增加 5 ~ 20 次，收缩压增加 10 ~ 25mmHg。因为烟叶内含有尼古丁（烟碱），会兴奋中枢神经和交感神经，使心率加快，同时也促使肾上腺释放大量儿茶酚胺，使小动

脉收缩，导致血压升高。尼古丁还会刺激血管内的化学感受器，反射性地引起血压升高。

有研究将 1376 名患者归纳为 logistic 回归模型，显示比值比（OR）对吸烟者（每天 > 15 支烟；OR = 1.37，95% CI 1.01 ~ 2.03）和酗酒者（每天 > 2 瓶酒；OR = 2.11，95% CI 1.31 ~ 3.40）都比正常人高[33]。

长期大量吸烟还会促进大动脉粥样硬化，小动脉内膜逐渐增厚，使整个血管逐渐硬化。同时由于吸烟者血液中一氧化碳血红蛋白含量增多，从而降低了血液的含氧量，使动脉内膜缺氧，加速了动脉粥样硬化的形成。由此看出，高血压患者应该戒烟限酒。

在表观遗传学层面，有研究探讨了表观遗传学指示物 5- 甲基胞嘧啶（m5c）在吸烟和不吸烟的轻度原发性高血压患者中是否存在明显的不同。m5c 是基因中自然产生的核苷酸，在基因表达的调控过程中发挥着重要的作用。实验结果显示，尽管不吸烟群体的 m5c 平均水平 1.30 ± 0.56（%）与吸烟群体的 1.28 ± 0.42（%）存在差异，但并没有明显数据差异（$P > 0.4$）[34]。所以结论是，m5c 在轻度原发性高血压患者中独立于吸烟这一因素，但同时研究工作需要在更大范围的人群中再做调查。

第三节　表观遗传修饰与动脉粥样硬化

一、DNA 甲基化与动脉粥样硬化

（一）动脉粥样硬化的基因组水平甲基化变化

进入后基因组时代，在全基因组水平考察序列变化和单核苷酸多态性（single nucleotide polymorphism，SNP）的相关性成为可能，也为动脉粥样硬化的发病机制研究翻开了新的一页。动脉粥样硬化的病因被认为主要涉及基因表达和功能上的改变，而不是基因本身的结构性突变。基因表达的动态改变，主要体现在表观遗传学改变上，特别是 DNA 甲基化程度的变化。

虽然动脉粥样硬化支持杂合性丢失（loss of heterozygosity）和动脉粥样硬化斑块（atherosclerotic plaques）区域的微卫星不稳定性的突变理论，但近年来的甲基化芯片等高通量的检测手段为研究该病发病过程中的表观遗传变化提供了途径。借助于 GoldenGate 甲基化癌症芯片（GoldenGate Methylation Cancer Panel I，Illumina），在人类主动脉和颈动脉粥样硬化斑块组织中检测了 807 个基因的 1505 个 CpG 位点的 CpG 甲基化程度，显示 90 个基因具有不同的甲基化水平，这为确定心血管疾病候选基因提供了新的途径，其中 10 个候选基因（*icam1*、*gstm1*、*igfbp1*、*pomc*、*apoa1*、*il1rn*、*ins*、*lta*、*mmp3*、*thbs2*）和人类基因组流行病学网络计划（HuGENet）所确定的候选基因重叠。有趣的是印记基因 *h19* 的 CpG 岛的甲基化也发生了显著改变[35-36]。

目前的研究还显示 *apoE* 基因突变的小鼠在发生动脉粥样硬化过程中 DNA 甲基化变化先于血管病变的发生，这种现象在动脉粥样硬化相关的器官细胞中更加明显。在体外培养的小鼠细胞中脂蛋白异常可以诱发 DNA 高甲基化，表明 DNA 甲基化的改变代表着动脉粥样硬化过程中细胞的最早反应。另外高密度脂蛋白的组分之一 apoA1 可以结合到 GC 高密度区，并且与活性状态的染色质直接相互作用。DNA 甲基化的具体变化发生在动脉粥样硬化的早期阶段，也为预防和治疗提供新的思路[37]。

甲基化作为可逆的 DNA 修饰参与基因的表达调控，影响机体的生理状况。现在已知动脉粥样硬化与血管组织和外周血细胞异常的 DNA 甲基化模式有关。在进行性动脉粥样硬化过程中，全基因组低水平的 DNA 甲基化与同型半胱氨酸血症有很大的相关性。现在普遍认为，在动脉粥样硬化过程中 DNA 甲基化模式的改变主要是 S - 腺苷甲硫氨酸（S-adenosyl methionine，SAM）水平下降的次级反应，即合成 SAM（DNA 甲基化反应的甲基供体）的底物量减少，如叶酸和维生素 B_{12}，当然也可能是由于同型半胱氨酸抑制了 SAM 的正常合成。同型半胱氨酸为非蛋白质组成氨基酸，它在转甲基代谢的甲硫氨酸循环中生成。研究结果显示，高同型半胱氨酸引起 N5, N10- 亚甲基四氢叶酸还原酶（methylene tetrahydrofolate reductase，MTHFR）的基因启动子区去甲基化，及 MTHFR mRNA 的显著高表达。一般来说去甲基化可以使基因活化，因此，MTHFR mRNA 的高表达系高同型半胱氨酸引起 *mthfr* 基因的表观遗传修饰所致。

在体外培养的人巨噬细胞的早期动脉粥样硬化过程中发生了 DNA 局部高甲基化和低甲基化。在早期动脉粥样硬化过程中，膳食营养成分影响了 DNA 甲基化模式，这种 DNA 甲基化模式的重排不依赖于维生素或同型半胱氨酸。DNA 甲基化模式的重排具有重要的意义。第一，DNA 的局部高甲基化和低甲基化是早期动脉粥样硬化的分子水平事件，虽然只有为数不多的几个基因的 DNA 甲基化发生异常。有研究结果表明人类雌激素受体基因 DNA 的高甲基化、细胞外超氧化物歧化酶基因 DNA 的低甲基化与动脉粥样硬化有关。第二，脂蛋白的脂质组分可能是这种重排的候选诱发因素。研究揭示饮食成分被摄入体内后在代谢过程中影响血脂、脂蛋白及其他尚未确定的分子在血浆中的浓度，进而可以修改 DNA 甲基化水平和染色质结构。第三，为我们的治疗预防措施开辟了新的视角。我们在膳食成分中通过补充叶酸来预防动脉粥样硬化并不是十分妥当，因为它们可能有利于 SAM 过量生成和导致动脉粥样硬化的早期阶段相关基因的 DNA 高甲基化。虽然已经有很多文献报道了异常 DNA 甲基化与动脉粥样硬化疾病存在某些相关性，但是，到底是何种代谢产物在其发生和发展过程中发挥关键作用，其机制与 DNA 的甲基化改变和高甲硫氨酸膳食有何种关联，以及 DNA 启动子区甲基化的具体过程怎样，动脉粥样硬化形成过程中哪些特异基因发生了怎样的甲基化改变等，这些问题还有待深入研究[38]。

（二）动脉粥样硬化相关基因的甲基化水平变化

1. *sod* 基因甲基化与动脉粥样硬化　超氧化物歧化酶（superoxide dismutase，SOD）是机体内广泛存在的一类金属抗氧化酶，能催化超氧阴离子自由基的歧化反应，清除细胞生命活动中产生的超氧自由基。真核细胞内存在 3 类 SOD：Cu/Zn-SOD、Mn-SOD 和胞外 SOD（extracellular-SOD，EC-SOD）。EC-SOD 可以保护超氧阴离子和动脉粥样硬化的发展对动脉的有害影响。有研究克隆了 *ec-sod* 基因，并在这个基因中发现 6 个 CpG 簇序列。其中一个 CpG 簇位于编码序列。因为 CpG 簇是潜在的甲基化位点，CpG 位点发生突变也会影响 DNA 的甲基化水平，研究发现动脉粥样硬化的主动脉内膜较正常主动脉内膜 *ec-sod* 基因的 CpG 二核苷酸的数量明显减少。在正常组织和发生动脉粥样硬化的组织中用高效液相色谱分析全基因组 DNA 甲基化的变化，显示病变组织的甲基化水平比正常组织有明显的下降。尽管 DNA 甲基化水平和 *ec-sod* 基因表达之间的因果关系还不明确，但 *ec-sod* 基因的低甲基化与动脉粥样硬化的发展密切相关，因此甲基化可能改变 *ec-sod* 基因的结构和功能及其他可能参与动脉粥样硬化病变发展的基因的功能[39]。

2. 受体基因甲基化与动脉粥样硬化　近年来的研究证实，动脉粥样硬化患者粥样斑块中雌激素受体 2α（estrogen receptor 2α，ER2α）的基因甲基化水平显著增高，进而发现 ER2α 的表达下调。一系列的观察显示动脉粥样硬化患者的 ER2α 表达降低，提示 *er2α* 基因表达沉默与动脉粥样硬化形成之间的相关性。有研究显示在 38 例动脉粥样硬化患者中 22 例发现 *er2α* 基因启动子区域的高甲基化，甲基化频率为 70.4%。而在健康对照组中，28 个样本仅发现 8 例甲基化，甲基化频率只有 28.6%，远远低于动脉粥样硬化患者（$P<0.05$）。同时，在动脉粥样硬化组，血浆同型半胱氨酸水平明显高于对照组（$P<0.05$）。Spearman 等级相关分析表明 *er2α* 基因甲基化程度和同型半胱氨酸水平之间具有一个明显的相关性（$R=0.809$，$P<0.05$），即粥样硬化病变的严重程度也正相关于血浆中同型半胱氨酸的水平。体内和体外的研究数据同时表明，同型半胱氨酸可以促进 *er2α* 基因启动子区的高甲基化，这可能是动脉粥样硬化发病的一个重要机制[40]。

3. *p53* 基因甲基化与动脉粥样硬化　*p53* 基因表达于各种正常组织中，但是当细胞受到伤害时，*p53* 表达上调，通过 *p21* 基因的信号途径阻止细胞周期，启动 DNA 损伤修复体系，直到损伤的 DNA 得到修复，从而有效维持基因组的完整性，保证遗传信息的正确传递。然而当 DNA 损伤非常严重时，细胞不能及时有效地完成修复，通过诱导促调亡蛋白 Box 表达使细胞走向死亡。已经得到证实的是 *p53* 基因突变伴随着众多肿瘤的发生，而目前的研究发现 *p53* 基因发生高甲基化与动脉粥样硬化的形成密切相关。Guevara 等人在 *apoE* 基因敲除小鼠中考察了 *p53* 基因的活性对动脉粥样硬化形成的影响。给小鼠饲以含有相同胆固醇量的高脂肪膳食，相对于 P53(+/+)/apoE(–/–) 小鼠，P53(–/–)/apoE(–/–) 小鼠发生动脉粥样硬化的概率显著提高，硬化程度更是提高 280%，同时伴随着 180% 的细胞凋亡。这些现象表明 *p53* 基因通过影响细胞增殖与细胞凋亡和动脉粥样硬化存在着某种内在的联系。而*p53*基因启动子区CpG甲基化变化与动脉粥样硬化密切相关[41]。

总的来说，动脉粥样硬化过程在全基因组水平发生一个低甲基化的变化，一些基因所在的局部区域经历一个高甲基化的变化。一般来说DNA甲基化会抑制基因的表达，在重复序列区域，DNA的甲基化参与异染色质的形成。考虑到DNA甲基化对维持基因组稳定性方面的重要作用，动脉粥样硬化病变过程中，全基因组水平的低甲基化可能改变了染色质的结构，从而影响基因的表达模式。而个别基因的高甲基化使如*p53*等细胞周期调控基因的表达受到抑制，从而影响细胞周期的运转细胞增殖的速率，最终导致动脉粥样硬化的发生[42]。

二、组蛋白修饰与动脉粥样硬化

组蛋白甲基化与乙酰化作为组蛋白共价修饰的2种主要方式，参与许多生物学过程，并在基因表达调控中发挥重要作用。已有研究表明，组蛋白甲基化和去乙酰化参与了心血管疾病的发生发展过程，探讨组蛋白甲基化、去乙酰化及两者在心血管系统中的作用，对认识心血管疾病有重要意义。

（一）组蛋白甲基化修饰对动脉粥样硬化的影响

作为一种重要的表观遗传学调控机制，组蛋白甲基化修饰在多种生命过程及疾病发生中发挥着重要的作用。细胞内多种组蛋白甲基化酶和去甲基化酶共同调节组蛋白在不同状态下的修饰，从而参与基因转录调控过程。

H3K4和H3K9的ChiP实验结合焦磷酸测序揭示，在心脏发育缺陷的大鼠模型中，心肌细胞H3K4和H3K9的三甲基化谱发生了显著变化，许多邻近H3K4和H3K9差异甲基化的基因高度富集在与心脏功能相关的信号通路中，例如*ryr2*、*cacna2d1*、*cacnb2*等基因直接参与调节细胞内钙离子浓度和肌肉收缩[43]。

（二）组蛋白乙酰化/去乙酰化对动脉粥样硬化的影响

Sirtuins是一种从原核生物到人类中广泛存在且高度保守的去乙酰化蛋白。哺乳动物的Sirtuins家族中已发现7个成员（SIRT1~SIRT7）。其中SIRT1是酵母SIR2的同源蛋白，属于Ⅲ类去乙酰化酶。SIRT1的脱乙酰基作用底物包括组蛋白、多种重要的转录因子和一些转录共激活因子。最近的一份研究显示，SIRT1的高表达对血管形成过程中血管的生长具有重要作用。干扰SIRT1的基因表达会诱发血管形成的缺陷。SIRT1也被证明可以防止因外界压力诱导的细胞死亡而引起的血管内皮功能障碍。SIRT1在调节血管功能上的关键作用包括，SIRT1在体外能抑制氧化型低密度脂蛋白诱导的内皮细胞凋亡，以及在内皮细胞特异性的*sirt1*转基因小鼠细胞系中观察到其有利于改善高脂肪饮食情况下受损的内皮依赖性血管舒张。这些小鼠和载脂蛋白E基因敲除（apoE–/–）小鼠杂交产生的小鼠，和apoE–/–小鼠相比，10周高脂肪饮食后，动脉粥样硬化小鼠数量减少。这个结果表明SIRT1在血管内皮细胞的过度表达，对动脉粥样硬化的发生具有防止和保护的作用[44]。

Findeisen等使用一种非特异性组蛋白去乙酰化酶抑制剂Scriptaid完美地展示了在新生内膜增厚大鼠模型中对机体的保护效应。实验表明，在大鼠的血管平滑肌细胞中存在线粒体诱导的HDAC1～3的转录上调。应用RNA干扰技术降低这3个HDAC的表达或用HDAC的药物抑制剂能够防止血小板源性生长因子诱导血管平滑肌细胞增生。更多的研究表明HDAC抑制剂可以阻断细胞周期，虽然对周期蛋白依赖性激酶抑制因子P21Cip1和P27KipRb的上调并不十分明显，但是对血管平滑肌细胞的增生却产生了明显的抑制效应，这个过程是通过Rb蛋白磷酸化来调控的。HDAC的药物抑制剂还可以下调促细胞分裂素周期蛋白D1的表达，同时在周期蛋白D1启动子区域发现了组蛋白H3K9乙酰化修饰的上调[45]。

HDAC抑制剂可以提高整体的乙酰化水平，从而提高基因的表达，但是有些基因如细胞周期蛋白D1基因的表达下降似乎是非常有趣的。因此，HDAC的作用是多方面的，对不同的基因可能存在不同的调节机制。

三、MiRNA与动脉粥样硬化

（一）血管平滑肌细胞

血管平滑肌细胞表型转化是血管平滑肌细胞（vascular smooth muscle cell，VSMC）增殖的关键性起始步骤，血管平滑肌细胞的异常增殖是导致动脉粥样硬化的重要因素，研究血管平滑肌细胞表型转化在动脉粥样硬化中的调控机制具有重要意义。在目前的研究中，研究人员发现 miR-145 是在血管壁的血管平滑肌细胞中表达量最高的 miRNA，并且在新鲜分离的血管壁中也是选择性地表达于血管平滑肌细胞。然而，在正常血管内皮细胞中 miR-145 的表达几乎检测不到。因此，miR-145 可作为血管平滑肌细胞在血管壁的一个新标志物。最近的一项研究表明，miR-145 的表达在新生内膜病变的血管壁中被显著抑制。在用血小板源性生长因子（PDGF）刺激培养的血管平滑肌细胞中，发现 miR-145 的表达变化和平滑肌细胞分化标志基因的表达变化如 SMα- 肌动蛋白、SM-MHC、钙调蛋白一致。这一发现被动物体内实验大鼠颈总动脉球囊损伤模型进一步证实。这些结果首次展示了 miR-145 是血管平滑肌细胞的一种新型表型标志，然后研究人员试图确定在血管平滑肌细胞表型调制中 miR-145 潜在的作用。

首先被发现的是过表达 miR-145 能抑制血小板源性生长因子诱导的血管平滑肌细胞去分化。为监视 miRNA 和其靶基因发生的先后顺序，观察发现血小板源性生长因子刺激后的 miR-145 表达下降明显早于血管平滑肌细胞分化的标志基因。血小板源性生长因子刺激后血管平滑肌细胞分化的标志基因的蛋白质表达恢复过程是晚于 miR-145 和这些标志基因的 mRNA 恢复过程。这些结果表明，血管平滑肌细胞分化的恢复过程是 miR-145 通过调控血管平滑肌细胞分化标志基因的 mRNA，从而调控这些标志基因的蛋白表达。

在血管平滑肌细胞表型的调制过程中，miR-145 的表达是引起疾病的诱因之一。在静息的非血小板源性生长因子刺激的血管平滑肌细胞中检测经过修饰的 2'-OMe-miR-145 和 miR-145 前体的细胞学效应。功能获得（gain of function）和功能缺失（loss of function）实验发现 miR-145 本身就足够引起这种表型的改变。过表达的 miR-145 能够维持原代培养的血管平滑肌细胞的形态学特征。

miR-145 对血管平滑肌细胞表型的调控效果进一步在大鼠颈总动脉球囊损伤模型中被验证。因此，不论是在体内还是体外实验，miR–145 都是一种新型的血管平滑肌细胞的表型调控因子。

生物信息学分析初步显示，miR-145 调控的靶基因是 *klf5*。在血小板源性生长因子刺激的血管平滑肌细胞和球囊损伤颈动脉模型中 KLF5 的表达与 miR-145 的表达存在一种负相关的模式。为了验证这一调控关系，研究人员首先证实了 miR-145 确实能够结合到 KLF5 的转录本上，并通过其 3'-UTR 的片段调节其蛋白的翻译。此外，在 *klf5* 敲除的血管平滑肌细胞中，miR-145 介导的血管平滑肌细胞表型被减弱，这可能是由于 miR-145 缺乏其靶基因所致。应用 siRNA 干扰技术降低 miR-145 前体的表达时，对照组干扰 miR-145 的前体可以导致 SMα- 肌动蛋白约 300% 的表达上调。然而，在 *klf5* 敲除细胞中，SMα- 肌动蛋白的表达仅仅增加了约 30%。这些结果表明，虽然 *klf5* 不是 miR-145 唯一的靶基因，但它的确是 miR-145 一个重要的功能靶基因，参与调控 miR-145 介导的血管平滑肌细胞表型。有研究表明，*klf5* 基因的功能具有细胞特异性，在不同类型的细胞中通过不同的通路发挥着不同的作用。在以后的研究中应确定在血管平滑肌细胞中 KLF5 如何直接影响 SMα- 肌动蛋白的转录。最近的一项研究表明，KLF5 对心肌蛋白的表达具有负调控作用。由于心肌蛋白是血管平滑肌细胞分化标志基因的关键调节因子，推测 KLF5 诱导的血管平滑肌细胞分化标志基因表达下调可能与心肌蛋白相关。事实上心肌蛋白的表达也受 miR-145 和 miR-145 抑制剂调控。这些结果充分地表明，miR-145 介导的血管平滑肌细胞表型的变化是通过 KLF5/心肌蛋白的通路。

另外，微阵列数据中显示在球囊损伤后多个 miRNA 在血管壁中不正常表达。在目前的研究中，优先考察 miR-145、miR-21 和 miR-221 对血管平滑肌细胞表型的影响。有研究结果显示在诱导血管平滑肌细胞分化标志基因方面，miR-21 的前体也增加了 SMα- 肌动蛋白表达效果，但比 miR-145 前体诱导的幅度要小很多。然而 miR-221 前体则引起 SMα- 肌动蛋白的表达下降。因此这 3 个 miRNA 分子中 miR-145 是维持血管平滑肌细胞分化最重要的 miRNA。当仅用 miR-145 前体诱导血管平滑肌细胞分化，要比用 miR-145 前体和 miR-221 前体的诱导效率显著提高。很显然，在调节血管平滑肌细胞分化的表型中 miR-221 和 miR-145 之间有一个对立的平衡。这些研究表明 miR-145 是一种新型的控制血管新生内膜病变和血管平滑肌细胞表型的标志物和调节因子，可广泛用于各种增生性心血管疾病的诊断和动脉粥样硬化的治疗[46]。

鼠心脏祖细胞定位于平滑肌细胞（包括神经嵴细胞衍生的血管平滑肌细胞）之前，miR-145 和 miR-143 通常共同转录。血清反应因子、心肌素

（myocardin）和 Nkx2-5 是 miR-145 和 miR-143 的直接调控靶标。miR-145 对于心肌素诱导的成纤维细胞程序性重排转化为平滑肌细胞是必需的，也足以诱导多能神经嵴干细胞分化成血管平滑肌细胞。此外，miR-145 和 miR-143 共同作用的转录因子包括 Klf4、myocardin 和 Elk-1 也可促进平滑肌细胞的分化和增殖。miR-145 和 miR-143 共同调节平滑肌细胞在静止和增殖之间的转换[47]。

糖尿病患者通常伴有内源性高胰岛素血症，异常增高的内源性胰岛素会刺激血管平滑肌细胞异常增生，导致血管粥样硬化，但其详细机制此前并不了解。寻找高胰岛素血症引起的血管平滑肌细胞增殖机制，对进一步阐明动脉粥样硬化的发病机制及预防、治疗动脉粥样硬化及其一系列伴随疾病具有重要意义。我国第三军医大学曾春雨的科研团队采用不同浓度的胰岛素刺激血管平滑肌细胞，利用微小 RNA 基因芯片、实时定量 PCR、RNA 干扰、流式细胞技术等实验手段发现，正常的血管平滑肌细胞受到胰岛素刺激后，会从静止期进入有丝分裂期。高浓度胰岛素刺激血管平滑肌细胞后，miR-208 会增高，进而抑制细胞周期蛋白依赖性激酶抑制因子 P21，导致血管平滑肌细胞增殖，产生动脉粥样硬化[52]。胰岛素增加血管平滑肌细胞增殖和 miR-208 的表达。miR-208 的过表达又加速胰岛素介导的血管平滑肌细胞增殖。此外，miR- 208 可以促进 G_0/G_1 期细胞向 S 期的转变。生物信息学分析发现，作为细胞周期蛋白依赖性激酶的抑制蛋白家族成员，P21 可能是 miR-208 的靶目标。转染 miR- 208 的细胞，P21 蛋白表达下降。然而当使用 miR -208 的抑制剂时，也部分阻断 *p21* 基因的表达。显然 miR -208 和 P21 之间的相互作用是直接的。胰岛素不仅参与糖、脂代谢，而且具有促进细胞有丝分裂作用，与胰岛素受体的结合，直接或间接刺激某些生长因子，通过一条或多条信号转导途径引起血管平滑肌细胞异常增殖，引起血管壁的僵硬、管腔狭窄，最终促进了动脉粥样硬化，为临床预防并治疗糖尿病开辟了新的思路。

（二）血管内皮细胞

老化是 2 型糖尿病和动脉粥样硬化的主要发病原因之一，而这 2 种疾病的发病率和病死率也是西方国家中的主要危险因素之一。其中与年龄相关的人体器官功能和结构的变化特别需要注意血管内皮功能的下降。内皮生长和衰老的分子基础是以 SIRT1 依赖性 *foxo1* 转录控制的逐步减轻为特征。

在内皮细胞衰老的过程中，miR-217 是 SIRT1 的天然抑制剂。首先，miR-217 在年轻细胞中表达很低或者不表达，随着细胞复制次数的增加而逐步升高。然而这是以 SIRT1 的表达下降为代价的。使 miR-217 在年轻的细胞中高表达能够诱导细胞衰老，而抑制 miR-217 会恢复部分老化细胞的表型。在人工基底膜分析实验中对微管的形成也同样如此。另外，在血管内皮细胞中 miR-217 通过 SIRT1 影响 *foxo1* 和 *eNos* 的乙酰化状态，而这 2 个基因是血管生成和微管形成的决定性因素。

在内皮生长过程中，miR-217 作为 SIRT1/FOXO1 的天然抑制剂，可以对抗 eNOS 的作用来启动细胞凋亡。研究人员通过分析动脉粥样硬化斑块的样品，研究 miR-217 的表达情况和对其他基因的影响。人类动脉粥样硬化病变的组织学已被广泛研究，它具有衰老的病变特征，目前的数据表明，miR-217 在体内调控 SIRT1 的活性，并与 SIRT1/FOXO1 通路途径相关，这意味着动脉粥样硬化发病和 miR-217 紧密相关。miR-217 作为 SIRT1 的内源性抑制剂，在血管生成和衰老过程中干扰 SIRT1/FOXO 的正常功能，这为针对 SIRT1 设计药物，调节血管内皮功能障碍和相关代谢紊乱提供了新的治疗途径[48]。

血管内皮细胞的损伤是动脉粥样硬化的启动因素，同时内皮细胞的增殖形成新的血管，参与损伤血管的修复。最近的研究显示 miRNA 对内皮细胞的作用主要是调节内皮细胞表面黏附分子的表达，以及参与内皮细胞增殖、迁移、血管形成的调控[18]。激活的内皮细胞表达细胞表面黏附分子，在调节白细胞向炎症部位转移方面发挥了关键作用。静息的内皮细胞通常不表达黏附分子，但有些细胞因子会激活内皮细胞表达相关的黏附分子，从而发挥特有的功能。如血管细胞黏附分子 1（vascular cell adhesion moleculor 1，VCAM1），介导白细胞黏附到内皮细胞上。有研究表明表明，血管内皮细胞表达 miR-126 可以抑制 VCAM1 的表达。用反义寡核苷酸抑制 miR-126 可以恢复 VCAM1 的表达。此外，减少内源性 miR-126 的水平，也有增加白细胞黏附到血管内皮细胞的效应。这些数据表明，miRNA 可以调节黏附分子的表达，从而控制血管炎症。实际上许多内皮细胞的这些 miRNA 也表达于其他类型细胞。然而，这一系列的 miRNA 组合可能是内皮细胞所特有的。多种细胞和组织可以表达同一种 miRNA，同一种细胞中更是有大量的miRNA同时表达，并且随着发育的过程不断发生变化。另外，miRNA倾向于表达在特异的组织中，如miR- 126就是高度表达于心血管组织中。miRNA的表达谱数据证实miR-126可以在其他组织细胞中低水平表达，包括造血、内分泌、生殖器官等。以前认为在其他组织中miR-126的表达可能只是特异表达于这些组织器官的血管中，现在的研究发现，miR- 126的确在血管内皮细胞中表达，但不是在血管平滑肌细胞和淋巴细胞中表达。

内皮祖细胞（endothelial progenitor cell，EPC）在血管生成中发挥重要作用，而血管生成对许多生理过程包括肿瘤的生长都是至关重要的。据报道，miR-34A作为一种肿瘤抑制因子，可以靶向沉默*sirt1*，从而导致细胞周期阻滞或细胞凋亡。miR-34A在正常的EPC中表达，然而过表达miR-34A会引起体外培养的EPC血管生成受损。同时，miR-34A的过度表达也会导致显著增加的EPC衰老，并伴随着SIRT1表达下降40%。此外，通过siRNA干扰技术对*sirt1*的表达进行下调也会导致EPC血管生成减少，并且细胞的衰老提高。总之，miR -34A对EPC介导的血管生成具有抑制作用，并通过抑制*sirt1*基因表达进而诱导衰老，最终导致动脉粥样硬化的发生[49]。

miR-17～miR-92基因簇高度表达于人类内皮细胞中，其中miR-92A控制新生血管的生长。体外和体内的血管生成实验表明过度表达miR-92A可以阻止血管发生。在肢体缺血和心肌梗死小鼠模型中，miR-92A抑制剂可以恢复血管的生长和受损的组织。miR-92A的靶基因包括数个促进血管形成的基因。因此，在动脉粥样硬化导致的缺血性疾病中，miR-92A可以作为一个有价值的治疗靶点[50]。

（三）免疫细胞

辅助性T细胞（Th）是在免疫调节中起促进作用的T细胞亚群。根据其表面单抗受体、所产生的细胞因子和功能又可分为Th1和Th2。Th1细胞主要介导细胞免疫反应，Th2细胞主要调节体液免疫反应，参与过敏反应。

Th1细胞对机体的特异性和非特异性免疫均具有重要调节作用，能协助B细胞产生抗体，也能促进其他T细胞的分化成熟，是机体内一类重要的免疫调节细胞。Th1细胞的增多对动脉粥样硬化的发展是一个必不可少的过程。有研究表明miR-146a是Th1驱动的自身免疫性疾病中特异性高表达的一种miRNA。这项研究的目的是探讨在急性冠状动脉综合征（ACS）发病过程中miR-146a可能的作用。结果表明，急性冠状动脉综合征患者外周血单个核细胞（PBMC）中miR-146a的表达显著增加。有研究发现，在外周血单个核细胞中miR-146a的高表达显著上调Th1细胞的功能。此外，我们发现miR-146a在外周血单个核细胞可以通过转录后水平提高T-bet途径来调节Th1细胞分化。而且这项研究也证明miR -146a在体外能诱导肿瘤坏死因子-α、MCP- 1、NF-κB和P65的表达，这些都是关键的促炎性细胞因子，并作为动脉粥样硬化发生过程中的重要因素。相比之下，miR-146a抑制剂可以显著减轻这些现象。miR-146a通过调控Th1细胞分化可能成为动脉粥样硬化和急性冠状动脉综合征之间一种新的调控因子，有可能作为一种新的治疗靶标[51]。

单核/巨噬细胞的炎症反应和细胞对氧化型低密度脂蛋白（oxLDL）的摄入吸收对动脉粥样硬化的发生和发展起了关键的作用。越来越多的证据表明，许多小分子RNA在细胞增殖、凋亡和分化伴随的炎症反应过程中发挥重要作用。miRNA与单核/巨噬细胞的炎症反应和氧化型低密度脂蛋白摄入的关系和机制也逐渐被揭示[56]。研究人员首先用微陈列（microarray）进行了完整的miRNA表达谱分析，并进行Real-time PCR验证，结果发现5个miRNA分子存在显著的表达差异，它们是miR-125a-5p、miR-9、miR-146a、miR-146b-5p和miR-155。其中miR-125a-5p的变化最为突出，出现了显著的上调。科研人员利用转染技术成功导入miR-125a-5p抑制物，发现抑制miR-125a-5p的表达可显著提高细胞对脂类的摄取，并提高了清道夫受体（scavenger receptor）的表达和炎症细胞因子的分泌。进一步对miR-125a-5p作用的靶基因进行了预测，表明*orp9*为miR-125a-5p的靶基因之一。通过抑制miR-125a-5p的表达，可以提高*orp9*的mRNA和蛋白质表达水平。通过上述系统性的研究，认为miR-125a-5p可能部分参与调控oxLDL刺激的单核细胞炎症反应、脂类摄取和ORP9表达，而该过程有可能起到了阻止动脉粥样硬化发生的作用。

炎症刺激因子释放到动脉粥样硬化斑块的微环境中，调节相关基因的表达和翻译来调节血管形成。miRNA在生物代谢过程中对蛋白质编码基因的转录后水平调控发挥着不可替代的作用。其中，miR-221/222通过靶基因的调控似乎对血管重塑起负调控作用。有研究[57]采用Real-time PCR扩增分析了7个与心血管有关的miRNA：miR-17-5p、miR-21、miR-126、miR-210、miR-221、miR-222和miR-296，发现它们都在静止的内皮细胞中表达水平高。然而，只有miR-222参与炎症介导的血管重塑。因此，在人内皮细胞中miR-222表达失调对进行性动脉粥样硬化病变过程起着关键的作用。

（李　晋　张如奎　赵丽萍　于文强）

参考文献

1. Millis RM. Epigenetics and hypertension. Curr Hypertens Rep, 2011, 13:21.
2. Millis RM. Epigenetics, essential hypertension and renin-angiotensin system upregulation in the offspring of water-deprived pregnant rats. Hypertens Res, 2009, 32(12):1051-1052.
3. Friso S, Pizzolo F, Choi SW. Epigenetic control of 11 beta-hydroxysteroid dehydrogenase 2 gene promoter is related to human hypertension. Atherosclerosis, 2008, 199: 323-327.
4. Rivière G, Lienhard D, Andrieu T, et al. Epigenetic regulation of somatic angiotensin-converting enzyme by DNA methylation and histone acetylation. Epigenetics, 2011, 6(4):478-489.
5. Claudia Arce, Blanca Segura-Pacheco, Hydralazine, et al. From blood vessels to the epigenome. Journal of Translational Medicine, 2006, 4:10 .
6. Glorioso N, Filigheddu F, Parpaglia PP, et al. 11beta-hydroxysteroid dehydrogenase type 2 activity is associated with left ventricular mass in essential hypertension. Eur Heart J , 2005, 26(5):498-504.
7. Irina B, Andrea H. Glucocorticoid effects on the programming of AT1b angiotensin receptor gene methylation and expression in the rat. PLoS ONE, 5(2): 9237.
8. Togher KL, Togher KL, O'Keeffe MM, et al. Epigenetic regulation of 11β-hydroxysteroid dehydrogenase type 2 expression. The Journal of Clinical Investigation, 2004, 114(8):1146-1157
9. Wyrwoll CS, Mark PJ, Waddell BJ, et al. Developmental programming of renal glucocorticoid sensitivity and the renin-angiotensin system. Hypertension, 2007, 50(3):579-584.
10. Steckelings UM, Rompe F, Kaschina E, et al. The past, present and future of angiotensin II type 2 receptor stimulation. J Renin Angiotensin Aldosterone Syst, 2010, 11(1):67-73.
11. Bogdarina IG1, King PJ, Clark AJ, et al. Characterization of the angiotensin (AT1b) receptor promoter and its regulation by glucocorticoids. J Mol Endocrinol, 2009, 43(2):73-80.
12. Zhang MZ, Yao B, Wang S, et al. Intrarenal dopamine deficiency leads to hypertension and decreased longevity in mice. J Clin Invest, 2011, 121(7):2845-2854.
13. Funke-Kaiser H, Thomas A, Bremer J, et al. Regulation of the major isoform of human endothelin-converting enzyme-1 by a strong housekeeping promoter modulated by polymorphic microsatellites. J Hypertens, 2003 , 21(11):2111-2124.
14. Castro R, Rivera I, Struys EA, et al. Increased homocysteine and S-adenosylhomocysteine concentrations and DNA hypomethylation in vascular disease. Clin Chem, 2003, 49(8):1292-1296.
15. Perna AF, Ingrosso D. Mechanism of erythrocyte accumulation of methylation inhibitor S-adenosylhomocysteine in uremia. Kidney Int, 1995, 47(1):247-253.
16. Wang Y, Chen S, Yao T, et al. Homocysteine as a risk factor for hypertension: a 2-year follow-up study. PLoS One, 2014, 9(10):108223.
17. Sidoli S, Cheng L, Jensen ON, et al. Proteomics in chromatin biology and epigenetics: elucidation of post-translational modifications of histone proteins by mass spectrometry. J Proteomics, 2012, 75(12):3419-3433.
18. Friso S, Carvajal CA, Fardella CE, et al. Epigenetics and arterial hypertension: the challenge of emerging evidence. Transl Res, 2014, 25: 1931-5244.
19. Kaneda R, Takada S, Yamashita Y, et al. Genome-wide histone methylation profile for heart failure. Genes Cells, 2009, 14(1):69-77.
20. Lee HA, Lee DY, Cho HM, et al. Histone deacetylase inhibition attenuates transcriptional activity of mineralocorticoid receptor through its acetylation and prevents development of hypertension. Circ Res, 2013, 112(7):1004-1012.
21. Alsarraf O, Fan J, Dahrouj M, et al. Acetylation preserves retinal ganglion cell structure and function in a chronic model of ocular hypertension. Invest Ophthalmol Vis Sci, 2014, 55(11):7486-7493.
22. Xu CC, Han WQ, Xiao B, et al. Differential expression of microRNAs in the aorta of spontaneously hypertensive rats. Sheng Li Xue Bao, 2008, 60(4):553-560.
23. Yang Z, Kaye DM. Mechanistic insights into the link between a polymorphism of the 3' UTR of the SLC7A1 gene and hypertension. Hum Mutat, 2009, 30(3):328-233.
24. Naraba H, Iwai N. Assessment of the microRNA system in salt-sensitive hypertension. Hypertens Res, 2005 , 28(10):819-826.
25. Liu LS, Xie JX. Epidemiology and community control of hypertension in China. Public Health Rev, 1985, 13(3-4):293-308.
26. Yu ZR, Liu LS, Luan QX, et al. Correlation between periodontitis and metabolic syndrome of the middle-aged and aged population in Shijingshan community of Beijing. Beijing Da Xue Xue Bao, 2012, 44(4):633-638.
27. Mu S, Shimosawa T, Ogura S, et al. Epigenetic modulation of the renal β-adrenergic-WNK4 pathway in salt-sensitive hypertension. Nat Med, 2011, 17(5):573-580.
28. Adamis D, Ball C. Physical morbidity in elderly psychiatric inpatients: prevalence and possible relations between the major mental disorders and physical illness. Int J Geriatr Psychiatry, 2000, 15(3):248-253.
29. Jonas BS1, Franks P, Ingram DD. Are symptoms of anxiety and depression risk factors for hypertension? Longitudinal evidence from the National Health and Nutrition Examination Survey I Epidemiologic Follow-up Study. Arch Fam Med, 1997, 6(1):43-49.
30. Gafarov VV, Gromova HA, Gagulin IV, et al. Arterial hypertension, myocardial infarction and stroke: risk of development and psychosocial factors. Alaska Med, 2007, 49(2):117-119.
31. Grimsrud A, Stein DJ, Seedat S, et al. The association between hypertension and depression and anxiety disorders: results from a nationally-representative sample of South African adults. PLos One, 2009, 4(5):5552.
32. Esler M, Eikelis N, Schlaich M, et al. Human sympathetic nerve biology: parallel influences of stress and epigenetics in essential hypertension and panic disorder. Ann N Y Acad Sci, 2008, 1148:338-348.
33. Altobelli E, Petrocelli R, Maccarone M, et al. Risk factors of hypertension, diabetes and obesity in Italian psoriasis patients: a survey on socio-demographic characteristics, smoking habits and alcohol consumption. Eur J Dermatol, 2009, 19(3):252-256.
34. Smolarek I, Olszewski J, Naskret-Barciszewska M, et al. The evaluation of level of epigenetic indicator--5-methylcytosine in smoking and non-smoking patients with mild essential

hypertension. Przegl Lek, 2007, 64(10):695-697.
35. Lusis AJ. Atherosclerosis. Nature, 2000, 407(6801):233-241.
36. Chunming Dong, Woohyun Yoon, Pascal J, et al. DNA methylation and atherosclerosis. J Nutr, 2002, 132(8):2406-2409.
37. Nazarenko, Puzyrev MS, Lebedev VP, et al. Methylation profiling of DNA in the area of atherosclerotic plaque in humans. Molecular Biology, 45(4):561-566.
38. Gertrud Lund, Linda Andersson, Massimiliano Lauria, et al. DNA methylation polymorphisms precede any histological sign of atherosclerosis in mice lacking apolipoprotein E. J Biol Chem, 2004, 279(28):29147-29154.
39. Zaina S, Lindholm MW, Lund G. Nutrition and aberrant DNA methylation patterns in atherosclerosis: more than just hyperhomocysteinemia? J Nutr, 2005, 135(1):5-8.
40. Laukkanen MO, Mannermaa S, Hiltunen MO, et al. Local hypomethylation in atherosclerosis found in rabbit *ec-sod* gene. Arterioscler Thromb Vasc Biol, 1999, 19(9):2171-2178.
41. Huang YS, Zhi YF, Wang SR. Hypermethylation of estrogen receptor-alpha gene in atheromatosis patients and its correlation with homocysteine. Pathophysiology, 2009, 16(4):259-265.
42. Guevara NV, Kim HS, Antonova EI, et al.The absence of p53 accelerates atherosclerosis by increasing cell proliferation in vivo. Nat Med, 1999, 5(3):335-339.
43. Hiltunen MO, Ylä-Herttuala S. DNA methylation, smooth muscle cells, and atherogenesis. Arterioscler Thromb Vasc Biol, 2003, 23(10):1750-1753.
44. Kaneda R, Takada S, Yamashita Y, et al. Genome-wide histone methylation profile for heart failure. Genes Cells, 2009, 14(1):69-77.
45. Zhang QJ, Wang Z, Chen HZ, et al. Endothelium-specific overexpression of class III deacetylase SIRT1 decreases atherosclerosis in apolipoprotein E-deficient mice. Cardiovasc Res, 2008, 80(2):191-199.
46. Natarajan R. Drugs targeting epigenetic histone acetylation in vascular smooth muscle cells for restenosis and atherosclerosis. Arterioscler Thromb Vasc Biol, 2011, 31(4):725-727.
47. Rodríguez-Campos A, Azorín F. RNA is an integral component of chromatin that contributes to its structural organization. PLoS One, 2007, 2(11):1182.
48. Cheng Y, Liu X, Yang J, et al. MicroRNA-145, a novel smooth muscle cell phenotypic marker and modulator, controls vascular neointimal lesion formation. Circ Res, 2009, 105(2):158-166.
49. Cordes KR, Sheehy NT, White MP, et al. miR-145 and miR-143 regulate smooth muscle cell fate and plasticity. Nature, 2009, 460(7256):705-710.
50. Zhang Y, Wang Y, Wang X, et al. Insulin promotes vascular smooth muscle cell proliferation via microRNA-208-mediated downregulation of p21. J Hypertens, 2011, 29(8):1560-1568.
51. Tamia A Harris, Munekazu Yamakuchi, Marcella Ferlito, et al. MicroRNA 217 modulates endothelial cell senescence via silent information regulator 1. Circulation, 2009, 120(15): 1524-1532.
52. Menghini R, Casagrande V, Cardellini M, et al. MicroRNA-126 regulates endothelial expression of vascular cell adhesion molecule 1. Proc Natl Acad Sci USA, 2008, 105(5): 1516-1521.
53. Zhao T, Li J, Chen AF. MicroRNA-34a induces endothelial progenitor cell senescence and impedes its angiogenesis via suppressing silent information regulator 1. Am J Physiol Endocrinol Metab, 2010, 299(1):110-116.
54. Bonauer A, Carmona G, Iwasaki M, et al. MicroRNA-92a controls angiogenesis and functional recovery of ischemic tissues in mice. Science, 2009 , 324 (5935):1710-1713.
55. Guo M, Mao X, Ji Q, et al. MiR-146a in PBMCs modulates Th1 function in patients with acute coronary syndrome. Immunol Cell Biol, 2010 , 88(5):555-564.
56. Chen T, Huang Z, Wang L, et al. MicroRNA-125a-5p partly regulates the inflammatory response, lipid uptake, and ORP9 expression in oxLDL-stimulated monocyte/macrophages. Cardiovasc Res, 2009, 83(1):131-139.
57. Dentelli P, Rosso A, Orso F, et al. MicroRNA-222 controls neovascularization by regulating signal transducer and activator of transcription 5A expression. Arterioscler Thromb Vasc Biol, 2010, 30(8):1562-1568.

第十四章　表观遗传修饰与神经精神疾病

第一节　概　论

人类中枢神经系统的主要功能是从周围神经系统获取信息，进行处理、协调和整合，从而产生反射活动、感觉以及记忆和认知。作为人类中枢神经系统的重要组成部分，人类的大脑皮质在长期的进化过程中高度发展，它不仅是人类各种功能活动的高级中枢，也是人类产生思维、意识和情感活动的物质基础。因此，人类中枢系统出现障碍，将严重影响到人的感觉、运动、情感和思维能力，从而给患者的工作、生活带来很大影响，这些疾病被称为神经精神疾病。由于神经系统中神经元细胞的再生能力很差，一旦出现了病变往往就造成永久性损伤，因此，神经系统的疾病往往难以治疗，具有很高的致残率，并造成严重的社会负担。

神经精神疾病，又可以分为神经性疾病和精神性疾病两大类。其中神经性疾病主要表现为神经系统的明显损伤，可由感染、外伤、先天畸形、循环障碍、代谢内分泌障碍等因素单独或共同引起，临床症状表现为意识、感觉、知觉和运动障碍，以及头痛、头晕、眩晕、反射异常。而精神性疾病往往没有明显的神经系统损伤，主要是行为和心理活动紊乱的一组神经系统疾病。临床症状表现为认知、情感、意志和行为等精神活动出现不同程度障碍。然而需要指出的是，神经疾病和精神疾病并非泾渭分明，很多神经疾病都会出现精神症状，而很多精神症状可能由神经疾病所引起。

表观遗传修饰在神经精神疾病的发生、发展中起非常重要的作用，如 Angelman 综合征就是因为印记基因的错误表达所引起。Angelman 综合征又被称为“快乐木偶病”；主要症状包括愉快面容，手臂有木偶样动作，具有严重智力和运动障碍，以及癫痫、语言障碍、特殊面容等。Angelman 综合征最主要的致病基因为 *ube3a*，该基因在脑组织中成母源特异性表达。70% 的患者病因是母源 15q11.2-13 新发缺失导致 *ube3a* 基因缺失或者印记中心缺失和 *ube3a* 不能正常表达，父源单亲二倍型也可导致 Angelman 综合征。

复杂神经精神疾病的病因仍不完全明确，表观遗传修饰在疾病发病机制中所起的作用仍不十分清楚。与其他复杂疾病类似，复杂神经精神疾病也是多个遗传和环境风险因素共同作用的结果。近年来，有越来越多的直接证据指出，表观遗传修饰与很多常见复杂神经精神疾病的发病相关，如阿尔茨海默病、精神分裂症、双相情感障碍等。然而，由于表观遗传修饰具有组织特异性，而神经精神疾病的发病部位在中枢神经系统，到目前为止仍难以获得活体组织，因而对于这些疾病的表观遗传研究主要通过尸检研究来进行，结果相对显得较为零散。特别是对于精神疾病来说，目前仍然缺乏客观的诊断标准，诊断主要依赖于精神科医师的主观判断，因而其病理机制研究就具有更多的局限性。

本章主要介绍一些常见的复杂神经精神疾病的表观遗传修饰变化，其中神经疾病主要集中于阿尔茨海默病和帕金森病这两种神经退行性疾病，而精神疾病则包括了精神分裂症、双相情感障碍、重性抑郁障碍和儿童孤独症谱系障碍[1]。

第二节　表观遗传修饰与神经退行性疾病

神经退行性疾病指以大脑和脊髓神经元细胞进行性损伤或死亡为特征的一类疾病。常见的多为遗传和环境风险因素共同作用导致的复杂神经退行性疾病。阿尔茨海默病是导致神经退行性病变的最主要原因，其在65岁人群中发病率超过10%。其他几种神经退行性疾病，如帕金森病等，尽管临床症状和神经病理学特征具有显著差异，但与阿尔茨海默病具有部分共同的遗传病因。

一、表观遗传修饰与阿尔茨海默病

阿尔茨海默病（alzheimer disease，AD）在65岁以上人群中发病率超过10%，全球有3000多万人罹患此病，而随着全球人均预期寿命的不断延长及老龄化程度的加剧，这个数字还将持续上升。阿尔茨海默病的确诊包括两项关键的神经病理学特征：老年斑（神经炎性斑块）和神经纤维缠结。阿尔茨海默病通常可以分为家族性阿尔茨海默病和迟发性阿尔茨海默病。目前已知淀粉样前体蛋白基因*app*（定位于21号染色体）、早老素1基因*pesn1*（定位于14号染色体）和早老素2基因*pesn2*（定位于1号染色体）上的突变可能造成家族性阿尔茨海默病。迟发性阿尔茨海默病同样具有较强的遗传性，载脂蛋白E基因*apoe*的*e4*等位基因被明确鉴定为该病的遗传风险因素，并使发病年龄提前[2]。分子生物学研究表明，这种*e4*等位基因有促进β淀粉样蛋白聚积的作用。然而，50%以上*apoe*e4*等位基因的携带者不会发展成阿尔茨海默病[3]。事实上，晚发型阿尔茨海默病并不完全由遗传因素所引起，甚至同卵双生子也可能具有阿尔茨海默病的非同病状态，这就需要环境因素和表观遗传学调控来进行解释。

（一）DNA甲基化与阿尔茨海默病

阿尔茨海默病的确诊标准是在脑皮质中检测到两项关键的神经病理学特征：老年斑（神经炎性斑块）和神经纤维缠结。因而，针对这一疾病的DNA甲基化研究主要通过脑组织尸检研究进行。在一项早期研究中，Schwob等利用甲基化敏感的限制性内切酶比较了阿尔茨海默病患者和正常人大脑皮质DNA整体甲基化水平，但他们未发现存在显著性差异[4]。需要指出的是，此项研究存在诸多局限性，如他们使用的限制性内切酶仅能识别CCGG序列，仅占人类基因组所有CpG位点的20%～30%。Mastroeni等的研究发现，在一对表型不一致的同卵双生子中，阿尔兹海默病患者脑部整体DNA甲基化水平显著下降[5]。此后，他们又通过免疫组化的方法，发现一系列与DNA甲基化相关的分子标记，如5-甲基胞嘧啶、DNMT1、MBD2/3等，在阿尔茨海默病患者大脑皮质的神经元和胶质细胞中表达下调，表明阿尔茨海默病可能存在DNA甲基化水平的整体下调[6]。

β淀粉样蛋白纤维的形成是阿尔茨海默病发病的核心事件，而编码淀粉样蛋白前体的*app*基因突变可导致家族性阿尔茨海默病发生，因而，该基因的表观遗传修饰变化很早就被怀疑与老年性阿尔茨海默病相关。在一则病例报道中，1例阿尔茨海默病患者大脑皮质中，*app*基因启动子区DNA完全去甲基化，而在对照样品中未观察到这一情况[7]。然而，这一结果在后续研究中并未得到重复。在小鼠大脑内皮细胞和人神经瘤细胞系SK-N-BE2细胞中的研究发现，β淀粉样蛋白也可能引起基因组DNA甲基化整体水平下降，包括β分泌酶基因*bace*和*caspase3*基因，另有一些基因则表现为DNA甲基化水平上升，如*mme*，该基因表达一种降解β淀粉样蛋白的膜金属肽链内切酶[8]。这些结果暗示β淀粉样蛋白诱导的DNA甲基化变化，可能对β淀粉样蛋白合成具有正反馈作用。对于阿尔茨海默病的其他致病基因及易感基因的DNA甲基化研究，包括*tau*、*psen1*、*apoe*及*mapt*，都未在所检测组织中发现显著的甲基化差异[9]。Siegmund等发现在阿尔茨海默病患者大脑皮质中，*sorb3*基因甲基化水平上升，而*s100ba2*基因甲基化水平下降。*sorb3*基因编码一种在神经元和胶质细胞中表达的细胞黏附分子，而*s100ba2*基因是s100钙结合蛋白基因家族的一员。这2个基因的甲基化改变在正常老化中也会发生，但在阿尔茨海默病患者中这种改变要显著得多[10]。

此外，患者外周血白细胞DNA的端粒酶反转录

酶基因 *htert* 启动子区的甲基化水平较正常老年人显著下降，而 *smarca5*、*sirt3* 和 *cdh1* 基因的启动子区没有发现显著性差异 [11]。尽管外周血与脑组织的基因表达以及表观遗传修饰有很大的不同，使用外周血进行研究仍可能有助于发现一些对于阿尔茨海默病诊断和治疗有用的分子标志物。

（二）组蛋白修饰与阿尔茨海默病

尽管阿尔茨海默病相关的组蛋白修饰研究开展得非常少，但仍有几项研究表明患者脑组织存在组蛋白修饰异常。Bolton 等的研究发现，非核心组蛋白 H1 在阿尔茨海默病患者神经元和胶质细胞中表达显著上调 [12]。Ogawa 等的研究发现，阿尔茨海默病患者海马神经元的组蛋白 H3 磷酸化水平显著上调，组蛋白 H3 磷酸化是激活有丝分裂的关键步骤，因而 Ogawa 等推测阿尔茨海默病与细胞周期相关 [13]。此外，组蛋白 H1 能与 β 淀粉样蛋白纤维及 α- 突触核蛋白等类似淀粉样蛋白纤维的模体结合 [14]。

组蛋白去乙酰化酶（HDAC）抑制剂被广泛应用于阿尔茨海默病的动物模型研究中，实验结果表明，HDAC 抑制剂可以改善一些与阿尔茨海默病相关的表型。APP/PS1 过表达小鼠模型在条件恐惧训练后，其不动状态较野生型小鼠显著降低，表明记忆能力受损，其海马组织组蛋白 H4 的乙酰化水平较对照组下降 50%。当训练前使用 HDAC 抑制剂曲古抑菌素 A，可以显著反转组蛋白 H4 的乙酰化水平，并可以提升条件恐惧训练中的表现 [15]。在 CK-p25 转基因小鼠中，万古霉素 A 也可以诱导树突生成，增加突触数量，改善记忆功能以及对长时记忆的回想 [16]。丙戊酸盐同样具有抑制 HDAC 的功能，能降低 *app* 基因 V717F 突变敲入小鼠的 β 淀粉样蛋白的生成以及脑部老年斑的水平 [17]。苯丁酸是另一种 HDAC 抑制剂，每日摄入苯丁酸可缓解阿尔茨海默病小鼠模型 Tg2576 记忆丧失，降低海马组织中磷酸化 tau 蛋白水平，但不能降低 β 淀粉样蛋白水平 [18]。此外，精氨酸乙酰转移酶能够促使组蛋白乙酰化并激活基因表达，已知 APP 蛋白胞内结构域可与精氨酸乙酰转移酶 5 蛋白及另一种接头蛋白 Fe65 组成复合体，能够激活基因表达。这一发现表明 *app* 基因的功能需通过组蛋白修饰来实现 [19]。这些发现提示组蛋白乙酰化异常参与阿尔茨海默病的发病过程，HDAC 抑制剂或许可以用于治疗阿尔茨海默病。

（三）miRNA 与阿尔茨海默病

目前已有几项研究比较了阿尔茨海默病患者与正常老年人脑部 miRNA 表达水平。其中，Hébert 等使用 miRNA 表达谱芯片检测了迟发性阿尔茨海默病、其他老年痴呆患者和正常老年人的脑组织中 miRNA 表达水平，他们发现有几种可调节 *app* 和 *bace1* 基因的 miRNA 表达显著下调。其中 miRNA 簇 miR-29a/b-1 的表达下调与 β 分泌酶蛋白水平上调存在相关性。而在体外研究中，miR-29a/b-1 被证实可以调节 *bace1* 基因的表达 [20]。

在另一项研究中，Nunez-Iglesias 等检测了阿尔茨海默病患者的同一份组织 mRNA 和 miRNA 表达，发现了很多 miRNA 表达水平与它们的靶 mRNA 表达水平存在对应性，而且很多 mRNA 与 miRNA 表达水平的对应性在阿尔茨海默病患者脑组织中发生了改变 [21]。

Cogswell 等同时检测了阿尔茨海默病患者脑部和脑脊液的 miRNA 表达变化，发现多种 miRNA 在小脑、海马和内侧前额叶组织中表达存在异常。然而，在不同脑区及不同的疾病阶段，差异表达的 miRNA 有很大的不同，通路分析表明差异表达的 miRNA 在代谢通路中富集。他们还比较了正常老年人和晚期阿尔茨海默病患者脑脊液中 miRNA 的差异，通路分析表明 T 细胞信号通路和炎症反应相关的 miRNA 表达上调 [22]。

app 基因本身也是多种 miRNA 的目标基因。在 Hela、COS1 和 HEK293 细胞的体外荧光素酶表达实验中，*app* 基因 3'端非编码区序列受到 miR-20a、miR-17-5p 和 miR-106b 的调控。在小鼠研究中，下调这 3 种 miRNA 可以显著增加 APP 蛋白的表达水平，但其 mRNA 水平却保持相对恒定。此外，在阿尔茨海默病患者脑皮质中 miR-106b 表达显著下调。但在 Hébert 等的研究中却未检测出 miR-20a、miR-17-5p 和 miR-106b 的表达水平与 APP 蛋白存在负相关性 [23]。除了 miR-29a/b-1，*bace1* 基因 3'端非编码区序列也是 miR-107 的结合位点，而 miR-107 在阿尔茨海默病患者脑皮质中表达显著下调 [24]。

（四）脑老化及环境因素导致阿尔茨海默病风险的表观遗传机制

脑的老化与阿尔茨海默病存在高度相关性。事实上，阿尔茨海默病最大的风险因素就是年龄，年龄越大，患病风险越高：65 岁以上老人的总患病率为 10% 左右，而 80 岁以上老人患病率达到 15%，85 ~ 89 岁年龄组患病率为 17% ，90 ~ 94 年龄组达到 32%，而 95 岁以上年龄组达到 43%。尽管有很多潜在有害变化在脑的老化与阿尔茨海默病同时发生，包括线粒体 / 氧化应激反应、促性腺激素、钙、糖皮质激素、炎症、胰岛素、脑血管供血以及成百上千的基因表达变化，然而目前不清楚那些同时发生的改变，哪些具有生物学意义？哪些只是巧合？因而，对脑的老化如何导致阿尔茨海默病患病风险上升仍然不清楚。

表观遗传修饰如 DNA 甲基化也会随着年龄的增长而发生变化，这种 DNA 甲基化改变可能与阿尔茨海默病有关。这为脑老化引起阿尔茨海默病患病风险上升提供了一种可能的分子机制。研究表明，在多种细胞和组织中，基因组的整体甲基化水平随年龄的增长而出现显著下降，其中也包括脑，而已发现阿尔茨海默病患者脑皮质 DNA 甲基化水平下降。这种整体水平的下降推测主要的发生机制包括 DNA 甲基转移酶 DNMT1 表达水平的持续下降 [25] 及 S- 腺苷高半胱氨酸相对 S- 腺苷甲硫氨酸水平的上升 [26]。DNMT1 的主要功能是维持 CpG 序列的 DNA 甲基化，其表达水平的下调可能是引发细胞老化的一种机制。S- 腺苷高半胱氨酸能够抑制多种甲基转移反应，包括 DNA 的甲基化。

某些阿尔茨海默病相关的基因也存在与年龄相关的 DNA 甲基化改变，如 *app* 基因。在人类大脑皮质尸检研究中发现，70 岁以上样本相对 70 岁以下样本的 *app* 基因启动子区甲基化水平显著下降，特别是在 -270 至 -182 碱基的 GC 丰富序列中 [27]。在 *tau* 基因启动子区，DNA 甲基化的改变相对较为复杂，随着年龄的增长，粒细胞趋化因子结合位点的甲基化水平降低而 *sp1* 转录因子结合位点甲基化水平上升。*app* 和 *tau* 基因的异常表达是阿尔兹海默病发病的核心事件，同样能够部分说明脑老化作为阿尔兹海默病风险因素的机制 [28]。此外，*rage* 基因启动子区整体甲基化水平随年龄增长而下降，但主要表现为 CpC、CpA 和 CTG 序列的甲基化水平改变 [29]。*cd11a* 基因上游约 1kb 的重复序列甲基化水平随年龄增长而下降，可能与这一基因表达上升有关 [30]。其他非编码序列和元件也随年龄而出现甲基化变化，如重复序列和内源性反转录病毒序列，这些序列原本是通过 DNA 甲基化失活，甲基化水平降低后可能导致基因组不稳定。

然而，有很多基因的表达随年龄显著下降而非上升。相应的，部分基因启动子区也表现出随年龄增长而甲基化水平上升，如 *igf2* 等 [31]。这种甲基化水平的上升可能与年龄依赖的 DNA 甲基转移酶 DNMT3a/b 的表达上调有关 [32]。

除了遗传和年龄因素，流行病学调查还发现很多其他因素同样与阿尔茨海默病的患病风险相关，包括性别、卒中、感染、炎症、吸烟、头部外伤、教育程度、饮食特别是维生素的缺乏。这些环境因素对阿尔茨海默病患病风险的影响很可能是通过表观遗传机制发生作用。

饮食中各种营养成分的不足能对很多种疾病的患病风险产生影响，其中也包括神经退行性疾病。叶酸和维生素 B_{12} 等 B 族维生素的缺乏被认为与阿尔茨海默病患病风险密切相关。这两种维生素是一碳代谢循环所必需的辅助因子，对 S- 腺苷甲硫氨酸的合成具有很大影响。S- 腺苷甲硫氨酸是体内通用的甲基供体，在 DNA 和组蛋白的甲基化反应中是必不可少的辅助因子。

阿尔茨海默病患者本身存在一碳代谢循环障碍，包括血液中叶酸水平较低、高半胱氨酸含量上升及 S- 腺苷甲硫氨酸合成下降 [33]。在叶酸缺乏环境下培养的神经母细胞瘤细胞，其 *psen1* 基因启动子区 CpG 岛甲基化水平显著下降 [34]。在 *app* 基因突变转基因小鼠 TgCRND8 中，叶酸缺乏同样导致 *psen1* 基因启动子区 CpG 岛甲基化水平下降以及 *psen1* 基因表达上调，而 APP 蛋白的另一个转运体 BACE 的表达也上调，并导致 β- 淀粉样蛋白沉淀的增加。该项研究表明体内叶酸缺乏对淀粉样蛋白通路的影响 [35]。而另一项研究表明，叶酸缺乏的影响在 *apoe* 基因缺陷的小鼠模型中更为显著 [36]。

B 族维生素的整体缺乏也能够导致 S- 腺苷甲硫氨酸合成下降以及 S- 腺苷甲硫氨酸 / S- 腺苷高半胱氨酸比例下降，以及 *psen1* 和 *bace* 基因的表达上升。其中 *psen1* 基因启动子区 CpG 岛甲基化水平显著下降。后续研究表明，B 族维生素的缺乏导致 GSK3 表达上升和 PP2A 表达的下降，可增加 TAU 蛋白的磷酸化水平 [37]。

二、表观遗传修饰与帕金森病

帕金森病（parkinson disease，PD）是临床上第二常见的神经退行性疾病。多数在 50 岁以上才出现症状，但在某些家系中也可能在30岁以前发病。流行病学研究表明在65岁以上人口中发病率约为2%，相对黑种人和亚洲人，白种人更易患此病。我国65岁以上人口中发病率约为1.7%。在神经病理上，帕金森病患者主要表现为黑质区域多巴胺能神经元细胞的死亡，由于多巴胺合成减少，对乙酰胆碱的抑制功能下降，乙酰胆碱的兴奋作用相对增强，从而导致震颤等的产生。某些帕金森病患者呈现家族性遗传，包括常染色体显性和隐性遗传。

除遗传因素以外，环境因素会改变帕金森病的患病风险。接触农药、头部受击导致晕厥，以及长期使用催眠、抗焦虑或抗抑郁药物，会导致帕金森病的患病风险上升，而吸烟则会降低帕金森病的患病风险。

通过流行病学研究发现，合理的饮食能降低帕金森病的风险，包括摄入较多量的水果、蔬菜、五谷杂粮、鱼和家禽、适量饮酒、减少饱和脂肪酸的摄入。其中，叶酸和B族维生素（维生素B_6和B_{12}）的摄入对防止帕金森病的风险有着非常重要的作用。叶酸、B族维生素及高半胱氨酸都参与单碳循环，以产生DNA甲基化反应所必需S-腺苷甲硫氨酸。与阿尔茨海默病类似，帕金森病患者血清中叶酸水平较低、高半胱氨酸含量上升以及S-腺苷甲硫氨酸合成下降。

环境因素导致帕金森病最直接的例子是1-甲基-4-苯基-1, 2, 3, 6-四氢吡啶（MPTP）摄入后诱导出现帕金森病的症状。MPTP本身并没有毒性，仅仅是一种能通过血-脑屏障的普通脂溶性有机化合物。但是，当MPTP进入大脑之后，会被神经胶质细胞产生的单胺氧化酶B代谢成有毒的阳离子MPP^+（1-甲基-4-苯基吡啶）。MPP^+能够干扰线粒体电子传递链中的NADH脱氢酶复合体Ⅰ，从而产生氧化应激反应，杀死大脑中黑质致密部的多巴胺能神经元，进而引发帕金森病的发作。给灵长类动物注射MPTP可诱导产生类似帕金森病的表型，MPP^+处理的细胞模型已被广泛应用于帕金森病的研究，如前文所述，目前已发现一些表观遗传修饰的改变。

（一）DNA甲基化与帕金森病

遗传学研究已经证明，编码α突触核蛋白的*scna*基因是帕金森病重要的易感基因。该基因中某些与帕金森病关联的遗传变异可能会改变该基因的表达水平：家族性帕金森病患者中检测出*scna*基因座位的重复，*scna*基因启动子区和3'非编码区的多态性与散发性帕金森病患病风险相关。同时，表达谱研究发现，在散发性帕金森病患者黑质组织中，*scna*基因的表达水平上调。这些结果暗示*scna*基因的表达水平与帕金森病风险直接相关。另一方面，在酗酒和厌食症患者中发现*scna*基因启动子区的高甲基化与基因表达下降相关，表明*scna*基因的表达可能受到表观遗传修饰的调控。因而，Jowaed等推测*scna*基因5'端甲基化的水平可能与帕金森病相关。他们首先检测*scna*基因甲基化水平对基因表达的影响，发现基因第1个外显子的甲基化水平与基因表达水平呈负相关。而在散发性帕金森病患者的黑质、壳核和皮质组织中*scna*基因甲基化水平显著下调[38]。在另一项研究中，Matsumoto等也发现帕金森病患者黑质组织中CpG岛的甲基化水平下调[39]。

最近的一项研究指出，α突触核蛋白可能阻止DNA甲基转移酶1（DNMT1）进入细胞核。这一研究观察到在帕金森病患者和具有路易小体的痴呆患者尸检样本，以及在α突触核蛋白转基因小鼠脑组织的细胞核中DNMT1的表达水平显著下降。由于DNMT1的主要功能是维持细胞DNA甲基化水平的稳定，因而，核内DNMT1水平的下降将造成包括*scna*和其他基因上游CpG岛的甲基化水平整体下降。在细胞和动物模型中过表达DNA甲基转移酶1基因将部分补救核内DNMT1水平的下降。因而，研究者认为，DNMT1和α突触核蛋白的相互作用将导致DNMT1在细胞内定位异常，进而导致大脑表观遗传修饰的改变。

除了*scna*基因，最近通过全基因组关联研究和荟萃分析发现了一些帕金森病的易感基因，包括*park16*、*pnmb*和*stx1b*。这些基因的风险等位基因与DNA甲基化和基因表达的改变相关联[40]。此外，在帕金森病患者发现具有较短的端粒长度，而这种较短的端粒长度和端粒区域较低的甲基化水平相关[41]。

尽管*park2*基因突变可导致帕金森病，而且该基因启动子区的异常甲基化也在一些恶性肿瘤中被发现，但对携带*park2*基因突变的帕金森病患者、不含*park2*基因突变的帕金森病患者以及正常对照的脑组织样本进行比较，却并未发现这3组间*park2*基因启动子区甲基化状态具有显著差异。类似的还有*uchl1*基因，该基因突变也可导致帕金森病，且该基因启动子在多种癌症中表现为高甲基化，但帕金森病患者大脑皮质*uchl1*基因启动子区的甲基化水平与正常对照间却不存在显著差异。

（二）组蛋白修饰与帕金森病

由于技术手段的限制，目前对帕金森病患者脑组织中组蛋白修饰异常的研究开展得非常少。已有的针对帕金森病相关组蛋白修饰的研究大多集中于细胞系或是动物模型中。

组蛋白修饰的改变同样参与调控帕金森病患者 *scna* 基因的异常表达。*scna* 基因 A53T 杂合突变是第一个被鉴定出的帕金森病致病突变，在对携带该突变的帕金森病患者的淋巴细胞系和外周血细胞的研究中发现，仅有表达正常等位基因的 *scna*，而组蛋白修饰参与对致病等位基因的转录沉默，有趣的是，在帕金森病患者脑部，单个 *scna* 正常等位基因比健康对照 2 个等位基因的表达水平更高[42]。在动物研究中，组蛋白去乙酰化酶（HDAC）Sirtuin 2 被发现可显著改善 α 突触核蛋白介导的神经毒性。在果蝇中的研究发现，α 突触核蛋白可直接与组蛋白 H3 结合并抑制组蛋白乙酰化，并导致神经毒性。这种神经毒性可通过 HDAC 抑制剂缓解[43]。给使用线粒体毒素鱼藤酮构建的帕金森病大鼠模型喂食丙戊酸可抑制组蛋白去乙酰化酶的活性，阻止 α 突触核蛋白进入细胞核，起到神经保护作用[44]。在最近的一项针对 α 突触核蛋白转基因小鼠的研究显示，α 突触核蛋白可通过抑制 P300 组蛋白乙酰转移酶活性以抑制蛋白激酶 C δ 表达，从而促使多巴胺能神经元的凋亡[45]。在对过表达人 α 突触核蛋白的线虫进行全基因组表达谱分析中发现，组蛋白 H1、H2B 和 H4 等 9 个基因表达下调。这些研究表明，组蛋白修饰在 α 突触核蛋白介导的多巴胺能神经元死亡中起非常重要的作用。同时，在大鼠和人类神经细胞中发现，HDAC 抑制剂还可以防止 MPP^+ 和神经毒素介导的细胞毒性[46]。

此外，错折叠蛋白在细胞中形成一种蛋白聚合物，被称为侵袭体（aggresomes），侵袭体是一种细胞保护反应，可隔绝具有潜在毒性的错折叠的蛋白，并便于它们被清除，这一过程参与帕金森病等神经退行性疾病的发病机制。组蛋白去乙酰化酶 6（HDAC6）在侵袭体的形成中起非常关键的作用：HDAC6 在帕金森病患者和具有路易小体的痴呆患者的路易小体中富集。在过表达人类 α 突触核蛋白的果蝇帕金森病模型中，HDAC6 在保护多巴胺能神经元和促进形成 α 突触核蛋白聚合体中起到极为关键的作用。相反，HDAC 突变将导致有毒的 α 突触核蛋白寡聚体的累积[47]。这些结果表明 HDAC6 特异性针对 α 突触核蛋白，而路易小体的形成表明细胞隔绝有毒蛋白的保护性反应。除了 HDAC6，侵袭体的产生还受到 Parkin、Ataxin-3 和 Ubiquilin-1 等帕金森病关键蛋白的调控[48]。

（三）miRNA 与帕金森病

在临床样本和动物模型中所开展的研究已充分表明，miRNA 介导的转录后调控参与帕金森病的发病机制。

2007 年，Kim 等研究了 miRNA 对哺乳动物中脑的多巴胺能神经元的作用，他们确定了 1 个 miRNA，即 miR-133b 在中脑多巴胺能神经元中特异性表达，而在帕金森病患者的中脑中缺失。他们还发现通过具有配对状同源结构域的转录因子 Pitx3 的负反馈调节环路，miR-133b 具有调节中脑多巴胺能神经元的成熟和发挥正常功能的作用[49]。

最近有研究检测了全血 RNA 中与帕金森病相关的 miRNA，共发现有 6 个差异表达的 miRNA，其中 miR-1、miR-22* 和 miR-29 的表达水平可以区分未经治疗的帕金森病患者与正常人，而 miR-16-2*、miR-26a2* 和 miR30a 可以区分经过治疗的帕金森病患者和未经治疗的帕金森病患者[50]。在另一项对帕金森病患者大脑 miRNA 表达谱的研究中发现，在患病早期 miR-34b/c 的表达显著下调，这种下调可以在帕金森病的最初阶段发生（1～3 期）。这一阶段尚无明显的临床症状出现。miR-34b/c 可调节线粒体功能，其下调还伴随着 DJ1 和 Parkin 蛋白水平的下降[50]。此外，在对携带可导致帕金森病的 *lrrk2* 基因突变的果蝇研究中发现，致病的 *lrrk2* 等位基因可抑制 miRNA let-7 和 miR-184*，导致 E2F1/DP 复合体过表达。而 E2F1/DP 复合体在细胞周期和存活中起重要作用，并被认为参与了 *lrrk2* 基因突变导致帕金森病的分子机制[51]。

在对出现早期症状的 α 突触核蛋白转基因小鼠的脑组织进行 miRNA 表达谱分析，发现有几个 miRNA 的表达异常，包括 miR-10a、miR-10b、miR-212、miR-132、miR-495。其中，miR-132 容易被生长因子诱导表达，是调节神经元轴突生长的一个关键调节因子[52]。在另一项研究中观察到了 miR-7 的异常表达，miR-7 主要在神经元中表达，通过与 *scna* 基因 mRNA 的结合以抑制 α- 突触核蛋白的蛋白质表达水平。此外，miR-7 的表达在 MPP^+ 诱导的培养细胞和小鼠帕金森病模型中显著降低，从而促进α突触核蛋白的表达。另一项研究证实，miR-7 和 miR-153 共同调节α突触核蛋白的水平。这 2 个 miRNA 特异性结合在α-突触核蛋白的 3'端非翻译区，并下调其 mRNA 和蛋白质表达水平，其效果具有加成作用。这两个 miRNA 都主要在脑部表达，其表达模式在神经发育的时间阶段及脑区的空间定位都与α突触核蛋白高度一致，有可能起调节α突触核蛋白表达水平的作用[53]。对帕金森病线虫模型的 miRNA 表达谱检测中发现有几个 miRNA 表达下调，包括 miR-64 和 miR-65 家族及 let-7 家族成员[54]。

第三节 表观遗传修饰与常见精神性疾病

一、表观遗传修饰与精神分裂症

精神分裂症（schizophrenia）是一种严重的常见精神疾病，在世界各地发病率为 1%左右，多起病于青壮年。精神分裂症常见的症状包括幻听、妄想、偏执或奇怪的无组织的言论和思想，同时伴有重大的社会功能或职业功能障碍。按照临床表型，精神分裂症可以分为 5 种亚型，包括单纯型、青春型、紧张型、偏执型及未分化型。

遗传因素在精神分裂症的发病机制中扮演了重要角色，据推算，精神分裂症的遗传力为 73%～90%。尽管精神分裂症具有很高的遗传度，然而目前却没有找到明确导致精神分裂症的基因，表明其遗传模式非常复杂。在全基因组关联研究中发现多个精神分裂症的易感基因，包括 *mhc I*（相容性组织抗原区域 I）、*tcf4*（转录因子 4）、*znf804a*（锌指蛋白 804A）、miR-137、*nrgn*（神经粒蛋白）等。这些基因大多在不同人群中得到较好的重复，然而它们的相对风险度都较低，因而仅能解释部分遗传风险。

精神分裂症又并非完全由遗传因素决定。最好的例子就是同卵双生子中，其中 1 个患精神分裂症，基因型相同的同胞中却有 40%以上都诊断正常。环境因素，包括自然环境和社会环境，对精神分裂症的发病影响不可忽视。尽管目前对环境因素中致精神分裂症的风险因子的研究仍然不完善，但令人印象深刻的是，一系列胚胎时期及新生时期的事件，对个体未来的精神分裂症患病风险有一定影响。有研究发现，产科并发症与精神分裂症的发生有一定关系。与对照组相比，患有产科并发症者其子嗣患精神分裂症的以男性居多，且发病早，病程迁延。近期研究表明早产、出生时低体重、宫内病毒感染、围生期缺氧 - 缺血性损伤等产科风险因素与精神分裂症之间存在一定联系。另一重要的发现是在战争及饥荒时期出生者精神分裂症的患病风险显著上升。甚至出生在冬季或春季也被认为是精神分裂症的风险因素，尽管只增加约 10%的风险。这些研究结果表明环境因素可能通过表观遗传机制在精神分裂症中起重要作用。

（一）DNA 甲基化与精神分裂症

越来越多的证据表明，精神分裂症患者脑组织存在 DNA 甲基化的改变。早在 20 世纪 60 年代，就有几项研究表明当给精神分裂症患者服用甲硫氨酸时，60%～70% 的患者症状会严重恶化。甲硫氨酸是 S- 腺苷甲硫氨酸（SAM）合成的前体，而 SAM 是 DNA 甲基化修饰的甲基化供体。研究者发现有些精神分裂症患者的血清中高半胱氨酸浓度升高。有学者推测可能是由于过高的甲硫氨酸引起某些基因启动子区域的高度甲基化，严重抑止了精神分裂症相关基因如 *reelin*（*reln*）、*gad67* 等的转录活性。Reelin 蛋白是维持正常神经传递、大脑信息存储和突触可塑性所必需的蛋白，在精神分裂症患者脑组织中 Reelin 蛋白表达水平异常偏低。在鼠模型中进行的实验发现，L- 甲硫氨酸会导致大脑前皮质区域的 *reln* 基因启动子高甲基化，导致 *reln* 和 *gad67* 基因的表达量降低[55]。Shimabukuro 等通过分析 210 个精神分裂症患者与 237 个正常对照的外周血白细胞全基因组甲基化胞嘧啶的水平，发现精神分裂症男性患者的甲基化水平显著低于正常人，并提出精神分裂症患者中可能存在甲基化修饰的改变[56]。

精神分裂症患者的同卵双生子中约有 50% 的人不患精神分裂症，由于同卵双生子遗传信息相同，因而这种表型不一致很可能是由表观遗传修饰的差异所引起的。Tsujita 等研究了精神分裂症表型不一致的同卵双生子中整个基因组水平的甲基化差异。他们采用甲基化敏感性的内切酶 Not I 进行酶切鉴定，发现精神分裂症表型不一致的同卵双生子中存在不同的酶切位点，说明表型不一致的同卵双生子中存在着甲基化修饰的差异[57]。Bönsch 等检测了精神分裂症表型不一致的同卵双生子血液中整体 DNA 甲基化水平，他们发现与正常对照相比，精神分裂症患者血液 DNA 甲基化水平较低，使用药物干预能显著提升患者整体甲基化水平，而与健康对照相比，其他精神疾病的 DNA 整体甲基化水平也较低[58]。Petronis 等的研究发现，在精神分裂症表型不一致的同卵双生子中，*drd2* 基因启动子区域的甲基化修饰也存在差异[59]。

此外，Abdolmaleky 等检测了大脑皮质 5- 羟色胺受体 2A 基因（*htr2a*）启动子区甲基化和基因表达与精神分裂症及双相情感障碍的关系，发现 *htr2a* 基因表达与基因 102T/C 多态性（启动子区 -1438A/G 多态性与该位点完全连锁）基因型相关，携带 C 等位基因型的个体基因表达水平显著高于 TT 基因型。他们还发现精神分裂症与双相情感障碍患者启动子区 -1438A/G 多态性附近序列 DNA 甲基化水平较正常对照显著上调，而 102T/C 多态性附近序列 DNA 甲基化水平则明显下降。同时，*htr2a* 基因的 DNA 甲基化调控改变与精神分裂症及双相情感障碍的较早的发病年龄相关[60]。

Inoue 等发现精神分裂症的易感基因 *syt11*（突触结合蛋白Ⅺ）启动子区域的甲基化会导致基因的表达量降低[61]。另外，Iwamoto 等发现精神分裂症患者的 *sox10* 基因具有较高的甲基化水平和较低的表达活性，并与精神分裂症患者少突胶质细胞（oligodendrocyte）的功能失调相关[62]。Kodi-Tamandani 等检测了血液基因组 DNA 中几种谷氨酸神经递质受体基因启动子区的 DNA 甲基化水平，他们发现 *grm2* 和 *grm3* 这 2 个基因的 DNA 甲基化水平在精神分裂症患者组中显著下降，这种下降与基因表达水平上调相关联[63]。

近年来，随着表观遗传学技术的发展，已有精神分裂症相关的全基因组 DNA 甲基化研究开展。Mill 等报道了目前最大规模的精神疾病全基因组甲基化研究，他们使用 CpG 岛芯片来检测前额叶皮质和生殖细胞中，与精神分裂症和双相情感障碍相关的 DNA 甲基化改变[64]。在前额叶皮质中发现多个基因存在与精神分裂症相关的 DNA 甲基化改变，包括最为显著的 *rpp21* 和 *kel* 基因，这 2 个基因在精神分裂症患者脑组织中 DNA 甲基化水平都显著上升。同时女性双相情感障碍患者脑组织中这 2 个基因的 DNA 甲基化水平也有上升，但在男性组中未发现差异。一些存在差异的基因参与谷氨酸及 γ- 氨基丁酸神经递质传递、脑发育等与精神疾病相关的分子过程。他们还发现很多具有差异 DNA 甲基化的基因在此前的研究中被发现在精神疾病中同时具有差异表达。在 Gene-ontology 分析中发现，这些具有表观遗传差异的位点在线粒体功能、脑发育和应激反应中富集。大脑和生殖细胞的 DNA 甲基化组网络分析发现在精神病患者中表观遗传模块化（modularity）水平显著降低，表明精神病相关的 DNA 甲基化修饰紊乱。除此以外，Mill 等还发现精神分裂症患者 *mek1* 基因启动子区的甲基化水平与服用抗精神病药物相关，服用抗精神病药物越久，DNA 甲基化水平就越低。最后，他们还发现精神分裂症候选基因 *bdnf* 的 DNA 甲基化水平与基因中非同义碱基多态性 rs6265 的基因型相关，其 CC 基因型（编码缬氨酸纯合子）相比 CT 和 TT 基因型（甲硫氨酸），DNA 甲基化水平显著增加。

在另一项精神疾病相关全基因组 DNA 甲基化分析中，Dempster 等使用了外周血液样品检测表型不一致的重度精神病（即精神分裂症和双相情感障碍）患者及同胞对间的 DNA 甲基化改变。他们发现无论是精神分裂症还是双相情感障碍，或是将两组合并在一起，重度精神病表型不一致的同胞对间都存在很多 DNA 甲基化差异。而合并分析中，DNA 甲基化差异最显著的是 ST6（α-N- 乙酰神经氨酸基 -2,3-β- 半乳糖基 -1,3）-N- 乙酰半乳糖胺酶 α-2,6- 唾液酸转移酶 1 基因（*st6galnac1*）的启动子区，在疾病组表现为甲基化水平降低。为验证这一结果，他们又检测了这一区域在脑组织中的 DNA 甲基化水平，发现该区域的甲基化水平在脑部较血液中要高很多，但有一部分患者表现出较其他患者和正常人低得多的 DNA 甲基化水平。在创新性通路分析（IPA）中，“神经发育疾病”“精神疾病”“多巴胺信号通路”和“谷氨酸信号通路”显示出显著的改变[65]。

（二）组蛋白修饰与精神分裂症

迄今为止，很少有精神分裂症研究检测组蛋白修饰的变化。然而，仍有证据支持组蛋白修饰参与精神分裂症的发病机制。Akbarian 等发现在部分精神分裂症患者中，组蛋白 H3 肽链中第 17 个赖氨酸残基（H3K17）的甲基化水平较对照组高出 30%，表明有整体转录水平的下降。他们还发现 4 个与代谢相关的基因表达下调[66]。

丙戊酸盐是一种组蛋白去乙酰化酶（HDAC）抑制剂，在小鼠精神分裂症模型中，可以抑制 Reelin 蛋白启动子高甲基化。另外，丙戊酸盐可以使得甲硫氨酸诱导的 *reln* 以及 *gad67* 的表达下调恢复正常。丙戊酸盐与非典型抗精神分裂症药物（如利培酮及奥氮平）的联合使用比单独采用非典型抗精神分裂症药物能够达到更好的治疗效果[67]。

（三）miRNA 与精神分裂症

miRNA 在大脑发育、功能维持及精神分裂症的发生发展中起到重要作用，利用尸检样本，已发现 miRNA 在精神分裂症患者的不同脑区中显示出表达异常。Beveridge 等的研究发现在精神分裂症患者的前额叶皮质和颞叶上回组织中 miRNA 的整体表达上升，这种改变与初级 miRNA 加工过程的提升相关，包括参与这一过程的 DGCR8 表达上调[68]。Santarelli 等发现了类似的结果，他们比较了精神分裂症患者和正常对照的前额叶皮质背后侧的 miRNA 表达水平，发现精神分裂症患者有 28 个 miRNA 表达异常，其中 89% 为上调，包括 miR-328、miR-17-5p、miR-134、miR-652、miR-382 和 miR-107 等。同时，他们还检测到加工 miRNA 前体的 Dicer 复合体表达上调[69]。

然而，Perkins 等的研究给出了不同结果，他们使用了 13 个精神分裂症患者、2 个精神分裂样情绪障碍及 21 个正常对照的前额叶皮质样本进行 miRNA 表达谱分析。检测的 264 个 miRNA 中，有 16 个 miRNA 在精神分裂患者出现表达差异，其中 15 个表达下调，包括 miR-26b、miR-30b、miR-29b、miR-195、miR-92、miR-30a5p、miR-30d、miR-20b、miR-29c、miR-29a、miR-7、miR-24、miR-30e、miR-9-3p；仅 miR-106b 表达上调[70]。在另一项研究中，Miller 等检测了 35 例精神分裂症患者、31 例双相情感障碍患者以及 34 例健康对照的前额叶皮质样品，他们仅发现由同一 miRNA 前体生成的 miR-132 和 miR-132* 在精神分裂症患者样本中表达显著降低，miR-132 所调控的 DNMT3A、GATA2 和 DPYSL3 的表达量同时发生变化[71]。

另外，遗传学研究也表明 miRNA 参与精神分裂症的发病机制。最近在一项源自欧洲祖先人群的大规模全基因组关联研究中，发现了 5 个新的精神分裂症易感基因，并验证了此前报道的 2 个易感基因与疾病的关联达到了全基因组显著水平。其中，定位于 1p21.3 的 rs1625579 显示出最强的阳性结果，该 SNP 位于 miR-137 基因的内含子上。既往研究表明 miR-137 与神经元细胞成熟和成年后神经再生相关。以前额叶皮质背后侧的神经影像学图像作为数量形状进行基因组合富集分析（GSEA）研究也发现，miR-137 及另外 2 个 miRNA——miR-448 和 miR-218 与精神分裂症相关。特别值得关注的是，在这一全基因组关联研究中，有 17 个精神分裂症的候选易感基因被预测为 miR-137 调控的目标基因，其中包括基因 *tcf4*、*cacna1c*、*csmd1* 和 *c10orf26*[72]。此后有研究在细胞水平上验证了这 4 个基因的表达确实受到 miR-137 调控[73]。最近，又有研究证实另一个在全基因组关联研究中被发现的精神分裂症易感基因 *znf804a* 也是 miR-137 的目标基因[74]。

二、表观遗传修饰与情感性精神障碍

情感性精神障碍（affective disorder）又称为情绪障碍（mood disorder），是指由各种原因引起的以显著而持久的情感或情绪改变为主要特征的一组疾病。临床上主要表现为情感高涨或低落，伴有相应的认知和行为改变，部分患者有精神病性症状，如幻觉和妄想。双相情感障碍是指躁狂和抑郁（或称忧郁）反复发作和交替发作为特征的精神疾病，因而也叫做躁狂抑郁症。躁狂症的特征是一种过度兴奋的状态，抑郁症的表现是一种过度消极的状态。2 种症状必须要有至少一次表现出来。发作时可呈双向性，也可呈单向性。因躁狂和抑郁可以交替发作，所以本病也称作循环型精神病。临床上所说的抑郁症通常就是指重度抑郁症（major depression disorder），这是一类以情绪低落为主要表现的精神障碍。

（一）DNA 甲基化与情感性精神障碍

由于遗传学研究发现双相情感障碍与精神分裂症共享很多共同的易感基因，在表观遗传学研究中，双相情感障碍往往与精神分裂症一起被研究。双相情感障碍的全基因组 DNA 甲基化研究在前文关于精神分裂症的 DNA 甲基化研究中已有介绍，这里不再赘述。

Kuratomi 等比较了双相情感障碍患者与其健康的同卵双生同胞的 DNA 甲基化状况。他们发现 *sms* 和 *ppiel* 基因启动子区的 DNA 甲基化水平在双相情感障碍疾病表型不一致的同卵双生子中存在显著差异，并在散发的样品中得到验证。其中*sms*基因的DNA甲基化水平在女性患者中显著上升，但并未表现出基因表达的改变。而*ppiel*基因的DNA甲基化水平在双相情感Ⅱ型障碍患者中显著下降，同时其DNA甲基化水平与基因表达水平呈显著的负相关[75]。在其他研究中，双相Ⅰ型障碍和Ⅱ型障碍间也被发现存在DNA甲基化差异。D. Addrio等的研究发现，在双相Ⅱ型障碍患者的外周血单核细胞中BDNF的表达较双相Ⅰ型障碍患者和正常对照下降，而双相Ⅰ型障碍患者和正常对照间没有差异。该基因启动子区DNA甲基化水平也呈现类似特征：双相Ⅱ型障碍患者表现出显著的高甲基化，而双相Ⅰ型障碍患者和正常对照间无显著差异。同时，该研究还发现，锂盐和丙戊酸盐可使*bdnf*基因的表达水平显著下调[76]。

此外，Kaminsky等检测了双相情感障碍患者的人类白细胞抗原复合体第9组基因（*hcg9*）在前额叶皮质、血液和精液中的DNA甲基化变化，他们发现在双相情感障碍患者脑组织中*hcg9*基因甲基化降低，这种变化在血液和精液中也有发现[77]。

重度抑郁症的DNA甲基化研究开展得相对较少。最近，Sabunciyan等使用全基因组DNA甲基化芯片检测了重度抑郁症患者脑皮质DNA甲基化的改变，他们发现244个候选区域的DNA甲基化与正常对照组相比超过10%，这些区域包含与神经生长和发育相关的基因。他们对其中17个差异甲基化区域进行了重复验证，验证了其中的10个，其中最为显著的是*prima1*基因，这一基因在重度抑郁症患者脑组织中DNA甲基化水平上升，而表达水平下降。遗憾的是这一结果在另一批样品中未能重复出现[78]。在另一项研究中，Zill等人检测重度抑郁症患者血液中*ace*基因DNA甲基化水平的改变。此前该基因的功能性序列变异被鉴定与重度抑郁症相关，而在该研究中，患者血液DNA中*ace*基因的甲基化水平上升，而血清中ACE蛋白水平下降，表明DNA甲基化参与这一基因的表达调控[79]。

（二）组蛋白修饰与情感性精神障碍

情感性精神障碍的组蛋白修饰研究刚刚起步，Cruceanu等检测了Synapsin基因家族在双相情感障碍和重度抑郁症患者大脑中的表达水平，他们发现*syn1*和*syn2*基因的各个剪切体在不同疾病中存在差异表达，包括*syn1a*在双相情感障碍和重度抑郁症患者大脑中表达均上调，而*syn1b*仅在重度抑郁症患者组表达上调；*syn2a*仅在双相情感障碍组表达上调，而*syn2b*仅在抑郁症患者组表达上调。他们使用染色质免疫共沉淀结合定量PCR的手段，发现组蛋白H3的4位赖氨酸残基（H3K4）三甲基化对*syn2*基因2种剪切体的表达具有调控作用[80]。

（三）miRNA与情感性精神障碍

情感性精神障碍的miRNA研究开展得也相对较少。与DNA甲基化研究类似，双相情感障碍的miRNA研究也往往与精神分裂症共同开展。Miller等检测了35例精神分裂症患者、31例双相情感障碍患者及34例健康对照的前额叶皮质样品，他们发现有11个miRNA在双相情感障碍患者样本中表达异常，均为表达上调，分别为miR-383、miR-32*、miR-490-5p、miR-196b、miR-513-5p、miR-876-3p、miR-449b、miR-297、miR-188-5p、miR-187、miR-15b[71]。

miR-182是一个参与控制人类生物钟的miRNA。在一项遗传学研究中发现，编码这一miRNA的基因上1个SNP rs76481776与晚失眠抑郁症关联。此前研究发现，晚失眠抑郁症与*clock*基因相关联，而miRNA-182可对*clock*基因进行转录后调控[81]。

三、表观遗传修饰与孤独症谱系障碍

孤独症（autism）是一种严重的发育行为疾病，一般在3岁前发病，以男性多见，男女比例约为4∶1。其主要症状包括交流障碍、语言障碍和刻板行为这3个主要特征。2007年，美国疾病控制与预防中心（CDC）发布的首次全国范围的患病率调查结果显示，每150名美国8岁儿童中就有1名被诊断为孤独症。

孤独症的发病原因和致病机制仍不清楚，目前普遍认为孤独症为多基因遗传病，其发病是由遗传因素与环境因素相互作用而导致，其中遗传因素起了主要的作用。研究显示同卵双生子典型孤独症共患率达60%，而异卵双生子孤独症的共患率则为0。而使用较广泛的孤独症表型重新评定，同卵双生子典型孤独症共患率高达92%，而异卵双生子孤独症的共患率增加到10%，因而推测孤独症的遗传度达90%以上[82]。然而，考虑到孤独症的双生子共享同样的胚胎发育环境，而孤独症风险和胚胎期脑发育密切相关，因而这一遗传度有可能被高估了。

（一）孤独症谱系障碍与 DNA 甲基化及印记基因

多种遗传综合征可合并有孤独症谱系障碍，这些综合征包括 Rett、脆性 X、Prader-Willi、Angelman 和 CHARGE 等。而这些疾病都表现出表观遗传标记或表观遗传机制的失调。

Rett 综合征是一种 X 连锁显性遗传的神经精神疾病，症状主要包括孤独症、神经肌肉问题、自发失调和癫痫发作等。许多儿童需要使用轮椅，脊柱侧凸现象较为普遍。本病的患儿绝大多数是女童。近年来的研究表明 Rett 综合征的致病基因是 X 染色体上编码 MeCP2 蛋白的基因 *mecp2*，是表观遗传修饰相关的重要基因。MeCP2 蛋白在中枢神经系统特异性表达，属于甲基化 CpG 结合蛋白家族，具有甲基化 CpG 结合结构域，能够特异性地与甲基化 DNA 结合。不仅如此，携带 *mecp2* 重复基因的男童将发展成智力迟滞。此外，还有基因突变携带者发展为精神分裂症的报道。*mecp2* 基因敲除或者 Rett 综合征致病突变敲入小鼠表现出与 Rett 综合征相类似的表型 [83]。

mecp2 基因在其他孤独症谱系疾病中也起着非常重要的作用。直接的证据来源于对该基因在脑组织中的表达分析：在 79% 的孤独症患者 *mecp2* 的表达降低，而且在男性孤独症患者中，*mecp2* 启动子区甲基化与基因表达水平呈负相关 [88]。MeCP2 蛋白在体内和体外可与甲基化的 DNA 相结合，但出乎人们的意料，MeCP2 既可以抑制基因表达，也可以激活基因表达。实际上，比较 *mecp2* 敲除小鼠和过表达小鼠及野生型小鼠的小脑组织基因表达，发现 MeCP2 蛋白导致约 85% 的目标基因表达上调。*mecp2* 激活基因转录需要转录因子 Creb 的参与。

脆性 X 综合征患者临床以智力低下、巨睾症、特殊面容、语言行为障碍为特征，同样伴有孤独症表型 [84]。该病为 X 连锁隐性遗传，主要为男性发病，女性携带者由于两条 X 染色体中有一条失活，约 1/3 可有轻度智力低下。脆性 X 综合征由异常的表观遗传修饰所引起，脆性 X 智力低下基因（*fmr1*）突变，5'端非翻译区遗传不稳定的（CGG）n 三核苷酸重复序列异常递增，由 8～50 拷贝增加到 200 个以上拷贝，相邻的 CpG 岛也被甲基化，导致 *fmr1* 基因失活而致病。

Prader-Willi 综合征和 Angelman 综合征都是 15 号染色体印记基因的改变所引起的 [85]。Prader-Willi 综合征主要由父源表达印记基因 *snrpn* 和 *ndn* 的父本等位基因缺失导致，而 Angleman 综合征则是由母源表达印记基因 *ube3a* 的母本等位基因缺失导致。值得关注的是，有多达 5% 的孤独症谱系障碍患者存在 15q11-13 染色体片段重复，并显示出基因印记的特征：如果这一染色体片段重复发生于母源染色体上，则有超过 85% 的风险会发展成孤独症谱系障碍；相反，若这一染色体片段重复发生于父源染色体，则通常仅出现温和的发育和认知障碍。这一结果暗示母源表达的印记基因可能是孤独症谱系障碍的易感基因。在 15q11-13 染色体片段重复区域包含 2 个在脑组织中母源表达的印记基因。一个是 Angleman 综合征的致病基因 *ube3a*，该基因在重复的片段也能够表达，从而导致 *ube3a* 基因整体表达水平上升，尽管在脑组织尸检研究中发现，孤独症和 Rett 综合征患者的 *ube3a* 基因表达水平是下降的。另一基因为 *atp10a*，编码一种推定的人类氨基磷脂转运 ATP 酶。15q11-13 重复片段中也包含了父源表达的印记基因，其中包括 2 个对神经发育非常重要的 *ndn* 和 *magel2* 基因，有研究者推测重复片段中这 2 个印记基因的错误表达也可能造成孤独症谱系障碍风险。15q11-13 区域还包含有 *gabrb3*、*gabra5* 和 *gabrg3* 基因，这些基因编码 γ-氨基丁酸神经递质受体的几种亚基。在孤独症、Rett 综合征和 15q11-13 染色体重复片段的患者脑组织中，这些基因虽然原本并非印记基因，但表现为单等位基因的表达，并导致表达水平的下降。

在多项家系连锁研究中将孤独症谱系障碍的易感基因定位到 7 号染色体长臂，随后的分析表明，这一区域可能存在 2 个或更多的易感基因。使用亲源效应模型，Lamb 等鉴定到一个父系传递的易感基因区域，其最大 LOD 值为 1.6。该区域位于 7 号染色体 112cM，接近一个印记基因簇 [86]。已知这一印记基因簇存在 2 个父源表达的印记基因 *sgce* 和 *peg10*。这 2 个基因在小鼠同源物都被鉴定为 MeCP2 的靶基因。同时，这里存在多个母源表达的印记基因，包括 *ppp1r9a*、*dlx5* 和 *calcr* 等。其中 *dlx5* 已作为孤独症谱系障碍的一个重要的候选基因被进一步研究，这是因为这一基因所在的基因家族编码一组同源盒转录因子，而这些转录因子在神经系统发育中发挥重要的作用。*dlx5* 和 *dlx2* 直接调控谷氨酸脱羧酶的表达，而该酶催化产生 γ-氨基丁酸。*dlx5* 和 *dlx6* 在 7 号染色体上呈“尾对尾”的排列，其间有一个高度保守的基因间增强子。而在2号染色体上，*dlx1* 和 *dlx2* 也定位于孤独症谱系障碍的一个候选区域，并以类似的方式排列着。尽管 *dlx* 基因家族的定位和功能提示其很可能是孤独症谱系障碍的易感基因，但迄今为止，并未在这些基因中找到与疾病相关的突变。而连锁分析在7q32区域也发现了一个与孤独症谱系障碍相关并存在亲缘效应的区域，这一区域存在一个母源表达的印记基因 *cpa4* 和4个父源表达的印记基因 *mest*、*mestit1*、*copg2* 及 *coph2it1*。但目前尚无直接证据表明这些基因与孤独症谱系障碍有关。

孤独症谱系障碍具有明显的性别倾向性，男童的患病率是女童的3～4倍。即使排除类似Rett综合征和脆性X综合征这样的单基因遗传病，这种性别的倾向性依然极为显著。最初研究者推测可能有X连锁的致病基因导致这一现象，然而，临床上几乎没有在孤独症谱系障碍家系中发现X连锁，而在连锁分析中也并未在X染色体上找到连锁区域。因而，孤独症谱系障碍的性别倾向性可能有更为复杂的机制。1997年，Skuse等提出一种表观遗传假设来解释这一现象。这一假设是基于他们对特纳综合征（45，X）患者的社会认知和执行功能的研究。特纳综合征患者仅有1条X性染色体，可能来自于父亲或母亲。他们发现亲源效应会影响这些患者的社会认知功能，X染色体来自父亲的患者在测试中具有更好的表现。他们提出X染色体上具有父源表达的印记基因，该基因在女性中能够增加社会行为，保护女性免遭孤独症谱系障碍和其他影响社交和语言技能的疾病影响。而男性的X染色体来自于母亲，因而该基因在男性中不表达。然而，迄今并未在X染色体上鉴定到这样的父源表达印记基因，因而对这一模型也一直有所争议。

（二）miRNA与孤独症谱系障碍

仅有少数几项研究检测了孤独症谱系障碍相关miRNA的变化。Abu-Elneel等的研究比较了13个孤独症谱系障碍患者和13个健康对照者前额叶皮质中446个miRNA的表达水平，他们没有检测到特定miRNA在患者组织中较健康对照者具有整体的变化。然而有28个miRNA在至少1个患者样本中的表达水平较对照组的平均表达水平有较大差异。他们又比较了每个对照样品中这28个miRNA与患者样本中平均的表达水平，发现其中9个miRNA的表达水平具有显著差异，生物信息学软件预测这些差异表达的miRNA可调控孤独症谱系障碍的易感基因 *nrxn1* 和 *shank3*[89]。

在另一项研究中，Talebizadeh等以永生化的淋巴细胞系为材料，检测了6例孤独症患者和6例健康对照样本中470个miRNA的表达差异。他们发现有9个miRNA的表达具有显著差异，其中miR-23a、miR-23b、miR-132、miR-146a、miR-146b和miR-663表达上调，而miR-92、miR-320、miR-363表达下调。计算机软件预测这些miRNA可调控 *mecp2*、*fmr1*、*nlgn3*、*pten*、*en2*、*nrxn1* 和 *nrxn3* 等孤独症的易感基因。

四、常见精神性疾病的"胚源性"机制假说与表观遗传修饰

脑是人体最为复杂且最为重要的器官，其生长发育受到严格的调控。在脑发育的早期，包括胚胎期以及婴儿期，如果受到遗传缺陷影响和不良环境因素刺激，脑的正常生长发育过程受损，将造成诸如大脑结构的异常、神经递质产生的改变及大脑可塑性的变化，从而导致不同程度的情感、学习和记忆等大脑高级认知功能的障碍，并可能导致一系列精神疾病的患病率上升，这就是精神性疾病的胚源性机制假说。该假说受到大量的环境流行病学研究结果支持，胚胎期和婴儿期暴露于一系列环境风险因素，包括营养、感染、缺氧，以及多种社会心理因素通过表观遗传机制对出生后精神疾病具有重大的影响[91]。

（一）发育早期营养状况与精神性疾病

发育早期的营养状况与精神性疾病相关性的研究最早见于对1944—1954年荷兰饥荒暴露人群的环境流行病学研究，Stein Z在20世纪70年代的研究就揭示暴露于1944—1954年荷兰饥荒的妇女的子代出生后较易患认知功能障碍，但这一结果随后被另一研究所否定。Ezra Susser等在1993年报道，孕期前3个月暴露于1944—1954年荷兰饥荒的妇女的子代成年后患精神分裂症的风险比孕期未暴露于饥荒的妇女的子代成年后患精神分裂症的风险高2倍，但因其较小的样本量和较短的饥荒暴露时间，其研究结果未能引起人们足够的重视。随后Ezra Susser又报道了出生前经历1944—1954年荷兰饥荒暴露的个体出生后双向情感发病率显著增加[92]。1959—1961年，我国遭遇"三年自然灾害"，这个时期我国几乎每年都出

现不同程度的干旱、粮食减产等自然灾害，导致这个时期粮食缺乏，人民群众的营养严重不足，特别是对于需要大量营养供应的孕产妇来说，由于缺乏足够的食物供应，造成胎儿营养不足和发育不良。我国学者对出生在饥荒年代的人群进行大规模的流行病学调查，证实了母体遭遇饥荒导致子代成年后患精神分裂症的风险大大增加[93]。

尽管流行病学研究建立了胚胎期饥荒暴露与神经精神疾病之间的相关性，然而，这种大规模普遍性的营养缺乏在荷兰和中国这样有着完善医疗记录的国家发生是非常罕见且难以再现的，对潜在机制的研究无法单纯在人群研究中完成。因而，动物模型被广泛地应用于对出生前营养不良导致神经精神疾病风险的机制研究。其中，出生前蛋白质剥夺（PPD）模型被广泛使用，在这一模型中，妊娠大鼠被喂以低蛋白的饲料。研究者发现母源蛋白质缺乏会改变子代大鼠海马的形成及前额叶皮质树突状架构的形态发育，同时也发现对 NMDA 受体的结合呈现性别和年龄依赖性，水迷宫的研究发现怀孕早期蛋白质缺乏会损伤子代的记忆和学习能力。PPD 模型的研究表明，孕期营养不良将导致神经系统发育障碍和出生后认知能力受损。

微量元素对于精神疾病的发病风险也有非常重要的作用。胚胎期和婴儿期维生素 D 水平与精神分裂症的风险就存在显著的相关性。维生素 D 缺乏被认为与出生于冬季和深色皮肤种族胚胎期母体移民导致精神分裂症上升有关。McGrath 等检测了芬兰地区 1966 年出生人群在出生后 1 年内补充维生素 D 的情况，他们发现，补充维生素 D 能显著降低男性患精神分裂症的患病风险，而对其他精神疾病则没有作用[94]。最近，McGrath 等又检测了丹麦人群中精神分裂症患者和正常对照组出生时血液 25- 羟基维生素 D_3 的水平，并按其高低将所有样品分为 4 组，他们发现在 25- 羟基维生素 D_3 水平最低的一组，患精神分裂症的风险是其他组的 2 倍，而出乎意料的是，25- 羟基维生素 D_3 水平最高的一组，其精神分裂症风险也上升，这一结果表明孕期维生素 D 的缺乏和过量都可导致精神分裂症风险上升[95]。胚胎期维生素 D 缺乏的小鼠模型具有移动增加、对 MK-801 和苯丙胺药物敏感性、前脉冲抑制改变等与神经精神疾病相关的表型。孕期维生素 D 缺乏的大鼠后代成年后脑组织中与线粒体、细胞骨架以及突触可塑性功能相关的基因表达异常，在伏隔核中发现钙结合蛋白的表达异常。

此外，动物模型研究还发现，孕早期缺乏甲基供体的饮食可导致雌性后代神经发育中重要的 *reelin* 基因的表达显著下调，而这一基因的下调在精神病患者中也可以观察到。孕早期缺铁动物模型不仅导致海马树突结构、单胺神经递质代谢及髓鞘化的异常，而且导致一系列海马依赖的学习和记忆行为学障碍。进一步的研究发现，孕早期缺铁导致全脑及海马与髓鞘化、树突形态和细胞能量代谢等相关的大量基因的表达量发生变化。而其中部分基因，尤其是与包括突触可塑性相关的基因表达量的变化是不可逆转的，如 *bdnf*、*psd-95* 等[96]。

另一方面，科学合理地补充营养则可能降低神经精神疾病的患病风险。一个突出的例子是神经管缺陷（neural tube defect，NTD）的发生与叶酸缺乏之间的关系。20 世纪 90 年代匈牙利 Czeizel 等人和英国医学研究会维生素研究小组分别进行的 2 次随机对照试验结果，证明了孕妇体内维生素缺乏与 NTD 的病因关联。这项研究成果大大推动了神经管缺陷的干预研究，我国大样本研究的结果显示，孕期补充叶酸等多种维生素可以显著降低神经管畸形的发生，服用叶酸孕妇的子代发生 NTD 的风险降低了 79%。最近的两项研究也表明孕期母体增补叶酸还可分别降低后代语言障碍和孤独症谱系疾病的患病风险达 45% 和 39%[97-98]。

（二）发育早期感染与精神性疾病

出生前感染很早就被认为可以导致先天性的大脑异常、认知缺陷和行为障碍。胎儿期暴露于风疹、单纯疱疹病毒、弓形虫病、梅毒和其他感染可导致多种神经精神障碍，如智力低下、学习障碍、感知问题和神经解剖形态异常。然而，对出生前感染是否会导致成年后精神疾病风险上升的研究结果却并不一致[99]。最初将出生前感染与精神疾病联系在一起的是一项针对出生于 1957 年 A2 型流感大流行时期的芬兰人群流行病学研究，该研究发现孕中期处于 A2 型流感大流行孕妇的后代患精神分裂症的风险上升。这一结果此后在英国、日本和澳大利亚人群中得到重复，然而在克罗地亚、荷兰和丹麦人群中的研究却得到了阴性的结果，而最近的一项大规模荟萃分析也没有发现胚胎期处于流感大流行时期与精神分裂症的关系。这种不一致可能与实验设计有关，因为胚胎期处于流感大流行时期不代表必然每个孕妇都感染流感。最近，

Brown 等采用出生队列研究的策略，检测了加利福尼亚州阿拉米达郡 1959 — 1967 年出生人群，他们发现母体在怀孕前半段感染流感病毒的后代，患精神分裂症的风险上升至对照人群的 5 倍，而如果感染发生在孕期前 3 个月，则患病风险升至 7 倍 [100]。

在一项流行病学研究中，Brown 等发现孕早期宫内风疹病毒感染可导致非情感性精神病的风险上升 5 倍 [101]。而后续研究发现，在宫内风疹病毒感染者成年后精神分裂症谱系疾病总患病率可达到约 20%。同时，宫内风疹病毒感染的精神分裂症患者智商下降更为显著，而患病前神经运动和行为异常也更为显著。

弓形虫是一种致病的细胞内寄生虫，在怀孕早期感染弓形虫可导致后代中枢神经系统先天性异常，而弓形虫感染导致迟发性的精神性后遗症也已有报道：母体血浆中弓形虫 IgG 抗体水平高的孕妇，其后代患精神分裂症的风险是对照人群的 2 倍 [102]。

出生时母源感染 2 型单纯疱疹病毒（HSV-2）可以导致先天性神经精神异常，包括智力发育迟滞、较低的智商、语言缺陷和运动障碍等。而对于患儿成年后患精神疾病风险的影响却获得不同的结果。Buka 等的研究发现母体 HSV-2 抗体水平与子代精神分裂症风险上升存在关联。他们使用更大样本的后续研究证实母体血清 HSV-2 抗体阳性将导致子代精神性疾病风险上升至对照组的 1.6 倍，患精神分裂症的风险上升至 1.8 倍 [103]。但这一结果并未被另一项出生队列研究所验证。

此外，一些出生队列研究还发现其他感染与精神疾病相关。Babulas 等的研究发现孕期生殖感染导致后代 5 倍的精神分裂症风险。产妇的呼吸道感染、细菌感染和肾盂肾炎等也被发现与后代精神性疾病的风险升高有关 [104]。

动物模型研究支持孕期母体感染与子代精神性疾病相关。研究中通常给孕期动物注射聚肌胞苷酸，这是一种人工合成的双链 RNA 来模仿病毒感染；使用脂多糖（LPS），一种细菌细胞壁内毒素来模拟细菌感染；或者直接使用人类流感病毒使动物感染，这些模型被统称为母体免疫激活模型。母体免疫激活模型的后代表现出一系列脑发育、行为和一些与精神性疾病相关的内表型异常，包括前脉冲抑制、潜伏抑制、社交行为、工作记忆、新对象探索，对苯丙胺敏感、多巴胺受体、谷氨酸受体和 γ- 氨基丁酸受体异常等。考虑到在精神分裂症患者脑组织表达谱分析中发现一些细胞因子的表达异常，这些结果暗示细胞因子的异常激活可能导致神经发育异常和精神疾病风险的上升。

（三）其他发育早期因素与精神性疾病

出生时父亲年龄较大是最早在流行病学研究中发现的精神性疾病的风险因素。年长父亲的后代，在婴儿期和儿童期认知功能较弱。通过大规模的耶路撒冷人群队列研究发现，与出生时父亲年龄在 25 岁以下的婴儿相比，父亲年龄在 45 ~ 49 岁的婴儿，成年后精神分裂症风险上升至 2 倍，而父亲年龄在 50 岁以上者，精神分裂症风险上升至 3 倍 [105]。较年长的父亲也与双相情感障碍风险相关，但效应不如精神分裂症明显：55 岁以上父亲的后代，患双相情感障碍的风险较 20 ~ 24 岁父亲的后代高出 37% [106]。此外，出生时父亲年龄较大与孤独症谱系障碍风险具有非常显著的相关性，在一项荟萃分析中发现，40 岁以上父亲的后代患孤独症谱系障碍的风险是 30 岁以下父亲的后代的 5.75 倍 [107]。

产科并发症也会导致精神性疾病的风险上升。近期研究表明妊娠并发症（出血、先兆子痫、糖尿病、Rh 血型不相容）、早产、出生时低体重、宫内病毒感染、围生期缺氧 - 缺血性损伤等产科风险因素与精神分裂症存在一定联系，多数产科并发症的相对风险＜ 2，而包括妊娠糖尿病、胎盘早剥、出生时低体重和紧急剖宫产的相对风险＞ 3 [108]。与对照组相比，患有产科并发症者的后代患精神分裂症的以男性居多，且发病早，病程迁延。母胎血型不合也可能造成精神分裂症风险：Rh 阴性的母亲怀有 Rh 阳性的胎儿将造成母胎 Rh 血型不相容，母体产生的抗体可能攻击胎儿红细胞，并造成 Rh 溶血症，Rh 溶血病一般不发生在第一胎。一项丹麦人群的研究发现，对于第 2 个或以后的母胎 Rh 血型不相容的男性后代，其精神分裂症的患病风险提升至 3 倍。此外，产科因素与孤独症也存在关联。研究者将有孤独症同胞或母亲患有神经精神疾病的儿童定义为孤独症高遗传易感性儿童。而对于较低遗传易感性的儿童，母亲怀孕前体重超过 90kg、孕期母亲体重增加大于 18kg，以及母体疾病（包括肺疾病、肺源性心脏病、肾病和贫血）与孤独症患病风险存在关联 [109]。

另一项重要的发现是孕期母体遭受精神应激也是精神性疾病的风险因素。流行病学调查发现，孕期遭遇亲人去世或重大疾病、战争或天灾，以及意外妊娠本身可造成胎儿出生后患精神分裂症及其他精神疾病的风险上升。

（四）环境因素诱导的发育早期表观遗传编程及其与疾病的相关性

环境因素如何影响精神性疾病的发病风险？其背后的机制目前仍然不完全清楚。目前推测其中可能的作用机制主要有 3 种假说：新发（de novo）突变、选择压力及表观遗传修饰的改变。新发突变假说认为环境因素导致生殖细胞更大概率产生突变，这种突变导致精神性疾病的风险上升。已知在精神分裂症和孤独症谱系障碍中具有较高的新发突变率，包括拷贝数变异和单碱基突变。而某些因素，如父母年龄，与其生殖细胞的突变率直接相关。选择压力假说认为只有适应环境的基因组才能生存并在种群中扩展，而在胚胎期不能支持最基本的生理进程的基因型则被淘汰。而如感染、饥荒等环境因素在人类历史上是很重要的选择压力，对这种选择压力的适应可能导致一些疾病的易感性。

表观遗传修饰假说认为环境诱导的发育早期表观遗传编程与孕期营养及环境因素会影响子代表观遗传机制的建立与维持，进而改变基因的表达。而表观遗传的异常调节也很可能是孕期营养失衡引起子代成年后疾病的一个重要因素。发育早期的环境个体发育的过程，也是细胞分化和特异性表观遗传修饰建立的过程。在胚胎发育早期，大部分基因组经历一个表观遗传编程的过程。在胚胎期基因组大多区域 DNA 甲基化在个体间的差异也不大。但在亚稳定的表观等位基因（epialleles）区域，DNA 甲基化的发生具有一定的随机性，因而个体间表观遗传调控差别非常大。

近期的研究表明，表观遗传修饰对孕早期的营养等环境因素的易感性是表观等位基因的一个普遍特征[110]。研究者发现，小鼠的 $Axin^{Fu}$ 自发的 DNA 甲基化变化引起小鼠不同表现的尾巴扭结。而母体予以补充甲基供体，则大大降低尾巴扭结的发生，同时伴有 $Axin^{Fu}$ 的高甲基化。这说明发育期表观等位基因区域的 DNA 甲基化受环境因素的高度影响。此外，Agouti 小鼠的 *axy* 基因上游启动子区 CpG 岛也是一个表观等位基因区域。*axy* 基因编码一种旁分泌的信号分子，能使毛囊黑色素细胞从合成黑色素转为合成黄色素，因此在鼠毛生长的中间阶段，*axy* 基因的一过性短暂表达在每根鼠毛的毛尖下方形成黄色条带，使野生型 Agouti 小鼠呈现特征性的棕褐色。小鼠受孕前 2 周起增加富含甲基的叶酸、乙酰胆碱等补充饲料，可使 *axy* 基因上游启动子区 CpG 岛的甲基化平均水平远高于对照组，导致这一可变启动子趋于沉默，毛色也趋于棕褐色。因此，在胚胎发育早期，任何影响甲基供体或 DNMT1 酶活性的环境因素，都可能对亚稳定表观等位基因区域的 DNA 甲基化的建立产生影响，从而引起基因表达的永久改变[111]。

早期发育期间环境对表观遗传修饰的改变的另一个可能机制是在 DNA 甲基化建立阶段通过影响特定基因的转录水平。当重新甲基化发生时，如果该基因正处于活跃的转录时期，则可避免被高甲基化而失活。这个假说也得到了大量研究结果的支持。根据这个假说，在发育早期当 DNA 甲基化发生特定的变化时，任何能影响基因转录活性的营养或环境因素都可以导致表观遗传调控的变化，进而影响相应的表型。对大鼠糖皮质激素受体（GR）启动子表观遗传调控与大鼠母亲看护行为的相关性研究发现，在哺乳期母亲看护行为会通过影响子代 GR 启动子特定 CpG 的甲基化，改变子代的生理和行为。在海马区，GR 启动子内一个主要的 CpG 在出生前完全没有甲基化，而在出生后第 1 天变成高甲基化状态。出生的前 6 天是建立 CpG 甲基化并调节海马 GR 转录的关键时期，受母亲高度关爱的子代大鼠在出生后第 6 天 GR 启动子特定 CpG 的甲基化已经完全消失，而冷漠妈妈的子代的海马 GR 启动子一直维持高甲基化。这个结果表明，大鼠出生后早期母亲的关爱行为激活了 GR 的转录，引起了永久的 GR 低甲基化。反过来，GR 的低甲基化又永久性地去除了对 GR 转录的抑制[112]。

由于组织采样限制，目前很少有研究关注在发育早期环境因素对于人体中枢神经组织的表观遗传修饰改变。在最近的一项研究中发现，对于孕期暴露于 1944—1945 年荷兰饥荒的后代，其血液中印记基因 *igf2* 的甲基化水平较其孕期未暴露于饥荒的同性别同胞降低[113]。表观遗传修饰在发育早期环境因素对精神性疾病患病风险影响中所起的作用仍需要进一步的研究。

（赵欣之）

参考文献

1. 中华医学会精神科分会. 中国精神障碍分类与诊断标准. 3版. 济南: 山东科学技术出版社, 2001.
2. Bertram L, Tanzi RE. The genetic epidemiology of neurodegenerative disease. J Clin Invest, 2005, 115: 1449-

1457.
3. Thinakaran G, Koo EH. Amyloid precursor protein trafficking, processing, and function. J Biol Chem, 2008, 283: 29615-29619.
4. Schwob NG, Nalbantoglu J, Hastings KE, et al. DNA cytosine methylation in brain of patients with Alzheimer's disease. Annals of Neurology, 1990, 28:91-94.
5. Mastroeni D, Grover A, Delvaux E, et al. Epigenetic changes in Alzheimer's disease: decrements in DNA methylation. Neurobiol Aging , 2010, 31:2025-2037.
6. Mastroeni D1, McKee A, Grover A, et al. Epigenetic differences in cortical neurons from a pair of monozygotic twins discordant for Alzheimer's disease. PLoS ONE, 2009, 4: 6617.
7. West RL, Lee JM, Maroun LE. Hypomethylation of the amyloid precursor protein gene in the brain of an Alzheimer's disease patient. J Mol Neurosci, 1995, 6: 141-146.
8. Chen KL, Wang SS, Yang YY, et al. The epigenetic effects of amyloid-beta(1-40) on global DNA and neprilysin genes in murine cerebral endothelial cells. Biochem Biophys Res Commun, 2009, 378: 57-61.
9. Wang S-C, Oelze B, Schumacher A. Age-specific epigenetic drift in late-onset Alzheimer's disease. PLoS ONE, 2008, 3: 2698.
10. Siegmund KD, Connor CM, Campan M, et al. DNA methylation in the human cerebral cortex is dynamically regulated throughout the life span and involves differentiated neurons. PLoS One, 2007, 2:895.
11. Silva PN, Gigek CO, Leal MF, et al. Promoter methylation analysis of SIRT3, SMARCA5, HTERT and CDH1 genes in aging and Alzheimer's disease. 2008, 13:173-176.
12. Bolton SJ, Russelakis-Carneiro M, Betmouni S, et al. Non-nuclear histone H1 is upregulated in neurones and astrocytes in prion and Alzheimer's diseases but not in acute neurodegeneration. Neuropathol Appl Neurobiol, 1999, 25:425-432.
13. Ogawa O, Zhu X, Lee HG, et al. Ectopic localization of phosphorylated histone H3 in Alzheimer's disease: a mitotic catastrophe? Acta Neuropathol, 2003, 105: 524-528.
14. Duce JA, Smith DP, Blake RE, et al. Linker histone H1 binds to disease associated amyloid-like fibrils. J Mol Biol, 2006, 361:493-505.
15. Francis YI, Fa M, Ashraf H, et al. Dysregulation of histone acetylation in the APP/PS1 mouse model of Alzheimer's disease. J Alzheimers Dis, 2009, 18: 131-139.
16. Fischer A, Sananbenesi F, Wang X, et al. Recovery of learning and memory is associated with chromatin remodelling. Nature, 2007, 447: 178-182.
17. Perez M, Santa-Maria I, Gomez de Barreda E, et al. Tau—an inhibitor of deacetylase HDAC6 function. J Neurochem, 2009, 109:1756-1766.
18. Ricobaraza A, Cuadrado-Tejedor M, Perez-Mediavilla A, et al. Phenylbutyrate ameliorates cognitive deficit and reduces tau pathology in an Alzheimer's disease mouse model. Neuropsychopharmacology, 2009, 34:1721-1732.
19. Green KN, Steffan JS, Martinez-Coria H, et al. Nicotinamide restores cognition in Alzheimer's disease transgenic mice via a mechanism involving sirtuin inhibition and selective reduction of Thr231-phosphotau. J Neurosci, 2008, 28:11500-11510.
20. Hébert SS, Horré K, Nicolaï L, et al. Loss of microRNA cluster miR-29a/b-1 in sporadic Alzheimer's disease correlates with increased BACE1/beta-secretase expression. Proc Natl Acad Sci USA, 2008, 105:6415-6420.
21. Nunez-Iglesias J, Liu CC, Morgan TE, et al. Joint genome-wide profiling of miRNA and mRNA expression in Alzheimer's disease cortex reveals altered miRNA regulation. PLoS One, 2010, 5(2):8898.
22. Cogswell JP, Ward J, Taylor IA , et al. Identification of miRNA changes in Alzheimer's disease brain and CSF yields putative biomarkers and insights into disease pathways. J Alzheimers Dis, 2008, 14: 27-41.
23. Hébert SS1, Horré K, Nicolaï L, et al. MicroRNA regulation of Alzheimer's amyloid precursor protein expression. Neurobiol Dis, 2009, 33: 422-428.
24. Wang WX, Rajeev BW, Stromberg AJ, et al. The expression of microRNA miR-107 decreases early in Alzheimer's disease and may accelerate disease progression through regulation of beta-site amyloid precursor protein-cleaving enzyme 1. J Neurosci, 2008, 28:1213-1223.
25. Liu L, Wylie RC, Andrews LG, et al. Aging, cancer and nutrition: the DNA methylation connection. Mech Ageing Dev, 2003, 124: 989-998.
26. Varela-Moreiras G, Pérez-Olleros L, García-Cuevas M, et al. Effects of aging on folate metabolism in rats fed a long-term folate deficient diet. Int J Vitam Nutr Res, 1994, 64:294-299.
27. Tohgi H, Utsugisawa K, Nagane Y, et al. Reduction with age in methylcytosine in the promoter region -224 approximately -101 of the amyloid precursor protein gene in autopsy human cortex. Brain Res Mol Brain Res, 1999, 70:288-292.
28. Tohgi H, Utsugisawa K, Nagane Y, et al. The methylation status of cytosines in a tau gene promoter region alters with age to downregulate transcriptional activity in human cerebral cortex. Neurosci Lett, 1999, 275: 89-92.
29. Tohgi H, Utsugisawa K, Nagane Y, et al. Decrease with age in methylcytosines in the promoter region of receptor for advanced glycated end products (RAGE) gene in autopsy human cortex. Brain Res Mol Brain Res, 1999, 65:124-128.
30. Pallis M, Robins A, Powell R, et al. Quantitative analysis of lymphocyte CD11a using standardized flow cytometry. Scand J Immunol, 1993, 38:559-564.
31. Issa JP, Vertino PM, Boehm CD , et al. Switch from monoallelic to biallelic human IGF2 promoter methylation during aging and carcinogenesis. Proc Natl Acad Sci USA, 1996, 93:11757-11762.
32. Lopatina N, Haskell JF, Andrews LG, et al. Differential maintenance and de novo methylating activity by three DNA methyltransferases in aging and immortalized fibroblasts. J Cell Biochem, 2002 , 84: 324-334.
33. Coppede F. One-carbon metabolism and Alzheimer's disease: focus on epigenetics. Curr Genomics, 2010, 11:246-260.
34. Fuso A, Seminara L, Cavallaro RA, et al. S-adenosylmethionine/homocysteine cycle alterations modify DNA methylation status with consequent deregulation of PS1 and BACE and b-amyloid production. Mol Cell Neurosci, 2005, 28:195-204
35. Fuso A, Nicolia V, Cavallaro RA, et al. B-vitamin deprivation induces hyperhomocysteinemia and brain S-adenosylhomocysteine, depletes brain S-adenosylmethionine, and enhances PS1 and BACE expression and amyloid-b deposition in mice. Mol Cell Neurosci, 2008, 37:731-746.
36. Chan A, Shea TB. Folate deprivation increases presenilin expression, g-secretase activity, and Ab levels in murine brain: potentiation by ApoE deficiency and alleviation by dietary S-adenosyl methionine. J Neurochem, 2007, 102: 753-760.
37. Nicolia V, Fuso A, Cavallaro RA, et al. B vitamin deficiency promotes tau phosphorylation through regulation of GSK3b and PP2A. J Alzheimers Dis, 2010, 19:895-907.
38. Jowaed A, Schmitt I, Kaut O, et al. Methylation regulates a-synuclein expression and is decreased in Parkinson's disease patients'brains. J Neurosci, 2010, 30:6355-6359.
39. Matsumoto L, Takuma H, Tamaoka A , et al. CpG demethylation enhances alpha-synuclein expression and affects the pathogenesis of Parkinson's disease. PLoS ONE, 2010,

5:15522
40. International Parkinson's Disease Genomics Consortium (IPDGC). A two-stage meta-analysis identifies several new loci for Parkinson's disease. PLoS Genetics, 2011, 7:1002142.
41. Maeda T, Guan JZ, Oyama JI, et al. Aging-associated alteration of subtelomeric methylation in Parkinson's disease. Journals of Gerontology A, 2009, 64: 949-955.
42. Kontopoulos E, Parvin JD, Feany MB. α-synuclein acts in the nucleus to inhibit histone acetylation and promote neurotoxicity. Human Molecular Genetics, 2006, 15:3012-3023.
43. Outeiro TF, Kontopoulos E, Altmann SM, et al. Sirtuin 2 inhibitors rescue α-synuclein-mediated toxicity in models of Parkinson's disease. Science, 2007, 317:516-519.
44. Monti B, Gatta V, Piretti F, et al. Valproic acid is neuroprotective in the rotenone rat model of Parkinson's disease: involvement of α-synuclein. Neurotoxicity Research, 2010, 17:130-141.
45. Jin H, Kanthasamy A, Ghosh A, et al. α-synuclein negatively regulates protein kinase C δ expression to suppress apoptosis in dopaminergic neurons by reducing p300 histone acetyltransferase activity. Journal of Neuroscience, 2011, 31: 2035-2051.
46. Kidd SK, Schneider JS. Protection of dopaminergic cells from MPP^+-mediated toxicity by histone deacetylase inhibition. Brain Research, 2010, 1354:172-178.
47. Miki Y, Mori F, Tanji K, et al. Accumulation of histone deacetylase 6, an aggresome-related protein, is specific to Lewy bodies and glial cytoplasmic inclusions. Neuropathology , 2011, 31:561-568.
48. Su M, Shi JJ, Yang YP, et al. HDAC6 regulates aggresome-autophagy degradation pathway of α-synuclein in response to MPP^+-induced stress. Journal of Neurochemistry, 2011, 117:112-120.
49. Kim J, Inoue K, Ishii J, et al. A microRNA feedback circuit in midbrain dopamine neurons. Science, 2007, 317:1220-1224.
50. Margis R, Margis R, Rieder CRM. Identification of blood microRNAs associated to Parkinson's disease. Journal of Biotechnology, 2011, 152:96-101.
51. Gehrke S, Imai Y, Sokol N, et al. Pathogenic LRRK2 negatively regulates microRNA-mediated translational repression. Nature, 2010, 466:637-641.
52. Gillardon F, Mack M, Rist W, et al. MicroRNA and proteome expression profiling in early-symptomatic α-synuclein(A30P)-transgenic mice. Proteomics, 2008, 2:697-705.
53. Doxakis E. Post-transcriptional regulation of α-synuclein expression by mir-7 and mir-153. Journal of Biological Chemistry, 2010, 285:12726-12734.
54. Asikainen S, Rudgalvyte M, Heikkinen L, et al. Global microRNA expression profiling of caenorhabditis elegans Parkinson's disease models. Journal of Molecular Neuroscience, 2010, 41:210-218.
55. Dong E, Agis-Balboa RC, Simonini MV, et al. Reelin and glutamic acid decarboxylase 67 promoter remodeling in an epigenetic methionine-induced mouse model of schizophrenia. Proc Natl Acad Sci U S A, 2005, 102:12578-83.
56. Shimabukuro M, Sasaki T, Imamura A, et al. Global hypomethylation of peripheral leukocyte DNA in male patients with schizophrenia: a potential link between epigenetics and schizophrenia. J Psychiatr Res, 2007, 41:1042-1046.
57. Tsujita T, Niikawa N, Yamashita H , et al. Genomic discordance between monozygotic twins discordant for schizophrenia. Am J Psychiatry, 1998, 155:422-424.
58. Bönsch D, Wunschel M, Lenz B, et al. Methylation matters? Decreased methylation status of genomic DNA in the blood of schizophrenic twins. Psychiatry Res, 2012, 198:533-537.
59. Petronis A, Gottesman II, Kan P, et al. Monozygotic twins exhibit numerous epigenetic differences: clues to twin discordance? Schizophr Bull, 2003, 29:169-178.
60. Ghadirivasfi M1, Nohesara S, Ahmadkhaniha HR, et al. Hypomethylation of the serotonin receptor type-2A Gene (HTR2A) at T102C polymorphic site in DNA derived from the saliva of patients with schizophrenia and bipolar disorder. Am J Med Genet B Neuropsychiatr Genet, 2011, 156: 536-545.
61. Inoue S, Oishi M. Effects of methylation of non-CpG sequence in the promoter region on the expression of human synaptotagmin XI (syt11). Gene, 2005, 348:123-134.
62. Iwamoto K, Bundo M, Yamada K, et al. DNA methylation status of SOX10 correlates with its downregulation and oligodendrocyte dysfunction in schizophrenia. J Neurosci, 2005, 25:5376-5381.
63. Kordi-Tamandani DM, Dahmardeh N, Torkamanzehi A. Evaluation of hypermethylation and expression pattern of GMR2, GMR5, GMR8, and GRIA3 in patients with schizophrenia. Gene, 2013, 515:163-166.
64. Mill J, Tang T, Kaminsky Z, et al. Epigenomic profiling reveals DNA-methylation changes associated with major psychosis. Am J Hum Genet , 2008, 82:696-711.
65. Dempster EL, Pidsley R, Schalkwyk LC, et al. Disease-associated epigenetic changes in monozygotic twins discordant for schizophrenia and bipolar disorder. Hum Mol Genet, 2011, 20:4786-4796.
66. Akbarian S, Huang HS. Epigenetic regulation in human brain-focus on histone lysine methylation. Biol Psychiatry, 2009, 65:198-203.
67. Kundakovic M, Chen Y, Guidotti A, et al. The reelin and GAD67 promoters are activated by epigenetic drugs that facilitate the disruption of local repressor complexes. Mol Pharmacol, 2009, 75:342-354.
68. Beveridge NJ, Gardiner E, Carroll AP, et al. Schizophrenia is associated with an increase in cortical microRNA biogenesis. Mol Psychiatry, 2010, 15:1176-89.
69. Santarelli DM, Beveridge NJ, Tooney PA, et al. Upregulation of dicer and microRNA expression in the dorsolateral prefrontal cortex Brodmann area 46 in schizophrenia. Biol Psychiatry, 2011, 69:180-187.
70. Perkins DO, Jeffries CD, Jarskog LF, et al. microRNA expression in the prefrontal cortex of individuals with schizophrenia and schizoaffective disorder. Genome Biol, 2007, 8:27.
71. Miller BH, Zeier Z, Xi L , et al. MicroRNA-132 dysregulation in schizophrenia has implications for both neurodevelopment and adult brain function. Proc Natl Acad Sci USA, 2012, 109:3125-3130.
72. The Schizophrenia Psychiatric Genome-Wide Association Study (GWAS) Consortium. Genome-wide association study identifies five new schizophrenia loci. Nat Genet, 2012, 15:552-61.
73. Kwon E, Wang W, Tsai LH. Validation of schizophrenia-associated genes CSMD1, C10orf26, CACNA1C and TCF4 as miR-137 targets. Mol Psychiatry, 2013, 18:11-12.
74. Kim AH, Parker EK, Williamson V, et al. Experimental validation of candidate schizophrenia gene ZNF804A as target for hsa-miR-137. Schizophr Res, 2012, 141: 60-64.
75. Kuratomi G, Iwamoto K, Bundo M, et al. Aberrant DNA methylation associated with bipolar disorder identified from discordant monozygotic twins. Mol Psychiatry , 2008, 13:429-441.
76. D'addario C, Dell'Osso B, Palazzo MC, et al. Selective DNA methylation of BDNF promoter in bipolar disorder: differences among patients with BDI and BDII. Neuropsychopharmacology, 2012, 37: 1647-1655.
77. Kaminsky Z, Tochigi M, Jia P, et al. A multi-tissue analysis

identifies HLA complex group 9 gene methylation differences in bipolar disorder. Mol Psychiatry, 2012, 17:728-740.
78. Sabunciyan S, Aryee MJ, Irizarry RA , et al. Genome-wide DNA methylation scan in major depressive disorder. PLoS One, 2012, 7:34451.
79. Zill P, Baghai TC, Schüle C, et al. DNA methylation analysis of the angiotensin converting enzyme (ACE) gene in major depression. PLoS One, 2012, 7:40479.
80. Cruceanu C, Alda M, Nagy C , et al. H3K4 tri-methylation in synapsin genes leads to different expression patterns in bipolar disorder and major depression. Int J Neuropsychopharmacol, 2013, 16:289-299.
81. Saus E, Soria V, Escaramís G, et al. Genetic variants and abnormal processing of pre-miR-182, a circadian clock modulator, in major depression patients with late insomnia. Hum Mol Genet, 2010, 19:4017-4025.
82. Bailey A, Le Couteur A, Gottesman I, et al. Autism as a strongly genetic disorder: evidence from a British twin study. Psychol Med, 1995, 25:63-77.
83. LaSalle JM, Yasui DH. Evolving role of MeCP2 in Rett syndrome and autism. Epigenomics, 2009, 1:119-130.
84. Santoro MR, Bray SM, Warren ST. Molecular mechanisms of fragile X syndrome: a twenty-year perspective. Annu Rev Pathol, 2012, 7:219-245.
85. Nicholls RD, Knepper JL. Genome organization, function, and imprinting in Prader-Willi and Angelman syndromes. Annu Rev Genomics Hum Genet , 2001, 2:153-175.
86. Lamb JA, Barnby G, Bonora E, et al. Analysis of IMGSAC autism susceptibility loci: evidence for sex limited and parent of origin specific effects. J Med Genet, 2005, 42:132-137.
87. Skuse DH, James RS, Bishop DV, et al. Evidence from Turner's syndrome of an imprinted X-linked locus affecting cognitive function. Nature, 1997, 387:705-708.
88. Nagarajan RP, Hogart AR, Gwye Y, et al. Reduced MeCP2 expression is frequent in autism frontal cortex and correlates with aberrant MECP2 promoter methylation. Epigenetics, 2006, 1:1-11.
89. Abu-Elneel K, Liu T, Gazzaniga FS, et al. Heterogeneous dysregulation of microRNAs across the autism spectrum. Neurogenetics, 2008, 9:153-161.
90. Talebizadeh, Z, Butler MG, Theodoro MF. Feasibility and relevance of examining lymphoblastoid cell lines to study role of microRNAs in autism. Autism Res, 2008, 1:240-250.
91. Brown AS. The environment and susceptibility to schizophrenia. Prog Neurobiol, 2011, 93:23-58.
92. Susser E, Neugebauer R, Hoek HW, et al. Schizophrenia after prenatal famine: further evidence. Arch Gen Psychiatry, 1996, 53:25-31.
93. St Clair D, Xu M, Wang P, et al. Rates of adult schizophrenia following prenatal exposure to the Chinese famine of 1959~1961. JAMA, 2005, 294:557-562.
94. McGrath J, Saari K, Hakko H, et al. Vitamin D supplementation during the first year of life and risk of schizophrenia: a Finnish birth cohort study. Schizophr Res, 2004, 67:237-245.
95. McGrath JJ, Eyles DW, Pedersen CB, et al. Neonatal vitamin D status and risk of schizophrenia: a population-based case-control study. Arch Gen Psychiatry, 2010, 67:889-894.
96. Eyles D, Burne T, McGrath J. Vitamin D in fetal brain development. Semin Cell Dev Biol, 2011, 22:629-636.
97. Surén P, Roth C, Bresnahan M, et al. Association between maternal use of folic acid supplements and risk of autism spectrum disorders in children. JAMA, 2013, 309:570-577.
98. Roth C, Magnus P, Schjølberg S , et al. Folic acid supplements in pregnancy and severe language delay in children. JAMA, 2011, 306:1566-1573.
99. O'Callaghan E, Sham PC, Takei N, et al. The relationship of schizophrenic births to 16 infectious diseases. Br J Psychiatry, 1994, 165: 353-356.
100. Brown AS, Begg MD, Gravenstein S, et al. Serologic evidence of prenatal influenza in the etiology of schizophrenia. Arch Gen Psychiatry, 2004, 61:774-780.
101. Brown AS, Cohen P, Harkavy-Friedman J, et al. A.E. Bennett Research Award. Prenatal rubella, premorbid abnormalities, and adult schizophrenia. Biol Psychiatry, 2001, 49:473-486.
102. Brown AS, Schaefer CA, Quesenberry CP, et al. Maternal exposure to toxoplasmosis and risk of schizophrenia in adult offspring. Am J Psychiatry, 2005, 162:767-773.
103. Buka SL, Cannon TD, Torrey EF, et al. Maternal exposure to herpes simplex virus and risk of psychosis among adult offspring. Biol Psychiatry, 2008, 63:809-815.
104. Dodds L, Fell DB, Shea S, et al. The role of prenatal, obstetric and neonatal factors in the development of autism. J Autism Dev Disord, 2011, 41:891-902 .
105. Malaspina D, Harlap S, Fennig S, et al. Advancing paternal age and the risk of schizophrenia. Arch Gen Psychiatry, 2001, 58:361-367.
106. Frans, EM. Sandin S, Reichenberg A, et al. Advancing paternal age and bipolar disorder. Arch Gen Psychiatry, 2008, 65:1034-1040.
107. Sandin S1, Hultman CM, Kolevzon A, et al. Advancing maternal age is associated with increasing risk for autism: a review and meta-analysis. J Am Acad Child Adolesc Psychiatry, 2012, 51:477-486.
108. Byrne M, Agerbo E, Bennedsen B. Obstetric conditions and risk of first admission with schizophrenia: a Danish national register based study. Schizophr Res, 2007, 97:51-59.
109. Burstyn I, Sithole F, Zwaigenbaum L. Autism spectrum disorders, maternal characteristics and obstetric complications among singletons born in Alberta, Canada. Chronic Dis Can, 2010, 30:125-134.
110. Cooney CA, Dave AA, Wolff GL. Maternal methyl supplements in mice affect epigenetic variation and DNA methylation of offspring. J Nutr, 2002, 132:2393-2400.
111. Rakyan VK, Chong S, Champ ME, et al. Transgenerational inheritance of epigenetic states at the murine Axin(Fu) allele occurs after maternal and paternal transmission. Proc Natl Acad Sci USA, 2003, 100:2538-2543.
112. Zhang TY, Hellstrom IC, Bagot RC. Maternal care and DNA methylation of a glutamic acid decarboxylase 1 promoter in rat hippocampus. J Neurosci, 2010, 30:13130-13137.
113. Heijmans BT, Tobi EW, Stein AD, et al. Persistent epigenetic differences associated with prenatal exposure to famine in humans. Proc Natl Acad Sci USA, 2008, 105:17046-17049.

第十五章　表观遗传学研究方法

第一节　概　论

表观遗传修饰（包括组蛋白修饰、DNA 甲基化修饰）直接影响了染色质的结构，是表观遗传学重要的分子调控基础。深入研究染色质修饰对破解生命奥秘，认识细胞编程与重编程，探讨我国重大疾病的发生发展，研发干预表观遗传调控网络的药物和用于预防和治疗疾病等，都具有广泛而深远的重要意义。表观遗传学研究的快速发展，得益于许多研究技术的突破：染色质免疫共沉淀技术、全基因组寡核苷酸嵌合芯片（tiling array）技术、生物质谱技术和最近发展的 Solexa 测序技术为染色质解码提供了前所未有的技术平台。以往由于技术手段的限制，研究者仅仅能够从单基因的角度非特异性地检测组织中 DNA 的甲基化状态、个别组蛋白的修饰等。随着越来越多新型高通量技术的开发和广泛应用，基因的表达调控研究已经逐渐从单个基因、简单、线性的调控模式扩展到立体层面上多基因、基因簇以至整个基因组的多层次、多空间的调控网络模式。

细胞中 DNA 甲基化和组蛋白修饰的整体水平可以反映出细胞染色质的空间结构是紧密或松弛，从而初步判断基因的转录活性。细胞内决定基因转录活性的关键是基因启动子区局部基因组序列的 DNA 甲基化和组蛋白修饰状态。因此，检测局部 DNA 甲基化和组蛋白修饰的方法是目前最常用的表观遗传学研究方法。

在 DNA 甲基化状态检测方面，酶联免疫吸附试验（ELISA）方法和高效液相色谱法（high-performance liquid chromatography，HPLC）常被用于检测细胞基因组整体的 DNA甲基化水平。而特 异性基因组区域的甲基化水平检测常采用甲基化特异性 PCR（MS-PCR）、甲基化敏感性限制性内切酶法（MS-RE）、亚硫酸盐测序法。其中亚硫酸盐测序分析方法被视为 DNA 甲基化水平定量的金标准。另外，随着测序技术的不断发展，焦磷酸盐测序技术应用于 DNA 甲基化检测，相应的焦磷酸测序甲基化自动分析仪也诞生了。虽然研究方法较多，但每种方法都有各自的优势和不足，接下来将详细介绍每种检测方法。

细胞内组蛋白修饰包括组蛋白乙酰化和甲基化。组蛋白上不同的精氨酸位点可以发生不同程度甲基化修饰。基于不同组蛋白修饰的特异性抗体的 ELISA 方法被用于初步判断细胞内组蛋白修饰的状态。然而判断基因组局部染色质组蛋白修饰状态的方法主要是染色质免疫共沉淀结合定量 PCR 方法。

MicroRNA（miRNA）是一种小的内源性非编码 RNA 分子，由 21～25 个核苷酸组成。MiRNA 的检测方法类似于 mRNA 水平的检测方法，可以通过 realtime PCR 法或 northern blot 法。此外，miRNA 通常靶向 1 个或者多个 mRNA，通过翻译水平的抑制或断裂靶标 mRNA 而调节基因的表达。对于 miRAN 靶基因的判断常常用到经典的荧光素酶报告载体系统。

以上研究方法均是用于检测单个基因的表观遗传修饰水平，随着人们对于染色质修饰在人类正常生长发育和重大疾病产生过程中重要作用认识的逐步深入，怎样破译基因组、蛋白质组中潜藏的表观调控信息是未来生命科学领域的前沿。CHIP-on-chip、DNA 甲基化芯片、生物质谱及第 2 代测序等高通量的技术应运而生，这些技术平台将在染色质修饰研究中发挥巨大作用。在此基础上，整合生物信息学和计算生物学，建立现代化、规模化的分析平台，从系统生物学的角度诠释动态的表观遗传调控网络已成为当今染色质修饰研究的趋势。

（赵　明　陆前进）

第二节　DNA 甲基化研究方法

DNA 甲基化是指在 DNA 甲基转移酶（DNMT）的催化作用下，以 S- 腺苷甲硫氨酸（SAM）作为供体将活化的甲基引入 DNA 链中的过程。DNA 甲基化修饰有多种方式，除胸腺嘧啶外，其余 3 种 DNA 碱基上均存在修饰位点，哺乳动物基因组 DNA 中多数以 5- 甲基胞嘧啶形式存在，这也是最常见的一种甲基化形式。DNA 甲基化发生的主要位点是 CpG 二核苷酸，研究证实转录调控区内常成簇存在含 CpG 的 DNA 片段，通常长度在 1～2kb，称之为 CpG 岛，一般位于基因启动子区域，健康人该区域内 CpG 位点通常处于非甲基化状态，而区域外的 CpG 位点则为甲基化状态。DNA 甲基化是表观遗传学修饰的主要形式之一，是调节基因组功能的重要机制，可以在不改变 DNA 序列的前提下改变物种遗传表型，其作用体现在基因组印记、X 染色体失活、基因沉默等多种遗传现象上。

关于 DNA 甲基化的研究方法根据研究目的的不同，主要分为三大类[1-2]：①检测基因组的总体甲基化水平，包括高效液相色谱法（HPLC）、MSssl 甲基转移酶分析法、免疫化学法（5- 甲基胞嘧啶免疫学抗体技术）、氯乙醛反应法、高分辨率熔解曲线法（high resolution melting，HRM）等；②检测基因组特异位点的甲基化状态，即分析特定基因或者基因序列位点甲基化状态，包括亚硫酸氢盐测序（bisulfite sequencing，BSP）、甲基化特异性 PCR（methylation-specific PCR，MSP）、焦磷酸盐测序（pyrosequencing）、重亚硫酸盐的限制性内切酶分析（combined bisulfite restriction analysis，COBRA）、甲基化敏感性单核苷酸引物延伸（Ms-SnuPE）、甲基化敏感性单链构象分析（methylation-specific single-strand conformation analysis，MS-SSCA）、甲基化敏感性变性梯度凝胶电泳（methylation-specific denaturing gradient gel electrophoresis，MS-DGGE）、DNA 微阵列法等；③寻找新的甲基化位点，即甲基化相关基因的筛选及新位点的寻找技术，是全基因组（高通量）甲基化，包括基因芯片检测和基因测序技术两大类方法，前者包含甲基化荧光法（MethyLight）、MeDIP-array，后者则有 RRBS、MeDIP-seq、MethylCap 等。本章节将介绍几种常见、常用的 DNA 甲基化研究方法。

一、高效液相色谱柱法

高效液相色谱法（HPLC）和质谱法是常用的检测全基因组 DNA 甲基化位点的方法，其中 HPLC 是色谱法的一个重要分支。HPLC 是特指一种以液体为流动相的色谱分离分析方法，在经典色谱理论的基础上，采用高压输液系统，将具有不同极性的单一溶剂或不同比例的混合溶剂、缓冲液等流动相泵入装有固定相的色谱柱，各成分在柱内被分离，而后进入检测器进行检测，完成对样本的分析。

具体到 HPLC 在甲基化中的应用，其实验方法是利用酸或酶将基因组 DNA 裂解为 5 类单核苷酸，因其各自在极性溶液中溶解度不同，在经过非极性的滤过柱时则有不同的出柱时间，通过 260nm 紫外线测定流出液的吸收峰并定量，即可知晓全基因组甲基化状态，这是目前测定基因组 DNA 中 5- 甲基胞嘧啶总量最标准的方法[3]。

该种方法较为粗略，要求实验组和对照组的甲基化程度有明显的差别，对 DNA 纯度要求较高，另外虽然能定量甲基化水平，但不能了解甲基化的位置以及状态信息。

二、高分辨率熔解曲线法

高分辨率熔解曲线法（HRM）是在实时荧光 PCR 基础上发展起来的一种新型实时定量技术。常规 PCR 扩增后，饱和荧光染料可与双链 DNA 结合，当加热升温使双链解离时，荧光染料则从解链处释放，由于突变等原因双链碱基不匹配会使双链 DNA 在该位点首先解离，通过实时监测荧光染料强度则可在强度与时间曲线上发现突变位点[4]。在甲基化研究中，胞嘧啶经重亚硫酸盐处理后变为尿嘧啶，经扩增后变为胸腺嘧啶，而甲基化的胞嘧啶则不受影响，扩增后依然为胞嘧啶，因此在实验过程中，甲基化程度高的序列中 GC 含量就高，相应的 Tm 值也就高于非甲基化序列。根据已知甲基化程度的标准曲线对待测样本的熔解曲线进行分析即可获得待测样本的甲基化百分比。

HRM 源于熔解曲线，其与普通熔解曲线分析是一致的，不同之处表现在升温速率和所用的荧光染料。HRM 每步升温 0.02 ~ 0.1℃，温度的精确度可以更准确地检测荧光物质的改变。HRM 所用的荧光染料是一种新型饱和染料，有很强的 DNA 结合能力，同时对于 PCR 的抑制作用更低，当 DNA 局部解链时，游离下来的染料亦不会重新结合到 DNA 分子上去。基于 HRM 是一种高通量的突变筛查和 SNP 分型的研究方法，需要同时分析多个样品，因此样本之间的温度差异 < 0.1℃，这也是常规定量 PCR 仪无法胜任的[5]。

HRM 能够在无荧光标记探针的情况下分析单个碱基的变化，在科学研究中主要用于基因遗传学方面的研究，包括突变基因筛查、SNP 分型与连锁分析、微生物的分子鉴定与分型、HLA 基因组配型等[6]。在 DNA 甲基化研究方面，HRM 检测的是样本启动子区域内总体甲基化水平，其灵敏度可以检测低达 0.1% 的甲基化程度。

三、亚硫酸氢盐测序

亚硫酸氢盐测序（BSP）因其可以定性、定量以及有效分辨单个碱基上的 5- 甲基胞嘧啶水平，被广泛应用于检测基因组特异位点的甲基化状态，被视为一种金标准。这种方法最早是由 Frommer 等在研究中用亚硫酸氢钠处理样本后发现胞嘧啶和 5- 甲基胞嘧啶的氨化反应呈现完全不同的 2 种结果而提出的。

BSP 的基本原理是在酸性条件下用亚硫酸氢钠处理单链 DNA，胞嘧啶在处理后会转化为尿嘧啶，并在随后的 PCR 扩增和测序中被识别为胸腺嘧啶。但是 5- 甲基胞嘧啶在转化过程中仍然保持自己本身，从而区别于未发生甲基化的胞嘧啶。通过设计待测定 DNA 片段的扩增引物进行巢式 PCR 扩增，经凝胶电泳验证、回收 DNA 片段、连接、转化，挑选单克隆菌落后进行 DNA 测序可获得特定基因序列甲基化模式或特定位点甲基化水平（图 15-1）。BSP 不仅能检测 DNA 单链的甲基化状态，同时由于转化后 DNA 链不再自我互补，使得扩增产物可以被单独测量，因此也能预测 DNA 双链的甲基化模式。

亚硫酸氢钠处理 DNA 是否成功，决定着后续甲基化检测及预测结果的可信度和准确性，因此，较高效率地完成 DNA 链甲基胞嘧啶与非甲基胞嘧啶在 PCR 扩增中的转化是十分重要的。根据亚硫酸氢钠处理反应的原理，主要有以下几方面影响亚硫酸氢钠的转化效率[7]：

（1）亚硫酸氢钠修饰能够用于探测二级或更高级结构的多聚单核苷酸是因为其能够特异性地与单链区域的嘧啶碱基发生反应，诸多研究发现在亚硫酸氢钠处理中，第一步亚硫酸氢钠横跨 5, 6- 双键嘧啶核苷形成 5, 6- 二氢嘧啶 6- 磺酸盐的反应只能在单链区域中，双链多聚核苷酸将抑制该反应导致余下反应无法正常进行。

（2）亚硫酸氢盐处理时能造成一定程度的 DNA 链断裂，影响后续 PCR 扩增及结果分析。

（3）亚硫酸氢盐修饰过程中 DNA 的降解也将影响转化效率和最终实验结果。目前在较多科学研究中，进行亚硫酸氢钠处理 DNA 时主要采用 QIAGEN 公司的 EpiTect Bisulfite Kit，现根据该试剂盒的操作步骤提出亚硫酸氢钠处理的几点注意事项[8]：①在第 1 次开启试剂盒时，必须严格按照说明书指示在各

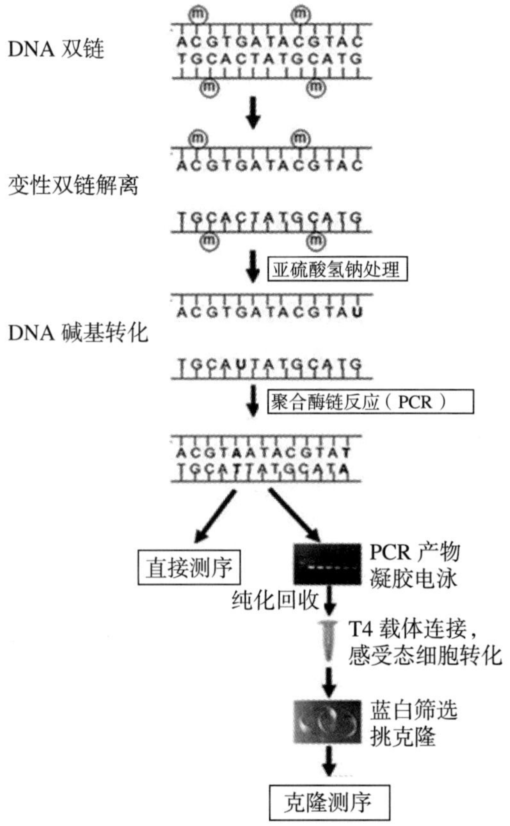

图 15-1 亚硫酸氢盐测序法

瓶试剂中添加适量的 96%～100% 乙醇，并且将 DNA 保护液和 BD 清洗液以及 DNA 清洗柱置于 2～8℃；②用于转化的 DNA 含量必须控制在 1ng 至 2mg；③试剂盒中的转化混合物必须完全溶解于无 RNase 水中，在配置转化体系时，该混合物不能被放置于冰上；④配置转化体系时，加入转化混合物后 DNA 保护液应该由起初的绿色转变为蓝色，表示体系混合充分且 pH 正确，如果没有出现上述颜色的转变，则应考虑体系是否充分混匀，或者 pH 是否正确，通过移液枪反复吸打混合及加酸碱调整 pH；⑤亚硫酸氢钠转化结束后，严格按照说明书步骤进行 DNA 的清洗过程，保证试剂盒中各种试剂的颜色、溶解度均正常，保证已在实验前准备过程中；⑥完成亚硫酸氢钠处理后的 DNA 需放置在 -20℃保存。

扩增引物决定着目的片段是否被扩增，决定后续实验步骤能否顺利进行，因此，设计合理的引物可以使整个实验事半功倍。设计引物时采用的模板为亚硫酸氢钠处理后的 DNA 序列，其引物设计原则遵循普通 PCR 引物设计，引物设计的模板为甲基化 DNA 链，设计时主要有以下几方面的注意事项[9]：①位置：在分析测序结果时，结果上游 100bp 左右及下游 60bp 左右的碱基序列不稳定，准确性不高，因此在设计引物时，应当在目的片段上游以上 100bp 左右、下游以下 80bp 左右的位置寻找引物序列，从而保证测序结果中目的片段序列结果准确性高。②长度：引物的长度控制在 20 个碱基左右，过长会导致延伸温度超过 Taq 酶最佳作用温度，导致产物特异性降低。③ G+C 含量：应该控制在 50% 左右，PCR 扩增过程中的退火温度一般是根据较低 Tm 值引物的 Tm 值来调整的。G、C 碱基之间是由 3 个氢键相连，A、T 之间为 2 个氢键，G+C 含量过高导致退火温度相应升高而影响酶活性，相反地，G+C 含量过低则退火温度降低，不足以解开 G、C 间氢键。④碱基分布随机：在目的片段前后寻找合适的引物序列时应当避免出现连续 4 个或以上的单一碱基，特别是不要出现在引物 3' 端。⑤引物自身不能含有互补序列，否则会形成发卡样二级结构。上、下游引物之间也不应有 4 个或以上的互补或同源碱基，否则会在扩增过程中引物相互结合形成引物二聚体。⑥引物 3' 端的碱基类型在扩增时很大程度上会影响 Taq 酶的延伸效应，一般情况下 3' 端不会发生错配，但 S. Kwok 等发现，当 3' 端末位碱基是 T 时，错配也能引发链的合成，而为 A 时错配的引发效率最低，G、C 居间。因此，3' 端碱基最好选用 A、G、C 结束，尽可能地避免 T，尤其避免连续出现 2 个或以上。⑦根据需要扩增的目的片段长度选择合适的 PCR 扩增方式，可以通过巢式 PCR 提高目的片段扩增的效率。

在过去的几年中，基于不同的应用目的，以亚硫酸氢钠预处理样本 DNA 为基础的检测 DNA 甲基化水平的技术层出不穷，包括 MSP、COBRA、Ms-SnuPE 等。与其他以限制性内切酶特异性甲基化胞嘧啶切割识别位点为基础的 DNA 甲基化研究方法相比，亚硫酸氢钠处理后 DNA 甲基化研究方法定量更准确、识别灵敏度高、工作效率更快、应用更广泛。

直接测序 PCR 产物可以很大程度上减少实验步骤和实验时间，但是由于不能读取整个目标区域或者存在高背景干扰等一系列的问题限制了该方法的应用推广。相反地，克隆测序则可以在分子水平上提供可靠有用的甲基化信息，但是为了能使测序结果更加可靠有效，待测的克隆数往往需要最少 5 个，最好为 10 个甚至更多，导致实验时间及投入增加。该技术虽是作为金标准存在，但其仍存在许多缺点，表现为实验技术难度大，主观及客观影响因素多，需要耗费大量的人力物力，实验花费昂贵，难以适用于大样本量筛查。

四、甲基化特异性 PCR

甲基化特异性 PCR（MSP）是最早的以亚硫酸氢钠预处理为基础的不需要测序的一种检测 DNA 甲基化水平的方法，至今仍广泛应用于 DNA 甲基化检测。

该方法的原理和 BSP 相似，均采用亚硫酸氢钠预处理后的 DNA 样本，甲基化的胞嘧啶经处理后保持不变，而非甲基化的胞嘧啶则转变为尿嘧啶。在进行 PCR 扩增时，同一样本需要设计两套不同的引物进行 PCR 扩增，一套为针对亚硫酸氢钠预处理后甲基化 DNA 链，即完全甲基化序列引物；另一套为针对亚硫酸氢钠预处理后非甲基化 DNA 链，即完全非甲基化序列。这两对引物都具有很高的特异性，与未经亚硫酸氢钠预处理的 DNA 序列不能互补配对。经过 PCR 扩增后，扩增产物通过凝胶电泳分析结果。若用甲基化引物能扩增出目的片段，说明该检测位点发生了甲基化；若用非甲基化引物扩增出目的片段，则说明该位点没有发生甲基化。通过比较甲基化和非甲基化目的片段条带的强弱，能粗略估算该目的片段的相对甲基化水平[10]。MSP的结果只能提供定性分析，条带的强弱不能用于定量估算甲基化水平。

在进行MSP甲基化引物设计时需要遵循以下原则：引物序列中必须包含1个或者1个以上的CpG岛，特别是位于引物3'端的CpG岛，用于保证引物的特异性。引物中CpG岛所占比例越高，甲基化DNA检出率越高，同时引物的设计也应按照普通PCR的引物设计原则进行。MSP非甲基化引物则是将甲基化引物中甲基化胞嘧啶改为胸腺嘧啶，余序列与甲基化引物相同。

MSP作为一种非定量的DNA甲基化检测方法，其优点有：①避免了限制性酶的应用及后续引发的不完全酶切的问题；②特异性针对相应的甲基化位点，不受限于酶切位点；③该方法的出现曾经风靡一时，可检测出多种甲基化作用，并且能应用于石蜡包埋样品的分析。

尽管MSP是一种高效、特异、敏感的实验方法，随着实验结果精确度要求的不断提高，逐渐发现MSP也存在很多不足[3]：①其PCR扩增引物的选择和设计都要求非常严格，否则容易出现假阳性结果；②如果亚硫酸氢钠预处理不完全也可以导致假阳性结果；③MSP的引物是以CpG位点胞嘧啶完全甲基化为前提设计的，而很多情况下CpG岛中并非每个位点都是完全甲基化，因此MSP有可能存在目的片段难扩增或者扩增效率差等问题，导致不能完全反映该岛甲基化水平；④由于是一种非定量检测，因此低背景水平的DNA甲基化也能得到阳性结果，在进行MSP结果分析时一定要注意这些潜在的陷阱，谨慎小心；⑤MSP检测的分析灵敏度受到PCR反应循环数、退火温度等的影响。减少循环数能降低假阳性结果，但同时也降低了分析灵敏度，而采用合适的设计引物和较高的退火温度则能减少假阳性事件。基于此原因，国内外报道的关于MSP检测方法的分析灵敏度千差万别。

五、焦磷酸盐测序

焦磷酸盐测序是最早由Ronaghi及其团队在1987年发展起来的一种新型DNA测序技术，替代了传统的双脱氧测序途径（sanger测序）。该技术对DNA的序列检测不需要进行电泳，DNA片段也无需荧光标记，因此相对应的仪器系统也不需要荧光分子激发和检测装置。焦磷酸盐测序也是采用亚硫酸氢钠预处理后的DNA样本进行甲基化分析，通过核苷酸和模板结合后释放的焦磷酸引发酶级联反应，促使反应体系中荧光素发光并对其进行检测，从而能够在成本效益兼得的方式下较准确地定量单个独立CpG位点的甲基化水平[11]。

焦磷酸盐测序的基本原理是由DNA聚合酶、ATP硫酸化酶、荧光素酶和双磷酸酶共同催化的同一反应体系中的酶级联化学发光反应，反应底物是5'-磷酰硫酸和荧光素，反应体系还包括待测的DNA单链和测序引物。反应开始之前需要先通过PCR制备待测序列的DNA单链模板，同时PCR的引物之一是用生物素标记的。PCR产物和偶联亲和素（avidin）的Sepharose微珠孵育，DNA双链经碱变性分开，纯化得到含生物素标记引物的待测序单链，并和测序引物结合成杂交体。接下来进行测序步骤，具体原理是每一轮测序反应中，只允许加入一种dNTP，若该dNTP和模板互不配对，聚合酶即可催化该dNTP掺入到引物链中，同时释放出等摩尔数的焦磷酸基团。硫酸化酶此时催化5'-磷酰硫酸和焦磷酸基团形成ATP。ATP驱动荧光素酶使荧光素转化为氧化荧光素，同时发出与ATP量成正比的可见光信号。机器识别这种光信号后由Pyrogram转变为一个峰，峰的高度与反应中掺入的核苷酸数目成正比。根据dNTP的类型和峰高度即能实时记录DNA核苷酸序列。若该dNTP和模板不配对，则ATP和掺入的dNTP由双磷酸酶降解，淬灭光信号，再生反应体系，随后即可进入下一轮循环，加入新dNTP。随着以上循环过程不断进行，互补的DNA链合成，DNA序列则根据Pyrogram信号峰确定，有无表示碱基种类，高度表示碱基数目[12]。

焦磷酸盐测序法对于DNA甲基化水平的定量更加准确，其检测敏感性能检测出只有5%水平的CpG位点，比直接亚硫酸氢钠测序的10%～20%更加敏感。该技术可以快速而准确地分析短DNA序列（～100bp），但是其定量的准确性和数据的可信度会随着被测序片段远离正向引物3'末端而降低，这是由于被测序片段远离引物末端后会被限制碱基/CpG位点在单次测序循环中被识别，这也是焦磷酸盐测序不能用于长片段测序的原因。焦磷酸盐测序法检测其通量高，操作简单方便，易于形成标准化操作过程，国际上通用的焦磷酸盐测序技术及分析系统可以在10min内完成96个样本的SNP分析，准确度达到99%，不仅工作效率提高，测序成本也相应降低。除了用于甲基化分析外，焦磷酸盐测序也被广泛应用于遗传学分析、SNP 分析、分子诊断、细菌病毒分型、法医鉴定及药物基因组学等方面，同时也被用来区分 MSP 分析中假阳性结果的判断[13]。

六、重亚硫酸盐的限制性内切酶分析

重亚硫酸盐的限制性内切酶分析（COBRA）是早期用来检测特定基因位点 DNA 甲基化水平的一种检测方法，其基本原理依旧是样本 DNA 经过亚硫酸氢钠预处理后进行 PCR 扩增，再选用特定的限制性内切酶酶切 PCR 产物来区分甲基化及非甲基化 DNA。

基本步骤为首先用亚硫酸氢钠预处理样本 DNA，随后进行 PCR 扩增目的序列。然后采用能切开被检测位点的限制性内切酶酶切 PCR 产物，若被检测位点为甲基化位点，则经亚硫酸氢钠预处理后保持不变，依旧能被限制性内切酶识别酶切，反之若为非甲基化位点，经处理扩增后转变为胸腺嘧啶，不再被原来的限制性内切酶识别，导致不能被酶切。基于此原理，酶切完成后将产物进行琼脂糖或聚丙烯酰胺凝胶电泳分析，根据条带的位置和亮度即可判断该检测位点甲基化与否及甲基化水平高低[11]。

该项技术使用方便，成本较低，能定量检测微量 DNA 样本的特定基因位点甲基化水平。但其最大的局限在于限制性内切酶只能识别一个酶切位点，导致一次实验中只能检测单独 1 个位点的甲基化状态，而不能同时分析多个甲基化位点，甚至是一段序列的甲基化水平，造成实验过程繁琐，相对劳动密集。此外，除开 PCR 自身偏差现象会导致结果定量准确性降低，在亚硫酸氢钠预处理过程中发生未完全转化现象，使得非甲基化胞嘧啶没有完成转化，依旧保持为胞嘧啶，该链与含有酶切位点的 DNA 链形成杂交双链，被酶切位点识别进行酶切，造成假阳性结果。再者由于限制性内切酶种类有限，酶切位点不多，导致甲基化分析范围受限[3]。

七、全基因组高通量检测

全基因组高通量甲基化检测主要用于寻找和分析全基因组 DNA 中未知的甲基化位点。该检测主要分为芯片检测和测序检测两大类[14]。

全基因组甲基化芯片分析是目前性价比最高的甲基化图谱分析方式，该检测方法主要是由一些主流生物公司进行商品化检测，目前市场上主流的实验平台主要是 illumina 和 agilent，相应的产品包括 illumina 人的商品化芯片（HumanMethylation27 DNA analysis BeadChip，HumanMethylation450 DNA analysis BeadChip）、agilent 人和小鼠的商品化芯片（Human CpG Island Microarray，Human DNA Methylation Microarray 及 Mouse CpG Island Microarray）。使用不同的实验平台，操作方法也不同，在此简单介绍 illumina 芯片的原理。illumina 芯片前期处理采用的是亚硫酸盐处理，将甲基化的差异转变成碱基上的差异，然后利用 2 个位点特异的探针检测这些化学上差异的位点，一个探针是为甲基化位点（M 磁珠类型）设计的，而另一个是为未甲基化位点（U 磁珠类型）设计的，结合后通过单碱基延伸掺入一个标记了的 ddNTP，通过计算甲基化位点和未甲基化位点掺入的荧光信号强度检测 DNA 甲基化程度。该项技术被称为 Infinium 技术，即单碱基延伸技术，其中最经典的莫过于 HumanMethylation27 DNA analysis BeadChip，该芯片包含 > 27 578 个 CpG 位点。不过随着实验需求的不断深入，该芯片已逐渐被 HumanMethylation450 DNA analysis BeadChip 取代，包含 > 450 000 个 CpG 位点，其覆盖范围广，除了 CpG 岛，还涵盖有 CpG shores 和 CpG shlves 区域，以及 non-CpG 位点以及 miRNA 启动子区域等[15]。

基于二代测序平台的全基因组研究，首先想到的必然是“金标准”，即全基因组重亚硫酸盐测序（whole genome bisulfite sequencing）。该方法的实验原理是前期依旧用亚硫酸氢盐处理 DNA，将基因组中未发生甲基化的 C 碱基转换成 U，进行 PCR 扩增后变成 T，将其与原本具有甲基化修饰的 C 碱基区分开来，再结合高通量测序技术，特别适用于绘制单碱基分辨率的全基因组 DNA 甲基化图谱。目前市场上应用较为广泛的性价比较高的两种测序方法为 MeDIP-seq（甲基化 DNA 免疫共沉淀测序）和 RRBS［简化的表观亚硫酸氢盐测序技术（reduced representation bisulfite sequencing）］。MeDIP-seq 是基于抗体富集原理进行测序的全基因组甲基化检测技术，采用甲基化 DNA 免疫共沉淀技术，通过 5'-甲基胞嘧啶抗体特异性富集基因组上发生甲基化的 DNA 片段，然后通过高通量测序可以在全基因组水平上进行高精度的 CpG 密集的高甲基化区域研究[16]。RRBS 则是基于酶切原理，由 2005 年

Alexander Meissner 等在 *Nucleic Acids Research* 首次提出该方法，之后被许多科研人员采用。该方法前期用 MspI 酶切，该酶的酶切位点为 CCGG，从而将 CpG 位点富集出来，最终用较小的数据量得到包含最多 CpG 位点甲基化信息的单碱基精度的甲基化图谱 [17]。

全基因组高通量测序方法众多，根据不同的研究目的和实验预算可以采用不同的研究方法以获得较成功的测序结果。由于该检测对于经费和人员的投入要求较高，目前此领域已逐渐商业化，主要由各大生物公司进行辅助检测，在一般科研实验室较难开展。下文介绍一种经典的全基因组芯片检测方法，可适用于一般实验室需求。

甲基化荧光法（MethyLight）

传统的用来检测 5- 甲基胞嘧啶甲基化模式的方法需要大量的人力、物力及笨重的机器，许多操作还会危害人体健康，包括凝胶电泳分析、酶切、同位素标记示踪的 dNTP 或者杂交探针等。因此，寻求一种安全又操作简便、符合研究人员需求的检测方法势在必行，MethyLight 在此背景下诞生。MethyLight 是一种高通量定量检测甲基化模式的检测方法，其基本原理是基于 MSP 方法和利用甲基化特异性引物与内部甲基化特异性荧光探针结合的方法来实时定量监测扩增产物 DNA 甲基化水平，通常所用的内部 MethyLight 荧光探针是由美国 Applied Biosystems 生产的 TaqMan® 荧光探针。

该方法的基本步骤为首先将 DNA 样本经过亚硫酸氢钠预处理，随后根据甲基化 C 保持不变，非甲基化 C 转变为 U 的原理，设计一个针对甲基化转化后 DNA 的引物对和另一个针对未甲基化转化后 DNA 的引物对，进行甲基化特异性 PCR（MSP）扩增，而 TaqMan 荧光探针则位于甲基化特异性引物中。在扩增过程中，如果甲基化特异性引物结合到 DNA 上，则序列会在延伸阶段加长，根据 Taq DNA 聚合酶的 5'→3'外切酶活性使特异性引物降解，释放引物上荧光基团，由于荧光团和淬灭团已经隔离，此时即可检测到荧光，且荧光量与扩增的 PCR 产物成正比，其色和强度变化显示处理后 DNA 片段的序列差异 [18]。

MethyLight 是一种高度敏感的甲基化分析方法，能够在 10 000 倍非甲基化等位基因的背景下检测出微弱的甲基化等位基因。实验只需要少量 DNA 模板即可完成 PCR 反应，而且可以对多样本多基因位点进行快速分析。其次，由于其检测过程中只有当引物之间探针杂交时扩增产物才可被检测，因此非特异性扩增信号如引物二聚体形成等都会被屏蔽，所以在此检测方法中，凝胶电泳的验证过程不需要，使得 MethyLight 产物不会被消耗从而达到高通量检测目的，同时也大幅度减少实验强度，减少人力物力投入。再者，荧光探针序列中包含的 CpG 位点可以使扩增引物假扩增现象明显减少，同时荧光探针序列中较多的非 CpG 胞嘧啶能限制亚硫酸氢钠预处理不完全导致的假阳性结果 [10]。然而，任何一种实验技术都存在一定的瑕疵，MethyLight 虽然能够精确定量均匀甲基化样本，但对于异构 DNA 甲基化样本，异构甲基化模式会在不同程度和方式上对引物和探针的退火过程造成影响，进而使得 MethyLight 结果只能半定量化，降低实验结果敏感性。

对于 DNA 甲基化水平的研究方法还有很多，在此只列举出比较常见和比较经典的几种。任何一种方法都会有其优缺点，研究者需要在实际应用中根据研究目的的需要选择合适的方法进行研究分析。目前国际上在进行 DNA 甲基化水平分析时已不再局限于使用单一方法，而是将几种方法结合起来，如 MS-HRM 结合焦磷酸测序达到消除异构 DNA 甲基化对实验结果的影响，通过取长补短，达到最大程度地准确分析 DNA 甲基化状态和定量 DNA 甲基化程度。随着科技水平的不断发展和进步，将会涌现出更多更好的检测方法以满足科研要求。

（龙　海　陆前进）

第三节　组蛋白修饰研究方法

关于组蛋白修饰的研究方法主要分为三大类：第 1 类是对整体的组蛋白共价修饰的检测；第 2 类是对一段特定的 DNA 序列上的组蛋白共价修饰的检测，即染色质免疫共沉淀（chromatin immunoprecipitation，ChIP）实验；第 3 类是全基因组（高通量）组蛋白共价修饰的检测，主要包括染色质免疫共沉淀测序（ChIP-seq）和染色质免疫共沉淀芯片（ChIP-on-chip）技术。下面将对这些方法分别进行介绍。

一、整体组蛋白共价修饰检测

（一）实验原理及步骤

整体组蛋白共价修饰的检测，即首先裂解组织或细胞，提取全部组蛋白，测完浓度后，将组蛋白加入检测板中后，组蛋白即被稳定地吸附于固相载体表面。随后加入高亲和力的特异性捕捉抗体（一抗），则相应的被共价修饰的组蛋白可被其识别并结合。洗涤去除未结合的一抗，再加入结合有辣根过氧化物酶的检测抗体（二抗），使之与一抗结合。最后洗去未结合的二抗，加入底物后进行显色，通过酶标仪检测吸光度而对组蛋白所受的共价修饰程度进行定量[19]（图 15-2）。这种方法较为粗略，只能对组织或细胞全部 DNA 上的某种组蛋白（如被甲基化或乙酰化修饰的组蛋白）进行定量，而无法了解组蛋白在各基因序列上的具体分布情况。

（二）计算

用酶标仪检测出光密度 OD 值后，组蛋白共价修饰的百分数计算：修饰率 % =（处理样本的 OD 值 – 空白对照的 OD 值）/（未处理样本的 OD 值 – 空白对照的 OD 值）× 100%；修饰量的计算：修饰量（ng/ml 蛋白）=（样本的 OD 值 – 空白对照的 OD 值）/ 斜率 × 1000。

二、染色质免疫共沉淀（ChIP）

（一）简介

ChIP 是检测体内一段特定的 DNA 序列上是否结合有某个目的蛋白的方法。有别于传统用于研究蛋白质与 DNA 相互作用的方法，例如电泳迁移率变动分析、DNase Ⅰ 足纹分析法、酵母单杂交系统、转录因子结合实验等，这些方法在体外虽然也能得到蛋白质与某段 DNA 相互作用的结构，但实际上在体内则可能由于染色质的高级结构使得蛋白质与 DNA 难以

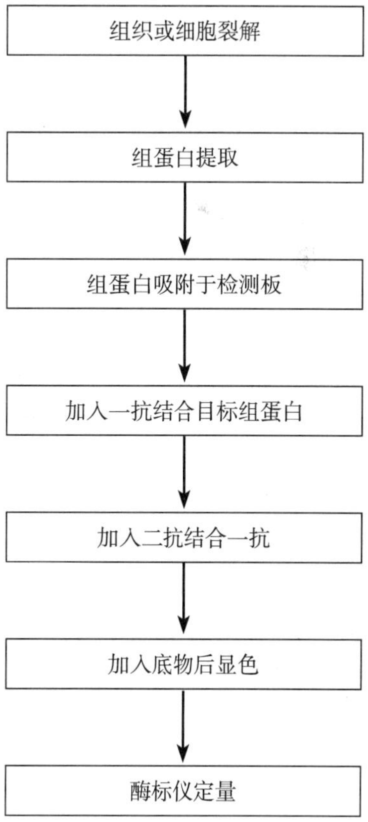

图 15-2　实验原理及步骤

接近；且染色质结构是动态的，非组蛋白与DNA在生理状态下的相互作用经常是瞬时的，以上方法难以捕捉到发生在染色质水平上基因表达调控的动态瞬时事件。而ChIP则可发现生理条件下的蛋白质与DNA序列的结合位点，反映出体内基因表达调控的真实情况[20-22]。

ChIP可具体分为2种方法，两者主要的区别在于对染色质处理方式的不同。第1种方法是在活细胞中加入甲醛等交联剂，或者用紫外线照射细胞，使细胞内的DNA和蛋白质发生交联，再借助超声波机械剪切力将染色质切割成小片段，这种方法叫做xChIP。其优点在于无论是研究对DNA亲和力高的组蛋白，还是对DNA亲和力不高的绝大多数非组蛋白的蛋白质，这种方法都是适用的。对于转录因子、连接组蛋白（linker histone）或其他与DNA结合不紧密的蛋白质，它们在实验准备期间即可能从染色质上丢失或重新定位，此时xChIP是唯一的选择[23]。

第2种方法对染色质的处理则是使用微球菌核酸酶把细胞核染色质消化成小片段。在实验准备过程中的任何阶段都不会使用交联剂进行DNA和蛋白质的交联。这种方法叫做nChIP，主要用来研究与DNA亲和力高的蛋白，例如组蛋白及其翻译后的修饰。nChIP主要有3个优点：①微球菌核酸酶可以把染色质消化成单个核小体的水平，从而做到高分辨率的定位。②酶反应条件比较温和，对DNA和DNA-蛋白质复合物的损伤小，而且蛋白质不易变性。免疫沉淀所得到的蛋白质复合物可以直接用考马斯亮蓝染色的聚丙烯酰胺凝胶检测免疫沉淀的效率。因为未使用甲醛进行交联，故可以在不改变蛋白质电荷的情况下恢复其状态。③附于核小体上的无关蛋白可能会对后续分析有影响。在xChIP中，这些蛋白可与核小体紧密结合而被共同沉淀下来，但在nChIP中，这些蛋白在染色质的预处理阶段即可丢失[23]。

下面我们以最常用的xChIP为例介绍ChIP实验的原理及步骤（图15-2）。

（二）原理

简单而言，即是先用甲醛等交联剂将蛋白质（其中包括目的蛋白）与DNA进行交联固定，随后将细胞裂解，用超声波将染色质切割成小片段，再加入目的蛋白的抗体，使其与目的蛋白相结合，然后加入Protein A/G Agarose，其与目的蛋白抗体结合并沉淀。回收免疫沉淀复合体，洗涤去除非特异结合的染色质，再洗脱Protein A/G Agarose，剩下目的蛋白抗体-目的蛋白-DNA复合物，经过解交联，收集、纯化DNA，所得的DNA即为与目的蛋白相结合的全部DNA，可进一步用于核酸分子杂交、PCR扩增、DNA测序等。因为所得的DNA的量与目的蛋白的量有对应的关系，故可以用所得的DNA的量代表目的蛋白的水平。如果想了解某段特定的DNA序列上所结合的目的蛋白（例如被共价修饰了的组蛋白）的水平，则可采用该DNA序列的特异性引物对目的蛋白抗体沉淀的全部DNA进行real-time PCR扩增，所扩增的特定DNA序列的相对量（对应于目的蛋白的水平）即代表了目的蛋白在靶DNA序列上结合的相对量（图15-3）[6~9]。不同于前述的整体组蛋白共价修饰的检测方法，ChIP结合real-time PCR能精确地了解目的蛋白在某段DNA序列上的分布情况；但因为real-time PCR每次只能检测一段DNA序列，故本方法不能像后面将要介绍的全基因组（高通量）组蛋白共价修饰检测法ChIP-seq和ChIP-on-chip那样，能了解目的蛋白在全基因组上的分布情况。

（三）实验步骤

1. 蛋白质-DNA交联及细胞裂解 一般采用甲醛作为交联剂交联细胞内的DNA和蛋白质。甲醛可以在体内高效地联接蛋白质-DNA、蛋白质-RNA及蛋白质-蛋白质，还能忠实地保留染色质结构，且可以在温和的条件下解交联[23]。在此步骤中，甲醛的终浓度为1%，交联时间可为5～60min，具体时间根据实验情况例如细胞类型而定。交联时间如果过长，DNA结合了太多的蛋白质，则难以用超声波剪切破碎，影响ChIP的结果，且标本也容易在离心过程中丢失；交联时间如果过短，则交联不完全，可产生假阴性。交联过程中可随时加入甘氨酸来终止交联反应。也可以采用紫外线来进行交联。有研究发现紫外激光器发出的连续高能量光子能在氨基酸残基与靶DNA碱基之间形成稳定的共价键，认为紫外激光（266nm）作为一种新颖的光化学交联剂克服了甲醛及传统紫外线易引起细胞生理状态改变的缺陷，且交联时间极短，故能最真实地捕捉到生理状态下蛋白质与DNA的某一动态结合过程[28]。交联终止后，即加入裂解缓冲液将细胞裂解。

2. DNA剪切 通常采用超声波将交联后的染色质进行剪切。关于理想的超声剪切片段大小，各方说法不一，如Active Motif公司推荐片段长度为 200～1500bp，Millipore 公司则推荐片段长度为 200～1000bp，Kallesen 等推荐长度为 300～1500bp，Lee 推荐至少有 1/4 的片段在 200～600bp。DNA 片段越小，越有利于区分染色质上结合目的蛋白和未结合目的蛋白的区域，构建更加精细的图谱。但是，DNA 片段过小会影响后期 PCR 扩增的效率。超声剪切不足能从琼脂糖凝胶电泳图中看出，而超声剪切过度则不容易被发现。所以初期实验时，要设立一系列的时间梯度，通过观察电泳图选择合适的超声条件，以避免超声剪切过度。在超声剪切的过程中容易产生泡沫，且可产生热量，这些都会引起蛋白质变性，故在超声波剪切染色质要采用时断时续的方式，且在湿冰上进行，以保证低温。此外，超声探头要尽量深入管中，但不接触管壁，以免产生泡沫。超声操作的条件包括输出功率、每次超声剪切的时间、间隔时间以及超声剪切的次数。很多因素都会影响超声剪切的效果，包括细胞类型、细胞浓度、细胞裂解方式、细胞交联程度及特定的超声装置等，故每个实验均要针对具体的情况进行条件优化。有研究认为三步裂解法后进行超声剪切要优于二步裂解法后进行超声剪切[29]。

3. 蛋白质-DNA 复合物免疫沉淀　在进行免疫沉淀（IP）前，每个 IP 均需取 1% 作为 Input 对照以用于 ChIP 效率的换算。随后，加入抗体孵育过夜（孵育时间可凭经验适当缩短。这取决于抗体、靶基因、细胞类型等），形成 DNA- 蛋白质 - 抗体复合物，接着使用 Protein A/G Agarose 沉淀富集此复合物，再经过反复洗涤，去除非特异结合的染色质，最后用 SDS+$NaHCO_3$ 将 DNA- 蛋白质 - 抗体复合物从 Protein A/G Agarose 中洗脱出来。注意所选用的抗体必须是 ChIP 级别的。若无 ChIP 级的商业化抗体，可试用 IP 级的抗体。抗体的量要进行优化，以防止非特异结合。Protein A/G Agarose 是 50% 的浆体，使用前颠倒混匀。因为 Protein A/G Agarose 很脆弱，加样时需剪去吸头尖部，且不可高速离心，以防琼脂糖珠被破坏或变形。在实验过程中，要做好实验对照，包括阳性对照和阴性对照。阳性对照所采用的抗体通常为与已知序列相结合的保守的蛋白质的抗体，常用组蛋白抗体或抗 RNA 聚合酶 Ⅱ 抗体等。阴性对照的抗体通常采用目的蛋白抗体宿主的 IgG 或血清。此外，还要考虑到目的蛋白抗体与 DNA 非特异性结合的可能性，故还应选择一对阴性引物扩增目的蛋白肯定不会结合的 DNA 序列，以作为该抗体的阴性对照。

4. 蛋白质-DNA 复合物解交联及 DNA 的纯化回收　加入 NaCl，置 65℃ 4～5 小时或过夜以解交联，再加入不含 DNase 的 RNase 和蛋白酶 K，通过 DNA 纯化柱回收纯化 DNA，或用酚氯仿抽提、乙醇沉淀纯化 DNA。使用 DNA 纯化柱纯化 DNA 的质量较高，有利于进一步用 PCR 等方法检测。

5. DNA 纯化产物的定量　取 1μl 纯化的 DNA 样本，采用 dsDNA 定量检测试剂盒测定双链 DNA 的浓度。所得的 DNA 可用于随后的检测分析，或放入 -80℃保存。

（四）应用

1. 验证与目的蛋白特异性结合的 DNA 序列　这是 ChIP 技术最主要的用途之一。如果目的蛋白的靶序列是已知的或怀疑的，可通过狭缝杂交实验，用靶序列特异性探针与 ChIP 所获得的 DNA 进行杂交，获得的相对富集率即可验证目的蛋白与 DNA 靶序列

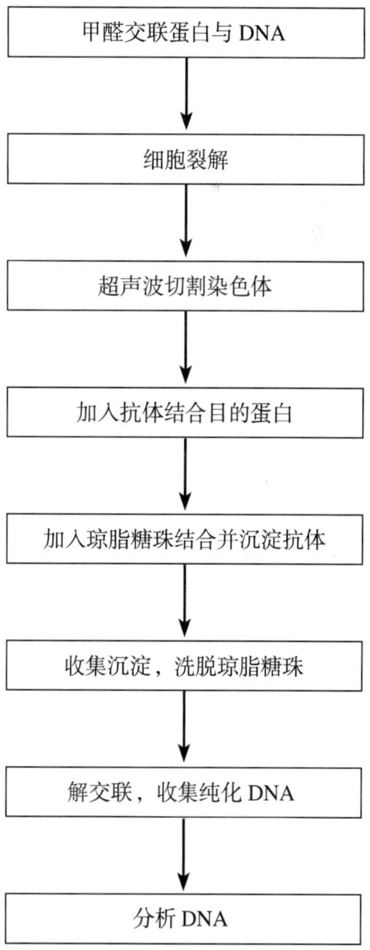

图 15-3　染色质免疫共沉淀技术原理

的特异性结合；还可根据靶序列设计相应引物，用定量或半定量 PCR 法检测沉淀的 DNA 扩增量，然后以 Input 管作为内参，目的蛋白相对量 = 目的蛋白管 DNA 扩增量 /Input 管 DNA 扩增量。相对量越大，则目的蛋白与靶 DNA 序列结合的可能性越大 [30~32]。Oh 等 [33] 采用 ChIP 技术验证了 33 个靶基因上都结合有转录因子 DAF-16，并受其严格调控；Lei 等 [34] 也采用 ChIP 技术发现了与转录因子 Hoxc8 直接相关的靶基因。

2. 寻找目的蛋白的 DNA 结合位点 如果目的蛋白的靶序列未知，或者需要高通量地研究目的蛋白在基因组上的分布情况，则可用 ChIP 获得的 DNA 作为 Southern 杂交的探针。但是因为通过 ChIP 富集的 DNA 极少，故通常需要用 PCR 法扩增富集的 DNA 序列。用放射性物质标记的 PCR 产物作为 Southern 杂交的探针，扫描基因组，从而能确定目的蛋白结合位点的分布情况 [30-32]。

3. 研究组蛋白的修饰 如前所述，组蛋白可被甲基化、乙酰化、磷酸化、泛素化、糖基化等修饰，这在基因的表达调控上具有重要的作用。随着组蛋白修饰特异性抗体的上市，ChIP 已广泛应用于研究组蛋白修饰与基因表达调控的关系 [30-32]。通过 ChIP 技术，已成功证实了组蛋白 H3 Lys9 的甲基化水平在调控 CD11a 和 CD70 的表达、H3 Lys27 的甲基化水平在调控 HPK1 的表达上均发挥了重要的作用 [35, 36]。

4. 其他 ChIP 技术也可用于研究蛋白质与 RNA 之间的相互作用。其原理与 DNA 的染色质免疫沉淀技术类似，也需要进行甲醛固定、细胞裂解、超声剪切、免疫沉淀、交联逆转和 RNA 纯化及鉴定等步骤。所不同的是交联逆转只用蛋白酶 K，要用不含 RNase 的 DNase 处理，并纯化 RNA。所获得的 RNA 需经过反转录以便进一步分析；或者纯化后的 RNA 与 cDNA 芯片进行杂交研究。此外，ChIP 还可用于分析 2 种蛋白共同结合的 DNA 片段，即 reChIP 方法。该方法在第 1 次 ChIP 时不解交联，继续进行第 2 个目的蛋白的免疫共沉淀，从而或得与两种目的蛋白都结合的 DNA 片段，在此不作详述 [37-41]。

三、全基因组（高通量）组蛋白共价修饰检测

全基因组（高通量）组蛋白共价修饰检测主要包括染色质免疫共沉淀测序（ChIP-seq）和染色质免疫共沉淀芯片（ChIP-on-chip）技术。将 ChIP 与测序技术相结合，即 ChIP-seq 技术。该技术将免疫沉淀富集的 DNA 片段末端填平，在 3' 端添加 A 碱基后，再连接接头，通过凝胶电泳筛选、回收得到 DNA 文库，并对该文库进行 PCR 扩增和纯化、定量，从而获得 ChIP-seq DNA 文库。该文库通过凝胶电泳和特定基因的 real-time PCR 检测进行质控，合格后，即可送交测序系统完成 DNA 成簇扩增和高通量测序，进而获得与目的蛋白相互作用的 DNA 片段信息（图 15-4）。

而 ChIP 与基因组 DNA 芯片（chip）技术相结合，即 ChIP-on-chip 技术。该技术将免疫沉淀所获得的目的 DNA 与对照 DNA（如 Input）生物素化，并与寡核苷酸一同变性、退火，从而使寡核苷酸结合于单链 DNA 上。再加入链霉亲和素包被的磁珠，使 DNA 与寡核苷酸一同固定于磁珠上，随后洗去游离的寡核苷酸，结合的寡核苷酸则使用 Taq DNA 连接酶进行连接。连接产物用 T7 和 T3 引物通过 PCR 进行扩增。其中，目的 DNA 管的 T7 引物采用红色的

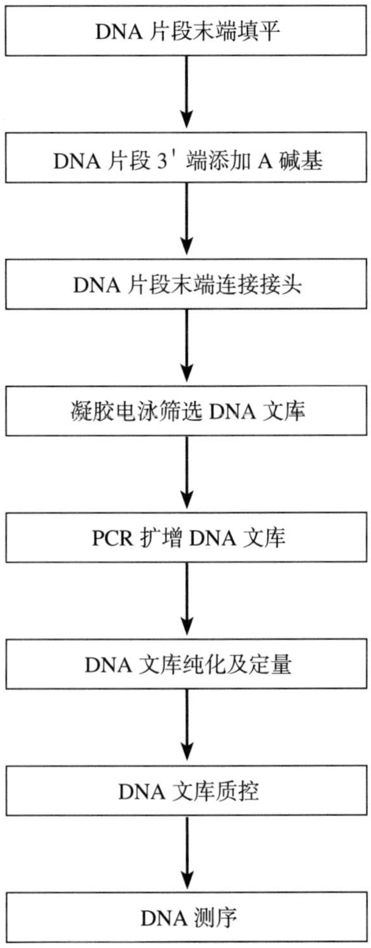

图 15-4 染色质免疫共沉淀测序（ChIP-Seq）技术

Cy5 标记，而对照 DNA 管的 T7 引物则采用绿色的 Cy3 标记。两管 PCR 产物一起与 DNA 芯片共杂交，产生一张点状图。芯片点状图上的每一个点即代表芯片上一个特定的 DNA 序列所结合的目的蛋白相对量。某个点的颜色越红，则该点对应的 DNA 序列结合的目的蛋白相对量越多，点的颜色越绿则相反。2 种荧光的信号强度由电脑进行扫描和判读，再计算得出相应的 Cy5/Cy3 比值，从而获得数字化的生物学信息（图 15-5）。

ChIP-seq 和 ChIP-on-chip 主要用于研究目的蛋白与全基因组的相互作用。它们均可同时获得上百万条序列标签，再运用生物信息学技术分析处理，能把所关注蛋白的 DNA 结合位点精确定位到基因组上，从而获得全基因组范围内各种组蛋白修饰状态的高分辨率分布图谱，实现高质量、高通量、低成本的数据产出[42~45]。但需要说明的是，这 2 种方法均有较高的假阳性率，故仅能了解目的蛋白在全基因组上的大致分布情况，或初步筛选目的蛋白所结合的基因，而要进行确证，则仍需采用 ChIP 结合 real-time PCR 来检验。故实验设计时，一般先利用 ChIP-seq 或 ChIP-on-chip 检测某种目的蛋白在实验组和对照组的全基因组分布情况，挑选出 1 条或数条目的蛋白分布存在差异且感兴趣的基因，再通过 ChIP 结合 real-time PCR 对此差异进行确证。作为第 2 代的全基因组（高通量）组蛋白共价修饰检测法 ChIP-seq，相对第 1 代检测法 ChIP-on-chip 更为精确，假阳性率更低。

综合而言，组蛋白修饰的研究方法种类繁多，而且各有其应用范围和优缺点，研究者需要根据自己的研究目的进行选择。目前，组蛋白的修饰已成为研究的热点之一，将来还会有更多更先进的方法涌现，需要研究者时刻关注其进展。

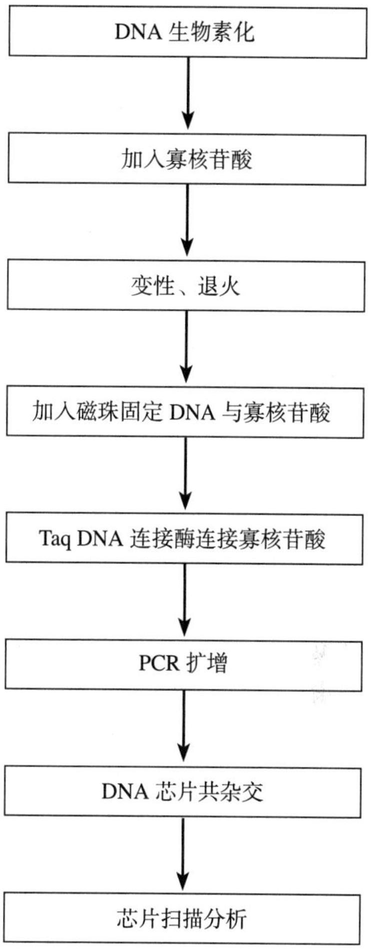

图 15-5　染色质免疫共沉淀芯片（ChIP-on-chip）技术

（张　庆　陆前进）

第四节　miRNA 研究方法

miRNA 是一种内源性长度在 21～25 个核苷酸的单链小分子 RNA，它在动植物中具有重要的基因调控作用，它们通过与 mRNA 结合抑制翻译或造成 mRNA 被酶解切割而起作用[46]。目前认为包括人类和哺乳动物在内的大部分真核生物的基因组都编码数百种 miRNA。miRNA 直接调控基因组中 30% 以上基因的表达，是生物体自身的一套正常的调控机制，对有机体的生长发育有重要作用，同时参与了若干生物过程，包括细胞凋亡、增殖、分化、代谢和迁移等几乎所有的生命过程[47]。

自从发现第 1 个 miRNA 以来，此类非编码小 RNA 便开始成为研究热点。在过去十几年中，miRNA 的研究从认识、发现 miRNA 分子到了解其功能及作用机制。近年来，由于 miRNA 来自于自身基因组编码，是天然的调控序列，且本身不易降解，取材容易，可作为生物标志物的候选分子等特点，对 miRNA 的研究更是突飞猛进。本节主要介绍一些 miRNA 的研究方法，旨在为大家对 miRNA 的研究提供一个总体性的思路（图 15-6）。

一、新 miRNA 的发现

一般通过生物信息学分析预测并结合小分子 RNA 克隆和测序来发现并确认新的 miRNA。

（一）小分子 RNA 克隆和测序

最初使用的小分子 RNA 的发现方法，需要 PCR 扩增。随着新一代测序和全基因组生物信息学的应用，这种方法已成为分析小分子 RNA 的表达，包括 miRNA 的最有力的工具之一，适用于大型高通量分析。miRNA 的绝对丰度被称为克隆频率[48]。

首先从组织细胞提取总 RNA，回收大小在 20～25 个核苷酸的 RNA 分子，将人工合成的 5 和 3 接头连接到 RNA 上，用 PCR 反转录扩增这些序列，获得 miRNA 的 cDNA 文库，再将 cDNA 进行克隆、测序[49]。然后用生物信息学软件进行基因组中的定位并验证。对于部分表达丰度低且具有组织和阶段表达特异性的 miRNA，以及一些由于自身的物理因素，如序列成分、转录后修饰等，很难通过克隆的方法得到 miRNA。所以用 miRNA 文库寻找 miRNA 有明显的局限性。此外，一些内源性的小 RNA 以及 mRNA 和其他非编码 RNA 的降解产物对克隆也有一定的干扰作用。

（二）生物信息学分析预测可能的 miRNA 并进一步验证

通常根据以下几点来进行预测：①存在发卡结构；②存在种系保守性；③发卡结构的稳定性；④基因组的位置、序列和结构与已知 miRNA 相似。预测的 miRNA 可进一步用 Northern Blot、原位杂交、基因芯片或实时定量 PCR 等方法进行验证。

（三）高通量测序（深度测序）

主要采用深度测序与生物信息学分析两者结合的方法。通常先抽提分离小分子 RNA，通过反转录和 PCR 扩增后，利用 solexa 深度测序，结合生物信息学分析，获得 miRNA 表达谱。深度测序结合生物信息学分析可对海量数据进行统计和分析，分别获得已知的 miRNA、新的 miRNA 以及潜在的新 miRNA，而且可对新发现的 miRNA 进行靶基因预测和功能分析预测等。通过深度测序，可以发现新的 miRNA，为进一步对 miRNA 的深入研究奠定基础[50]。

二、miRNA 的检测

由于 miRNA 是一类长度仅 21～25 个核苷酸的小 RNA 分子，且相当一部分 miRNA 表达水平较低，因而灵敏且能定量的分析工具对 miRNA 的检测是相当重要的。目前主要有 miRNA 芯片、qPCR 技术、实时 PCR 技术、Northern 杂交、原位杂交等方法，各有其优缺点，在实际的运用中我们可根据具体的需要选择合适的方法来检测 miRNA 的差异表达。

（一）miRNA 芯片

利用 miRNA 芯片可高通量分析不同样本（例如正常对照 T 细胞和 SLE 患者 T 细胞）中 miRNA 的差异表达、miRNA 表达的时空特异性，进一步进行靶基因分析、功能分析和信号通路分析等，从而了解 miRNA 在疾病中的作用机制。miRNA 芯片主要针对已知的 miRNA 进行研究，用来筛选出差异 miRNA。其结果常利用 q-PCR 和实时 PCR 技术进行验证。

与 mRNA 的芯片类似，可以在许多不同的样本中比较单个 miRNA 的表达差异。总 RNA 不到 0.1mg 也可以进行检测。适用于在大量不同样本中进行大规模高通量的分析，如临床样本的 miRNA 分析[48]。

（二）q-PCR 技术

q-PCR 技术可用来检测 miRNA 和其靶 mRNA 及其他相关 mRNA 等，主要方法有茎环法和加尾法等。茎环法针对特定 miRNA 设计引物，特异性好，但成本较高，周期长；而加尾法采用通用引物，时间较短，且通量较大[51, 52]。

q-PCR 技术与其他 miRNA 的检测方法比较有如下几个优点：用时较少，仅需数小时；检测灵敏度较高；样品用量较少，总 RNA 50pg 以上即可检测；不需要标记探针；可区分 miRNA 前体、成熟 miRNA 和同源 miRNA；线性范围高，可达 7 个数量级，重复性较好，精确度较高[53]。

（三）实时 PCR 技术为基础的分析

实时 PCR 技术能高度敏感地检测单个 miRNA 表

达的变化。适用于少数 miRNA 表达的定量研究。实时 PCR 技术被用来分析所有已知的 miRNA，方法上与芯片类似，但具有较高的灵敏度 [51]。

(四) Northern 杂交

Northern 杂交是衡量单个 miRNA 表达的经典方法，能同时检测成熟的 miRNA 和前体 miRNA。但是，该技术较复杂，总 RNA 的需要量相对较大，且对 RNase 污染非常敏感。目前此技术仍是一个验证新 miRNA 存在的方法（小分子 RNA 的克隆和测序也可用于验证新 miRNA 的存在）[48, 54-55]。

(五) 原位杂交

原位杂交能准确地检测单个 miRNA 的时空特异性表达。原位杂交需要 LNA 修饰的探针增强对 miRNA 的亲和力和特异性，且可以根据需要选择探针的标记方式，如荧光标记、生物素等。特异性的原位杂交能提供单个 miRNA 在细胞系或临床标本中最准确的分析 [56]。

三、miRNA 的靶基因研究

miRNA 调控基因表达主要是通过与靶基因 mRNA 的 3'-UTR 端相结合从而起到抑制基因表达的作用。准确地预测 miRNA 靶基因和验证 miRNA 与其靶基因的作用机制成为当前研究的热点。生物信息学预测已成为目前 miRNA 功能研究的主要线索。目前最常用的是通过荧光素酶报告基因系统证实 miRNA 对靶基因的作用。

(一) 生物信息学预测 miRNA 可能的靶基因

miRNA 调控基因表达的机制主要是通过与靶基因 mRNA 的 3'-UTR 端相结合从而起到抑制基因表达的作用 [57]。生物信息学预测已成为目前 miRNA 功

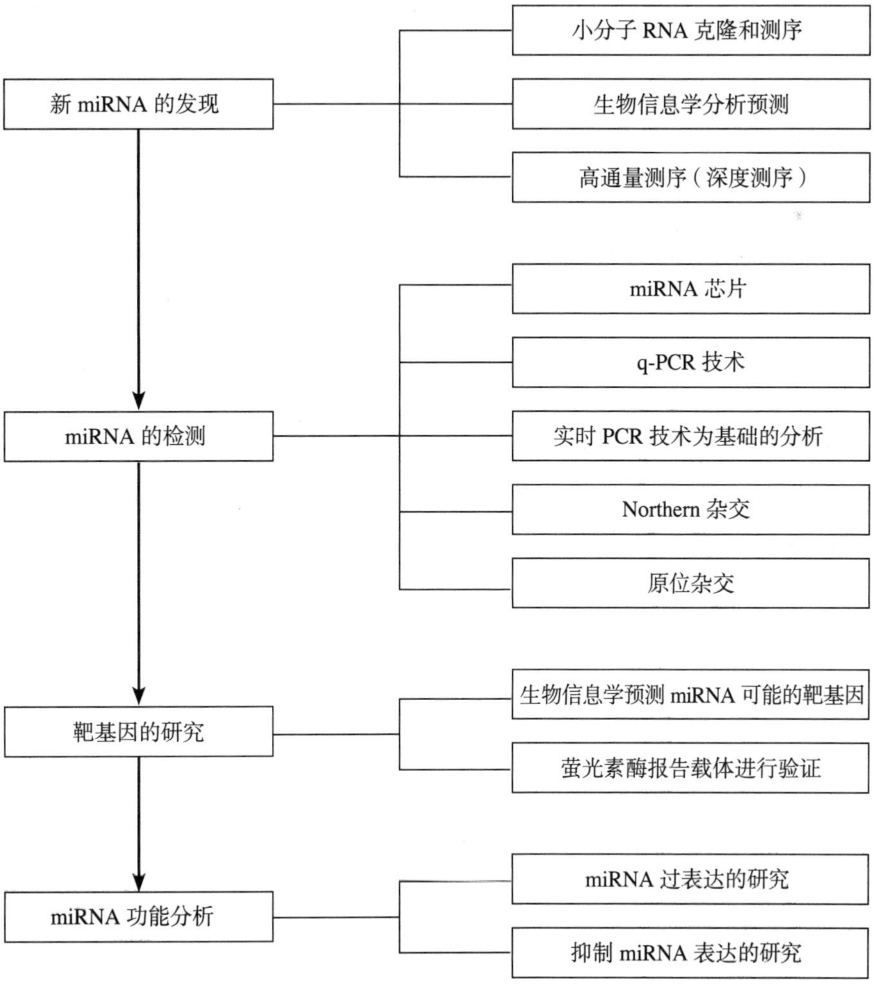

图 15-6　miRNA 研究方法

能研究的主要线索。目前研究者主要通过以下三大靶基因预测数据库来筛选与疾病发病过程密切相关的基因。

1. The miRBase（http://microrna.sanger.ac.uk/） 为众所周知的 miRNA 基因注释数据库。目前 miRBase 只提供了 miRNA 靶标的预测软件的链接。

2. TargetScan（http://www.targetscan.org/） 基于靶 mRNA 序列的进化保守等特征搜寻动物的 miRNA 靶基因。是预测 miRNA 靶标假阳性率较低的软件[49]。

3. PicTar（http://pictar.bio.nyu.edu/） 基于 miRNA或 miRNA靶标联合作用等特征开发的搜寻 动物的 miRNA 靶基因的软件，假阳性率也较低[49]。

（二）构建包含 miRNA 结合位点（3'-UTR）及位点突变的萤光素酶报告载体进行验证

在通过生物信息学初步预测 miRNA 靶基因的基础上，目前最常用的是通过荧光素酶报告基因系统验证 miRNA 对靶基因的作用。通过生物信息学分析获得候选的 miRNA 结合区域，将野生型和结合位点突变的 3'-UTR 序列克隆入商品化的萤光素酶报告载体，使之能够表达融合靶基因 3'-UTR 的重组荧光素酶，与 miRNA 表达载体共同转染细胞后，在细胞内同时表达重组荧光素酶和 miRNA，观察 miRNA 对野生型和结合位点突变的萤光素酶报告载体发光强度的影响[58]。

四、miRNA 功能分析

基因功能研究常常采用过表达或干扰（抑制、敲除）等方法，miRNA 研究也不例外。通过上调 miRNA 的表达水平或抑制 miRNA 的表达水平可以观察靶 mRNA 和编码蛋白表达以及细胞、动物水平的表型变化。

（一）miRNA 过表达的研究

1. 构建 miRNA 过表达载体 通常先从基因组中用 PCR 方法扩增 miRNA 基因组序列，然后将其克隆入 U6、CMV 为启动子的 miRNA 载体（如 pSilencer4.1-CMV puro）中，然后转染至目的细胞观察功能效应。

2. 使用 miRNA类似物 可根据不同的实验目的选择 miRNA mimics、miRNA agomir或 miRNA precursor mimics，转染至目的细胞观察功能效应。

（二）抑制 miRNA 表达的研究

1. 敲除 miRNA 基因或其与靶基因上的结合位点 主要用于在动物模型中进行 miRNA 的功能研究。由于分子大小的限制，目前应用较少。

2. miRNA 特异性抑制 可根据不同的实验目的选择 miRNA inhibitors、miRNA antagomir 或针对前体茎环结构设计进行 RNAi 作用抑制 miRNA 的 siRNA、shRNA 或 lentivirus RNAi，转染至目的细胞观察功能效应。方法是通过体外化学合成能与特异性 miRNA 完全互补的反义 RNA，转染入目的细胞后，使之能快速并稳定地与内源性成熟 miRNA 分子互补结合，阻止内源性 miRNA 分子与靶基因配对，从而抑制 miRNA 对靶基因的功能效应。

miRNA 的相关研究技术还有许多，在这里就不一一列举了。在 miRNA 的研究中，为了能有效地预测更多新的候选 miRNA，确定其靶基因，了解其功能和作用机制，我们需要把生物信息学、生物化学、分子生物学、遗传学和表观遗传学等各个学科的方法结合起来进行合理的选择和搭配来满足我们的研究需求。今后随着科学技术的发展，将会出现更多新的技术来更深入地研究 miRNA。

（丁　澍　陆前进）

第五节　高通量测序方法在表观遗传研究中的应用

一、高通量测序技术

高通量测序（high-throughput sequencing）又称“新一代”测序（“next-generation” sequencing，NGS），是指使用现有的大规模平行测序平台，包括 Solexa/ Illumina Genome Analyzer、Roche/454 Genome Sequencer、Applied Biosystems SOLiDplatforms，以及新的 Helicos 和 Pacific Biosciencesplatforms 等，一次对数十万至数百万条 DNA 分子进行序列测定[59]。

（一）原理及基本流程[60-61]

与传统的 Sanger 测序技术相比，第 2 代测序技术——高通量测序不再需要大肠埃希菌系统进行 DNA 模板扩增，而是直接通过聚合酶或者连接酶进行体外合成测序，并都使用了一种新的测序策略——循环芯片测序法（cyclic-array sequencing）。第 2 代测序技术虽然是对传统测序一次革命性的改变，但是仍然建立在 PCR 扩增的基础上。为了避免 PCR 扩增带来的偏差，以对 DNA 单个分子进行非 PCR 的测序为主要特征的第 3 代测序技术应运而生。

其基本流程是：将基因组 DNA 随机打断获得小片段 DNA 分子，或者构建控制距离分布的配对末端片段，在体外给这些小片段分子的末端连上接头序列，然后变性得到单链模板文库。克隆的扩增通过原位成簇（in situ polony）、微乳液 PCR（emulsion PCR）或桥式 PCR（bridge PCR）等方法进行，获得测序模板。测序是在芯片上通过聚合酶或者连接酶进行一系列循环反应，最后通过显微检测系统监控每一轮反应中产生的光学事件，并进行荧光图像采集、分析，获得 DNA 片段序列结果。

（二）目前主要的技术平台[60-61]

1. DRoche/454 焦磷酸测序　目前使用的平台是 Roche GS FLX System，将单链文库模板通过接头与固化引物的微珠相连，并将其与包含有 PCR 反应试剂的水溶液注入到矿物油中，形成油包水的乳浊液，每个水滴就是包括一个微珠及 PCR 试剂的进行后续微乳液 PCR 反应的微反应器，经过多轮扩增，每个片段产生数百万个相同的拷贝，结合在微珠表面。收集微珠，将其放置到含有 160 多万个光纤孔的“Pico Titer Plate”（PTP）芯片上，每个小孔中一个微珠，孔中载有焦磷酸测序反应所需酶。使用层流（laminar flow）加样方式，依次加入 4 种核苷酸（dNTP）中的一种，若发生碱基配对，则会释放一个焦磷酸，焦磷酸在 ATP 硫酰化酶和荧光素酶等的作用下，经过生物化学发光反应释放出光信号，并被连接在芯片上的光纤传送到光线探测成像系统和计算机控制系统，从而确定每个微孔中 DNA 模板上的互补碱基。

2. DIllumina/Solexa　目前使用的平台是 Genome Analyzer platform，单链 DNA 片段通过加在片段两端的非对称接头，与芯片表面的和接头互补的寡核苷酸结合，将片段固定在芯片表面，形成寡核苷酸桥，并以寡核苷酸为引物进行桥式 PCR。每块芯片具有 8 个独立的道，经过桥式 PCR 扩增之后，每条道的表面均可产生容纳数百万的模板“克隆”，从而可以在一个反应中对 8 个不同的文库并行测序。模板被线性化处理后形成单链模板，与测序引物杂交，开始测序反应。在测序过程中，使用修饰的 DNA 聚合酶和四种核苷酸（dNTP）混合试剂进行边合成边测序。带不同荧光标记的 dNTP 是“可逆终止子”，在 3'羟基端都有一个可被化学切割的基团，这些基团能够阻止另一个 dNTP 与之相连，以防止额外的延伸，使每一次反应都只会掺入 1 个核苷酸，读取各个位置的不同荧光信号后，通过化学方法将掺入的 dNTP 上标记的 2 个基团切除，继续聚合下一个 dNTP，重复测序反应，直到测序完成。Hiseq 2000 是 Illumina 公司 2010 年推出的一款新的测序仪，其测序原理和 Genome Analyzer 相同，不同之处是，Hiseq 2000 融合了最新的光学系统和制造工艺，大幅度减少了不同碱基之间的信号干扰，提高了测序系统的准确度。

3. DABI/ SOLiD　与 Roche GS FLX System 相似，SOLiD 系统也采用微珠通过接头捕获 DNA 片段，并进行微乳液 PCR 来扩增 DNA 模板，与 GS FLX 系统采用的 20μm 磁珠不同，SOLiD 系统的微珠直径只有 1μm。微乳液 PCR 结束后，收集和富集微珠并将其固定在平板上，制成高密度测序芯片。SOLiD系统采用边合成边测序，以连接反应取代传统的聚合反应。在测序过程中，每一次反应都会在引物末端加上一个中央2个碱基上标记有荧光基团的寡核苷酸探针，探针与引物发生连接反应后发出荧光，然后荧光基团被切除，重新进行下一轮反应，通过收集不同颜色的荧光信息来识别结合上的碱基类型。SOLiD系统还应用了双碱基编码策略，即每个碱基都被测定了2次，从而减少了测序的错误率。

4. DHeliscope单分子测序仪 实际上是一种在单个分子上边合成边测序的循环芯片测序设备。将基因组DNA随机切割构建成单链DNA文库，在每个片段末端加上poly-A尾，固定在平板上的poly-T和poly-A尾杂交，将待测模板固定在平板上制成测序芯片，而无需对测序模板进行扩增，模板上标记有Cy3以标识出其在芯片上的位置。在测序过程中，DNA聚合酶和带有荧光标记的单核苷酸依次加入，按照单链DNA模板序列进行延伸，荧光标记的单核苷酸掺入后发出荧光，使用一种高灵敏度的荧光探测仪记录下来，经过洗涤，切除荧光标记基团，进行下一轮测序反应，最终获得完整的序列信息。

5. DPacific Biosciences单分子实时合成测序法（Single Molecule Real-Time sequencing，SMRT）[62] 目前使用的系统是PacBio RS，该系统采用了特殊荧光标记的脱氧核苷酸和零模式波导（zero mode waveguide，ZMW）两个核心技术。先将DNA切割成大小合适的片段，修复双链DNA片段的末端，并在其两端连上发夹结构的DNA adaptor，DNA形成环状。测序是在SMRT Cell中进行的，每个Cell中有一个由约75 000个ZMW组成的阵列，ZMW是直径只有数十纳米的纳米孔，单个分子的DNA聚合酶被锚定在孔底部玻璃的表面，每个ZMW能检测1条不同的DNA样品链。不同于将荧光标记连接到核苷酸的碱基的传统核苷酸标记方法，而是在核苷酸的磷酸链上进行A、T、C、G四种不同的荧光标记，当DNA聚合酶检测到正确的核苷酸，便将其掺入到新生的DNA链中，荧光所发射的光脉冲会同时被探测到，根据特异性的荧光信号，可以判断出该位点碱基类别。环状的DNA作为模板可以反复测序，纠正偶尔出现的复制错误，从而提高测序精度。

二、高通量测序方法在表观遗传研究中的应用[63]

表观遗传学是研究在基因DNA序列不发生改变的情况下，基因表达了可遗传的变化的学科。表观遗传现象包括基因印记、X染色体失活、细胞特征的维持等。表观遗传机制主要包括DNA甲基化、组蛋白修饰和非编码RNA调控。随着基因组学和高通量测序技术的迅速发展，表观遗传学的研究步入以新一代高通量测序平台为基础、结合经典的表观遗传学研究方法，在全基因组水平进行表观遗传机制研究的时代——表观基因组学研究时代。表观基因组在基因组和环境之间的相互关系中起着重要的连接作用，很好地理解这一关键环节将是生物医学研究的主要挑战。

相对于基因芯片只能检测人们已知序列的特征而言，高通量测序方法是一个“开放的系统”，它发现和寻找新信息的能力明显高于传统芯片技术。举例而言，Clark[64]等比较了目前常用的Infinium HumanMethylation450 BeadChip®（芯片）和MeDIP-seq（高通量测序）检测甲基化组（methylome），结果显示这2种方法在全基因组范围内有很好的正相关（Spearman相关系数为0.68），都能成功检测出参考序列计划（RefSeq）基因、CpG岛、CpG shores和CpG shelves区域的差异甲基化位点。但是，MeDIP-seq能更广泛地“探索”人类基因组甲基化区域，包括成千上万的非RefSeq基因和重复序列，所有这些都可能在疾病的发生发展中具有重要意义。他们的结果显示，MeDIP检测到15 709个差异甲基化区域，是基于芯片技术的近2倍多（8070）。因此，基于高通量测序的方法将是一个更全面的研究表观遗传学的方法。

（一）高通量测序方法在DNA甲基化研究中的应用[63, 65-66]

检测DNA甲基化的方法均以下面3种技术为基础：甲基化敏感性限制性内切酶（methylation-sensitive restriction enzymes）、甲基化DNA亲和纯化（affinity purification of methylated DNA）和亚硫酸氢盐转化（bisulfite conversion），将其与高通量测序技术相结合，从而产生4种类型的全基因组DNA甲基化高通量测序检测方法（图15-7）。

1. DMethyl-seq[67] 是基于甲基化敏感性限制性内切酶的高通量测序法，具体而言，就是使用甲基化

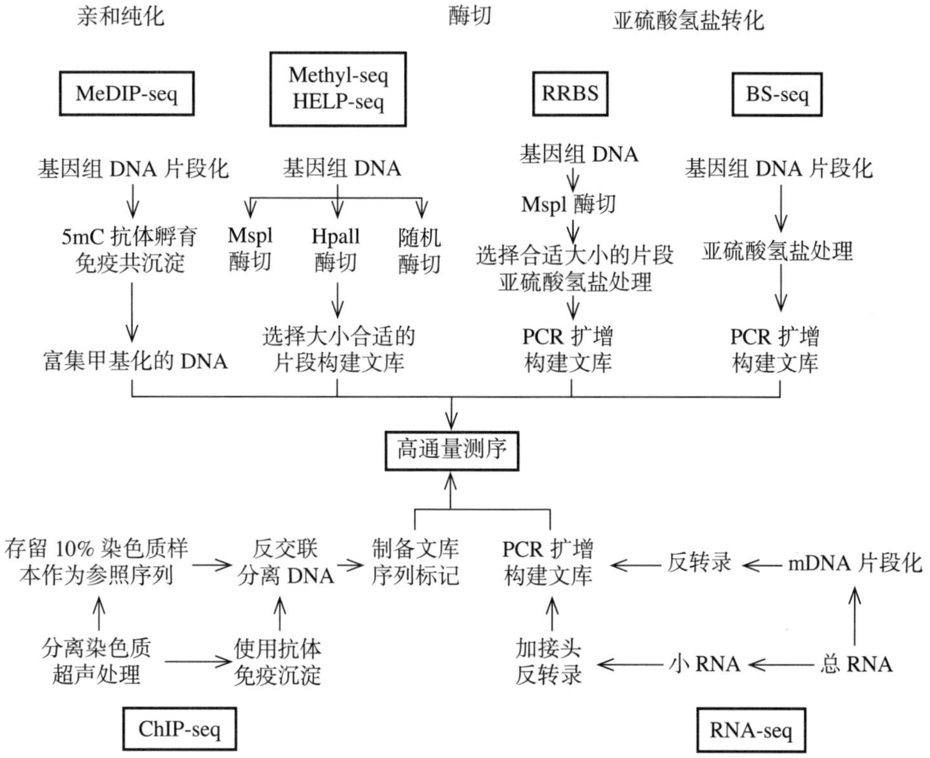

图 15-7 全基因组 DNA 甲基化高通量测序检测方法

敏感性内切酶同裂酶 MspI（对 CpG 甲基化不敏感）和 HpaII（对 CpG 甲基化敏感）将基因组 DNA 切割成大小不同的片段后，构建文库、合成测序，并与随机剪切片段相比较的方法称为 Methyl-seq。该方法具有灵敏度和特异性高、背景低、重现性好和易于执行，且费用较低等优点，但其仅能检测具有 HpaII 的限制性内切酶切割位点 CpG 岛，这大大限制了检测 CpG 岛的数目，只能提供某些区域的甲基化模式。HELP-seq[68] 与该方法基本相似，但这 2 种方法目前使用较少。

2. DMeDIP-seq（Methylated DNA Immunoprecipitation Sequencing） 这是基于甲基化 DNA 亲和纯化技术的高通量测序法，是将基因组 DNA 随机超声破碎成 100~500bp 大小的片段后，将可与 5-甲基胞嘧啶（5mC）特异性结合的抗体加入到变性的基因组 DNA 片段中，从而使甲基化的基因组片段免疫沉淀，形成富集，然后将富集后的甲基化 DNA 片段进行高通量测序。其检测范围广，可覆盖整个基因组 DNA 的甲基化区域，尤其是高 CpG 密度、高甲基化水平区域，但无法精确到每个碱基的甲基化状况。该方法能快速有效地寻找基因组 DNA 的甲基化区域，适用于比较不同细胞、组织和疾病样本之间的 DNA 甲基化修饰模式的差异。Zhang [69] 等通过 MeDIP-seq 比较了正常人皮肤组织和寻常型银屑病皮损组织的 DNA 甲基化图谱，结果显示和正常人皮肤组织相比，寻常型银屑病皮损组织全基因组 DNA 呈高甲基化状态，银屑病患者皮损区中呈高甲基化改变的基因 DMR 数量（40 357 个）远远多于低甲基化改变的基因 DMR 数量（22 837 个），而且甲基化异常改变明显的基因类型包括免疫系统类、细胞周期类和细胞凋亡类等。Saied [70] 等采用 MeDIP-seq 检测了 12 例急性髓性白血病（AML）患者和 4 例正常人的骨髓，研究发现位于基因启动子、转录区、CpG 岛和 CpG shores 的白血病相关差异甲基化区域。伴随 AML 的发展，DNA 甲基化的改变不仅影响启动子区域，同时也影响非启动子基因组功能，某些散在重复序列的显著性去甲基化与 AML 细胞遗传学亚型相关。

3. DBS-seq（whole genome bisulfite sequencing） 全基因组甲基化测序，是基于亚硫酸氢盐转化技术的高通量测序法，是 DNA 甲基化研究方法的金标准。亚硫酸氢盐处理能够使基因组 DNA 中未发生甲基化的胞嘧啶 C 脱氨基转换成尿嘧啶 U，而甲基化的 C 保持不变，行 PCR 扩增后 U 变成胸腺嘧啶 T，与原本具有甲基化修饰的 C 碱基区分开来。其工作流程是，先将基因组 DNA 随机超声破碎成 100～300bp 大小的片段，然后进行亚硫酸氢盐处理，PCR 扩增后再进行高通量测序。该方法可以精确分析基因组 DNA 每一个 C 碱基的甲基化状态，从而绘制单碱基分辨率的全基因组甲基化图谱，但其花费较高，适合进行样品与样品之间的精细差异分析，尤其是差异甲基化区域（differentially methylated region，DMR）分析。Lister 等[71] 第 1 次采用 BS-seq 技术绘制了人类全基因组甲基化图谱；2010 年 Li[72] 等对外周血单个核细胞 DNA 进行 BS-seq，成功绘制出"炎黄一号"全基因组甲基化谱。

4. DRRBS（Reduced Representation Bisulfite Sequencing） 这是基于甲基化敏感性限制性内切酶和亚硫酸氢盐转化两种技术之上的高通量测序法，也可以将其看成是 BS-seq 的改良版，是一种高性价比、单碱基分辨率的 DNA 甲基化研究方法。其工作流程是[73]，对于冰冻组织或细胞的基因组 DNA 用 MspI 进行酶切，而对于从石蜡样品中提取的 DNA，为了避免 40～220bp 大小的片段降解带来的影响，选取 500bp 以上的片段用于酶切，然后选取 40～220bp 大小的片段进行亚硫酸氢盐处理，建库后进行高通量测序。与 BS-seq 约需要 10μg DNA 和 MeDIP-seq 约需要 5μg DNA 用来建库不同，使用 RRBS 30ngDNA 足以用于建库，因此石蜡标本也可以用来进行基因组的 DNA 甲基化分析。该方法可对基因组启动子区和 CpG 岛区域 DNA 甲基化状态进行深度测序，实验重复性好，花费较低，特别适用于大样本量的疾病表观研究，并有望成为未来临床分子诊断的检测手段。Smallwood[74] 等应用 RRBS 对哺乳动物成熟卵母细胞进行全基因组 DNA 甲基化分析，确定了 1000 多个甲基化的 CpG 岛。Pei[75] 等采用 RRBS 对来自慢性淋巴细胞白血病（CLL）患者和正常对照者的 $CD19^+$ B 细胞进行了全基因组 DNA 甲基化分析，检测了 CLL 基因组 180 万 ～230 万 CpG 位点的甲基化状态，发现 1764 个基因启动子存在差异甲基化。

（二）高通量测序方法在组蛋白修饰研究中的应用[63, 76~78]

组蛋白的许多位点受到一系列翻译后共价修饰，如乙酰化、磷酸化、甲基化、泛素化和多聚 ADP 糖基化等。在这些大量而不同的组蛋白修饰中，研究最多的就是赖氨酸残基的乙酰化和甲基化。组蛋白修饰通过影响组蛋白与 DNA 双链的亲和性，改变染色质的疏松或凝集状态，或者通过影响其他转录因子与基因启动子的亲和性来发挥其基因调控作用。

目前研究组蛋白修饰的方法主要以染色质免疫沉淀技术（ChIP）为基础。ChIP 是研究在体内环境中蛋白质与 DNA 相互作用的经典实验方法，其原理是：用甲醛将细胞内的 DNA 与蛋白质交联在一起，通过超声或酶处理将染色质剪切成小片段后，使用特异性针对某种化学修饰组蛋白的抗体，将与目的蛋白相结合的 DNA 片段沉淀下来。ChIP-seq 是对通过 ChIP 特异性地富集目的蛋白结合的 DNA 片段进行纯化，加上接头后即获得 ChIP -seq 文库，然后进行高通量测序，将高通量测序获得的数百万条序列标签精确定位到基因组上，从而获得某种化学修饰的组蛋白在全基因组范围内与之相结合的 DNA 区段信息。与 ChIP-chip 相比，ChIP-seq 不受芯片序列限制，具有背景低、信噪比高、准确性高、覆盖度大等优势。2007 年 Barski 等最初报道使用 ChIP-seq 绘制人 $CD4^+$ T 细胞的全基因组组蛋白甲基化图谱。Deshpande 等[79] 采用 ChIP-seq 检测发现在 MLL-AF6 白血病鼠和有 t（6；11）(q27；q23）转位的人类粒单核细胞白血病的 ML2 细胞系中均存在 *mll* 融合靶基因的 H3K79 二甲基化水平明显增高。Wang[80] 等研究人员利用 ChIP-seq 研究发现，H2B 泛素化富集在 *mll* 融合靶基因的转录区，与 H3K79 甲基化和转录延伸相关。

（三）高通量测序方法在非编码 RNA 研究中的应用[63]

非编码 RNA（non-coding RNA，ncRNA）是一类不编码蛋白质、具有特定功能的 RNA 分子，又分为非编码小 RNA 和长链非编码 RNA（long noncoding RNA，lncRNA）。非编码小 RNA 包括 tRNA、rRNA、snRNA、siRNA、miRNA 和 piRNA 等；lncRNA 是一类转录本长度超过 200 个核苷酸的 RNA 分子的总称，它们组成了细胞中高度复杂的 RNA 调控网络。

RNA 测序（RNA-seq）可以用来研究非编码 RNA，转录组是指特定细胞在某一功能状态下所能转录出来的所有 RNA 的总和，包括 mRNA 和非编码 RNA。RNA-seq 的工作流程是：提取样品总 RNA 后，将 RNA 打断成短片段，以其为模板合成 cDNA，进行片段大小选择和 PCR 扩增，建好的测序文库进行高通量测序，该方法能鉴定已知和发现未知非编码RNA。除此之外，高通量测序技术应用于非编码小RNA的研究方法还有小RNA测序（small RNA sequencing），其工作流程是：将18～30或40nt的RNA片段两端接上接头，以其为模板行RT-PCR建库后，予以高通量测序。该方法既能鉴定已知小分子RNA，又能发现新的小分子RNA，能快速全面地构建样品之间的小分子RNA差异表达谱，具有高分辨率、高精确度、良好的重复性等技术优势。如从总RNA中只提取长度为21～24nt的RNA，再予以高通量测序，得到全部的miRNA转录本，则称为miRNA-seq。与传统芯片相比，高通量RNA测序具有覆盖面更广、准确度更高等优势。Hu[81]等使用miRNA-seq对非小细胞肺癌患者血清中的miRNA进行分析，结果显示长生存期与短生存期患者血清中miRNA水平存在显著性差异。Chang[82]等研究团队采用RNA-seq研究HIV感染5、12、24小时后的细胞中miRNA的动态改变，发现在不同的感染后时间点有不同的miRNA表达谱，并发现了新的miRNA。Barski[83]等采用RNA-seq和ChIP-seq技术绘制了人类T细胞RNA聚合酶Ⅲ基因相关的非编码RNA图谱。

有文献报道[84]，使用ChIP-seq的数据能预测出未知的lncRNA。

三、目前存在的问题及展望

第2代测序技术仍然需要采用体外PCR扩增的办法，样品需要经过打断、加接头、反转、扩增、割胶等一系列步骤进行建库，繁杂的步骤势必会引起各种误差的增多，在实际操作中也有很多问题需要优化。随着第3代测序技术的发展及使用，不再需要进行体外PCR扩增，而是直接对DNA单个分子进行测序，使高通量测序技术更便捷。虽然第2代测序技术较第1代测序技术的测序费用直线下降，而且第3代测序技术更加便宜，但是对于大多数实验室来说，目前高通量测序平台的花费仍然是比较昂贵的。

随着高通量技术的快速发展，各种相应的软件需要不断改进和改编来适应于不断发展的测序技术，这是一个很大的挑战。随着高通量技术的广泛应用，产生了海量数据。如何将这数百万甚至是数十亿的短小片段测序结果精确定位到基因组序列中，并从中充分挖掘出其生物学意义；如何将表观基因组学的各种数据有效结合，从而解释环境怎样通过表观遗传机制来影响基因的调控和表达；又如何高效地对数据进行分类、存档等，这些都是研究人员必须要面临的难题，需要强有力的数据分析软件技术的开发和发展，以及实验者和生物信息学家之间更加紧密的合作。

（邱湘宁　陆前进）

参考文献

1. Trygve O, Tollefsbol. Advances in epigenetic technology. Methods Mol Biol, 2011, 791: 1-10.
2. 陶冶, 王勇. DNA甲基化及其新进展. 国际妇产科学杂志, 2010, 37(5):340-343.
3. 周翠兰, 殷宇芳, 高汉林, 等. DNA甲基化的生物学意义及其检测方法. 南华大学学报·医学版, 2005, 33(2):148-153.
4. Tomasz K, Wojdacz, Alexander Dobrovic. Methylation-sensitive high resolution melting(MS-HRM): a new approach for sensitive and high-throughput assessment of methylation. Nucleic Acids Research, 2007, 35(6):41.
5. 沈薇, 傅启华. 高分辨率熔解曲线及其在分子诊断中的应用. 检验医学, 2011, 26(10):706-709.
6. Thomas Mikeska, Ida LM Candiloro, Alexander Dobrovic. The implications of heterogeneous DNA methylation for the accurate quantification of methylation. Epigenomics, 2010, 2(4):561-573.
7. Hikoya Hayatsu. The bisulfite genomic sequencing used in the analysis of epigenetic states, a technique in the emerging environmental genotoxicology research. Mutation Research, 2008, 659 (1-2):77-82.
8. Yuanyuan Li, Trygve O, Tollefsbol. DNA methylation detection: bisulfite genomic sequencing analysis. Methods Mol Biol, 2011, 791:11-21.
9. Xiaowei Wang, Athanasia Spandidos, Brian Seed, et al. PrimerBank: a PCR primer database for quantitative gene expression analysis, 2012 update. Nucleic Acids Res, 2012, 40:D1144-1149.
10. 黄琼晓, 金帆, 黄荷凤. DNA甲基化的研究方法学. 国外医学遗传学分册, 2004, 27(6):354-358.
11. Lasse Sommer Kristensen, Lise Lotte Hansen. PCR-based methods for detecting single-locus DNA methylation biomarkers in cancer diagnostics, prognostics, and response to treatment. Clinical Chemistry, 2009, 55(8):1471-1483.
12. 倪红兵, 鞠少卿, 王惠民. 焦磷酸测序技术及其应用进展. 国外医学临床生物化学与检验学分册, 2005, 26(9):600-605.
13. 汤华阳, 杜卫东, 张学军. 焦磷酸测序技术及应用. 医学分子生物学杂志, 2007, 4(3):272-275.
14. Christoph Bock, Eleni M Tomazou, Alexander Meissner. Genome-wide mapping of DNA methylation: a quantitative technology comparison. Nat Biotechnol, 2010, 28(10): 1106-1114.
15. Ziller MJ, Muller F, Liao J, et al. Genomic distribution and inter-sample variation of non-CpG methylation across human cell types. PLoS Genet, 2011, 7(12): 1-15.
16. Kelsie L Thu, Larissaa Pikor, Wan L Lam, et al. Methylation analysis by DNA immunoprecipitation. J Cell Physiol, 2010, 222:522-531.
17. Alexander Meissner, Andreas Gnirke, George W Bell, et al. Reduced representation bisulfite sequencing for comparative high-resolution DNA methylation analysis. Nucleic Acids Research, 2005, 33(18):5868-5877.
18. Cindy A Eads, Kathleen D Danenberg, Peter W Laird, et al.

MethyLight: a high-throughput assay to measure DNA methylation. Nucleic Acids Research, 2000, 28(8):e32.
19. Hu N, Qiu X, Luo Y, et al. Abnormal histone modification patterns in lupus CD4+ T cells. J Rheumatol, 2008, 35(5):804-810.
20. Weinmann AS, Farnham PJ. Identification of unknown target genes of human transcription factors using chromatin immunoprecipitation. Methods, 2002, 26(1):37-47.
21. Kang SH, Vieira K, Bungert J. Combining chromatin immunoprecipitation and DNA footprinting: a novel method to analyze protein-DNA interactions in vivo. Nucleic Acids Res, 2002, 30(10):44.
22. Wells J, Farnham PJ. Characterizing transcription factor binding sites using formaldehyde crosslinking and immunoprecipitation. Methods, 2002, 26(1):48-56.
23. Tollefsbol TO. Epigenetics Protocols. New Jersey: Humana Press, 2004.
24. Fujii S, Ito K, Ito Y, et al. Enhancer of zeste homologue 2 (EZH2) down-regulates RUNX3 by increasing histone H3 methylation. J Biol Chem, 2008, 283(25):17324-17332.
25. Huang J, Kent JR, Placek B, et al. Trimethylation of histone H3 lysine 4 by Set1 in the lytic infection of human herpes simplex virus 1. J Virol, 2006, 80(12):5740-5746
26. Fujii S, Luo RZ, Yuan J, et al. Reactivation of the silenced and imprinted alleles of ARHI is associated with increased histone H3 acetylation and decreased histone H3 lysine 9 methylation. Hum Mol Genet, 2003, 12(15):1791-1800.
27. Huebert DJ, Kamal M, O'Donovan A, et al. Genome-wide analysis of histone modifications by ChIP-on-chip. Methods, 2006, 40(4):365-369.
28. 刘开辉, 丁小维, 邓百万, 等. 紫外激光交联和染色质免疫沉淀技术及其应用. 安徽农业科学, 2007, 35(20):6058-6059, 6061.
29. 李敏俐, 关善辉, 陆祖宏. 染色质免疫沉淀试验中基因组DNA超声破碎条件优化策略. 生物技术通报, 2010, (5):121-125, 140.
30. 王春雨, 石建党, 朱彦, 等. 染色质免疫沉淀技术在研究DNA与蛋白质相互作用中的应用. 遗传, 2005, 27(5):801-807.
31. Im H, Grass JA, Johnson KD, et al. Measurement of protein-DNA interaction in vivo by chromatin immunoprecipitation. Methods Mol Biol, 2004, 284:129-146.
32. 肖颜玉, 张莉萍. 染色质免疫沉淀技术研究进展. 国际遗传学杂志, 2007, 30(6):424-426.
33. Oh SW, Mukhopadhyay A, Dixit BL, et al. Identification of direct DAF-16 targets controlling longevity, metabolism and diapause by chromatin immunoprecipitation. Nat Genet, 2006, 38(2):251-257.
34. Lei H, Juan AH, Kim MS, et al. Identification of a Hoxc8-regulated transcriptional network in mouse embryo fibroblast cells. Proc Natl Acad Sci USA, 2006, 103(27):10305-10309.
35. Zhao M, Wu X, Zhang Q, et al. RFX1 regulates CD70 and CD11a expression in lupus T cells by recruiting the histone methyltransferase SUV39H1. Arthritis Res Ther, 2010, 12(6):227.
36. Zhang Q, Long H, Liao J, et al. Inhibited expression of hematopoietic progenitor kinase 1 associated with loss of jumonji domain containing 3 promoter binding contributes to autoimmunity in systemic lupus erythematosus. J Autoimmun, 2011, 37(3):180-189.
37. Lei EP, Krebber H, Silver PA. Messenger RNAs are recruited for nuclear export during transcription. Genes Dev, 2001, 15(14):1771-1782.
38. Ishii K, Arib G, Lin C, et al. Chromatin boundaries in budding yeast: the nuclear pore connection. Cell, 2002, 109(5):551-562.
39. Rodríguez-Navarro S, Fischer T, Luo MJ, et al. Sus1, a functional component of the SAGA histone acetylase complex and the nuclear pore-associated mRNA export machinery. Cell, 2004, 116(1):75-86.
40. Nitranjanakumari S, Lasda E, Brazas R, et al. Reversible cross-linking combined with immunoprecipitation to study RNA-protein interactions in vivo. Methods, 2002, 26(2):182-190.
41. López de Silanes I, Zhan M, Lal A, et al. Identification of a target RNA motif for RNA-binding protein HuR. Proc Natl Acad Sci U S A, 2004, 101(9):2987-2992.
42. Johnson DS, Mortazavi A, Myers RM, et al. Genome-wide mapping of in vivo protein-DNA interactions. Science, 2007, 316(5830):1497-1502.
43. Robertson G, Hirst M, Bainbridge M, et al. Genome-wide profiles of STAT1 DNA association using chromatin immunoprecipitation and massively parallel sequencing. Nat Methods, 2007, 4(8):651-657.
44. Hearnes JM, Mays DJ, Schavolt KL, et al. Chromatin immunoprecipitation-based screen to identify functional genomic binding sites for sequence-specific transactivators. Mol Cell Biol, 2005, 25(22):10148-10158.
45. Banerjee N, Zhang MQ. Identifying cooperativity among transcription factors controlling the cell cycle in yeast. Nucleic Acids Res, 2003, 31(23):7024-7031.
46. Van Wynsberghe PM, Chan SP, Slack FJ, et al. Analysis of microRNA expression and function. Methods Cell Biol, 2011, 106:219-252.
47. Almeida MI, Reis RM, Calin GA. MicroRNA history: discovery, recent applications, and next frontiers. Mutat Res, 2011, 717(1-2):1-8.
48. Yi R, Fuchs E. MicroRNA-mediated control in the skin. Cell Death Differ, 2010, 17(2):229-35.
49. 王芳余, 张俊武. 小RNA(MicroRNA) 研究方法. 中国生物化学与分子生物学报, 2006, 22(10):772-779.
50. Chen J, Lozach J, Garcia EW, et al. Highly sensitive and specific microRNA expression profiling using BeadArray technology. Nucleic Acids Res, 2008, 36(14):e87
51. Shi R, Chiang VL. Facile means for quantifying microRNA expression by real-time PCR. Biotechniques, 2005, 39(4):519-525.
52. Raymond CK, Roberts BS, Garrett-Engele P, et al. Simple, quantitative primer-extension PCR assay for direct monitoring of microRNAs and short-interfering RNAs. RNA, 2005, 11(11):1737-1744.
53. Chen C, Ridzon DA, Broomer AJ, et al. Real-time quantification of microRNAs by stem-loop RT-PCR. Nucleic Acids Res, 2005, 33(20):179.
54. Castoldi M, Benes V, Hentze MW, et al. miChip: a microarray platform for expression profiling of microRNAs based on locked nucleic acid (LNA) oligonucleotide capture probes. Methods, 2007, 43(2):146-152.
55. Stenvang J, Silahtaroglu AN, Lindow M, et al. The utility of LNA in microRNA-based cancer diagnostics and therapeutics. Semin Cancer Biol, 2008, 18(2):89-102.
56. 景花, 宋沁馨, 周国华. MicroRNA定量检测方法的研究进展. 遗传, 2010, 32(1):31-40.
57. Nelson PT, Kiriakidou M, Mourelatos Z, et al. High-throughput experimental studies to identify miRNA targets directly, with special focus on the mammalian brain. Brain Res, 2010, 1338:122-30.
58. 曹学武. miRNA靶基因实验验证的研究进展. 重庆医学, 2009, 38(2):211-213.
59. Hawkins RD, Hon GC, Ren B. Next-generation genomics: an integrative approach. Nat Rev Genet, 2010, 11(7):476-486.
60. Shendure J, Ji H. Next-generation DNA sequencing. Nat Biotechnol, 2008, 26(10):1135-1145.
61. Mardis ER. Next-generation DNA sequencing methods. Annu

Rev Genomics Hum Genet, 2008, 9:387-402.
62. Eid J, Fehr A, Gray J, et al. Real-time DNA sequencing from single polymerase molecules. Science, 2009, 323(5910):133-138.
63. Huss M. Introduction into the analysis of high-throughput-sequencing based epigenome data. Brief Bioinform, 2010, 11(5):512-523.
64. Clark C, Palta P, Joyce CJ, et al. A comparison of the whole genome approach of MeDIP-seq to the targeted approach of the Infinium HumanMethylation450 BeadChip((R)) for methylome profiling. PLoS One, 2012, 7(11):50233.
65. Zilberman D, Henikoff S. Genome-wide analysis of DNA methylation patterns. Development, 2007, 134(22):3959-3965.
66. Schmitz RJ, Zhang X. High-throughput approaches for plant epigenomic studies. Curr Opin Plant Biol, 2011, 14(2):130-136.
67. Brunner AL, Johnson DS, Kim SW, et al. Distinct DNA methylation patterns characterize differentiated human embryonic stem cells and developing human fetal liver. Genome Res, 2009, 19(6):1044-1056.
68. Oda M, Glass JL, Thompson RF, et al. High-resolution genome-wide cytosine methylation profiling with simultaneous copy number analysis and optimization for limited cell numbers. Nucleic Acids Res, 2009, 37(12):3829-3839.
69. Zhang P, Zhao M, Liang G, et al. Whole-genome DNA methylation in skin lesions from patients with psoriasis vulgaris. J Autoimmun, 2013, 41: 17-24.
70. Saied MH, Marzec J, Khalid S, et al. Genome wide analysis of acute myeloid leukemia reveal leukemia specific methylome and subtype specific hypomethylation of repeats. PLoS One, 2012, 7(3):33213.
71. Lister R, Pelizzola M, Dowen RH, et al. Human DNA methylomes at base resolution show widespread epigenomic differences. Nature, 2009, 462(7271):315-322.
72. Li Y, Zhu J, Tian G, et al. The DNA methylome of human peripheral blood mononuclear cells. PLoS Biol, 2010, 8(11):1000533.
73. Gu H, Bock C, Mikkelsen TS, et al. Genome-scale DNA methylation mapping of clinical samples at single-nucleotide resolution. Nat Methods, 2010, 7(2):133-136.
74. Smallwood S A, Tomizawa S, Krueger F, et al. Dynamic CpG island methylation landscape in oocytes and preimplantation embryos. Nat Genet, 2011, 43(8):811-814.
75. Pei L, Choi J H, Liu J, et al. Genome-wide DNA methylation analysis reveals novel epigenetic changes in chronic lymphocytic leukemia. Epigenetics, 2012, 7(6):567-578.
76. Park PJ. ChIP-seq: advantages and challenges of a maturing technology. Nat Rev Genet, 2009, 10(10):669-680.
77. Schones DE, Zhao K. Genome-wide approaches to studying chromatin modifications. Nat Rev Genet, 2008, 9(3):179-191.
78. Boyle AP, Furey TS. High-resolution mapping studies of chromatin and gene regulatory elements. Epigenomics, 2009, 1(2):319-329.
79. Deshpande A J, Chen L, Fazio M, et al. Leukemic transformation by the MLL-AF6 fusion oncogene requires the H3K79 methyltransferase Dot1l. Blood, 2013, 121(13): 2533-2541.
80. Wang E, Kawaoka S, Yu M, et al. Histone H2B ubiquitin ligase RNF20 is required for MLL-rearranged leukemia. Proc Natl Acad Sci U S A, 2013, 110(10):3901-3906.
81. Hu Z, Chen X, Zhao Y, et al. Serum microRNA signatures identified in a genome-wide serum microRNA expression profiling predict survival of non-small-cell lung cancer. J Clin Oncol, 2010, 28(10):1721-1726.
82. Chang ST, Thomas MJ, Sova P, et al. Next-generation sequencing of small RNAs from HIV-infected cells identifies phased microRNA expression patterns and candidate novel microRNAs differentially expressed upon infection. MBio, 2013, 4(1):512-549.
83. Barski A, Chepelev I, Liko D, et al. Pol II and its associated epigenetic marks are present at Pol III-transcribed noncoding RNA genes. Nat Struct Mol Biol, 2010, 17(5):629-634.
84. Guttman M, Amit I, Garber M, et al. Chromatin signature reveals over a thousand highly conserved large non-coding RNAs in mammals. Nature, 2009, 458(7235):223-227.

第十六章　表观遗传修饰干预药物

第一节　概　论

表观遗传是指在 DNA 序列没有发生变化的情况下所发生的基因遗传表达的变化，表观遗传是通过一些“表观遗传修饰”（epigenetic modification）来完成的[1-2]。

表观遗传调控在许多疾病的发生、发展中起重要作用。由于表观遗传修饰具有一定的可逆性，表观遗传修饰的检测方法及表观遗传修饰的分子靶标有可能转化应用于临床的诊断与治疗，从而吸引学术界和工业界的广泛兴趣[3-4]，也取得了较大的成功。本章主要阐述这两个方面的药物研究开发动态与现状。在深入介绍表观遗传修饰干预药物之前，本节对表观遗传修饰的分子作用机制做一个简单总结。

一、DNA 甲基化修饰与基因调控

如图 16-1所示[5]，在 DNA甲基转移酶的作用下，DNA复制的同时，S-腺苷甲硫氨酸（S-adenosylmethionine，SAM）的甲基就转移到胞嘧啶环(cytosine)的C5碳原子上。

到目前为止，已经发现的 DNA甲基转移酶包括：DNMT1、DNMT1b、DNMT1o、DNMT1p、DNMT2、DNMT3a、DNMT3a2、DNMT3b和DNMT3L。DNMT1主要负责维持及复制原有的甲基化谱[6]。DNMT3a和 DNMT3b则具有形成新的甲基化的功能。DNMT1可以与 DNMT3a和 DNMT3b形成复合物。DNMT3a和 DNMT3b单独存在时，其甲基化能力下降。DNMT3a2是 DNMT3a的另一亚种，其功能与 DNMT3a大致相同[7]。因此，在一定意义上，DNMT参与了 DNA甲基化的动态平衡。但是，DNA去甲基化的详细机制仍然有待阐明。

DNA 甲基化也可以通过其他间接的方式影响组蛋白的修饰（包括组蛋白乙酰化、甲基化和磷酸化等）和染色质的结构，进而改变基因表达。

DNA 甲基化与恶性肿瘤的关系得到了广泛的研究。随着科学家们对人类恶性肿瘤的起源的研究的深入，越来越多的证据表明，表观遗传异常参与恶性肿瘤的发生与发展。CpG 过度甲基化能引起部分基因沉默，同时 CpG 低甲基化使得某些基因被激活。试验表明，这些沉默的基因中包括了抑癌基因，而被激活的基因中则有原癌基因。该基因进一步发展就有可能会演变成疾病状态——恶性肿瘤（表 16-1）[8-9]。

20 多年前，人们就提出了能否通过药物来干预 DNA 甲基化，从而使得整体甲基化增加（抑制肿瘤基因），而 CpG 岛还原成原来的未甲基化状态（激活抑癌基因）（图 16-2）。

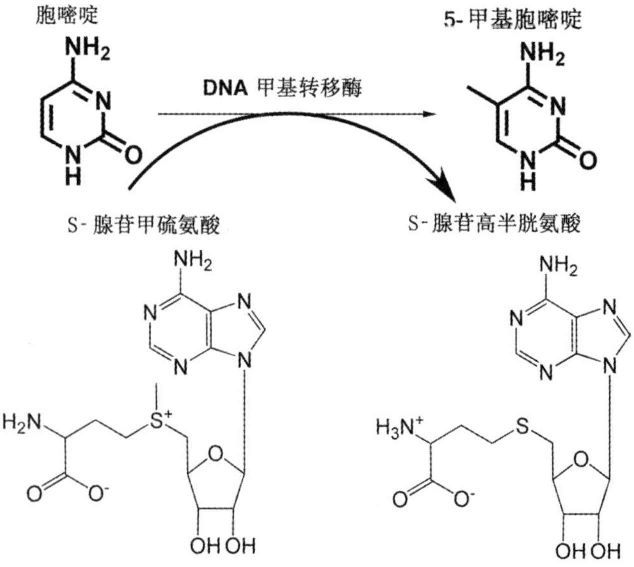

图 16-1　DNA 甲基化分子机制

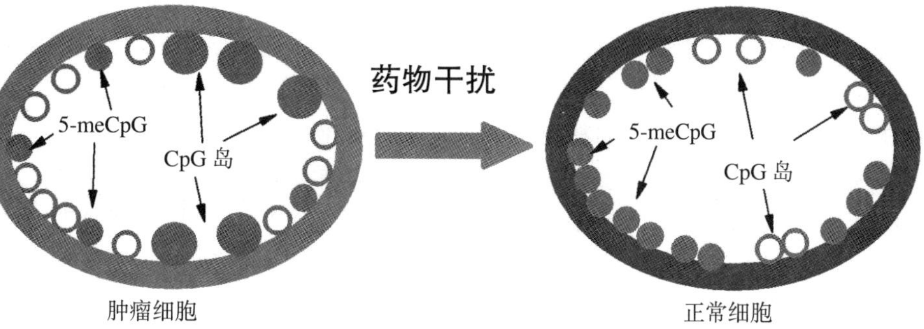

图 16-2　药物逆转甲基化方向[2]

表16–1　恶性肿瘤组织中常见的甲基化基因与其在恶性肿瘤发展中的作用[10, 11]

基因	甲基化后在恶性肿瘤发展的作用	恶性肿瘤类型
apc	干扰细胞增生、迁移及染色体的稳定性	乳腺癌、肺癌、食管癌
brca1	参与DNA修复调节与转录激活	乳腺癌、卵巢癌
cdkn2a/p16	细胞周期蛋白依赖激酶抑制剂	胃肠道癌、头颈癌、非霍奇金淋巴瘤、肺癌
dapk1	钙/钙调节素依赖酶；磷酸化丝氨酸/苏氨酸残基；抑制凋亡	肺癌
e-cadherin	促增殖，抗扩散、转移	乳腺癌、甲状腺癌、胃癌、
er(estrogent receptor)	激素耐药	乳腺癌、前列腺癌
gstp1	解毒	前列腺癌、乳腺癌、肾癌
hmh1	缺陷DNA错配修复、基因突变	大肠癌、胃癌、子宫癌、卵巢癌
mgmt	P53相关的DNA修复与药物耐药的产生	肺癌、脑癌
p15	细胞不受控制地激活与繁殖	白血病、淋巴瘤、鳞片状细胞癌（肺）
rassf1a	G_1/S抑制失效，因而繁殖的负调控能力丧失	肺癌、乳腺癌、卵巢癌、肾癌、鼻咽癌
rb	对细胞分裂与DNA复制所需要的基因转录失控	眼癌、颅内少突胶质细胞瘤

但是，表观遗传修饰干预药物研发的进展一直较为缓慢。以药物设计与发现角度来看，问题主要在于如何保持DNA整体高甲基化的同时，又使得启动子区域低甲基化。到目前为止，仍然未能通过靶点选择来达到上述目的，最近随着5-阿扎胞苷（5-Azacitidine）和地西他滨（Decitabine）的先后上市[12]才得到部分改善。5-阿扎胞苷和地西他滨主要是通过并入DNA的富CG区域，形成活性极强的DNA甲基转移酶抑制剂，从而发挥作用。因此，5-阿扎胞苷和地西他滨可能使CpG岛的DNA甲基化受到抑制；由于剂量较低，其他区域的甲基化并未受影响。这解释了为什么5-阿扎胞苷和地西他滨只有在低剂量时才有明显的抗癌作用[2]。

二、组蛋白乙酰化与恶性肿瘤

组蛋白（histone，H）是指所有真核生物的细胞核中，与DNA结合存在的碱性蛋白质的总称。大部分真核生物中有5种组蛋白（H1～5）；H2有2种亚型，即H2A和H2B。组蛋白修饰包括范围很广，产生的生物学机制也各异。在药物干预方面，以组蛋白去乙酰化酶（histonedeacetylase，HDAC）作为药物作用靶点吸引了广泛研究[1]。

目前已发现18种HDAC，根据其与酵母HDAC的同源性，可将其分为4类：Ⅰ类包括HDAC1、HDAC2、HDAC3和HDAC8，与酵母RPD3的同源性高；Ⅱ类包括 HDAC4、HDAC5、HDAC7、HDAC9、HDAC6和 HDAC10（其中，前4种属于Ⅱa，后2种属于Ⅱb），与酵母 HDA1相似；HDAC11由于既有Ⅰ类家族的特点，又有Ⅱ类家族的特点，被单独划分为第Ⅳ类；Ⅲ类 HDAC是基于与酵母 Sir2（Silent Information Regulator Two）蛋白有相似的序列而被发现的，是 NAD^+依赖性去乙酰化酶，不能被上述 HDAC抑制剂所抑制。Ⅲ类 HDAC到目前为止，已在哺乳动物中发现 7种不同的 Sir2蛋白，分别为 SIRT1~7（表 16-2）[13-14]。Ⅰ、Ⅱ和Ⅳ类 HDAC是锌离子依赖型蛋白酶。

（一）组蛋白去乙酰化酶与恶性肿瘤

HDAC 与肿瘤的发生密切相关[15-17]。HDAC 催化赖氨酸残基去除乙酰基，可造成部分抑癌基因沉默，增加了肿瘤发生的可能性。HDAC 广泛参与了肿瘤细胞增殖、逃避生存抑制，抑制细胞死亡、诱导肿瘤组织血管生成、促使浸润和转移等生物过程（图 16-3）。

（二）组蛋白去乙酰化酶抑制剂作为抗癌药物的作用机制

有证据表明，HDAC 抑制剂抗癌作用的机制可

表16–2　HDAC的分类[23, 24]

类别	异构酶	氨基酸组成	细胞内分布	机制	功能
Ⅰ类	HDAC1	482aa	细胞核		
	HDAC2	488aa		Zn^{2+} 依赖型	转录共抑制因子
	HDAC3	426aa			
	HDAC8	377aa	细胞核		
Ⅱa 类	HDAC4	1084aa			
	HDAC5	1122aa	细胞质		
	HDAC7	952aa			
Ⅱb 类	HDAC9	1011aa			
	HDAC6	1215aa	细胞质	Zn^{2+}依赖型	转录共抑制因子
	HDAC10	669aa	细胞核 细胞质	Zn^{2+} 依赖型	转录共抑制因子
Ⅳ类	HDAC11	347aa			
Ⅲ类	SIRT-1-7	–	–	NAD^+	–

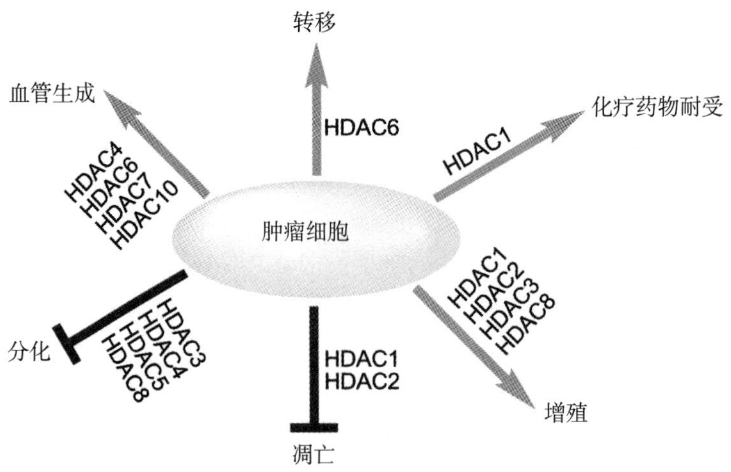

图 16-3　控制肿瘤细胞生物学特点的 HDAC 家族成员：浅灰箭头表示促进，深灰 T 型线表示抑制

能包括以下 3 种方式。

1. HDAC 抑制剂促进肿瘤细胞凋亡　研究证明，HDAC 抑制剂促进肿瘤细胞凋亡有两种途径[18]，即死亡受体和（或）配体（如 TRAIL、DR5、Fas、Fas-L 和 TNF-α 等）介导的肿瘤细胞凋亡和线粒体死亡通路（mitochondrial death pathway）介导的肿瘤细胞凋亡。

例如，PML-RAR 转基因小鼠服用 HDAC 抑制剂丙戊酸（valproic acid，VPA）后，检测到细胞中 TRAIL 和 Fas 的表达以及 AML 细胞的凋亡数量都明显增加。HDAC 抑制剂激活线粒体死亡通路则有 2 种方式：一种为诱导促凋亡蛋白的表达，如硫氧还蛋白结合蛋白 -2、Bax、BAK、Apaf-1、Bad、Bim、Bid、Bmf、Caspase-3 和 Caspase-9；另一种为抑制抗凋亡蛋白的表达，如 Bcl-2、Bcl-XL、XIAP、Mcl-1 和生存蛋白（Survivin）[19-20]。

2. HDAC 抑制剂抑制肿瘤血管生成　HDAC 抑制剂可以下调血管生成基因（pro-angiogenic genes）的表达，从而抑制血管的生成，阻滞肿瘤细胞转移和侵袭，特别是对于早期肿瘤，如血管内皮生长因子（VEGF）、碱性成纤维细胞生长因子（bFGF）、缺氧诱导因子 -1α（HIF1α）、血管生成素、内膜内皮激酶 -2（TIE2）以及内皮一氧化氮合酶（eNOS）的下调，都能抑制新血管生成。另外，HDAC 抑制剂还能下调趋化因子受体 -4 的表达和抑制内皮前体细胞的分化。趋化因子受体 -4 对于骨髓前体细胞的归位和内皮细胞循环至新血管生成位点是非常重要的[21]。

3. HDAC 抑制剂提高免疫调节作用　HDAC 抑制剂可以提高免疫细胞的活性，增强其抗肿瘤免疫力。HDAC 抑制剂可以上调主要组织相容性复合物（MHC）Ⅰ和Ⅱ类蛋白、共促进黏着分子（如 CD40、CD80、CD86）和细胞间黏着分子 -1（ICAM-1）的表达，增强肿瘤细胞的免疫原性；HDAC 抑制剂也可以通过改变细胞因子的分泌来改变免疫细胞的活性，提高免疫响应。据文献报道，SAHA 可以抑制炎症细胞因子的分泌，如肿瘤坏死因子 -α（TNF-α）、白细胞介素 -1（IL-1）及干扰素 -γ（IFN-γ），从而减少因异源骨髓移植导致的急性移植物抗宿主病（GVHD）的发生[22]。

（三）组蛋白去乙酰化酶抑制剂的其他作用

除了与恶性肿瘤的联系外，组蛋白参与了记忆、老化、能量代谢等生物过程[23]。但是由于作为靶点开展相应的药物干预仍然在探索阶段，限于篇幅，本章不作介绍。

三、其他表观遗传学修饰

DNA 甲基化、组蛋白乙酰化是表观遗传修饰的重要内容。此外，组蛋白的其他修饰也十分重要。例如，对组蛋白尾端的 H3K4（Histone3，lysine 4）、H3K36 和 H3K79 甲基化，相关的转录活性继续保持。而对 H3K9 的双甲基化或者三甲基化（即形成季铵盐结构）、H4K20 三甲基化将引起基因沉默。与 DNA 甲基化机制类似，S- 腺苷甲硫氨酸同样是甲基的来源。在组蛋白甲基转移酶的作用下，S- 腺苷甲硫氨酸的甲基转移到了相应位置的赖氨酸残基上。赖氨酸的甲基化动态平衡可能是由组蛋白甲基转移酶（histone methyltransferase，HMT）和组蛋白去甲基化酶（histone demethylase，HDM）共同维持的。HMT 与 PLMT、HDM 与 LSD1 之间的关系仍然有待探索，对所引起沉默的基因或者能够激活的基因需要更深入的研究[23-25]。

理论上，由于表观遗传是可逆的，在表观遗传过程中起到重要作用的酶均有可能作为药物干预的靶点。事实上，这些靶点在药物研究开发过程中也吸引了广泛的注意，并且得到了大量的研究[23, 26]。限于篇幅，本章主要介绍进展最快的两大类表观遗传学药物，即 DNA 甲基化干预药物和组蛋白去乙酰化酶抑制剂。

第二节 DNA 甲基化干预药物

一般认为，基因组整体低甲基化和局部特定基因（特别是启动子区域）高甲基化与疾病（特别是肿瘤）的发生、发展密切相关[27-28]。因此，药物干预可以是提高基因组的整体甲基化水平，或者相反，降低启动子区域的甲基化水平。就甲基化水平而言，这两者的调控目的是相反的。目前有关可以使用药物来调高基因组的整体甲基化水平鲜有报道[29]，大多数药物干预的目的均指向降低启动子甲基化水平，以激活沉默的抑癌基因。幸运的是，至少在调控降低启动子甲基化水平时，并没有同时降低整体甲基化水平的直接证据。

大多数 DNMT 抑制剂作为抗癌药物开发。试验表明，DNMT 抑制剂可以逆转 DNA 的高甲基化状态，并激活抑癌基因如 *mgmt*、*rarb* 等的表达。根据结构，DNMT 抑制剂[30]主要有核苷类和非核苷类抑制剂。非核苷类抑制剂可进一步划分为合成类、天然产物类和多肽类 DNMT 抑制剂。

一、核苷类 DNMT 抑制剂

核苷类是研究最多的一类作用于 DNA 甲基化修饰的药物。目前，已上市的或处在临床试验阶段的 DNA 甲基转移酶抑制剂绝大多数是核苷类药物，包括胞嘧啶衍生物 5- 阿扎胞苷、地西他滨（decitabine）、CP-4200、S-110 等及腺嘌呤衍生物氟达拉滨（Fludarabine）、克拉立滨（Cladribine）[2,31]（表 16-3）。

表16-3 核苷类DNA甲基转移酶抑制剂

化合物	结构	试验阶段
5-阿扎胞苷（5-Azacytidine）	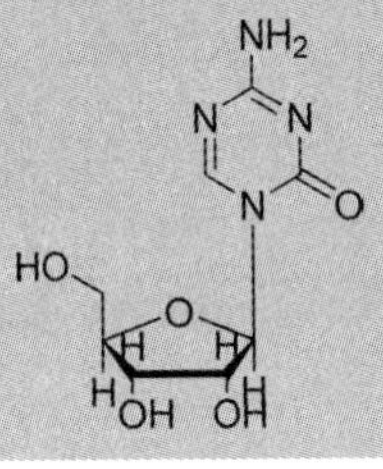	已启动
地西他滨（5-Aza-2′-deoxycytidine）	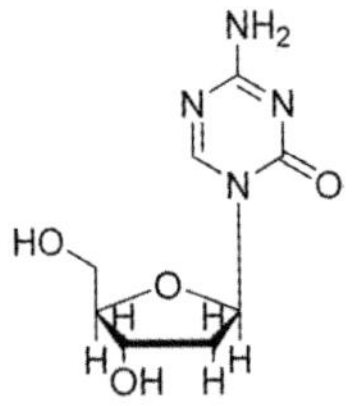	已启动
CP-4200（5-azacytidine-5′-elaidat）	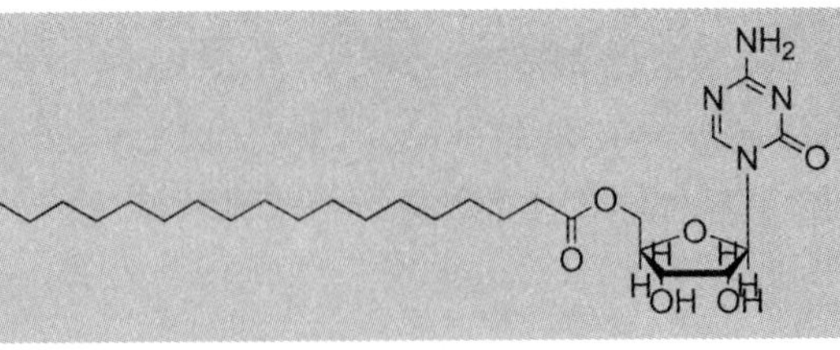	临床前
S-110	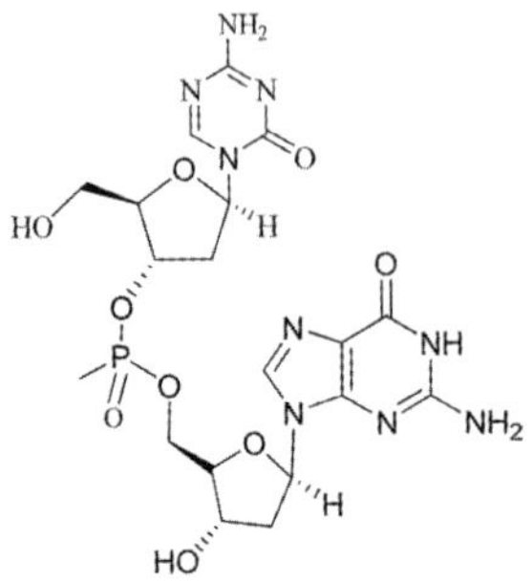	Ⅰ期

表16-3　核苷类DNA甲基转移酶抑制剂（续）

化合物	结构	试验阶段
氟达拉滨（9-β-D-arabinosyl-2-fluoroadenine）	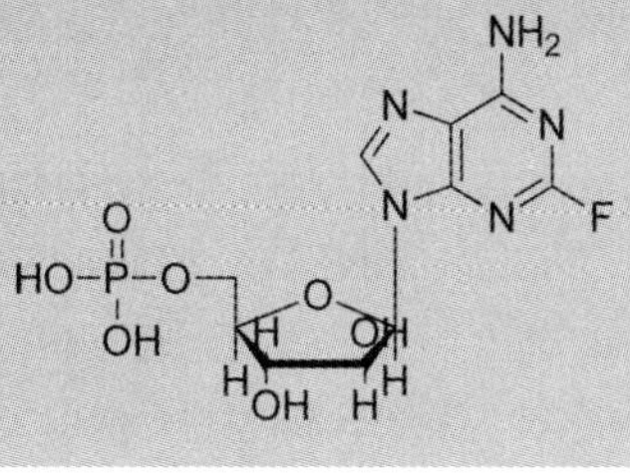	Ⅱ期
克拉立滨（2-Chloro-2′-Deoxyadenosine）	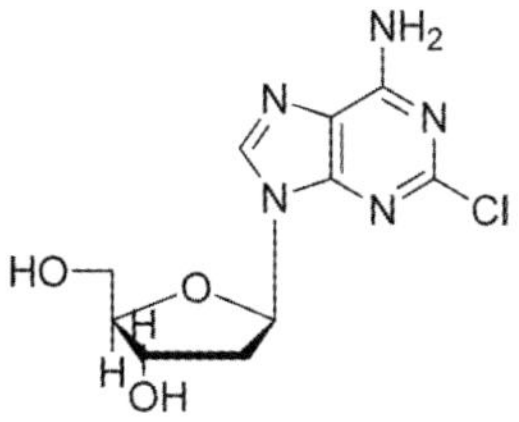	Ⅱ期

（一）胞嘧啶衍生物

1. 5-阿扎胞苷和地西他滨　这两种药物由UpjohnPhar-machemie BV公司开发，FDA批准上市用于治疗骨髓增生异常综合征（myelodysplastic syndrome，MDS）等疾病。共同的副作用包括胃肠道反应、中性粒细胞减少、血小板减少等[31]。5-阿扎胞苷和地西他滨在碱性及酸性溶液中不稳定，在中性条件下其半衰期分别为21天和7天[33]。

5-阿扎胞苷的临床Ⅲ期研究为191例受试者给予5-阿扎胞苷75mg/m^{2}皮下注射7天，每28天重复1个疗程，共4次。结果显示，与常规化疗方案相比，5-阿扎胞苷组存活时间明显好于化疗组，分别为24.5个月和15.0个月[34]。

地西他滨的临床Ⅲ期研究为170名受试者给予地西他滨15mg/m^{2}静脉输注（＞3h），每8小时1次，应用3天，每6周重复1个疗程。结果显示，地西他滨组完全缓解率9%，总有效率30%，而且患者输血需求减少。与最佳支持治疗（best supportive care，BSC）相比，尽管地西他滨延缓高危MDS患者向AML转化或死亡，但其总生存率并无明显优势[35]。

5-阿扎胞苷和地西他滨进入体内后，可以被一系列激酶磷酸化。磷酸化后的5-阿扎胞苷经脱氧转化为5-氮-2-脱氧核苷-三磷酸酯，嵌入到DNA或RNA中（由于地西他滨本身就是脱氧的形式，不需要预先进行体内脱氧转化就可以直接与DNA结合），其嘧啶环中第6位碳与甲基化酶结合后，致使含5-阿扎胞苷的DNA与甲基转移酶形成稳定的共价复合体。这样就导致甲基转移酶的活性减小，从而使基因组甲基化水平降低[33]。

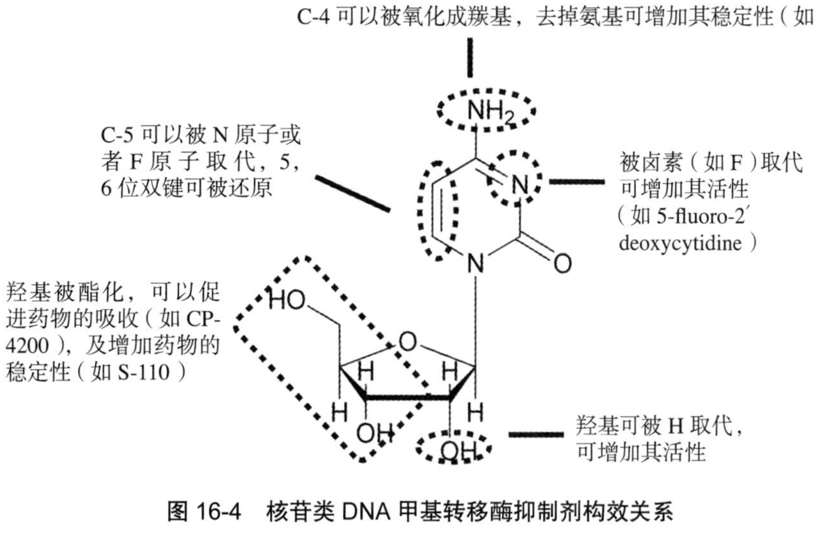

图16-4　核苷类DNA甲基转移酶抑制剂构效关系

2. 其他胞嘧啶衍生物 在开发中的核苷类化合物还有很多。其基本构效关系如图16-4所示。如针对5-阿扎胞苷和地西他滨的化学稳定性欠缺而设计的5-氟-2¢-脱氧胞苷及Zebularine等。

(二)腺嘌呤衍生物

克拉立滨与氟达拉滨是嘌呤衍生物，用于治疗淋巴细胞增生及惰性淋巴系统恶性肿瘤。两者通过作用于参与甲基循环的S-腺苷高半胱氨酸水解酶，从而间接抑制DNA甲基转移酶的活性。在所测试条件下，克拉立滨与氟达拉滨对DNA甲基转移酶的ED_{50}值分别为3.5和47.0 μM [30, 36]。Robak等报道了另外几个嘌呤衍生物氯法拉滨(clofarabine)、nelarabine、呋咯地辛(forodesine)，3个药物目前已进入临床研究。研究显示，氯法拉滨可以有效治疗AML、MDS等疾病[37]。

二、非核苷类DNMT抑制剂

由于5-阿扎胞苷、Zebularine这类核苷酸药物需要以共价键的形式并入到DNA链中，且缺少特异性，可以与其他DNA结合蛋白相互作用，因此该类药物显示了较高的毒性。而直接作用于DNMT催化区域的药物可以避免这种毒副作用[38]。因此，越来越多的非核苷类DNMT抑制剂如普鲁卡因和普鲁卡因胺等被检测到具有去甲基活性(表16-4)。

(一)合成类DNMT抑制剂

1. 苯二酰胺类 RG108被认为是第一个通过合理药物设计发展而来的药物。它对癌细胞具有良好的耐受性，可以有效抑制DNMT。与5-阿扎胞苷相比，RG108显示出以下优势：①微量的RG108即可降低DNA甲基化程度，并且未观察到5-阿扎胞苷引起的副作用。②RG108的半衰期比5-阿扎胞苷长20倍[39-40]。分子模拟显示RG108的羧基在该分子与DNMT1的作用中起到了关键作用。

同源模型图上，RGl08的吲哚指向蛋白的外部，特别是其5位。因此，对此部位的修饰可能不会影响化合物与蛋白质之间的相互作用。Schirrmacher等设计了一系列化合物，其中包含BioRGl08。在所测试条件下，BioRGl08的IC_{50}(40nm)略高于RG108的IC_{50}(115nm)[40]。

Suzuki课题组设计合成了一系列依赖于RG108/DNMT1复合物结构的酰亚胺衍生物(图16-5)[41]。RG018的羧基及邻苯二甲酰亚胺的羰基分别与Arg1310和Arg1308形成氢键结合。邻苯二甲酰亚胺基团位于DNMT1活性口袋Cys1226附近。研究者希望结构改造后所得RG108类似物可以与DNMT1催化区域的Cys1226结合，从而起到拮抗DNA甲基转移酶的作用。体外实验显示，对邻苯二甲酰亚胺基团进行取代得到的衍生物活性较好，如化合物14在10μM表现出相对于RG108更高的抑制活性。化合物14中的吲哚环分别被苯环和氢取代得到的化合物18、19活性降低，说明了吲哚环的重要性。此外，当与Arg1310形成氢键的羧基被氢取代时，化合物活性降低，如化合物20-22。

最近，Dirk Kuck等以DNMTl同源模型为基础，对来源于NCI(National Cancer Institute)的65 000

表16-4 非核苷类DNMT抑制剂

合成类	天然产物类	多肽类
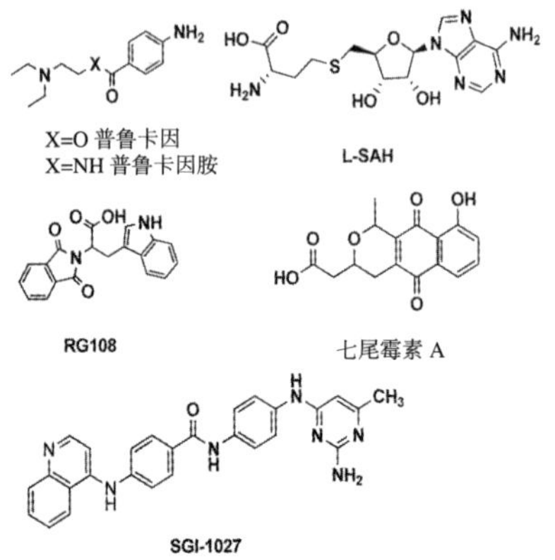 X=O 普鲁卡因 X=NH 普鲁卡因胺 L-SAH RG108 七尾霉素 A SGI-1027	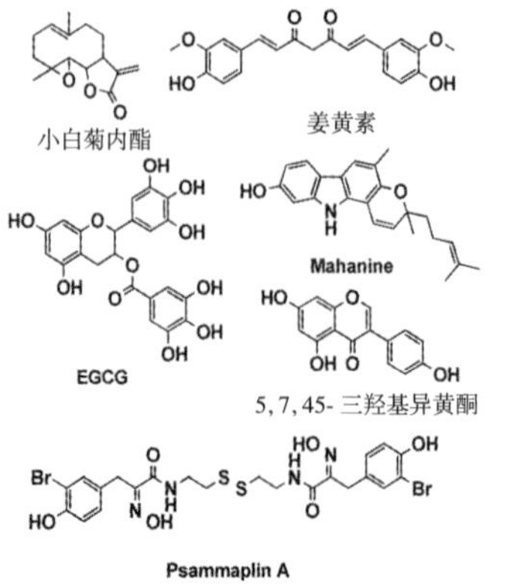 小白菊内酯 姜黄素 EGCG Mahanine 5, 7, 45-三羟基异黄酮 Psammaplin A	EKIYISPKIVVE Pep515p FKCRRWQWRMKKLGAPSITCVRRAF 牛乳铁素 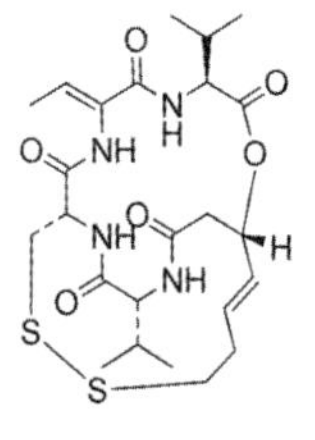 缩酚酸肽

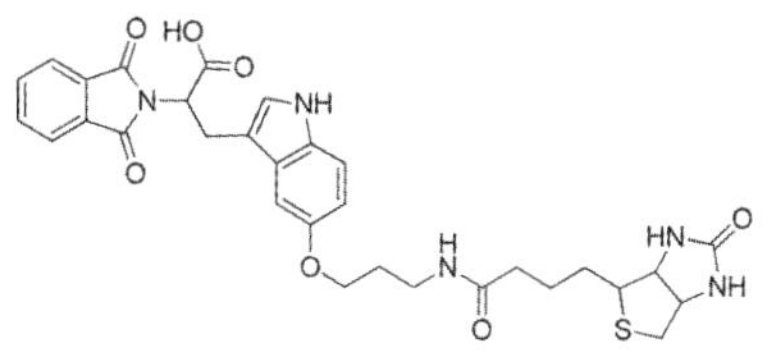

BioRG108

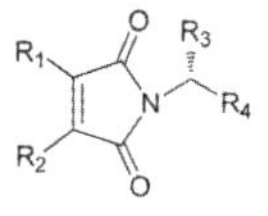

衍生物	DNMT1 抑制率
14 R1 = R2 =H, R3=COOH, R4 = 3-indolyl	60%
15 R1= H, R2 = CH3, R3 = COOH,R4 = 3-indolyl	30%
16 R1= H, R2 = Ph,R3=COOH, R4 = 3-indolyl	50%
17 R1 = R2 = CH3, R3= COOH,R4 = 3-indolyl	50%
18 R1 = R2 =H, R3= COOH,R4 = Ph	40%
19 R1 = R2= H,R3= COOH,R4= H	30%
20 R1 = R2 = R3= H,R4 = 3-indolyl	40%
21 R1 = H,R2 = CH3, R3 = H, R4 = 3-indolyl	40%
22 R1 = H,R2 = Ph, R3 = H,R4 = 3-indolyl	10%

图 16-5　BioRG108 和其他 RG108 衍生物结构，及其在浓度为 100μM 时 DNMT1 的抑制率

个化合物进行了虚拟筛选，得到了 13 个可能具有活性的化合物[42]。其中 NSC 14778 同时抑制 DNMT1 及 DNMT3b 的活性，而另外 6 个化合物（NSC 622444、408488、137546、56071、319745、106084）可以选择性抑制 DNMT1（图 16-6）。该选择性可能与 DNMT1 的催化域口袋相对大于 DNMT3 的催化域口袋有关。在酶活性测试实验中 NSC 14778 显示出较高的活性（对 DNMT1 及 DNMT3b 的 IC_{50} 分别为 92mM 和 17mM）。分子对接发现，NSC 14778 除了与 Arg174 和 Arg318 结合成氢键外，还可以与活性口袋的 Pro86 及 Cys88 相互作用。NSC 14778 和核苷酸类化合物与 DNMTl 同源模型具有相同的作用模式，即都可以和 Arg174、Arg318 形成氢键，但 NSC 14778 结构中不包含胞嘧啶环[43]。

2. S- 腺苷甲硫氨酸（SAM）类似物　（L）-S- 腺苷 -L- 高半胱氨酸（L-SAH）是 SAM 类似物，据报道对大多数 SAM 依赖酶具有抑制作用[44]。例如，N6- 位取代的 SAH 衍生物可以作用于蛋白精氨酸甲基转移酶。S- 腺苷甲硫氨酸类似物具有较好的去甲基活性。这些类似物包括（S）-6-methyl-6-deaminosinefungin、6-deaminosinefungin、N4-adenosyl-N4-methyl-2,4-diaminobutanoic acid[45]。2009 年，Saavedra 课题组及 Isakovic 课题组分别对 L-SAH 的腺嘌呤环及半胱氨酸部分进行修饰，并测定了这些衍

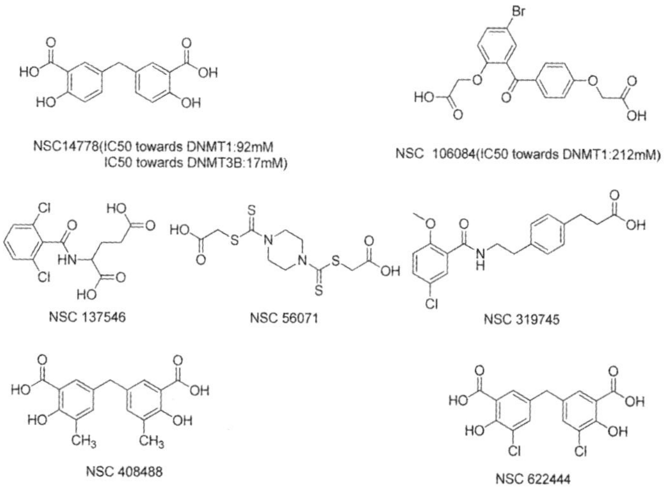

图 16-6　虚拟筛选得到的部分化合物结构

生物对 DNMT1、DNMT3b 的抑制活性[46-47]。

七尾霉素 A（Nanaomycin A）是第 1 个报道的非 SAH 类型的 DNMT3b 抑制剂。所测试条件下七尾霉素 A 对 DNMT3b 的 IC_{50} 为 0.50 μm。分子模拟显示七尾霉素 A 可以与 DNMT3b 催化区域的 Glu697、Arg731 和 Arg733 形成氢键作用[48]。

3. 喹啉衍生物 4- 氨基喹啉是一类重要的喹啉衍生物，可以有效地抑制 DNA 甲基转移酶[49]。SGI-1027 系氨基喹啉衍生物，通过与 SAM 竞争性结合 DNMT，可以激活抑癌基因的表达[50]。它能在不同的细胞株中选择性降解 DNA 甲基转移酶。当给予 HCT116 细胞株 5mmol/L SGI-1027 时，SGI-1027 可以有效抑制 DNMT1 而对 DNMT3a 和 DNMT3b 的作用较小。毒理实验表明 SGI-1027 在小鼠的肝细胞中显示出较小的毒性。与核苷类 DNA 甲基转移酶抑制剂 5-azaC、地西他滨及非核苷类 DNA 甲基转移酶抑制剂 EGCG 、RG108 相比，可以激活 *timp3* 抑癌基因。研究显示低剂量的 DNMT 抑制剂与 HDAC 抑制剂联合使用可以降低 DNMT 抑制剂的毒性。SGI-1027 与 HDAC 抑制剂联合使用，可以最大程度地使肿瘤沉默基因重新表达。

（二）天然产物类 DNMT 抑制剂

目前已报道各种对 DNMT 有不同结合能力的天然化合物，如来源于海洋植物红藻耳壳藻的 peyssonenynes A，来源于咖啡中的咖啡酸和绿原酸，来源于咔唑生物碱的 Mahanine 等。

1. 来源于虚拟筛选与对接的天然产物 最近，Franco 及其同事测定了天然化合物 EGCG、姜黄素对 DNMT 的抑制活性。试验结果表明这 2 个化合物的活性较低。于是，研究者利用 DNMT1 的同源模型对来源于 ZINC 库的 89 425 个天然化合物进行了虚拟筛选[51]。以 RG108 为参照物，得到 58 个 lead-like 化合物（部分化合物结构见图 16-7）。这些化合物的共同特征即结构中都存在羧基基团，能与活性口袋的 Arg174 和 Arg318 形成氢键结合。该特征与 Kuck 等通过虚拟筛选得到的 13 个化合物一致[42]。虚拟筛选所得化合物对 DNMT 显示出不同的抑制率。其中，ZINC04028795 对 DNMT 的抑制率比 RG108 高 5%。分子模拟显示，ZINC00082754 的 2 个羧基可以与催化区域的 Arg174、Arg318 和 His321、His322 形成氢键结合。

2. 小白菊内酯（Parthenolide） 为了找到毒性小并且可以与 DNMT 催化区域 C1226 共价结合的化合物，Liu 等将 44 个大根香叶内酯与 DNMT 同源模型对接。对接结果显示 γ- 亚甲基内酯类化合物如小白菊内酯可以有效地与 C1226 的巯基结合。小白菊内酯作为抗肿瘤化合物，除可以作用于 HDAC 等靶点外，据报道小白菊内酯是双功能 DNMT1 抑制剂，既可以降低 DNMT1 的表达，又可以阻止转录因子 Sp1 结合于 DNMT1 的启动子识别位点[52]。分子模拟结果显示其生物活性由分子中存在的亚甲基内酯与 Cys1226 共价结合调节。研究显示，小白菊内酯对 M.SssI 的 IC_{50} 为 5 mM，而且它可以降低 DNMT 蛋白在 Kasumi-1 和 MV4-11 细胞株中的表达。

3. 姜黄素 姜黄素的化学结构中存在 γ- 亚甲基内酯或 α,β- 不饱和酮基团，可以作为迈克尔加成受体与蛋白质中半胱氨酸的巯基结合。作为 DNMT 抑

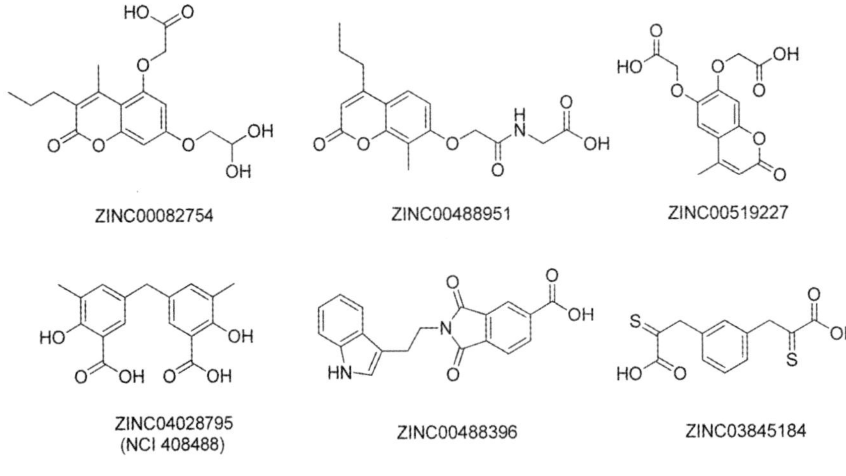

图 16-7 虚拟筛选得到的部分化合物

制剂[53]，姜黄素中 α,β- 不饱和酮基团可以与 C1226 的巯基发生迈克尔加成。

Liu 等利用 DNMT 同源模型模拟了姜黄素、2 个代谢产物四氢姜黄素和六氢姜黄素及其类似物去甲氧基姜黄素和双去甲氧基姜黄素（图 16-8）与 DNMT 之间的相互作用[54]。分子模拟显示，当化合物以酮形式存在时，化合物 23 ~ 25 可以与 SAM 竞争性结合 DNMT1 的疏水性口袋。而且化合物 23 ~ 25 的 α, β- 不饱和酮骨架中的 α- 碳原子与口袋中巯基的距离分别为 4.5Å、4.4Å、4.3Å。以烯醇形式存在，化合物 23 ~ 25 与巯基的结合较弱而化合物 26 的 C3 或 C5 烯醇键与 DNMT1 C1226 的巯基之间的距离为 4.1Å 或 3.7Å。在所测试条件下，化合物 23 ~ 26 的 IC_{50} 为 30nM。而化合物 27 虽然在分子模拟中与酶有较强的亲和力，但在酶活性测试实验中对 M.SssI 的抑制活性相对较低。由活性测试结果推测姜黄素、去甲氧基姜黄素、双去甲氧基姜黄素的活性可能与 α,β- 不饱和酮的形式有关，而四氢姜黄素的活性依赖于它的烯醇形式。

4. 多酚类化合物　多酚类 EGCG、ECG、EGC、EC 及 EGCG 甲基化衍生物作为 DNMT 抑制剂可见于很多报道[2]。ECG、EGC、EC 和甲基化 EGCG 都可以抑制 DNMT1，但其抑制活性不同。研究表明不同多酚类化合物的不同生物活性主要是与其对细胞膜脂质层的不同亲和力有关。而影响多酚化合物对细胞膜亲和力的因素包括立体结构及酚羟基的个数等[55]。其他酚类化合物包括杨梅素（myricetin）、栎皮酮（quercetin）、橙皮素（hesperetin）、4,5,7- 三羟基黄烷酮（naringenin）和芹菜苷元（apigenin）等也可以抑制 DNMT，但它们对 DNMT 的抑制活性弱于 EGCG。这些化合物在浓度为 20 ~ 50 μM 时对 DNMT 表现出抑制活性[56]。

此外，从苹果中提取的多酚类化合物如儿茶素、表儿茶素、绿原酸，以及从咖啡中提取的多酚类化合物如咖啡酸、绿原酸（IC_{50} 分别为 2.3mm、0.9 mm），也具有去甲基活性[57-58]。

5. 二硫醚类化合物　组蛋白乙酰化及 DNA 甲基化是两种主要的表观遗传修饰方式。二硫醚类化合物可以同时作用于 DNA 甲基转移酶和组蛋白去乙酰化酶，具有双重作用。

先前的报道显示 PsammaplinA（PsA）/ bisaprasin 既可以抑制 HDAC 又可以抑制 DNMT，而 PsammaplinG（PsG）/PsammaplinF（PsF）则可以分别选择性抑制 DNMT 和 HDAC[59-60]。其中，PsA 对 HDAC 及 DNMT 的 IC_{50} 分别为 4.2 nM 和 18.6 nM。José García 及同事设计并合成了 PsA 及其衍生物，测试了这些化合物对 HDAC 及 DNMT 的抑制活性[61]。与已有的 DNMT 抑制剂 RG108 及 SGI1027 相比，化合物 28 a–g 和 20 在 50μM 时也可以抑制 DNMT 的活性。实验结果表明，PsA 的 C3 位溴被不同卤素取代得到的化合物与 PsA 相比可以更有效地抑制 HDAC。当连接二硫键与酰胺键的脂肪链长度增加、二硫键被取代及去掉肟得到的化合物活性降低（图 16-9）[62]。

6. 其他　除了上述提到的抑制剂，根据文献报道其他化合物也可以诱导 DNA 去甲基化，包括 6- 硫代鸟嘌呤、6- 巯基嘌呤、尼古丁、米托蒽醌、砷盐、硒盐及抗生素如卡那霉素、黄豆苷元（Daidzein）等[63-64]。

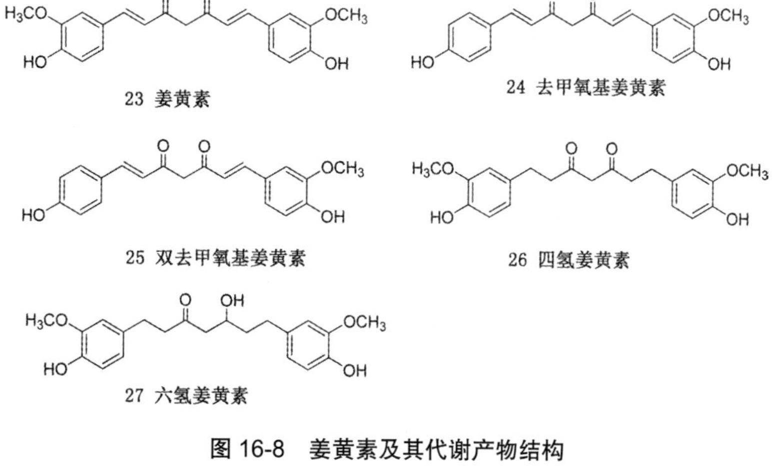

图 16-8　姜黄素及其代谢产物结构

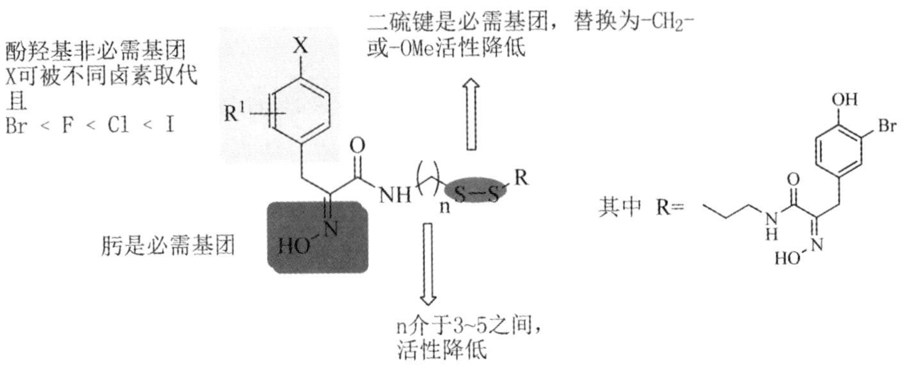

图 16-9 Psammaplin A 类似物抗肿瘤活性构效关系

（三）多肽类 DNMT 抑制剂

多肽类药物是当前医药市场的亮点。FDA 已批准上市了各种作用于不同靶点的多肽类药物。目前已有多肽类药物被报道可以调节 DNMT 的活性。

1. Pep515p　该化合物来源于 DNMT1 的 Ser515 附近的多肽序列 [65]。它的设计依赖于蛋白区域 - 区域间的相互作用，可以通过蛋白的磷酸化来调节。Ser515 位于 DNMT 的 N 端调控区域，可以与 C 端催化区域相互作用。实验显示未磷酸化的多肽 Pep515（EKIYISKIVVE）的 IC_{50} 为 1500μM，而磷酸化的多肽 Pep515p（EKIYISPKIVVE）其 IC_{50} 值为 150μM。DNMT3a 的活性并没有受到该多肽的影响。这项数据显示了丝氨酸的磷酸化会影响 DNMT1 的 N- 端调节区与 C- 端催化区域间的相互作用，进一步影响该多肽对 DNMT1 的抑制活性。

2. 其他多肽化合物　Zhang 等通过实验证实，牛乳铁素（bovine lactoferricin）可以降低 DNMT 蛋白及 DNMT mRNA 在 Jurkat T-leukemia 细胞中的表达 [66]。另外，Wu 等研究发现 HDAC 环肽类抑制剂具有去甲基能力 [67]。当给予 0.5 ~ 5nM 的 Depsipeptide 96 小时，RT-PCR 显示 DNMT3a 的表达以剂量依赖性方式降低。

第三节　组蛋白去乙酰化酶抑制剂

近年来，HDAC 已被广泛证明可以作为治疗因表观遗传异常而致癌的靶标，HDAC 抑制剂已经在临床上用于治疗皮肤 T 细胞淋巴瘤 [68]。据文献报道 [69]，HDAC 抑制剂的抗肿瘤作用主要是通过阻止细胞周期、诱导肿瘤细胞分化和凋亡、抑制血管生成以及激活机体免疫反应等途径来实现（图 16-10）。

早期的 HDAC 抑制剂多发现于微生物的天然产物，如第 1 个被发现的 HDAC 抑制剂曲古抑菌素 A，就是从吸水性链霉菌素（Streptomyces hygroscopicus）中分离得到的 [70]。随着科学家的不断探索，HDAC 抑制剂在抗癌领域已取得重大突破：目前已有两个 HDAC 抑制剂（Vorinostat 和 Romidepsin）于 2006 年和 2009 年先后被 FDA 批准上市，用于治疗皮肤 T-细胞淋巴瘤。另外，还有大量 HDAC 抑制剂正处于临床研究阶段，表 16-5 列出了上市的及部分处于临床研究阶段的 HDAC 抑制剂（www. fda. gov）。

表16–5　已上市及处于临床试验阶段的HDAC抑制剂

序号	类型	化合物	结构	开发阶段
1		Vorinostat（SAHA）	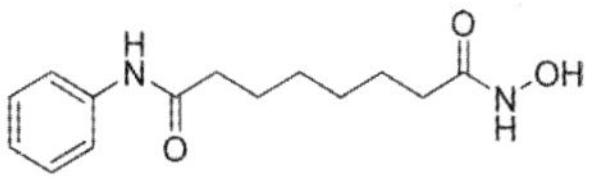	已启动
2		CUDC-101	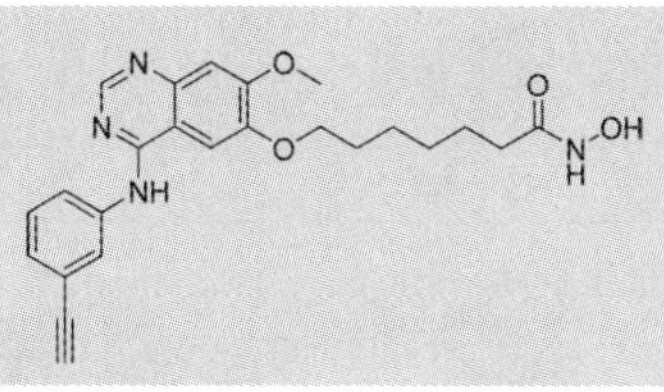	Ⅰ期（Curis）
3		Panobinostat（LBH-589）	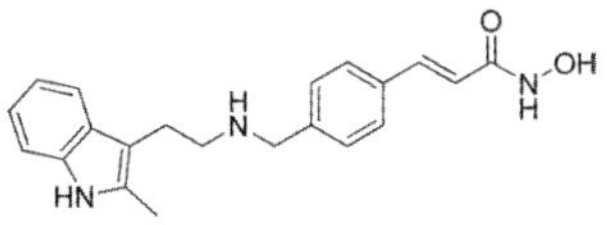	Ⅲ 期（Novartis）
4		Belinostat（PXD-101）	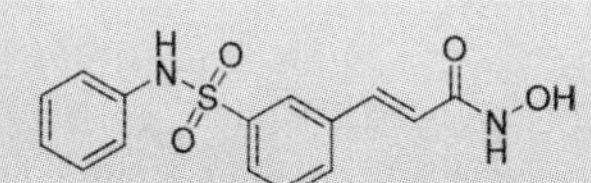	Ⅱ 期（Topotarget）
5		SB-939	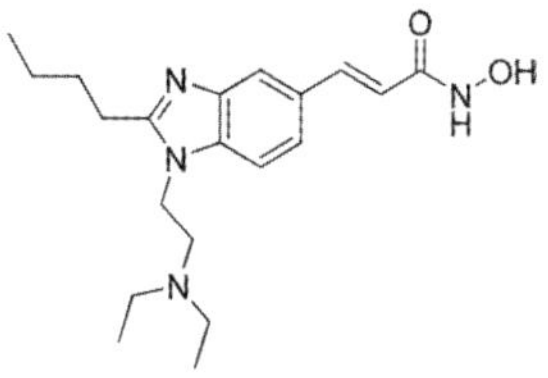	Ⅱ 期（S*Bio）
6	氧肟酸盐类	Resminostat	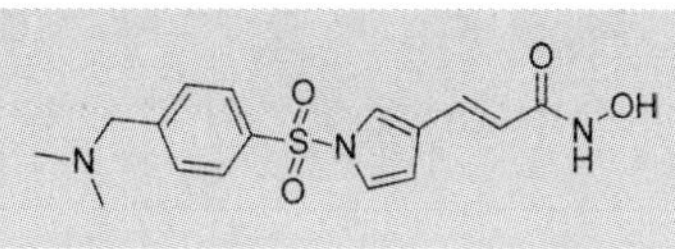	Ⅱ 期（Frankfurt）
7		PCI-2487（CRA-024781）	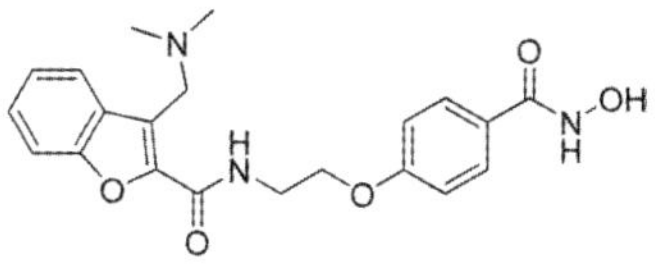	Ⅱ 期（Clera Genomics）
8		JNJ-16241199（R306465）	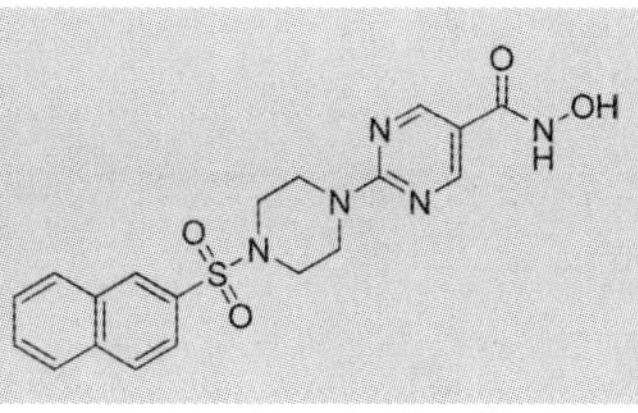	Ⅰ 期（J&J）
9		JNJ-26481585	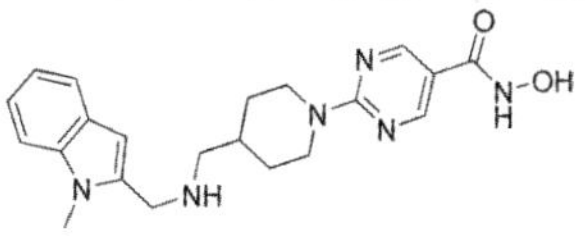	Ⅰ 期（J&J）
10		CHR-3996	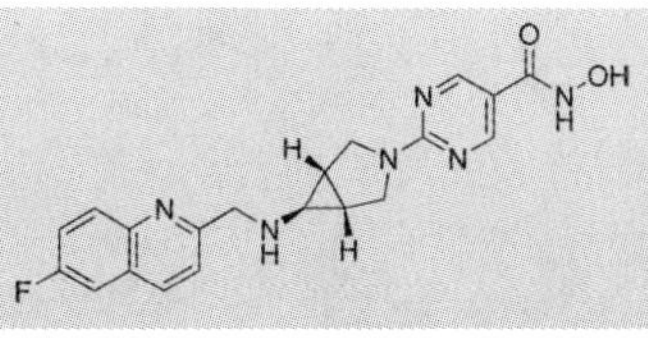	Ⅰ 期（Chroma Therapeutics）
11		Givinostat（ITF-2357）	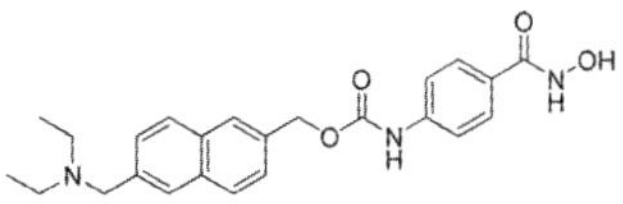	Ⅱ 期（Italfarmaco）

表16-5 已上市及处于临床试验阶段的HDAC抑制剂（续）

序号	类型	化合物	结构	开发阶段
12		AR-42	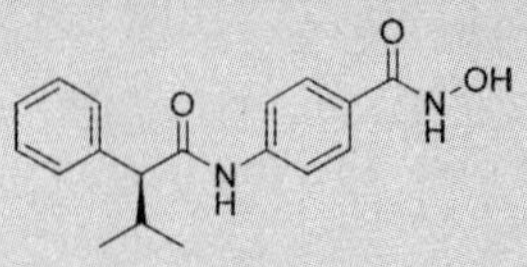	Ⅰ期（Ohio State University Comprehensive Cancer Center）
13		Valproic Acid	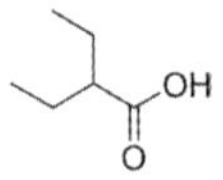	Ⅱ期
14		Butyrate	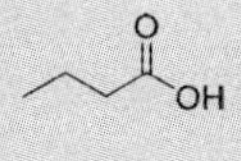	Ⅱ期
15	短链脂肪酸类	AN-9	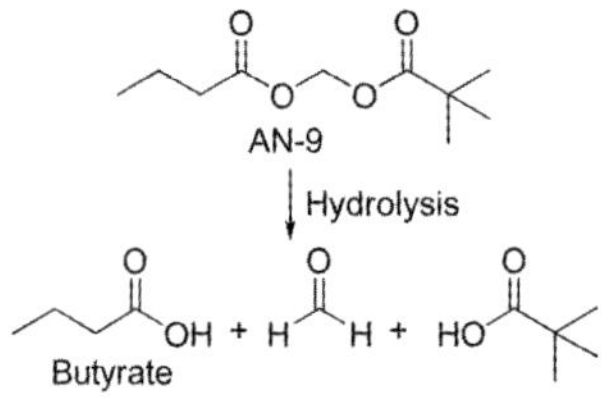	Ⅱ期（Titan Pharmaceuticals）
16		Phenylbutyrate	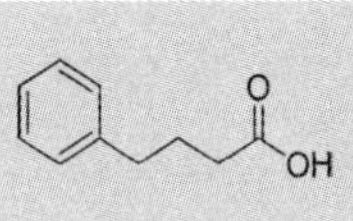	Ⅱ期
17	环肽类	Romidepsin（FK228）	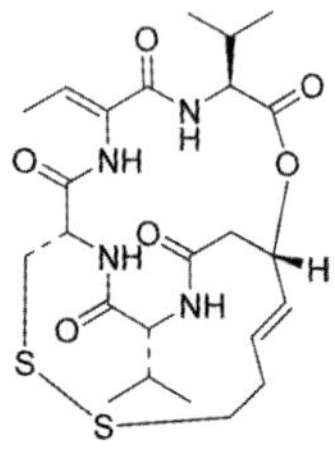	已启动
18		Entinostat（MS-275）	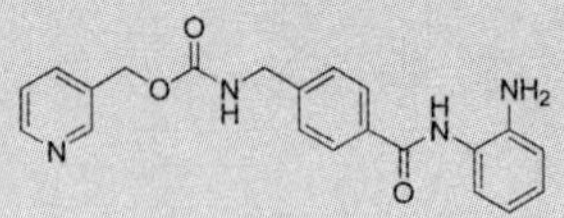	已启动
19	苯甲酰胺类	Mocetinostat（MGCD-0103）	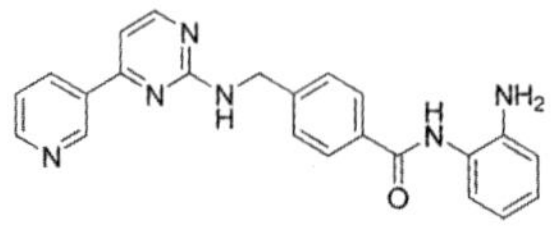	Ⅱ期（Methylgene）
20		Chidamide	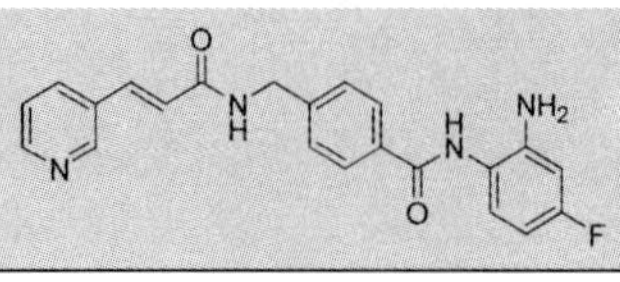	已启动

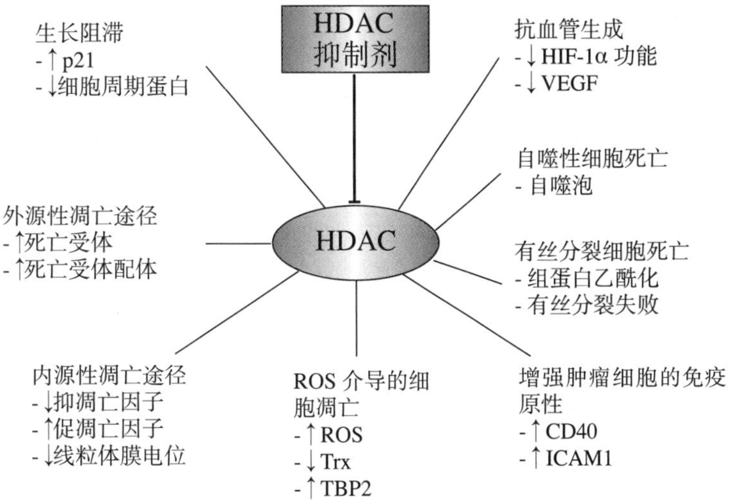

图 16-10　HDAC 抑制剂激活的抗肿瘤通道。HIF-1α，缺氧诱导因子 -1α；HSP90，热休克蛋白 90；PP1，蛋白磷酸酶 1；ROS, 活性氧；TBP2, 硫氧还蛋白结合蛋白 2；Trx, 硫氧还蛋白；VEGF，血管内皮生长因子；ICAM1，细胞间黏附分子 1

一、HDAC 抑制剂的结构特征及其分类

（一）HDAC 的晶体结构

1999 年，Finnin 首次报道了组蛋白去乙酰化酶样蛋白（histone deacetylase like protein，HDLP）的晶体结构（PDB code: 1C3P），以及 TSA 和 SAHA 分别与 HDLP 的共结晶结构（PDB code：1C3R 和 1C3S）。HDLP 是从超嗜热菌 Aquifex aeolicus 中分离得到的，与人类 HDAC1 中的 375 个残基有 35.2% 的一致性。HDLP-TSA 和 HDLP-SAHA 的共结晶结构表明 HDAC 的活性位点包含了 1 个 11Å 深的管状口袋、1 个锌离子结合位点和 2 组 Asp-His 电荷传递系统（图 16-11）。在 11Å 深的管状口袋下方，还有 1 个 14Å 长的管状腔道，用于反应产物乙酸的出入[71]。

（二）HDAC 抑制剂的结构特征及分类

根据 HDAC 的晶体结构特征可知，有效的 HDAC 抑制剂需要包含 3 个部分：1 个锌离子螯合部分（zinc binding group，ZBG），用于与活性口袋底部的锌离子（Zn^{2+}）进行配位；1 个帽状部分（也称为

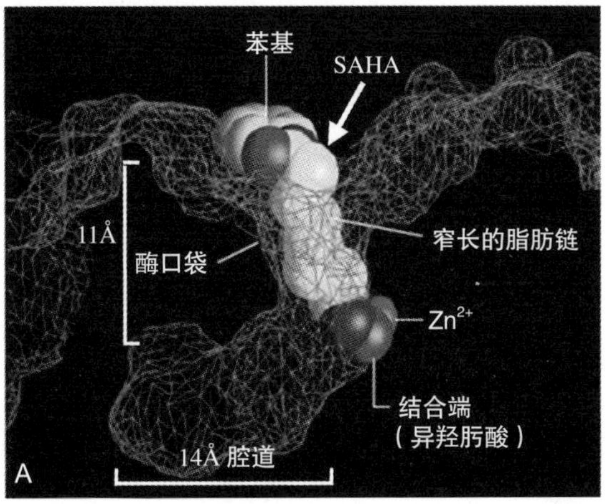

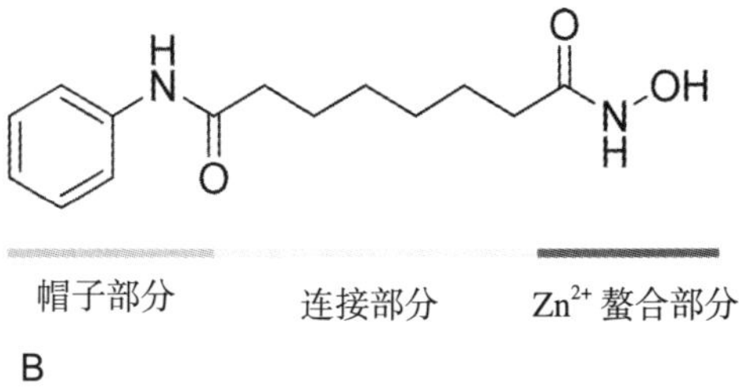

图 16-11　A. SAHA 与 HDLP 的结合图；B. SAHA 的结构特征

表面识别部分，CAP），用于与口袋入口处的氨基酸相互作用或蛋白表面的残基相互作用；1 个连接部分（Linker），用于占据管状通道，以保证前两部分的正确取向（图 16-11）。根据已报道 ZBG 的结构特点[72-73]，HDAC 抑制剂可分为异羟肟酸类和非异羟肟酸类。其中，非异羟肟酸类 HDAC 抑制剂主要包括苯甲酰胺类、硫醇及其衍生物类、短链脂肪酸类以及亲电酮类等（图 16-12）。

二、已上市的 HDAC 抑制剂

（一）Vorinostat（Zolinza，沃利斯坦）

Vorinostat（Zolinza，Merk）是 2006 年 10 月被美国 FDA 批准上市的抗癌药物，也是第 1 个 HDAC 抑制剂类抗癌药物，对 HDAC 的抑制活性在纳摩尔级别（IC_{50} = 50nM）。Vorinostat 主要用于其他药物治疗时或治疗后仍不能治愈、或恶化、或病情反复情况下的转移性皮肤 T- 细胞淋巴瘤的治疗。Vorinostat 是一个广谱 HDAC 抑制剂，尤其对 HDAC1、HDAC2、HDAC3 和 HDAC6 表现出强抑制性。Vorinostat 可以诱导 p21WAF1/CIP1 的表达，使细胞周期停滞于 G_1/S 期，造成细胞死亡。遗憾的是，到目前为止 Vorinostat 的抗癌机制仍不明确[74-76]。

（二）Romidepsin（Istodax，洛米环酯肽）

Romidepsin（Istodax，Gloucester Pharmaceu-ticalsInc）是第 1 个于 2009 年 11 月被 FDA 批准上市的环肽类 HDAC 抑制剂，也是第 2 个被 FDA 批准上市的 HDAC 抑制剂。Romidepsin 同 Vorinostat 一样，也是用于治疗皮肤 T- 细胞淋巴瘤。Romidepsin 是从青紫色素杆菌（chromobacterium violaceum）中分离得到的，对 HDAC 的抑制活性在纳摩尔级别。Romidepsin 是一个前药，当进入细胞中，它的二硫键即被还原为 2 个硫醇，从而活化［图 16-13；FK228：IC_{50}（HDAC1）= 36nM，IC_{50}（HDAC1）= 1nM（还原态）］。与广谱抑制剂 Vorinostat 相比，Romidepsin = 偏向于抑制 Ⅰ 类 HDAC，因此也被称为家族选择性抑制剂（class-selective inhibitor）。Romidepsin 的抗癌作用机制主要是通过对 Ⅰ 类 HDAC 的抑制，进而诱导细胞周期停滞与凋亡，抑制癌细胞的增殖和生长[77-81]。

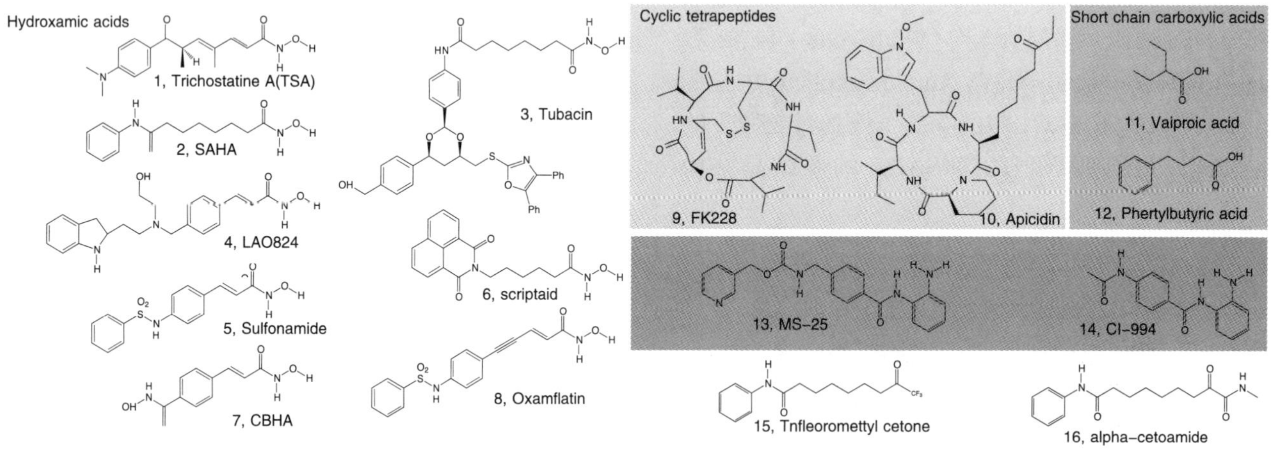

图 16-12 异羟肟酸类和非异羟肟酸类 HDAC 抑制剂

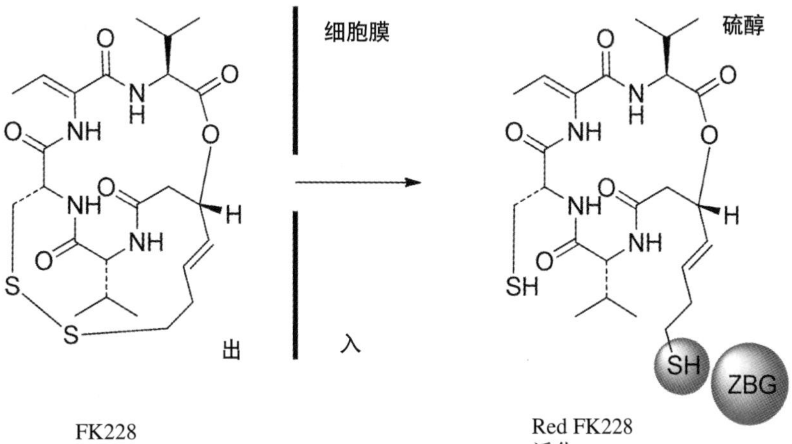

FK228
失活

Red FK228
活化

图 16-13　Romidepsin（FK228）的作用机制

第四节　展　望

表观遗传修饰的特征在于有一定的可逆性。表观遗传修饰与许多疾病有关。表观遗传修饰药物干预引起了广泛的注意。在抗癌药物研究开发领域，DNA 甲基化的药物干预、组蛋白去乙酰化的药物干预，已经取得了成功。先后有 6 个作用于表观遗传的抗癌药物上市。更多的候选药物已进入临床试验，期待用于治疗。

表观遗传修饰所涉及内容远远不止于 DNA 甲基化和组蛋白乙酰化，所涉及的疾病范围并不限于肿瘤。近年来，表观遗传在老化、神经退行性疾病、糖尿病、肥胖症等方面的研究也取得了进展。可以预期在不久的将来会有对相关疾病通过表观遗传途径来进行药物干预的报道。同时，表观遗传修饰过程中的各种靶点，既可以作为药物作用靶点，同时也可能是诊断及治疗的生物标志物。

表观遗传修饰的药物干预也可能不是一帆风顺的。表观遗传修饰所涉及的转录过程十分复杂。在某些情况下，对某些靶点的抑制或者激活需要视情况而定，许多详细的作用机制仍然有待阐明。可以肯定的是，表观遗传修饰药物干预具有广阔的应用前景。

（余聂芳）

参考文献

1. a) Claude Monneret. Histone deacetylase inhibitors. European Journal of Medicinal Chemistry, 2005, 40: 1-13. b) Christine B Yoo and Peter A Jones. Epigenetic therapy of cancer: past, present and future. Nature Review Drug Discovery, 2006, 5: 37-50. c) Cheryl H Arrowsmith, Chas Bountra, Paul V Fish, et al. Epigenetic protein families: a new frontier for drug discovery. Nature Reviews Drug Discovery, 2012, 14: 394-400. d) Yogini P Bhavsar-Jog, Eric Van Dornshuld, Tracy A Brooks, et al. Epigenetic modification, dehydration, and molecular crowding effects on the thermodynamics of i-motif structure formation from C-rich DNA. Biochemistry, 2014, 53:1586-1594.
2. Yu NF, Wang MR. Anticancer drug discovery targeting DNA hypermethylation. Current Medicinal Chemistry, 2008, 15:1350-1375.
3. a) Motoko Unoki, Julie Brunet, Marc Mousli. Drug discovery targeting epigenetic codes: the great potential of UHRF1, which links DNA methylation and histone modifications, as a drug target in cancers and toxoplasmosis. Biochemical Pharmacology, 2009, 78: 1279-1288. b) Alexandre Erdmann, Ludovic Halby, Jacques Fahy, et al. Targeting DNA methylation with small molecules: what's next? J Med Chem, 2015, 58(6): 2569-2583.
4. a) Brian Lohse, Jesper L Kristensen, Line H Kristensen, et al. Inhibitors of histone demethylases. Bioorganic & Medicinal Chemistry, 2011,19: 3625-3636. b) Vivian A DeWoskin and Ryan P Million. The epigenetics pipeline. Nature Reviews Drug Discovery, 2013, 12:661-662.
5. Ramsahoye BH, Biniszkiewicz D, Lyko F. Non-CpG methylation is prevalent in embryonic stem cells and many be

medidated by DNA methyltransferases 3a. Proc Natl Acad Sci USA, 2000, 97:5237-5242.
6. Bradley E Bernstein, Alexander Meissner, Eric S Lander. The mammalian epigenome. Cell, 2007, 128:669-681.
7. a) Richard R Meehan. DNA methylation in animal development. Seminars in Cell & Developmental Biology, 2003, 14:53-65. b) Pawel Siedlecki, Regine Garcia Boy, Slobodan Comagic, et al. Establishment and functional validation of a structural homology model for human DNA methyltransferase 1. Biochemical and Biophysical Research Communications, 2003, 306:558-563. c) Fabio Spada, Rothbauer U, Kourosh Zolghadr, et al. Regulation of DNA methyltransferase 1. Advances in Enzyme Regulation, 2006, 46:224-234.
8. Elisabeth-Maria Bissinger, Ralf Heinke, Astrid Spannhoff, et al. Acyl derivatives of p-aminosulfonamides and dapsone as new inhibitors of the arginine methyltransferase hPRMT1. Bioorganic & Medicinal Chemistry, 2011, 19:3717-3731.
9. Andrew P Feinberg and Benjamin Tycko. The history of cancer epigenetics. Nature Review Cancer, 2004, 4:143-153.
10. Bruce Richardson. Impact of aging on DNA methylation. Ageing Research Reviews, 2003, 2:245-261.
11. Peter A Jones and Stephen B Baylin. The Epigenomics of cancer. Cell, 2007, 128:683-692.
12. Timothy J Moss and Lori L Wallrath. Connections between epigenetic gene silencing and human disease. Mutation Research , 2007, 618: 163-174.
13. Philippe Bertrand. Inside HDAC with HDAC inhibitors. European Journal of Medicinal Chemistry, 2010, 45: 2095-2116.
14. a)Puijter A J M, Gennip A H V, Caron H N, et al. Histone deacetylases(HDACs): characterization of the classical HDAC family. Biochem Journal, 2003, 370: 737~749. b) Zachary L Wescoe, Jacob Schreiber, Mark Akeson. Nanopores discriminate among five C5-cytosine variants in DNA. J Am Chem Soc, 2014, 136:16582-16587.
15. Witt O, Deubzer H E, Milde T, et al. HDAC family: What are the cancer relevant targets? Cancer Letters, 2009, 277: 8-21.
16. Bolden J E, Peart M J, Johnstone R W. Anticancer activities of histone deacetylase inhibitors. Nature Reviews Drug Discovery, 2006, 5: 769-784.
17. Minucci S, Pelicci P G. Histone deacetylase inhibitors and the promise of epigenetic (and more) treatments for cancer. Nature Reviews Cancer, 2006, 6: 38-51.
18. Johnstone R W. Histone-deacetylase inhibitors: novel drugs for the treatment of cancer. Nature Reveiws Drug Discovery, 2002, 1: 287-299.
19. Nakata S, Yoshida T, Horinaka M, et al. Histone deacetylase inhibitors upregulate death receptor 5/TRAIL-R2 and sensitize apoptosis induced by TRAIL/APO2-L in human malignant tumor cells. Oncogene, 2004, 23: 6261-6271.
20. Singh T R, Shankar S, Srivastava R K. HDAC inhibitors enhance the apoptosis-inducing potential of TRAIL in breast carcinoma. Oncogene, 2005, 24:4609-4623.
21. Imai T, Adachi S, Nishijo K, et al. FR901228 induces tumor regression associated with induction of Fas ligand and activiation of Fas signaling in human osteosarcoma cells. Oncogene, 2003, 22: 9231-9242.
22. Nebbioso A, Clarke N, Voltz E, et al. Tumor-selective action of HDAC inhibitors involves TRAIL induction in acute myeloid leukemia cells. Nature Medicine, 2005, 11(1): 77-84.
23. a) Qian D Z, Kato Y, Shabbeer S, et al. Targeting tumor angiogensis with histone deacetylase inhibitors: the hydroxamic acid derivative LBH589. Clin Cancer Res, 2006, 12: 634-642. b) Jorke H Kamstra, Eva Hruba, Bruce Blumberg, et al. Transcriptional and epigenetic mechanisms underlying enhanced in vitro adipocyte differentiation by the brominated flame retardant BDE-47. Sci Technol, 2014, 48:4110-4119. c) Amrutha Swaminathan, Manoj Kumar, Sarmistha Halder Sinha, et al. Modulation of neurogenesis by targeting epigenetic enzymes using small molecules: an overview. ACS Chem Neurosci, 2014, 5(12): 1164-1177.
24. Marcus Freitag, Jorg Schemies, Tim Larsen, et al. Synthesis and biological activity of splitomicin analogs targeted at human NAD^+-dependent histone deacetylases (sirtuins). Bioorganic & Medicinal Chemistry, 2011, 19: 3669-3677.
25. Hanae Benelkebir, Christopher Hodgkinson, Patrick J Duriez, et al. Enantioselective synthesis of tranylcypromine analogues as lysine demethylase (LSD1) inhibitors. Bioorganic & Medicinal Chemistry, 2011, 19: 3709-3716.
26. a) Daniel Herranz and Manuel Serrano. SIRT1: recent lessons from mouse models. Nature Reviews Cancer, 2013, 10:819-823. b) Taewon Jin, Oh Yoen Kim, Min-Jeong Shin, et al. Fisetin up-regulates the expression of adiponectin in 3T3-L1 adipocytes via the activation of silent mating type information regulation 2 homologue 1 (SIRT1)-deacetylase and peroxisome proliferator-activated receptors (PPARs). J Agric Food Chem, 2014, 62:10468-10467. c) Luca Tiberi, Jelle van den Ameele, Jordane Dimidschstein, et al. BCL6 controls neurogenesis through Sirt1-dependent epigenetic repression of selective Notch targets. Nature Neurosience, 2012, 15(12):1627-1637. d) Victoria A Rafalski, Peggy P Ho, Jamie O Brett, et al. Expansion of oligodendrocyte progenitor cells following SIRT1 inactivation in the adult brain. Nature Cell Biology, 2013, 15(6):614-626.
27. Brian Lohse, Jesper L Kristensen, Line H Kristensen, et al. Inhibitors of histone demethylases. Bioorganic & Medicinal Chemistry, 2011, 19:3625-3636.
28. Portela A, Esteller M. Epigenetic modifications and human disease. Nature Biotechnology, 2010, 28(10):1057-1068.
29. Kelly TK, Carvalho DD, Jones PA. Epigenetic modifications as therapeutic targets. Nature Biotechnology, 2010, 28(10):1069-1077.
30. Szyf M. DNA methylation and demethylation probed by small molecules. Biochimica et Biophysica Acta, 2010, 1799:750-759.
31. Vizirianakis IS, Chatzopoulou M, Bonovolias ID. Toward the development of innovative bifunctional agents to induce differentiation and to promote apoptosis in leukemia: clinical candidates and perspectives. J Med Chem, 2010, 53:6779-6810.
32. Daiya Takai and Peter A Jones. Comprehensive analysis of CpG islands in human chromosomes 21 and 22. PNAS, 2002, 99:3741-3745.
33. 姜绮霞, 袁洪. 脱氧核糖核酸甲基化抑制剂的研究进展. 中国新药与临床杂志, 2007, 26(10):789-793.
34. Stresemann C, Lyko F. Modes of action of the DNA methyltransferase inhibitors azacytidine and decitabine. Int J Cancer, 2008, 123:8-13.
35. Fenaux P, Mufti GJ, Lindberg EH, et al. Efficacy of azacitidine compared with that of conventional care regimens in the treatment of higher-risk myelodysplastic syndromes: a randomised, open-label, phase III study. Oncology, 2009, 10 :223-232.
36. Kantarjian H, Issa JP, Rosenfeld CS, et al. Decitabine improves patient outcomes in myelodysplastic syndromes. Cancer, 2006, 106:1794-1780.
37. Wyczechowsky D, Majewska KF. The effects of cladribine and fiudarabine on DNA methylation in K562 cells. Biochemical Pharmacology, 2003, (65):219-225.
38. a) Grant S. New agents for AML and MDS. Best Practice & Research Clinical, 2009, 22:501-507. b) Zachary L Wescoe, Jacob Schreiber, Mark Akeson. Nanopores discriminate among five C5-cytosine variants in DNA. J Am Chem Soc,

2014, 136:16582-16587.
39. Kaye S, Brown R, Gabra H, et al. Emerging Therapeutic Targets in Ovarian Cancer//Brown R, Rothe NC, Glasspool R, et al. Epigenetic Therapies. New York: Springer Science, 2011.
40. Brueckner B, Boy RG, Siedlecki P, et al. Epigenetic reactivation of tumor suppressor genes by a novel small-molecule inhibitor of human DNA methyltransferases. Cancer Res, 2005, 65(14): 6305-6311.
41. Schirrmacher E, Beck C, Brueckner B, et al. Synthesis and in vitro evaluation of biotinylated RG108: a high affinity compound for studying binding interactions with human DNA methyltransferases. Bioconjugate Chem, 2006, 17: 261-266.
42. Suzuki T, Tanaka R, Hamada S, et al. Design, synthesis, inhibitory activity, and binding mode study of novel DNA methyltransferase1 inhibitors. Bioorganic & Medicinal Chemistry Letters, 2010, 20:1124-1127.
43. Kuck D, Singh N, Lyko F, et al. Novel and selective DNA methyltransferase inhibitors: docking-based virtual screening and experimental evaluation. Bioorganic & Medicinal Chemistry, 2010, 18:822-829.
44. Franco JM, Caulfield T. Advances in the computational development of DNA methyltransferase inhibitors. Drug Discovery Today, 2011:1-8.
45. Ulrey CL, Liu L, Andrews LG, et al. The impact of metabolism on DNA methylation. Human Molecular Genetics, 2005, 14(1):139-147.
46. Garea AV, Esteller M. DNA demethylating agents and chromatin-remodelling drugs: which, how and why? Current Drug Metabolism, 2003, 4:11-31.
47. Isakovic L, Saavedra OM, Llewellyn DB, et al. Constrained (L-)-S-adenosyl-L-homocysteine(SAH) analogues as DNA methyltransferase inhibitors. Bioorganic & Medicinal Chemistry Letters, 2009, 19:2742-2746.
48. Saavedra OM, Isakovic L, Llewellyn DB, et al. SAR around (L)-S-adenosyl-L-homocysteine, an inhibitor of human DNA methyltransferase (DNMT) enzymes. Bioorganic & Medicinal Chemistry Letters, 2009, 19:2747-2751.
49. Caulfield T, Franco MJL. Molecular dynamics simulations of human DNA methyltransferase 3b with selective inhibitor Nanaomycin A. Journal of Structural Biology, 2011, 176(2): 185-191.
50. Phiasivongsa P, Redkar SG, Gamage S, et al. Quinoline Derivates for Modulation and Methylation. US7790746. 2010.
51. Datta J, Ghoshal K, Denny WA, et al. A new class of quinoline-based DNA hypomethylating agents reactivates tumor suppressor genes by blocking DNA methyltransferase 1. Activity and Inducing Its Degradation Cancer Res, 2009, 69(10):4277-4285.
52. Franco JL, Vallejo FL, Kuck D, et al. Natural products as DNA methyltransferase inhibitors: a computer-aided discovery approach. Mol Divers, 2010, 15:293-304.
53. Liu ZF, Liu SJ, Xie ZL, et al. Modulation of DNA methylation by a sesquiterpene lactone parthenolide. The Journal of Pharmacology and Experimental Therapeutics, 2009, 329(2):505-514.
54. Reuter S, Gupta SC, Park B, et al. Epigcnctic changes induced by curcumin and other natural compounds. Genes Nutr, 2011, 6:93-108.
55. Liu ZF, Xie ZL, Jones W, et al. Curcumin is a potent DNA hypomethylation agent. Bioorganic & Medicinal Chemistry Letters, 2009, 19:706-709.
56. Sirk TW, Brown EF, Sum AK, et al. Molecular dynamics study on the biophysical interactions of seven green tea gatechins with lipid bilayers of cell membranes. J Agric Food Chem, 2008, 56:7750-7758.
57. Fang MZ, Chen DP, Yang CS. Dietary polyphenols may affect DNA methylation. J Nutr, 2007, 137: 223S-228S.
58. Fini L, Selgrad M, Fogliano V, et al. Annurca apple polyphenols have potent demethylating activity and can reactivate silenced tumor suppressor genes in colorectal cancer cells. J Nutr, 2007, 137:2622-2628.
59. Lee WJ, Zhu BT. Inhibition of DNA methylation by caffeic acid and chlorogenic acid, two common catechol-containing coffee polyphenols. Carcinogenesis, 2006, 27(2):.269-277.
60. Brueckner B, Lyko F. DNA methyltransferase inhibitors: old and new drugs for an epigenetic cancer therapy. Trends in Pharmacological Sciences, 2004, 25(11):551-554.
61. Pin IC, Gautschi JT, Wang GYS, et al. Psammaplins from the sponge pseudoceratina purpurea: inhibition of both histone deacetylase and DNA methyltransferase. J Org Chem, 2003, 68:3866-3873.
62. García J, Franci G, Pereira R, et al. Epigenetic profiling of the antitumor natural product psammaplin A and its analogues. Bioorganic & Medicinal Chemistry, 2011, 19(12): 3637-3649.
63. Nicolaou KC. Joys of molecules. 2. Endeavors in chemical biology and medicinal chemistry. Journal of Medicinal Chemistry, 2005, 48(18):5613-5638.
64. Lee YW, Broday L, Costa M. Effects of nickel on DNA methyltransferase activity and genomic DNA methylation levels. Mutation Research, 1998, 415:213-218.
65. Wang HX, Wang YS. 6-Thioguanine perturbs cytosine methylation at the CpG dinucleotide site by DNA methyl-transferases in vitro and acts as a DNA demethylating agent in ViVo. Biochemistry, 2009, 48:2290-2299.
66. Goyal R, Rathert P, Laser H, et al. Phosphorylation of serine-515 activates the mammalian maintenance methyltransferase DNMT1. Epigenetics, 2007, 2(3):155-160.
67. Zhang TN, Liu N. Effect of bovine lactoferricin on DNA methyltransferase1 levels in Jurkat T-leukemia cells. J Dairy Sci, 2010, 93:3925-3930.
68. Wu LP, Wang X, Li L, et al. Histone deacetylase inhibitor Depsipeptide activates silenced genes through decreasing both CpG and H3K9 methylation on the promoter. Molecular and Cellular Biology, 2008, 28(10):3219-3235.
69. a) Bolden JE, Peart MJ, Johnstone RW. Anticancer activities of histone deacetylase inhibitors. Nature Reviews Drug Discovery, 2006, 5:769-784. b) Ozan Aygün, Sameet Mehta, Shiv I S Grewal. HDAC mediated suppression of histone turnover promotes epigenetic stability of heterochromatin. Nature Structural & Molecular Biology, 2013, 20(5):547-555.
70. Johnstone RW. Histone-deacetylase inhibitors: novel drugs for the treatment of cancer. Nature Reveiws Drug Discovery, 2002, 1:287-299.
71. Monneret C. Histone deacetylase inhibitors. European Journal of Medicinal Chemistry, 2005, 40:1-13.
72. Finnin MS, Donigian JR, Cohen A, et al. Structures of a histone deacetylase homologue bound to the TSA and SAHA inhibitors. Nature, 1999, 401:188-193.
73. Paris M, Porcelloni M, Binaschi M, et al. Histone deacetylase inhibitors: from bench to clinic. Journal of Medicinal Chemistry, 2008, 51:1505-1529.
74. Bertrand P. Inside HDAC with HDAC inhibitors. European Journal of Medicinal Chemistry, 2010, 45:2095-2116.
75. Grant S, Easley C, Kirkpatrick P. Vorinostat. Nature Reviews Drug Discovery, 2007, 6:21-22.
76. Marks PA, Breslow R. Dimethyl sulfoxide to vorinostat: development of this histone deacetylase inhibitor as an anticancer drug. Nature Biotechnology, 2007, 25:84-90.

77. Mann BS, Johnson JR, Cohen MH, et al. FDA approval summary: vorinostat for treatment of advanced primary cutaneous T-cell lymphoma. The Oncologist, 2007, 12:1247-1252.
78. 陈清奇. 抗癌药物分子库. 北京: 科学出版社, 2010.
79. 陈清奇. 抗癌新药研究指南. 北京: 科学出版社, 2009.
80. Takayoshi S, Naoki M. Non-hydroxamate histone deacetylase inhibitors. Current Medicinal Chemistry, 2005, 12:2867-2880.
81. Moya CC. Romidepsin for the treatment of cutaneous T-cell lymphoma. Drugs of Today, 2009, 45:787-795.

索 引